中 外 物 理 学 精 品 书 系

本 书 出 版 得 到 " 国 家 出 版 基 金 " 资 助

谨以此书献予

北京大学物理学科110周年

国家出版基金项目
NATIONAL PUBLICATION FOUNDATION

中外物理学精品书系

前 沿 系 列 · 63

# 物理学家用李群李代数

刘玉鑫 编著

北京大学出版社
PEKING UNIVERSITY PRESS

**图书在版编目 (CIP) 数据**

物理学家用李群李代数 / 刘玉鑫编著 . — 北京：北京大学出版社， 2022.9
（中外物理学精品书系）
ISBN 978-7-301-33180-4

Ⅰ.①物… Ⅱ.①刘… Ⅲ.①李群②李代数 Ⅳ.① O152.5

中国版本图书馆 CIP 数据核字 (2022) 第 132538 号

| | | |
|---|---|---|
| 书　　　名 | 物理学家用李群李代数 | |
| | WULIXUEJIA YONG LIQUN LIDAISHU | |
| 著作责任者 | 刘玉鑫 编著 | |
| 责 任 编 辑 | 刘　啸 | |
| 标 准 书 号 | ISBN 978-7-301-33180-4 | |
| 出 版 发 行 | 北京大学出版社 | |
| 地　　　址 | 北京市海淀区成府路 205 号　100871 | |
| 网　　　址 | http://www.pup.cn | |
| 电 子 信 箱 | zpup@pup.cn | |
| 新 浪 微 博 | @ 北京大学出版社 | |
| 电　　　话 | 邮购部010-62752015　发行部010-62750672　编辑部010-62754271 | |
| 印 刷 者 | 天津中印联印务有限公司 | |
| 经 销 者 | 新华书店 | |
| | 730 毫米 ×980 毫米　16 开本　29.25 印张　573 千字 | |
| | 2022 年 9 月第 1 版　2023 年 6 月第 2 次印刷 | |
| 定　　　价 | 89.00 元 | |

# 序　言

物理学是研究物质、能量以及它们之间相互作用的科学。她不仅是化学、生命、材料、信息、能源和环境等相关学科的基础，同时还与许多新兴学科和交叉学科的前沿紧密相关。在科技发展日新月异和国际竞争日趋激烈的今天，物理学不再囿于基础科学和技术应用研究的范畴，而是在国家发展与人类进步的历史进程中发挥着越来越关键的作用。

我们欣喜地看到，随着中国政治、经济、科技、教育等各项事业的蓬勃发展，我国物理学取得了跨越式的进步，成长出一批具有国际影响力的学者，做出了很多为世界所瞩目的研究成果。今日的中国物理，正在经历一个历史上少有的黄金时代。

为积极推动我国物理学研究、加快相关学科的建设与发展，特别是集中展现近年来中国物理学者的研究水平和成果，在知识传承、学术交流、人才培养等方面发挥积极作用，北京大学出版社在国家出版基金的支持下于 2009 年推出了"中外物理学精品书系"项目。书系编委会集结了数十位来自全国顶尖高校及科研院所的知名学者。他们都是目前各领域十分活跃的知名专家，从而确保了整套丛书的权威性和前瞻性。

这套书系内容丰富、涵盖面广、可读性强，其中既有对我国物理学发展的梳理和总结，也有对国际物理学前沿的全面展示。可以说，"中外物理学精品书系"力图完整呈现近现代世界和中国物理科学发展的全貌，是一套目前国内为数不多的兼具学术价值和阅读乐趣的经典物理丛书。

"中外物理学精品书系"的另一个突出特点是，在把西方物理的精华要义"请进来"的同时，也将我国近现代物理的优秀成果"送出去"。这套丛书首次成规模地将中国物理学者的优秀论著以英文版的形式直接推向国际相关研究的主流领域,使世界对中国物理学的过去和现状有更多、更深入的了解,不仅充分展示出中国物理学研究和积累的"硬实力",也向世界主动传播我国科技文化领域不断创新发展的"软实力",对全面提升中国科学教育领域的国际形象起到一定的促进作用。

习近平总书记 2020 年在科学家座谈会上的讲话强调:"希望广大科学家和科技工作者肩负起历史责任,坚持面向世界科技前沿、面向经济主战场、面向国家重大需求、面向人民生命健康,不断向科学技术广度和深度进军。"中国未来的发展在于创新,而基础研究正是一切创新的根本和源泉。我相信"中外物理学精品书系"会持续努力,不仅可以使所有热爱和研究物理学的人们从书中获取思想的启迪、智力的挑战和阅读的乐趣,也将进一步推动其他相关基础科学更好更快地发展,为我国的科技创新和社会进步做出应有的贡献。

"中外物理学精品书系"编委会主任

中国科学院院士,北京大学教授

**王恩哥**

2022 年 7 月于燕园

# 内 容 提 要

　　本书系统介绍李群和李代数的基本概念、李群和李代数的表示及其约化,并深入讨论抽象的数学概念和原理与物理学的概念和原理之间的联系,李群和李代数在粒子物理和基本相互作用研究中的应用,多粒子系统的代数研究方法及其在原子核、分子、超导等系统中的应用,在实际科学研究与基础理论学习之间架起桥梁.全书内容分八章,第一章介绍李群和李代数的基本概念,第二章介绍半单李代数及其根系,第三章介绍典型李代数的实现,第四章介绍典型李群和李代数的表示,第五章介绍典型李群和李代数的表示的约化,第六章讨论时空对称性及其在粒子和场的性质研究中的应用,第七章讨论典型李代数在强子结构及基本相互作用规律研究中的应用,第八章讨论典型李代数在多粒子系统性质研究中的应用.

　　本书适于用作物理专业"李群和李代数"课程或"群论Ⅱ"课程的教材或参考书,也可供相关领域的科学工作者参考.

# 前　　言

李群和李代数是描述系统在连续变换下的对称性的行为和规律的数学理论, 是几何、拓扑、分析等不同数学分支之间联系的桥梁. 很多物理现象背后的机制和原理就是一些连续变换下的不变性, 并且物质状态的演化 (相变) 即物质系统对称性的破缺或恢复, 因此李群和李代数是纯粹数学与物理学之间的纽带, 并已在揭示物理学的基本相互作用的性质和规律、描述并解决实际物理问题中发挥重要作用. 鉴于此, 国际国内已有很多李群和李代数方面的著名教材, 如本书后主要参考书目中所列. 这些著作很好地介绍了李群和李代数的基本概念、李群和李代数的表示, 以及李群和李代数在原子物理和粒子物理研究中的成功应用.

正因为上述成功, 使得现有的大多数教材都主要把李群和李代数在粒子物理研究中的应用作为应用实例, 也使得学术界误认为李群和李代数仅在粒子物理等涉及少体系统的研究中才可以发挥重要作用, 且这些著作没有吸纳 20 世纪 80 年代才发展完善起来的量子多体系统的代数研究方法. 因此, 编著一部吸纳了新近进展的较全面反映李群和李代数在物理学中应用情况的可作为教材的专著非常必要. 况且, 现在对凝聚态物质性质等深入研究的蓬勃发展使得李群和李代数在相关研究中的重要性也凸显出来, 因此对这样的教材的编著和出版的需求也很迫切.

在师从孙洪洲先生学习李群和李代数在原子核结构研究中的应用的基础上, 作者一直在进行物理学中的群论方法、原子核等多粒子量子束缚系统的集体运动模式及其相变、强相互作用系统的演化 (强相互作用物质系统的相变, 尤其是可见物质质量的起源等) 等方面的研究和人才培养, 迄今已逾三十年, 在北京大学物理学院讲授 "李群和李代数" 课程也已有十多年. 在整理多年教学讲义和更长时间研究经验及心得基础上, 作者经多次修订形成本书. 本书既较系统地介绍了李群和李代数的基本概念、李群和李代数的表示及其约化, 还深入讨论了抽象的数学概念和原理与物理学的概念和原理的联系, 李群和李代数在粒子物理和强相互作用研究中的应用, 以及多粒子系统的代数研究方法及其在原子核、分子、超导等系统中的应用, 在实际科学研究与基础理论学习之间架起桥梁, 为利用对称性方法揭示并简单表述不同领域的物理规律贡献力量. 全书内容可作为 "李群和李代数" 课程或 "群论 II" 课程的教材, 其分量与约 48 ~ 68 学时相匹配.

关于教学和人才培养, 尤其是专业基础课程教学, 经过多年努力, 各大学已基本上将其目标定位由单纯地向同学们传授知识转变到了提高同学们自己获取并构建知识的能力, 提高同学们批判性思维和创新性研究的能力. 为真正实现这一目标定位, 愚以为至少应该注意下述事项或环节: (1) 准确把握并宣扬物理学的内涵和外延, 避免物理学被认为是 "纯粹理论" 科学, 甚至因所谓的加强应用技术教育而将物理课程边缘化. (2) 着重对基本概念的准确论述和讲解, 突出物理原理和机制的基础性及其寻根求源的探索性, 切莫让人将 "物理" 误认为 "无理". (3) 着重物理图像和知识体系的构建及解析计算能力、数据分析能力的培养, 着重定理、定律及公式的实质及适用条件的分析, 避免生拉硬套甚至误导学生. (4) 积极调动和激发同学们探索未知的兴趣和欲望, 培养并提高同学们批判性思维和创新性研究的能力, 切忌抹杀同学们的好奇心和批判精神. 李群和李代数既是抽象的基础数学的重要内容, 又是揭示和表述物理学基本原理的载体和工具, 同学学习和教师讲授的难度都很大. 再者, 对批判性思维能力进行培养的抓手已经被具体化为科学推理, 将李群和李代数这一具有严密逻辑关系的基础数学与物理学相结合, 探讨物理学基本规律的揭示过程和描述方法, 自然成为培养和提高批判性思维和创新性研究能力的一个有效措施. 考虑预期目标与现实状况的契合, 在本教材的编写过程中, 作者始终贯彻 "崇尚结构、力求平实、承袭传统、注意扩展" 的方针, 具体的着力点包括: (1) 着重变换操作与对称性 (变换的不变性) 的实质, 牺牲对纯粹数学层面上李群是解析空间上的微分流形和李代数是微分流形的切空间的性质和规律的深入讨论, 而强调李群是保持物理系统的对称性的连续变换操作的集合和李代数是线性空间的物理实在, 从而体现李群和李代数既是抽象的基础数学的重要内容, 又是揭示和表述物理学基本原理的载体和工具的实质, 并展现物理学是 "见物讲理、依理造物" 的科学的学科真谛. (2) 由于学科本身具有基础性和探索性, 对于概念、定理及公式等, 本书尽量在预判的同学们已具备的知识储备基础上给出完整的论述, 但在保证通常层次的物理学研究需要的情况下, 牺牲一些纯粹数学层面上的严格证明, 而给出物理学层面上的较直观的表述和论证, 对于物理学研究必需的机理性质的概念给予充分的论证. 例如, 对于粒子的对称性, 本书从李群和李代数的实现方式出发, 清楚给出由粒子的产生算符和湮灭算符可以构成满足纯粹数学上的李乘积关系的线性空间, 从而说明粒子和多粒子系统的对称性是其自身性质的直观反映, 为相应的动力学理论的建立奠定基础. (3) 对于 "李群和李代数" 这类偏抽象的基础数学的物理学专业基础课程, 学生大多有学了之后仍然不会用的抱怨. 究其原因, 可能是相关的课程和教材过于着重数学, 而对实际应用实例的深入分析和介绍 (尤其是适用性、相互对应、具体分析与计算等) 不够充分所致. 为解决与 "李群和李代数" 课程相应的类似问题, 除了前述的加强物理学研究中的数学基础的对应外, 本书用将近一半的篇幅 (第六章、第七章、第八章) 专门讨论李群和李代数在解决物理学实际问题中的应用实例, 并在尽可能不超出同学们知识储备水平层次或给予充分铺垫准备的基础上, 自然地引入对前沿研究中的应用的介绍, 以期既激发同学们的兴趣和积极性, 又训练并提高同学们创造性思维和创新性工作的能力. (4) 本书引用、改编和新编习题一百多道, 其中相当大一部分是根据实际研究课题改编和新编的, 难度较大, 以期在激发同学们学习兴趣的同时, 既培养并提高他们逻辑分析、科学推理、解析计算的能力, 又起到使基础数学学习与应用基础数学解决实际物理问题、揭示物理本质之间无缝衔接的作用.

尽管本书是基于作者在北京大学物理学院讲授 "李群和李代数" 课程十多年的讲义整理而成, 并经校内外多位同人使用, 但是, 由于其中蕴含的材料不仅信息量较大, 知识跨度也较大, 尤其是探索之处甚多, 加上作者水平所限, 书中一定存在很多不妥和谬误之处, 恳请读者不吝赐教.

在本书编著过程中, 孙洪洲教授 (清华大学)、韩其智教授 (北京大学)、宋行长教授 (北京大学)、马中骐教授 (中国科学院高能物理研究所)、杨孔庆教授 (兰州大学)、阮东教授 (清华大学)、秦思学教授 (重庆大学)、刘玉斌教授 (南开大学)、常雷教授 (南开大学)、李康教授 (中国科学院大学杭州高等研究院) 等, 和北京大学理论物理研究所的陈斌教授、曹庆宏教授、刘川教授、李定平教授、马伯强教授、马中水教授、郑汉青教授、朱世琳教授、朱守华教授、冯旭研究员等认真阅读了全部书稿, 并多次与作者进行深入具体的讨论, 提出了许多宝贵的修改意见, 北京大学理论物理研究所的赵光达院士、南京大学物理学院的王凡教授和宗红石教授, 以及中国科学院理论物理研究所等单位的很多同人也提出了许多宝贵意见和建议. 北京大学物理学院等院系的十多届修读 "李群和李代数" 课程的研究生和本科生及相应的助教也都对讲义内容和表述提出很多宝贵的意见和建议, 尤其是陈翀尧博士和龚禔博士不仅对学术观点和语言表述提出很多意见和建议, 还帮助绘制了部分图形. 在此, 作者对诸位师长、同人和同学们的支持和帮助表示衷心感谢!

刘玉鑫

2022 年 1 月

于北京大学物理学院

# 目 录

# 第一章 李群和李代数的基本概念

## §1.1 群及典型矩阵群

### 1.1.1 群的概念及矩阵群

**定义 1.1** 对于一个集合 $\mathcal{G}$ 中的元素, 定义一种称为乘法的运算, 如果该乘法满足

(1) $\forall a, b \in \mathcal{G}$, 有 $ab \in \mathcal{G}$ (封闭性),

(2) $\forall a, b, c \in \mathcal{G}$, 有 $(ab)c = a(bc)$ (结合律),

(3) 存在唯一的 $e \in \mathcal{G}$, $\forall a \in \mathcal{G}$, 有 $ea = a$ (单位元),

(4) $\forall a \in \mathcal{G}$, 存在唯一的 $a^{-1} \in \mathcal{G}$, 使得 $a^{-1}a = e$ (逆元),

则这样的集合称为一个群.

上述条件 (3), (4) 可以改写为: 存在单位元 $e \in \mathcal{G}$ 和逆元 $a^{-1} \in \mathcal{G}$, 使得

$$ea = ae = a, \qquad a^{-1}a = aa^{-1} = e. \tag{1.1}$$

上述条件 (3), (4) 还可以改写为: 对任意 $a \in \mathcal{G}$, $X \in \mathcal{G}$, 存在唯一的 $a^{-1}Xa \in \mathcal{G}$, 即一次方程 $Xa = aY \in \mathcal{G}$ 在给定 $X$ 或 $Y$ 时, 在 $\mathcal{G}$ 中都有唯一的解.

例如: 对 $m = \begin{pmatrix} 1 & 1 \\ 0 & 0 \end{pmatrix}$, $n = \begin{pmatrix} 0 & 0 \\ 1 & 1 \end{pmatrix}$, 因为

$$mm = m, \quad mn = m, \quad nn = n, \quad nm = n,$$

令 $a = m$, $X = m$, 则一次方程 $Xa = aY$ 有解 $Y = m$ 和 $Y = n$; 令 $a = n$, $X = n$, 则一次方程 $Xa = aY$ 有解 $Y = n$ 和 $Y = m$. 总之, 无论 $a$ 取 $m$ 还是 $n$, 一次方程 $Xa = aY$ 的解都不唯一. 因此, 尽管上述 $\{m, n\}$ 集合对矩阵乘法封闭且有结合律, 但不构成群.

再如, 对于定轴转动 $R = \begin{pmatrix} \cos\theta & -\sin\theta \\ \sin\theta & \cos\theta \end{pmatrix}$ 的集合, 我们已经知道, 当 $\theta$ 取遍 $[0, 2\pi)$ 时, 它们构成群, 记作 SO(2).

考察上述矩阵 $m$, $n$ 及 $R$ 的特点, $\det m = 0$, $\det n = 0$, $\det R = 1$, 由此知, 二维实奇异矩阵的集合关于矩阵乘法不构成群, 而非奇异矩阵的集合可以构成群. 推

而广之, 任意阶的全部非奇异矩阵的集合 $\{A_{n \times n} \,|\, \det A \neq 0\}$ 在矩阵乘法运算下构成群.

### 1.1.2　矩阵群的分类

根据矩阵的特点, 常见的矩阵群可以分为下述五类.

**1. 一般复线性群** $\mathrm{GL}(n, \mathbb{C})$

复数域 $\mathbb{C}$ 上全部 $n$ 阶非奇异矩阵在矩阵乘法下构成群, 称为一般复线性群, 记作

$$\mathrm{GL}(n, \mathbb{C}) = \{A \mid \forall\, l, k = 1, \cdots, n,\ A_{lk} \in \mathbb{C},\ \det A \neq 0\}.$$

易知其单位元为

$$I_n = \begin{pmatrix} 1 & 0 & 0 & \cdots & 0 & 0 \\ 0 & 1 & 0 & \cdots & 0 & 0 \\ 0 & 0 & 1 & \cdots & 0 & 0 \\ \vdots & \vdots & \vdots & \ddots & \vdots & \vdots \\ 0 & 0 & 0 & \cdots & 1 & 0 \\ 0 & 0 & 0 & \cdots & 0 & 1 \end{pmatrix},$$

逆元 $A^{-1}$ 使得 $A^{-1}A = AA^{-1} = I_n$.

显然, 这样的复矩阵有 $n^2$ 个复矩阵元, 即这样的群的每一个群元素有 $2n^2$ 个独立的 (实) 群参数 (或者说自由度).

同样可以定义一般实线性群 $\mathrm{GL}(n, \mathbb{R}) = \{A \mid \forall\, l, k = 1, \cdots, n,\ A_{lk} \in \mathbb{R},\ \det A \neq 0\}$ (其中 $\mathbb{R}$ 表示实数域), 其每一个群元素有 $n^2$ 个独立群参数.

**2. 特殊线性群**

由行列式为 1 的 $n$ 阶矩阵构成的群称为特殊线性群:

$\mathrm{SL}(n, \mathbb{C}) = \{B \mid B \in \mathrm{GL}(n, \mathbb{C}),\ \det B = 1\}$, 独立群参数 $2(n^2 - 1)$ 个;

$\mathrm{SL}(n, \mathbb{R}) = \{B \mid B \in \mathrm{GL}(n, \mathbb{R}),\ \det B = 1\}$, 独立群参数 $n^2 - 1$ 个.

**3. 幺正群、特殊幺正群与赝幺正群**

由 $n$ 阶幺正矩阵构成的群

$$\mathrm{U}(n) = \{U \mid U \in \mathrm{GL}(n, \mathbb{C}),\ U^\dagger U = UU^\dagger = I_n\}$$

称为幺正群 (或酉群), 有 $n^2$ 个独立群参数.

直观地, 对 $n$ 维向量 $X = \{x_1, x_2, \cdots, x_n\}$, 在幺正矩阵 $U$ 作用下,

$$X \Longrightarrow X' = UX,$$

但

$$\langle X' | X' \rangle = \langle UX | UX \rangle = \langle X | U^\dagger U | X \rangle = \langle X | X \rangle,$$

因此, U($n$) 群即保持 $\sum\limits_{i=1}^{n} x_i^* x_i$ 不变的变换矩阵 $U$ 的集合形成的群.

而 $\text{SU}(n) = \{\, U \mid U \in \text{U}(n),\ \det U = 1 \,\}$, 即保持 $\det U = 1$ 的 U($n$) 群中元素组成的群, 称为特殊幺正群 (或特殊酉群), 共有 $n^2 - 1$ 个独立群参数.

例如, 对向量变换 $X \Longrightarrow X' = MX$,

若 $X = \begin{pmatrix} x_1 \\ x_2 \end{pmatrix}$, $x_1^* x_1 + x_2^* x_2$ 在变换下不变, 则 $M \in \text{U}(2)$,

若 $X = \begin{pmatrix} x_1 \\ x_2 \\ x_3 \end{pmatrix}$, $x_1^* x_1 + x_2^* x_2 + x_3^* x_3$ 在变换下不变, 则 $M \in \text{U}(3)$,

若 $X = \begin{pmatrix} x_1 \\ x_2 \\ \vdots \\ x_n \end{pmatrix}$, $\sum\limits_{i=1}^{n} x_i^* x_i$ 在变换下不变, 则 $M \in \text{U}(n)$.

一般地, $n$ 维向量 $X$ 与 $Y$ 的乘积表述为

$$XY = g^{ij} x_i y_j,$$

$\{x_i\}, \{y_i\}$ 为向量 $X, Y$ 的分量 (投影). 较严格地, 该乘积称为向量 $X$ 与向量 $Y$ 的内积, 常记为 $(X, Y)$, $g^{ij}$ 称为度规, 由之构成的矩阵称为度规矩阵. 显然, 与二次型 $\sum\limits_{i=1}^{n} x_i^* x_i$ (即 $n$ 维向量 $X$ 的模) 相应的度规矩阵为 $n \times n$ 单位矩阵 $I_n$. 而与二次型 $\sum\limits_{i=1}^{p} x_i^* x_i - \sum\limits_{j=p+1}^{p+q} x_j^* x_j$ 相应的度规矩阵为

$$G = \left.\begin{pmatrix} 1 & 0 & 0 & \cdots & 0 & 0 & & & & & & \\ 0 & 1 & 0 & \cdots & 0 & 0 & & & & & & \\ \vdots & \vdots & \vdots & \ddots & \vdots & \vdots & & & 0 & & & \\ 0 & 0 & 0 & \cdots & 1 & 0 & & & & & & \\ 0 & 0 & 0 & \cdots & 0 & 1 & & & & & & \\ & & & & & & -1 & 0 & 0 & \cdots & 0 & 0 \\ & & & & & & 0 & -1 & 0 & \cdots & 0 & 0 \\ & & & 0 & & & \vdots & \vdots & \vdots & \ddots & \vdots & \vdots \\ & & & & & & 0 & 0 & 0 & \cdots & -1 & 0 \\ & & & & & & 0 & 0 & 0 & \cdots & 0 & -1 \end{pmatrix}\right\}\begin{matrix} \\ \\ p \text{ 行}, p+q \text{ 列}, \\ \\ \\ \\ \\ q \text{ 行}, p+q \text{ 列}. \\ \\ \end{matrix} \tag{1.2}$$

内积保持不变, 即要求

$$X'^{\dagger} G X' = (UX)^{\dagger} G (UX) = X^{\dagger} U^{\dagger} G U X = X^{\dagger} G X,$$

也就是要求 $U^\dagger G U = G$. 如果度规矩阵 $G$ 为单位矩阵, 则这样的变换矩阵的集合 $U_{n \times n}$ 构成幺正群; 如果度规矩阵 $G$ 有 "号差" (如 (1.2) 式所示), 则这样的变换矩阵的集合 $\{U_{(p+q) \times (p+q)}\} = \mathrm{U}(p, q)$ 称为赝幺正群.

由上述讨论知, 引入并分析度规矩阵的意义在于, 当我们讨论随时空点变化的一族矩阵值函数时, 度规矩阵可以随时空变换, 例如, 第六章中将讨论的通常的四维时空中的场的变换 (Lorentz 变换, 更广义地, Poincaré 变换) 与 Euclid 度规 (或 Minkowski 度规) 的耦合, 再如弯曲时空上的非 Abel 规范场与 Riemann 度规的耦合.

**4. 正交群与特殊正交群**

由所有 $n$ 阶复正交矩阵构成的群 $\mathrm{O}(n, \mathbb{C}) = \{O \mid O \in \mathrm{GL}(n, \mathbb{C}),\ O^t O = I_n\}$ 称为复正交群, 独立群参数个数为 $n(n-1)$, 其中 $O^t$ 为 $O$ 的转置矩阵.

由所有 $n$ 阶行列式为 1 的复正交矩阵构成的群 $\mathrm{SO}(n, \mathbb{C}) = \{O \mid O \in \mathrm{O}(n, \mathbb{C}),\ \det O = 1\}$ 称为特殊复正交群.

群 $\mathrm{O}(p, q) = \{O \mid O \in \mathrm{GL}(n, \mathbb{C}),\ O^t G O = G,\ G\ \text{为有号差的度规}\}$ 称为赝复正交群.

若空间为实空间, 则相应地有实正交群 $\mathrm{O}(n, \mathbb{R})$、实特殊正交群 $\mathrm{SO}(n, \mathbb{R})$. 显然, 实空间中的正交群是复空间中的正交群在实空间中的特例. 实空间中的正交群、特殊正交群通常简记为 $\mathrm{O}(n)$, $\mathrm{SO}(n)$.

**5. 斜交群**

对 $2n \times 2n$ 矩阵 $M$ 和两个 $2n$ 维向量

$$
X = \begin{pmatrix} x_1 \\ x_2 \\ \vdots \\ x_n \\ x_{n+1} \\ x_{n+2} \\ \vdots \\ x_{2n} \end{pmatrix}, \quad
Y = \begin{pmatrix} y_1 \\ y_2 \\ \vdots \\ y_n \\ y_{n+1} \\ y_{n+2} \\ \vdots \\ y_{2n} \end{pmatrix},
$$

在 $X \Longrightarrow X' = MX$ 和 $Y \Longrightarrow Y' = MY$ 变换下, 如果

$$
\sum_{i=1}^{n} \left( x_i' y_{n+i}' - y_i' x_{n+i}' \right) = \sum_{i=1}^{n} \left( x_i y_{n+i} - y_i x_{n+i} \right),
$$

则称 $M$ 的集合形成的群为斜交群, 也称为辛群 (symplectic group), 记为 $\mathrm{SP}(2n, \mathbb{C})$, 独立群参数个数为 $2n(2n+1)$.

因为上述二次型实际即 $2n$ 维向量 $X$ 与 $2n$ 维向量 $Y$ 经转动

$$
G = \begin{pmatrix}
& & & & & 1 & 0 & 0 & \cdots & 0 & 0 \\
& & & & & 0 & 1 & 0 & \cdots & 0 & 0 \\
& & 0 & & & \vdots & \vdots & \vdots & \ddots & \vdots & \vdots \\
& & & & & 0 & 0 & 0 & \cdots & 1 & 0 \\
& & & & & 0 & 0 & 0 & \cdots & 0 & 1 \\
-1 & 0 & 0 & \cdots & 0 & 0 \\
0 & -1 & 0 & \cdots & 0 & 0 \\
\vdots & \vdots & \vdots & \ddots & \vdots & \vdots & & & 0 \\
0 & 0 & 0 & \cdots & -1 & 0 \\
0 & 0 & 0 & \cdots & 0 & -1
\end{pmatrix} = \begin{pmatrix} 0 & I_n \\ -I_n & 0 \end{pmatrix} \quad (1.3)
$$

作用后的结果的乘积, 上述二次型保持不变, 即要求

$$
X'^{\mathrm{t}} G Y' = (MX)^{\mathrm{t}} G (MY) = X^{\mathrm{t}} M^{\mathrm{t}} G M Y = X^{\mathrm{t}} G Y,
$$

也就是要求 $M^{\mathrm{t}} G M = G$. 因此, 斜交群 (辛群) SP$(2n)$ 就是满足要求 $M^{\mathrm{t}} G M = G$ 的变换矩阵 $M$ 的集合, 其中的 $G$ 如 (1.3) 式所示, 并称这样的度规为 SP$(2n)$ 群的度规. 既理论化又形象地讲, 上述矩阵 $G$ 实际上即一维复平面上复结构 i 的一种高维推广.

回顾前述讨论知, SL$(n, \mathbb{C})$, U$(n, \mathbb{C})$, SU$(n, \mathbb{C})$, O$(n, \mathbb{C})$, SO$(n, \mathbb{C})$, SP$(n, \mathbb{C})$ ($n$ 为偶数) 群都是 GL$(n, \mathbb{C})$ 群的子群 (子群是原群按乘法也构成群的子集, 定义见 §1.4). 一般地, 对 GL$(n, \mathbb{C})$ 群的各子群分类的标准包括:

(1) 行列式条件, 即 $\det A$ 的取值;

(2) 度规条件, $A^{\dagger} G A = G$, 或 $A^{\mathrm{t}} G A = G$, 具体取决于保持度规不变的变换是幺正变换还是正交或斜交变换.

前述讨论还表明, 群元素由表征变换的矩阵表述 (此后的讨论将表明, 这只是群的简单实现方式——线性实现). 对 GL$(n, \mathbb{C})$ 群, 独立的复参数的数目与群的矩阵元的数目一样多 (实参数的数目要乘以 2). 但对于其子群, 由于行列式条件和度规条件限制, 群参数的数目比群的矩阵元数目少. 例如, 前述的 SO(2) 群有 4 个矩阵元, 但只有一个群参数 $\theta$.

由群的基础知识知, 群参数的取值区间决定群的紧致性. 笼统来说, 如果群参数 $\alpha$ 可取值的区间由有限的闭区间组成, 则称之为紧致的, 否则称之为非紧致的. 对于李群 (概念见 §1.2) 来说: 如果李群的合成函数对于定义在群参数 $\alpha$ 的全部可取值区间上的群元都有界, 则称这个群是紧致的, 否则称之为非紧致的. 严格地, 紧

致性是定义在对应的拓扑上的, 或者说是以相应的拓扑群为基础而定义并展开讨论的. 这里不具体介绍, 有兴趣的读者可参阅如参考书 [2] 等文献.

　　再者, 如果群参数可以连续变化, 表征对称性变换的群元 (群参数的函数) 也连续变化, 从而保持所述对称性的变换有无穷多种, 则称之为连续群, 否则称之为离散群. 例如上述的 SO(2) 群的群参数 $\theta$ 连续变化, 因此 SO(2) 群是连续群. 而保持正三角形不变的 $C_3$ 群虽然也可以表述为绕垂直于三角形所在平面的转动, 但其相应于 SO(2) 群中的群参数只能取 $\dfrac{2n\pi}{3}$ (其中 $n$ 为整数) 的特殊情况, 因而为离散群. 由此还知, $C_3$ 等简单点群是平面转动群 SO(2) 的子群.

## §1.2　李群与李变换群的概念

　　以描述定轴转动的 SO(2) 群为例, 如图 1.1 所示, 我们已经知道:

　　(1) 对转动 $R(\theta)$, 一个群参数 $\theta$ 就刻画了该群的规律, 如果 $R(\theta') = R(\theta)$, 则有 $\theta' = \theta$ ($\theta \in [0, 2\pi)$).

　　(2) 对变换 $X' = R(\theta)X$, $R$ 为变换矩阵, $X$ 为被作用的空间中的向量.

　　(3) 对 $R_1 = R(\theta_1)$, $R_2 = R(\theta_2)$, 有 $R_1 R_2 = R_2 R_1$, 且 $R_2 R_1 = R(\theta_2)R(\theta_1) = R(\theta_1 + \theta_2) = R(\theta)$, 其中

$$\theta = \begin{cases} \theta_1 + \theta_2, & \text{当 } \theta_1 + \theta_2 < 2\pi; \\ \theta_1 + \theta_2 - 2\pi, & \text{当 } \theta_1 + \theta_2 \geqslant 2\pi. \end{cases}$$

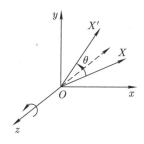

图 1.1　$x$-$y$ 平面内的向量绕 $z$ 轴转动 (SO(2) 群对称性操作) 的示意图

　　实际上, 由群表示的基本概念 (见 §4.1) 可知, 上述讨论给出了 $[0, 2\pi)$ 中的实数关于加法所构成的加法群的一个二维表示. 对于高维情况并非如此. 例如, 对于三维空间中的两次有限转角的转动 $R_1(\alpha_1, \beta_1, \gamma_1)$ 和 $R_2(\alpha_2, \beta_2, \gamma_2)$, 一般地, $R_1 R_2 \neq R_2 R_1$. 但是, 该乘积通常都可以表述为另外一组转角 $\{\alpha, \beta, \gamma\}$ 表征的转动, 也就是可以写为

$$R_1 R_2 = R(\alpha, \beta, \gamma),$$

其中 $\alpha=\alpha(\alpha_1,\beta_1,\gamma_1;\alpha_2,\beta_2,\gamma_2)$, $\beta=\beta(\alpha_1,\beta_1,\gamma_1;\alpha_2,\beta_2,\gamma_2)$, $\gamma=\gamma(\alpha_1,\beta_1,\gamma_1;\alpha_2,\beta_2,\gamma_2)$ 为 $\{\alpha_1,\beta_1,\gamma_1;\alpha_2,\beta_2,\gamma_2\}$ 的函数, 并且有

$$X' = R(\alpha,\beta,\gamma)X = R(\alpha_1,\beta_1,\gamma_1)R(\alpha_2,\beta_2,\gamma_2)X.$$

将描述三维空间转动对称性的 SO(3) 群推广知, 对一个与之类似的连续群, 每一组实参数 $\alpha=(\alpha_1,\cdots,\alpha_n)$ 都对应群的一个元素, 例如 $A(\alpha_1,\cdots,\alpha_n)$, $B(\beta_1,\cdots,\beta_n)$, 并且 $C(\gamma_1,\cdots,\gamma_n)=AB$, 其中 $\gamma=\varphi(\alpha,\beta)$ 为 $(\alpha,\beta)$ 的连续可微函数, 且满足:

(1) 存在单位元 $I(\alpha_1^0,\cdots,\alpha_n^0)=I(0,\cdots,0)$, 使得

$$IA = AI = A, \qquad \varphi(0,\alpha) = \varphi(\alpha,0) = \alpha.$$

(2) 存在逆元, 对 $A(\alpha)$, 存在 $A^{-1}=A(\overline{\alpha})$, 使得

$$AA^{-1} = A^{-1}A = I,$$

即

$$\varphi(\alpha,\overline{\alpha}) = \varphi(\overline{\alpha},\alpha) = 0.$$

(3) 有结合律 $(AB)C = A(BC)$, 即

$$\varphi(\varphi(\alpha,\beta),\gamma) = \varphi(\alpha,\varphi(\beta,\gamma)).$$

这类群的群参数还满足条件:

(1) 当 $\alpha$ 很小时, $\overline{\alpha} = -\alpha$.

(2) 当 $\alpha$ 和 $\beta$ 都很小时, $\varphi(\alpha,\beta) = \alpha + \beta$.

一般地, 将前述的 SO(2) 群、SO(3) 群的这种推广, 即一个 $n$ 个参数的连续群, 其任意元素 $A(\alpha)$, $B(\beta)$ 相乘 $A(\alpha)B(\beta)=C(\varphi(\alpha+\beta))$, 都有 $\varphi(\alpha,\beta)$ 是 $\alpha$ 和 $\beta$ 的连续可微函数, 称为李群 (Lie group), 称 $\varphi(\alpha,\beta)$ 为合成函数.

若把这样的 $A(\alpha)$ 看成作用在某一空间 $V$ 上的算符, 使得 $X \Longrightarrow X' = A(\alpha)X$, 则称 $\{A(\alpha)\}$ 构成的群为李变换群. 如果 $A(\alpha) \in V$, 即被作用 (变换) 的空间为群参数空间本身, 则这样的群即为李群.

## §1.3 李群的无穷小生成元

### 1.3.1 李变换群的无穷小生成元

根据对称性或群操作的概念, 连续两次变换 $A$, $B$ 的效果如图 1.2(a) 所示, 并且其整体效果可由一步作用 $C = AB$ 的效果表征.

对于变换 $A(\alpha)$, 有

$$X_0 \Longrightarrow X = A(\alpha)X_0 = f(\alpha, X_0).$$

若 $V$ 为多维空间, 则对任意维度 $i$ 都有

$$X^i = f^i(\alpha, X_0) = f^i(0, X).$$

对上述变换后的状态再做群参数变化 $\delta\alpha$ 的无穷小变换, 达到 $X + \mathrm{d}X$ (见图 1.2(b)), 则有 (重复指标意味着求和)

$$
\begin{aligned}
X^i + \mathrm{d}X^i &= f^i(\alpha + \mathrm{d}\alpha, X_0) \\
&= f^i(\delta\alpha, X) \\
&= f^i(0, X) + \frac{\partial f^i(\beta, X)}{\partial \beta^\sigma}\bigg|_{\beta=0} \delta\alpha^\sigma + \cdots \\
&= X^i + U^i_\sigma(X)\delta\alpha^\sigma,
\end{aligned}
$$

即有

$$\mathrm{d}X^i = U^i_\sigma(X)\delta\alpha^\sigma, \tag{1.4}$$

其中

$$U^i_\sigma(X) = \frac{\partial f^i(\beta, X)}{\partial \beta^\sigma}\bigg|_{\beta=0}, \tag{1.5}$$

$\sigma = 1, 2, \cdots, m$, $m$ 为群参数空间的维数, $i = 1, 2, \cdots, n$, $n$ 为底空间的维数.

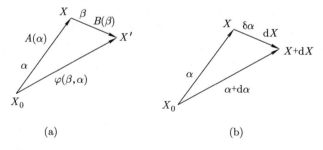

(a)　　　　　　　　　　　　　(b)

图 1.2　连续两次变换 $A$, $B$ 及其效果 (a) 和一个有限变换与一个无穷小变换的整体效果 (b)

对于群参数空间, 则有

$$
\begin{aligned}
\alpha^\mu + \mathrm{d}\alpha^\mu &= \varphi^\mu(\delta\alpha, \alpha) = \varphi^\mu(0, \alpha) + \frac{\partial \varphi^\mu(\beta, \alpha)}{\partial \beta^\sigma}\bigg|_{\beta=0} \delta\alpha^\sigma + \cdots \\
&= \alpha^\mu + V^\mu_\sigma(\alpha)\delta\alpha^\sigma.
\end{aligned}
$$

因此

$$\mathrm{d}\alpha^{\mu} = V_{\sigma}^{\mu}(\alpha)\delta\alpha^{\sigma}, \tag{1.6}$$

其中

$$V_{\sigma}^{\mu}(\alpha) = \left.\frac{\partial\varphi^{\mu}(\beta,\alpha)}{\partial\beta^{\sigma}}\right|_{\beta=0}. \tag{1.7}$$

由 (1.6) 式知, 如果 $\det V_{\sigma}^{\mu}(\alpha) \neq 0$, 则

$$\delta\alpha^{\sigma} = [V^{-1}(\alpha)]_{\mu}^{\sigma}\mathrm{d}\alpha^{\mu} = \Lambda_{\mu}^{\sigma}(\alpha)\mathrm{d}\alpha^{\mu}. \tag{1.8}$$

综合上述结果, 我们有

$$\mathrm{d}X = U(X)V^{-1}(\alpha)\mathrm{d}\alpha. \tag{1.9}$$

这表明, $U(X)V^{-1}(\alpha)$ 为无穷小算子, 它使得群参数的无穷小改变 $\mathrm{d}\alpha$ 引起被作用空间中的向量 $X$ 改变 $\mathrm{d}X$. 具体地, 对每一分量 $i$, 都有

$$\mathrm{d}X^{i} = U_{\sigma}^{i}(X)\Lambda_{\sigma}^{\sigma}(\alpha)\mathrm{d}\alpha^{\rho},$$

$U_{\sigma}^{i}(X)\Lambda_{\mu}^{\sigma}(\alpha) = U(X)_{\sigma}^{i}[V^{-1}(\alpha)]_{\mu}^{\sigma}$ 为其无穷小算子.

另一方面, 考虑被作用的空间 (底空间) 中的函数 $F(X)$, 对 $g \in \mathcal{G}$, $X \xrightarrow{g(\beta)} X'$, 对每一个变换 $g(\beta)$, 函数空间 $\{F(X)\}$ 中的任一个函数

$$F(X) \Longrightarrow F(X') = F(f(\beta, X)),$$

其改变量为 $\delta F(X) = F(X') - F(X)$.

当群参数 $\beta$ 很小时, $\beta = \delta\alpha$, 则

$$\delta F(X) = F(f(\delta\alpha, X)) - F(X) = F(X) + \left.\frac{\partial X^{i}(\beta,X)}{\partial\beta^{\sigma}}\right|_{\beta=0}\frac{\partial F(X)}{\partial X^{i}}\delta\alpha^{\sigma} - F(X)$$

$$= \left[U_{\sigma}^{i}(X)\frac{\partial}{\partial X^{i}}\right]F(X)\delta\alpha^{\sigma}$$

$$= \mathbb{X}_{\sigma}(X)F(X)\delta\alpha^{\sigma}.$$

或者说,

$$\mathrm{d}F(X) = \frac{\partial F(X)}{\partial X^{i}}\mathrm{d}X^{i} = \frac{\partial F(X)}{\partial X^{i}}U_{\sigma}^{i}(X)\Lambda_{\rho}^{\sigma}(\alpha)\mathrm{d}\alpha^{\rho}$$

$$= \left[U_{\sigma}^{i}(X)\Lambda_{\rho}^{\sigma}(\alpha)\frac{\partial}{\partial X^{i}}\right]F(X)\mathrm{d}\alpha^{\rho}.$$

由此可知, 被作用空间中的函数的改变完全由 $\Lambda_{\rho}^{\sigma}(\alpha)U_{\sigma}^{i}(X)\dfrac{\partial}{\partial X^{i}}$ 引起, 因此 $\Lambda_{\rho}^{\sigma}(\alpha)U_{\sigma}^{i}(X)\dfrac{\partial}{\partial X^{i}}$ 为李变换群的无穷小算子.

显然, 李变换群的无穷小算子由两部分构成, 一部分是群参数空间中的 $\Lambda^\sigma_\rho(\alpha)$, 另一部分是被作用空间中的 $U^i_\sigma(X)\dfrac{\partial}{\partial X^i}$. 针对被作用空间,

$$\mathbb{X}_\sigma(X) = U^i_\sigma(X)\frac{\partial}{\partial X^i} \tag{1.10}$$

称为李变换群的无穷小生成元.

### 1.3.2　李群的无穷小生成元

由于李群是群 $\mathcal{G}$ 作用在自身上的变换群, 类似于对 $T(\alpha) \in \mathcal{G}$, $T(\alpha)X = X'$, $X' = f(\alpha, X)$, 有

$$T_\alpha T_\xi = T_{\xi'}, \qquad \xi' = \varphi(\alpha, \xi), \qquad \xi + \mathrm{d}\xi = \varphi(\delta\alpha, \xi).$$

对其 $\mu$ 分量, 有

$$\xi^\mu + \mathrm{d}\xi^\mu = \varphi^\mu(0, \xi) + \frac{\partial\varphi^\mu(\beta, \xi)}{\partial\beta^\sigma}\bigg|_{\beta=0}\delta\alpha^\sigma,$$

即有

$$\mathrm{d}\xi^\mu = V^\mu_\sigma(\xi)\delta\alpha^\sigma,$$

其中

$$V^\mu_\sigma(\xi) = \frac{\partial\varphi^\mu(\beta, \xi)}{\partial\beta^\sigma}\bigg|_{\beta=0}.$$

相应于群参数的变化, 其函数有变换

$$\Phi(\xi) \Longrightarrow \Phi(\xi') = \Phi(\varphi(\delta\xi, \xi)) = \Phi(\xi + \mathrm{d}\xi),$$

其改变量为

$$\begin{aligned}
\mathrm{d}\Phi(\xi) &= \Phi(\xi') - \Phi(\xi) = \Phi(\xi + \mathrm{d}\xi, \xi) - \Phi(\xi) = \frac{\partial\Phi(\xi)}{\partial\xi^\mu}\mathrm{d}\xi^\mu \\
&= \left[V^\mu_\sigma(\xi)\frac{\partial}{\partial\xi^\mu}\right]\Phi(\xi)\delta\alpha^\sigma \\
&= \mathbb{X}_\sigma(\xi)\Phi(\xi)\delta\alpha^\sigma.
\end{aligned}$$

显然, 群参数的无穷小变化 $\delta\alpha$ 引起其函数 (群元) 改变 $\mathrm{d}\Phi$, 这一变化起源于 $\mathbb{X}_\sigma(\xi) = V^\mu_\sigma(\xi)\dfrac{\partial}{\partial\xi^\mu}$ 对函数 $\Phi$ 的作用. 由此知,

$$\mathbb{X}_\sigma(\xi) = V^\mu_\sigma(\xi)\frac{\partial}{\partial\xi^\mu} \tag{1.11}$$

是李群的无穷小生成元.

回顾前述讨论知, 函数 $\varphi(\alpha, \beta)$ 为将群参数分别为 $\alpha, \beta$ 的两步变换等价为一步变换时相应的群参数与原群参数间的函数 (关系), 常称为 (群参数的) 合成函数. 李群和李变换群所反映的变换由其无穷小生成元表征, 无穷小生成元由合成函数的微分算子表征. 显然, 单位元邻域内的李群 (李变换群) 为最简单的李群 (李变换群), 人们通常称单位元邻域内具有李群性质的群为局部李群.

**例 1.1** SO(2) 群的无穷小生成元.

对如图 1.3 所示的变换 $X \xrightarrow{R(\theta)} X'$, 其具体表述为

$$\begin{pmatrix} x' \\ y' \end{pmatrix} = \begin{pmatrix} \cos\theta & -\sin\theta \\ \sin\theta & \cos\theta \end{pmatrix} \begin{pmatrix} x \\ y \end{pmatrix}.$$

抽象地可以表示为 $X' = f(\theta, X)$.

对于 $\varphi(\theta, \theta') = \theta + \theta'$, 在单位元附近 $(\theta = 0, \delta\theta \to 0)$, 上述变换实际为

$$\begin{pmatrix} x' \\ y' \end{pmatrix} = \begin{pmatrix} 1 & -\delta\theta \\ \delta\theta & 1 \end{pmatrix} \begin{pmatrix} x \\ y \end{pmatrix},$$

亦即

$$\begin{cases} x' = x - y\delta\theta, \\ y' = y + x\delta\theta, \end{cases}$$

于是由

$$U^i(X) = \frac{\partial f^i(\beta, X)}{\partial \beta}\Big|_{\beta=0}$$

得

$$U^1 = -y, \quad U^2 = x,$$

由

$$V(\xi) = \frac{\partial \varphi(\beta, \xi)}{\partial \beta}\Big|_{\beta=0}$$

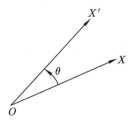

图 1.3 平面内向量 $X$ 经 $\theta$ 角转动操作, 变换为 $X'$ 的示意图

得

$$V(\theta) = 1 = \Lambda^{-1}(\theta).$$

根据李变换群的无穷小算子的定义, 则得

$$\Lambda U^i \frac{\partial}{\partial X^i} = -y\frac{\partial}{\partial x} + x\frac{\partial}{\partial y} = \mathrm{i}\widehat{L}_z.$$

这正是我们已经熟悉的产生绕 $z$ 轴转动的角动量算符的表述形式 ($\widehat{L}_z$ 即量子力学中自然单位制 ($\hbar = 1$) 下的绕 $z$ 轴转动的角动量算符 $\widehat{L}_z = \widehat{x}\widehat{p}_y - \widehat{y}\widehat{p}_x$). 所以, 李变换群 SO(2) 的无穷小生成元即与定轴转动相应的角动量算符. 由此知, 一般的李变换群的无穷小算子 (生成元) 是角动量算符的推广.

**例 1.2** 一维伸缩平移群的无穷小生成元.

根据伸缩、平移的概念, 该变换可以表述为

$$X \xrightarrow{\alpha} X' = \mathrm{e}^{\alpha_1}X + \alpha_2,$$

其中 $\alpha_1 \in \mathbb{R}$ 为伸缩因子, $\alpha_2 \in \mathbb{R}$ 为平移因子. 显然, $\alpha_1 = 0$, $\alpha_2 \neq 0$ 对应仅有平移没有伸缩的变换; $\alpha_1 \neq 0$, $\alpha_2 = 0$ 对应仅有伸缩没有平移的变换 (即通常的一维 Lorentz 变换).

再做变换 $\beta$, 则有

$$X' \xrightarrow{\beta} X'' = \mathrm{e}^{\beta_1}X' + \beta_2 = \mathrm{e}^{\alpha_1 + \beta_1}X + (\mathrm{e}^{\beta_1}\alpha_2 + \beta_2).$$

上述连续两次变换的整体效果可以表述为一个变换

$$X \xrightarrow{\gamma} X'' = \mathrm{e}^{\gamma_1}X + \gamma_2.$$

由此知, 变换参数之间有关系

$$\gamma_1 = \alpha_1 + \beta_1, \qquad \gamma_2 = \mathrm{e}^{\beta_1}\alpha_2 + \beta_2,$$

即该变换的参数空间为 2 维空间: $\alpha = (\alpha_1, \alpha_2)$, 单位元为 $e = \alpha_0 = (0, 0)$, 逆元为 $\overline{\alpha} = (-\alpha_1, -\mathrm{e}^{-\alpha_1}\alpha_2)$.

可见, 该变换确实构成一个群, 其群参数的合成函数为

$$\gamma_1 = \varphi_1(\beta, \alpha) = \alpha_1 + \beta_1, \qquad \gamma_2 = \varphi_2(\beta, \alpha) = \mathrm{e}^{\beta_1}\alpha_2 + \beta_2.$$

根据李变换群和李群的无穷小算子的定义, 则得

$$U_\sigma^i(X) = \left.\frac{\partial f^i(\beta, X)}{\partial \beta^\sigma}\right|_{\beta=0} = \left.\frac{\partial(\mathrm{e}^{\beta_1}X + \beta_2)}{\partial \beta^\sigma}\right|_{\beta=0} = (X, 1),$$

$$V_\sigma^\mu(\alpha) = \left.\frac{\partial \varphi^\mu(\beta, \alpha)}{\partial \beta^\sigma}\right|_{\beta=0} = \begin{pmatrix} 1 & \alpha_2 \\ 0 & 1 \end{pmatrix}.$$

由此可得，一维伸缩平移变换对应的李变换群的无穷小生成元 $\mathbb{X}_\sigma(X) = U_\sigma^i(X)\dfrac{\partial}{\partial X^i}$ 具体为

$$\mathbb{X}_1 = X\frac{\partial}{\partial X}, \qquad \mathbb{X}_2 = \frac{\partial}{\partial X},$$

其间有对易关系 $[\mathbb{X}_1, \mathbb{X}_2] = -\mathbb{X}_2$.

并且，一维伸缩平移变换对应的李群的无穷小生成元 $\mathbb{X}_\sigma(\xi) = V_\sigma^\mu(\xi)\dfrac{\partial}{\partial \xi^\mu}$ 具体为

$$\mathbb{X}_1 = \frac{\partial}{\partial \alpha_1} + \alpha_2\frac{\partial}{\partial \alpha_2}, \qquad \mathbb{X}_2 = \frac{\partial}{\partial \alpha_2},$$

其间有对易关系 $[\mathbb{X}_1, \mathbb{X}_2] = -\mathbb{X}_2$.

该群的群参数及其间的关系可以用矩阵形式表述为

$$\alpha = \begin{pmatrix} \mathrm{e}^{\alpha_1} & \alpha_2 \\ 0 & 1 \end{pmatrix}, \qquad \beta = \begin{pmatrix} \mathrm{e}^{\beta_1} & \beta_2 \\ 0 & 1 \end{pmatrix},$$

$$\gamma = \begin{pmatrix} \mathrm{e}^{\gamma_1} & \gamma_2 \\ 0 & 1 \end{pmatrix} = \begin{pmatrix} \mathrm{e}^{\alpha_1+\beta_1} & \mathrm{e}^{\beta_1}\alpha_2 + \beta_2 \\ 0 & 1 \end{pmatrix} = \beta\alpha.$$

由此，上述生成元还可以用矩阵形式表述为

$$\mathbb{X}_1 = \left.\frac{\partial \alpha}{\partial \alpha_1}\right|_{\alpha_1=\alpha_2=0} = \begin{pmatrix} 1 & 0 \\ 0 & 0 \end{pmatrix}, \qquad \mathbb{X}_2 = \left.\frac{\partial \alpha}{\partial \alpha_2}\right|_{\alpha_1=\alpha_2=0} = \begin{pmatrix} 0 & 1 \\ 0 & 0 \end{pmatrix},$$

其间有对易关系 $[\mathbb{X}_1, \mathbb{X}_2] = \mathbb{X}_2$，与前述的微分形式差一负号 (这正是反厄米性的表现，从而在量子力学中的动量算符与微分算符之间有 "$-\mathrm{i}\hbar$" 的系数之差异).

总之，群的无穷小生成元有两种实现方式: (1) 微分算子实现方式; (2) 矩阵实现方式.

矩阵实现一定是线性实现，如上述实例，具体的如 $J = \dfrac{1}{2}\boldsymbol{\sigma}$; 微分算子实现不一定是线性实现，如李变换群的无穷小算子.

李群的线性实现本身是用一个矩阵群来体现群的性质; 李群的非线性实现是用一个李变换群来体现群的性质.

## §1.4 李群的基本性质

作为连续群，李群有其特殊的性质，本节对之予以简要介绍.

### 1.4.1 　合成函数的性质

**定理 1.1 (李氏第一定理)** 　记 $\gamma^\mu = \varphi^\mu(\beta, \alpha)$ 是李群的合成函数, 并且关于 $\alpha$ 和 $\beta$ 连续可微, 而

$$V_\sigma^\mu(\alpha) = \frac{\partial \varphi^\mu(\beta, \alpha)}{\partial \beta^\sigma}\Big|_{\beta=0}, \qquad \Lambda_\nu^\sigma(\alpha) V_\sigma^\mu(\alpha) = \delta_\nu^\mu,$$

则

$$\frac{\partial \gamma^\mu}{\partial \beta^\nu} = V_\sigma^\mu(\gamma) \Lambda_\nu^\sigma(\beta).$$

**证明** 　由合成函数的定义知, 对 $\gamma + \mathrm{d}\gamma = \varphi(\delta\beta, \gamma) = \varphi(\beta + \mathrm{d}\beta, \alpha)$ , 如图 1.4 所示, 有

$$\gamma^\mu + \mathrm{d}\gamma^\mu = \varphi^\mu(0, \gamma) + \frac{\partial \varphi^\mu(\beta, \gamma)}{\partial \beta^\sigma}\Big|_{\beta=0} \delta\beta^\sigma = \gamma^\mu + V_\sigma^\mu(\gamma)\delta\beta^\sigma,$$

因此

$$\mathrm{d}\gamma^\mu = V_\sigma^\mu(\gamma)\delta\beta^\sigma.$$

又因为 $\beta + \mathrm{d}\beta = \varphi(\delta\beta, \beta)$, 即

$$\beta^\nu + \mathrm{d}\beta^\nu = \varphi^\nu(0, \beta) + \frac{\partial \varphi^\nu(\eta, \beta)}{\partial \eta^\sigma}\Big|_{\eta=0} \delta\beta^\sigma = \beta^\nu + V_\sigma^\nu(\beta)\delta\beta^\sigma,$$

再考虑

$$V_\sigma^\nu(\beta)\Lambda_\mu^\sigma(\beta) = \delta_\mu^\nu,$$

则得

$$\delta\beta^\sigma = [V^{-1}(\beta)]_\nu^\sigma \mathrm{d}\beta^\nu = \Lambda_\nu^\sigma(\beta)\mathrm{d}\beta^\nu.$$

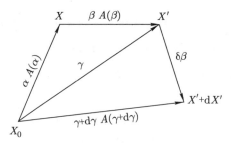

图 1.4 　连续三次变换及其效果示意图

于是

$$\mathrm{d}\gamma^\mu = V_\sigma^\mu(\gamma)\delta\beta^\sigma = V_\sigma^\mu(\gamma)\Lambda_\nu^\sigma(\beta)\mathrm{d}\beta^\nu.$$

因此

$$\frac{\partial \gamma^\mu}{\partial \beta^\nu} = V_\sigma^\mu(\gamma)\Lambda_\nu^\sigma(\beta). \tag{1.12}$$

对于李变换群, 由前述的 $X = A(\alpha)X_0 = f(\alpha, X_0)$, 即 $X^i = f^i(\alpha, X_0)$ 知

$$X^i + \mathrm{d}X^i = f^i(\delta\alpha, X) = f^i(0, X) + \left.\frac{\partial f^i(\beta, X)}{\partial\beta^\sigma}\right|_{\beta=0}\delta\alpha^\sigma + \cdots,$$

于是有

$$\mathrm{d}X^i = U_\sigma^i(X)\delta\alpha^\sigma,$$

其中

$$U_\sigma^i(X) = \left.\frac{\partial f^i(\beta, X)}{\partial\beta^\sigma}\right|_{\beta=0}.$$

由前述的

$$\alpha^\mu + \mathrm{d}\alpha^\mu = \varphi^\mu(\delta\alpha, \alpha) = \varphi^\mu(0, \alpha) + \left.\frac{\partial\varphi^\mu(\beta, \alpha)}{\partial\beta^\sigma}\right|_{\beta=0}\delta\alpha^\sigma + \cdots$$
$$= \alpha^\mu + V_\sigma^\mu(\alpha)\delta\alpha^\sigma + \cdots$$

知

$$\mathrm{d}\alpha^\mu = V_\sigma^\mu(\alpha)\delta\alpha^\sigma,$$

其中

$$V_\sigma^\mu(\alpha) = \left.\frac{\partial\varphi^\mu(\beta, \alpha)}{\partial\beta^\sigma}\right|_{\beta=0}.$$

亦即有

$$\delta\alpha^\sigma = \Lambda_\mu^\sigma(\alpha)\mathrm{d}\alpha^\mu,$$

其中

$$\Lambda_\mu^\sigma(\alpha) = [V^{-1}(\alpha)]_\mu^\sigma.$$

于是有

$$\mathrm{d}x^i = U_\sigma^i(X)\Lambda_\mu^\sigma(\alpha)\mathrm{d}\alpha^\mu.$$

所以

$$\frac{\partial X^i}{\partial\alpha^\mu} = U_\sigma^i(X)\Lambda_\mu^\sigma(\alpha) = \Lambda_\mu^\sigma(\alpha)U_\sigma^i(X). \tag{1.13}$$

**定理 1.2 (李氏第一定理的逆定理)** 设 $\alpha^i$ 和 $\beta^i$ 都是 $n$ 个变量, $\gamma^i = \varphi^i(\alpha, \beta)$ $(i = 1, 2, \cdots, n)$ 和 $X^i = f^i(\alpha, X_0)$ $(i = 1, 2, \cdots, n)$ 都是 $\alpha^i$ 和 $\beta^i$ 的 $n$ 个函数, 并且在 $\alpha = 0, \beta = 0$ 的邻域内解析, 记

$$U_\mu^\nu(X) = \left.\frac{\partial f^\nu(\beta, X)}{\partial\beta^\mu}\right|_{\beta=0}, \qquad V_\lambda^\mu(\alpha) = \left.\frac{\partial\varphi^\mu(\beta, \alpha)}{\partial\beta^\lambda}\right|_{\beta=0}, \qquad \Lambda_\mu^\rho(\alpha)V_\rho^\nu(\alpha) = \delta_\mu^\nu,$$

则

(1) 函数 $\varphi^i$ 是一个生成元为 $\mathbb{X}_\mu(\alpha) = V_\mu^\nu(\alpha)\dfrac{\partial}{\partial\alpha^\nu}$ 的局部李群的合成函数;

(2) $f^i(\beta, X)$ 是局部李变换群的合成函数.

### 1.4.2 无穷小生成元的代数结构及李群与李代数的关系

**1. 李群的无穷小生成元之间的关系 (代数结构)**

**定理 1.3 (李氏第二定理)** 李 (变换) 群的无穷小生成元之间满足关系

$$[\mathbb{X}_\sigma, \mathbb{X}_\rho] = C^\mu_{\sigma\rho} \mathbb{X}_\mu,$$

其中的 $C^\mu_{\sigma\rho}$ 称为群的结构常数.

**证明** 由定义 $\mathbb{X}_\sigma(X) = U^i_\sigma(X)\dfrac{\partial}{\partial X^i}$, $\mathbb{X}_\rho(X) = U^j_\rho(X)\dfrac{\partial}{\partial X^j}$ 知

$$\mathbb{X}_\sigma \mathbb{X}_\rho = U^i_\sigma \frac{\partial}{\partial X^i}\left(U^j_\rho \frac{\partial}{\partial X^j}\right) = U^i_\sigma \frac{\partial U^j_\rho}{\partial X^i}\frac{\partial}{\partial X^j} + U^i_\sigma U^j_\rho \frac{\partial^2}{\partial X^i \partial X^j},$$

则

$$[\mathbb{X}_\sigma, \mathbb{X}_\rho] = \mathbb{X}_\sigma \mathbb{X}_\rho - \mathbb{X}_\rho \mathbb{X}_\sigma = \left(U^i_\sigma \frac{\partial U^j_\rho}{\partial X^i} - U^i_\rho \frac{\partial U^j_\sigma}{\partial X^i}\right)\frac{\partial}{\partial X^j}.$$

因为

$$\frac{\partial^2 X^i}{\partial \alpha^\rho \partial \alpha^\sigma} = \frac{\partial^2 X^i}{\partial \alpha^\sigma \partial \alpha^\rho},$$

由李氏第一定理知, 对于李 (变换) 群, $\dfrac{\partial X^i}{\partial \alpha^\sigma} = U^i_\mu(X)\Lambda^\mu_\sigma(\alpha) = \Lambda^\mu_\sigma(\alpha)U^i_\mu(X)$, 即有

$$\frac{\partial}{\partial \alpha^\rho}\frac{\partial X^i}{\partial \alpha^\sigma} = \frac{\partial}{\partial \alpha^\rho}(\Lambda^\mu_\sigma(\alpha)U^i_\mu(X)) = \frac{\partial \Lambda^\mu_\sigma(\alpha)}{\partial \alpha^\rho}U^i_\mu(X) + \Lambda^\mu_\sigma(\alpha)\frac{\partial U^i_\mu(X)}{\partial \alpha^\rho},$$

那么, 由 $\dfrac{\partial^2 X^i}{\partial \alpha^\rho \partial \alpha^\sigma} - \dfrac{\partial^2 X^i}{\partial \alpha^\sigma \partial \alpha^\rho} = 0$ 知

$$0 = \left(\frac{\partial \Lambda^\mu_\sigma(\alpha)}{\partial \alpha^\rho} - \frac{\partial \Lambda^\mu_\rho(\alpha)}{\partial \alpha^\sigma}\right)U^i_\mu(X) + \left(\Lambda^\mu_\sigma(\alpha)\frac{\partial}{\partial \alpha^\rho} - \Lambda^\mu_\rho(\alpha)\frac{\partial}{\partial \alpha^\sigma}\right)U^i_\mu(X)$$

$$= \left(\frac{\partial \Lambda^\mu_\sigma(\alpha)}{\partial \alpha^\rho} - \frac{\partial \Lambda^\mu_\rho(\alpha)}{\partial \alpha^\sigma}\right)U^i_\mu(X) + \left(\Lambda^\mu_\sigma(\alpha)\frac{\partial X^k}{\partial \alpha^\rho}\frac{\partial}{\partial X^k} - \Lambda^\mu_\rho(\alpha)\frac{\partial X^k}{\partial \alpha^\sigma}\frac{\partial}{\partial X^k}\right)U^i_\mu(X).$$

将 $\dfrac{\partial X^k}{\partial \alpha^\rho} = \Lambda^\sigma_\rho(\alpha)U^k_\sigma(X)$ 代入上式, 得

$$0 = \left(\frac{\partial \Lambda^\mu_\sigma(\alpha)}{\partial \alpha^\rho} - \frac{\partial \Lambda^\mu_\rho(\alpha)}{\partial \alpha^\sigma}\right)U^i_\mu(X)$$

$$+ \left(\Lambda^\mu_\sigma(\alpha)\Lambda^\xi_\rho(\alpha)U^k_\xi(X) - \Lambda^\mu_\rho(\alpha)\Lambda^\xi_\sigma(\alpha)U^k_\xi(X)\right)\frac{\partial}{\partial X^k}U^i_\mu(X).$$

对最后一项, 互换其中的求和指标 $\mu$ 与 $\xi$, 则得

$$0 = \left( \frac{\partial \Lambda_\sigma^\mu(\alpha)}{\partial \alpha^\rho} - \frac{\partial \Lambda_\rho^\mu(\alpha)}{\partial \alpha^\sigma} \right) U_\mu^i(X)$$

$$+ \Lambda_\sigma^\mu(\alpha) \Lambda_\rho^\xi(\alpha) \left( U_\xi^k(X) \frac{\partial U_\mu^i(X)}{\partial X^k} - U_\mu^k(X) \frac{\partial U_\xi^i(X)}{\partial X^k} \right).$$

考虑 $\Lambda_\sigma^\mu(\alpha) = [V^{-1}(\alpha)]_\sigma^\mu$, 对上式移项, 并乘以 $V_\xi^\rho(\alpha) V_\mu^\sigma(\alpha)$, 得

$$-V_\xi^\rho(\alpha) V_\mu^\sigma(\alpha) \left( \frac{\partial \Lambda_\sigma^\nu(\alpha)}{\partial \alpha^\rho} - \frac{\partial \Lambda_\rho^\nu(\alpha)}{\partial \alpha^\sigma} \right) U_\nu^i(X)$$

$$= \left( U_\xi^k(X) \frac{\partial U_\mu^i(X)}{\partial X^k} - U_\mu^k(X) \frac{\partial U_\xi^i(X)}{\partial X^k} \right).$$

于是有

$$\left( U_\xi^k(X) \frac{\partial U_\mu^i(X)}{\partial X^k} - U_\mu^k(X) \frac{\partial U_\xi^i(X)}{\partial X^k} \right) \frac{\partial}{\partial X^i}$$

$$= -V_\xi^\rho(\alpha) V_\mu^\sigma(\alpha) \left( \frac{\partial \Lambda_\sigma^\nu(\alpha)}{\partial \alpha^\rho} - \frac{\partial \Lambda_\rho^\nu(\alpha)}{\partial \alpha^\sigma} \right) U_\nu^i(X) \frac{\partial}{\partial X^i}.$$

考虑前述无穷小算子的表达式和 $[\mathbb{X}_\sigma, \mathbb{X}_\rho]$ 的表达式知, 上式即

$$[\mathbb{X}_\xi, \mathbb{X}_\mu] = -V_\xi^\rho(\alpha) V_\mu^\sigma(\alpha) \left( \frac{\partial \Lambda_\sigma^\nu(\alpha)}{\partial \alpha^\rho} - \frac{\partial \Lambda_\rho^\nu(\alpha)}{\partial \alpha^\sigma} \right) \mathbb{X}_\nu.$$

由于 $\mathbb{X}_\mu$ 是关于 $X$ 的算符 (函数), $-V_\xi^\rho(\alpha) V_\mu^\sigma(\alpha) \left( \frac{\partial \Lambda_\sigma^\nu(\alpha)}{\partial \alpha^\rho} - \frac{\partial \Lambda_\rho^\nu(\alpha)}{\partial \alpha^\sigma} \right)$ 是关于 $\alpha$ 的算符 (函数), 并且有下指标 $\xi$, $\mu$ 和上指标 $\nu$, 于是可以记之为 $C_{\xi\mu}^\nu(\alpha)$. 并且, 很显然, 当 $\mathbb{X}_\xi$, $\mathbb{X}_\mu$ 和 $\mathbb{X}_\nu$ 固定后, 上式对于任意 $\alpha$ 均成立, 因此, $C_{\xi\mu}^\nu(\alpha)$ 只可能是由 $\alpha$ 决定的常数, 于是, 相对于 $\{\mathbb{X}_\mu\}$ 可记之为常数 $C_{\xi\mu}^\nu$, 即有

$$[\mathbb{X}_\xi, \mathbb{X}_\mu] = -V_\xi^\rho(\alpha) V_\mu^\sigma(\alpha) \left( \frac{\partial \Lambda_\sigma^\nu(\alpha)}{\partial \alpha^\rho} - \frac{\partial \Lambda_\rho^\nu(\alpha)}{\partial \alpha^\sigma} \right) \mathbb{X}_\nu = C_{\xi\mu}^\nu \mathbb{X}_\nu.$$

总之,

$$[\mathbb{X}_\sigma, \mathbb{X}_\rho] = C_{\sigma\rho}^\mu \mathbb{X}_\mu, \tag{1.14}$$

其中 $C_{\sigma\rho}^\mu$ 为常数.

显然, $C_{\sigma\rho}^\mu$ 给出了李群 (李变换群) 的生成元之间的关系, 也就是决定了李群的局域结构, 因此称为李群的结构常数.

**定理 1.4 (李氏第三定理)**　李群的结构常数关于下指标是反对称的, 且满足 Jacobi 恒等式, 即有

$$C_{\mu\nu}^{\eta} = -C_{\nu\mu}^{\eta}, \tag{1.15}$$

$$C_{\mu\nu}^{\eta}C_{\eta\rho}^{\kappa} + C_{\nu\rho}^{\eta}C_{\eta\mu}^{\kappa} + C_{\rho\mu}^{\eta}C_{\eta\nu}^{\kappa} = 0. \tag{1.16}$$

**证明**　由定理 1.3 及其中 $[\mathbb{X}_{\mu}, \mathbb{X}_{\nu}] = \mathbb{X}_{\mu}\mathbb{X}_{\nu} - \mathbb{X}_{\nu}\mathbb{X}_{\mu}$ 的定义可直接证明 (1.15) 式成立. 由对易子的定义和 (1.14) 式, 直接计算即可证明 (1.16) 式成立.

### 2. 李代数的概念

显然, 上述李氏定理, 尤其第二、第三定理给出了李 (变换) 群的无穷小生成元之间的关系, 特别是进行乘法运算的规律, 也就是定义了李乘积, 它们把与李群的无穷小生成元对应的复杂的导数运算 (表征局域的连续操作) 转变成了形式上的乘法和加法运算, 于是将复杂的算子关系转变为形式上简单的代数关系. 由此可以推知, $\{\mathbb{X}_{\rho}\}$ 张成一个代数, 称为李代数 (Lie algebra). 为进行深入的探讨, 我们需要严格的定义和系统的讨论.

**定义 1.2**　设 $\mathfrak{g}$ 是数域 $\mathbb{K}$ (包括实数域 $\mathbb{R}$、复数域 $\mathbb{C}$ 及其他) 上的一个 $n$ 维向量空间 (线性空间), 对于 $X, Y \in \mathfrak{g}$, 它们的李乘积 $[X, Y] \in \mathfrak{g}$, 且满足

(1) 双线性, 即对 $a, b \in \mathbb{K}$, $X, Y, Z \in \mathfrak{g}$, 有

$$[aX + bY, Z] = a[X, Z] + b[Y, Z], \quad [Z, aX + bY] = a[Z, X] + b[Z, Y],$$

(2) 反对称性, 即有

$$[Y, X] = -[X, Y],$$

(3) Jacobi 性, 即对 $X, Y, Z \in \mathfrak{g}$, 有

$$[[X, Y], Z] + [[Y, Z], X] + [[Z, X], Y] = 0,$$

则称 $\mathfrak{g}$ 为一个李代数.

**定义 1.3**　记李代数 $\mathfrak{g}$ 的一个子集为 $\mathfrak{h}$ (即对 $n$ 维李代数 $\mathfrak{g}$, 存在一个维数 $r \leqslant n$ 的子空间 $\mathfrak{h}$), 对 $X, Y \in \mathfrak{h}$, 在 $\mathfrak{g}$ 的李乘积运算下, 如果 $[X, Y] \in \mathfrak{h}$, 则称 $\mathfrak{h}$ 为 $\mathfrak{g}$ 的一个子 (李) 代数.

与原始定义对应, 子代数的定义可以改写为: 对 $\mathfrak{g}$ 的一组基, 有 $[X_{\sigma}, X_{\rho}] = C_{\sigma\rho}^{\tau}X_{\tau}$, 其中 $\sigma, \rho, \tau = 1, \cdots, n$, 若 $X_{\sigma}, Y_{\rho} \in \mathfrak{h}$, 即 $\sigma, \rho = 1, \cdots, r$, 如果 $\tau \neq 1, \cdots, r$, 则 $C_{\sigma\rho}^{\tau} \equiv 0$.

显然, 零空间 $\{0\}$ 和 $\mathfrak{g}$ 本身为 $\mathfrak{g}$ 的子代数. 这两个子代数称为 $\mathfrak{g}$ 的平庸子代数. 通常所说的子代数为除平庸子代数之外的子代数 (非平庸子代数).

**定义 1.4** 如果对于李代数 $\mathfrak{g}$ 的子空间 $\mathfrak{h}$, $\forall X \in \mathfrak{h}$, $Y \in \mathfrak{g}$, 总有 $[X,Y] \in \mathfrak{h}$, 则称 $\mathfrak{h}$ 为 $\mathfrak{g}$ 的一个不变子代数, 也称为理想子代数, 简称理想 (ideal).

与原始定义对应, 理想的定义可以改写为: 对 $\mathfrak{g}$ 的一组基, 有 $[X_\sigma, X_\rho] = C_{\sigma\rho}^\tau X_\tau$, 其中 $\sigma, \rho, \tau = 1, \cdots, n$, 对 $\sigma = 1, \cdots, r$ (即 $X_\sigma \in \mathfrak{h}$), $\rho = 1, \cdots, n$ (即 $X_\rho \in \mathfrak{g}$), 如果 $\tau \neq 1, \cdots, r$, 则 $C_{\sigma\rho}^\tau \equiv 0$.

由定义还可以得知, 如果 $\mathfrak{h}_1$, $\mathfrak{h}_2$ 分别为 $\mathfrak{g}$ 的理想, $[\mathfrak{h}_1, \mathfrak{h}_2]$ 也必是 $\mathfrak{g}$ 的理想, 并且 $[\mathfrak{h}_1, \mathfrak{h}_2] \subset \mathfrak{h}_1 \cap \mathfrak{h}_2$.

**定义 1.5** 如果李代数 $\mathfrak{g}$ 有理想 $\mathfrak{h}$, $\forall X, Y \in \mathfrak{h}$, $[X,Y] \equiv 0$, 则称 $\mathfrak{h}$ 为李代数 $\mathfrak{g}$ 的一个可交换理想.

**定义 1.6** $C(\mathfrak{g}) = \{X \in \mathfrak{g} \mid [X,Y] = 0, \forall Y \in \mathfrak{g}\}$ 称为李代数 $\mathfrak{g}$ 的中心.

### 3. 对李代数的操作

由定义知, 李代数是线性空间. 根据对称性 (操作) 的概念, 我们可以对李代数实施操作, 使李代数之间有对应关系.

**定义 1.7** 对两个李代数 $\mathfrak{g}_1$ 和 $\mathfrak{g}_2$, 如果有一个对应关系使得 $\mathfrak{g}_1$ 中的每一个元素 $X$ 都对应 $\mathfrak{g}_2$ 中的一个元素 $X'$, 并且 $\mathfrak{g}_1$ 中的 $aX + bY$ 对应于 $\mathfrak{g}_2$ 中的 $aX' + bY'$, $[X,Y]$ 对应于 $\mathfrak{g}_2$ 中的 $[X', Y']$, 则称李代数 $\mathfrak{g}_1$ 与 $\mathfrak{g}_2$ 同态 (homomorphism), 或称李代数 $\mathfrak{g}_2$ 同态于 $\mathfrak{g}_1$, 记为 $\mathfrak{g}_1 \sim \mathfrak{g}_2$, 上述对应关系称为同态映射.

记 $P$ 是从 $\mathfrak{g}_1$ 到 $\mathfrak{g}_2$ 上的一个同态映射, $\mathfrak{g}_1$ 中映射到 $\mathfrak{g}_2$ 中 0 元素的元素的集合称为映射 $P$ 的同态核.

**定义 1.8** 记 $\mathfrak{g}_1$ 和 $\mathfrak{g}_2$ 是两个李代数, $\mathbb{C}$ 为复数域, 如果存在一个从 $\mathfrak{g}_1$ 到 $\mathfrak{g}_2$ 上的映射 $P$ 满足

(1) $P$ 是一对一映射, 而且对 $a, b \in \mathbb{C}$, $X, Y \in \mathfrak{g}_1$, $P(X), P(Y) \in \mathfrak{g}_2$, $P(aX + bY) = aP(X) + bP(Y) \in \mathfrak{g}_2$,

(2) $P([X,Y]) = [P(X), P(Y)]$,

则称李代数 $\mathfrak{g}_1$ 与 $\mathfrak{g}_2$ 同构 (isomorphism), 记为 $\mathfrak{g}_1 \cong \mathfrak{g}_2$, 相应的映射 $P$ 称为同构映射.

简言之, 一一对应的同态 (映射) 称为同构 (映射).

**定义 1.9** 如果李代数 $\mathfrak{g}$ 的两个理想 $\mathfrak{g}_1$ 和 $\mathfrak{g}_2$ 满足 $\mathfrak{g} = \mathfrak{g}_1 + \mathfrak{g}_2$, $\mathfrak{g}_1 \cap \mathfrak{g}_2 = \{0\}$, 则称 $\mathfrak{g}$ 是 $\mathfrak{g}_1$ 与 $\mathfrak{g}_2$ 的直和, 记为 $\mathfrak{g} = \mathfrak{g}_1 \oplus \mathfrak{g}_2$.

**定义 1.10** 如果 $\mathfrak{g} = \mathfrak{g}_1 + \mathfrak{g}_2$, $\mathfrak{g}_1 \cap \mathfrak{g}_2 = \{0\}$, $[\mathfrak{g}_1, \mathfrak{g}_1] \in \mathfrak{g}_1$, $[\mathfrak{g}_2, \mathfrak{g}_2] \in \mathfrak{g}_2$, 但 $[\mathfrak{g}_1, \mathfrak{g}_2] \in \mathfrak{g}_1$ (即 $\mathfrak{g}_1$ 是 $\mathfrak{g}$ 的理想, $\mathfrak{g}_2$ 仅是 $\mathfrak{g}$ 的子代数, 但不是理想), 则 $\mathfrak{g}$ 称为 $\mathfrak{g}_1$ 与

$\mathfrak{g}_2$ 的半直和, 记为 $\mathfrak{g} = \mathfrak{g}_1 \oplus_S \mathfrak{g}_2$, 或 $\mathfrak{g} = \mathfrak{g}_1 \oplus \mathfrak{g}_2$.

**定义 1.11** 设 $\mathfrak{h}$ 是李代数 $\mathfrak{g}$ 的理想, 对 $X \in \mathfrak{g}$, $\overline{X} = X + \mathfrak{h}$ 称为 $X$ 的 $\operatorname{Mod}\mathfrak{h}$ 同余类.

同余类与后面要讲到的不变子群的陪集相对应.

**定义 1.12** $\mathfrak{g}$ 中所有 $\operatorname{Mod}\mathfrak{h}$ 的同余类组成商空间 $\mathfrak{g}/\mathfrak{h}$, 对 $\forall X, Y \in \mathfrak{g}/\mathfrak{h}$, 如果 $[\overline{X}, \overline{Y}] = \overline{[X,Y]}$ (即李乘积保证 $\mathfrak{g}/\mathfrak{h}$ 为李代数), 则 $\mathfrak{g}/\mathfrak{h}$ 称为 $\mathfrak{g}$ 对 $\mathfrak{h}$ 的商代数 (quotient algebra).

由定义, 李代数是定义在数域 $\mathbb{K}$ 上的线性空间. 具体地, 如果 $\forall X \in \mathfrak{g}$, $[X_\sigma, X_\rho] = C_{\sigma\rho}^\tau X_\tau$, 其中 $\sigma, \rho, \tau = 1, \cdots, n$, 并满足双线性、反对称性和 Jacobi 性, 则这样的线性空间 $\mathfrak{g}$ 称为一个 $n$ 维李代数. 进一步, 如果 $C_{\sigma\rho}^\tau \in \mathbb{C}$, 则称该李代数为复李代数, 如果 $C_{\sigma\rho}^\tau \in \mathbb{R}$, 则称该李代数为实李代数. 这表明, 一个李代数是复李代数还是实李代数取决于结构常数 $C_{\sigma\rho}^\tau$ 是复数或是实数. 当然, 更基本地, 一个李代数是复李代数还是实李代数取决于原本的线性空间是复空间还是实空间.

例如, 由 $2 \times 2$ 矩阵

$$\{X_1, X_2, X_3\} = \left\{ \frac{1}{2}\begin{pmatrix} 0 & -i \\ -i & 0 \end{pmatrix}, \frac{1}{2}\begin{pmatrix} 0 & -1 \\ 1 & 0 \end{pmatrix}, \frac{1}{2}\begin{pmatrix} -i & 0 \\ 0 & i \end{pmatrix} \right\}$$

张成的三维线性空间, 直接计算其对易关系知,

$$\forall j, k, l = 1, 2, 3, \ [X_j, X_k] = \varepsilon_{jkl} X_l,$$

其中 $\varepsilon_{jkl}$ 是 $\mathbb{R}^3$ 空间上的全反对称张量. 这表明, $\{X_1, X_2, X_3\}$ 张成的三维线性空间构成一个李代数, 其结构常数 $C_{jk}^l \in \mathbb{R}$, 所以, 尽管其元素既有实数域上的也有复数域上的, 但该李代数是一个三维实李代数.

因为一个复数总可以分解为两个实数的线性叠加, 叠加系数为虚数单位 $i = \sqrt{-1}$, 那么由上述实李代数和复李代数的分类标准知, 对于实李代数, 我们可以通过线性叠加将之扩充到复李代数, 即有李代数的复扩充 (complex extension), 对于复李代数, 我们可以将之分解为实李代数, 即有李代数的实收缩 (real contraction). 较具体的定义和实现如下.

**定义 1.13** 记一个实空间为 $V$, 一个复空间为 $V_C$, $\forall x, y \in V$, 都有 $z = x + iy \in V_C$, 并且 $z$ 的全体充满 $V_C$, 则这样的复空间 $V_C$ 称为实空间 $V$ 的复扩充.

实空间的复扩充中的元素与复数的乘法当然满足通常的复数乘法规则, 例如, 对 $z = x + iy \in V_C$ 和 $\gamma = \alpha + i\beta \in \mathbb{C}$, $\gamma z = \alpha x - \beta y + i(\alpha y + \beta x)$.

**定义 1.14** 实李代数 $\mathcal{L}$ 的复扩充 $\mathcal{L}^{\mathrm{c}}$ 为满足下述条件的复李代数:

(1) $\mathcal{L}^{\mathrm{c}}$ 是实向量空间 $\mathcal{L}$ 的复扩充;

(2) $\mathcal{L}^{\mathrm{c}}$ 中的元素 $Z_1 = X_1 + \mathrm{i}Y_1, Z_2 = X_2 + \mathrm{i}Y_2$ 的李乘积 $Z = X + \mathrm{i}Y$ 为

$$Z = [Z_1, Z_2] = [X_1 + \mathrm{i}Y_1, X_2 + \mathrm{i}Y_2]$$
$$= [X_1, X_2] - [Y_1, Y_2] + \mathrm{i}[X_1, Y_2] + \mathrm{i}[Y_1, X_2].$$

另一方面, 李代数是定义在数域 $\mathbb{K}$ 上的线性空间, 对之进行具体表述当然需要基向量. 记 $n$ 维实李代数的基为 $\{e_j \mid j = 1, 2, \cdots, n\}$, 则该复李代数可以表述为 $2n$ 维基 $\{e_j + \mathrm{i}e_j \mid j = 1, 2, \cdots, n\}$ 上的实李代数. 这样分解得到的实李代数通常记为 $\mathcal{L}^{\mathrm{R}}$, 而通过复扩充形成的复李代数 $\mathcal{L}^{\mathrm{c}}$ 的实李代数通常称为该复李代数的实形式, 记为 $\mathcal{L}^{\mathrm{r}}$.

不同结构的李代数的复扩充和实收缩的构造有其各自的特殊性, 这里不再细述, 在此后讨论李代数的结构时再予讨论.

**4. 李群与李代数的关系**

由定义及李氏第二、第三定理知, 李群的元素可以由无穷小生成元表述, 无穷小生成元的对易关系 (即结构常数的性质) 表明, 李群的无穷小生成元的集合构成一个李代数. 这就是说, 一个李群唯一决定一个 (实) 李代数, 并且李群的结构常数即相应李代数的结构常数. 该关系称为李群的线性化.

前述讨论表明, 李群唯一决定李代数. 反过来, 由于李代数反映的是李群的无穷小生成元之间的关系, 而无穷小生成元反映李群在其单位元邻域内的局域性质, 因此, 李代数决定, 至少反映, 李群的局域 (部分) 性质. 李代数具体如何决定李群呢? 或者退一步, 李代数能够对李群决定到什么程度呢? 该问题由李氏第二、第三定理的逆定理表述.

**定理 1.5 (李氏第二定理的逆定理)** 设 $\mathbb{X}_\mu = U_\mu^\nu(\alpha)\dfrac{\partial}{\partial \alpha^\nu}$ 是定义在 $\mathbb{R}^n$ 的开子集上的解析无穷小线性变换, 其中 $\mu = 1, 2, \cdots, n$, $\{\mathbb{X}_\mu\}$ 张成一个 $n$ 维实李代数 $\mathfrak{g}$, 即满足对易关系 $[\mathbb{X}_\mu, \mathbb{X}_\nu] = C_{\mu\nu}^\rho \mathbb{X}_\rho$, 则存在一个 $n$ 维局部李群 $\mathcal{G}$ 以 $\mathbb{X}_\mu$ 为其无穷小生成元, 以 $\mathfrak{g}$ 为其李代数, 并且除局部解析同构外, 该局部李群是唯一的.

**定理 1.6 (李氏第三定理的逆定理)** 设 $\mathfrak{g}$ 是实数域上的 $n$ 维抽象李代数, 则存在一个 $n$ 维局部李群 $\mathcal{G}$, 其李代数与 $\mathfrak{g}$ 同构, 并且在局部解析同构意义下, 该局部李群是唯一的.

**5. 李群之间及李代数之间的关系**

由前述讨论知, 李群的元素由无穷小生成元表征, 无穷小生成元以切线斜率的方式反映单位元邻域内的群的性质, 无穷小生成元之间的对易关系给出李乘积的乘

法规则 (由结构常数表征), 从而张成反映李群性质的李代数. 较数学化地, 李群是群参数空间上 (可能高维) 的微分流形, 李代数是对应于李群的流形的切空间. 因此, 一个李群唯一决定一个李代数, 如果两个李群的结构常数相同, 则相应的李代数同构. 那么, 当其各自对应的局部李群同构时, 两李代数同构.

上述李氏第二定理的逆定理和李氏第三定理的逆定理表明, 如果两个李代数同构, 即相应 (局部) 李群的无穷小生成元同构, 则相应的李群局部同构, 但不一定整体同构. 特别地, 当具有相同李代数的两个李群作为流形都单连通时, 它们必然同构. 于是, 讨论李群的表示可以先由讨论李代数的表示入手.

### 1.4.3　连通性与覆盖性

前述讨论表明, 从抽象的数学角度看, 李群是群参数空间上的微分流形, 李代数是对应于李群的流形的切空间, 从而李群具有复杂的连通性和覆盖性. 这里仅给出一些相关的概念和性质. 对于一些表征重要性质的定理, 这里也仅给出其表述, 或附加一些说明, 不予严格证明.

**1. 连通性与 (通用) 覆盖群的概念**

前述讨论表明, 群元素由群参数决定, 在测度不为零的参数区域内, 群参数与群元素一一对应, 单位元对应的群参数都为 0, 群参数连续变化时, 群元素也连续变化.

**定义 1.15**　如果群的任意元素都能连续地变到单位元素, 则称该群是连通的. 而如果群参数空间中的任意封闭曲线都能连续地收缩到一个点, 则称该群是单连通的. 不是单连通的连通群称为复连通群.

例如, 定轴转动对应的群 SO(2) 显然是连通的. 而对应于三维转动的 O(3) 群, 因为 $\forall R \in O(3)$, $RR^\dagger = R^\dagger R = E_3$, 如果 $\det R = 1$, 则 $R \in SO(3)$, 如果 $\det R = \pm 1$, 则 $R \in O(3)$. 这表明, 给定一个 $R_i \in SO(3)$, 就有一个 $-R_i \in O(3)$, 但不论参数如何变化, $R_i \in SO(3)$ 都不可能连续变化到 $R_j = -R_i \in O(3)$. 由此知, O(3) 不是连通的, SO(3) 是连通的. 由于构成 SO(3) 的函数具有周期性, 存在不能连续地收缩到一个点的封闭曲线, 因此, SO(3) 虽然是连通的, 但不是单连通的. 类推知, $SO(n, \mathbb{C})$ 是连通的, 但 $O(n, \mathbb{R})$ 不是连通的, 因为其对应的矩阵的行列式不确定 (可取 1 或 $-1$).

由定义知, 决定群是否连通的因素有: (1) 群参数是否能够连续变化到 0; (2) 群参数与群元素是否一一对应; (3) 群参数允许取值的区间和集合是否连续. 由此知, 连通的必要条件是: 所有群参数都是连续参数. 如果任何一个群参数是离散的, 或者虽然连续, 但其可取值分布在多于一个分离区间内, 则这样的群都不是连通的.

为准确表征连通性, 人们引入概念——叶.

**定义 1.16** 群 $\mathcal{G}$ 中能连续地互相变到的元素的集合称为一个叶.

如果群 $\mathcal{G}$ 由 $m$ 个群参数来描写, 其中第 $i$ 个群参数的可取值由 $l_i$ 个分离区间组成 (对离散型群参数, 每个分立值记为一个分离区间), 则群 $\mathcal{G}$ 的叶数为

$$\prod_{i=1}^{m} l_i. \tag{1.17}$$

显然, 连通群即叶数为 1 的群. 连通群的充要条件可以改写为 $\prod_{i}^{m} l_i = 1$.

**定义 1.17** 设 $\mathcal{H}$ 是群 $\mathcal{G}$ 的一个子集, 若对于群 $\mathcal{G}$ 的乘法运算, $\mathcal{H}$ 也构成一个群, 则称 $\mathcal{H}$ 为 $\mathcal{G}$ 的子群, 记为 $\mathcal{H} \subset \mathcal{G}$.

由定义知, 群 $\mathcal{G}$ 的非空子集 $\mathcal{H}$ 是群 $\mathcal{G}$ 的子群的充要条件为: 如果 $h_\alpha, h_\beta \in \mathcal{H}$, 则 $h_\alpha h_\beta \in \mathcal{H}$; 如果 $h_\alpha \in \mathcal{H}$, 则 $h_\alpha^{-1} \in \mathcal{H}$.

子群中有平庸子群和固有子群两类. 平庸子群 (或显然子群) 即单位元素及群自身. 固有子群即非平庸子群, 也称为真子群.

**定义 1.18** 对 $\mathcal{H} \subset \mathcal{G}$, $h_\alpha \in \mathcal{H}$, $g \in \mathcal{G}$, 如果 $g h_\alpha g^{-1} \in \mathcal{H}$, 则称 $\mathcal{H}$ 是 $\mathcal{G}$ 的不变子群.

**定义 1.19** 对 $\mathcal{H} \subset \mathcal{G}$, $\mathcal{K} \subset \mathcal{G}$, 如果 $\mathcal{K} = g\mathcal{H}g^{-1}$, 则称 $\mathcal{H}$ 是 $\mathcal{K}$ 的共轭子群.

**定义 1.20** 设 $\mathcal{H} = \{h_\alpha\}$ 是 $\mathcal{G}$ 的子群, 对 $g \in \mathcal{G}$, 且 $g \notin \mathcal{H}$, 称 $g\mathcal{H} = \{g h_\alpha \mid h_\alpha \in \mathcal{H}\}$ 为子群 $\mathcal{H}$ 的左陪集, $\mathcal{H}g = \{h_\alpha g \mid h_\alpha \in \mathcal{H}\}$ 为子群 $\mathcal{H}$ 的右陪集.

**定义 1.21** 记群 $\mathcal{G}$ 的不变子群 $\mathcal{H}$ 生成的 (左) 陪集串为 $\mathcal{H}, g_1\mathcal{H}, g_2\mathcal{H}, \cdots,$ $g_i\mathcal{H}, \cdots$, 把其中的每一个不同的陪集看成一个新的元素, 并由两个陪集中的元素相乘得另一个陪集中的元素, 即有新的群元素

| 陪集串 | | 新元素 |
|:---:|:---:|:---:|
| $\mathcal{H}$ | $\longrightarrow$ | $f_0,$ |
| $g_1\mathcal{H}$ | $\longrightarrow$ | $f_1,$ |
| $g_2\mathcal{H}$ | $\longrightarrow$ | $f_2,$ |
| | $\cdots\cdots$ | |
| $g_i\mathcal{H}$ | $\longrightarrow$ | $f_i,$ |
| | $\cdots\cdots$ | |

和新的乘法规则

$$g_i\mathcal{H}g_j\mathcal{H} = g_k\mathcal{H} \longrightarrow f_i f_j = f_k,$$

这样由新元素 $\{f_0, f_1, f_2, \cdots, f_i, \cdots\}$ 构成的群称为不变子群 $\mathcal{H}$ 的商群, 记为 $\mathcal{G}/\mathcal{H}$.

**定义 1.22** 如果对 $\mathcal{D} = \{d_\mu\}$, $\forall g \in \mathcal{G}$, 都有 $g d_\mu g^{-1} = d_\mu$, 即 $\mathcal{D}$ 不仅是 $\mathcal{G}$ 的一个不变子群, 并且 $\mathcal{D}$ 的元素与 $\mathcal{G}$ 中的任意元素都可以交换, 则 $\mathcal{D}$ 称为 $\mathcal{G}$ 的一个中心.

**定义 1.23** 记 $S\mathcal{G}$ 是一个单连通群, $D_i$ 是 $S\mathcal{G}$ 的第 $i$ 个中心, 其商群 $\mathcal{G}_i = S\mathcal{G}/\mathcal{D}_i$ $(i = 1, 2, \cdots, r)$ 之间都是复连通的, 则 $S\mathcal{G}$ 称为 $\mathcal{G}_i$ 的通用覆盖群.

### 2. 李群的连通性与覆盖性

**定理 1.7** 设 $S\mathcal{G}$ 是一个单连通李群, 如果 $S\mathcal{G}$ 到连通李群 $\mathcal{G}$ 的局部同态映射为 $f'$, 则可以把局部同态 $f'$ 扩充为 $S\mathcal{G}$ 到 $\mathcal{G}$ 的 (整体) 同态 $f$, 并且在 $S\mathcal{G}$ 的单位元素的邻域内 $f' = f$.

**定理 1.8** 设 $\mathfrak{g}$ 是有限维实李代数, 则存在一个单连通李群 $S\mathcal{G}$ 以 $\mathfrak{g}$ 为其李代数, 并且这样的 $S\mathcal{G}$ 在同构的意义上是唯一的.

**定理 1.9** 设 $\mathcal{G}$ 为李群, $\mathfrak{g}$ 是其李代数, 如果 $X \in \mathfrak{g}$, 则指数映射 $X \Longrightarrow \exp(X)$ 在单位元邻域内 (0 点的一个邻域内) 是解析的和可逆的.

**定理 1.10** 设 $\mathcal{G}$ 为李群, $\mathfrak{g}$ 为 $\mathcal{G}$ 的李代数, 则对于任一 $X \in \mathfrak{g}$, 都有 $\mathcal{G}$ 的一个以 $X$ 为无穷小生成元的单参数子群 $\mathcal{H}$ 存在, 并且 $\mathcal{H}$ 的群元素可以表示为 $\exp(\lambda X)$, 其中 $\lambda$ 为实参数.

例如: 对群元素 $g(\alpha)$, 如果 $\alpha$ 很小, 则可对之在单位元邻域内展开, 即有

$$g(\alpha) = g(0) + \alpha^j \frac{\partial g(\alpha)}{\partial \alpha^j}\Big|_{\{\alpha^j = 0\}} + \cdots = g(0) + \alpha^j \mathbb{X}_j + \cdots,$$

其中 $\mathbb{X}_j$ 为李群的无穷小生成元. 显然, 在此线性实现的层次上, $g(\alpha) = \mathrm{e}^{\alpha^j \mathbb{X}_j}$.

对有限大小的群参数 $\beta$, 记其相应的群元素为 $g(\beta)$, 取一个足够大的正整数 $n$, 则有 $\alpha = \dfrac{\beta}{n} \to 0$, 从而

$$g(\alpha) = g\left(\frac{\beta}{n}\right) = g(0) + \frac{\beta^j}{n}\mathbb{X}_j + \cdots,$$

而

$$g(\beta) = \left(g\left(\frac{\beta}{n}\right)\right)^n.$$

在线性近似下,

$$\text{上式} = \left(g(0) + \frac{\beta^j \mathbb{X}_j}{n}\right)^n = g(0) + \beta^j \mathbb{X}_j.$$

因为 $g(0) = I$ 为单位元, $\forall \beta^j \in \mathbb{R}$, 则在 $n \to \infty$ (保证 $\dfrac{\beta}{n} \to 0$) 和线性近似情况下,

$$g(\beta) \approx \mathrm{e}^{\beta^j \mathbb{X}_j} = \mathrm{e}^{\mathrm{i}\beta^j \mathbb{I}_j}, \tag{1.18}$$

其中 $\mathbb{I}_j = -\mathrm{i}\mathbb{X}_j$, $\mathbb{X}_j = \mathrm{i}\mathbb{I}_j$.

显然, 指数化后的 $S\mathcal{G}$ 实际是一个通用覆盖群.

例如: 对 $\mathrm{e}^{\mathrm{i}\boldsymbol{\theta} \cdot \frac{\boldsymbol{\sigma}}{2}} = I_2 \cos \dfrac{\theta}{2} + \mathrm{i}(\boldsymbol{\sigma} \cdot \boldsymbol{n}) \sin \dfrac{\theta}{2}$, 其中 $I_2$ 为 $2 \times 2$ 单位矩阵, $\boldsymbol{\theta} = \theta \boldsymbol{n}$, i 为虚数单位, $\boldsymbol{\sigma}$ 为 Pauli 矩阵. 取 $\mathbb{X}_j = \dfrac{\sigma_j}{2}$ 或 $\mathbb{X}_j = -\mathrm{i}\dfrac{\sigma_j}{2}$, 显然有

$$[\mathbb{X}_1, \mathbb{X}_2] = \mathbb{X}_3, \qquad [\mathbb{X}_2, \mathbb{X}_3] = \mathbb{X}_1, \qquad [\mathbb{X}_3, \mathbb{X}_1] = \mathbb{X}_2,$$

即它们张成一个李代数 (采用不同约定, 其元素可相差一个整体相位), 常称之为 su(2) 李代数. 直接地, 相应于该李代数有单连通李群 SU(2).

由于 $\theta = 0$ 时, $\mathrm{e}^{\mathrm{i}\boldsymbol{\theta} \cdot \frac{\boldsymbol{\sigma}}{2}} = I_2$, $\theta = 2\pi$ 时, $\mathrm{e}^{\mathrm{i}\boldsymbol{\theta} \cdot \frac{\boldsymbol{\sigma}}{2}} = -I_2$, 则 SU(2) 有中心 $D = \{I_2, -I_2\}$. 再者, $I_2$ 实际是其单位元, 当然是其一个中心. 所以, SU(2) 有中心

$$C^{(1)} = I_2, \qquad C^{(2)} = D,$$

从而有商群

$$G^{(1)} = \mathrm{SU}(2)/I_2 = \mathrm{SU}(2), \qquad G^{(2)} = \mathrm{SU}(2)/D = \mathrm{SO}(3).$$

显然, SO(3) 的元素可由 SU(2) 的元素的平方表述, SU(2) 的两个元素与 SO(3) 的一个元素对应, 即 $G^{(1)}$ 与 $G^{(2)}$ 之间有二对一的关系, 与前述的 SO(3) 群是复连通群的观点完全一致. 所以由 $\mathrm{e}^{\mathrm{i}\boldsymbol{\theta} \cdot \frac{\boldsymbol{\sigma}}{2}}$ 决定的 SU(2) 群是一个通用覆盖群. 其商群 SO(3) 同态于 SU(2). 但在其单位元邻域内, SU(2)$\cong$SO(3), 即是同构的, 所以在单位元邻域内, su(2) 李代数对应的李群在同构的意义上是唯一的.

### 3. 直积群及其连通性

**定义 1.24** 记 $\mathcal{G}_1$, $\mathcal{G}_2$ 是群 $\mathcal{G}$ 的两个子群, 即有 $\mathcal{G}_1 = \{R_i\}$, $\mathcal{G}_2 = \{S_\alpha\}$, 如果
(1) 除可能有相同的单位元外, 两群 $\mathcal{G}_1$ 与 $\mathcal{G}_2$ 没有公共元素,
(2) 两群 $\mathcal{G}_1$ 与 $\mathcal{G}_2$ 的元素的乘积对易, 即对 $R_i \in \mathcal{G}_1$, $S_\alpha \in \mathcal{G}_2$, $R_i S_\alpha = S_\alpha R_i$,
(3) 群 $\mathcal{G}$ 是所有形如 $R_i S_\alpha$ 的元素的集合,
则该群 $\mathcal{G}$ 称为 $\mathcal{G}_1$ 与 $\mathcal{G}_2$ 的直积群, 记为 $\mathcal{G} = \mathcal{G}_1 \otimes \mathcal{G}_2$.

显然, $\mathcal{G}_1$ 和 $\mathcal{G}_2$ 都是群 $\mathcal{G}$ 的不变子群.

由直积群的元素的形成规则知, 集合 $R_i S_\alpha$ 中一定没有重复元素, 因此对于有限群, 直积群的阶数等于两 (不变) 子群的阶数的乘积.

如果群 $\mathcal{G}$ 由 $\mathcal{G}_1$ 和 $\mathcal{G}_2$ 直积生成, 而 $\mathcal{G}_1$ 或 $\mathcal{G}_2$ 不是单连通李群, 则一般说来, $\mathcal{G}$ 不可能是单连通李群.

## §1.5    李代数的基与 Killing 度规

### 1.5.1    李代数的基的概念

由前述定义知, 李代数是一个向量空间. 与其他向量空间一样, 为表征该向量空间 (李代数), 我们需要一组基. 李代数的最大线性无关组称为该李代数的基, 任何李代数中的向量都可以表示成其线性组合.

我们已经知道, 对于通常的三维空间, 我们可以取笛卡儿坐标系来表征, 可以取柱坐标系来表征, 也可以取球坐标系或其他坐标系来表征. 推而广之, $n$ 维李代数的基的取法有无穷多种, 并且不同形式的基之间可以互相变换. 例如, 对 $X_\sigma$, 有 $\widetilde{X}_\alpha = S_\alpha^\sigma X_\sigma$, 变换 $S_\alpha^\sigma$ 有逆, 且

$$[\widetilde{X}_\alpha, \widetilde{X}_\beta] = \widetilde{C}_{\alpha\beta}^\gamma \widetilde{X}_\gamma,$$

如果 $[X_\sigma, X_\rho] \Longrightarrow [\widetilde{X}_\sigma, \widetilde{X}_\rho]$ 唯一, 则 $\widetilde{X}$ 与 $X$ 同构, 相应的变换实际是同构映射.

### 1.5.2    李代数的伴随算子

**定义 1.25**    对于 $X \in \mathfrak{g}$, $\forall Y \in \mathfrak{g}$, 记 $\mathrm{ad}(X)Y = [X, Y]$, 则 $\mathrm{ad}(X)$ 称为 $X$ 的伴随算子 (adjoint operator), 或内导子 (involutive operator).

特别地, 记 $\{X_\alpha\}$ 为 $n$ 维李代数 $\mathfrak{g}$ 的基向量, 则有 $\mathrm{ad}(X_\alpha)X_\beta = [X_\alpha, X_\beta] = C_{\alpha\beta}^\kappa X_\kappa$, 由此可将任意 $\mathrm{ad}(X)$ 表示为一 $n \times n$ 矩阵.

**定理 1.11**    对李代数的伴随算子, 有 $[\mathrm{ad}(X_1), \mathrm{ad}(X_2)] = \mathrm{ad}([X_1, X_2])$.

**证明**    依定义, 对任意 $Y \in \mathfrak{g}$, 有

$$
\begin{aligned}
[\mathrm{ad}(X_1), \mathrm{ad}(X_2)]Y &= \mathrm{ad}(X_1)\mathrm{ad}(X_2)Y - \mathrm{ad}(X_2)\mathrm{ad}(X_1)Y \\
&= \mathrm{ad}(X_1)[X_2, Y] - \mathrm{ad}(X_2)[X_1, Y] \\
&= [X_1, [X_2, Y]] - [X_2, [X_1, Y]] \\
&= [X_1, [X_2, Y]] + [X_2, [Y, X_1]].
\end{aligned}
$$

由 Jacobi 恒等式知,

$$上式 = -[Y, [X_1, X_2]] = [[X_1, X_2], Y] = \mathrm{ad}([X_1, X_2])Y.$$

因为 $Y$ 任意, 则上述结论具有普适性, 所以

$$[\mathrm{ad}(X_1), \mathrm{ad}(X_2)] = \mathrm{ad}\left([X_1, X_2]\right). \tag{1.19}$$

### 1.5.3 李代数的内积与 Killing 度规

#### 1. 李代数的内积

**定义 1.26** 对李代数 $\mathfrak{g}$ 中的两个向量 $X$ 和 $Y$, $\mathrm{Tr}\{\mathrm{ad}(X)\mathrm{ad}(Y)\}$ 称为李代数 $\mathfrak{g}$ 的内积, 也称为标量积, 常记为 $(X, Y)$.

由定义知, 李代数的内积有性质:

(1) 对称性: $(X, Y) = (Y, X)$.

(2) 双线性: $\forall\, X, Y, Z \in \mathfrak{g}$, $\alpha, \beta \in \mathbb{R}$ 或 $\mathbb{C}$, 有

$$(\alpha X + \beta Y, Z) = \alpha(X, Y) + \beta(Y, Z),$$

$$(Z, \alpha X + \beta Y) = \alpha(Z, X) + \beta(Z, Y).$$

(3) $([X, Y], Z) + (Y, [X, Z]) = 0$, 亦即 $(\mathrm{ad}(X)Y, Z) + (Y, \mathrm{ad}(X)Z) = 0$.

很显然, 性质 (1) 和性质 (2) 是李代数的内积定义的必然结果. 对性质 (3), 我们证明如下.

**证明** 依定义, 有

$$(\mathrm{ad}(X)Y, Z) = ([X, Y], Z) = \mathrm{Tr}\left(\mathrm{ad}\left([X, Y]\right)\mathrm{ad}(Z)\right) = \mathrm{Tr}\left([\mathrm{ad}(X), \mathrm{ad}(Y)]\,\mathrm{ad}(Z)\right)$$
$$= \mathrm{Tr}\left(\mathrm{ad}(X)\mathrm{ad}(Y)\mathrm{ad}(Z)\right) - \mathrm{Tr}\left(\mathrm{ad}(Y)\mathrm{ad}(X)\mathrm{ad}(Z)\right).$$

同理

$$(Y, \mathrm{ad}(X)Z) = \mathrm{Tr}\left(\mathrm{ad}(Y)\mathrm{ad}(X)\mathrm{ad}(Z)\right) - \mathrm{Tr}\left(\mathrm{ad}(Y)\mathrm{ad}(Z)\mathrm{ad}(X)\right).$$

上述两式直接相加, 得

$$(\mathrm{ad}(X)Y, Z) + (Y, \mathrm{ad}(X)Z) = \mathrm{Tr}\left(\mathrm{ad}(X)\mathrm{ad}(Y)\mathrm{ad}(Z)\right) - \mathrm{Tr}\left(\mathrm{ad}(Y)\mathrm{ad}(Z)\mathrm{ad}(X)\right).$$

由矩阵乘积求迹的性质, 对三个矩阵 $A$, $B$, $C$, $\mathrm{Tr}(ABC) = \mathrm{Tr}(CAB)$, 知

$$\mathrm{Tr}(\mathrm{ad}(Y)\mathrm{ad}(Z)\mathrm{ad}(X)) = \mathrm{Tr}(\mathrm{ad}(X)\mathrm{ad}(Y)\mathrm{ad}(Z)).$$

所以

$$(\mathrm{ad}(X)Y, Z) + (Y, \mathrm{ad}(X)Z) = 0, \tag{1.20}$$

亦即有

$$([X, Y], Z) + (Y, [X, Z]) = 0. \tag{1.21}$$

对 (1.20) 式移项, 得

$$(\mathrm{ad}(X)Y, Z) = -(Y, \mathrm{ad}(X)Z) \tag{1.20'}$$

$$= -(\mathrm{ad}(X)Z, Y). \tag{1.20''}$$

在一些关于李代数的精细研究中, 满足这一关系的李代数常被称为紧致李代数 (compact Lie algebra)

### 2. Killing 度规

**定义 1.27** 对 $n$ 维李代数 $\mathfrak{g}$, 记其基为 $\{X_\mu \mid \mu = 1, 2, \cdots, n\}$, 它们之间的内积

$$(X_\sigma, X_\rho) = \mathrm{Tr}\{\mathrm{ad}(X_\sigma)\mathrm{ad}(X_\rho)\} = g_{\sigma\rho} \qquad (\sigma, \rho = 1, 2, \cdots, n),$$

$g_{\sigma\rho}$ 称为李代数 $\mathfrak{g}$ 的 Killing 度规 (Killing metric), 又称 Killing 型.

李代数 $\mathfrak{g}$ 的 Killing 度规可以由其代数关系 (亦即相应李群的结构常数的关系) 确定. 具体地, 如果 $[X_\sigma, X_\rho] = C_{\sigma\rho}^\tau X_\tau$, 即与李代数 $\mathfrak{g}$ 相应的李群的结构常数为 $C_{\sigma\rho}^\tau$, 则该李代数的 Killing 度规为

$$g_{\sigma\rho} = C_{\sigma\mu}^\nu C_{\rho\nu}^\mu. \tag{1.22}$$

**证明** 记 $\{X_\sigma \mid \sigma = 1, 2, \cdots, n\}$ 为李代数 $\mathfrak{g}$ 的一组基, 则两向量 $X, Y$ 可以分别表述为 $X = \alpha^\sigma X_\sigma$, $Y = \beta^\rho X_\rho$, 即 $\{\alpha^\sigma\}$, $\{\beta^\rho\}$ 分别为两向量的分量.

依定义, $X$ 与 $Y$ 的内积为

$$(X, Y) = (\alpha^\sigma X_\sigma, \beta^\rho X_\rho) = \alpha^\sigma \beta^\rho (X_\sigma, X_\rho) = \alpha^\sigma \beta^\rho g_{\sigma\rho}.$$

根据伴随算子的定义, 有

$$\mathrm{ad}(X)Y = [X, Y] = [\alpha^\sigma X_\sigma, \beta^\rho X_\rho] = \alpha^\sigma \beta^\rho [X_\sigma, X_\rho] = \alpha^\sigma \beta^\rho C_{\sigma\rho}^\tau X_\tau.$$

由此知

$$(\mathrm{ad}(X))_\rho^\tau = \alpha^\sigma C_{\sigma\rho}^\tau.$$

于是有

$$(X, Y) = \mathrm{Tr}\{\mathrm{ad}(X)\mathrm{ad}(Y)\} = \mathrm{Tr}\{(\mathrm{ad}(X))_\mu^\nu (\mathrm{ad}(Y))_\nu^\tau\}$$
$$= \alpha^\sigma C_{\sigma\mu}^\nu \beta^\rho C_{\rho\nu}^\mu$$
$$= \alpha^\sigma \beta^\rho C_{\sigma\mu}^\nu C_{\rho\nu}^\mu,$$

与原始定义下的表达式比较知

$$g_{\sigma\rho} = C_{\sigma\mu}^\nu C_{\rho\nu}^\mu.$$

这样的度规称为 Cartan-Killing 度规, 即前述的 Killing 度规, 也称为 Killing 度规张量.

**例 1.3** 对 SU(2) 群, 因为 $[X_\sigma, X_\rho] = \varepsilon_{\kappa\sigma\rho}X_\kappa$, 即有 $C^\nu_{\sigma\mu} = \varepsilon_{\nu\sigma\mu}$, 则

$$g_{\sigma\rho} = C^\nu_{\sigma\mu}C^\mu_{\rho\nu} = \varepsilon_{\nu\sigma\mu}\varepsilon_{\mu\rho\nu} = -2\delta^\sigma_\rho.$$

所以, su(2) 李代数的 Killing 度规为 $g_{\sigma\rho} = -2\delta^\sigma_\rho$.

由 SU(2) 群的参数的取值特点知, SU(2) 群是紧致群, su(2) 代数为紧致李代数. 推而广之, 李代数紧致的充要条件是其度规张量负定.

Killing 度规 $g_{\sigma\rho}$ 是对称张量. 因为由定义知, $g_{\sigma\rho} = (X_\sigma, X_\rho) = (X_\rho, X_\sigma)$, 所以 $g_{\sigma\rho} = g_{\rho\sigma}$. 或者, 由 $g_{\sigma\rho} = C^\nu_{\sigma\mu}C^\mu_{\rho\nu} = C^\mu_{\rho\nu}C^\nu_{\sigma\mu}$, 亦知 $g_{\sigma\rho} = g_{\rho\sigma}$.

### 1.5.4 正交补空间及其性质

**定义 1.28** 对李代数 $\mathfrak{g}$ 的一个子空间 $\mathcal{N}$, $\mathcal{N}^\perp = \{X \in \mathfrak{g} \mid (X, Y) \equiv 0, \forall Y \in \mathcal{N}\}$ 称为其正交补空间.

李代数的一个理想的正交补空间也是一个理想.

**证明** 记李代数 $\mathfrak{g}$ 的一个非平庸理想为 $\mathcal{N}$, 其正交补空间为 $\mathcal{N}^\perp$, $\forall X \in \mathcal{N}^\perp$, $Y \in \mathcal{N}$, $Z \in \mathfrak{g}$, 由李代数内积的性质 (3) 知

$$(\mathrm{ad}(Z)X, Y) = -(X, \mathrm{ad}(Z)Y).$$

因为 $Y \in \mathcal{N}$, $Z \in \mathfrak{g}$, 由理想的定义知

$$\mathrm{ad}(Z)Y = [Z, Y] \in \mathcal{N}.$$

$\forall X \in \mathcal{N}^\perp$, 由正交补空间的定义知

$$(X, \mathrm{ad}(Z)Y) = 0,$$

于是有

$$(\mathrm{ad}(Z)X, Y) = 0.$$

因为 $X \in \mathcal{N}^\perp$, $Y \in \mathcal{N}$, $Z \in \mathfrak{g}$, 则上式表明 $\mathrm{ad}(Z)X \in \mathcal{N}^\perp$, 即这样的集合 $\{X\}$ 也是一个理想, 所以李代数的一个理想的正交补空间也是一个理想.

# §1.6　李代数的结构

## 1.6.1　可解李代数与幂零李代数

对李代数 $\mathfrak{g}$, 记

$$\mathfrak{g}^{(0)} = \mathfrak{g}, \quad \mathfrak{g}^{(1)} = [\mathfrak{g}^{(0)}, \mathfrak{g}^{(0)}] \subset \mathfrak{g}^{(0)}, \quad \mathfrak{g}^{(2)} = [\mathfrak{g}^{(1)}, \mathfrak{g}^{(1)}] \subset \mathfrak{g}^{(1)}, \quad \cdots,$$

其中的 $\mathfrak{g}^{(1)}$, $\mathfrak{g}^{(2)}$ 等称为 $\mathfrak{g}^{(0)}$ 的导出代数 (显然为理想).

**定义 1.29**　对于李代数 $\mathfrak{g}$ 的子代数链 (常称为导出代数链)

$$\mathfrak{g}^{(0)} \supset \mathfrak{g}^{(1)} \supset \mathfrak{g}^{(2)} \supset \cdots,$$

如果存在自然数 $K$, 使得 $\mathfrak{g}^{(K)} = \{0\}$, 则称 $\mathfrak{g}$ 为可解李代数 (solvable Lie algebra), 或李代数 $\mathfrak{g}$ 是可解的.

可以证明, 可解李代数的子代数仍然可解, 可解李代数的同态像也可解, 并且, 如果一个李代数包含一个可解理想, 其对应的商代数也可解, 则该李代数可解.

**定义 1.30**　对李代数的降中心链

$$\mathfrak{g}^{[0]} \supset \mathfrak{g}^{[1]} \supset \mathfrak{g}^{[2]} \supset \cdots \quad (\mathfrak{g}^{[0]} = \mathfrak{g}, \ \mathfrak{g}^{[1]} = [\mathfrak{g}, \mathfrak{g}^{[0]}], \ \mathfrak{g}^{[2]} = [\mathfrak{g}, \mathfrak{g}^{[1]}], \ \cdots),$$

如果存在自然数 $K$, 使得 $\mathfrak{g}^{[K]} = \{0\}$, 则称 $\mathfrak{g}$ 为幂零李代数 (nilpotent Lie algebra), 或李代数 $\mathfrak{g}$ 是幂零的.

可以证明, 幂零李代数的子代数仍然幂零, 幂零李代数的同态像也幂零, 并且, 幂零李代数至少包含一个非平庸中心.

由上述定义知, $\mathfrak{g}^{(i)}$ 是 $\mathfrak{g}^{[i]}$ 的子集, 那么总结一下, 幂零李代数与可解李代数之间有下述关系:

(1) 幂零李代数一定可解;

(2) 可解李代数不一定幂零;

(3) 幂零李代数的同态像也是幂零的;

(4) 可解李代数的同态像也是可解的;

(5) 幂零李代数的子代数是幂零的;

(6) 可解李代数的子代数是可解的.

例如, 对二维平移转动群, 记其二维平移的生成元分别为 $X_1 = \dfrac{\partial}{\partial x}$, $X_2 = \dfrac{\partial}{\partial y}$,

转动的生成元为 $X_3 = y\dfrac{\partial}{\partial x} - x\dfrac{\partial}{\partial y}$, 因为

$$[X_1, X_1] = [X_2, X_2] = [X_3, X_3] \equiv 0,$$
$$[X_1, X_2] = 0, \quad [X_2, X_3] = X_1, \quad [X_3, X_1] = X_2,$$

有

$$\mathfrak{g}^{(0)} = \mathfrak{g}, \qquad \mathfrak{g}^{(1)} = \left[\mathfrak{g}^{(0)}, \mathfrak{g}^{(0)}\right] = \left\{ X \mid X = aX_1 + bX_2, a, b \in \mathbb{R} \right\}.$$

因为 $[X_1, X_2] = [X_1, X_1] = [X_2, X_2] = 0$, 则有 $\mathfrak{g}^{(2)} = \left[\mathfrak{g}^{(1)}, \mathfrak{g}^{(1)}\right] = \{0\}$. 因此二维平移转动群是可解的. 而

$$\mathfrak{g}^{[1]} = \left[\mathfrak{g}, \mathfrak{g}^{(0)}\right] = \left\{ X \mid X = aX_1 + bX_2, a, b \in \mathbb{R} \right\},$$
$$\mathfrak{g}^{[2]} = \left[\mathfrak{g}, \mathfrak{g}^{[1]}\right] = \mathfrak{g}^{[1]},$$
$$\mathfrak{g}^{[3]} = \left[\mathfrak{g}, \mathfrak{g}^{[2]}\right] = \left[\mathfrak{g}, \mathfrak{g}^{[1]}\right] = \mathfrak{g}^{[1]},$$
$$\cdots\cdots$$

即不存在自然数 $K$, 使得 $\mathfrak{g}^{[K]} = \{0\}$, 因此二维平移转动群不是幂零的.

### 1.6.2  单李代数与半单李代数

#### 1. 单和半单的定义

**定义 1.31**  如果李代数 $\mathfrak{g}$ 除了 $\mathfrak{g}$ 本身和由零向量构成的理想 $\{0\}$ 外, 不具有任何理想, 则称 $\mathfrak{g}$ 是单纯李代数 (simple Lie algebra), 简称单李代数.

例如: 一维李代数是单李代数; 维数大于 1 的可交换李代数都不是单李代数.

**定义 1.32**  如果李代数 $\mathfrak{g}$ 除了 $\{0\}$ 之外, 不再包含任何其他可交换理想, 则称 $\mathfrak{g}$ 是半单纯李代数 (semisimple Lie algebra), 简称半单李代数.

例如 (此后会具体讨论), 前述的 $\mathrm{sl}(n, \mathbb{C})$, $\mathrm{o}(n, \mathbb{C})$ 和 $\mathrm{sp}(n, \mathbb{C})$ 都是半单李代数, 但 $\mathrm{gl}(n, \mathbb{C})$ 不是半单李代数.

#### 2. 半单李代数的判据

根据前述定义当然可以判定一个李代数是否是半单李代数, 但不够直接, 因此我们需要直接的, 容易定量考察的判据.

**定理 1.12**  李代数 $\mathfrak{g}$ 是半单的, 当且仅当其 Killing 型是非退化的 (即 $\det g \neq 0$).

对本定理, 我们不予严格证明, 只给出如下简单论述.

(1) 充分性. 只要李代数 $\mathfrak{g}$ 的 Killing 型 $g$ 不退化, 即 $\det g \neq 0$, 则其一定不包含可交换理想, 即 $\mathfrak{g}$ 是半单的. 或是说, 只要 $\mathfrak{g}$ 包含一个可交换理想 (从而不是半单的), 则一定有 $\det g = 0$.

记李代数 $\mathfrak{g}$ 的理想的基为 $\{X_\rho\}$, 因为

$$[X_\sigma, X_\rho] = C_{\sigma\rho}^\tau X_\tau,$$

由理想的定义知

$$\left[X_\sigma, X_{\underline{\rho}}\right] = C_{\sigma\underline{\rho}}^{\underline{\tau}} X_{\underline{\tau}}, \qquad g_{\sigma\underline{\rho}} = C_{\sigma\underline{\mu}}^\nu C_{\underline{\rho}\nu}^{\underline{\mu}},$$

其中带下划线 "_" 者属于同一个理想.

对于可交换理想, 由定义知 $C_{\underline{\rho}\nu}^{\underline{\mu}} = 0$, 则

$$g_{\sigma\underline{\rho}} = C_{\sigma\underline{\mu}}^\nu C_{\underline{\rho}\nu}^{\underline{\mu}} = 0,$$

即李代数 $\mathfrak{g}$ 的 Killing 度规矩阵至少有一列元素全为 0, 所以 $\det g = 0$. 这表明, 只要 $\mathfrak{g}$ 包含一个可交换理想, 即不是半单的, 则一定有 $\det g = 0$. 反之, 只要 $\det g \neq 0$, 则李代数 $\mathfrak{g}$ 一定不包含任何可交换理想, 即 $\mathfrak{g}$ 是半单的.

(2) 必要性. 如果 $\mathfrak{g}$ 是半单李代数, 即不包含任何可交换理想, 则一定有 $\det g \neq 0$.

依定义, 半单李代数 $\mathfrak{g}$ 不包含任何非平庸的可交换理想, 即不存在 $[X_\sigma, X_\rho] = C_{\sigma\rho}^\tau X_\tau = 0$, 从而所有 $C_{\sigma\rho}^\tau$ 都不为 0, 那么度规矩阵 $g$ 的矩阵元不可能整行或整列全为 0.

再依定义, 半单李代数不包含非平庸的可交换理想, 但不排除包含非平庸的不可交换理想. 假设相应于李代数 $\mathfrak{g}$ 包含的非 $\{0\}$ 理想 $\mathcal{N}$, 存在正交补空间 $\mathcal{N}^\perp$, 由李代数的理想的正交补空间也是一个理想的性质及理想的定义知

$$\forall X \in \mathcal{N}, \ Y \in \mathcal{N}^\perp, \ (X, Y) \equiv 0,$$

所以 $\mathcal{N}^\perp$ 是一个可解理想[1].

由李代数可解的定义知, 可解理想一定包含可交换理想, 这与半单李代数是不包含非平庸可交换理想的李代数的定义不一致. 因此存在非平庸的正交补空间 $\mathcal{N}^\perp$ 的假设不成立, 即必有 $\mathcal{N}^\perp \equiv 0$, 从而 $(X, Y)$ 对应的 Killing 度规矩阵 $g$ 一定是满秩的, 也就是一定有 $\det g \neq 0$.

总之, 如果 $\mathfrak{g}$ 是半单李代数, 则对其度规矩阵 $g$, 一定有 $\det g \neq 0$.

---

[1]严格证明见 Dynkin E B. Usp. Math. Nauk., 1947, 2: 59 (俄文); Amer. Math. Soc. Trans., 1950, 17 (英文), 或者参考书 [21].

### 3. 半单李代数与单李代数的关系

系统的研究表明, 半单李代数与单李代数之间的关系可以由 Cartan 定理表述.

**定理 1.13 (Cartan 定理)** 一个半单李代数总可以唯一地分解为若干对正交单李代数的直和.

**证明** 记李代数 $\mathfrak{g}$ 的一个非零理想为 $\mathcal{N}$, 其正交补空间为 $\mathcal{N}^{\perp}$, 由李代数的理想与其正交补空间的关系知, $\mathcal{N}^{\perp}$ 也是 $\mathfrak{g}$ 的一个理想. 根据李代数的内积的性质及李代数的理想的定义, $\mathcal{N} \cap \mathcal{N}^{\perp}$ 也是 $\mathfrak{g}$ 的一个理想.

再根据正交补空间的定义, $\forall\, X, Y \in \mathcal{N} \cap \mathcal{N}^{\perp}$, $(X, Y) \equiv 0$, 因此, $\forall\, Z \in \mathfrak{g}$, 有

$$(\mathrm{ad}(Z)X, Y) = -(X, \mathrm{ad}(Z)Y) = 0,$$
$$(\mathrm{ad}(X)Y, Z) = -(Y, \mathrm{ad}(X)Z) = 0.$$

由于半单李代数的度规矩阵非奇异, 并且 $X \neq 0, Y \neq 0, Z \neq 0$, 因此

$$\mathrm{ad}(X)Y = [X, Y] = 0, \quad \mathrm{ad}(Z)X = [Z, X] = 0, \quad \mathrm{ad}(Z)Y = [Z, Y] = 0.$$

这表明, $\mathcal{N} \cap \mathcal{N}^{\perp}$ 是 $\mathfrak{g}$ 的一个可交换理想.

由定义知, 半单李代数不包含非平庸的可交换理想, 所以 $\mathcal{N} \cap \mathcal{N}^{\perp} \equiv \{0\}$. 那么, 由李代数的直和的定义知, $\mathcal{N} \cup \mathcal{N}^{\perp} = \mathfrak{g}$.

再考虑前面得到的 $\mathcal{N} \cap \mathcal{N}^{\perp} = \{0\}$, 则知 $\mathcal{N} \oplus \mathcal{N}^{\perp}$ 完备[2], 所以有

$$\mathfrak{g} = \mathcal{N} \oplus \mathcal{N}^{\perp},$$

---

[2]其完备性可以由李代数的维数进一步说明如下: 记李代数 $\mathfrak{g}$ 的维数为 $\dim \mathfrak{g} = n$, 其包含的理想 $\mathcal{N}$ 的维数为 $\dim \mathcal{N} = m$, 则一定有

$$0 < \dim \mathcal{N} = m < \dim \mathfrak{g} = n.$$

再记 $\mathcal{N}$ 的基为 $\{X_1, X_2, \cdots, X_m\}$, 对 $Y \in \mathfrak{g}, Y \notin \mathcal{N}$, 齐次线性方程组

$$\sum_{j=1}^{m}(X_j, X_i)\lambda_j + (Y, X_i)\lambda_{m+1} = 0 \quad (i = 1, 2, \cdots, m)$$

有 $m+1$ 个未知数, 但只有 $m$ 个方程, 因此一定有非零解 $\{\lambda_1, \lambda_2, \cdots, \lambda_m, \lambda_{m+1}\}$. 上式表明, 如果记 $Z = \sum_{j=1}^{m}\lambda_j X_j + \lambda_{m+1}Y$, 则 $Z \in \mathcal{N}^{\perp}$. 如果 $\lambda_{m+1} = 0$, 则 $Z \in \mathcal{N} \cap \mathcal{N}^{\perp} = \{0\}$, 于是 $\lambda_1 = \lambda_2 = \cdots = \lambda_m = 0$, 即上述线性方程组仅有零解, 与线性代数的理论结果不一致. 由此知, $\lambda_{m+1} = 0$ 的假设不成立, 故一定有 $\lambda_{m+1} \neq 0$. 因此

$$Y = \frac{1}{\lambda_{m+1}}Z - \frac{1}{\lambda_{m+1}}\sum_{j=1}^{m}\lambda_j X_j \in \mathcal{N}^{\perp} + \mathcal{N}.$$

这表明

$$\mathfrak{g} = \mathcal{N} \oplus \mathcal{N}^{\perp}.$$

由于 $\mathcal{N} \cap \mathcal{N}^{\perp} = \{0\}$, 则 $\mathcal{N} \oplus \mathcal{N}^{\perp}$ 充满李代数 $\mathfrak{g}$, 也就是 $\mathcal{N} \oplus \mathcal{N}^{\perp} = \mathfrak{g}$ 是完备的.

其中 $[\mathcal{N}, \mathcal{N}^\perp] = 0$, $(\mathcal{N}, \mathcal{N}^\perp) = 0$.

如果 $\mathcal{N}$ 或者 $\mathcal{N}^\perp$ 依然半单, 则再继续分解下去, 直至 $\mathfrak{g}$ 的任意一个子代数都不包含非平庸理想, 即为单李代数的直和,

$$\mathfrak{g} = \mathcal{N}_1 \oplus \mathcal{N}_2 \oplus \cdots \oplus \mathcal{N}_m,$$

其中的 $\mathcal{N}_i, \mathcal{N}_j, \forall i, j = 1, 2, \cdots, m, i \neq j$, 都有 $[\mathcal{N}_i, \mathcal{N}_j] = 0, (\mathcal{N}_i, \mathcal{N}_j) = 0$.

另一方面, 假设 $\mathfrak{g}$ 有另外一种分解

$$\mathfrak{g} = \mathcal{M}_1 \oplus \mathcal{M}_2 \oplus \cdots \oplus \mathcal{M}_s,$$

设 $\mathcal{M}_k \, (k = 1, 2, \cdots, s)$ 是不包含在 $\mathcal{N}_l$ 中的理想, 由定义知 $\mathcal{M}_k \cap \mathcal{N}_l = \{0\}$, 于是

$$[\mathcal{M}_k, \mathcal{N}_l] \subset \mathcal{M}_k \cap \mathcal{N}_l = \{0\}.$$

由 $\mathfrak{g}$ 是半单李代数知, $\mathcal{M}_k$ 所属的中心 $C(\mathfrak{g}) \equiv \{0\}$, 即非平庸的 $\mathcal{M}_k$ 实际不存在. 因此, 上述分解是唯一的.

### 1.6.3 李代数的分解

前述讨论表明, 李代数有丰富的结构, 据此人们既可以将李代数分为前述的不同的类型, 还可以对李代数进行分解. 这里对常见的李代数的分解简要讨论如下.

**1. 李代数的 Levi-Malcev 分解**

**定理 1.14 (Levi-Malcev 定理)** 任何一个李代数都可以分解为可解李代数 $\mathcal{S}$ 与半单李代数 $\mathcal{L}$ 的半直和

$$\mathfrak{g} = \mathcal{S} \oplus_\mathrm{S} \mathcal{L},$$

并且任何一个这样的分解都与李代数的一个自同构相联系.

其中的半单李代数 $\mathcal{L}$ 常被称为李代数 $\mathfrak{g}$ 的 Levi 因子. 李代数按此定理的分解称为 Levi-Malcev 分解.

证明从略, 有兴趣的读者可参阅参考书 [21].

**2. 李代数的 Cartan 分解**

实半单李代数 $\mathcal{L}$ 还可以按 Cartan 分解定理进行分解.

**定理 1.15 (Cartan 分解定理)** 记 $\mathcal{K}$ 为实半单李代数 $\mathcal{L}$ 的一个紧致子代数, 并且 $\forall X \in \mathcal{K}, \; X \neq 0, (X, X) < 0, \mathcal{P}$ 为 $\mathcal{L}$ 的其他元素张成的向量空间, 并且 $\forall Y \in \mathcal{P}, \; Y \neq 0, (Y, Y) > 0$, 则该实半单李代数可以分解为

$$\mathcal{L} = \mathcal{K} \oplus \mathcal{P},$$

并且上述分解中的 $\mathcal{K}$ 是实半单李代数 $\mathcal{L}$ 的最大紧致子代数, 即有

$$[\mathcal{K},\mathcal{K}] \subset \mathcal{K}, \quad \text{且} \ [\mathcal{K},\mathcal{P}] \subset \mathcal{P}, \quad [\mathcal{P},\mathcal{P}] \subset \mathcal{K}.$$

例如, 与 §1.1 讨论过的实特殊线性变换群 $\mathrm{SL}(n,\mathbb{R})$ 相应的 $\mathrm{sl}(n,\mathbb{R})$ 李代数可以分解为 $\mathrm{sl}(n,\mathbb{R}) = \mathrm{so}(n,\mathbb{R}) \oplus \mathcal{P}$, 其中 $\mathcal{P}$ 为无迹对称矩阵的集合. 再如, 对于与复李代数 $\mathcal{L}$ 相应的实李代数 $\mathcal{L}^{\mathrm{R}}$, 如果 $\mathcal{U}$ 为 $\mathcal{L}$ 的紧致形式, 则 $\mathcal{L}^{\mathrm{R}} = \mathcal{U} \oplus i\mathcal{U}$. 又如, 与四维时空的 Lorentz 变换相对应的 $\mathrm{so}(3,1)$ 李代数可以分解为 $\mathrm{so}(3,1) = \mathrm{so}(3) \oplus \mathrm{so}(3)$ (具体讨论见 §6.1).

**3. 李代数的 Iwasawa 分解**

由 Levi–Malcev 定理知, 实半单李代数的 Cartan 分解中的向量空间 $\mathcal{P}$ 实际是一个可解李代数. 进一步可以证明 (这里从略), 该可解李代数 $\mathcal{P}$ 可以分解为

$$\mathcal{P} = \mathcal{H}_{\mathcal{P}} \oplus \mathcal{N}_0,$$

其中 $\mathcal{H}_{\mathcal{P}}$ 为 $\mathcal{P}$ 的最大 Abel 子代数, $\mathcal{N}_0$ 为实半单李代数 $\mathcal{L}$ 的幂零子代数. 这样的对李代数的分解方案称为李代数的 Iwasawa 分解.

仍以 $\mathrm{sl}(n,\mathbb{R})$ 为例, $\mathrm{sl}(n,\mathbb{R}) = \mathrm{so}(n,\mathbb{R}) \oplus \mathcal{P}$ 分解中的 $\mathcal{P}$ 可以分解为无迹对角矩阵与对角元都为 0 的上三角矩阵之和.

### 1.6.4 李群的单纯性及分解

**定义 1.33** 如果李群 $\mathcal{G}$ 没有非平庸的不变子群, 则称其为单纯李群, 简称单李群.

**定义 1.34** 如果李群 $\mathcal{G}$ 没有非平庸的不变 Abel 子群, 则称其为半单纯李群, 简称半单李群.

由李群与李代数的关系知, 单李群的李代数是单的, 半单李群的李代数是半单的, 实单李代数对应的连通李群是单的, 实半单李代数对应的连通李群是半单的.

任何一个半单李群都可以分解为一系列单李群的直积. 例如, 李代数 $\mathrm{u}(3) = \mathrm{u}(1) \oplus \mathrm{su}(3)$, 相应的李群 $\mathrm{U}(3) = \mathrm{U}(1) \otimes \mathrm{SU}(3)$.

## §1.7 Casimir 算子

**定义 1.35** 一个群的 $n$ 阶 Casimir 算子为

$$C_n = C_{\alpha_1\beta_1}^{\beta_2} C_{\alpha_2\beta_2}^{\beta_3} C_{\alpha_3\beta_3}^{\beta_4} \cdots C_{\alpha_n\beta_n}^{\beta_1} \mathbb{X}^{\alpha_1} \mathbb{X}^{\alpha_2} \mathbb{X}^{\alpha_3} \cdots \mathbb{X}^{\alpha_n}, \tag{1.23}$$

其中 $\mathbb{X}^{\sigma} = g^{\sigma\rho}\mathbb{X}_{\rho}$, $g^{\sigma\rho}$ 是反 Killing 度规, 其与 Killing 度规 $g_{\sigma\rho}$ 的关系为

$$g^{\sigma\rho}g_{\rho\mu} = \delta_{\mu}^{\sigma}. \tag{1.24}$$

最常用的是二阶 Casimir 算子

$$C_2 = g^{\sigma\rho}\mathbb{X}_\sigma\mathbb{X}_\rho. \tag{1.25}$$

此后将证明生成元的二次型 $\mathbb{X}_\sigma\mathbb{X}_\rho$ 正比于量子物理中常用的两体相互作用算符.

考虑到三体关联时, 则常使用三阶 Casimir 算子

$$C_3 = C^\nu_{\alpha\mu}C^\lambda_{\beta\nu}C^\mu_{\gamma\lambda}\mathbb{X}^\alpha\mathbb{X}^\beta\mathbb{X}^\gamma. \tag{1.26}$$

有如下重要性质: 群的 Casimir 算子是群的不变量. 对于李群, 该性质可以具体表述为: 对李群的任意生成元 $\mathbb{X}_\kappa$ 和群 $\mathcal{G}$ 的 $n$ 阶 Casimir 算子 $C_n$, 有

$$[C_n, \mathbb{X}_\kappa] = 0 = [\mathbb{X}_\kappa, C_n]. \tag{1.27}$$

下面以二阶 Casimir 算子为例予以证明.

**证明**　依定义和李乘积的运算规则, 有

$$
\begin{aligned}
[C_2, \mathbb{X}_\kappa] &= g^{\sigma\rho}\left[\mathbb{X}_\sigma\mathbb{X}_\rho, \mathbb{X}_\kappa\right] \\
&= g^{\sigma\rho}(\mathbb{X}_\sigma\left[\mathbb{X}_\rho, \mathbb{X}_\kappa\right] + \left[\mathbb{X}_\sigma, \mathbb{X}_\kappa\right]\mathbb{X}_\rho) \\
&= g^{\sigma\rho}(\mathbb{X}_\sigma C^\lambda_{\rho\kappa}\mathbb{X}_\lambda + C^\lambda_{\sigma\kappa}\mathbb{X}_\lambda\mathbb{X}_\rho) \\
&= g^{\sigma\rho}C^\lambda_{\rho\kappa}\mathbb{X}_\sigma\mathbb{X}_\lambda + g^{\sigma\rho}C^\lambda_{\sigma\kappa}\mathbb{X}_\lambda\mathbb{X}_\rho.
\end{aligned}
$$

将后一项中的求和指标 $\sigma$ 与 $\rho$ 互换, 则

$$\text{上式} = g^{\sigma\rho}C^\lambda_{\rho\kappa}\mathbb{X}_\sigma\mathbb{X}_\lambda + g^{\rho\sigma}C^\lambda_{\rho\kappa}\mathbb{X}_\lambda\mathbb{X}_\sigma.$$

考虑 $g^{\rho\sigma}$ 的对称性, 则得

$$[C_2, \mathbb{X}_\kappa] = g^{\sigma\rho}C^\lambda_{\rho\kappa}(\mathbb{X}_\sigma\mathbb{X}_\lambda + \mathbb{X}_\lambda\mathbb{X}_\sigma).$$

定义 $C_{\rho\kappa\mu} = C^\lambda_{\rho\kappa}g_{\lambda\mu}$, 由群的结构常数的性质知

$$C_{\rho\kappa\mu} + C_{\kappa\rho\mu} = C^\lambda_{\rho\kappa}g_{\lambda\mu} + C^\lambda_{\kappa\rho}g_{\lambda\mu} = \left(C^\lambda_{\rho\kappa} + C^\lambda_{\kappa\rho}\right)g_{\lambda\mu} = 0.$$

这表明, $C_{\rho\kappa\mu}$ 是关于前两个指标反对称的. 又因为

$$g^{\sigma\rho}C^\lambda_{\rho\kappa} + g^{\lambda\rho}C^\sigma_{\rho\kappa} = g^{\sigma\rho}C_{\rho\kappa\mu}g^{\lambda\mu} + g^{\lambda\rho}C_{\rho\kappa\mu}g^{\sigma\mu},$$

将后一项中的求和指标 $\rho$ 与 $\mu$ 互换, 则得

$$g^{\sigma\rho}C^\lambda_{\rho\kappa} + g^{\lambda\rho}C^\sigma_{\rho\kappa} = g^{\sigma\rho}C_{\rho\kappa\mu}g^{\lambda\mu} + g^{\lambda\mu}C_{\mu\kappa\rho}g^{\sigma\rho} = g^{\lambda\mu}\left(C_{\rho\kappa\mu} + C_{\mu\kappa\rho}\right)g^{\sigma\rho}.$$

依定义, 有

$$C_{\rho\kappa\mu} + C_{\mu\kappa\rho} = C_{\rho\kappa}^{\lambda} g_{\lambda\mu} + C_{\mu\kappa}^{\lambda} g_{\lambda\rho} = C_{\rho\kappa}^{\lambda} C_{\lambda\alpha}^{\beta} C_{\mu\beta}^{\alpha} + C_{\mu\kappa}^{\lambda} C_{\lambda\alpha}^{\beta} C_{\rho\beta}^{\alpha}.$$

考虑结构常数的 Jacobi 关系和下指标的反对称性, 则有

$$\begin{aligned}
C_{\rho\kappa\mu} + C_{\mu\kappa\rho} &= (-C_{\kappa\alpha}^{\lambda} C_{\lambda\rho}^{\beta} - C_{\alpha\rho}^{\lambda} C_{\lambda\kappa}^{\beta}) C_{\mu\beta}^{\alpha} + (-C_{\kappa\alpha}^{\lambda} C_{\lambda\mu}^{\beta} - C_{\alpha\mu}^{\lambda} C_{\lambda\kappa}^{\beta}) C_{\rho\beta}^{\alpha} \\
&= C_{\alpha\kappa}^{\lambda} C_{\lambda\rho}^{\beta} C_{\mu\beta}^{\alpha} - C_{\alpha\rho}^{\lambda} C_{\lambda\kappa}^{\beta} C_{\mu\beta}^{\alpha} + C_{\alpha\kappa}^{\lambda} C_{\lambda\mu}^{\beta} C_{\rho\beta}^{\alpha} - C_{\alpha\mu}^{\lambda} C_{\lambda\kappa}^{\beta} C_{\rho\beta}^{\alpha}. \quad (1.28)
\end{aligned}$$

对上式的第 2 项中的求和指标 $\alpha$, $\beta$ 互换, 对第 3 项的求和指标 $\alpha$, $\lambda$ 互换, 并对第 4 项中的求和指标 $\alpha$, $\beta$, $\lambda$ 轮换, 则有

$$\begin{aligned}
\text{上式} &= C_{\alpha\kappa}^{\lambda} C_{\lambda\rho}^{\beta} C_{\mu\beta}^{\alpha} - C_{\beta\rho}^{\lambda} C_{\lambda\kappa}^{\alpha} C_{\mu\alpha}^{\beta} + C_{\lambda\kappa}^{\alpha} C_{\alpha\mu}^{\beta} C_{\rho\beta}^{\lambda} - C_{\beta\mu}^{\alpha} C_{\alpha\kappa}^{\lambda} C_{\rho\lambda}^{\beta} \\
&= C_{\alpha\kappa}^{\lambda} C_{\lambda\rho}^{\beta} C_{\mu\beta}^{\alpha} - C_{\beta\rho}^{\lambda} C_{\lambda\kappa}^{\alpha} C_{\mu\alpha}^{\beta} + C_{\lambda\kappa}^{\alpha} (-C_{\mu\alpha}^{\beta})(-C_{\beta\rho}^{\lambda}) - (-C_{\mu\beta}^{\alpha}) C_{\alpha\kappa}^{\lambda} (-C_{\lambda\rho}^{\beta}) \\
&= C_{\alpha\kappa}^{\lambda} C_{\lambda\rho}^{\beta} C_{\mu\beta}^{\alpha} - C_{\beta\rho}^{\lambda} C_{\lambda\kappa}^{\alpha} C_{\mu\alpha}^{\beta} + C_{\lambda\kappa}^{\alpha} C_{\mu\alpha}^{\beta} C_{\beta\rho}^{\lambda} - C_{\mu\beta}^{\alpha} C_{\alpha\kappa}^{\lambda} C_{\lambda\rho}^{\beta} \\
&= (C_{\alpha\kappa}^{\lambda} C_{\lambda\rho}^{\beta} C_{\mu\beta}^{\alpha} - C_{\mu\beta}^{\alpha} C_{\alpha\kappa}^{\lambda} C_{\lambda\rho}^{\beta}) - (C_{\beta\rho}^{\lambda} C_{\lambda\kappa}^{\alpha} C_{\mu\alpha}^{\beta} - C_{\lambda\kappa}^{\alpha} C_{\mu\alpha}^{\beta} C_{\beta\rho}^{\lambda}) \\
&= 0 - 0 \\
&= 0,
\end{aligned}$$

所以

$$C_{\rho\kappa\mu} + C_{\mu\kappa\rho} = 0,$$

即 $C_{\rho\kappa\mu}$ 关于前后两个指标的互换也是反对称的. 再考虑前面得到的关于前两个指标互换反对称的结果, 则有 $C_{\rho\kappa\mu}$ 关于后两个指标互换也反对称, 即 $C_{\rho\kappa\mu}$ 是全反对称张量, 从而

$$g^{\sigma\rho} C_{\rho\kappa}^{\lambda} + g^{\lambda\rho} C_{\rho\kappa}^{\sigma} = g^{\lambda\mu} (C_{\rho\kappa\mu} + C_{\mu\kappa\rho}) g^{\sigma\rho} = 0,$$

即 $g^{\sigma\rho} C_{\rho\kappa}^{\lambda}$ 是关于上指标 $\sigma, \lambda$ 反对称的张量. 因此,

$$[C_2, \mathbb{X}_{\kappa}] = g^{\sigma\rho} C_{\rho\kappa}^{\lambda} (\mathbb{X}_{\sigma} \mathbb{X}_{\lambda} + \mathbb{X}_{\lambda} \mathbb{X}_{\sigma})$$

中, 前半部分因子 $g^{\sigma\rho} C_{\rho\kappa}^{\lambda}$ 是关于求和指标 $\sigma, \lambda$ 反对称的张量, 后半部因子 $(\mathbb{X}_{\sigma} \mathbb{X}_{\lambda} + \mathbb{X}_{\lambda} \mathbb{X}_{\sigma})$ 是关于求和指标 $\sigma, \lambda$ 对称的张量, 求和后结果必然为零, 即有

$$[C_2, \mathbb{X}_{\kappa}] = 0. \quad (1.29)$$

这表明, 二阶 Casimir 算子在群变换下是不变量, 从而其本征值为守恒量.

同理可证, 对任意阶 Casimir 算子 $C_n$, 都有

$$[C_n, \mathbb{X}_{\kappa}] = 0, \quad (1.30)$$

即李群的任意阶 Casimir 算子都是群的不变量.

## 思考题与习题

1. 经典力学中, $\{q_i \mid i = 1, 2, \cdots, n\}$ 和 $\{p_i \mid i = 1, 2, \cdots, n\}$ 构成 $2n$ 维实相空间 $\mathbb{R}^{2n}$, 对于复数域 $\mathbb{C}$ 上的函数 $f$ 和 $g$, Poisson 括号定义为

$$[f, g] = \sum_{i=1}^{n} \left( \frac{\partial f}{\partial q_i} \frac{\partial g}{\partial p_i} - \frac{\partial f}{\partial p_i} \frac{\partial g}{\partial q_i} \right),$$

   试证明这些 Poisson 括号构成一个李乘积.

2. 接上题, 试证明向量化的 Jacobi 括号 $[f, g] = g \cdot \nabla f - f \cdot \nabla g$ (其中 $f, g \in \mathbb{C}$) 也构成一个李乘积.

3. 试给出 SO(2) 群的无穷小生成元的矩阵表述形式.

4. 试给出描述三维空间转动的 SO(3) 群的无穷小生成元的微分算子表述形式和矩阵表述形式.

5. 试证明李氏三定理的逆定理.

6. 试具体讨论 SO(3) 群及 O(3) 群的连通性.

7. 试给出一维有限伸缩平移群的指数实现形式.

8. 记 $Q = x$, $P = -\mathrm{i}\dfrac{\mathrm{d}}{\mathrm{d}x}$, 在劲度系数为 $k$ 的一维谐振子势场中运动的质量为 $m$ 粒子的哈密顿量表述为 $H = \dfrac{1}{2m} P^2 + \dfrac{k^2}{2} Q^2$, 试确定与 $H$ 一起张成 $\mathrm{su}(1,1)$ 李代数的二阶微分算子.

9. 记 $\psi(\boldsymbol{x})$ 为 $t$ 时刻满足对易关系

$$\left[ \psi(\boldsymbol{x}), \psi^*(\boldsymbol{y}) \right] = \mathrm{i}\delta^3(\boldsymbol{x} - \boldsymbol{y}), \qquad \left[ \psi(\boldsymbol{x}), \psi(\boldsymbol{y}) \right] = \left[ \psi^*(\boldsymbol{x}), \psi^*(\boldsymbol{y}) \right] = 0$$

   的非相对论性量子场, 定义 $J_k(\boldsymbol{x}) = \dfrac{1}{2\mathrm{i}} \psi^*(\boldsymbol{x}) \partial_k \psi(\boldsymbol{x})$, 试给出对易子 $[J_k(\boldsymbol{x}), J_l(\boldsymbol{y})]$ 的具体表达式, 并说明 $\{J_k(\boldsymbol{x})\}$ 是否张成一个李代数.

10. 接上题, 定义

$$J_k(\boldsymbol{n}) = \int_{-\pi}^{\pi} J_k(\boldsymbol{x}) \mathrm{e}^{-\mathrm{i}\boldsymbol{n} \cdot \boldsymbol{x}} \mathrm{d}^3 \boldsymbol{x},$$

   试证明 $\{J_k(\boldsymbol{n})\}$ 张成一个李代数, 并给出该李代数的一个有限维子代数.

11. 再接第 9 题, 定义 $\rho(\boldsymbol{x}) = \psi^*(\boldsymbol{x})\psi(\boldsymbol{x})$ 为非相对论性量子场的电荷密度, 试证明 $\rho(\boldsymbol{x})$ 和 $J_k(\boldsymbol{x})$ 张成一个无限维李代数.

12. 试比较李代数的导出代数链与降中心链的异同.

13. 试比较李群的中心与李代数的中心的异同.

14. 记 $H$ 为 Hilbert 空间 $\mathcal{H}$ 上的物理系统的哈密顿量, $\{A\}$ 是 $\mathcal{H}$ 中与 $H$ 对易的所有线性算符的集合, 试证明该集合 $\{A\}$ 构成一个李代数 (通常为无限维李代数).

15. 试证明可解李代数和幂零李代数的六条性质.

16. 对于一个李代数 $\mathcal{L}$, 试证明:

    (1) 如果 $\forall X \in \mathcal{L}, (X, X) = 0$, 则 $\mathcal{L}$ 是可解的;

    (2) 如果 $\mathcal{L}$ 是幂零的, 则 $\forall X \in \mathcal{L}, (X, X) = 0$.

17. 试证明:

    (1) 幂零李代数至少包含一个非平庸理想;

    (2) 如果一个李代数包含一个可解理想, 其对应的商代数也可解, 则该李代数
       可解.

18. 试证明任何一个李代数都存在一个最大可解理想 $\mathcal{N}$, 所有其他理想都包含于
    $\mathcal{N}$ 之中.

19. 试证明如果一个矩阵是满秩的, 则它是非退化的.

20. 试证明 Levi-Malcev 定理: 任何一个李代数都可以分解为可解李代数与半单李
    代数的半直和.

21. 试证明李群的单纯性与李代数的单纯性之间的关系.

22. 试证明对于任何一个实或复李代数 $\mathcal{L}$, 记 $\mathcal{N}$ 为 $\mathcal{L}$ 的中心, 则其商代数 $\mathcal{L}/\mathcal{N}$ 是
    半单的.

23. 试证明任何一个紧致李代数都可以分解为其中心与一个半单李代数的直和, 并
    且该半单李代数可以进一步分解为一系列单李代数的直和, 即: 记 $\mathcal{N}$ 为紧致
    李代数 $\mathcal{L}$ 的中心, $\mathcal{S}$ 为 $\mathcal{L}$ 的半单子代数, $\mathcal{S}_i, i = 1, 2, \cdots, n$ 为 $\mathcal{L}$ 的一系列单子
    代数, 则有
$$\mathcal{L} = \mathcal{N} \oplus \mathcal{S} = \mathcal{N} \oplus \mathcal{S}_1 \oplus \mathcal{S}_2 \oplus \cdots \oplus \mathcal{S}_n.$$

24. 对群的结构常数 $C_{\rho\kappa}^{\lambda}$ 和 Killing 度规 $g_{\lambda\mu}$, 定义 $C_{\rho\kappa\mu} = C_{\rho\kappa}^{\lambda} g_{\lambda\mu}$, 试证明 $C_{\rho\kappa\mu} = g_{\lambda\rho} C_{\kappa\mu}^{\lambda}$.

25. 试证明如果系统具有平移不变性, 则系统的动量守恒.

26. 试证明如果系统具有转动不变性, 则系统的角动量守恒.

# 第二章 半单李代数及其根系

## §2.1 李代数的正则形式及其根的性质

### 2.1.1 正则形式

#### 1. 本征值问题

给定一个 $n$ 维李代数 $\mathfrak{g}$, 记其基为 $\{X_\rho \mid \rho = 1, 2, \cdots, n\}$, 其间有关系 $[X_\mu, X_\nu] = C^\rho_{\mu\nu} X_\rho$. 基之间可以变换, 使得

$$\{X_\mu \mid \mu = 1, 2, \cdots, n\} \implies \{X'_\nu \mid \nu = 1, 2, \cdots, n\},$$

其中 $X'_\nu = d^\mu_\nu X_\mu$, $d^\mu_\nu$ 为基之间变换的变换矩阵元. 并且

$$[X'_{\mu'}, X'_{\nu'}] = C^{\rho'}_{\mu'\nu'} X'_{\rho'},$$

其中 $C^{\rho'}_{\mu'\nu'} = d^\mu_{\mu'} d^\nu_{\nu'} C^\rho_{\mu\nu} d^{-1}{}^{\rho'}_\rho$ ①.

设有 $A = a^\mu X_\mu$, $V = v^\nu X_\nu$, 且 $[A, V] = \rho V$, 即有

$$[a^\mu X_\mu, v^\nu X_\nu] = a^\mu v^\nu C^\sigma_{\mu\nu} X_\sigma = \rho v^\sigma X_\sigma,$$

移项得

$$a^\mu v^\nu C^\sigma_{\mu\nu} - \rho v^\sigma = \left(a^\mu C^\sigma_{\mu\nu} - \rho \delta^\sigma_\nu\right) v^\nu = 0 \,.$$

欲使上式有非零解 $\{v^\nu\}$, 则必有

$$\det(a^\mu C^\sigma_{\mu\nu} - \rho \delta^\sigma_\nu) = 0 \,. \tag{2.1}$$

---

① 由变换的定义知

$$[X'_{\mu'}, X'_{\nu'}] = [d^\mu_{\mu'} X_\mu, d^\nu_{\nu'} X_\nu] = d^\mu_{\mu'} d^\nu_{\nu'} [X_\mu, X_\nu] = d^\mu_{\mu'} d^\nu_{\nu'} C^\rho_{\mu\nu} X_\rho.$$

由 $X'_{\rho'} = d^\rho_{\rho'} X_\rho$ 知, $X_\rho = d^{-1}{}^{\rho'}_\rho X'_{\rho'}$, 代入上式得

$$[X'_{\mu'}, X'_{\nu'}] = d^\mu_{\mu'} d^\nu_{\nu'} C^\rho_{\mu\nu} d^{-1}{}^{\rho'}_\rho X'_{\rho'}.$$

与 $[X'_{\mu'}, X'_{\nu'}] = C^{\rho'}_{\mu'\nu'} X'_{\rho'}$, 比较即得

$$C^{\rho'}_{\mu'\nu'} = d^\mu_{\mu'} d^\nu_{\nu'} C^\rho_{\mu\nu} d^{-1}{}^{\rho'}_\rho.$$

若李代数是 $n$ 维李代数, 则此久期方程 (关于 $\rho$ 的 $n$ 次方程) 最多有 $n$ 个解.

**2. 李代数的秩**

显然, 上述 $n$ 次方程的 $n$ 个解中, 可能有一些是简并的 (即其对应的本征向量不唯一).

Cartan 指出: 如果选择 $A$, 使得此久期方程的不同解的个数达到最大, 则对于半单李代数, 只有 $\rho = 0$ 的本征值是简并的. 如果 $\rho = 0$ 的本征值是 $l$ 重简并的, 则 $l$ 称为该半单李代数的秩.

通常, 人们称由这些零本征值对应的本征向量张成的子空间为 Cartan 子代数 (注意一个李代数的 Cartan 子代数一般不是唯一的). 由此知, 一个半单李代数的秩即其 Cartan 子代数的维数.

**3. 李代数的正则形式**

对于半单李代数, 取上面使不同本征值个数达到最大的向量 $A$ (称为正则向量), 并令其零本征值对应的本征向量为 $H_i, i = 1, \cdots, l$, 则有

$$[A, H_i] = 0 \quad (i = 1, 2, \cdots, l).\tag{2.2}$$

记对应 $A$ 的非零本征值的本征向量为 $E_\alpha$, 共有 $n - l$ 个 (即 $\mathfrak{g}$ 有一个 $n - l$ 维子空间 $\{E_\alpha\}$, 实际为 $\{H_i\}$ 的补空间, $\alpha$ 指标的意义后面再介绍), 则有

$$[A, E_\alpha] = aE_\alpha,\tag{2.3}$$

且可证明有

$$[H_i, H_j] = 0.\tag{2.4}$$

这表明, 零本征值对应的本征向量构成 $\mathfrak{g}$ 的一个可交换子代数 (实际上是 $\mathfrak{g}$ 的最大可交换子代数).

以满足 (2.2), (2.3), (2.4) 式关系的元素为基的半单李代数的表述形式称为李代数的正则形式, 通常也称为 Cartan 分解 (Cartan decomposition).

例如: 对 su(2), $n = 3$, Cartan 子代数中只有一个元素, 从而 su(2) 是 1 秩李代数. 对 su(3), $n = 8$, Cartan 子代数中有两个元素, 从而 su(3) 是 2 秩李代数.

## 2.1.2 根向量的一般性质

**1. 对应正则向量的一个非零本征值的独立的本征向量实际只有一个**

对 $l$ 秩李代数, 记 $E_\alpha$ 是对应正则向量 $A$ 的非零本征值 $a$ 的一个本征向量, 由 (2.4) 式知, 对应 $A$ 的零本征值的本征向量 $\{H_i \mid i = 1, 2, \cdots, l\}$ 满足

$$[H_i, H_j] = 0 \qquad (i, j = 1, 2, \cdots, l),$$

并且, 由 Jacobi 恒等式知

$$[A, [H_i, E_\alpha]] + [H_i, [E_\alpha, A]] + [E_\alpha, [A, H_i]] = 0,$$

即

$$[A, [H_i, E_\alpha]] = [H_i, [A, E_\alpha]] + [[A, H_i], E_\alpha],$$

这表明, 在 $[A, H_i] = 0$, $[A, E_\alpha] = aE_\alpha$ 情况下,

$$[A, [H_i, E_\alpha]] = [H_i, aE_\alpha] + [0, E_\alpha] = a[H_i, E_\alpha].$$

也就是说, 如果 $E_\alpha$ 是 $A$ 对应非零本征值 $a$ 的一个本征向量, 则 $[H_i, E_\alpha]$ 也是对应本征值 $a$ 的一个本征向量.

依假设, $A$ 的对应非零本征值为 $a$ 的本征向量为 $E_\alpha$, 且 $a$ 为非重根, 则必有

$$[H_i, E_\alpha] = \alpha_i E_\alpha \qquad (i = 1, 2, \cdots, l), \tag{2.5}$$

即 $[H_i, E_\alpha]$ 必与 $E_\alpha$ 成比例, 比例系数记为 $\alpha_i$.

总之, 如果 $E_\alpha$ 是对应正则向量 $A$ 的非零本征值 $a$ 的一个本征向量, 则有 $l$ 个本征向量 $[H_i, E_\alpha]$ 属于此同一本征值, 并且这些本征向量都正比于 $E_\alpha$. 考虑归一化, 则这些本征向量实际是同一个.

### 2. 根向量与根系

上述讨论表明, $E_\alpha$ 是 $H_i$ 的本征值为 $\alpha_i$ 的本征向量. 再与 $[H_i, E_\alpha] = C_{i\alpha}^\beta E_\beta$ 比较得

$$C_{i\alpha}^\beta = \alpha_i \delta_\alpha^\beta.$$

关于李代数的正则形式的讨论 (2.2) 和 (2.4) 式表明, 某一 Cartan 分解对应的任一正则向量都在该 Cartan 子代数中, 即可以写作 $A = \lambda^i H_i$, 将这一形式和李代数的基的正则形式 $[H_i, E_\alpha] = \alpha_i E_\alpha$ 代入 $[A, [H_i, E_\alpha]]$, 计算得

$$[A, [H_i, E_\alpha]] = [\lambda^j H_j, \alpha_i E_\alpha] = \lambda^j \alpha_i [H_j, E_\alpha] = \lambda^j \alpha_i \alpha_j E_\alpha.$$

与 $[A, [H_i, E_\alpha]] = a[H_i, E_\alpha] = a\alpha_i E_\alpha$ 比较得

$$a = \lambda^i \alpha_i \quad (i = 1, 2, \cdots, l).$$

总之, $[H_i, H_j] = 0$ $(i, j = 1, 2, \cdots, l)$ 保证 $\{H_i \mid i = 1, 2, \cdots, l\}$ 张成李代数 $\mathfrak{g}$ 的一个 $l$ 维子代数, 由之可表征对应 $A$ 的零本征值的本征向量. 前已述及, 该子代数通常称为 $\mathfrak{g}$ 的 Cartan 子代数 (并且是一个可交换子代数, 但不是理想, 因为 $[E_\alpha, H_i] = -[H_i, E_\alpha] = -\alpha_i E_\alpha \notin \{H_i\}$).

由 $a = \lambda^i \alpha_i$ 知, $\alpha_i$ 实际可看作将 $\{H_i\}$ 映入数域 $\{\lambda_i\}$ 的线性映射, 因此这一 $l$ 维空间实际是 Cartan 子代数 $\mathfrak{h}$ 的对偶空间 $\mathfrak{h}^*$, 常称为根空间, $(\alpha_1, \cdots, \alpha_l)$ 则称为根向量 (简记为 $\alpha$, 这就是 $E_\alpha$ 下指标的含义), 或简称根. 非零根的全体称为根系, 常记为 $\Sigma$. 可以证明, 通过对 $\{H_i\}$ 的组合, 可使根向量成为实的, 后面我们默认这一点.

**3. 正则向量的非零本征向量的李乘积也是本征向量, 相应的本征值为原本征值之和**

记 $E_\alpha$, $E_\beta$ 是李代数 $\mathfrak{g}$ 的正则向量 $A$ 的本征向量, 即有

$$[A, E_\alpha] = a E_\alpha, \qquad [A, E_\beta] = b E_\beta,$$

由 Jacobi 关系

$$[A, [E_\alpha, E_\beta]] + [E_\alpha, [E_\beta, A]] + [E_\beta, [A, E_\alpha]] = 0$$

知,

$$\begin{aligned}
[A, [E_\alpha, E_\beta]] &= [E_\alpha, [A, E_\beta]] + [[A, E_\alpha], E_\beta] \\
&= [E_\alpha, b E_\beta] + [a E_\alpha, E_\beta] \\
&= b [E_\alpha, E_\beta] + a [E_\alpha, E_\beta] \\
&= (a + b) [E_\alpha, E_\beta].
\end{aligned}$$

这表明, 对于李代数 $\mathfrak{g}$ 的正则向量 $A$, 如果 $E_\alpha$, $E_\beta$ 是其非零本征值对应的本征向量, 则这些本征向量的李乘积 $[E_\alpha, E_\beta]$ 也是其本征向量, 它们的本征值之和为相应李乘积的本征值.

由此可得下列结论:

(1) 如果 $\beta = -\alpha$, 则

$$[A, [E_\alpha, E_{-\alpha}]] = (a + (-a)) [E_\alpha, E_{-\alpha}] = 0.$$

与 $[A, H_i] = 0$ 比较知, $[E_\alpha, E_{-\alpha}] \in \{H_i\}$. 于是有

$$[E_\alpha, E_{-\alpha}] = C^i_{\alpha(-\alpha)} H_i. \tag{2.6}$$

(2) 如果 $a + b$ 不是本征值, 即 $A$ 没有本征值 $a + b$, 自然也不存在相应的本征向量, 则

$$[E_\alpha, E_\beta] = 0.$$

(3) 如果 $a + b$ 是非零本征值, 即 $A$ 有对应非零本征值 $a + b$ 的本征向量, 由半单李代数的非零根都是单根知,

$$[E_\alpha, E_\beta] = C^\gamma_{\alpha\beta} E_\gamma = C^{\alpha+\beta}_{\alpha\beta} \delta^\gamma_{\alpha+\beta} E_\gamma \neq 0, \tag{2.7}$$

从而有 $C^{\alpha+\beta}_{\alpha\beta} \neq 0$, 记之为 $N_{\alpha,\beta}$, 则有

$$[E_\alpha, E_\beta] = N_{\alpha,\beta} E_{\alpha+\beta}. \tag{2.8}$$

上述诸性质可以由结构常数表达为:

(1) $C_{i\alpha}^{\beta} = \alpha_i \delta_{\alpha}^{\beta}$;

(2) $C_{\alpha(-\alpha)}^i \neq 0$, 或 $C_{\alpha\beta}^i = C_{\alpha(-\alpha)}^i \delta_{\beta}^{-\alpha}$;

(3) $C_{\alpha\beta}^{\gamma} = N_{\alpha,\beta} \delta_{\alpha+\beta}^{\gamma}$, 亦即 $C_{\mu\nu}^{\sigma} \neq 0$ 当且仅当 $\sigma = \mu + \nu$ 是根.

### 4. 相逆根的存在性及其间的关系

**定理 2.1**　如果 $\alpha$ 是半单李代数 $\mathfrak{g}$ 的一个根, 则 $-\alpha$ 也必是该李代数的一个根.

**证明**　因为 $n$ 维李代数 $\mathfrak{g}$ 的度规 $g_{\mu\nu} = C_{\mu\sigma}^{\rho} C_{\nu\rho}^{\sigma}$, 其中 $C_{\mu\sigma}^{\rho}$ 为相应李群的结构常数, 将 $\mu, \nu = 1, 2, \cdots, n$ 分为对应零根的部分和对应非零根的部分, 并分别用英文字母 $\{i, j, \cdots\}$、希腊字母 $\{\sigma, \rho, \cdots\}$ 标记 (注意希腊字母代指根向量), 则有

$$g_{\mu\nu} = C_{\mu\sigma}^{\rho} C_{\nu\rho}^{\sigma} = C_{\mu i}^{\rho} C_{\nu\rho}^i + C_{\mu\alpha}^{\rho} C_{\nu\rho}^{\alpha}.$$

再将非零根部分 (上式中求和指标 $\alpha$ 相应的部分) 分为对称部分和完全反对称部分 (亦即相逆根部分和完全不相逆部分) 之和, 并考虑结构常数的反对称性, 则知

$$上式 = -C_{i\mu}^{\rho} C_{\nu\rho}^i + C_{\mu\alpha}^{\rho} \delta_{\alpha}^{-\mu} C_{\nu\rho}^{\alpha} + \sum_{\alpha \neq -\mu} C_{\mu\alpha}^{\rho} C_{\nu\rho}^{\alpha}$$

$$= -\alpha_i C_{\nu\mu}^i + C_{\mu(-\mu)}^i C_{\nu i}^{-\mu} + N_{\mu\alpha} C_{\nu(\mu+\alpha)}^{\alpha}.$$

如果 $\nu \neq -\mu$, 则

$$C_{\nu\mu}^i = C_{\nu\mu}^i \delta_{\mu}^{-\nu} = 0,$$

$$C_{\nu i}^{-\mu} = -C_{i\nu}^{-\mu} = -\alpha_i \delta_{\nu}^{-\mu} = 0,$$

$$C_{\nu(\mu+\alpha)}^{\alpha} = N_{\nu(\mu+\alpha)} \delta_{\nu+\mu+\alpha}^{\alpha} = 0.$$

所以, 当且仅当 $\nu = -\mu$ 时, 才有 $g_{\mu\nu} \neq 0$.

这表明, Killing 度规的指标中一个取为对应非零根的指标时, 另一个指标必须对应大小与前述根相等的负根的指标, 否则全为零. 也就是说, 如果半单李代数 $\mathfrak{g}$ 有一个非零根 $\alpha$, 则 $-\alpha$ 也必是该李代数的一个根.

对 $l$ 秩李代数 $\mathfrak{g}$, 其根向量可以表述为协变的形式, 也可以表述为逆变的形式. 例如, 记根 $\alpha$ 的协变分量为 $\alpha_j$, 逆变分量为 $\alpha^k = g^{ki}\alpha_i$, 其中 $i, j, k = 1, 2, \cdots, l$, 则根 $\alpha$ 与根 $\beta$ 的标量积可以表示为 $(\alpha, \beta) = \alpha^i \beta_i = \alpha_i \beta^i = g^{ij} \alpha_i \beta_j$.

另一方面, 上述讨论表明, $E_\alpha$ 是 $H_i$ 的本征值为 $\alpha_i$ 的本征向量. 由此知, $H_i$ 除表征与李代数的零根对应的向量外, 还具有算符的作用. 假设它们有共同本征向量, 将之用量子力学中常用的 Dirac 符号标记为 $\{|\mu\rangle\}$, 则有本征方程

$$H_i |\mu\rangle = \mu_i |\mu\rangle.$$

再考虑

$$[H_i, E_\alpha] = \alpha_i E_\alpha,$$

则知

$$H_i E_\alpha |\mu\rangle = (\alpha_i E_\alpha + E_\alpha H_i) |\mu\rangle = (\alpha_i E_\alpha + E_\alpha \mu_i) |\mu\rangle = (\mu_i + \alpha_i) E_\alpha |\mu\rangle.$$

与 $H_i |\mu\rangle = \mu_i |\mu\rangle$ 比较得, $E_\alpha |\mu\rangle$ 为 $H_i$ 的对应本征值为 $\mu_i + \alpha_i$ 的本征向量, 因此可记为

$$E_\alpha |\mu\rangle \propto |\mu + \alpha\rangle.$$

由前述讨论知, $\mu_i + \alpha_i$ 也对应李代数的非零根的表述形式, 并且 $E_\alpha$ 具有使非零根 "增大" $\alpha$ 的作用, 即 $E_{+\alpha}$ 实际为升算符. 类似地, $E_{-\alpha}$ 为降算符. 总之, 我们有

$$E_{\pm\alpha} |\mu\rangle = N_{(\pm\alpha),\mu} |\mu \pm \alpha\rangle, \tag{2.9}$$

其中 $N_{(\pm\alpha),\mu}$ 为待定的归一化系数.

由 (2.9) 式知,

$$E_{-\alpha} |\mu + \alpha\rangle = N_{(-\alpha),(\mu+\alpha)} |\mu\rangle.$$

又

$$|\mu + \alpha\rangle = \frac{1}{N_{\alpha,\mu}} E_\alpha |\mu\rangle,$$

代入前式则有

$$\frac{1}{N_{\alpha,\mu}} E_{-\alpha} E_\alpha |\mu\rangle = N_{(-\alpha),(\mu+\alpha)} |\mu\rangle,$$

亦即有

$$E_{-\alpha} E_\alpha |\mu\rangle = N_{\alpha,\mu} N_{(-\alpha),(\mu+\alpha)} |\mu\rangle.$$

这表明, $E_{-\alpha}$ 和 $E_\alpha$ 的级联作用使得本征向量恢复到原来的本征向量, 那么 $E_{-\alpha} E_\alpha \in$ 数域 $\mathbb{K}$, 从而可取 $N_{(-\alpha),(\mu+\alpha)} = N_{\alpha\mu}^*$, 进而 $E_{-\alpha} E_\alpha |\mu\rangle = |N_{\alpha,\mu}|^2 |\mu\rangle$. 总之, $E_{-\alpha}$ 与 $E_{+\alpha}$ 及其作用的态互为对偶, 并且有

$$N_{(-\alpha),\mu} = \langle \mu - \alpha | E_{-\alpha} | \mu \rangle = \langle \mu | E_\alpha | \mu - \alpha \rangle^* = N_{\alpha,(\mu-\alpha)}^*,$$
$$N_{(-\alpha),(\mu+\alpha)} = \langle \mu | E_{-\alpha} | \mu + \alpha \rangle = \langle \mu + \alpha | E_\alpha | \mu \rangle^* = N_{\alpha,\mu}^*.$$

### 5. 不相同且不相逆的根之间的关系

因为 $[E_\alpha, E_{-\alpha}] = C_{\alpha(-\alpha)}^i H_i = \alpha^i H_i$, 记 $|\mu\rangle$ 为 $H_i$ 的正交归一的本征向量, 则

$$\langle \mu | [E_\alpha, E_{-\alpha}] | \mu \rangle = \langle \mu | \alpha^i H_i | \mu \rangle = \alpha^i \mu_i = (\alpha, \mu).$$

另一方面, 对 $[E_\alpha, E_{-\alpha}]$ 按李乘积的定义展开, 得

$$
\begin{aligned}
\langle\mu|\,[E_\alpha, E_{-\alpha}]\,|\mu\rangle &= \langle\mu|E_\alpha E_{-\alpha} - E_{-\alpha}E_\alpha|\mu\rangle \\
&= \langle\mu|E_\alpha N_{(-\alpha),\mu}|\mu-\alpha\rangle - \langle\mu|E_{-\alpha}N_{\alpha,\mu}|\mu+\alpha\rangle \\
&= N_{(-\alpha),\mu}N_{\alpha,(\mu-\alpha)} - N_{\alpha,\mu}N_{(-\alpha),(\mu+\alpha)}\,.
\end{aligned}
$$

前述讨论表明, $E_{+\alpha}$ 与 $E_{-\alpha}$ 互为对偶, 并且, 它们对应的 $N_{\alpha,\mu}$ 有关系

$$
N_{(-\alpha),(\mu+\alpha)} = N^*_{\alpha,\mu}, \qquad N_{(-\alpha),\mu} = N^*_{\alpha,(\mu-\alpha)},
$$

于是有

$$
\begin{aligned}
\langle\mu|\,[E_\alpha, E_{-\alpha}]\,|\mu\rangle &= N_{\alpha,(\mu-\alpha)}N^*_{\alpha,(\mu-\alpha)} - N^*_{\alpha,\mu}N_{\alpha,\mu} \\
&= \left|N_{\alpha,(\mu-\alpha)}\right|^2 - \left|N_{\alpha,\mu}\right|^2.
\end{aligned}
$$

比较采用不同方法计算出的 $\langle\mu|\,[E_\alpha, E_{-\alpha}]\,|\mu\rangle$, 得

$$
\left|N_{\alpha,(\mu-\alpha)}\right|^2 - \left|N_{\alpha,\mu}\right|^2 = (\alpha, \mu)\,. \tag{2.10}
$$

此方程给出经升降算符 $E_{\pm\alpha}$ 作用后的向量作为 $\{H_i\}$ 的本征向量的归一化系数之间的递推关系. 与前面得到的 $N_{(-\alpha),\mu} = N^*_{\alpha,(\mu-\alpha)}$ 和 $N_{(-\alpha),(\mu+\alpha)} = N^*_{\alpha,\mu}$ 联合即可确定所有这些归一化系数. 再者, 由前述的若 $\alpha$ 为半单李代数 $\mathfrak{g}$ 的非零根的表述形式, 则 $\mu+\alpha$ 也为半单李代数 $\mathfrak{g}$ 的非零根的表述形式知, $\mu$ 为半单李代数 $\mathfrak{g}$ 的另一非零根的表述形式, 并且非零根可以一般地表述为 $\gamma = \mu+\xi\alpha$, 即包含非零根 $\mu$ 的关于非零根 $\alpha$ 的根链有可能也为该半单李代数的非零根链, 并与序号 $\mu+\xi\alpha$ 相对应.

考虑升降算符的实际意义知, 对有限维半单李代数, 其根的数目有限, 那么, 对于标记为 $\mu$ 的非零根, 经 $E_\alpha$ 作用若干次而上升若干次后, 一定会截断, 经 $E_{-\alpha}$ 作用若干次而降低若干次后, 一定也会截断, 所以一定存在自然数 $p, q$, 使得

$$
\begin{cases}
E_\alpha|\mu+p\alpha\rangle = N_{\alpha,(\mu+p\alpha)}|\mu+(p+1)\alpha\rangle \equiv 0, \\
E_{-\alpha}|\mu-q\alpha\rangle = N_{-\alpha,(\mu-q\alpha)}|\mu-(q+1)\alpha\rangle \equiv 0,
\end{cases}
$$

即有

$$
\begin{cases}
N_{\alpha,(\mu+p\alpha)} \equiv 0, \\
N_{(-\alpha),(\mu-q\alpha)} \equiv 0,
\end{cases}
$$

亦即实际不存在根 $\mu+(p+1)\alpha$ 和 $\mu-(q+1)\alpha$. 并且, 很显然, $p$ 和 $q$ 为 $\mu, \alpha$ 的函数, 即有

$$
p = p(\mu, \alpha), \qquad q = q(\mu, \alpha).
$$

对各种可能的 $\xi = -q, \cdots, p$ 都写出其递推关系式 (即相应于 (2.10) 式的形式), 则有

$$\left|N_{\alpha,(\mu+(p-1)\alpha)}\right|^2 - \left|N_{\alpha,(\mu+p\alpha)}\right|^2 = \left|N_{\alpha,(\mu+(p-1)\alpha)}\right|^2 - 0 = (\alpha, (\mu + p\alpha)),$$

$$\left|N_{\alpha,(\mu+(p-2)\alpha)}\right|^2 - \left|N_{\alpha,(\mu+(p-1)\alpha)}\right|^2 = (\alpha, (\mu + (p-1)\alpha)),$$

$$\cdots\cdots$$

$$\left|N_{\alpha,\mu}\right|^2 - \left|N_{\alpha,(\mu+\alpha)}\right|^2 = (\alpha, (\mu + \alpha)),$$

$$\left|N_{\alpha,(\mu-\alpha)}\right|^2 - \left|N_{\alpha,\mu}\right|^2 = (\alpha, \mu),$$

$$\left|N_{\alpha,(\mu-2\alpha)}\right|^2 - \left|N_{\alpha,(\mu-\alpha)}\right|^2 = (\alpha, (\mu - \alpha)),$$

$$\cdots\cdots$$

$$\left|N_{\alpha,(\mu-q\alpha)}\right|^2 - \left|N_{\alpha,(\mu-(q-1)\alpha)}\right|^2 = (\alpha, (\mu - (q-1)\alpha)),$$

$$\left|N_{\alpha,(\mu-(q+1)\alpha)}\right|^2 - \left|N_{\alpha,(\mu-q\alpha)}\right|^2 = \left|N_{-\alpha,(\mu-q\alpha)}\right|^2 - \left|N_{\alpha,(\mu-q\alpha)}\right|^2$$

$$= 0 - \left|N_{\alpha,(\mu-q\alpha)}\right|^2 = (\alpha, (\mu - q\alpha)).$$

上述诸式相加, 得

$$0 = (p+q+1)(\alpha,\mu) + [-q-(q-1)-\cdots-1+1+\cdots+(p-1)+p](\alpha,\alpha)$$

$$= (p+q+1)(\alpha,\mu) + \frac{(p+q+1)(p-q)}{2}(\alpha,\alpha)$$

$$= (p+q+1)\left[(\alpha,\mu) + \frac{p-q}{2}(\alpha,\alpha)\right].$$

因为 $p+q+1 \neq 0$, 必有

$$\frac{2(\alpha,\mu)}{(\alpha,\alpha)} = q - p.$$

$p$ 和 $q$ 都是自然数, 因而 $q - p =$ 整数, 所以

$$\frac{2(\alpha,\mu)}{(\alpha,\alpha)} = q - p = 整数. \tag{2.11}$$

对半单李代数 $\mathfrak{g}$, 其任意非零根 $\alpha$ 必有 $(\alpha,\alpha) \neq 0$, 否则, 由 $(\alpha,\alpha) = \alpha_i \alpha^i = g_{ij}\alpha^i\alpha^j$ 知

$$g_{ij} = 0,$$

从而可推出 $\det g = 0$ (见 (2.20) 式), 与李代数 $\mathfrak{g}$ 是半单李代数矛盾. 所以, 对半单李代数 $\mathfrak{g}$ 的任意两相异非零根 $\alpha, \beta$, 都有

$$2\frac{(\alpha,\beta)}{(\alpha,\alpha)} = q - p = m \qquad (整数), \tag{2.12}$$

$$2\frac{(\beta,\alpha)}{(\beta,\beta)} = q' - p' = m' \qquad (整数), \tag{2.13}$$

并且

$$\frac{(\alpha,\beta)^2}{|\alpha|^2 |\beta|^2} = \frac{mm'}{4}, \tag{2.14}$$

$$\frac{(\beta,\beta)}{(\alpha,\alpha)} = \frac{|\beta|^2}{|\alpha|^2} = \frac{m}{m'}. \tag{2.15}$$

于是有下述定理.

**定理 2.2** 如果 $\alpha$, $\beta$ 是半单李代数 $\mathfrak{g}$ 的两个相异的非零根, 则 $2\dfrac{(\alpha,\beta)}{(\alpha,\alpha)}$ 为整数, 并且 $\beta - 2\dfrac{(\alpha,\beta)}{(\alpha,\alpha)}\alpha$ 也是一个根.

**证明** 对前半部分, 前边的讨论已给出

$$2\frac{(\alpha,\beta)}{(\alpha,\alpha)} = q - p = m = 整数.$$

对后半部分, 依假设, 并考虑上半部分的结论, 则有

$$\beta - 2\frac{(\alpha,\beta)}{(\alpha,\alpha)}\alpha = \beta - (q-p)\alpha = \beta + (p-q)\alpha.$$

由前述讨论知, 对有限维李代数, 其根的数目有限, 并且包含 $\beta$ 的关于 $\alpha$ 的根链为

$$\beta - q\alpha, \ \beta - (q-1)\alpha, \ \cdots, \ \beta - \alpha, \ \beta, \ \beta + \alpha, \ \cdots, \ \beta + p\alpha.$$

因为 $p \geqslant 0$, $q \geqslant 0$, 则 $p - q \in \{-q, \cdots, p\}$, 所以 $\beta + (p-q)\alpha$ 属于上述根链, 故 $\beta - 2\dfrac{(\alpha,\beta)}{(\alpha,\alpha)}\alpha$ 也是一个根.

另一方面, 利用 $N_{\alpha,\beta}$ 的递推关系, 对上升部分求和, 即得

$$\left|N_{\alpha,\beta}\right|^2 = \sum_{\xi=1}^{p}(\alpha, (\beta+\xi\alpha)) = p(\alpha,\beta) + \frac{(p+1)p}{2}(\alpha,\alpha).$$

由 (2.11) 式知, $(\alpha,\beta) = \dfrac{q-p}{2}(\alpha,\alpha)$, 则

$$\left|N_{\alpha,\beta}\right|^2 = p(q-p)\frac{(\alpha,\alpha)}{2} + p(p+1)\frac{(\alpha,\alpha)}{2},$$

于是有

$$\left|N_{\alpha,\beta}\right|^2 = \frac{p(q+1)}{2}(\alpha,\alpha). \tag{2.16}$$

由此知, 升降算符作用于 $\{H_i\}$ 的本征向量得到的向量仍为 $\{H_i\}$ 的本征向量时的归一化系数 (类似于本征值) 可以完全由根链的长度 (由自然数 $p$ 和 $q$ 决定) 和根的模的平方 (或者说, 长度的平方) $(\alpha, \alpha)$ 确定. 又由引入归一化系数 $N_{\alpha,\beta}$ 的原初定义 (2.8) 式知, $N_{\alpha,\beta}$ 为使对应根为 $\beta$ 的本征向量经 $E_\alpha$ 作用后形成的对应根为 $\alpha + \beta$ 的本征向量的归一化系数, 亦即结构常数 $C_{\alpha\beta}^{\alpha+\beta}$, 与 (2.9) 式引入的 $N_{\alpha,\mu}$ 的意义完全相同. 那么, 至此我们不仅确定了前述的归一化系数, 还确定了与半单李代数 $\mathfrak{g}$ 相应的李群的结构常数.

**6. 成比例的根的个数**

**定理 2.3** 如果 $\alpha$ 是非零根, 则 $k\alpha$ $(k \in Z)$ 中只有三个是根, 并且它们是 $\alpha$, $0$, $-\alpha$.

**证明** 记相应于非零根 $\alpha$ 的本征向量为 $E_\alpha$, 由李乘积的定义知

$$[E_\alpha, E_\alpha] = N_{\alpha,\alpha} E_{2\alpha} = 0,$$

所以 $2\alpha$ 不是根.

由负根与正根之间的关系知, 对任意 $|k| > 1$, 根链 $k\alpha$ 都是包含 $2\alpha$ 的一个根链, 所以它们都不是根.

故只有 $|k| \leqslant 1$ 的根链 $k\alpha$ 才是李代数的根, 即 $k\alpha$ 中只有三个是根, 它们是 $\alpha$, $0$, $-\alpha$.

推而广之, 对模的平方为 $(\alpha, \alpha)$ 的非零根 $\alpha$, 不存在与模的平方 $4(\alpha, \alpha)$ 相应的非零根, 因其有可能为 $\beta = 2\alpha$.

**7. 不相同且不成比例的根的个数**

**定理 2.4** 如果 $\alpha$, $\beta$ 都是半单李代数 $\mathfrak{g}$ 的非零根, 并且 $\alpha$ 与 $\beta$ 不成比例, 则包含 $\beta$ 的 $\alpha$ 的根链最多只能包含四个根, 即根链 $\beta - \dfrac{2(\alpha, \beta)}{(\alpha, \alpha)}\alpha$ 中, $\dfrac{2(\alpha, \beta)}{(\alpha, \alpha)}$ 仅取 $\{0, \pm 1, \pm 2, \pm 3\}$ 中最多四个相邻的数.

**证明** 定理表述包括根链的长度和具体取值范围两部分, 我们分别予以讨论.

由相异非零根之间的关系 $\dfrac{2(\alpha, \beta)}{(\alpha, \alpha)} = m = $ 整数, $\dfrac{2(\beta, \alpha)}{(\beta, \beta)} = m' = $ 整数, 知

$$4\frac{(\alpha, \beta)^2}{(\alpha, \alpha)(\beta, \beta)} = mm' = \text{整数}.$$

而 $(\alpha, \beta) = |\alpha||\beta|\cos\theta$, 其中 $\theta$ 为根 $\alpha$ 与 $\beta$ 之间的夹角, 则

$$4\frac{(\alpha, \beta)^2}{(\alpha, \alpha)(\beta, \beta)} = 4\frac{|\alpha|^2|\beta|^2\cos^2\theta}{|\alpha|^2|\beta|^2} = 4\cos^2\theta = mm'.$$

由 $0 \leqslant \cos^2 \theta \leqslant 1$, 知

$$0 \leqslant mm' \leqslant 4.$$

假设 $\left| 2\dfrac{(\alpha, \beta)}{(\alpha, \alpha)} \right| = |m|$ 不受小于 4 的约束, 例如恰好等于 4, 由 $0 \leqslant mm' \leqslant 4$ 知, $m' = 0$ 或 $\pm 1$.

如果 $m' = 0$, 则 $(\beta, \alpha) = 0$. 由 $(\alpha, \beta) = (\beta, \alpha)$ 知, $m = 0$, 与假设不一致.

如果 $m' = \pm 1$, 则 $m = \pm 4$. 但是, 在这一情况下, $\cos \theta = \pm 1$, $\theta = 0$ 或 $\pi$. 由

$$\frac{m}{m'} = \frac{\dfrac{2(\alpha, \beta)}{(\alpha, \alpha)}}{\dfrac{2(\beta, \alpha)}{(\beta, \beta)}} = \frac{(\beta, \beta)}{(\alpha, \alpha)}$$

知,

$$(\beta, \beta) = 4(\alpha, \alpha),$$

从而可能有

$$\beta = \pm 2\alpha,$$

亦即存在非零根 $\beta$, 其长度为非零根 $\alpha$ 的 2 倍, 这显然与前述定理矛盾.

综上所述, $\left| \dfrac{2(\alpha, \beta)}{(\alpha, \alpha)} \right|$ 可以不小于 4 的假设不成立. 所以 包含 $\beta$ 的关于 $\alpha$ 的根链 $\beta - \dfrac{2(\alpha, \beta)}{(\alpha, \alpha)} \alpha$ 中, 只能有

$$\frac{2(\alpha, \beta)}{(\alpha, \alpha)} = m = q - p = 0, \pm 1, \pm 2, \pm 3.$$

因为包含 $\beta$ 的关于 $\alpha$ 的根链 $\{\beta - q\alpha, \beta - (q-1)\alpha, \cdots, \beta - \alpha, \beta, \beta + \alpha, \cdots, \beta + p\alpha\}$ 最多只能走 $p + q$ 步, 例如, 对 $\beta + p\alpha$, 向左最多只能走 $p + q$ 步, 到 $\beta - q\alpha$ 为止, 不能向右走. 而前述的根的取值范围要求该系列可能是 $\{\beta - 3\alpha, \beta - 2\alpha, \beta - \alpha, \beta\}$, $\{\beta - 2\alpha, \beta - \alpha, \beta, \beta + \alpha\}$, $\{\beta - \alpha, \beta, \beta + \alpha, \beta + 2\alpha\}$, 或 $\{\beta, \beta + \alpha, \beta + 2\alpha, \beta + 3\alpha\}$, 即 还有约束 $p + q \leqslant 3$.

对此我们仍用反证法来讨论. 我们假设包含 $\beta$ 的关于 $\alpha$ 的根链不受该约束, 即 不一定有 $p + q \leqslant 3$, 例如, 可以是 $\{\beta - 2\alpha, \beta - \alpha, \beta, \beta + \alpha, \beta + 2\alpha\}$. 考虑包含非零 根 $\beta + 2\alpha$ 的关于 $\beta$ 的根链, 因为 $\beta + 2\alpha - \beta = 2\alpha$ 不是根, $\beta + 2\alpha + \beta = 2(\alpha + \beta)$ 也不是根, 即根链 $\{(\beta + 2\alpha) - q'\beta, (\beta + 2\alpha) - (q' - 1)\beta, \cdots, (\beta + 2\alpha), \cdots, (\beta + 2\alpha) + (p' - 1)\beta, (\beta + 2\alpha) + p'\beta\}$ 中, $p' = q' = 0$, 于是

$$\frac{2(\beta + 2\alpha, \beta)}{(\beta, \beta)} = \frac{q' - p'}{2} = 0.$$

同理, 包含非零根 $\beta - 2\alpha$ 的关于 $\beta$ 的根链 $\{(\beta - 2\alpha) - q''\beta, (\beta - 2\alpha) - (q'' - 1)\beta, \cdots,$ $(\beta - 2\alpha), \cdots, (\beta - 2\alpha) + (p'' - 1)\beta, (\beta - 2\alpha) + p''\beta\}$ 中, $p'' = q'' = 0$, 于是

$$\frac{2(\beta - 2\alpha, \beta)}{(\beta, \beta)} = \frac{q'' - p''}{2} = 0.$$

所以

$$\frac{2(\beta - 2\alpha, \beta)}{(\beta, \beta)} + \frac{2(\beta + 2\alpha, \beta)}{(\beta, \beta)} = 0 + 0 = 0.$$

另一方面, 根据内积的性质直接计算得

$$\frac{2(\beta - 2\alpha, \beta)}{(\beta, \beta)} + \frac{2(\beta + 2\alpha, \beta)}{(\beta, \beta)} = \frac{2(\beta, \beta)}{(\beta, \beta)} - \frac{4(\alpha, \beta)}{(\beta, \beta)} + \frac{2(\beta, \beta)}{(\beta, \beta)} + \frac{4(\alpha, \beta)}{(\beta, \beta)} = 4.$$

二者显然矛盾. 所以存在根链 $\{\beta - 2\alpha, \beta - \alpha, \beta, \beta + \alpha, \beta + 2\alpha\}$ 的假设不成立, 即一定有 $p + q \leqslant 3$. 总之, 包含 $\beta$ 的根链 $\{\beta - q\alpha, \beta - (q-1)\alpha, \cdots, \beta - \alpha, \beta, \beta + \alpha, \cdots, \beta + p\alpha\}$ 必须同时满足

$$|q - p| \leqslant 3, \qquad p + q \leqslant 3, \tag{2.17}$$

具体即有

$$p + q \leqslant 3, \begin{cases} q - p = 3, \implies q = 3, p = 0; \\ q - p = 2, \implies q = 2, p = 0; \\ q - p = 1, \implies q = 2, p = 1 \text{ 或 } q = 1, p = 0; \\ q - p = 0, \implies q = 1, p = 1 \text{ 或 } q = 0, p = 0; \\ q - p = -1, \implies q = 0, p = 1 \text{ 或 } q = 1, p = 2; \\ q - p = -2, \implies q = 0, p = 2; \\ q - p = -3, \implies q = 0, p = 3. \end{cases}$$

综合上述分析计算可知, 根链 $\beta - \dfrac{2(\alpha, \beta)}{(\alpha, \alpha)}$ 中的 $\dfrac{2(\alpha, \beta)}{(\alpha, \alpha)} = q - p$ 仅能取 $\{0, \pm 1, \pm 2, \pm 3\}$ 中最多四个相邻的数.

上述结论可由图 2.1 中的虚线及相应的分量来表征.

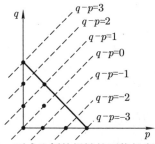

图 2.1 不成比例的根链的可能长度示意图

### 2.1.3 正则形式下的度规张量与 Cartan-Weyl 基

#### 1. 度规张量

由前述讨论知, 半单李代数 $\mathfrak{g}$ 有零本征值对应的本征向量 $\{H_i\}$ 和非零本征值对应的本征向量 $\{E_\alpha\}$, 并且 Cartan 指出, 通过适当选取, 可以使非零本征值的个数达到最多, 并且都不相同 (不简并), (相重的) 零本征值的个数 $l$ 称为该李代数的秩.

一般情况下, 李代数的度规张量由相应李群的结构常数决定, 并可具体表述为

$$g_{\mu\nu} = C_{\mu\sigma}^\rho C_{\nu\rho}^\sigma. \tag{2.18}$$

在正则形式下, 有

$$[H_i, E_\alpha] = \alpha_i E_\alpha, \quad 即 [H_i, E_\alpha] = C_{i\alpha}^\beta E_\beta, \quad C_{i\alpha}^\beta = \alpha_i \delta_\alpha^\beta \quad (i=1,2,\cdots,l);$$
$$[E_\alpha, E_{-\alpha}] = C_{\alpha(-\alpha)}^i H_i, \qquad C_{\alpha(-\alpha)}^i = C_{\alpha\beta}^i \delta_{-\alpha}^\beta = \alpha^i;$$
$$[E_\alpha, E_\beta] = C_{\alpha\beta}^\gamma E_\gamma, \qquad C_{\alpha\beta}^\gamma = C_{\alpha\beta}^{\alpha+\beta}\delta_{\alpha+\beta}^\gamma = N_{\alpha,\beta}\delta_{\alpha+\beta}^\gamma.$$

也就是说, 对 $g_{\mu\nu}$ 中与非零根对应的各结构常数, $C_{\mu\sigma}^\rho \neq 0$ 要求 $\rho = \mu + \sigma$, $C_{\nu\rho}^\sigma \neq 0$ 要求 $\sigma = \nu + \rho$. 于是 $g_{\mu\nu} \neq 0$ 要求 $\sigma = \nu + \rho = \nu + \mu + \sigma$, 从而有 $\mu + \nu = 0$.

更细致地, 将 $g_{\mu\nu}$ 分解为与零根相关部分和与非零根相关部分, 与零根相关的指标用英文字母标记, 与非零根相关的指标用希腊字母标记.

对于与零根相关部分, 有

$$g_{i\nu} = C_{i\alpha}^\beta C_{\nu\beta}^\alpha = \alpha_i \delta_\alpha^\beta C_{\nu\beta}^\alpha.$$

显然, 上式 $\neq 0$ 要求 $C_{\nu\alpha}^\alpha \neq 0$, 也就是要求 $\nu = j$ 属于与零根对应的子空间, 所以, 与零根相关部分的度规张量有

$$g_{ij} \neq 0, \qquad g_{i\nu} = 0.$$

对于与非零根相关部分,

$$g_{\sigma\rho} = C_{\sigma\alpha}^\beta C_{\rho\beta}^\alpha = C_{\sigma\alpha}^\beta \delta_{\alpha(-\sigma)} C_{\rho\beta}^\alpha + \sum_{\alpha \neq -\sigma} C_{\sigma\alpha}^\beta C_{\rho\beta}^\alpha$$
$$= C_{\sigma(-\sigma)}^\beta C_{\rho\beta}^{-\sigma} + \sum_{\alpha \neq -\sigma} N_{\sigma,\alpha}\delta_{\sigma+\alpha}^\beta C_{\rho\beta}^\alpha$$
$$= C_{\sigma(-\sigma)}^i C_{\rho i}^{-\sigma} + N_{\sigma,\alpha}C_{\rho(\sigma+\alpha)}^\alpha.$$

所以, 只有当 $\rho = -\sigma$ 时, 对应的 $g_{\sigma\rho}$ 才不等于 0, 即对于与非零根相关部分的度规张量, 当且仅当 $\rho = -\sigma$ 时, $g_{\sigma\rho} \neq 0$.

综上所述, 正则形式下, 半单李代数 $\mathfrak{g}$ 的度规张量 $g_{\mu\nu}$ 可以表示为

$$
g_{\mu\nu} = \begin{pmatrix} g_{ij} & 0 & 0 & 0 & 0 \\ 0 & \begin{matrix} 0 & \times \\ \times & 0 \end{matrix} & 0 & 0 & 0 \\ 0 & 0 & \begin{matrix} 0 & \times \\ \times & 0 \end{matrix} & 0 & 0 \\ 0 & 0 & 0 & \ddots & 0 \\ 0 & 0 & 0 & 0 & \begin{matrix} 0 & \times \\ \times & 0 \end{matrix} \end{pmatrix}, \tag{2.19}
$$

即 $g_{\mu\nu}$ 为一个分块矩阵, 其中对角线上有 $\dfrac{n-l}{2}$ 个反对角矩阵元不为 0 的 $2 \times 2$ 矩阵, $g_{ij}$ 为 $l \times l$ 的矩阵, 常被简称为 Cartan 度规矩阵, 其形式需要另行确定, 其他部分的矩阵元都为 0.

特殊地, 适当选取 $E_\alpha$ 的归一化因子, 可使得 $g_{\alpha(-\alpha)} = 1$, 则有

$$
g_{\mu\nu} = \begin{pmatrix} g_{ij} & 0 & 0 & 0 & 0 \\ 0 & \begin{matrix} 0 & 1 \\ 1 & 0 \end{matrix} & 0 & 0 & 0 \\ 0 & 0 & \begin{matrix} 0 & 1 \\ 1 & 0 \end{matrix} & 0 & 0 \\ 0 & 0 & 0 & \ddots & 0 \\ 0 & 0 & 0 & 0 & \begin{matrix} 0 & 1 \\ 1 & 0 \end{matrix} \end{pmatrix}. \tag{2.20}
$$

上式常称为半单李代数的度规张量的标准形式 (标准 Killing 型). 相应地, 对之做伸缩即可得到其他形式. 例如: 对 $E_\alpha \Longrightarrow E'_\alpha = \xi E_\alpha$ (相应地, $E_{-\alpha} \Longrightarrow E'_{-\alpha} = \dfrac{1}{\xi} E_{-\alpha}$), $H_i \Longrightarrow H'_i = \xi H_i$, $\alpha_i \Longrightarrow \alpha'_i = \xi \alpha_i$ $\left( \alpha^i \Longrightarrow \alpha^{i'} = \dfrac{1}{\xi} \alpha^i \right)$, 有

$$
[H_i, E_\alpha] = \alpha_i E_\alpha \Longrightarrow [H'_i, E'_\alpha] = [\xi H_i, \xi E_\alpha] = \xi^2 [H_i, E_\alpha] = \alpha'_i E'_\alpha,
$$

$$
[A, E_\alpha] = \alpha E_\alpha \Longrightarrow [A, E'_\alpha] = [A, \xi E_\alpha] = \xi [A, E_\alpha] = \xi \alpha E_\alpha = \alpha E'_\alpha,
$$

$$
[E_\alpha, E_{-\alpha}] = C^i_{\alpha(-\alpha)} H_i \Longrightarrow [E'_\alpha, E'_{-\alpha}] = \left[ \xi E_\alpha, \dfrac{1}{\xi} E_{-\alpha} \right] = [E_\alpha, E_{-\alpha}].
$$

**2. Cartan-Weyl 基**

$n$ 维半单李代数 $\mathfrak{g}$ 有零根对应的向量 $\{H_i\}$ ($i = 1, 2, \cdots, l$, $l$ 称为该半单李代数的秩) 和非零根对应的向量 $\{E_\alpha\}$, 其 Cartan 标准型满足

$$[H_i, H_j] = 0 \qquad\qquad (C_{ij}^k = 0, \quad \text{即张成 Cartan 子代数 } \mathfrak{h}),$$

$$[H_i, E_\alpha] = \alpha_i E_\alpha \qquad\qquad (C_{i\alpha}^\beta = \alpha_i \delta_\alpha^\beta),$$

$$[E_\alpha, E_{-\alpha}] = \alpha^i H_i = (\alpha, H) \qquad (C_{\alpha\beta}^i = C_{\alpha(-\alpha)}^i \delta_\beta^{-\alpha}),$$

$$[E_\alpha, E_\beta] = C_{\alpha\beta}^\gamma E_\gamma = N_{\alpha,\beta} \delta_{\alpha+\beta}^\gamma E_\gamma, \quad N_{\alpha,\beta} \text{ 由 } |N_{\alpha,\beta}|^2 = \frac{p(q+1)}{2}(\alpha,\alpha) \text{ 确定}[2],$$

并有度规矩阵元 $g_{\alpha(-\alpha)} = 1$.

这样的一组基 $\{H_1, H_2, \cdots, H_l, E_\alpha, E_{-\alpha}, E_\beta, E_{-\beta}, \cdots, E_\gamma, E_{-\gamma}\}$ 称为半单李代数 $\mathfrak{g}$ 的 Cartan-Weyl 基.

在 Cartan-Weyl 基下, 除上述定义外, 还需要注意:

(1) 如前所述, Cartan 子代数 $\mathfrak{h}$ 构成 $\mathfrak{g}$ 的一个可交换子代数, 而且是 $\mathfrak{g}$ 的最大可交换子代数. 但由于 $[E_\alpha, H_i] = -[H_i, E_\alpha] = -\alpha_i E_\alpha \notin \mathfrak{h}$, 则 $\mathfrak{h}$ 不是理想, 即不是 $\mathfrak{g}$ 的理想, 更不是中心.

(2) 对半单李代数 $\mathfrak{g} = \mathfrak{g}_1 \oplus \mathfrak{g}_2$, 如果 $\mathfrak{g}_1$ 和 $\mathfrak{g}_2$ 也是半单或单李代数, $\mathfrak{g}$, $\mathfrak{g}_1$, $\mathfrak{g}_2$ 的 Cartan 子代数分别是 $\mathfrak{h}$, $\mathfrak{h}_1$, $\mathfrak{h}_2$, 相应的根系分别是 $\Sigma$, $\Sigma_1$, $\Sigma_2$, 则 $\mathfrak{h} = \mathfrak{h}_1 \oplus \mathfrak{h}_2$, $\Sigma = \Sigma_1 \cup \Sigma_2$, 并且 $\Sigma_1$ 和 $\Sigma_2$ 正交.

但对单李代数 $\mathfrak{g}$, 其根系不可能存在这样的进一步分解.

## §2.2 半单李代数的根图和分类

回顾前述讨论, 我们知道, 在正则形式的 Cartan-Weyl 基下, 半单李代数的根的性质可归纳为:

(1) 若 $\alpha$ 是根, 则 $-\alpha$ 也是根;

(2) 若 $\alpha$ 和 $\beta$ 是非零根, 则 $2\dfrac{(\alpha,\beta)}{(\alpha,\alpha)}$ 是整数;

(3) 若 $\alpha$ 和 $\beta$ 是非零根, 则 $\beta - 2\dfrac{(\alpha,\beta)}{(\alpha,\alpha)}\alpha$ 也是根;

---

[2]该式中, $p$, $q$ 为自然数, 且 $p + q \leqslant 3$, $|q - p| \leqslant 3$, $\alpha$ 为与 $E_\alpha$ 对应的根. 然而, 该式仅能确定 $N_{\alpha,\beta}$ 的绝对值. 为完全确定该归一化因子, 还要确定其相位. 通常取其相位满足 $N_{\alpha,\beta} = -N_{\beta,\alpha} = -N_{(-\alpha),(-\beta)}$.

(4) 两非零根 $\alpha, \beta$ 之间的夹角 $\varphi$ 由

$$\cos\varphi = \frac{(\alpha,\beta)}{((\alpha,\alpha)(\beta,\beta))^{1/2}} \qquad \left(\text{即} \pm \frac{\sqrt{mm'}}{2}\right)$$

定义, 其数值由 $\cos^2\varphi = 0, \frac{1}{4}, \frac{1}{2}, \frac{3}{4}$ 决定.

由于 $\alpha$ 和 $-\alpha$ 都是根, 仅需考虑锐角和直角即可, 再排除 $\alpha = \beta$ 的平庸情况, 则有

$$\varphi = \frac{\pi}{2}, \frac{\pi}{3}, \frac{\pi}{4}, \frac{\pi}{6}.$$

(5) 两非零根 $\alpha, \beta$ 之间的长度比为 $K_{\alpha\beta} = \left[\frac{(\alpha,\alpha)}{(\beta,\beta)}\right]^{1/2}$. 具体地: 如果 $\varphi = \frac{\pi}{6}$, 则 $\frac{(\alpha,\beta)}{(\alpha,\alpha)} = \frac{1}{2}$ 或 $\frac{3}{2}, \frac{(\beta,\alpha)}{(\beta,\beta)} = \frac{3}{2}$ 或 $\frac{1}{2}$, 即有 $\frac{(\beta,\beta)}{(\alpha,\alpha)} = \frac{1}{3}$ 或 3, 所以 $K = \sqrt{3}$ 或 $\frac{1}{\sqrt{3}}$. 如果 $\varphi = \frac{\pi}{4}$, 则 $\frac{(\alpha,\beta)}{(\alpha,\alpha)} = \frac{1}{2}$ 或 $1, \frac{(\beta,\alpha)}{(\beta,\beta)} = 1$ 或 $\frac{1}{2}$, 即有 $\frac{(\beta,\beta)}{(\alpha,\alpha)} = \frac{1}{2}$ 或 2, 所以 $K = \sqrt{2}$ 或 $\frac{1}{\sqrt{2}}$. 如果 $\varphi = \frac{\pi}{3}$, 则 $\frac{(\alpha,\beta)}{(\alpha,\alpha)} = \frac{1}{2}, \frac{(\beta,\alpha)}{(\beta,\beta)} = \frac{1}{2}$, 即有 $\frac{(\beta,\beta)}{(\alpha,\alpha)} = 1$, 所以 $K = 1$. 如果 $\varphi = \frac{\pi}{2}$, 则 $(\alpha,\beta) = 0, \frac{(\beta,\beta)}{(\alpha,\alpha)}$ 不确定, 所以 $K$ 不确定.

根据这些性质, 我们可以给出根的具体表达形式, 即根图, 并可以对半单李代数进行分类.

### 2.2.1 二秩李代数的根图

二秩李代数 $l = 2$, 即仅有两个零根, 并且, 在根空间中, 根向量只有两个分量, 因此其根图可以在二维平面内清楚准确地展示. 两相邻非零根之间的夹角 $\varphi$ 满足 $\cos^2\varphi = \frac{mm'}{4} = 0, \frac{1}{4}, \frac{2}{4}, \frac{3}{4}$, 其中 $m = q - p$ 为整数 (并且有 $p + q \leqslant 3$).

**1. $\cos^2\varphi = 0$ 的情况**

在 $\cos^2\varphi = 0$ 的情况下, $\varphi = \frac{\pi}{2}$, 即有 $(\alpha,\beta) = 0, mm' = 0$, 两相邻非零根的长度间无确定关系, 在二维平面图中画出即有图 2.2 所示的菱形, 非零根对应菱形的四个顶点.

由此知, 该李代数有四个非零根, 考虑 2 个零根, 它共有 6 个根, 即该李代数为 6 维李代数. 由于 $6 = \frac{1}{2} \cdot 4(4-1) = 2 \times (2 \times 1 + 1)$, 与第一章所述的 SO(4) 矩阵的独立矩阵元的数目相同, 考虑李代数与李群的关系 (李群唯一决定李代数), 我们可以推知, 该根图与 so(4) 李代数 (亦即 so(3) $\oplus$ so(3) 李代数, 并有 SO(4) $\sim$ SO(3) $\otimes$ SO(3))

的根图对应. 也就是说, 该李代数即 so(4) 李代数, 此后的讨论中将说明该李代数为 $D_2$ 李代数.

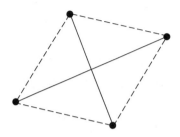

图 2.2　两相邻非零根间夹角为 $\dfrac{\pi}{2}$ 的二秩李代数的根图

**2. $\cos^2 \varphi = \dfrac{1}{4}$ 的情况**

在 $\cos^2 \varphi = \dfrac{1}{4}$, 即 $\cos \varphi = \dfrac{1}{2}$ 情况下, $\varphi = \dfrac{\pi}{3}$, $mm' = 1$, 于是仅有 $m = m' = 1$ 一种情况.

由 $\dfrac{2(\alpha, \beta)}{(\alpha, \alpha)} = m$, $\dfrac{2(\beta, \alpha)}{(\beta, \beta)} = m' = \dfrac{2(\alpha, \beta)}{(\beta, \beta)}$, 知 $|\alpha|^2 = |\beta|^2$, 即两相邻非零根等长.

在二维平面画出, 即有图 2.3 所示的正六边形, 非零根对应正六边形的六个顶点.

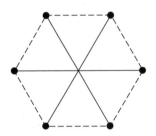

图 2.3　两相邻非零根间夹角为 $\dfrac{\pi}{3}$ 的二秩李代数的根图

由此知, 该李代数有 6 个非零根, 考虑 2 个零根, 它共有 8 个根, 即该李代数为 8 维李代数.

考虑李代数的维数 $8 = 3^2 - 1$, 我们可以推测, 该根图对应 su(3) 李代数的根图, 进而该李代数即 su(3) 李代数, 并常将之称为 $A_2$ 李代数.

由此外推, $A_l$ 李代数的非零根对应 $l + 1$ 维空间中的 $l$ 维超平面中长度相等, 夹角为 $\dfrac{\pi}{3}$, $\dfrac{2\pi}{3}$ 或 $\dfrac{\pi}{2}$ 的线段的端点.

**3. $\cos^2 \varphi = \dfrac{2}{4}$ 的情况**

在 $\cos^2 \varphi = \dfrac{2}{4}$, 即 $\cos \varphi = \dfrac{\sqrt{2}}{2}$ 情况下, $\varphi = \dfrac{\pi}{4}$, $mm' = 2$, 于是有 $m = 2$, $m' = 1$ 和 $m = 1$, $m' = 2$ 两种情况.

由 $\dfrac{2(\alpha,\beta)}{(\alpha,\alpha)} = m$, $\dfrac{2(\beta,\alpha)}{(\beta,\beta)} = m' = \dfrac{2(\alpha,\beta)}{(\beta,\beta)}$, 知 $\dfrac{|\beta|^2}{|\alpha|^2} = \dfrac{m}{m'} = 2$ 或 $\dfrac{1}{2}$, 即两相邻的不同根的长度有 $\sqrt{2}$ 倍的关系.

在两维平面上画出, 即有图 2.4 所示的两种情况的根图. 非零根对应正方形的四个顶点及两对边的中点.

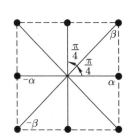 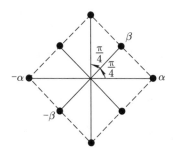

图 2.4 两相邻非零根间夹角为 $\dfrac{\pi}{4}$ 的二秩李代数的根图

由此知, 该李代数有 8 个非零根, 再考虑 2 个零根, 则它共有 10 个根, 即该李代数为 2 秩 10 维李代数.

考虑李代数的维数 $10 = \dfrac{1}{2} \cdot 5 \cdot 4 = 2(2 \cdot 2 + 1)$, 我们可以推测, 这两个根图分别对应 so(5) 李代数、sp(4) 李代数的根图. 这种情况对应的李代数分别为 so(5), sp(4) 李代数, 并常分别称为 $B_2$ 李代数、$C_2$ 李代数.

**4. $\cos^2 \varphi = \dfrac{3}{4}$ 的情况**

在 $\cos^2 \varphi = \dfrac{3}{4}$, 即 $\cos \varphi = \dfrac{\sqrt{3}}{2}$ 情况下, $\varphi = \dfrac{\pi}{6}$, $mm' = 3$, 于是有 $m = 3$, $m' = 1$ 和 $m = 1$, $m' = 3$ 两种情况.

由 $\dfrac{2(\alpha,\beta)}{(\alpha,\alpha)} = m$, $\dfrac{2(\beta,\alpha)}{(\beta,\beta)} = m'$, 知 $\dfrac{|\alpha|^2}{|\beta|^2} = \dfrac{m'}{m} = \dfrac{1}{3}$ 或 3, 即两相邻的不同根的长度有 $\sqrt{3}$ 倍的关系.

在二维平面上画出, 即有图 2.5 所示的根图. 非零根对应各长度间互成 $\sqrt{3}$ 倍或 $1/\sqrt{3}$ 倍关系、相邻之间夹角为 $\dfrac{\pi}{6}$ 的线段的端点.

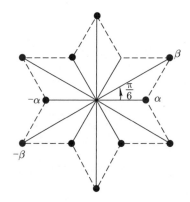

图 2.5　两相邻非零根间夹角为 $\dfrac{\pi}{6}$ 的二秩李代数的根图

由此知, 该李代数有 12 个非零根, 再考虑 2 个零根, 则它共有 14 个根, 即该李代数为 2 秩 14 维李代数. 与前述的典型矩阵代数 (群) 的维数对比知, 该李代数不对应前述的典型李代数, 常记之为 $G_2$.

### 2.2.2　三秩单李代数及高秩单李代数的根图

由二秩李代数的标准形式外推, 对 $l$ 秩李代数, 定义正交基

$$
e_1 = \begin{pmatrix} 1 \\ 0 \\ 0 \\ \vdots \\ 0 \end{pmatrix}, \quad e_2 = \begin{pmatrix} 0 \\ 1 \\ 0 \\ \vdots \\ 0 \end{pmatrix}, \quad \cdots, \quad e_l = \begin{pmatrix} 0 \\ 0 \\ 0 \\ \vdots \\ 1 \end{pmatrix}, \tag{2.21}
$$

即用仅第 $i$ 行矩阵元为 1、其他矩阵元都为 0 的 $l$ 行 1 列矩阵表示第 $i$ 方向的单位向量, 则 $l$ 秩李代数的根图可由 $l$ 维空间中的向量来表征. 对于三维和更高维空间中的向量, 因为很难定义哪些为相邻向量, 所以我们直接采用由二秩李代数推广的分类方式标记三秩和高秩半单李代数.

#### 1. $D_l$ 李代数

(1) $l = 3$ 的情况.

$l = 3$ 说明该李代数有 3 个零根, 非零根仅有 3 个分量. 直接由 $l = 2$ 的情况推广知, 在 $\cos^2 \varphi = 0$ 情况下, $\varphi = \dfrac{\pi}{2}$, 对两相邻根 $\alpha$, $\beta$, 即有 $(\alpha, \beta) = 0$, $mm' = 0$, 从而两根的长度间无确定关系. 取之等长, 在三维空间中可画出图 2.6 所示的根图, 非零根对应由正方体的中心到正方体的 12 条棱的中点的连线, 它们分布于三个互相垂直的平面内.

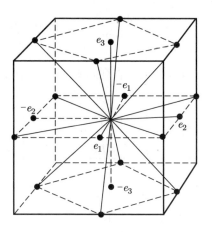

图 2.6　$D_3$ 李代数的根图

再考虑 3 个零根, 则知该李代数共有 15 个根, 与 SO(6) 群的矩阵的独立矩阵元数目相同, 亦即与 so(6) 李代数的维数相同, 因此该李代数对应 so(6) 李代数.

(2) $l > 3$ 的情况.

由前述简单情况推广知, 在 $l > 3, \cos^2 \varphi = 0$ 情况下, 该李代数的非零根 $\alpha, \beta$ 可以表示为

$$\alpha = \pm e_i + e_j, \qquad \beta = \pm e_i - e_j, \tag{2.22}$$

其中 $1 \leqslant i < j \leqslant l$, $e_i$ 前的正负号取一样. 由此知, 非零根的个数为

$$4 \cdot C_l^2 = 4 \cdot \frac{l!}{(l-2)!2!} = 2l(l-1).$$

考虑该李代数的零根的个数为 $l$, 则知该李代数的根的个数总计为 $l(2l-1)$. 这显然与 SO(2l) 矩阵的独立矩阵元的数目相同, 即与 so(2l) 李代数的维数相同, 因此, 该李代数对应 so(2l) 李代数, 常称之为 $D_l$ 李代数.

**2. $A_l$ 李代数**

(1) $l = 3$ 的情况.

$l = 3$ 说明该李代数有 3 个零根, 在 $\cos^2 \varphi = \frac{1}{4}$ 情况下, $\varphi = \frac{\pi}{3}$, 对两相邻根 $\alpha$, $\beta$, 有 $\frac{(\alpha, \beta)^2}{(\alpha, \alpha)(\beta, \beta)} = \frac{mm'}{4} = \frac{1}{4}$, 从而 $mm' = 1, m = m' = 1$. 由此知, $|\alpha|^2 = |\beta|^2$, 即非零根的长度相等.

由 $l = 2$ 的情况外推知, 该李代数的非零根可表述为

$$\alpha = e_i - e_j, \quad \beta = e_i - e_k \qquad (i, j, k = 1, 2, 3, 4, i \neq j \neq k), \tag{2.23}$$

从而非零根的个数为 $2 \cdot C_4^2 = 2 \cdot \dfrac{4!}{(4-2)!2!} = 12$. 再考虑其零根个数为 3, 则知该李代数共有 15 个根.

4 维空间中的 3 维 "超平面" 无法直观画出, 但可画出其一部分, 如图 2.7 所示.

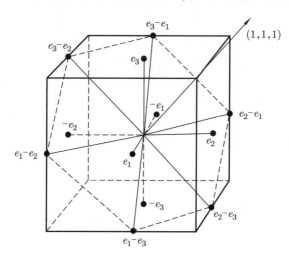

图 2.7    $A_3$ 李代数的根图在 3 维 "超平面" 中的部分图示

由共有 15 个根知, 该李代数的根的数目与 $D_3$ (即 so(6)) 的根的数目相同 (再考虑将 $\pm(e_1-e_4)$, $\pm(e_2-e_4)$, $\pm(e_3-e_4)$ 在 3 维 "超平面" 上的投影换作 $\pm(e_1+e_2)$, $\pm(e_2+e_3)$, $\pm(e_3+e_1)$, 则可得到与 $D_3$ 完全相同的根图), 但由于相邻根间的夹角与 $D_3$ 的不同, 但与 $A_2$ 的相同, 则由 $A_2$ 外推知, 该李代数为 $A_3$ 李代数, 亦即 su(4) 李代数.

由此还知, so(6) 李代数与 su(4) 李代数同构, SO(6) 群与 SU(4) 群局部同构.

(2) $l > 3$ 的情况.

由前述简单情况推广知, 在 $l > 3, \cos^2\varphi = \dfrac{1}{4}$ 情况下, 该李代数的相邻非零根 $\alpha, \beta$ 之间的夹角为 $\dfrac{\pi}{3}$, 长度相等, 则其非零根可以一般地表述为

$$\alpha = e_i - e_j, \quad \beta = e_i - e_k \quad (i, j, k = 1, 2, \cdots, l, l+1, i \neq j \neq k), \tag{2.24}$$

对应 $l+1$ 维空间中 $l$ 维 "超平面" 内长度相同、相邻者之间成 $\dfrac{\pi}{3}$ 夹角的线段的端点. 由此知, 该李代数的非零根的个数为

$$2 \cdot C_{l+1}^2 = 2 \cdot \frac{(l+1)!}{((l+1)-2)!2!} = l(l+1).$$

考虑该李代数的零根的个数为 $l$, 则知该李代数的根的个数总计为 $(l+1)^2 - 1$. 这

显然与 SU($l+1$) 矩阵的独立矩阵元的数目相同, 即与 su($l+1$) 李代数的维数相同, 因此, 它对应 su($l+1$) 李代数, 常称为 $A_l$ 李代数.

### 3. $B_l$ 李代数和 $C_l$ 李代数

(1) $l = 3$ 的情况.

$l = 3$ 说明该李代数有 3 个零根. 在 $\cos^2 \varphi = \dfrac{1}{2}$ 情况下, $\varphi = \dfrac{\pi}{4}$, 对两相邻根 $\alpha$, $\beta$, 即有 $\dfrac{(\alpha, \beta)^2}{(\alpha, \alpha)(\beta, \beta)} = \dfrac{mm'}{4} = \dfrac{2}{4}$, 从而 $mm' = 2$, 于是有 $m = 2, m' = 1$ 和 $m = 1$, $m' = 2$ 两种情况.

由 $\dfrac{2(\alpha, \beta)}{(\alpha, \alpha)} = m$, $\dfrac{2(\beta, \alpha)}{(\beta, \beta)} = m'$, 知 $\dfrac{\alpha^2}{\beta^2} = \dfrac{1}{2}$ 或 2, 这表明, 两相邻根的长度有 $1/\sqrt{2}$ 倍或 $\sqrt{2}$ 倍的关系.

取

$$\alpha = \pm e_i, \qquad \beta = \pm e_i \pm e_j \qquad (1 \leqslant i < j \leqslant 3), \qquad (2.25)$$

则 $\left(\cos^2 \varphi = \dfrac{(\alpha, \beta)^2}{(\alpha, \alpha)(\beta, \beta)} = \dfrac{(\pm e_i, \pm e_i \pm e_j)^2}{(\pm e_i, \pm e_i)(\pm e_i \pm e_j, \pm e_i \pm e_j)} = \dfrac{1^2}{1 \cdot 2} = \dfrac{1}{2}\right)$ $\alpha$ 与 $\beta$ 的长度比为 $\dfrac{(\alpha, \alpha)^{1/2}}{(\beta, \beta)^{1/2}} = \dfrac{1}{\sqrt{2}}$.

取

$$\alpha = \pm 2e_i, \qquad \beta = \pm e_i \pm e_j \qquad (1 \leqslant i < j \leqslant 3), \qquad (2.26)$$

则 $\left(\cos^2 \varphi = \dfrac{(\alpha, \beta)^2}{(\alpha, \alpha)(\beta, \beta)} = \dfrac{(\pm 2e_i, \pm e_i \pm e_j)^2}{(\pm 2e_i, \pm 2e_i)(\pm e_i \pm e_j, \pm e_i \pm e_j)} = \dfrac{2^2}{4 \cdot 2} = \dfrac{1}{2}\right)$ $\alpha$ 与 $\beta$ 的长度比为 $\dfrac{(\alpha, \alpha)^{1/2}}{(\beta, \beta)^{1/2}} = \dfrac{(2 \cdot 2)^{1/2}}{2^{1/2}} = \sqrt{2}$.

于是有图 2.8 所示的根图 (左边部分对应 $\dfrac{(\alpha, \alpha)^{1/2}}{(\beta, \beta)^{1/2}} = \dfrac{1}{\sqrt{2}}$ 的情况, 右边部分对应 $\dfrac{(\alpha, \alpha)^{1/2}}{(\beta, \beta)^{1/2}} = \sqrt{2}$ 的情况).

显然 $\alpha$ 有 6 个值, $\beta$ 有 12 个值, 因此该李代数共有 18 个非零根. 再考虑 3 个零根, 总共有 21 个根 ($21 = 3 \cdot (2 \cdot 3 + 1) \Rightarrow l(2l + 1)$, $l = 3$).

通常, 前一种情况称为 $B_3$ 李代数, 即 so(7) 李代数, 后一种情况称为 $C_3$ 李代数, 即 sp(6) 李代数.

(2) $l > 3$ 的情况.

由前述简单情况推广知, 在 $l > 3$, $\cos^2 \varphi = \dfrac{1}{2}$ 情况下, 该李代数的相邻非零根 $\alpha$, $\beta$ 之间的夹角为 $\dfrac{\pi}{4}$, 长度之间有 $1/\sqrt{2}$ 倍或 $\sqrt{2}$ 倍的关系, 则其非零根可以表示

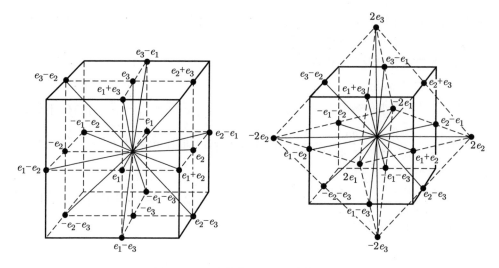

图 2.8　$B_3$ 李代数和 $C_3$ 李代数的根图

为

$$\alpha = \pm e_i, \qquad \beta = \pm e_i \pm e_j \qquad (i,j = 1, 2, \cdots, l-1, l, i < j), \qquad (2.27)$$

或

$$\alpha = \pm 2e_i, \qquad \beta = \pm e_i \pm e_j \qquad (i, j = 1, 2, \cdots, l-1, l, i < j). \qquad (2.28)$$

显然, 该李代数的非零根的数目为 $2l + 4\mathrm{C}_l^2 = 2l + 4 \cdot \dfrac{l!}{(l-2)!2!} = 2l + 2l(l-1) = 2l^2$, 再考虑零根数目为 $l$, 则知该李代数的根的数目总共为 $l + 2l^2 = l(2l+1)$. 这显然与 SO$(2l+1)$ 矩阵的独立矩阵元的数目 $\dfrac{1}{2}(2l+1)(2l+1-1) = l(2l+1)$ 和 SP$(2l)$ 矩阵的独立矩阵元的数目 $\dfrac{1}{2}2l(2l+1) = l(2l+1)$ 都完全相同.

前一种情况称为 so$(2l+1)$ 李代数, 也称为 $B_l$ 代数; 后一种情况称为 sp$(2l)$ 李代数, 也称为 $C_l$ 李代数.

**4. $\cos^2 \varphi = \dfrac{3}{4}$ 的情况**

在 $\cos^2 \varphi = \dfrac{3}{4}$ 情况下, $\varphi = \dfrac{\pi}{6}$, 对两相邻根 $\alpha$, $\beta$, 有

$$\frac{(\alpha,\beta)^2}{(\alpha,\alpha)(\beta,\beta)} = \frac{mm'}{4} = \frac{3}{4},$$

从而 $mm' = 3$, 于是有 $\{m = 3, m' = 1\}$ 和 $\{m = 1, m' = 3\}$ 两种情况.

由 $\dfrac{2(\alpha,\beta)}{(\alpha,\alpha)} = m$, $\dfrac{2(\beta,\alpha)}{(\beta,\beta)} = m'$, 知 $\dfrac{\alpha^2}{\beta^2} = \dfrac{1}{3}$ 或 3, 这表明, 两相邻根的长度有

$1/\sqrt{3}$ 倍或 $\sqrt{3}$ 倍的关系.

对 $l = 3$ 的情况, 记

$$\alpha = \alpha^1 e_1 + \alpha^2 e_2 + \alpha^3 e_3, \qquad \beta = \beta^1 e_1 + \beta^2 e_2 + \beta^3 e_3,$$

则应有

$$\frac{2(\alpha^1\beta^1 + \alpha^2\beta^2 + \alpha^3\beta^3)}{\alpha^{1^2} + \alpha^{2^2} + \alpha^{3^2}} = 3, \qquad \frac{2(\alpha^1\beta^1 + \alpha^2\beta^2 + \alpha^3\beta^3)}{\beta^{1^2} + \beta^{2^2} + \beta^{3^2}} = 1,$$

或

$$\frac{2(\alpha^1\beta^1 + \alpha^2\beta^2 + \alpha^3\beta^3)}{\alpha^{1^2} + \alpha^{2^2} + \alpha^{3^2}} = 1, \qquad \frac{2(\alpha^1\beta^1 + \alpha^2\beta^2 + \alpha^3\beta^3)}{\beta^{1^2} + \beta^{2^2} + \beta^{3^2}} = 3.$$

解之知, 仅有解

$$\alpha^i = 1, \qquad \alpha^j = -1 \qquad (i, j = 1, 2, 3, i \neq j),$$
$$\beta^i = \pm 2, \qquad \beta^j = \beta^k = \mp 1 \qquad (i, j, k = 1, 2, 3, i \neq j \neq k),$$

即仅有

$$\alpha = e_i - e_j, \qquad \beta = \pm 2e_i \mp e_j \mp e_k \qquad (i, j, k = 1, 2, 3, i \neq j \neq k). \tag{2.29}$$

显然, 共有 12 个非零根. 与前述的典型李代数比较知, 该李代数不对应前述的典型李代数中的任何一个, 但这 12 个非零根与前述的 $G_2$ 李代数的 12 个非零根有完全相同的性质, 因此该李代数实际即 $G_2$ 李代数. 然而, 与 $A_2$ 李代数类似, 这 12 个非零根可以由三维空间中投影到一个二维平面内, 其在二维平面内的根图 (投影) 如图 2.5 所示.

当 $l > 3$ 时, 具体计算得不到有意义的根, 这说明不存在相应的高秩李代数.

### 2.2.3 例外李代数

$l$ 秩李代数对应 $l$ 维线性空间, 其中的任何一个向量最多可以有 $l$ 个分量. 但前述的 $A_l, B_l, C_l, D_l$ 李代数的根都最多只有两个分量, $G_2$ 李代数的根最多有 3 个分量. 下面讨论根具有多于 3 个分量的情况.

#### 1. $l = 4$ 的情况

考察前述的典型李代数的根的特点知, $\pm e_i \pm e_j$ 为其中结构最复杂的根 (它们对应 $D_l$ 的根的全体及 $B_l$ 李代数和 $C_l$ 李代数的根的一部分). 因此, 为寻找根包含 4 个分量 (4 秩) 的李代数, 我们以 $D_4$ 为基础来展开.

对 $l = 4$ 的情况, 其根向量最多有 4 个分量, 记之为

$$\beta = \beta^i e_i = \beta^1 e_1 + \beta^2 e_2 + \beta^3 e_3 + \beta^4 e_4,$$

则

$$\beta^2 = {\beta^1}^2 + {\beta^2}^2 + {\beta^3}^2 + {\beta^4}^2 \neq 0.$$

对

$$\alpha = \pm e_i \pm e_j, \quad \alpha^2 = (\alpha, \alpha) = 2,$$

其与 $\beta$ 之间的夹角满足

$$\cos\varphi = \frac{(\alpha, \beta)}{(\alpha, \alpha)^{1/2}(\beta, \beta)^{1/2}} = \frac{\pm\beta^i \pm \beta^j}{\sqrt{2}\,|\beta|} = \begin{cases} 0, \\ \dfrac{1}{2}, \\ \dfrac{\sqrt{2}}{2}, \\ \dfrac{\sqrt{3}}{2}, \end{cases}$$

共 4 种情况. 对上列各方程分别求解 $\{\beta^i\}$, 得其实际存在的解对应的根可以具体表述为

$(1)\ \begin{cases} \beta_1 = \pm e_i \ (1 \leqslant i \leqslant 4), \\ \beta_2 = \dfrac{1}{2}(\pm e_1 \pm e_2 \pm e_3 \pm e_4), \end{cases}$

$(2)\ \begin{cases} \beta_3 = \pm 2e_i \ (1 \leqslant i \leqslant 4), \\ \beta_4 = \pm e_1 \pm e_2 \pm e_3 \pm e_4. \end{cases}$

显然, 在这两组解下, $\alpha$ 都共有 24 种情况, 即有 24 个非零根, $\beta_1$ 和 $\beta_3$ 有 8 种情况, 即有 8 个非零根, $\beta_2$ 和 $\beta_4$ 有 16 种情况, 即有 16 个非零根, 因此, 共有 48 个非零根.

很明显, 这两种情况对应的 48 个非零根与 4 个零根 (共 52 个根) 共同构成的李代数同构, 其间的差别仅在于相同标记的根的相对长度不同 (对前一种情况, $(\alpha, \alpha) = 2$, $(\beta, \beta) = 1$, 从而 $(\alpha, \alpha) = 2(\beta, \beta)$; 对后一种情况, $(\alpha, \alpha) = 2$, $(\beta, \beta) = 4$, 从而 $(\alpha, \alpha) = \dfrac{1}{2}(\beta, \beta)$). 统称之为 $F_4$ 李代数.

仔细考察 $F_4$ 李代数的根的结构知, $\{\alpha\}$ 和 $\{\beta_1\}$ 对应的 32 个非零根与 $B_4$ 的非零根相同, $\{\alpha\}$ 和 $\{\beta_3\}$ 对应的 32 个非零根与 $C_4$ 的非零根相同. 由此知, $F_4$ 李代数有子代数 $B_4$ 或 $C_4$. 或者, 从另一个角度来说, 我们还可以从 $B_4$ 或 $C_4$ 两个不同方面构造 $F_4$ 李代数.

**2. $l > 4$ 的情况**

(1) 以 $A_l$ 为基础的情况.

考察前述的典型李代数的根的特点知, $A_l$ 李代数的根系 $\{e_i - e_j \mid i, j = 1, 2, \cdots, l, l+1, i \neq j\}$ 的结构最简单. 因此, 为寻找根包含的分量多于 4 的李代数, 我们以 $A_l$

为基础来展开. 对于 $A_l$ 李代数, 我们已经知道其非零根为

$$\{\alpha\} = \{e_i - e_j \mid i,j = 1,2,\cdots,l,l+1, i \neq j\},$$

共 $l(l+1)$ 个. 显然, 这些非零根仅有 2 个分量.

仿照前述对 $l = 4$ 情况的讨论, 假设一根向量最多有 $k$ 个分量, 即有

$$\beta = \beta^1 e_1 + \beta^2 e_2 + \cdots + \beta^k e_k,$$

并且

$$\beta^2 = \beta^{1^2} + \beta^{2^2} + \cdots + \beta^{k^2} \neq 0,$$

又因为

$$\alpha = e_i - e_j, \quad \alpha^2 = (\alpha,\alpha) = 2,$$

则它们之间的夹角 $\varphi$ 满足关系

$$\cos\varphi = \frac{(\alpha,\beta)}{\sqrt{(\alpha,\alpha)(\beta,\beta)}} = \frac{\beta^i - \beta^j}{\sqrt{2}|\beta|} = \begin{cases} 0, \\ \dfrac{1}{2}, \\ \dfrac{\sqrt{2}}{2}, \\ \dfrac{\sqrt{3}}{2}, \end{cases}$$

共四种情况. 对这 4 种情况分别进行求解, 发现其可能的新解仅有以下两种:

(i) $l = 5$(即以 $A_5$ 为基础), $k = 7$.

因为 $A_5$ 李代数的根空间为 $l+1 = 5+1 = 6$ 维, $k - (l+1) = 1 > 0$, 所以, 这种情况下, 除拥有 $A_5$ 李代数的 5 个 0 根外, 它自身还有 1 个 0 根. 相应的非零根可以表述为

$$\beta = \begin{cases} \dfrac{1}{2}(\pm e_1 \pm e_2 \pm e_3 \pm e_4 \pm e_5 \pm e_6) \pm \dfrac{e_7}{\sqrt{2}} & \begin{array}{l} (\text{其中前 6 项中 3 项} \\ \text{取正号, 3 项取负号}), \end{array} \\ \pm\sqrt{2}e_7, \end{cases}$$

即共有 42 个非零根 $\left(2 \cdot C_6^3 + 2 = 2 \cdot \dfrac{6!}{(6-3)!3!} + 2 = 42\right)$, 它们之间及它们与 $A_5$ 李代数的非零根之间的夹角 $\varphi$ 有两种情况, 相应于 $\cos\varphi = 0, \dfrac{1}{2}$.

考虑 $A_5$ 有 $5 \times 6 = 30$ 个非零根, 则共有 72 个非零根. 再考虑 $A_5$ 有 5 个零根和这种情况本身的 1 个零根, 共有 78 个根.

这一以 $A_5$ 为基础的李代数称为 $E_6$ 李代数. 它有 6 个零根和 72 个非零根 $((e_i - e_j)\ (i,j = 1,2,\cdots,6),\ \frac{1}{2}(\pm e_1 \pm e_2 \pm e_3 \pm e_4 \pm e_5 \pm e_6) \pm \frac{e_7}{\sqrt{2}}$ (其中前 6 项中 3 项取 + 号, 3 项取 − 号) 和 $\pm\sqrt{2}e_7$).

显然该李代数有子代数 $A_5 \oplus A_1$.

(ii) $l = 7$ (即以 $A_7$ 为基础), $k = 8$.

新的解为
$$\beta = \frac{1}{2}(\pm e_1 \pm e_2 \pm e_3 \pm e_4 \pm e_5 \pm e_6 \pm e_7 \pm e_8),$$

其中 4 项取 + 号、4 项取 − 号. 它们共有 70 个 ($C_8^4 = \dfrac{8!}{4!(8-4)!} = \dfrac{8\cdot 7\cdot 6\cdot 5}{4\cdot 3\cdot 2\cdot 1} = 70$). 它们之间及它们与 $A_7$ 李代数的非零根之间的夹角 $\varphi$ 只有两种情况, 分别相应于 $\cos\varphi = 0, \dfrac{1}{2}$.

再考虑 $A_7$ 有 56 ($7 \times 8$) 个非零根和 7 个零根, 则该李代数共有 133 个根, 其中 7 个为零根, 126 个为非零根.

这一以 $A_7$ 为基础的李代数称为 $E_7$ 李代数. 其非零根为 $(e_i - e_j)\ (i,j = 1,2,\cdots,8),\ \frac{1}{2}(\pm e_1 \pm e_2 \pm e_3 \pm e_4 \pm e_5 \pm e_6 \pm e_7 \pm e_8)$ (其中 4 项取 + 号, 4 项取 − 号).

显然它有子代数 $A_7$.

(2) 以 $D_l$ 为基础的情况.

如前所述, $D_l$ 李代数拥有较 $A_l$ 更复杂的根系, 在考察了以 $A_l$ 为基础的例外李代数之后, 我们以 $D_l$ 李代数为基础寻找新的李代数. 我们已经知道, $D_l$ 李代数的非零根系为 $\{\alpha\} = \{\pm e_i \pm e_j \mid i,j = 1,2,\cdots,l(>4), i < j\}$, 共 $2l(l-1)$ 个. 显然, 这些非零根仅有 2 个分量.

仿照前述对以 $A_l$ 为基础的情况的讨论, 设有
$$\beta = \beta^1 e_1 + \beta^2 e_2 + \cdots + \beta^k e_k, \quad \beta^2 = {\beta^1}^2 + {\beta^2}^2 + \cdots + {\beta^k}^2 \neq 0,$$
因为
$$\alpha = \pm e_i \pm e_j, \quad \alpha^2 = (\alpha,\alpha) = 2,$$
其与 $\beta$ 之间的夹角 $\varphi$ 满足
$$\cos\varphi = \frac{(\alpha,\beta)}{\sqrt{(\alpha,\alpha)(\beta,\beta)}} = \frac{\pm\beta^i \pm \beta^j}{\sqrt{2}|\beta|} = \begin{cases} 0, \\ \dfrac{1}{2}, \\ \dfrac{\sqrt{2}}{2}, \\ \dfrac{\sqrt{3}}{2}, \end{cases}$$

共四种情况. 对这四种情况分别进行求解, 发现其可能的新解仅存在于对应 $l = 8, k = 8$ 的情况. 相应地

$$\beta = \frac{1}{2}(\pm e_1 \pm e_2 \pm e_3 \pm e_4 \pm e_5 \pm e_6 \pm e_7 \pm e_8),$$

其中有偶数项取 + 号, 其余项取 − 号.

显然, 这些根都有 $\beta^2 = 2$, 即它们的长度都为 $\sqrt{2}$. 其间的夹角及它们与 $D_8$ 李代数的非零根之间的夹角 $\varphi$ 也仅有两种情况, 分别相应于 $\cos \varphi = 0, \frac{1}{2}$. 这些非零根的数目为

$$C_8^2 + C_8^4 + C_8^6 + 2C_8^8 = \frac{8!}{2!(8-2)!} + \frac{8!}{4!(8-4)!} + \frac{8!}{6!(8-6)!} + 2\frac{8!}{8!(8-8)!} = 128.$$

再考虑 $D_8$ 有 112 个非零根和 8 个零根, 知该李代数共有 248 个根, 其中 240 个为非零根, 8 个为零根.

这一以 $D_8$ 为基础的李代数称为 $E_8$ 李代数. 其非零根为 $(\pm e_i \pm e_j)$ $(1 \leqslant i < j \leqslant 8)$, $\frac{1}{2}(\pm e_1 \pm e_2 \pm e_3 \pm e_4 \pm e_5 \pm e_6 \pm e_7 \pm e_8)$ (其中有偶数项取 + 号, 其余项取 − 号).

显然, $E_8$ 李代数有子代数 $D_8$.

具体计算还表明, 不存在其他的非零根包含多于三个分量的李代数.

## 2.2.4 半单李代数的分类

综上所述, 由半单李代数的根的结构知, 半单李代数可以分为九类, 它们是 $A_l$, $B_l$, $C_l$, $D_l$, $G_2$, $F_4$, $E_6$, $E_7$ 和 $E_8$, 前四类称为典型李代数, 其对应的李群称为典型李群, 后五类称为例外李代数. 它们的特征可概括如下.

(1) $A_l$ 李代数有 $l(l+1)$ 个非零根和 $l$ 个零根 (共 $(l+1)^2 - 1$ 个根). 记 $l+1$ 维空间的正交归一基为 $\{e_i \mid i = 1, 2, \cdots, l, l+1\}$, 其非零根常表示为 $e_i - e_j$ $(i, j = 1, 2, \cdots, l, l+1)$, 它们分布在 $l+1$ 维空间中的 $l$ 维超平面内, 长度相等, 相邻根之间的夹角为 $\frac{\pi}{3}$. 这一李代数对应的群为 SU$(l+1)$, 因此常称为 su$(l+1)$ 李代数.

(2) $B_l$ 李代数有 $2l^2$ 个非零根和 $l$ 个零根 (共 $l(2l+1)$ 个根). 记 $l$ 维空间的正交归一基为 $\{e_i \mid i = 1, 2, \cdots, l\}$, 其非零根为 $\pm e_i$ 和 $\pm e_i \pm e_j$ $(i, j = 1, 2, \cdots, l)$, 它们分布在 $l$ 维空间中, 相邻根之间的夹角为 $\frac{\pi}{4}$, 长度有 $\sqrt{2}$ 倍的关系. 这一李代数对应的群为 SO$(2l+1)$, 因此也常称为 so$(2l+1)$ 李代数.

(3) $C_l$ 李代数有 $2l^2$ 个非零根和 $l$ 个零根 (共 $l(2l+1)$ 个根), 记 $l$ 维空间的正交归一基为 $\{e_i\}$ $(i = 1, 2, \cdots, l)$, 其非零根为 $\pm 2e_i$, $\pm e_i \pm e_j$ $(i, j = 1, 2, \cdots, l)$, 它们分布在 $l$ 维空间中, 相邻根之间的夹角为 $\frac{\pi}{4}$, 长度有 $\sqrt{2}$ 倍的关系. 这一李代数对应的群为 SP$(2l)$, 因此常称为 sp$(2l)$ 李代数.

(4) $D_l$ 李代数有 $2l(l-1)$ 个非零根和 $l$ 个零根 (共 $l(2l-1)$ 个根), 记 $l$ 维空间的正交归一基为 $\{e_i\}$ $(i=1,2,\cdots,l)$, 其非零根为 $\pm e_i \pm e_j$ $(i,j=1,2,\cdots,l)$, 它们分布在 $l$ 维空间中, 相邻根之间的夹角为 $\dfrac{\pi}{2}$, 长度间无关系 (通常取为等长). 这一李代数对应的群为 SO$(2l)$, 因此常称为 so$(2l)$ 李代数.

(5) $G_2$ 李代数有 2 个零根和 12 个非零根, 在三维空间中表示为 $e_i - e_j$ 和 $\pm 2e_i \mp e_j \mp e_k$ $(i,j,k=1,2,3,\ i\neq j\neq k)$, 并可以在二维空间中表示为 David 星的形式 (相邻根之间夹角 $\dfrac{\pi}{6}$, 长度间有 $\sqrt{3}$ 倍关系). 这一李代数对应的群称为 $G_2$ 群.

(6) $F_4$ 李代数为以 $B_4$ 为基础的例外李代数. 它有 52 个根, 其中 4 个为零根, 48 个非零根, 非零根常表示为 $\pm e_i$, $\pm e_i \pm e_j$ $(i,j=1,2,3,4, i\neq j)$ (共 32 个) 和 $\dfrac{1}{2}(\pm e_1 \pm e_2 \pm e_3 \pm e_4)$(共 16 个), 其间的夹角有 $\dfrac{\pi}{2}, \dfrac{\pi}{3}, \dfrac{\pi}{4}$ 三种情况, 长根与短根的长度成 $\sqrt{2}$ 倍关系. 这一李代数对应的群称为 $F_4$ 群.

(7) $E_6$ 李代数为以 $A_5$ 为基础的例外李代数. 它共有 78 个根, 其中 6 个为零根, 72 个为非零根, 这些非零根常表述为 $e_i - e_j$ $(i,j=1,2,3,4,5,6)$, $\dfrac{1}{2}(\pm e_1 \pm e_2 \pm e_3 \pm e_4 \pm e_5 \pm e_6) \pm \dfrac{e_7}{\sqrt{2}}$ (其中前 6 项中 3 项取 + 号, 3 项取 − 号) 和 $\pm\sqrt{2}e_7$, 其间的夹角有 $\dfrac{\pi}{2}$ 和 $\dfrac{\pi}{3}$ 两种情况, 长度相同. 它有子代数 $A_5 \oplus A_1$. 这一李代数对应的群为 $E_6$ 群.

(8) $E_7$ 李代数是以 $A_7$ 为基础的例外李代数. 它共有 133 个根, 其中 7 个为零根, 126 个为非零根, 这些非零根常表述为 $e_i - e_j$ $(i,j=1,2,3,4,5,6,7,8)$, $\dfrac{1}{2}(\pm e_1 \pm e_2 \pm e_3 \pm e_4 \pm e_5 \pm e_6 \pm e_7 \pm e_8)$ (其中 4 项取 + 号, 其余 4 项取 − 号), 其间的夹角有 $\dfrac{\pi}{2}, \dfrac{\pi}{3}$ 两种情况, 长度相同. 它有子代数 $A_7$ (56 个非零根). 这一李代数对应的群为 $E_7$ 群.

(9) $E_8$ 李代数是以 $D_8$ 为基础的例外李代数. 它共有 248 个根, 其中 8 个为零根, 240 个为非零根, 这些非零根常表述为 $\pm e_i \pm e_j$ $(i,j=1,2,3,4,5,6,7,8,$ 共 $8+112=120$ 个$)$, $\dfrac{1}{2}(\pm e_1 \pm e_2 \pm e_3 \pm e_4 \pm e_5 \pm e_6 \pm e_7 \pm e_8)$ (其中有偶数项取 + 号, 其余项取 − 号, 共 128 个), 其间的夹角有 $\dfrac{\pi}{2}, \dfrac{\pi}{3}$ 两种情况, 长度相同. 它有子代数 $D_8$ (120 (112 + 8 ) 个根). 这一李代数对应的群为 $E_8$ 群.

## §2.3　素根系和 Dynkin 图

前述方法中, 根向量空间为欧氏空间. 对 3 秩以上的李代数, 根向量都是高维的, 处理较繁, 有必要简化.

既然是在正则形式下, 简化的出发点应该是:

$$[H_i, H_j] = 0,$$
$$[H_i, E_\alpha] = \alpha_i E_\alpha,$$
$$[E_\alpha, E_{-\alpha}] = \alpha^i H_i,$$
$$[E_\alpha, E_\beta] = N_{\alpha,\beta} E_{\alpha+\beta}.$$

如果 $n$ 维 $l$ 秩半单李代数的非零根为

$$\alpha_\mu = \sum_{j=1}^{l} \alpha_\mu^j e_j \quad (\mu = 1, 2, \cdots, n-l, \text{ 代表所有非零根}),$$

其中各 $e_j$ $(j = 1, 2, \cdots, l)$ 线性独立, 且 $\{e_j\}$ 构成完备系, 那么, 先研究 $\{e_j\}$ 的性质, 再讨论其线性组合形成的根系的性质, 可能可以使问题简化, 并且可以循序渐进. 如果某些根具有 $\{e_j\}$ 的性质, 则它们可能具有与 $\{e_j\}$ 相同的作用, 从而可以简化根的表达形式. 为此, 我们先从根的分类入手展开讨论.

### 2.3.1 根的分类

前述讨论表明, 半单李代数的根可以在正交基 $\{e_j\}$ 下表示为 $\alpha_i = \sum_{j=1}^{l} \alpha_i^j e_j = \alpha_i^j e_j$ 的形式 (采用惯例, 相同指标表示对其求和), 那么, 可以根据其投影值 $\alpha_i^j$ 对其分类.

#### 1. 正根与负根

在正交基 $\{e_i\}$ 下,

$$\alpha = \alpha^j e_j,$$

即将根表述为一组分量 $(\alpha^1, \alpha^2, \cdots, \alpha^l)$. 如果一个根的第一个非零分量为正数, 则称这个根为正根, 如果一个根的第一个非零分量为负数, 则称这个根为负根, 如果一个根的所有分量都是零, 则称这样的根为零根. 换句话说, 即: 根 $\alpha = \alpha^j e_j$ 为正的, 如果 $\alpha^1 = \alpha^2 = \cdots = \alpha^k = 0, \alpha^{k+1} > 0$; 根 $\alpha = \alpha^j e_j$ 为负的, 如果 $\alpha^1 = \alpha^2 = \cdots = \alpha^k = 0, \alpha^{k+1} < 0$; 根 $\alpha = \alpha^j e_j$ 为零根, 如果 $\alpha^1 = \alpha^2 = \cdots = \alpha^k = \cdots = \alpha^l = 0$.

记这样的根系为 $\Sigma$ 系, 则 $\Sigma$ 可以表示为

$$
\begin{array}{ccccc}
\Sigma = & 0 & + & \Sigma^- & + & \Sigma^+ \\
\text{根的个数} \ n & l & & \dfrac{n-l}{2} & & \dfrac{n-l}{2}
\end{array} \cdot
\tag{2.30}
$$

例如, 对 2 秩李代数 $B_2$, 其根图如图 2.9 所示. 显然, 在 $\{e_i\}$ $(i = 1, 2)$ 基底下, 分量为 $(0, 1)$, $(1, 0)$, $(1, 1)$, $(1, -1)$ 的四个根为正根, 分量为 $(0, -1)$, $(-1, 0)$, $(-1, -1)$, $(-1, 1)$ 的四个根为负根, 另有 2 个零根, 并且有 $\sum\limits_{\alpha \in \Sigma^+} \alpha = (3, 1)$. 通常记 $\dfrac{1}{2} \sum\limits_{\alpha \in \Sigma^+} \alpha = S$, 例如, 对 $B_2$, $S = \dfrac{1}{2}(3, 1)$, 并直观地称之为正根和之半 (后面的讨论中会看到, 由之可简化一些表述).

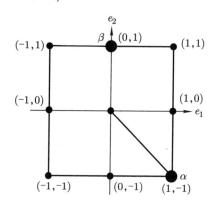

图 2.9　$e_1 - e_2$ 基底下 $B_2$ 李代数的根图

**2. 素根**

不能写成其他正根的和的正根称为素根.

例如, $B_2$ 李代数的根图 (图 2.9) 中标记为 $\alpha$, $\beta$ 的正根 (分量分别为 $(1, -1)$, $(0, 1)$) 即为其素根. 另两个正根都可以由这两个素根的叠加给出, 例如根 $(1, 0) = (1, -1) + (0, 1) = \alpha + \beta$, 根 $(1, 1) = (1, -1) + (0, 2) = \alpha + 2\beta$.

所有的素根的集合记为 $\pi$ 系 (素根系). 显然, 一个李代数的 $\pi$ 系有下述三个特点: (1) $\pi \subset \Sigma^+$; (2) 基的选择不同, 素根的具体形式就不同; (3) 在取定一组有序基 $\{e_1, e_2, \cdots, e_l\}$ 后, 由这组基决定的素根系 $\pi$ 是唯一的.

### 2.3.2　素根及正根的性质

**性质 1**　两素根之间的夹角一定不是锐角.

先来看一个定理.

**定理 2.5**　如果 $\alpha$ 和 $\beta$ 是不同的素根, 则 $\beta - \alpha$ 不是根.

**证明**　假设 $\beta - \alpha$ 是根, 如果 $\beta - \alpha > 0$, 则 $\beta = \alpha + (\beta - \alpha)$ 不是素根, 与已知条件矛盾.

如果 $\beta - \alpha < 0$, 则 $\alpha = \beta - (\beta - \alpha)$ 不是素根, 也与已知条件矛盾.

所以, 如果 $\alpha$ 和 $\beta$ 是不同的素根, 则 $\beta - \alpha$ 一定不是根.

由上述定理知, 在由素根 $\alpha$ 和 $\beta$ 形成的根链 $\beta + \gamma\alpha$ (其中 $-q \leqslant \gamma \leqslant p$) 中, $q \equiv 0$, 因此

$$\frac{2(\alpha, \beta)}{(\alpha, \alpha)} = q - p = -p \leqslant 0, \tag{2.31}$$

即素根 $\alpha$ 与 $\beta$ 间的夹角 $\theta_{\alpha\beta}$ 满足 $\cos\theta_{\alpha\beta} \leqslant 0$, 也就是说, $\theta_{\alpha\beta} \in [\pi/2, \pi)$. 所以, 两素根之间的夹角一定不是锐角, 而是钝角或直角.

**性质 2** 素根都是线性无关的.

**证明** 记 $\{\alpha_j \mid j = 1, 2, \cdots, l\} = \pi$ (注意此时下标 $j$ 标记不同素根, 而不是某一素根的分量), 由前述性质知, 对 $j, k = 1, 2, \cdots, l, j \neq k, (\alpha_j, \alpha_k) \leqslant 0$. 假设这些素根不线性独立, 例如 $\alpha_l$ 为其他各素根的线性组合, 即

$$\alpha_l = \sum_{j=1}^{l-1} c^j \alpha_j,$$

将 $(\alpha_l, \alpha_l)$ 中的一个由上式表述, 则有

$$(\alpha_l, \alpha_l) = \left( \sum_{j=1}^{l-1} c^j \alpha_j, \alpha_l \right) = \sum_{j=1}^{l-1} c^j (\alpha_j, \alpha_l).$$

由性质 1 知, $c^j > 0$, $(\alpha_j, \alpha_l) \leqslant 0$, 于是有

$$(\alpha_l, \alpha_l) = \sum_{j=1}^{l-1} c^j (\alpha_j, \alpha_l) \leqslant 0.$$

另一方面, 由向量自身内积的正定性知

$$(\alpha_l, \alpha_l) = |\alpha_l|^2 \geqslant 0.$$

很显然, 两种方法计算得到互相矛盾的结果, 由此知 $\alpha_l = \sum_{j=1}^{l-1} c^j \alpha_j$ 的假设不成立, 即所有的素根都是线性独立的.

**性质 3** 素根系 $\{\alpha_j \mid j = 1, 2, \cdots, l\}$ 是 $\Sigma^+$ 的完备基.

由性质 2 知, 素根系为 $\Sigma^+$ 的最大线性无关组, 即为完备基.

**性质 4** 所有正根都可以表示为素根的代数和.

这一性质是说, 如果 $\{\alpha_j \mid j=1,2,\cdots,l\}$ 构成素根系 $\pi$, 则对任意 $\beta \in \Sigma^+$ 都有

$$\beta = \sum_j k^j \alpha_j, \tag{2.32}$$

其中 $k^j$ 都是非负整数.

**证明** 如果 $\beta$ 为素根, 由定义知 $\beta = \alpha_j \ (j=1,2,\cdots,l)$.

如果 $\beta$ 不为素根, 依定义及两素根之差不为根的性质知,

$$\beta = \alpha' + \alpha'' = \sum_j k^j \alpha_j,$$

并且 $k^j \geqslant 0$.

**性质 5** 任意非素根的正根都可以表示为一个素根与另一个正根之和.

这一性质是说, 对 $\gamma \in \Sigma^+$, 但 $\gamma \notin \pi$, 必存在 $\alpha \in \pi$ 和 $\beta \in \Sigma^+$, 使得 $\gamma = \alpha + \beta$.

**证明** 因为对于 $\{\alpha_j\} = \pi$, 如果 $j \neq k$, 则 $(\alpha_j, \alpha_k) \leqslant 0$, 并且它们构成完备基. 那么, 至少存在一个 $\alpha_0$, 其与 $\gamma \ (\gamma \in \Sigma^+, \ \gamma \notin \pi)$ 的夹角小于 $\dfrac{\pi}{2}$, 否则 $\gamma$ 与 $\{\alpha_j\}$ 线性无关, 这与 $\{\alpha_j\}$ 是最大线性无关组矛盾, 即有

$$(\gamma, \alpha_0) > 0,$$

也就是有

$$\frac{2(\gamma, \alpha_0)}{(\alpha_0, \alpha_0)} = q_0 - p_0 > 0.$$

于是有 $q_0 > p_0 \geqslant 0$, 其根链如图 2.10 所示, 并且

$$q_{0,\min} = 1.$$

由此知, 存在包含 $\gamma$ 的关于 $\alpha_0$ 的根链. 于是, $\beta = \gamma - \alpha_0$ 是一个非零根, 并且该根是正根, 也就是有 $\gamma = \alpha_0 + \beta$. 否则 $-\beta = \alpha_0 - \gamma > 0$, 从而 $\alpha_0 = \gamma + (-\beta)$, 即一个素根等于两个正根之和, 这显然与定义不符. 所以必有 $\beta \in \Sigma^+$.

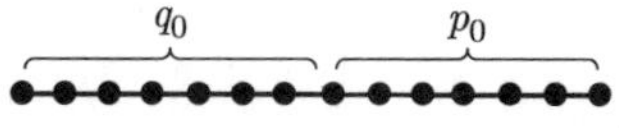

图 2.10 包含 $\gamma$ 的关于 $\alpha_0$ 的根链示意图

进一步推广知, 任何一个根都可以写成素根的代数和, 即有对任意 $\psi \in \Sigma$, 都有

$$\psi = \sum_j k^j \alpha_j,$$

其中 $k^j$ 都是整数.

为清楚表征正根由素根构成的复杂程度, 对正根 $\gamma = \sum\limits_{j} k^j \alpha_j$, 定义 $K = \sum\limits_{j} k^j$, 并称之为该根的级次 (或层次). 很显然, 根的级次 $K$ 是连续取整变化的, 即 $K = 1, 2, 3, \cdots$. 举例如下.

(1) $A_2$ (su(3)) 李代数.

建立如图 2.11 所示的坐标系 $H_1$-$H_2$ (Cartan 子代数), 其中圆点表示正根, 叉表示负根, 则有素根

$$\alpha = \left(\frac{1}{2}, \frac{\sqrt{3}}{2}\right), \qquad \beta = \left(\frac{1}{2}, -\frac{\sqrt{3}}{2}\right),$$

即一级正根为 $\alpha$ 和 $\beta$, 二级正根为 $\alpha + \beta$, 并且 $S = \frac{1}{2} \sum\limits_{\alpha \in \Sigma^+} \alpha = (1, 0)$.

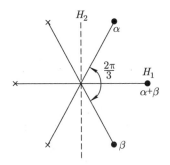

图 2.11　$A_2$ 李代数的根系图

(2) $B_2$ (so(5)) 李代数.

建立如图 2.12 所示的坐标系 $H_1$-$H_2$ (Cartan 子代数), 其根系如图 2.12 中的圆点 (正根) 和叉(负根) 所示, 即有一级正根 (素根) $\alpha = (1, -1)$, $\beta = (0, 1)$, 二级正

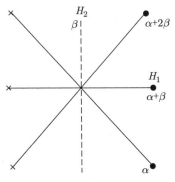

图 2.12　$B_2$ 李代数的根系图

根 $\alpha + \beta = (1, 0)$, 三级正根 $\alpha + 2\beta = (1, 1)$, 并且, $S = \dfrac{1}{2} \displaystyle\sum_{\alpha \in \Sigma^+} \alpha = \dfrac{1}{2}(3, 1)$.

(3) $G_2$ 李代数.

如图 2.13 所示, $G_2$ 李代数的根系为:

一级正根 (素根) $\alpha = \left(\dfrac{1}{2}, -\dfrac{\sqrt{3}}{2}\right)$, $\beta = (0, \sqrt{3})$;

二级正根 $\beta + \alpha = \left(\dfrac{1}{2}, \dfrac{\sqrt{3}}{2}\right)$;

三级正根 $\beta + 2\alpha = (1, 0)$;

四级正根 $\beta + 3\alpha = \left(\dfrac{3}{2}, -\dfrac{\sqrt{3}}{2}\right)$;

五级正根 $2\beta + 3\alpha = \left(\dfrac{3}{2}, \dfrac{\sqrt{3}}{2}\right)$.

$S = \dfrac{1}{2} \displaystyle\sum_{\alpha \in \Sigma^+} \alpha = \dfrac{1}{2}(5, \sqrt{3})$.

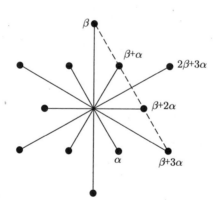

图 2.13　$G_2$ 李代数的根系图

## 2.3.3　Dynkin 图

### 1. Dynkin 图的概念

对 $n$ 维 $l$ 秩半单李代数的素根系 $\pi = \{\alpha_j \mid j = 1, 2, \cdots, l\}$, 记

$$\frac{2(\alpha_j, \alpha_k)}{(\alpha_j, \alpha_j)} = m \quad (m = 0, -1, -2, -3),$$

$$\frac{2(\alpha_k, \alpha_j)}{(\alpha_k, \alpha_k)} = m' \quad (m' = 0, -1, -2, -3),$$

则 $\alpha_j$ 与 $\alpha_k$ 之间的夹角 $\theta_{jk}$ 满足

$$\cos^2\theta_{jk} = \frac{(\alpha_j, \alpha_k)^2}{|\alpha_j|^2 |\alpha_k|^2} = \frac{mm'}{4},$$

$\alpha_j$ 与 $\alpha_k$ 的长度满足

$$m\alpha_j^2 = m'\alpha_k^2,$$

即有

$$\cos\theta_{jk} = -\frac{1}{2}\sqrt{|m|\,|m'|}, \qquad \frac{|\alpha_j|^2}{|\alpha_k|^2} = \frac{m'}{m}.$$

假设 $|\alpha_j| \leqslant |\alpha_k|$, 则 $|m'| \leqslant |m|$, $m' \geqslant m$, 那么, 由前述讨论知:

(1) 在 $\theta_{jk} = \dfrac{\pi}{2}$ 情况下, $mm' = 0$, 两根长度关系不确定;

(2) 在 $\theta_{jk} = \dfrac{2\pi}{3}$ 情况下, $mm' = 1$, 则有 $m = m' = -1$, 于是 $\dfrac{\alpha_j^2}{\alpha_k^2} = \dfrac{m'}{m} = 1$;

(3) 在 $\theta_{jk} = \dfrac{3\pi}{4}$ 情况下, $mm' = 2$, 则有 $m = -2$, $m' = -1$, 于是 $\dfrac{\alpha_j^2}{\alpha_k^2} = \dfrac{m'}{m} = \dfrac{1}{2}$;

(4) 在 $\theta_{jk} = \dfrac{5\pi}{6}$ 情况下, $mm' = 3$, 则有 $m = -3$, $m' = -1$, 于是 $\dfrac{\alpha_i^2}{\alpha_j^2} = \dfrac{m'}{m} = \dfrac{1}{3}$.

根据上述特征所作的素根系的图示称为 Dynkin 图, 定义如下.

**定义 2.1** 满足下述规则的图称为 Dynkin 图:

(1) 用圆圈代表素根, 并以是否实心区分其长度, 具体地, 通常以 ◯ 代表长根, 以 ● 代表短根;

(2) 两素根间夹角由不同条数的线代表;

(i) 正交根之间不连线 (见图 2.14(a));

(ii) 成 $\dfrac{2\pi}{3}$ 角的两根间连一条线 (见图 2.14(b));

(iii) 成 $\dfrac{3\pi}{4}$ 角的两根间连两条线 (见图 2.14(c));

(iv) 成 $\dfrac{5\pi}{6}$ 角的两根间连三条线 (见图 2.14(d)).

一般地, 连线条数 $t_{ij} = 4\cos^2\theta_{ij}$.

讨论至此知, 可以用素根系对李代数进行分类. 并且, 如果记单位向量 $u_i = \dfrac{\alpha_i}{|\alpha_i|}$, 其中 $\{\alpha_i\} \in \pi$, 则其满足所有的初等几何学原理. 例如:

(1) 正定性. 对任意向量 $X = x^i u_i$, $(X, X) \geqslant 0$, 当且仅当 $X = 0$ 时, 等号成立.

图 2.14　两根间的夹角与 Dynkin 图中两根间的连线的条数对应关系图

(2) 广义勾股定理. 对任意单位向量 $X^0$ 和数 $l' \leqslant l$ (李代数的秩),

$$\sum_{i=1}^{l'}(X^0, u_i) = \sum_{i=1}^{l'} \cos^2 \theta_i \leqslant 1.$$

(3) Schwarz 不等式. 任意两不同根 $X$ 和 $Y$ 间的夹角 $\theta_{XY}$ 满足 $|\cos \theta_{XY}|$ $= \dfrac{|(X, Y)|}{|X||Y|} < 1$, 即一个向量在另一个向量上的投影总小于该向量的长度.

通常, 为简单起见, 在 Dynkin 图中可以不明确区分长根与短根. 这种不明确考虑根的长度, 仅考虑素根间夹角的 Dynkin 图称为角图. 事实上, 由两素根间的夹角可以 (唯一) 确定的仅仅是两素根的长度的比例, 并不能确定各个素根的具体长度.

**2. Dynkin 图的性质及可能的 Dynkin 图**

由上述定义知, Dynkin 图有下述性质.

**性质 1**　当且仅当李代数是单的, Dynkin 图才是连通的.

**证明**　(反证法) 假设素根系列 $\{\alpha\}$ 与 $\{\beta\}$ 不连通, 如图 2.15 所示.

由 Dynkin 图的定义知, $\{\alpha\}$ 与 $\{\beta\}$ 正交, 即其生成元 $\{E_\alpha\}$ 与 $\{E_\beta\}$ 相互对易, 也就是说, $\{H_i, E_\alpha\}$ 和 $\{H_i, E_\beta\}$ 各自张成理想. 于是该李代数不是单李代数. 这是不可能的. 所以, 对于单李代数, 其 Dynkin 图一定是连通的.

另一方面, 如果 Dynkin 图为连通图, 则该李代数的素根系不能分解为两个非空的相互正交的子集之和, 从而李代数为单李代数.

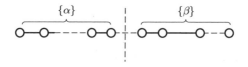

图 2.15　两个不连通的素根系列 $\{\alpha\}$ 和 $\{\beta\}$ 示意图

由这一性质, 我们接下来只讨论对应于单李代数的连通 Dynkin 图.

**性质 2**　以一个素根作为顶点能外连的线的数目不能大于 3.

**证明**　如图 2.16 所示, 设 $\{\alpha_1, \alpha_2, \cdots, \alpha_n\}$ 是彼此独立 (相互正交) 的素根, 因还有素根 $\beta$ 存在, 则该李代数的秩是 $n+1$. 再选取与 $\{\alpha_1, \alpha_2, \cdots, \alpha_n\}$ 都彼此正交

的向量, 记之为 $\alpha_0$, 则有

$$\beta = \sum_{i=0}^{n} \beta^i \alpha_i.$$

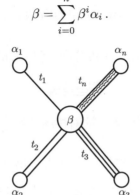

图 2.16 以一个素根 $\beta$ 为顶点外连的连线的可能情况示意图

由初等几何的广义勾股定理知, 上述向量与 $\beta$ 间的夹角满足

$$\cos^2 \theta_0 + \sum_{i=1}^{n} \cos^2 \theta_i = 1.$$

由于 $\beta$ 与 $\alpha_0$ 一定不正交, 否则 $\beta$ 便与 $\{\alpha_1, \alpha_2, \cdots, \alpha_n\}$ 线性相关, 故 $\cos^2 \theta_0 > 0$. 于是, $\sum_{i=1}^{n} \cos^2 \theta_i = 1 - \cos^2 \theta_0 < 1$. 那 么, 由 Dynkin 图的定义知, 以一个素根作为顶点能外连的线的数目为

$$K = \sum_{i=1}^{n} t_i = 4 \sum_{i=1}^{n} \cos^2 \theta_i < 4,$$

即角图中任何一个根都不可能有三条以上的线与之相连.

由此知, 可能存在图 2.17 所示的 Dynkin 图, 而不可能有图 2.18 所示的 Dynkin 图.

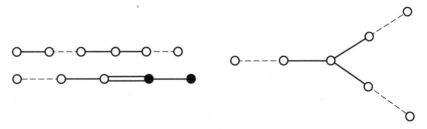

图 2.17 可能存在的 Dynkin 图 (中间的虚线代表省略, 非中间的虚线代表待定) 举例

图 2.18　不可能存在的 Dynkin 图 (某个根的外连线超过 3 条) 举例

**性质 3**　含有三条线的 Dynkin 图只有一种 (见图 2.19).

图 2.19　包含三线 (即相邻素根间夹角为 $\dfrac{5\pi}{6}$) 的 Dynkin 图

由定义即知必有此结论, 由性质 1 和性质 2 也可直接推知 (对应 $G_2$ 李代数).

**性质 4**　角图必须是树形的, 不可能包含闭合回路 (单圈、双圈、多圈都不可以).

**证明**　记 $\{\alpha_i \mid i=1,2,\cdots,n\} \in \pi$, $|\alpha_i|=(\alpha_i,\alpha_i)^{1/2}$, 由之可构成向量 $V=\sum\limits_{i=1}^{n}\dfrac{\alpha_i}{|\alpha_i|}$. 显然有

$$(V,V)=\left(\sum_{i=1}^{n}\frac{\alpha_i}{|\alpha_i|},\sum_{j=1}^{n}\frac{\alpha_j}{|\alpha_j|}\right)=\sum_{i,j=1}^{n}\frac{(\alpha_i,\alpha_j)}{|\alpha_i|\,|\alpha_j|}.$$

假设这些素根在角图中可以形成回路, 并且 $\alpha_{n+1}=\alpha_1$, 如图 2.20(a) 所示. 因为这些根相继连接, 则有

$$(\alpha_i,\alpha_{i+1})\neq 0 \qquad (i=1,2,\cdots,n),$$
$$(\alpha_i,\alpha_j)=0 \qquad (i,j=1,2,\cdots,n,|i-j|>1).$$

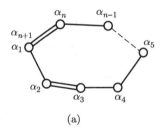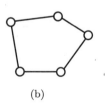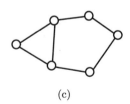

(a)　　　　　　(b)　　　　　　(c)

图 2.20　不可能存在的 Dynkin 图举例 (形成回路)

于是

$$\left(\sum_{i=1}^{n}\frac{\alpha_i}{|\alpha_i|},\sum_{j=1}^{n}\frac{\alpha_j}{|\alpha_j|}\right)=\sum_{i=1}^{n}\frac{(\alpha_i,\alpha_i)}{|\alpha_i|^2}+2\sum_{i=1}^{n}\frac{(\alpha_i,\alpha_{i+1})}{|\alpha_i||\alpha_{i+1}|}=n+2\sum_{i=1}^{n}\cos\theta_{i,i+1}.$$

由前述定义知 $\cos\theta_{i,i+1} = -\dfrac{1}{2}$, 或 $-\dfrac{\sqrt{2}}{2}$, 或 $-\dfrac{\sqrt{3}}{2}$, 那么

$$n + 2\sum_{i=1}^{n}\cos\theta_{i,i+1} \leqslant n + 2\cdot\left(-\frac{1}{2}\right)\cdot n = 0.$$

于是有

$$\left(\sum_{i=1}^{n}\frac{\alpha_i}{|\alpha_i|}, \sum_{j=1}^{n}\frac{\alpha_j}{|\alpha_j|}\right) \leqslant 0.$$

而由正定性知

$$\left(\sum_{i=1}^{n}\frac{\alpha_i}{|\alpha_i|}, \sum_{j=1}^{n}\frac{\alpha_j}{|\alpha_j|}\right) > 0.$$

二者出现矛盾. 因正定性由内积空间的定义而来, 于是只可能是形成回路的假设不成立. 所以角图必须是树形的, 不可能形成回路, 即不可能有图 2.20 所示的 Dynkin 图.

**性质 5** 三个素根构成的 $\pi$ 系只有三种 Dynkin 图 (见图 2.21).

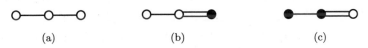

(a)       (b)       (c)

图 2.21 三个素根可能形成的 $\pi$ 系的 Dynkin 图

图 2.21 的三个子图中, 不同根之间的夹角之和分别为 $\theta_{12} + \theta_{23} + \theta_{31} = \dfrac{2\pi}{3} + \dfrac{2\pi}{3} + \dfrac{\pi}{2} = \dfrac{11\pi}{6}$, $\theta_{12} + \theta_{23} + \theta_{31} = \dfrac{2\pi}{3} + \dfrac{3\pi}{4} + \dfrac{\pi}{2} = \dfrac{23\pi}{12}$, 都满足小于 $2\pi$ 的条件. 不可能存在图 2.22 所示的 Dynkin 图.

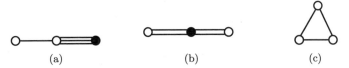

(a)       (b)       (c)

图 2.22 三个素根不可能形成的 Dynkin 图举例 (左边和中间的图有多于三条的外连线, 右边的图形成了回路)

**性质 6** 如果一个 Dynkin 图包含单线联系的两个顶点, 则把该条单线缩并掉, 并使两个顶点并成一个顶点, 形成的图仍是 Dynkin 图.

**证明** 如图 2.23 所示, 取素根 $\gamma \in \Gamma$, 因其与 $\alpha$ 相连, 而与 $\beta$ 不相连, 则

$$(\gamma,\beta)=0,\qquad (\gamma,\alpha)\neq 0,\quad (\gamma,(\alpha+\beta))=(\gamma,\alpha)<0\,.$$

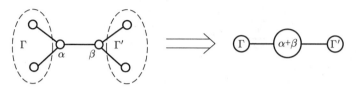

图 2.23　可能的单线缩并和顶点缩并形成的 Dynkin 图举例

同理对素根 $\gamma'\in\Gamma'$, 有

$$(\gamma',\beta)\neq 0,\quad (\gamma',\alpha)=0,\quad (\gamma',(\alpha+\beta))=(\gamma',\beta)<0\,.$$

这表明, 将 $\alpha$ 与 $\beta$ 之间的单线缩并掉, 并将 $\alpha$ 和 $\beta$ 并成一个顶点, 则该顶点对应的素根为 (或者正比于) $\alpha+\beta$, 形成的根系仍然是 $\pi$ 系. 事实上, 对单李代数, 上述两种缩并都可单独出现, 例如, 对 $B_4$, 将一条单线缩并即形成 $B_3$, 对 $C_3$, 将两端的两顶点缩并即形成 $G_2$.

对图 2.24(a) 所示的 Dynkin 图, 将中间的单线缩并后的结果如图 2.24(b) 所示. 由一个顶点最多只能有三条外连线知, 不可能存在如图 2.24(b) 所示的 Dynkin 图, 从而不存在形如图 2.24(a) 所示的角图, 也就是不存在如图 2.25 所示的包含分岔的 Dynkin 图. 即角图中不可能存在两个或更多的分岔, 也不可能既有双线又有分岔.

图 2.24　可能的单线缩并及其效果示意图

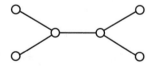

图 2.25　不可能存在的有分岔的 Dynkin 图举例

与性质 2 相联系知, $\pi$ 系允许的有分岔的图只能是图 2.26 所示的 Dynkin 图.

**性质 7**　角图中双线两侧的单线的长度只有两种情况: 其一是一侧任意可能长, 另一侧无单线; 其二是两侧各仅有一条单线.

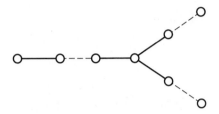

图 2.26 可能存在的有分岔的 Dynkin 图

**证明** 设 $u_i = \dfrac{\alpha_i}{|\alpha_i|}$, $v_j = \dfrac{\beta_j}{|\beta_j|}$, 其中 $\alpha_i, \beta_j$ 分别为角图中双线两侧的素根, 即有图 2.27 所示的角图.

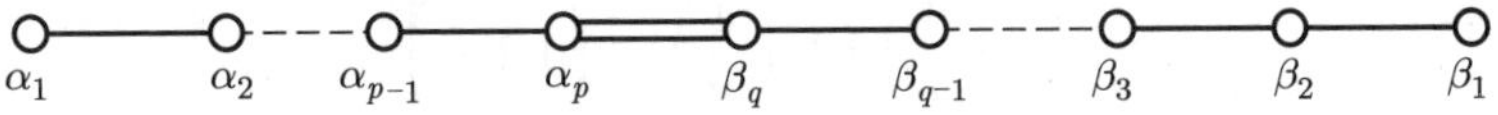

$$\underset{\alpha_1}{\circ} - \underset{\alpha_2}{\circ} - - \underset{\alpha_{p-1}}{\circ} - \underset{\alpha_p}{\circ} = \underset{\beta_q}{\circ} - \underset{\beta_{q-1}}{\circ} - - \underset{\beta_3}{\circ} - \underset{\beta_2}{\circ} - \underset{\beta_1}{\circ}$$

图 2.27 可能的包含双线的角图

分别以 $\{u_i\}, \{v_j\}$ 为基构造向量

$$U = \sum_{i=1}^{p} i u_i, \qquad V = \sum_{j=1}^{q} j v_j,$$

显然有

$$U^2 = (U, U) = \left( \sum_{i=1}^{p} i u_i, \sum_{i'=1}^{p} i' u_{i'} \right) = \sum_{i,i'=1}^{p} i i' (u_i, u_{i'})$$

$$= \sum_{i=1}^{p} i^2 - \frac{1}{2} \left[ \sum_{i=2}^{p} (i-1)i + \sum_{i=1}^{p-1} i(i+1) \right]$$

$$= \sum_{i=1}^{p} i^2 - \sum_{i=1}^{p-1} (i^2 + i). \tag{2.33}$$

完成求和计算, 得

$$U^2 = \frac{1}{2} p(p+1). \tag{2.34}$$

同理

$$V^2 = (V, V) = \frac{1}{2} q(q+1). \tag{2.35}$$

由于不相连的素根都正交, 双线相连的两素根成 $\dfrac{3\pi}{4}$ 夹角, 则有

$$(U, V) = \left( \sum_{i=1}^{p} i u_i, \sum_{j=1}^{q} j v_j \right) = pq(u_p, v_q) = -\frac{1}{\sqrt{2}} pq.$$

由几何学中的 Schwarz 不等式, 知

$$(U,V)^2 < U^2 V^2,$$

于是有

$$\frac{1}{2} p^2 q^2 < \frac{1}{4} pq(p+1)(q+1),$$

即

$$\left(1 + \frac{1}{p}\right)\left(1 + \frac{1}{q}\right) > 2. \qquad (2.36)$$

设 $p \geqslant q$, 则 $\frac{1}{p} \leqslant \frac{1}{q}$, 那么, 由上式知

$$2 < \left(1 + \frac{1}{p}\right)\left(1 + \frac{1}{q}\right) \leqslant \left(1 + \frac{1}{q}\right)^2.$$

于是有

$$\sqrt{2} - 1 < \frac{1}{q},$$

即有

$$q < \frac{1}{\sqrt{2} - 1} = \sqrt{2} + 1.$$

依假设, $q$ 为自然数, 于是仅有 $q = 1$ 和 $q = 2$ 两种情况.

对 $q = 1$ 的情况, 由 (2.36) 式知

$$\left(1 + \frac{1}{p}\right) 2 > 2,$$

也就是要求

$$\frac{1}{p} > 0,$$

从而 $p$ 可以取任意 (小于无穷大的) 自然数.

这就是说, 双线一侧的单线可以任意长, 而另一侧无单线, 即有图 2.28 所示的 Dynkin 图, 其中 (a) 对应 $B_l$ 李代数的 Dynkin 图, (b) 对应 $C_l$ 李代数的 Dynkin 图.

对 $q = 2$ 的情况, 由 (2.36) 式知

$$\left(1 + \frac{1}{p}\right) \frac{3}{2} > 2,$$

也就是要求

$$1 + \frac{1}{p} > \frac{4}{3},$$

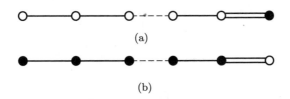

图 2.28 典型李代数中实际的包含双线的 Dynkin 图

亦即

$$\frac{1}{p} > \frac{1}{3}.$$

再考虑 $p \geqslant q$ 双线两侧都有单线的假设, 则 $2 \leqslant p < 3$, 从而有 $p = 2$.

这表明, 双线两侧都有单线的 Dynkin 图仅有 "双线两侧各有一条单线" 这一种情况, 于是仅有图 2.29 所示的 Dynkin 图 (对应于例外李代数 $F_4$).

图 2.29 例外李代数中实际存在的包含双线的 Dynkin 图

**性质 8** 关于图中分岔仅有五种情况:

(1) 根本没有分岔, 即有图 2.30(a) 所示的 Dynkin 图, 对应 $A_l$ 李代数.

(2) 分岔的单线长度仅为 1, 即有图 2.30(b) 所示的 Dynkin 图, 对应 $D_l$ 李代数.

(3) 与一条单线相连的根的一侧有 2 个素根, 另一侧有 2 个、3 个或 4 个素根, 即有图 2.31 所示的 Dynkin 图, 自上至下分别对应 $E_6$ 李代数、$E_7$ 李代数、$E_8$ 李代数.

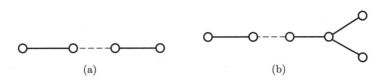

图 2.30 实际存在的没有分岔与包含单线和分岔的典型李代数的 Dynkin 图

**证明** 既包含单线又包含分岔的 Dynkin 图可以一般地表述为图 2.32 所示的形式. 对之证明本命题, 即确定图中所标分岔长度 $p, q, r$ 的值.

记 $u_i = \dfrac{\alpha_i}{|\alpha_i|}$, $v_i = \dfrac{\beta_i}{|\beta_i|}$, $w_i = \dfrac{\gamma_i}{|\gamma_i|}$, 分别以这些单位向量为基构造向量

$$U = \sum_{i=1}^{p-1} i u_i, \qquad V = \sum_{j=1}^{q-1} j v_j, \qquad W = \sum_{k=1}^{r-1} k w_k,$$

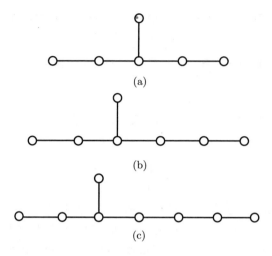

图 2.31　实际存在的包含单线和分岔的例外李代数的 Dynkin 图

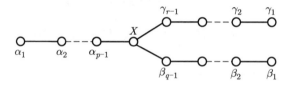

图 2.32　可能存在的待确定长度的包含单线和分岔的李代数的 Dynkin 图

则有

$$U^2 = \frac{1}{2}p(p-1), \qquad V^2 = \frac{1}{2}q(q-1), \qquad W^2 = \frac{1}{2}r(r-1),$$
$$(U,V) = (V,W) = (W,U) = 0.$$

对于处于分岔顶点的独立于 $U,V,W$ 的向量 (素根) $X$ (单位长度), 由于单线联系的两素根间夹角为 $\frac{2\pi}{3}$, 该夹角的余弦为 $-\frac{1}{2}$, 有

$$(X,U) = (X,(p-1)u_{p-1}) = (p-1)(X,u_{p-1}) = \frac{1}{2}(1-p),$$

$$(X,V) = (X,(q-1)v_{q-1}) = (q-1)(X,v_{q-1}) = \frac{1}{2}(1-q),$$

$$(X,W) = (X,(r-1)w_{r-1}) = (r-1)(X,w_{r-1}) = \frac{1}{2}(1-r).$$

于是

$$\cos^2 \theta_1 = \frac{(X,U)^2}{(X,X)(U,U)} = \frac{\frac{1}{4}(1-p)^2}{1 \cdot \frac{1}{2}p(p-1)} = \frac{1}{2}\frac{p-1}{p} = \frac{1}{2}\left(1 - \frac{1}{p}\right),$$

$$\cos^2 \theta_2 = \frac{(X, V)^2}{(X, X)(V, V)} = \frac{1}{2}\left(1 - \frac{1}{q}\right),$$

$$\cos^2 \theta_3 = \frac{(X, W)^2}{(X, X)(W, W)} = \frac{1}{2}\left(1 - \frac{1}{r}\right).$$

那么, 由 $\cos^2 \theta_1 + \cos^2 \theta_2 + \cos^2 \theta_3 < 1$, 得

$$\frac{1}{2}\left(3 - \frac{1}{p} - \frac{1}{q} - \frac{1}{r}\right) < 1,$$

即

$$3 - \frac{1}{p} - \frac{1}{q} - \frac{1}{r} < 2,$$

也就是

$$\frac{1}{p} + \frac{1}{q} + \frac{1}{r} > 1. \tag{2.37}$$

假设 $p \geqslant q \geqslant r$, 即 $\frac{1}{p} \leqslant \frac{1}{q} \leqslant \frac{1}{r}$, 于是有

$$1 < \frac{1}{p} + \frac{1}{q} + \frac{1}{r} \leqslant \frac{3}{r},$$

因此

$$r < 3,$$

即仅有 $r = 1$ 和 $r = 2$ 两种情况.

对 $r = 1$, 由 (2.37) 式知

$$\frac{1}{p} + \frac{1}{q} + 1 > 1,$$

从而 $p$ 和 $q$ 可以取任意自然数.

因为 $r = 1$ 对应于不存在 $\gamma$ 对应的分岔, 即实际无分岔, 于是有图 2.30(a) 所示的 Dynkin 图, 对应 $A_l$ 李代数.

对 $r = 2$, 由 (2.37) 式知

$$\frac{1}{p} + \frac{1}{q} + \frac{1}{2} > 1,$$

也就是

$$\frac{1}{p} + \frac{1}{q} > \frac{1}{2}.$$

依据 $p \geqslant q$ 的假设, 有

$$\frac{1}{p} + \frac{1}{q} \leqslant \frac{2}{q},$$

从而有

$$\frac{2}{q} > \frac{1}{2},$$

也就是

$$q < 4.$$

再考虑 $q \geqslant r$ 的假设, 则有 $q = 2$ 和 $q = 3$ 两种情况.

对 $q = 2$ 的情况, 由 $\dfrac{1}{p} + \dfrac{1}{q} > \dfrac{1}{2}$ 知, $\dfrac{1}{p} > 0$, 从而 $p$ 可以取任意自然数.

因 $r = 2$ 和 $q = 2$ 对应于有分岔, 但其单线长度都仅为 1, 于是有图 2.30(b) 所示的 Dynkin 图, 它对应 $D_l$ 李代数.

对 $q = 3$ 的情况, 由

$$\frac{1}{p} + \frac{1}{q} > \frac{1}{2}$$

知

$$\frac{1}{p} > \frac{1}{6},$$

从而

$$p < 6.$$

再考虑 $p \geqslant q$ 的假设, 则有 $p = 3$, $p = 4$ 和 $p = 5$ 三种情况. 这表明, Dynkin 图上与一条单线相连的分岔的根的一侧有 2 个根, 另一侧仅有 2 个、3 个、4 个根三种情况, 即有图 2.31 所示的 Dynkin 图. 图 2.31(a) 为李代数 $E_6$ 的 Dynkin 图, (b) 为李代数 $E_7$ 的 Dynkin 图, (c) 为李代数 $E_8$ 的 Dynkin 图.

### 3. 可能的 Dynkin 图小结

综上所述, 单李代数的 $\pi$ 系共有四个系列和五种例外情况, 它们分别对应 $A_l$ 李代数、$B_l$ 李代数、$C_l$ 李代数、$D_l$ 李代数、$G_2$ 李代数、$F_4$ 李代数、$E_6$ 李代数、$E_7$ 李代数、$E_8$ 李代数, 对应的 Dynkin 图分别如图 2.30(a)、图 2.28(a)、图 2.28(b)、图 2.30(b)、图 2.19、图 2.29、图 2.31(a)、图 2.31(b)、图 2.31(c) 所示.

## §2.4 根 的 确 定

前述讨论表明, 李代数的性质具体表现为根的分布及其间的关系, 而这些根的分布和相互关系可以归结为素根的分布及其间的关系. 那么, 为确定一半单李代数的根系, 应该由半单李代数的 Dynkin 图 ($\pi$ 系) 出发, 根据根的性质来进行.

### 2.4.1 Cartan 矩阵

对 $l$ 秩半单李代数的素根系 $\pi = \{\alpha_i \mid i = 1, 2, \cdots, l\}$, 由

$$2\frac{(\alpha_i, \alpha_j)}{(\alpha_i, \alpha_i)} = -p = m,$$

$$2\frac{(\alpha_j, \alpha_i)}{(\alpha_j, \alpha_j)} = -p' = m'$$

知, 知道了素根, 就知道了 $\pi$ 系中各根的长度间的关系 (对典型李代数, 实际最多仅两种长度, 一长一短) 及其间的夹角 $\theta_{ij}$, 具体有

$$\cos^2\theta_{ij} = \frac{(\alpha_i, \alpha_j)^2}{(\alpha_i, \alpha_i)(\alpha_j, \alpha_j)} = \frac{mm'}{4},$$

$$\frac{|\alpha_i|^2}{|\alpha_j|^2} = \frac{(\alpha_i, \alpha_i)}{(\alpha_j, \alpha_j)} = \frac{m'}{m},$$

其中 $m$ 和 $m'$ 为非正整数. 约定一个长度关系, 例如 $|\alpha_i| \leqslant |\alpha_j|$, 即有 $|m'| \leqslant |m|$, 即可准确确定 $m$ 和 $m'$ 的数值. 由此知 $\frac{(\alpha_i, \alpha_j)}{(\alpha_i, \alpha_i)}$ 为半整数 (或 $2\frac{(\alpha_i, \alpha_j)}{(\alpha_i, \alpha_i)}$ 为整数) 具有决定性作用.

**定义 2.2** 以 $2\frac{(\alpha_i, \alpha_j)}{(\alpha_i, \alpha_i)} = A_{ij}$ 为矩阵元的矩阵称为 Cartan 矩阵.

下面讨论单李代数的 Cartan 矩阵.

**1. $A_l$ 李代数的 Cartan 矩阵**

(1) $A_2$ 李代数的 Cartan 矩阵.

由其 Dynkin 图 (图 2.33 中仅有 $\alpha_1$ 和 $\alpha_2$ 的情况) 知,

$$\cos\theta_{12} = \cos\frac{2\pi}{3} = -\frac{1}{2},$$

$$\cos^2\theta_{12} = \frac{mm'}{4} = \frac{1}{4},$$

$$\frac{|\alpha_1|}{|\alpha_2|} = \frac{(\alpha_1, \alpha_1)^{1/2}}{(\alpha_2, \alpha_2)^{1/2}} = \left(\frac{|m'|}{|m|}\right)^{1/2} = 1,$$

从而有

$$m = m' = -1,$$

$$2\frac{(\alpha_1, \alpha_1)}{(\alpha_1, \alpha_1)} = 2, \quad 2\frac{(\alpha_2, \alpha_2)}{(\alpha_2, \alpha_2)} = 2, \quad 2\frac{(\alpha_1, \alpha_2)}{(\alpha_1, \alpha_1)} = -1, \quad 2\frac{(\alpha_2, \alpha_1)}{(\alpha_2, \alpha_2)} = -1.$$

于是有 $A_2$ 李代数的 Cartan 矩阵为

$$A_{A_2} = \begin{pmatrix} 2 & -1 \\ -1 & 2 \end{pmatrix}. \tag{2.38}$$

图 2.33　$A_l$ 李代数的 Dynkin 图

(2) $A_l$ 李代数的 Cartan 矩阵.

由其 Dynkin 图 (见图 2.33) 知, 对 $i, j = 1, 2, \cdots, l$, 且 $|i - j| = 1$, 有

$$\cos \theta_{ij} = \cos \frac{2\pi}{3} = -\frac{1}{2},$$
$$\cos^2 \theta_{ij} = \frac{mm'}{4} = \frac{1}{4},$$
$$\frac{|\alpha_i|}{|\alpha_j|} = \frac{(\alpha_i, \alpha_i)^{1/2}}{(\alpha_j, \alpha_j)^{1/2}} = \left(\frac{|m'|}{|m|}\right)^{1/2} = 1,$$

从而有

$$m = m' = -1,$$
$$2\frac{(\alpha_i, \alpha_i)}{(\alpha_i, \alpha_i)} = 2, \qquad 2\frac{(\alpha_i, \alpha_j)}{(\alpha_i, \alpha_i)} = -1, \qquad 2\frac{(\alpha_j, \alpha_i)}{(\alpha_j, \alpha_j)} = -1.$$

对 $i, j = 1, 2, \cdots, l$, 但 $|i - j| > 1$, 因为它们在 Dynkin 图上互不相连, 即 $\cos \theta_{ij} = 0$, 从而相应的矩阵元都为 0.

于是有 $A_l$ 李代数的 Cartan 矩阵为

$$A_{A_l} = \begin{pmatrix} 2 & -1 & 0 & 0 & \cdots & \cdots & 0 \\ -1 & 2 & -1 & 0 & \cdots & \cdots & 0 \\ 0 & -1 & 2 & -1 & \cdots & \cdots & 0 \\ 0 & 0 & -1 & 2 & \cdots & \cdots & 0 \\ \vdots & \vdots & \vdots & \vdots & \ddots & \ddots & \vdots \\ 0 & 0 & 0 & 0 & -1 & 2 & -1 \\ 0 & 0 & 0 & 0 & 0 & -1 & 2 \end{pmatrix}. \tag{2.39}$$

这是一个 $l \times l$ 三对角矩阵, 对角元都为 2, 次对角元都为 $-1$.

**2. $B_l$ 李代数的 Cartan 矩阵**

(1) $B_2$ 李代数的 Cartan 矩阵.

由其 Dynkin 图 (见图 2.34) 知,

$$\cos\theta_{12} = \cos\frac{3\pi}{4} = -\frac{\sqrt{2}}{2},$$

$$\cos^2\theta_{12} = \frac{mm'}{4} = \frac{2}{4},$$

$$\frac{|\alpha_1|^2}{|\alpha_2|^2} = \frac{(\alpha_1,\alpha_1)}{(\alpha_2,\alpha_2)} = \frac{m'}{m} = 2,$$

从而有

$$m = -1, \qquad m' = -2,$$

$$2\frac{(\alpha_1,\alpha_1)}{(\alpha_1,\alpha_1)} = 2, \quad 2\frac{(\alpha_2,\alpha_2)}{(\alpha_2,\alpha_2)} = 2, \quad 2\frac{(\alpha_1,\alpha_2)}{(\alpha_1,\alpha_1)} = -1, \quad 2\frac{(\alpha_2,\alpha_1)}{(\alpha_2,\alpha_2)} = -2.$$

于是有 $B_2$ 李代数的 Cartan 矩阵为

$$A_{B_2} = \begin{pmatrix} 2 & -1 \\ -2 & 2 \end{pmatrix}. \tag{2.40}$$

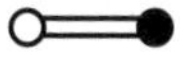

图 2.34　$B_2$ 李代数的 Dynkin 图

(2) $B_l$ 李代数的 Cartan 矩阵.

由其 Dynkin 图 (见图 2.35) 知, 对 $i,j = 1,2,\cdots,l-2,l-1$, 且 $|i-j|=1$,

$$\cos\theta_{ij} = \cos\frac{2\pi}{3} = -\frac{1}{2},$$

$$\cos^2\theta_{ij} = \frac{mm'}{4} = \frac{1}{4},$$

$$\frac{|\alpha_i|^2}{|\alpha_j|^2} = \frac{(\alpha_i,\alpha_i)}{(\alpha_j,\alpha_j)} = \frac{m'}{m} = 1,$$

从而有

$$m = m' = -1,$$

$$2\frac{(\alpha_i,\alpha_i)}{(\alpha_i,\alpha_i)} = 2, \qquad 2\frac{(\alpha_i,\alpha_j)}{(\alpha_i,\alpha_i)} = -1, \qquad 2\frac{(\alpha_j,\alpha_i)}{(\alpha_j,\alpha_j)} = -1.$$

对 $i,j = 1,2,\cdots,l-2,l-1$, 但 $|i-j|>1$, 因为它们在 Dynkin 图上互不相连, 即 $\cos\theta_{ij}=0$, 从而相应的矩阵元都为 0.

对 $i = l-1, j = l$, 有

$$\cos\theta_{ij} = \cos\frac{3\pi}{4} = -\frac{\sqrt{2}}{2},$$

$$\cos^2\theta_{ij} = \frac{mm'}{4} = \frac{2}{4},$$

$$\frac{|\alpha_i|^2}{|\alpha_j|^2} = \frac{(\alpha_i,\alpha_i)}{(\alpha_j,\alpha_j)} = \frac{m'}{m} = 2,$$

从而有

$$m = -1, \qquad m' = -2,$$

$$2\frac{(\alpha_i,\alpha_i)}{(\alpha_i,\alpha_i)} = 2, \quad 2\frac{(\alpha_{l-1},\alpha_l)}{(\alpha_{l-1},\alpha_{l-1})} = -1, \quad 2\frac{(\alpha_l,\alpha_{l-1})}{(\alpha_l,\alpha_l)} = -2.$$

于是有 $B_l$ 李代数的 Cartan 矩阵为

$$A_{B_l} = \begin{pmatrix} 2 & -1 & 0 & 0 & \cdots & \cdots & 0 \\ -1 & 2 & -1 & 0 & \cdots & \cdots & 0 \\ 0 & -1 & 2 & -1 & \cdots & \cdots & 0 \\ 0 & 0 & -1 & 2 & \cdots & \cdots & 0 \\ \vdots & \vdots & \vdots & \vdots & \ddots & \ddots & \vdots \\ 0 & 0 & 0 & 0 & -1 & 2 & -1 \\ 0 & 0 & 0 & 0 & 0 & -2 & 2 \end{pmatrix}. \tag{2.41}$$

这是一个 $l \times l$ 三对角矩阵, 对角元都为 2, 次对角元除 $A_{l(l-1)} = -2$ 外, 其他都为 $-1$.

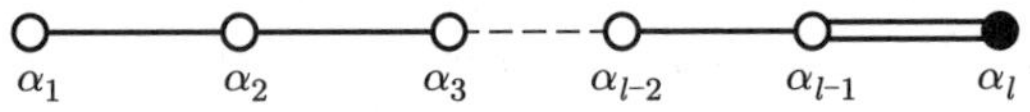

图 2.35　$B_l$ 李代数的 Dynkin 图

### 3. $C_l$ 李代数的 Cartan 矩阵

由其 Dynkin 图 (见图 2.36) 知, 对 $i,j = 1,2,\cdots,l-2,l-1$, 且 $|i-j| = 1$,

$$\cos\theta_{ij} = \cos\frac{2\pi}{3} = -\frac{1}{2},$$

$$\cos^2\theta_{ij} = \frac{mm'}{4} = \frac{1}{4},$$

$$\frac{|\alpha_i|^2}{|\alpha_j|^2} = \frac{(\alpha_i,\alpha_i)}{(\alpha_j,\alpha_j)} = \frac{m'}{m} = 1,$$

从而

$$m = m' = -1,$$

$$2\frac{(\alpha_i, \alpha_i)}{(\alpha_i, \alpha_i)} = 2, \qquad 2\frac{(\alpha_i, \alpha_j)}{(\alpha_i, \alpha_i)} = -1, \qquad 2\frac{(\alpha_j, \alpha_i)}{(\alpha_j, \alpha_j)} = -1.$$

对 $i, j = 1, 2, \cdots, l-2, l-1$, 但 $|i-j| > 1$, 因为它们在 Dynkin 图上互不相连, 即 $\cos\theta_{ij} = 0$, 从而相应的矩阵元都为 0.

对 $i = l-1, j = l$, 有

$$\cos\theta_{ij} = \cos\frac{3\pi}{4} = -\frac{\sqrt{2}}{2},$$

$$\cos^2\theta_{ij} = \frac{mm'}{4} = \frac{2}{4},$$

$$\frac{|\alpha_i|^2}{|\alpha_j|^2} = \frac{(\alpha_i, \alpha_i)}{(\alpha_j, \alpha_j)} = \frac{m'}{m} = \frac{1}{2},$$

从而有

$$m = -2, \qquad m' = -1,$$

$$2\frac{(\alpha_i, \alpha_i)}{(\alpha_i, \alpha_i)} = 2 \ (i = l-1, l), \quad 2\frac{(\alpha_{l-1}, \alpha_l)}{(\alpha_{l-1}, \alpha_{l-1})} = -2, \quad 2\frac{(\alpha_l, \alpha_{l-1})}{(\alpha_l, \alpha_l)} = -1.$$

于是有 $C_l$ 李代数的 Cartan 矩阵为

$$A_{C_l} = \begin{pmatrix} 2 & -1 & 0 & 0 & \cdots & \cdots & 0 \\ -1 & 2 & -1 & 0 & \cdots & \cdots & 0 \\ 0 & -1 & 2 & -1 & \cdots & \cdots & 0 \\ 0 & 0 & -1 & 2 & \cdots & \cdots & 0 \\ \vdots & \vdots & \vdots & \vdots & \ddots & \ddots & \vdots \\ 0 & 0 & 0 & 0 & -1 & 2 & -2 \\ 0 & 0 & 0 & 0 & 0 & -1 & 2 \end{pmatrix}. \tag{2.42}$$

这是一个 $l \times l$ 三对角矩阵, 对角元都为 2, 次对角元除 $A_{(l-1)l} = -2$ 外, 其他都为 $-1$.

图 2.36 $C_l$ 李代数的 Dynkin 图

### 4. $D_l$ 李代数的 Cartan 矩阵

由其 Dynkin 图 (见图 2.37) 知, 对 $i, j = 1, 2, \cdots, l-2$, 且 $|i-j| = 1$, 有

$$\cos \theta_{ij} = \cos \frac{2\pi}{3} = -\frac{1}{2},$$

$$\cos^2 \theta_{ij} = \frac{mm'}{4} = \frac{1}{4},$$

$$\frac{|\alpha_i|^2}{|\alpha_j|^2} = \frac{(\alpha_i, \alpha_i)}{(\alpha_j, \alpha_j)} = \frac{m'}{m} = 1,$$

从而

$$m = m' = -1,$$

$$2\frac{(\alpha_i, \alpha_i)}{(\alpha_i, \alpha_i)} = 2, \qquad 2\frac{(\alpha_i, \alpha_j)}{(\alpha_i, \alpha_i)} = -1, \qquad 2\frac{(\alpha_j, \alpha_i)}{(\alpha_j, \alpha_j)} = -1.$$

对 $i, j = 1, 2, \cdots, l-2$, 但 $|i-j| > 1$, 因为它们在 Dynkin 图上互不相连, 即 $\cos \theta_{ij} = 0$, 从而相应的矩阵元都为 0.

对 $i = l-2$, $j = l-1$, 也有

$$\cos \theta_{ij} = \cos \frac{2\pi}{3} = -\frac{1}{2}, \qquad \cos^2 \theta_{ij} = \frac{mm'}{4} = \frac{1}{4},$$

$$\frac{|\alpha_i|^2}{|\alpha_j|^2} = \frac{(\alpha_i, \alpha_i)}{(\alpha_j, \alpha_j)} = \frac{m'}{m} = 1,$$

从而有

$$m = m' = -1,$$

$$2\frac{(\alpha_i, \alpha_i)}{(\alpha_i, \alpha_i)} = 2, \quad 2\frac{(\alpha_i, \alpha_j)}{(\alpha_i, \alpha_i)} = -1, \quad 2\frac{(\alpha_j, \alpha_i)}{(\alpha_j, \alpha_j)} = -1, \quad 2\frac{(\alpha_j, \alpha_j)}{(\alpha_j, \alpha_j)} = 2.$$

对 $i = l-2$, $j = l$, 因其 Dynkin 图与 $i = l-2$, $j = l-1$ 的完全相同, 所以矩阵元也分别依次相同.

对 $i = l-1$, $j = l$, 二者互不相连, 即 $\theta_{(l-1)l} = \frac{\pi}{2}$, $\cos \theta_{(l-1)l} = 0$, 因此

$$2\frac{(\alpha_i, \alpha_i)}{(\alpha_i, \alpha_i)} = 2, \quad 2\frac{(\alpha_i, \alpha_j)}{(\alpha_i, \alpha_i)} = 0, \quad 2\frac{(\alpha_j, \alpha_i)}{(\alpha_j, \alpha_j)} = 0, \quad 2\frac{(\alpha_j, \alpha_j)}{(\alpha_j, \alpha_j)} = 2.$$

于是有 $D_l$ 李代数的 Cartan 矩阵为

$$
A_{D_l} = \begin{pmatrix}
2 & -1 & 0 & 0 & \cdots & \cdots & 0 & 0 \\
-1 & 2 & -1 & 0 & \cdots & \cdots & 0 & 0 \\
0 & -1 & 2 & -1 & \cdots & \cdots & 0 & 0 \\
0 & 0 & -1 & 2 & \cdots & \cdots & 0 & 0 \\
\vdots & \vdots & \vdots & \vdots & \ddots & \ddots & \vdots & 0 \\
0 & 0 & 0 & 0 & \cdots & 2 & -1 & -1 \\
0 & 0 & 0 & 0 & \cdots & -1 & 2 & 0 \\
0 & 0 & 0 & 0 & \cdots & -1 & 0 & 2
\end{pmatrix}. \tag{2.43}
$$

这是一个 $l \times l$ 五对角矩阵, 对角元都为 2, 次对角元除 $A_{(l-1)l} = A_{l(l-1)} = 0$ 外, 其他都为 $-1$, 次次对角元除 $A_{(l-2)l} = A_{l(l-2)} = -1$ 外, 其他都为 0.

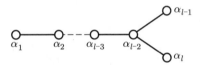

图 2.37 $D_l$ 李代数的 Dynkin 图

### 5. $G_2$ 李代数的 Cartan 矩阵

由其 Dynkin 图 (见图 2.38) 知,

$$
\cos \theta_{12} = \cos \frac{5\pi}{6} = -\frac{\sqrt{3}}{2},
$$
$$
\cos^2 \theta_{12} = \frac{mm'}{4} = \frac{3}{4},
$$
$$
\frac{|\alpha_1|^2}{|\alpha_2|^2} = \frac{(\alpha_1, \alpha_1)}{(\alpha_2, \alpha_2)} = \frac{m'}{m} = 3,
$$

从而有

$$
m = -1, \qquad m' = -3,
$$
$$
2\frac{(\alpha_1, \alpha_1)}{(\alpha_1, \alpha_1)} = 2, \quad 2\frac{(\alpha_2, \alpha_2)}{(\alpha_2, \alpha_2)} = 2, \quad 2\frac{(\alpha_1, \alpha_2)}{(\alpha_1, \alpha_1)} = -1, \quad 2\frac{(\alpha_2, \alpha_1)}{(\alpha_2, \alpha_2)} = -3.
$$

于是有 $G_2$ 李代数的 Cartan 矩阵为

$$
A_{G_2} = \begin{pmatrix} 2 & -1 \\ -3 & 2 \end{pmatrix}. \tag{2.44}
$$

图 2.38　$G_2$ 李代数的 Dynkin 图

### 6. $F_4$ 李代数的 Cartan 矩阵

由其 Dynkin 图 (见图 2.39) 知,

$$\cos \theta_{12} = \cos \frac{2\pi}{3} = -\frac{1}{2},$$

$$\cos^2 \theta_{12} = \frac{mm'}{4} = \frac{1}{4},$$

$$\frac{|\alpha_1|^2}{|\alpha_2|^2} = \frac{(\alpha_1, \alpha_1)}{(\alpha_2, \alpha_2)} = \frac{m'}{m} = 1,$$

从而有

$$m = -1, \qquad m' = -1,$$

$$2\frac{(\alpha_1, \alpha_1)}{(\alpha_1, \alpha_1)} = 2, \quad 2\frac{(\alpha_1, \alpha_2)}{(\alpha_1, \alpha_1)} = -1, \quad 2\frac{(\alpha_2, \alpha_1)}{(\alpha_2, \alpha_2)} = -1, \quad 2\frac{(\alpha_2, \alpha_2)}{(\alpha_2, \alpha_2)} = 2,$$

$$\cos \theta_{13} = \cos \frac{\pi}{2} = 0, \qquad 2\frac{(\alpha_1, \alpha_3)}{(\alpha_1, \alpha_1)} = 0, \qquad 2\frac{(\alpha_3, \alpha_1)}{(\alpha_3, \alpha_3)} = 0,$$

$$\cos \theta_{14} = \cos \frac{\pi}{2} = 0, \qquad 2\frac{(\alpha_1, \alpha_4)}{(\alpha_1, \alpha_1)} = 0, \qquad 2\frac{(\alpha_4, \alpha_1)}{(\alpha_4, \alpha_4)} = 0.$$

再有

$$\cos \theta_{23} = \cos \frac{3\pi}{4} = -\frac{\sqrt{2}}{2}, \quad \cos^2 \theta_{23} = \frac{mm'}{4} = \frac{2}{4}, \quad \frac{|\alpha_2|^2}{|\alpha_3|^2} = \frac{(\alpha_2, \alpha_2)}{(\alpha_3, \alpha_3)} = \frac{m'}{m} = 2,$$

从而有

$$m = -1, \qquad m' = -2,$$

$$2\frac{(\alpha_2, \alpha_2)}{(\alpha_2, \alpha_2)} = 2, \quad 2\frac{(\alpha_2, \alpha_3)}{(\alpha_2, \alpha_2)} = -1, \quad 2\frac{(\alpha_3, \alpha_2)}{(\alpha_3, \alpha_3)} = -2, \quad 2\frac{(\alpha_3, \alpha_3)}{(\alpha_3, \alpha_3)} = 2.$$

还有

$$\cos \theta_{24} = \cos \frac{\pi}{2} = 0, \qquad 2\frac{(\alpha_2, \alpha_4)}{(\alpha_2, \alpha_2)} = 0, \qquad 2\frac{(\alpha_4, \alpha_2)}{(\alpha_4, \alpha_4)} = 0,$$

$$\cos \theta_{34} = \cos \frac{2\pi}{3} = -\frac{1}{2}, \qquad \cos^2 \theta_{34} = \frac{mm'}{4} = \frac{1}{4}, \qquad \frac{|\alpha_3|^2}{|\alpha_4|^2} = 1,$$

$$2\frac{(\alpha_3, \alpha_4)}{(\alpha_3, \alpha_3)} = -1, \qquad 2\frac{(\alpha_4, \alpha_3)}{(\alpha_4, \alpha_4)} = -1, \qquad 2\frac{(\alpha_4, \alpha_4)}{(\alpha_4, \alpha_4)} = 2.$$

于是有 $F_4$ 李代数的 Cartan 矩阵为

$$A_{F_4} = \begin{pmatrix} 2 & -1 & 0 & 0 \\ -1 & 2 & -1 & 0 \\ 0 & -2 & 2 & -1 \\ 0 & 0 & -1 & 2 \end{pmatrix}. \tag{2.45}$$

$\alpha_1 \qquad \alpha_2 \qquad \alpha_3 \qquad \alpha_4$

图 2.39　$F_4$ 李代数的 Dynkin 图

### 7. $E_6$ 李代数的 Cartan 矩阵

由其 Dynkin 图 (见图 2.40) 知, 对于不相邻的素根, 有

$$\cos\theta_{13} = \cos\theta_{14} = \cos\theta_{15} = \cos\theta_{16} = \cos\theta_{24} = \cos\theta_{25} = \cos\theta_{26} = \cos\theta_{35}$$
$$= \cos\theta_{46} = \cos\theta_{56} = \cos\frac{\pi}{2} = 0,$$

则相应的矩阵元为

$$A_{13} = A_{31} = A_{14} = A_{41} = A_{15} = A_{51} = A_{16} = A_{61} = A_{24} = A_{42}$$
$$= A_{25} = A_{52} = A_{26} = A_{62} = A_{35} = A_{53} = A_{46} = A_{64} = A_{56} = A_{65}$$
$$= 0.$$

对于相邻的素根, 由于它们之间的夹角都为 $\dfrac{2\pi}{3}$, 长度都相等, 则非零矩阵元为

$$A_{11} = A_{22} = A_{33} = A_{44} = A_{55} = A_{66} = 2,$$

$$A_{12} = 2\frac{(\alpha_1, \alpha_2)}{(\alpha_1, \alpha_1)} = -1, \qquad\qquad A_{21} = 2\frac{(\alpha_2, \alpha_1)}{(\alpha_2, \alpha_2)} = -1,$$

$$A_{23} = 2\frac{(\alpha_2, \alpha_3)}{(\alpha_2, \alpha_2)} = -1, \qquad\qquad A_{32} = 2\frac{(\alpha_3, \alpha_2)}{(\alpha_3, \alpha_3)} = -1,$$

$$A_{34} = 2\frac{(\alpha_3, \alpha_4)}{(\alpha_3, \alpha_3)} = -1, \qquad\qquad A_{43} = 2\frac{(\alpha_4, \alpha_3)}{(\alpha_4, \alpha_4)} = -1,$$

$$A_{36} = 2\frac{(\alpha_3, \alpha_6)}{(\alpha_3, \alpha_3)} = -1, \qquad\qquad A_{63} = 2\frac{(\alpha_6, \alpha_3)}{(\alpha_6, \alpha_6)} = -1,$$

$$A_{45} = 2\frac{(\alpha_4, \alpha_5)}{(\alpha_4, \alpha_4)} = -1, \qquad\qquad A_{54} = 2\frac{(\alpha_5, \alpha_4)}{(\alpha_5, \alpha_5)} = -1.$$

于是有 $E_6$ 李代数的 Cartan 矩阵为

$$A_{E_6} = \begin{pmatrix} 2 & -1 & 0 & 0 & 0 & 0 \\ -1 & 2 & -1 & 0 & 0 & 0 \\ 0 & -1 & 2 & -1 & 0 & -1 \\ 0 & 0 & -1 & 2 & -1 & 0 \\ 0 & 0 & 0 & -1 & 2 & 0 \\ 0 & 0 & -1 & 0 & 0 & 2 \end{pmatrix}. \tag{2.46}$$

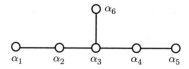

图 2.40　$E_6$ 李代数的 Dynkin 图

### 8. $E_7$ 李代数的 Cartan 矩阵

根据其 Dynkin 图 (见图 2.41), 采用与对 $E_6$ 完全相同的计算, 则得 $E_7$ 李代数的 Cartan 矩阵为

$$A_{E_7} = \begin{pmatrix} 2 & -1 & 0 & 0 & 0 & 0 & 0 \\ -1 & 2 & -1 & 0 & 0 & 0 & 0 \\ 0 & -1 & 2 & -1 & 0 & 0 & -1 \\ 0 & 0 & -1 & 2 & -1 & 0 & 0 \\ 0 & 0 & 0 & -1 & 2 & -1 & 0 \\ 0 & 0 & 0 & 0 & -1 & 2 & 0 \\ 0 & 0 & -1 & 0 & 0 & 0 & 2 \end{pmatrix}. \tag{2.47}$$

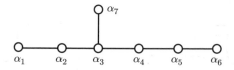

图 2.41　$E_7$ 李代数的 Dynkin 图

### 9. $E_8$ 李代数的 Cartan 矩阵

根据其 Dynkin 图 (见图 2.42), 采用与对 $E_6$ 及 $E_7$ 完全相同的计算, 则得 $E_8$

李代数的 Cartan 矩阵为

$$A_{E_8} = \begin{pmatrix} 2 & -1 & 0 & 0 & 0 & 0 & 0 & 0 \\ -1 & 2 & -1 & 0 & 0 & 0 & 0 & 0 \\ 0 & -1 & 2 & -1 & 0 & 0 & 0 & -1 \\ 0 & 0 & -1 & 2 & -1 & 0 & 0 & 0 \\ 0 & 0 & 0 & -1 & 2 & -1 & 0 & 0 \\ 0 & 0 & 0 & 0 & -1 & 2 & -1 & 0 \\ 0 & 0 & 0 & 0 & 0 & -1 & 2 & 0 \\ 0 & 0 & -1 & 0 & 0 & 0 & 0 & 2 \end{pmatrix}. \tag{2.48}$$

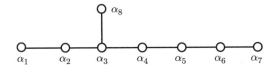

图 2.42 $E_8$ 李代数的 Dynkin 图

## 2.4.2 单李代数的根系

### 1. 确定方案

由根的结构知, $n$ 维 $l$ 秩单李代数 $\mathfrak{g}$ 的根系为

$$\Sigma(n) = \mathcal{O}(l) + \Sigma^+ \left( \frac{n-l}{2} \right) + \Sigma^- \left( \frac{n-l}{2} \right). \tag{2.49}$$

若已知 $\{\alpha_i \mid i = 1, 2, \cdots, l\} = \pi \in \Sigma^+$, 即已知所有一级正根, 则其他正根 $\alpha$ 都可以由素根 (一级正根) 叠加求得, 即有

$$\alpha = \sum_{i=1}^{l} k^i \alpha_i \qquad (k^i \geqslant 0). \tag{2.50}$$

$K = \sum_{i=1}^{l} k^i$ 称为该根的级次.

如果已知 $\mathfrak{g}$ 的 $K$ 级正根 $\alpha$ 及其以下的正根, 即已知一级正根、二级正根、$\cdots$、$K$ 级正根, 则 $K+1$ 级正根 $\beta$ 一定可以表示为

$$\beta = \alpha + \alpha_j \qquad (\alpha_j \in \pi),$$

其中 $\alpha = \sum_{i=1}^{l} k^i \alpha_i.$

由于已知所有 $K$ 级及其以下的正根, 即已知所有线性组合 $\alpha - \alpha_j, \alpha - 2\alpha_j, \cdots$ 中, 哪些是根, 哪些不是根, 因此包含 $\alpha$ 的关于 $\alpha_j$ 的根链

$$\alpha - q_j\alpha_j, \quad \alpha - (q_j - 1)\alpha_j, \quad \cdots, \quad \alpha - \alpha_j, \quad \alpha, \quad \alpha + \alpha_j, \quad \cdots, \alpha + p_j\alpha_j$$

中的 $q_j$ 是已知的, 那么由根的性质

$$2\frac{(a, \alpha_j)}{(\alpha_j, \alpha_j)} = q_j - p_j = m \quad (\text{整数}),$$

得

$$p_j = q_j - 2\frac{(a, \alpha_j)}{(\alpha_j, \alpha_j)}. \tag{2.51}$$

将 $a = \sum\limits_{i=1}^{l} k^i \alpha_i$ 代入, 则有

$$p_j = q_j - 2\frac{\left(\sum\limits_{i=1}^{l} k^i \alpha_i, \alpha_j\right)}{(\alpha_j, \alpha_j)} = q_j - 2\frac{\sum\limits_{i=1}^{l} k^i (\alpha_i, \alpha_j)}{(\alpha_j, \alpha_j)} = q_j - 2\frac{\sum\limits_{i=1}^{l} k^i (\alpha_j, \alpha_i)}{(\alpha_j, \alpha_j)}$$

$$= q_j - \sum\limits_{i=1}^{l} A_{ji} k^i,$$

其中 $A_{ji} = 2\dfrac{(\alpha_j, \alpha_i)}{(\alpha_j, \alpha_j)}$ 为该李代数的 Cartan 矩阵的矩阵元. 由此知, $p_j$ 可由 Cartan 矩阵及 $K$ 级正根中的叠加系数确定.

显然, 如果 $p_j \geqslant 1$, 则 $\alpha + \alpha_j$ 确实是 $K + 1$ 级正根, 如果 $p_j < 1$, 则 $\alpha + \alpha_j$ 实际不是根. 于是, 我们有确定 $n$ 维 $l$ 秩单李代数的所有正根的方案如下:

(1) 首先, 我们知道了素根 $\{\alpha_i \,|\, i = 1, 2, \cdots, l\}$, 即知道了一级正根, 于是我们可以依次构造出二级正根、三级正根、$\cdots$、$K$ 级正根. 也就是说, 当我们知道了 $K$ 级正根 $\alpha = \sum\limits_{i=1}^{l} k^i \alpha_i$ (其中 $\sum\limits_{i=1}^{l} k^i = K$), 也就已经清楚 $K$ 级及其以下的所有正根, 那么包含 $\alpha$ 的关于 $\alpha_j$ 的根链 $\alpha - q_j\alpha_j, \alpha - (q_j - 1)\alpha_j, \cdots, \alpha - \alpha_j, \alpha, \alpha + \alpha_j, \cdots, \alpha + p_j\alpha_j$ 中的 $q_j$ 都是已经确定的 (对一级正根, 即 $q_j = 0$).

(2) 再由 Cartan 矩阵确定 $p_j = q_j - \sum\limits_{i=1}^{l} A_{ji} k^i$.

(3) 然后根据"如果 $p_j \geqslant 1$, 则 $\alpha + \alpha_j$ 是 $K + 1$ 级正根, 如果 $p_j < 1$, 则 $\alpha + \alpha_j$ 不是根"的判据确定 $\alpha + \alpha_j$ 是否是 $K + 1$ 级正根.

(4) 使 $\alpha_j$ 跑遍所有素根, 再使 $\alpha$ 跑遍所有 $K$ 级正根, 便可得到所有的 $K+1$ 级正根. 然后逐级递推计算, 直到对于某一级次 $N$ 的所有正根, 不存在任何 $N+1$ 级正根, 即求出了所有正根, 并且知道正根系的最高级次为 $N$.

(5) 求得所有正根之后, 再都乘以 $-1$ 即得到所有负根, 进而得到所有根.

**2. 实例**

下面来确定 $G_2$ 李代数的所有根.

由其 Dynkin 图 (见图 2.38) 知, $G_2$ 李代数的一级正根 (素根) 为 $\alpha_1$ 和 $\alpha_2$, Cartan 矩阵为 $A_{G_2} = \begin{pmatrix} 2 & -1 \\ -3 & 2 \end{pmatrix}$.

由于 $\alpha_2 - \alpha_1$ 不是根, 因此包含 $\alpha_2$ 的关于 $\alpha_1$ 的根链在 $\alpha_2$ 以下没有根, 即有

$$q_1 = 0, \quad k^1 = 0, \quad k^2 = 1,$$

于是

$$p_1 = q_1 - \sum_{i=1}^{2} A_{1i}k^i = 0 - [2 \cdot 0 + (-1) \cdot 1] = 1.$$

因为 $p_1 = 1$ 满足 $p_j \geqslant 1$ 的条件, 所以 $\alpha_2 + \alpha_1$ 是根 (二级正根).

同样, 由于 $\alpha_1 - \alpha_2$ 不是根, 因此, 对于包含 $\alpha_1$ 的关于 $\alpha_2$ 的根链,

$$q_2 = 0, \quad k^1 = 1, \quad k^2 = 0,$$

于是

$$p_2 = q_2 - \sum_{i=1}^{2} A_{2i}k^i = 0 - [(-3) \cdot 1 + 2 \cdot 0] = 3.$$

因为 $p_2 = 3$ 满足 $p_j \geqslant 1$ 的条件, 所以 $\alpha_1 + \alpha_2$ 是根 (二级正根).

总之, $G_2$ 李代数有二级正根 $\alpha = \alpha_1 + \alpha_2$.

考虑包含二级正根 $\alpha = \alpha_1 + \alpha_2$ 的关于 $\alpha_1$ 的根链. 因为 $\alpha - \alpha_1 = (\alpha_1 + \alpha_2) - \alpha_1 = \alpha_2$ 是根, 则有

$$q_1 = 1, \quad k^1 = 1, \quad k^2 = 1,$$

所以

$$p_1 = q_1 - \sum_{i=1}^{2} A_{1i}k^i = 1 - [2 \cdot 1 + (-1) \cdot 1] = 0.$$

因为 $p_1 = 0$ 不满足 $p_j \geqslant 1$ 的条件, 所以 $\alpha + \alpha_1 = 2\alpha_1 + \alpha_2$ 不是根.

考虑包含二级正根 $\alpha = \alpha_1 + \alpha_2$ 的关于 $\alpha_2$ 的根链. 因为 $\alpha - \alpha_2 = [\alpha_1 + \alpha_2] - \alpha_2 = \alpha_1$ 是根, 即有

$$q_2 = 1, \quad k^1 = 1, \quad k^2 = 1,$$

所以

$$p_2 = q_2 - \sum_{i=1}^{2} A_{2i} k^i = 1 - [(-3) \cdot 1 + 2 \cdot 1] = 2.$$

因为 $p_2 = 2$ 满足 $p_j \geqslant 1$ 的条件, 所以 $\beta = \alpha + \alpha_2 = \alpha_1 + 2\alpha_2$ 是根 (三级正根). 于是有三级正根 $\beta = \alpha_1 + 2\alpha_2$.

　　总之, $G_2$ 李代数有三级正根 $\beta = \alpha_1 + 2\alpha_2$.

　　考虑包含三级正根 $\beta = \alpha_1 + 2\alpha_2$ 的关于 $\alpha_1$ 的根链. 因为 $\beta - \alpha_1 = [\alpha_1 + 2\alpha_2] - \alpha_1 = 2\alpha_2$ 不是根, 即有

$$q_1 = 0, \quad k^1 = 1, \quad k^2 = 2,$$

所以

$$p_1 = q_1 - \sum_{i=1}^{2} A_{1i} k^i = 0 - [2 \cdot 1 + (-1) \cdot 2] = 0.$$

　　因为 $p_1 = 0$ 不满足 $p_j \geqslant 1$ 的条件, 所以 $\beta + \alpha_1 = 2\alpha_1 + 2\alpha_2$ 不是根.

　　考虑包含三级正根 $\beta = \alpha_1 + 2\alpha_2$ 的关于 $\alpha_2$ 的根链. 因为 $\beta - \alpha_2 = [\alpha_1 + 2\alpha_2] - \alpha_2 = \alpha_1 + \alpha_2$ 是根, $\beta - 2\alpha_2 = [\alpha_1 + 2\alpha_2] - 2\alpha_2 = \alpha_1$ 是根, $\beta - 3\alpha_2 = [\alpha_1 + 2\alpha_2] - 3\alpha_2 = \alpha_1 - \alpha_2$ 不是根, 则有

$$q_2 = 2, \quad k^1 = 1, \quad k^2 = 2,$$

所以

$$p_2 = q_2 - \sum_{i=1}^{2} A_{2i} k^i = 2 - [(-3) \cdot 1 + 2 \cdot 2] = 1.$$

　　因为 $p_2 = 1$ 满足 $p_j \geqslant 1$ 的条件, 所以 $\gamma = \beta + \alpha_2 = \alpha_1 + 3\alpha_2$ 是根 (四级正根).
　　总之, $G_2$ 李代数有四级正根 $\gamma = \alpha_1 + 3\alpha_2$.

　　考虑包含四级正根 $\gamma = \alpha_1 + 3\alpha_2$ 的关于 $\alpha_1$ 的根链. 因为 $\gamma - \alpha_1 = (\alpha_1 + 3\alpha_2) - \alpha_1 = 3\alpha_2$ 不是根, 即有

$$q_1 = 0, \quad k^1 = 1, \quad k^2 = 3,$$

所以

$$p_1 = q_1 - \sum_{i=1}^{2} A_{1i} k^i = 0 - [2 \cdot 1 + (-1) \cdot 3] = 1.$$

　　因为 $p_1 = 1$ 满足 $p_j \geqslant 1$ 的条件, 所以 $\gamma + \alpha_1 = (\alpha_1 + 3\alpha_2) + \alpha_1 = 2\alpha_1 + 3\alpha_2$ 是根.

　　于是有五级正根 $\delta = 2\alpha_1 + 3\alpha_2$.

考虑包含 $\gamma = \alpha_1 + 3\alpha_2$ 的关于 $\alpha_2$ 的根链. 因为 $\gamma - \alpha_2 = (\alpha_1 + 3\alpha_2) - \alpha_2 = \alpha_1 + 2\alpha_2 = \beta$ 是根, $\gamma - 2\alpha_2 = (\alpha_1 + 3\alpha_2) - 2\alpha_2 = \alpha_1 + \alpha_2 = \alpha$ 是根, $\gamma - 3\alpha_2 = (\alpha_1 + 3\alpha_2) - 3\alpha_2 = \alpha_1$ 是根, $\gamma - 4\alpha_2 = (\alpha_1 + 3\alpha_2) - 4\alpha_2 = \alpha_1 - \alpha_2$ 不是根, 即有

$$q_2 = 3, \quad k^1 = 1, \quad k^2 = 3,$$

因此

$$p_2 = q_2 - \sum_{i=1}^{2} A_{2i} k^i = 3 - [(-3) \cdot 1 + 2 \cdot 3] = 0.$$

因为 $p_2 = 0$ 不满足 $p_j \geqslant 1$ 的条件, 所以 $c + \alpha_2 = (\alpha_1 + 3\alpha_2) + \alpha_2 = \alpha_1 + 4\alpha_2$ 不是根.

总之, 五级正根仅有 $\delta = 2\alpha_1 + 3\alpha_2$.

考虑包含五级正根 $\delta = 2\alpha_1 + 3\alpha_2$ 的关于 $\alpha_1$ 的根链. 因为 $\delta - \alpha_1 = (2\alpha_1 + 3\alpha_2) - \alpha_1 = \alpha_1 + 3\alpha_2 = \gamma$ 是根, $\delta - 2\alpha_1 = (2\alpha_1 + 3\alpha_2) - 2\alpha_1 = 3\alpha_2$ 不是根, 即有

$$q_1 = 1, \quad k^1 = 2, \quad k^2 = 3,$$

所以

$$p_1 = q_1 - \sum_{i=1}^{2} A_{1i} k^i = 1 - [2 \cdot 2 + (-1) \cdot 3] = 0.$$

因为 $p_1 = 0$ 不满足 $p_j \geqslant 1$ 的条件, 所以 $\delta + \alpha_1$ 不是根.

考虑包含 $\delta = 2\alpha_1 + 3\alpha_2$ 的关于 $\alpha_2$ 根链. 因为 $\delta - \alpha_2 = (2\alpha_1 + 3\alpha_2) - \alpha_2 = 2\alpha_1 + 2\alpha_2$ 不是根, 即有

$$q_2 = 0, \quad k^1 = 2, \quad k^2 = 3,$$

则

$$p_2 = q_2 - \sum_{i=1}^{2} A_{2i} k^i = 0 - [(-3) \cdot 2 + 2 \cdot 3] = 0.$$

因为 $p_2 = 0$ 不满足 $p_j \geqslant 1$ 的条件, 所以 $\delta + \alpha_2$ 不是根.

总之, 我们可以得到结论: 不存在六级正根, 进而不存在更高级次的正根.

总结起来, 我们得到 $G_2$ 的所有非零根为

$$\pm\alpha_1, \quad \pm\alpha_2, \quad \pm(\alpha_1 + \alpha_2), \quad \pm(\alpha_1 + 2\alpha_2), \quad \pm(\alpha_1 + 3\alpha_2), \quad \pm(2\alpha_1 + 3\alpha_2),$$

即共有 12 个非零根, 最高级次是 5.

另外, 为表述方便, 人们通常称最高级次的根为最高根.

## 思考题与习题

1. 试讨论半单李代数的根的实际意义.

2. 试证明一个复半单李代数总有一个紧致的实形式.

3. 试给出李代数 $su(2,2)$ 在正则形式下的表述形式.

4. 试给出李代数 $o(p,q)$ 在正则形式下的表述形式.

5. 赝正交李代数 $so(p,q)$ 的李乘积规则可以表述为

$$[L_{ab}, L_{cd}] = g_{ac}L_{bd} + g_{bd}L_{ac} - g_{bc}L_{ad} - g_{ad}L_{bc},$$

其中 $g_{ab}$ 为度规张量. 试证明其 Cartan 度规张量 $g_{ab,\alpha\beta} = \left(C_{ab}\right)_{cd}^{ef}\left(C_{\alpha\beta}\right)_{ef}^{cd}$ 可以简单地表述为 $g_{ab,\alpha\beta} = 常数\left(g_{\alpha\beta}g_{b\alpha} - g_{a\alpha}g_{b\beta}\right)$.

6. 试证明对于半单李代数的非零根相应的元素 $E_{\pm\alpha}$, 其与 Cartan 子代数的本征函数 $|\mu\rangle$ 的关系可以表述为 $E_{\pm\alpha}|\mu\rangle = N_{\pm\alpha,\mu}|\mu \pm \alpha\rangle$, 试给出确定归一化系数 $N_{\alpha,\beta}$ 的数值的计算公式, 并证明其相位满足 $N_{\alpha,\beta} = -N_{\beta,\alpha} = -N_{-\alpha,-\beta}$.

7. 试证明对半单李代数 $\mathfrak{g} = \mathfrak{g}_1 \oplus \mathfrak{g}_2$, 如果 $\mathfrak{g}_1$ 和 $\mathfrak{g}_2$ 也是半单或单李代数, $\mathfrak{g}$, $\mathfrak{g}_1$, $\mathfrak{g}_2$ 的 Cartan 子代数分别为 $\mathfrak{h}$, $\mathfrak{h}_1$, $\mathfrak{h}_2$, 相应的根系分别为 $\Sigma$, $\Sigma_1$, $\Sigma_2$. 进一步试证明:

   (1) $\mathfrak{h} = \mathfrak{h}_1 \oplus \mathfrak{h}_2$;

   (2) $\Sigma = \Sigma_1 \cup \Sigma_2$, 并且 $\Sigma_1$ 与 $\Sigma_2$ 正交.

8. 对 $l$ 秩复半单李代数 $\mathcal{L}$, 记其 Cartan 子代数为 $\mathcal{H} = \{H_i \mid i = 1, 2, \cdots, l\}$, 其正根系 $\Sigma^+$, 相应的本征向量 $E_\alpha$ 的集合为 $\mathcal{L}^+$, 与负根相应的本征向量的集合为 $\mathcal{L}^-$, 试证明:

   (1) 子代数 $\mathcal{L}^+$ 和 $\mathcal{L}^-$ 都是幂零的;

   (2) 子代数 $\mathcal{L}^+ \oplus \mathcal{H}$ 和 $\mathcal{L}^- \oplus \mathcal{H}$ 都是可解的;

   (3) $l$ 秩复半单李代数 $\mathcal{L}$ 总可以分解为 $\mathcal{L} = \mathcal{H} \oplus \mathcal{L}^+ \oplus \mathcal{L}^-$.

   (附注: 这样的分解称为李代数的 Gauss 分解)

9. 试通过具体计算, 给出 $l$ 秩典型李代数和例外李代数在正交归一基下的基本特征.

10. 对 $l$ 维根空间中的根 $\alpha$ 做关于与 $\alpha$ 垂直的平面的反射 $W_\alpha$, 使得 $W_\alpha\alpha = -\alpha$ (常称之为 Weyl 反射), 试证明对于另一个根 $\beta$, $W_\alpha\beta = \beta - \dfrac{2(\beta,\alpha)}{(\alpha,\alpha)}\alpha$ 也是一个根.

11. 试通过查阅文献, 举出一个典型李代数和一个例外李代数描述 (解决) 实际物理问题的例子, 并说明根图在其研究过程中的作用.

12. 试确定李代数 $A_4$, $B_4$, $C_4$, $D_4$, $F_4$ 的根系.

13. 试确定李代数 $E_6, E_7, E_8$ 的根系.
14. 试通过推导计算, 给出 $A_l, B_l, C_l$ 和 $D_l$ 李代数的正根和之半.
15. 试通过推导计算, 给出 $F_4, E_6, E_7$ 和 $E_8$ 李代数的正根和之半.

# 第三章 典型李代数的实现

## §3.1 Cartan-Weyl 基下的实现

前两章的讨论表明, 李代数 $\mathfrak{g}$ 是线性空间, 并且, 其度规通常由 Killing 度规表述为

$$g_{\mu\nu} = \begin{pmatrix} g_{ij} & 0 & 0 & 0 & 0 & \cdots & 0 & 0 \\ 0 & 0 & 1 & 0 & 0 & \cdots & 0 & 0 \\ 0 & 1 & 0 & 0 & 0 & \cdots & 0 & 0 \\ 0 & 0 & 0 & 0 & 1 & \cdots & 0 & 0 \\ 0 & 0 & 0 & 1 & 0 & \cdots & 0 & 0 \\ \vdots & \vdots & \vdots & \vdots & \vdots & \ddots & \vdots & \vdots \\ 0 & 0 & 0 & 0 & 0 & \cdots & 0 & 1 \\ 0 & 0 & 0 & 0 & 0 & \cdots & 1 & 0 \end{pmatrix}, \tag{3.1}$$

其中 $g_{ij}$ 为该李代数的 Cartan 子代数的度规, 另有 $\dfrac{n-l}{2}$ 组 $2 \times 2$ 反对角单位矩阵. 由此知, 李代数自然可以直观地由向量形式实现.

我们还知道: $n$ 维 $l$ 秩半单李代数 $\mathfrak{g}$ 有 $l$ 重零根, 其相应的本征向量为 $\{H_i \mid i = 1, 2, \cdots, l\}$; 有 $n-l$ 个互不相重的非零根, 其相应的本征向量为 $\left\{E_{\pm\alpha} \mid \alpha \text{ 共 } \dfrac{n-l}{2} \text{ 个}\right\}$, 其 Cartan 标准型满足

$$[H_i, H_j] = 0 \qquad\qquad (C_{ij}^k = 0, \ \{H_i\} \text{ 张成 Cartan 子代数 } \mathfrak{h}),$$

$$[H_i, E_\alpha] = \alpha_i E_\alpha \qquad\qquad (C_{i\alpha}^\beta = \alpha_i \delta_\alpha^\beta),$$

$$[E_\alpha, E_{-\alpha}] = \alpha^i H_i = (\alpha, H) \qquad (C_{\alpha(-\alpha)}^i = C_{\alpha\,\beta}^i \delta_{-\alpha}^\beta = \alpha^i = g^{ij}\alpha_j),$$

$$[E_\alpha, E_\beta] = C_{\alpha,\beta}^\gamma E_\gamma = N_{\alpha,\beta} \delta_{\alpha+\beta}^\gamma E_\gamma \qquad (|N_{\alpha,\beta}|^2 = \frac{p(q+1)}{2}(\alpha,\alpha), p+q \leqslant 3,$$

$$N_{\alpha,\beta} = -N_{\beta,\alpha} = -N_{-\alpha,-\beta}).$$

这样的一组基 $\{H_1, H_2, \cdots, H_l, E_\alpha, E_{-\alpha}, E_\beta, E_{-\beta}, \cdots, E_\gamma, E_{-\gamma}\}$ 称为李代数 $\mathfrak{g}$ 的 Cartan-Weyl 基.

由上一章的讨论还知道, 李代数 $\mathfrak{g}$ 的 Cartan 矩阵即按下述规则确定的矩阵元构成的矩阵:

$$A_{ij} = 2\frac{(\alpha_i, \alpha_j)}{(\alpha_i, \alpha_i)}, \quad \cos^2\theta_{ij} = \frac{mm'}{4} = \begin{cases} 0, \\ \dfrac{1}{4}, \\ \dfrac{2}{4}, \\ \dfrac{3}{4}, \end{cases} \quad \frac{|\alpha_i|^2}{|\alpha_j|^2} = \frac{m'}{m},$$

其中 $m, m' \in \{-3, -2, -1, 0\}$, $\alpha_i$ 为该李代数的第 $i$ 个素根.

由此知, 李代数不仅是向量空间, 其元素具有向量的性质, 而且其元素还具有算符的性质, 例如, $E_\alpha$ 为升算符、$E_{-\alpha}$ 为降算符, 它们的作用分别是使李代数 $\mathfrak{g}$ 的根的级次升高一、降低一. 而根为根空间中的向量, 那么这些算符可以由矩阵形式实现, 也就是说李代数还可以由矩阵形式来实现. 本节对典型李代数的向量实现形式和矩阵实现形式予以讨论.

### 3.1.1 Cartan-Weyl 基下典型李代数的向量形式实现

由定义知, 李代数是线性空间 (具体地, 李代数是定义在李群表征的微分流形上的切空间), 其每一个元素都是该空间中的 $n$ 维向量 (其中 $n$ 为李代数的维数), 因此李代数自然可以由向量形式实现. 前述讨论表明, 一个李代数可以由其所有根张成的向量空间实现. 由 Cartan 矩阵和相应的判据可递推求出单李代数的所有正根, 进而容易求得所有负根, 从而完全确定单李代数的根系, 由此即得单李代数的向量形式.

下面讨论典型李代数的正根系.

**1. $A_l$ 李代数 ($\mathrm{su}(l+1)$ 李代数) 的正根系**

素根系: $\alpha_i = e_i - e_{i+1}$ (其中 $i = 1, 2, \cdots, l$, $e_i$ 为 $i$ 方向的单位向量);

一级正根: $\alpha_i$ $(i = 1, 2, \cdots, l)$;

二级正根: $\alpha_1 + \alpha_2 = e_1 - e_3$, $\alpha_2 + \alpha_3 = e_2 - e_4, \cdots$, $\alpha_{l-1} + \alpha_l = e_{l-1} - e_{l+1}$;

三级正根: $\alpha_1 + \alpha_2 + \alpha_3 = e_1 - e_4$, $\alpha_2 + \alpha_3 + \alpha_4 = e_2 - e_5$, $\cdots$, $\alpha_{l-2} + \alpha_{l-1} + \alpha_l = e_{l-2} - e_{l+1}$;

$\cdots\cdots$

$l$ 级正根: $\alpha_1 + \alpha_2 + \cdots + \alpha_{l-1} + \alpha_l = e_1 - e_{l+1}$.

$A_l$ 李代数的最高根即其 $l$ 级正根, 它包含所有素根各一次.

$A_l$ 李代数的正根和之半为

$$\mathcal{S} = \sum_{i=1}^{l+1} \left( \frac{l}{2} + 1 - i \right) e_i.$$

## 2. $B_l$ 李代数 ($\mathrm{so}(2l+1)$ 李代数) 的正根系

素根系: $\alpha_i = e_i - e_{i+1}$ $(i = 1, 2, \cdots, l-1,$ $e_i$ 为 $i$ 方向的单位向量), $\alpha_l = e_l$;

一级正根: $\alpha_i$ $(i = 1, 2, \cdots, l)$ ;

二级正根: $\alpha_1 + \alpha_2 = e_1 - e_3,$ $\alpha_2 + \alpha_3 = e_2 - e_4,$ $\cdots,$ $\alpha_{l-2} + \alpha_{l-1} = e_{l-2} - e_l,$ $\alpha_{l-1} + \alpha_l = e_{l-1}$;

三级正根: $\alpha_1 + \alpha_2 + \alpha_3 = e_1 - e_4,$ $\alpha_2 + \alpha_3 + \alpha_4 = e_2 - e_5,$ $\cdots,$ $\alpha_{l-3} + \alpha_{l-2} + \alpha_{l-1} = e_{l-3} - e_l,$ $\alpha_{l-2} + \alpha_{l-1} + \alpha_l = e_{l-2},$ $\alpha_{l-1} + 2\alpha_l = e_{l-1} + e_l$;

$\cdots\cdots$

$i$ 级正根: $\alpha_1 + \alpha_2 + \cdots + \alpha_{i-1} + \alpha_i = e_1 - e_{i+1},$ $\alpha_2 + \alpha_3 + \cdots + \alpha_i + \alpha_{i+1} = e_2 - e_{i+2},$ $\cdots,$ $\alpha_{l+1-i} + \alpha_{l+2-i} + \cdots + \alpha_{l-1} + \alpha_l = e_{l+1-i},$ $\alpha_{l+2-i} + \alpha_{l+3-i} + \cdots + \alpha_{l-1} + 2\alpha_l = e_{l+2-i} + e_l,$ $\alpha_{l+3-i} + \alpha_{l+4-i} + \cdots + \alpha_{l-2} + 2\alpha_{l-1} + 2\alpha_l = e_{l+3-i} + e_{l-1}$;

$\cdots\cdots$

$2l - 1$ 级正根: $\alpha_1 + 2\alpha_2 + \cdots + 2\alpha_{l-1} + 2\alpha_l = e_1 + e_2.$

$B_l$ 李代数的最高根即其 $2l - 1$ 级正根, 相应的 Dynkin 图如图 3.1 所示.

$B_l$ 李代数的正根和之半为

$$\mathcal{S} = \sum_{i=1}^{l} \left( l + \frac{1}{2} - i \right) e_i.$$

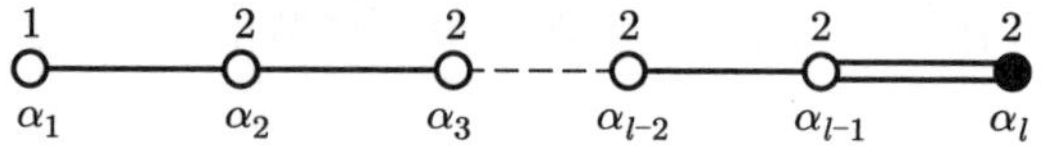

图 3.1　$B_l$ 李代数的 Dynkin 图 (其中所标数字为最高根包含的相应素根的数目)

## 3. $C_l$ 李代数 ($\mathrm{sp}(2l)$ 李代数) 的正根系

素根系: $\alpha_i = e_i - e_{i+1}$ (其中 $i = 1, 2, \cdots, l-1,$ $e_i$ 为 $i$ 方向的单位向量), $\alpha_l = 2e_l$;

一级正根: $\alpha_i$ $(i = 1, 2, \cdots, l)$ ;

二级正根: $\alpha_1 + \alpha_2 = e_1 - e_3,$ $\alpha_2 + \alpha_3 = e_2 - e_4,$ $\cdots,$ $\alpha_{l-2} + \alpha_{l-1} = e_{l-2} - e_l,$ $\alpha_{l-1} + \alpha_l = e_{l-1} + e_l$;

三级正根: $\alpha_1 + \alpha_2 + \alpha_3 = e_1 - e_4,$ $\alpha_2 + \alpha_3 + \alpha_4 = e_2 - e_5,$ $\cdots,$ $\alpha_{l-3} + \alpha_{l-2} + \alpha_{l-1} = e_{l-3} - e_l,$ $\alpha_{l-2} + \alpha_{l-1} + \alpha_l = e_{l-2} + e_l,$ $2\alpha_{l-1} + \alpha_l = 2e_{l-1}$;

$\cdots\cdots$

$i$ 级正根: $\alpha_1 + \alpha_2 + \cdots + \alpha_{i-1} + \alpha_i = e_1 - e_{i+1}$, $\alpha_2 + \alpha_3 + \cdots + \alpha_i + \alpha_{i+1} = e_2 - e_{i+2}$, $\cdots$, $\alpha_{l-i} + \alpha_{l+1-i} + \cdots + \alpha_{l-2} + \alpha_{l-1} = e_{l-i} - e_l$, $\alpha_{l+1-i} + \alpha_{l+2-i} + \cdots + \alpha_{l-1} + \alpha_l = e_{l+1-i} + e_l$, $\alpha_{l+2-i} + \alpha_{l+3-i} + \cdots + \alpha_{l-2} + 2\alpha_{l-1} + \alpha_l = e_{l+2-i} + e_{l-1}$;

$\cdots\cdots$

$2l-1$ 级正根: $2\alpha_1 + 2\alpha_2 + \cdots + 2\alpha_{l-1} + \alpha_l = 2e_1$.

$C_l$ 李代数的最高根即其 $2l-1$ 级正根, 相应的 Dynkin 图如图 3.2 所示.

$C_l$ 李代数的正根和之半为

$$\mathcal{S} = \sum_{i=1}^{l} (l+1-i)\, e_i.$$

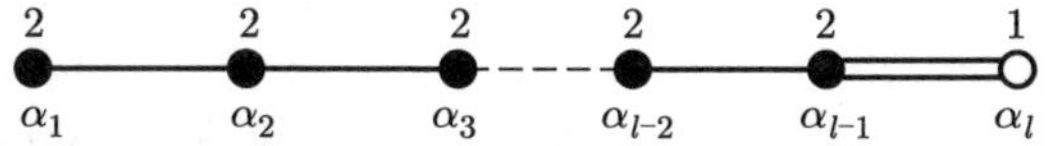

图 3.2 $C_l$ 李代数的 Dynkin 图 (其中所标数字为最高根包含的相应素根的数目)

### 4. $D_l$ 李代数 (so($2l$) 李代数) 的正根系

素根系: $\alpha_i = e_i - e_{i+1}$ (其中 $i = 1, 2, \cdots, l-1$, $e_i$ 为 $i$ 方向的单位向量), $\alpha_l = e_{l-1} + e_l$;

一级正根: $\alpha_i\ (i = 1, 2, \cdots, l)$;

二级正根: $\alpha_1 + \alpha_2 = e_1 - e_3$, $\alpha_2 + \alpha_3 = e_2 - e_4$, $\cdots$, $\alpha_{l-2} + \alpha_{l-1} = e_{l-2} - e_l$, $\alpha_{l-2} + \alpha_l = e_{l-2} + e_l$;

三级正根: $\alpha_1 + \alpha_2 + \alpha_3 = e_1 - e_4$, $\alpha_2 + \alpha_3 + \alpha_4 = e_2 - e_5$, $\cdots$, $\alpha_{l-3} + \alpha_{l-2} + \alpha_{l-1} = e_{l-3} - e_l$, $\alpha_{l-2} + \alpha_{l-1} + \alpha_l = e_{l-2} + e_{l-1}$, $\alpha_{l-3} + \alpha_{l-2} + \alpha_l = e_{l-3} + e_l$;

$\cdots\cdots$

$i$ 级正根: $\alpha_1 + \alpha_2 + \cdots + \alpha_{i-1} + \alpha_i = e_1 - e_{i+1}$, $\alpha_2 + \alpha_3 + \cdots + \alpha_i + \alpha_{i+1} = e_2 - e_{i+2}$, $\cdots$, $\alpha_{l-i} + \alpha_{l+1-i} + \cdots + \alpha_{l-2} + \alpha_{l-1} = e_{l-i} - e_l$, $\alpha_{l-i} + \alpha_{l+1-i} + \cdots + \alpha_{l-2} + \alpha_l = e_{l-i} + e_l$, $\alpha_{l+1-i} + \alpha_{l+2-i} + \cdots + \alpha_{l-2} + \alpha_{l-1} + \alpha_l = e_{l+1-i} + e_{l-1}$, $\alpha_{l+2-i} + \alpha_{l+3-i} + \cdots + 2\alpha_{l-2} + \alpha_{l-1} + \alpha_l = e_{l+2-i} + e_{l-2}$;

$\cdots\cdots$

$2l-3$ 级正根: $\alpha_1 + 2\alpha_2 + \cdots + 2\alpha_{l-2} + \alpha_{l-1} + \alpha_l = e_1 + e_2$.

$D_l$ 李代数的最高根即其 $2l-3$ 级正根, 相应的 Dynkin 图如图 3.3 所示.

$D_l$ 李代数的正根和之半为

$$\mathcal{S} = \sum_{i=1}^{l} (l-i)\, e_i.$$

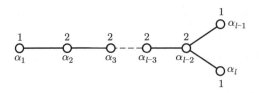

图 3.3　$D_l$ 李代数的 Dynkin 图 (其中所标数字为最高根包含的相应素根的数目)

### 3.1.2　Cartan-Weyl 基下典型李代数的矩阵形式实现

前述讨论中, 仅从李代数的根向量的数目与矩阵群的独立矩阵元数目相同出发, 就直接说 $A_l$ 李代数对应 su($l+1$) 李代数, $B_l$ 李代数对应 so($2l+1$) 李代数, $C_l$ 李代数对应 sp($2l$) 李代数, $D_l$ 李代数对应 so($2l$) 李代数, 这种论断显然缺乏说服力. 由上一章所述的半单李代数的根的性质知, 作为半单李代数的 Cartan–Weyl 基的 $\{H_i\}$ 和 $\{E_{\pm\alpha}\}$ 既分别是相应于半单李代数的零根、非零根的本征向量, 又具有相互作用算符的特征和性质. 最简单的相互作用算符是表征线性变换的矩阵, 那么只有在这些典型李代数由具有相应特征的矩阵实现出来的情况下, 我们才能确认上述对应关系[①]. 下面对之进行具体讨论.

#### 1. $A_l$ 李代数的矩阵实现

我们采用由简单到复杂 (由低秩到高秩) 的顺序进行讨论.

(1) $l=1$ 的情况.

$A_1$ 李代数只有一个零根, 其相应的本征向量为 $H$, 其可能的根系如图 3.4 所示.

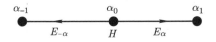

图 3.4　$A_1$ 李代数的根系图

记相应于根 $\alpha_1$, $\alpha_{-1}$ 的本征向量分别为 $E_{\alpha_1}$, $E_{\alpha_{-1}}$, 其长度都为 1 (即分量分别为 1, $-1$), 由 Cartan–Weyl 基下根的性质知

$$[H, H] = 0,$$
$$[H, E_{\alpha_{\pm 1}}] = \pm E_{\alpha_{\pm 1}},$$
$$[E_{\alpha_1}, E_{\alpha_{-1}}] = \frac{1}{2} H.$$

---

[①]一般地, 有 Ado 定理: 任何一个经典的半单复李代数都同构于一个矩阵代数. 有关证明见 Ado I D. Usp. Mat. Nauk., 1947, 2: 159 (俄文).

由上述李代数 $A_1$ 的根的结构知, 其 Cartan 子代数 $H$ 可取为

$$H = \frac{\sigma_z}{2} = \frac{1}{2}\begin{pmatrix} 1 & 0 \\ 0 & -1 \end{pmatrix},$$

其中 $\sigma_z$ 为 Pauli 矩阵, 由前述李乘积规则知, $E_\alpha$ 和 $E_{-\alpha}$ 可以表述为

$$E_{\alpha_1} = \frac{1}{2}\begin{pmatrix} 0 & 1 \\ 0 & 0 \end{pmatrix}, \quad E_{\alpha_{-1}} = \frac{1}{2}\begin{pmatrix} 0 & 0 \\ 1 & 0 \end{pmatrix}.$$

因为在标准形式下, Killing 度规满足 $g_{ij} = \sum_\alpha \alpha_i \alpha_j$, 对于 $A_1$ 李代数, 则有

$g_{11} = \alpha_1 \alpha_1 + \alpha_{-1} \alpha_{-1} = 2$, 所以 $A_1$ 李代数的 Killing 度规可以完整表示为

$$g_{\mu\nu} = \begin{pmatrix} 2 & 0 & 0 \\ 0 & 0 & 1 \\ 0 & 1 & 0 \end{pmatrix}, \qquad g^{\mu\nu} = \begin{pmatrix} \frac{1}{2} & 0 & 0 \\ 0 & 0 & 1 \\ 0 & 1 & 0 \end{pmatrix}, \tag{3.2}$$

并有二阶 Casimir 算子

$$C_{2,A_1} = C_{\alpha_1\beta_1}^{\beta_2} C_{\alpha_2\beta_2}^{\beta_1} X^{\alpha_1} X^{\alpha_2} = g^{\sigma\rho} X_\sigma X_\rho = \frac{1}{2}H^2 + E_{\alpha_1}E_{\alpha_{-1}} + E_{\alpha_{-1}}E_{\alpha_1} = \frac{3}{8}I_{2\times 2}. \tag{3.3}$$

考虑 Pauli 矩阵的表述形式 $\sigma_x = \begin{pmatrix} 0 & 1 \\ 1 & 0 \end{pmatrix}$, $\sigma_y = \begin{pmatrix} 0 & -i \\ i & 0 \end{pmatrix}$, 知

$$E_{\pm\alpha} = \frac{1}{4}(\sigma_x \pm i\sigma_y), \tag{3.4}$$

亦即有

$$\sigma_x = 2(E_{\alpha_1} + E_{\alpha_{-1}}), \quad \sigma_y = -2i(E_{\alpha_1} - E_{\alpha_{-1}}) = 2i(E_{\alpha_{-1}} - E_{\alpha_1}). \tag{3.5}$$

由此知, $A_1$ 李代数的矩阵形式实现可以表述为

$$\left\{ H = \frac{1}{2}\begin{pmatrix} 1 & 0 \\ 0 & -1 \end{pmatrix}, \quad E_{\alpha_1} = \frac{1}{2}\begin{pmatrix} 0 & 1 \\ 0 & 0 \end{pmatrix}, \quad E_{\alpha_{-1}} = \frac{1}{2}\begin{pmatrix} 0 & 0 \\ 1 & 0 \end{pmatrix} \right\}.$$

显然, 这与我们熟悉的李代数 su(2) 的表述形式完全相同. 因此, $A_1$ 李代数就是 su(2) 李代数.

认真考察该表述形式知, 上述形式表明了 $A_1$ 为复李代数的性质, 但其元素 (相应李群 SU(2) 的生成元) 不满足厄米性 ($E_{\alpha_1}^\dagger = E_{\alpha_{-1}} \neq E_{\alpha_1}$, $E_{\alpha_{-1}}^\dagger = E_{\alpha_1} \neq E_{\alpha_{-1}}$),

所以它不是实李代数 so(3), 与第一章中讨论过的相应群的通用覆盖性质不一致. 上述讨论还表明, su(2) 李代数还可以由 Pauli 矩阵 $\{\sigma_x, \sigma_y, \sigma_z\}$ 实现, 因为

$$\sigma_x^\dagger = \sigma_x, \qquad \sigma_y^\dagger = \sigma_y, \qquad \sigma_z^\dagger = \sigma_z,$$

即它们满足厄米性, 所以 $\{\sigma_x, \sigma_y, \sigma_z\}$ 也是 so(3) 李代数的实现形式, 并且与第一章中讨论过的相应群的通用覆盖性质完全一致.

(2) $l = 2$ 的情况.

$A_2$ 李代数有两个素根, 其 Dynkin 图如图 3.5 所示, 其根系图如图 3.6 所示.

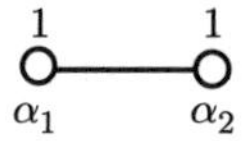

$$\overset{1}{\underset{\alpha_1}{\bigcirc}} \text{---} \overset{1}{\underset{\alpha_2}{\bigcirc}}$$

图 3.5　$A_2$ 李代数的 Dynkin 图 (其中所标数字为最高根包含的相应素根的数目)

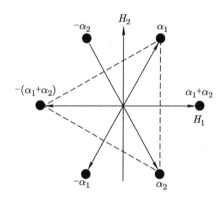

图 3.6　$A_2$ 李代数的根系图

取归一化的根长度, 也就是使根的长度等于 1, 则有素根系

$$\alpha = \alpha_1 = \left(\frac{1}{2}, \frac{\sqrt{3}}{2}\right) = \frac{1}{2}(1, \sqrt{3}), \qquad \beta = \alpha_2 = \left(\frac{1}{2}, -\frac{\sqrt{3}}{2}\right) = \frac{1}{2}(1, -\sqrt{3}),$$

并且其最高根 (二级正根) 为 $\alpha + \beta = \alpha_1 + \alpha_2 = (1, 0)$.

由 Cartan–Weyl 基下 $A_2$ 李代数的根的性质 $[H_i, H_j] = 0$, $[H_i, E_\alpha] = \alpha_i E_\alpha$ 和 $[E_\alpha, E_{-\alpha}] = \alpha^i H_i$ (其中 $\alpha_i$ 为 $E_\alpha$ 相应的根 $\alpha$ 在直角坐标系中的投影坐标), 以及 $[E_\alpha, E_\beta] = N_{\alpha,\beta} \delta_{\alpha+\beta}^\gamma E_\gamma$ (对相应于 $E_\alpha$、$E_\beta$ 的根 $\alpha$, $\beta$, $N_{\alpha,\beta} = \dfrac{p(q+1)}{2}(\alpha, \beta)$, 其中

$p, q$ 为包含根 $\beta$ 的关于 $\alpha$ 的根链的长度的上、下限) 知，

$$[H_1, H_2] = 0,$$

$$[H_1, E_{\pm\alpha}] = \pm\frac{1}{2}E_{\pm\alpha}, \qquad\qquad [H_1, E_{\pm\beta}] = \pm\frac{1}{2}E_{\pm\beta},$$

$$[H_2, E_{\pm\alpha}] = \pm\frac{\sqrt{3}}{2}E_{\pm\alpha}, \qquad\qquad [H_2, E_{\pm\beta}] = \mp\frac{\sqrt{3}}{2}E_{\pm\beta},$$

$$\left[H_1, E_{\pm(\alpha+\beta)}\right] = \pm E_{\pm(\alpha+\beta)}, \qquad\qquad \left[H_2, E_{\pm(\alpha+\beta)}\right] = 0,$$

$$[E_\alpha, E_{-\alpha}] = \frac{1}{2}H_1 + \frac{\sqrt{3}}{2}H_2, \qquad\qquad [E_\beta, E_{-\beta}] = \frac{1}{2}H_1 - \frac{\sqrt{3}}{2}H_2,$$

$$\left[E_{(\alpha+\beta)}, E_{-(\alpha+\beta)}\right] = H_1, \qquad\qquad [E_\alpha, E_\beta] = \frac{1}{\sqrt{2}}E_{\alpha+\beta},$$

$$[E_\alpha, E_{\alpha+\beta}] = 0, \qquad\qquad \left[E_\alpha, E_{-(\alpha+\beta)}\right] = -\frac{1}{\sqrt{2}}E_{-\beta},$$

$$[E_\beta, E_{\alpha+\beta}] = 0, \qquad\qquad \left[E_\beta, E_{-(\alpha+\beta)}\right] = \frac{1}{\sqrt{2}}E_{-\alpha}.$$

因为标准形式下的 Cartan-Killing 度规满足 $g_{ij} = \sum_\alpha \alpha_i\alpha_j = 3\delta_{ij}$，所以 $A_2$ 李代数的 Cartan-Killing 度规为

$$g_{A_2} = \begin{pmatrix} 3 & 0 & 0 & 0 & 0 & 0 & 0 & 0 \\ 0 & 3 & 0 & 0 & 0 & 0 & 0 & 0 \\ 0 & 0 & 0 & 1 & 0 & 0 & 0 & 0 \\ 0 & 0 & 1 & 0 & 0 & 0 & 0 & 0 \\ 0 & 0 & 0 & 0 & 0 & 1 & 0 & 0 \\ 0 & 0 & 0 & 0 & 1 & 0 & 0 & 0 \\ 0 & 0 & 0 & 0 & 0 & 0 & 0 & 1 \\ 0 & 0 & 0 & 0 & 0 & 0 & 1 & 0 \end{pmatrix}, \quad g_{A_2}^{-1} = \begin{pmatrix} 1/3 & 0 & 0 & 0 & 0 & 0 & 0 & 0 \\ 0 & 1/3 & 0 & 0 & 0 & 0 & 0 & 0 \\ 0 & 0 & 0 & 1 & 0 & 0 & 0 & 0 \\ 0 & 0 & 1 & 0 & 0 & 0 & 0 & 0 \\ 0 & 0 & 0 & 0 & 0 & 1 & 0 & 0 \\ 0 & 0 & 0 & 0 & 1 & 0 & 0 & 0 \\ 0 & 0 & 0 & 0 & 0 & 0 & 0 & 1 \\ 0 & 0 & 0 & 0 & 0 & 0 & 1 & 0 \end{pmatrix}.$$

$$(3.6)$$

二阶 Casimir 算子为

$$C_{2,A_2} = g^{\sigma\rho}X_\sigma X_\rho$$

$$= \frac{1}{3}H_1^2 + \frac{1}{3}H_2^2 + E_\alpha E_{-\alpha} + E_{-\alpha}E_\alpha + E_\beta E_{-\beta} + E_{-\beta}E_\beta$$

$$+ E_{(\alpha+\beta)}E_{-(\alpha+\beta)} + E_{-(\alpha+\beta)}E_{(\alpha+\beta)}. \tag{3.7}$$

由 $[H_1, H_2] = 0$ 知，$H_1$ 和 $H_2$ 有共同本征态，记之为 $|r\rangle$，即有

$$H_i|r\rangle = V_i^{(r)}|r\rangle.$$

在这组本征向量下, $H_i$ 的矩阵元为

$$(H_i)_{sr} = \langle s|H_i|r \rangle = \langle s|V_i^{(r)}|r \rangle = V_i^{(r)}\delta_{sr}.$$

由于 $H_i$ 的本征向量不一定与前述的非零根的本征向量相同, 因此可将之表述为前述的非零根的本征向量的线性叠加, 并且按照习惯, 将其长度归一化为 $\dfrac{1}{\sqrt{3}}$, 于是可将之表述为

$$\left\{ \frac{2}{3}E_\alpha + \frac{1}{3}E_\beta, \ \frac{1}{3}E_{-\alpha} + \frac{2}{3}E_{-\beta}, \ \frac{1}{3}E_{-\alpha} + \frac{1}{3}E_\beta \right\},$$

亦即这些本征向量可以表述为图 3.7 所示的形式.

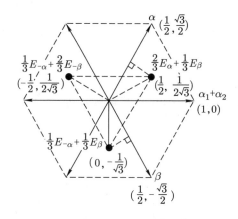

图 3.7　$A_2$ 李代数的 Cartan 子代数的本征向量示意图

由上述乘法 (李乘积) 规则 (对易关系), 得

$$(H_1)_{sr} = \begin{cases} \dfrac{1}{2}, & s = r = 1, \\[2mm] -\dfrac{1}{2}, & s = r = 2, \\[2mm] 0, & \text{其他情况,} \end{cases} \qquad (H_2)_{sr} = \begin{cases} \dfrac{1}{2\sqrt{3}}, & s = r = 1, \\[2mm] \dfrac{1}{2\sqrt{3}}, & s = r = 2, \\[2mm] -\dfrac{1}{\sqrt{3}}, & s = r = 3, \\[2mm] 0, & \text{其他情况,} \end{cases}$$

从而有

$$H_1 = \frac{1}{2}\begin{pmatrix} 1 & 0 & 0 \\ 0 & -1 & 0 \\ 0 & 0 & 0 \end{pmatrix}, \qquad H_2 = \frac{1}{2\sqrt{3}}\begin{pmatrix} 1 & 0 & 0 \\ 0 & 1 & 0 \\ 0 & 0 & -2 \end{pmatrix}.$$

由前述李乘积规则知, $\{E_\alpha\}$ 可由矩阵形式表述为

$$E_\alpha = \frac{1}{\sqrt{2}} \begin{pmatrix} 0 & 0 & 1 \\ 0 & 0 & 0 \\ 0 & 0 & 0 \end{pmatrix}, \qquad E_{-\alpha} = \frac{1}{\sqrt{2}} \begin{pmatrix} 0 & 0 & 0 \\ 0 & 0 & 0 \\ 1 & 0 & 0 \end{pmatrix},$$

$$E_\beta = \frac{1}{\sqrt{2}} \begin{pmatrix} 0 & 0 & 0 \\ 0 & 0 & 0 \\ 0 & 1 & 0 \end{pmatrix}, \qquad E_{-\beta} = \frac{1}{\sqrt{2}} \begin{pmatrix} 0 & 0 & 0 \\ 0 & 0 & 1 \\ 0 & 0 & 0 \end{pmatrix},$$

$$E_{(\alpha+\beta)} = \frac{1}{\sqrt{2}} \begin{pmatrix} 0 & 1 & 0 \\ 0 & 0 & 0 \\ 0 & 0 & 0 \end{pmatrix}, \quad E_{-(\alpha+\beta)} = \frac{1}{\sqrt{2}} \begin{pmatrix} 0 & 0 & 0 \\ 1 & 0 & 0 \\ 0 & 0 & 0 \end{pmatrix}.$$

仿 $A_1$ 情况下的分解, 定义

$$\lambda_1 = \begin{pmatrix} 0 & 1 & 0 \\ 1 & 0 & 0 \\ 0 & 0 & 0 \end{pmatrix}, \quad \lambda_2 = \begin{pmatrix} 0 & -\mathrm{i} & 0 \\ \mathrm{i} & 0 & 0 \\ 0 & 0 & 0 \end{pmatrix}, \quad \lambda_3 = \begin{pmatrix} 1 & 0 & 0 \\ 0 & -1 & 0 \\ 0 & 0 & 0 \end{pmatrix},$$

$$\lambda_4 = \begin{pmatrix} 0 & 0 & 1 \\ 0 & 0 & 0 \\ 1 & 0 & 0 \end{pmatrix}, \quad \lambda_5 = \begin{pmatrix} 0 & 0 & -\mathrm{i} \\ 0 & 0 & 0 \\ \mathrm{i} & 0 & 0 \end{pmatrix},$$

$$\lambda_6 = \begin{pmatrix} 0 & 0 & 0 \\ 0 & 0 & 1 \\ 0 & 1 & 0 \end{pmatrix}, \quad \lambda_7 = \begin{pmatrix} 0 & 0 & 0 \\ 0 & 0 & -\mathrm{i} \\ 0 & \mathrm{i} & 0 \end{pmatrix}, \quad \lambda_8 = \frac{1}{\sqrt{3}} \begin{pmatrix} 1 & 0 & 0 \\ 0 & 1 & 0 \\ 0 & 0 & -2 \end{pmatrix},$$

则上述诸式即

$$H_1 = \frac{\lambda_3}{2}, \qquad\qquad H_2 = \frac{\lambda_8}{2},$$
$$E_\alpha = \frac{1}{2\sqrt{2}}(\lambda_4 + \mathrm{i}\lambda_5), \qquad E_{-\alpha} = \frac{1}{2\sqrt{2}}(\lambda_4 - \mathrm{i}\lambda_5),$$
$$E_\beta = \frac{1}{2\sqrt{2}}(\lambda_6 - \mathrm{i}\lambda_7), \qquad E_{-\beta} = \frac{1}{2\sqrt{2}}(\lambda_6 + \mathrm{i}\lambda_7),$$
$$E_{(\alpha+\beta)} = \frac{1}{2\sqrt{2}}(\lambda_1 + \mathrm{i}\lambda_2), \qquad E_{-(\alpha+\beta)} = \frac{1}{2\sqrt{2}}(\lambda_1 - \mathrm{i}\lambda_2).$$

上述 $\{\lambda_i \mid i = 1, 2, \cdots, 8\}$ 或 $\{H_1, H_2, E_\alpha, E_{-\alpha}, E_\beta, E_{-\beta}, E_{\alpha+\beta}, E_{-(\alpha+\beta)}\}$ 都是 $A_2$ 李代数的矩阵实现形式, 显然它们与 su(3) 李代数的形式完全相同, 其中 $\{\lambda_i \mid i = 1, 2, \cdots, 8\}$ 满足零迹、幺正条件, 常称为 Gell-Mann 矩阵.

因此, $A_2$ 李代数对应 su(3) 李代数.

(3) $l \geqslant 3$ 的情况.

由 $l = 2$ 的情况推广知, $A_l (l \geqslant 3)$ 李代数可以由第 $i$ 行、第 $j$ 列矩阵元为 1, 其他矩阵元都为 0 的 $(l+1) \times (l+1)$ 矩阵来实现, 即

$$
E_{ij} = \begin{pmatrix}
0 & 0 & \cdots & 0 & 0 & 0 & \cdots & 0 & 0 \\
0 & 0 & \cdots & 0 & 0 & 0 & \cdots & 0 & 0 \\
\vdots & \vdots & \ddots & \vdots & \vdots & \vdots & \ddots & \vdots \\
0 & 0 & \cdots & 0 & 0 & 1 & \cdots & 0 & 0 \\
0 & 0 & \cdots & 0 & 0 & 0 & \cdots & 0 & 0 \\
0 & 0 & \cdots & 0 & 0 & 0 & \cdots & 0 & 0 \\
\vdots & \vdots & \ddots & \vdots & \vdots & \vdots & \ddots & \vdots \\
0 & 0 & \cdots & 0 & 0 & 0 & \cdots & 0 & 0 \\
0 & 0 & \cdots & 0 & 0 & 0 & \cdots & 0 & 0
\end{pmatrix} \qquad (i, j = 1, 2, \cdots, l, l+1, i \neq j). \quad (3.8)
$$

其李乘积规则 (对易关系) 为

$$
[E_{ij}, E_{kl}] = \delta_{jk} E_{il} - \delta_{il} E_{kj}. \tag{3.9}
$$

显然, 常数矩阵

$$
\lambda E_{(l+1) \times (l+1)} = \lambda \begin{pmatrix}
1 & 0 & \cdots & 0 & 0 \\
0 & 1 & \cdots & 0 & 0 \\
\vdots & \vdots & \ddots & \vdots & \vdots \\
0 & 0 & \cdots & 1 & 0 \\
0 & 0 & \cdots & 0 & 1
\end{pmatrix}
$$

的集合 $\{\lambda E_{(l+1) \times (l+1)} \mid \lambda \in \mathbb{C}\}$ 构成 $\mathrm{gl}(l+1, \mathbb{C})$ 李代数的可交换理想. 因此, $\mathrm{gl}(l+1, \mathbb{C})$ 李代数既不是半单李代数, 也不是单李代数. 但对特殊线性李代数 $\mathrm{sl}(l+1, \mathbb{C}) = \{A \in \mathrm{gl}(l+1, \mathbb{C}) \mid \mathrm{tr} A = 0\}$, 即所有 $(l+1) \times (l+1)$ 维零迹矩阵组成的 $\mathrm{gl}(l+1, \mathbb{C})$ 李代数的子代数, 考虑无穷小变换 $U = I + \xi A$, 其中 $\xi$ 为实参数, 因为

$$
U^\dagger U = U U^\dagger = I + \xi(A^\dagger + A) + \xi^2 A^\dagger A,
$$

那么, 为保证在线性近似下幺正变换的不变性, 应有 $A^\dagger + A = 0$, 亦即应有 $\mathrm{tr} A = 0$, 这就是说, 与 $\mathrm{su}(l+1)$ 李代数对应的矩阵应为零迹幺正矩阵.

取

$$
H_j = \frac{1}{\sqrt{2j(j+1)}} \left( E_{11} + E_{22} + \cdots + E_{jj} - j E_{(j+1)(j+1)} + 0 + 0 + \cdots + 0 \right)
$$
$$
(j = 1, 2, \cdots, l),
$$

显然有 $[H_j, H_k] = 0$.

由此知, $\{H_i \mid i = 1, 2, \cdots, l\}$ 张成 su$(l+1)$ 李代数的 Cartan 子代数.

再取

$$E_{e_j - e_k} = E_{jk}, \quad E_{e_k - e_j} = E_{kj} \quad (1 \leqslant j \neq k \leqslant l+1),$$

直接计算李乘积, 可知

$$[H_i, E_{e_j - e_k}] = \Big[ \frac{1}{\sqrt{2i(i+1)}} (E_{11} + E_{22} + \cdots + E_{ii} - iE_{(i+1)(i+1)} + 0 + \cdots + 0), E_{jk} \Big]$$

$$= \frac{1}{\sqrt{2i(i+1)}} \big([E_{11}, E_{jk}] + [E_{22}, E_{jk}] + \cdots + [E_{ii}, E_{jk}]\big)$$

$$- \frac{i}{\sqrt{2i(i+1)}} [E_{(i+1)(i+1)}, E_{jk}]$$

$$= \frac{1}{\sqrt{2i(i+1)}} \big((\delta_{1j} E_{1k} - \delta_{1k} E_{j1}) + (\delta_{2j} E_{2k} - \delta_{2k} E_{j2}) + \cdots$$

$$+ (\delta_{ij} E_{ik} - \delta_{ik} E_{ji})\big) - \frac{i}{\sqrt{2i(i+1)}} (\delta_{(i+1)j} E_{(i+1)k} - \delta_{(i+1)k} E_{j(i+1)})$$

$$= \begin{cases} \dfrac{1}{\sqrt{2i(i+1)}} E_{jk} = \dfrac{1}{\sqrt{2i(i+1)}} E_{e_j - e_k}, & j = i, \\[3mm] -\dfrac{1}{\sqrt{2i(i+1)}} E_{jk} = \dfrac{-1}{\sqrt{2i(i+1)}} E_{e_j - e_k}, & k = i, \\[3mm] -\dfrac{j-1}{\sqrt{2j(j-1)}} E_{jk} = -\dfrac{j-1}{\sqrt{2j(j-1)}} E_{e_j - e_k}, & j = i+1, \\[3mm] \dfrac{k-1}{\sqrt{2k(k-1)}} E_{jk} = \dfrac{k-1}{\sqrt{2k(k-1)}} E_{e_j - e_k}, & k = i+1, \\[3mm] 0, & \text{其他情况}, \end{cases} \tag{3.10}$$

$$[E_{e_i - e_j}, E_{e_k - e_l}] = [E_{ij}, E_{kl}] = \delta_{jk} E_{il} - \delta_{il} E_{kj},$$

$$[E_{e_i - e_j}, E_{e_j - e_i}] = [E_{ij}, E_{ji}] = E_{ii} - E_{jj}$$

$$= \begin{cases} -\sqrt{\dfrac{2(i-1)}{i}} H_{i-1} + \displaystyle\sum_{k=i}^{j-2} \sqrt{\dfrac{2}{k(k+1)}} H_k + \sqrt{\dfrac{2j}{j-1}} H_{j-1}, & i < j, \\[5mm] -\sqrt{\dfrac{2i}{i-1}} H_{i-1} - \displaystyle\sum_{k=j}^{i-2} \sqrt{\dfrac{2}{k(k+1)}} H_k + \sqrt{\dfrac{2(j-1)}{j}} H_{j-1}, & i > j. \end{cases}$$

显然, $E_{e_i - e_j}$ 对应 Cartan-Weyl 基下 $A_l$ 李代数的相应于非零根的本征向量 $e_i - e_j = \alpha$ 的 $E_\alpha$, 这样的矩阵集合 $\{H_i, E_{\pm\alpha}\}$ 即 $A_l$ 李代数的矩阵实现形式.

因为这样的矩阵都是零迹矩阵, 并且满足 $H_i^\dagger = H_i$, 但 $E_\alpha^\dagger \neq E_\alpha$. 仿照前述对 $A_1$ 和 $A_2$ 的重组方式, 将 $E_{\pm\alpha}$ 分解为 $T_a \pm iT_b$ 的形式, 并使 $\{T_a, T_b\}$ 均为零迹厄米矩阵, 则 $\{H_i, T_a \pm iT_b\}$ 构成李代数 $su(l+1)$ 的元素, 即 $SU(l+1)$ 群的生成元. 所以 $A_l$ 李代数对应 $su(l+1)$ 李代数.

由前述 $\{H_i\}$ 的表达式容易得到其本征值分别为

$$v_{(1)} = \Big( \frac{1}{2}, -\frac{1}{2}, \underbrace{0, 0, \cdots, 0, 0}_{l-1\,\text{个}} \Big),$$

$$v_{(2)} = \Big( \frac{1}{2\sqrt{3}}, \frac{1}{2\sqrt{3}}, \frac{-2}{2\sqrt{3}}, \underbrace{0, 0, \cdots, 0, 0}_{l-2\,\text{个}} \Big),$$

$$v_{(3)} = \Big( \frac{1}{2\sqrt{6}}, \frac{1}{2\sqrt{6}}, \frac{1}{2\sqrt{6}}, \frac{-3}{2\sqrt{6}}, \underbrace{0, 0, \cdots, 0, 0}_{l-3\,\text{个}} \Big),$$

$$\cdots\cdots$$

$$v_{(m)} = \Big( \underbrace{\frac{1}{\sqrt{2m(m+1)}}, \cdots, \frac{1}{\sqrt{2m(m+1)}}}_{m\,\text{个}}, \frac{-m}{\sqrt{2m(m+1)}}, \underbrace{0, \cdots, 0}_{l-m\,\text{个}} \Big),$$

$$\cdots\cdots$$

$$v_{(l-1)} = \Big( \underbrace{\frac{1}{\sqrt{2(l-1)l}}, \frac{1}{\sqrt{2(l-1)l}}, \cdots, \frac{1}{\sqrt{2(l-1)l}}}_{l-1\,\text{个}}, \frac{-(l-1)}{\sqrt{2(l-1)l}}, 0 \Big),$$

$$v_{(l)} = \Big( \underbrace{\frac{1}{\sqrt{2l(l+1)}}, \frac{1}{\sqrt{2l(l+1)}}, \cdots, \frac{1}{\sqrt{2l(l+1)}}}_{l\,\text{个}}, \frac{-l}{\sqrt{2l(l+1)}} \Big).$$

习惯上, 人们常用 $\{H_i \mid i = 1, 2, \cdots, l\}$ 的本征值标记其共同本征向量, 于是有

$$v^{(1)} = \Big| \frac{1}{2}, \frac{1}{2\sqrt{3}}, \cdots, \frac{1}{\sqrt{2m(m+1)}}, \cdots, \frac{1}{\sqrt{2l(l+1)}} \Big\rangle,$$

$$v^{(2)} = \Big| -\frac{1}{2}, \frac{1}{2\sqrt{3}}, \cdots, \frac{1}{\sqrt{2m(m+1)}}, \cdots, \frac{1}{\sqrt{2l(l+1)}} \Big\rangle,$$

$$v^{(3)} = \Big| 0, \frac{-2}{2\sqrt{3}}, \cdots, \frac{1}{\sqrt{2m(m+1)}}, \cdots, \frac{1}{\sqrt{2l(l+1)}} \Big\rangle,$$

$$v^{(4)} = \Big| 0, 0, \frac{-3}{2\sqrt{6}}, \cdots, \frac{1}{\sqrt{2m(m+1)}}, \cdots, \frac{1}{\sqrt{2l(l+1)}} \Big\rangle,$$

$$\cdots\cdots$$

$$v^{(m+1)} = \Big| 0, 0, 0, \cdots, \frac{-m}{\sqrt{2m(m+1)}}, \cdots, \frac{1}{\sqrt{2l(l+1)}} \Big\rangle,$$

$$\cdots\cdots$$

$$v^{(l)} = \Big| \underbrace{0, 0, 0, \cdots, 0}_{(l-2) \text{个}}, \frac{-(l-1)}{\sqrt{2(l-1)l}}, \frac{1}{\sqrt{2l(l+1)}} \Big\rangle,$$

$$v^{(l+1)} = \Big| \underbrace{0,\ 0,\ 0, \cdots, 0,\ 0}_{(l-1) \text{个}}, \frac{-l}{\sqrt{2l(l+1)}} \Big\rangle,$$

其中 $v^{(1)}$ 为 $H_1$ 的本征值为 $\dfrac{1}{2}$, $H_2$ 的本征值为 $\dfrac{1}{2\sqrt{3}}$, $\cdots$, $H_m$ 的本征值为 $\dfrac{1}{\sqrt{2m(m+1)}}$, $\cdots$, $H_l$ 的本征值为 $\dfrac{1}{\sqrt{2l(l+1)}}$ 的共同本征向量, 其余类推.

由上述表达式知, $\{v^{(j)} \mid j = 1, 2, \cdots, l, (l+1)\}$ 为 $l$ 维空间中对称分布的 $l+1$ 个向量, 其本质是 $l+1$ 维空间中的正交基 $\{e_i \mid i = 1, 2, \cdots, l, l+1\}$ 在 $l$ 维 "超平面" 上的投影. 显然, 可以取素根 $\alpha_i = e_i - e_{i+1} = \sqrt{2}(v^{(i)} - v^{(i+1)})$, 则

$$(\alpha_i, \alpha_j) = (e_i - e_{i+1}, e_j - e_{j+1}) = 2\delta_{ij} - \delta_{i(j\pm 1)} = \begin{cases} 2, & i = j, \\ -1, & i = j \pm 1, \\ 0, & \text{其他情况}. \end{cases}$$

这表明, 这些素根长度相同, 相邻素根间夹角满足

$$\cos \theta_{ij} = \frac{(\alpha_i, \alpha_{i+1})}{(\alpha_i, \alpha_i)^{1/2}(\alpha_{i+1}, \alpha_{i+1})^{1/2}} = \frac{-1}{\sqrt{2}\sqrt{2}} = -\frac{1}{2}.$$

也就是说, 这些素根等长, 相邻素根间夹角为 $\dfrac{2\pi}{3}$. 所以, 这样构成 (实现) 的李代数即 $A_l$ 李代数, 并且 $A_l$ 李代数就是 $\mathrm{su}(l+1)$ 李代数.

**2. $B_l$ 李代数和 $D_l$ 李代数的矩阵实现**

我们知道, $\mathrm{o}(m, \mathbb{C}) = \{A \in \mathrm{gl}(m, \mathbb{C}) \mid A^{\mathrm{t}} + A = 0\}$ 是 $\mathrm{gl}(m, \mathbb{C})$ 的子代数.

对无穷小正交变换, 记之为 $M = I + \mathrm{i}\alpha A$, 其中 $I$ 为单位矩阵, $\mathrm{i} = \sqrt{-1}$, $\alpha$ 为无穷小参量, 并有 $M^{\mathrm{t}} = I + \mathrm{i}\alpha A^{\mathrm{t}}$, 于是

$$M^{\mathrm{t}}M = MM^{\mathrm{t}} = (I + \mathrm{i}\alpha A^{\mathrm{t}})(I + \mathrm{i}\alpha A) = I + \mathrm{i}\alpha(A^{\mathrm{t}} + A) - \alpha^2 A^{\mathrm{t}}A.$$

在线性近似下, 为保证正交变换具有不变性, 即有 $M^{\mathrm{t}}M = MM^{\mathrm{t}} = I$, 则要求 $A + A^{\mathrm{t}} = 0$.

由于 $A + A^{\mathrm{t}} = 0$ 说明矩阵 $A$ 为零迹反对称矩阵, 其集合是零迹矩阵集, 即特殊线性李代数的子集, 所以 $\mathrm{o}(m, \mathbb{C})$ 李代数为正交代数, 并且是 $\mathrm{sl}(m, \mathbb{C})$ 的子代数.

根据上述反对称性质, 其 $\dfrac{1}{2}m(m-1)$ 个基可以取为

$$I_{ij} = E_{ij} - E_{ji} \qquad (i, j = 1, 2, \cdots, m,\ i \neq j), \tag{3.11}$$

它们间的李乘积规则 (对易关系) 为

$$[I_{ij}, I_{kl}] = \delta_{il} I_{jk} + \delta_{jk} I_{il} - \delta_{ik} I_{jl} - \delta_{jl} I_{ik}.$$ (3.12)

由于 $I_{ij}$ 表示其他轴固定情况下, $i$-$j$ 平面内的转动, 因此 $I_{ij}$ 为 $m$ 维复空间的转动算符.

(1) $m = 2n$ ($n$ 为正整数, 且 $n \geqslant 2$) 的情况.

根据上述对一般情况的讨论, 该情况下的基可取为

$$H_j = \mathrm{i} I_{2j(2j-1)} \qquad (j = 1, 2, \cdots, n, \ \mathrm{i} = \sqrt{-1}),$$

即有

$$H_1 = \mathrm{i} I_{21} = \mathrm{i} E_{21} - \mathrm{i} E_{12} = \begin{pmatrix} 0 & -\mathrm{i} & 0 & 0 & \cdots & 0 & 0 \\ \mathrm{i} & 0 & 0 & 0 & \cdots & 0 & 0 \\ 0 & 0 & 0 & 0 & \cdots & 0 & 0 \\ 0 & 0 & 0 & 0 & \cdots & 0 & 0 \\ \vdots & \vdots & \vdots & \vdots & \ddots & \vdots & \vdots \\ 0 & 0 & 0 & 0 & 0 & 0 & 0 \\ 0 & 0 & 0 & 0 & 0 & 0 & 0 \end{pmatrix},$$

$$H_2 = \mathrm{i} I_{43} = \mathrm{i} E_{43} - \mathrm{i} E_{34} = \begin{pmatrix} 0 & 0 & 0 & 0 & 0 & \cdots & 0 \\ 0 & 0 & 0 & 0 & 0 & \cdots & 0 \\ 0 & 0 & 0 & -\mathrm{i} & 0 & \cdots & 0 \\ 0 & 0 & \mathrm{i} & 0 & 0 & \cdots & 0 \\ 0 & 0 & 0 & 0 & 0 & \cdots & 0 \\ \vdots & \vdots & \vdots & \vdots & \vdots & \ddots & \vdots \\ 0 & 0 & 0 & 0 & 0 & 0 & 0 \end{pmatrix},$$

$$\cdots \cdots$$

记 $\sigma_2 = \begin{pmatrix} 0 & -\mathrm{i} \\ \mathrm{i} & 0 \end{pmatrix}$, 则对 $j = 1, 2, \cdots, n$, 有

$$H_j = \mathrm{i} I_{2j(2j-1)} = \mathrm{i} E_{2j(2j-1)} - \mathrm{i} E_{(2j-1)2j} = \begin{pmatrix} 0 & \cdots & 0 & 0 & 0 & \cdots & 0 \\ \vdots & \cdots & \vdots & \vdots & \vdots & \cdots & \vdots \\ 0 & \cdots & 0 & 0 & 0 & \cdots & 0 \\ 0 & \cdots & 0 & \sigma_2 & 0 & \cdots & 0 \\ 0 & \cdots & 0 & 0 & 0 & \cdots & 0 \\ \vdots & \vdots & \vdots & \vdots & \vdots & \ddots & \vdots \\ 0 & \cdots & 0 & 0 & 0 & \cdots & 0 \end{pmatrix}.$$ (3.13)

显然 $\{H_j \mid j = 1, 2, \cdots, n\}$ 张成一个代数.

再取

$$E_{e_j \pm e_k} = \frac{1}{2} \left\{ \mathrm{i} \left( I_{(2k-1)(2j-1)} \mp I_{2k\,2j} \right) - \left( I_{(2k-1)2j} \pm I_{2k(2j-1)} \right) \right\}, \quad (3.14)$$

$$E_{-(e_j \pm e_k)} = \frac{1}{2} \left\{ \mathrm{i} \left( I_{(2k-1)(2j-1)} \mp I_{2k\,2j} \right) + \left( I_{(2k-1)2j} \pm I_{2k(2j-1)} \right) \right\}, \quad (3.15)$$

其中 $j < k = 1, 2, \cdots, n$，则有

$$[H_j, E_{e_k \pm e_l}] = [\mathrm{i} I_{2j(2j-1)}, \frac{1}{2} \left( \mathrm{i} \left( I_{(2l-1)(2k-1)} \mp I_{2l\,2k} \right) - \left( I_{(2l-1)2k} \pm I_{2l(2k-1)} \right) \right)]$$

$$= \delta_{jk} E_{e_k \pm e_l} \pm \delta_{jl} E_{e_k \pm e_l}, \quad (3.16)$$

$$[E_{e_j \pm e_k}, E_{-(e_j \pm e_k)}] = H_j \pm H_k. \quad (3.17)$$

由此知，$\left\{ H_j, E_{e_k \pm e_l}, E_{-(e_k \pm e_l)} \mid j, k, l = 1, 2, \cdots, n, k \neq l \right\}$ 张成一个 so($2n$) 李代数.

由上述矩阵表述形式知, 其素根为

$$\alpha_i = e_i - e_{i+1} \ (i = 1, 2, \cdots, n-1), \quad \alpha_n = e_{n-1} + e_n.$$

因为对 $i, j = 1, 2, \cdots, n-1$, 有

$$(\alpha_i, \alpha_j) = (e_i - e_{i+1}, e_j - e_{j+1}) = 2\delta_{ij} - \delta_{i(j+1)} - \delta_{i(j-1)} = \begin{cases} 2, & i = j, \\ -1, & i = j \pm 1, \\ 0, & \text{其他情况}, \end{cases}$$

即这 $n-1$ 个根等长, 相邻根间的夹角为 $\frac{2\pi}{3}$, 不相邻根正交. 并且, 对 $i = 1, 2, \cdots,$ $n-1$, 有

$$(\alpha_i, \alpha_n) = (e_i - e_{i+1}, e_{n-1} + e_n) = \delta_{i(n-1)} - \delta_{i(n-2)} + \delta_{in} - \delta_{i(n-1)} = -\delta_{i(n-2)},$$

这表明, 第 $n$ 个根与第 $n-2$ 个根成 $\frac{2\pi}{3}$ 角, 与其他 $n-2$ 个根都正交.

因为 $(\alpha_n, \alpha_n) = (e_{n-1} + e_n, e_{n-1} + e_n) = 2$, 则第 $n$ 个根与其他根都等长.

综上, 这样构成 (实现) 的李代数就是 $D_n$ 李代数, 并且 $D_n$ 李代数就是 so($2n$) 李代数. 从而 so($2n$) 李代数的 Dynkin 图如图 3.8 所示.

(2) $m = 2n + 1$ ( $n$ 为正整数) 的情况.

根据上小节的讨论, so($2n + 1$) 李代数是比 so($2n$) 多 $2n$ 维的李代数, 该多出的 $2n$ 维与其他 $n(2n-1)$ 维都正交, 因此该情况下的基可以在 so($2n$) 李代数的基的基础上来建立.

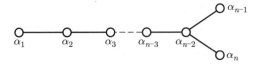

图 3.8　so$(2n)$ 李代数的 Dynkin 图

记 so$(2n)$ 的基为

$$H_j^{(2n)} = \mathrm{i}I_{2j(2j-1)} \qquad (j = 1, 2, \cdots, n,\ \mathrm{i} = \sqrt{-1}).$$

根据上述 so$(2n+1)$ 与 so$(2n)$ 的关系, so$(2n+1)$ 的基可选为

$$H_j^{(2n+1)} = \begin{pmatrix} H_j^{(2n)} & 0 \\ 0 & 0 \end{pmatrix}, \tag{3.18}$$

$$E_{e_j \pm e_k}^{(2n+1)} = \frac{1}{2}\left\{ \mathrm{i}\left(I_{(2k-1)(2j-1)} \mp I_{2k\,2j}\right) - \left(I_{(2k-1)2j} \pm I_{2k(2j-1)}\right)\right\}, \tag{3.19}$$

$$E_{-(e_j \pm e_k)}^{(2n+1)} = \frac{1}{2}\left\{ \mathrm{i}\left(I_{(2k-1)(2j-1)} \mp I_{2k\,2j}\right) + \left(I_{(2k-1)2j} \pm I_{2k(2j-1)}\right)\right\}, \tag{3.20}$$

$$E_{\pm e_j}^{(2n+1)} = \frac{1}{\sqrt{2}}\left\{ \mathrm{i}I_{(2n+1)2j} \mp I_{(2n+1)(2j-1)}\right\}, \tag{3.21}$$

其中 $j < k = 1,\, 2,\, \cdots, n$.

　　直接计算李乘积知, 这些矩阵张成 so$(2n+1)$ 李代数. 并且, 其素根为

$$\alpha_i = e_i - e_{i+1}\ (i = 1, 2, \cdots, n-1), \qquad \alpha_n = e_n.$$

对于这样定义的素根, 对 $i, j = 1, 2, \cdots, n-1$, 有

$$(\alpha_i, \alpha_j) = (e_i - e_{i+1}, e_j - e_{j+1}) = 2\delta_{ij} - \delta_{i(j+1)} - \delta_{i(j-1)} = \begin{cases} 2, & i = j, \\ -1, & i = j \pm 1, \\ 0, & \text{其他情况}, \end{cases}$$

即这 $n-1$ 个素根等长, 相邻素根间的夹角为 $\dfrac{2\pi}{3}$, 不相邻的素根相互垂直.

　　对 $i = 1, 2, \cdots, n-1$, 有

$$(\alpha_i, \alpha_n) = (e_i - e_{i+1}, e_n) = \delta_{in} - \delta_{i(n-1)} = \begin{cases} -1, & i = n-1, \\ 0, & \text{其他情况}, \end{cases}$$

$$(\alpha_n, \alpha_n) = (e_n, e_n) = 1.$$

这表明, 第 $n$ 个素根的长度是其他 $n-1$ 个素根的 $\dfrac{1}{\sqrt{2}}$, 它与相邻的素根 (第 $n-1$

个) 成 $\dfrac{3\pi}{4}$ 角, 与其他 $n-2$ 个素根都正交.

综上, 这样构成 (实现) 的李代数即 $B_n$ 李代数, 并且 $B_n$ 李代数就是 so$(2n+1)$ 李代数. 从而 so$(2n+1)$ 李代数的 Dynkin 图可以表示为图 3.9 所示的形式.

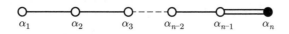

图 3.9 so$(2n+1)$ 李代数的 Dynkin 图

(3) $B_n$ 李代数与 $D_n$ 李代数的关系.

考察 $D_n$ 李代数和 $D_{n+1}$ 李代数的 Dynkin 图 (分别如图 3.10(a), (b) 所示).

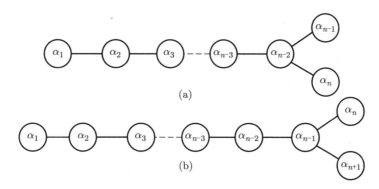

图 3.10 $D_n$ 李代数 Dynkin 图 (a) 和 $D_{n+1}$ 李代数的 Dynkin 图 (b)

将 $D_{n+1}$ 李代数的 Dynkin 图中的 $\alpha_{n-1}$ 和 $\alpha_n$ 间的单线与 $\alpha_{n-1}$ 和 $\alpha_{n+1}$ 间的单线合并, 则有图 3.11 所示的 Dynkin 图 (角图). 显然, 取 $\beta = \dfrac{1}{2}(\alpha_n + \alpha_{n+1})$ (即其长度为 $\alpha_i$ 的 $\dfrac{1}{\sqrt{2}}$ 倍, 其与 $\alpha_{n-1}$ 的夹角为 $\dfrac{3\pi}{4}$), 则该 Dynkin 图为 $B_n$ 李代数的 Dynkin 图. 如果取 $\beta = \alpha_n + \alpha_{n+1}$ (即其长度为 $\alpha_i$ 的 $\sqrt{2}$ 倍, 其与 $\alpha_{n-1}$ 的夹角也取为 $\dfrac{3\pi}{4}$), 则该 Dynkin 图与 $C_n$ 李代数的 Dynkin 图类似.

图 3.11 由 $D_{n+1}$ 李代数的 Dynkin 图中两短分岔单线合并成的角图

所以, $B_n$ 李代数是 $D_{n+1}$ 李代数的简单 (正规) 子代数. 然而, 由于 $C_n$ 李代数保持斜交不变 (外积形式不变) 的特殊性, 通常情况下, $C_n$ 李代数不是 $D_{n+1}$ 李代数的简单 (正规) 子代数.

### 3. $C_l$ 李代数的矩阵实现

记矩阵

$$\sigma_2 = \mathrm{i} \begin{pmatrix} 0 & -I_{n \times n} \\ I_{n \times n} & 0 \end{pmatrix}, \qquad M = I_{2n \times 2n} + \mathrm{i}\alpha A_{2n \times 2n},$$

其中 $I_{n \times n}$, $I_{2n \times 2n}$ 分别为 $n \times n$, $2n \times 2n$ 单位矩阵, $A_{2n \times 2n}$ 为 $2n \times 2n$ 矩阵, $\alpha$ 为无穷小参量. 因为

$$M\sigma_2 M^{\mathrm{t}} = (I + \mathrm{i}\alpha A)\sigma_2(I + \mathrm{i}\alpha A^{\mathrm{t}}) = \sigma_2 + \mathrm{i}\alpha(A\sigma_2 + \sigma_2 A^{\mathrm{t}}) - \alpha^2 A\sigma_2 A^{\mathrm{t}},$$

在线性近似下, 为保证斜交, 即 $M\sigma_2 M^{\mathrm{t}} = \sigma_2$, 需要

$$A\sigma_2 + \sigma_2 A^{\mathrm{t}} = 0.$$

由此知,

$$\sigma_2 A \sigma_2 = -A^{\mathrm{t}}.$$

记

$$A = \begin{pmatrix} d_{n \times n} & e_{n \times n} \\ f_{n \times n} & d'_{n \times n} \end{pmatrix},$$

则有

$$A^{\mathrm{t}} = \begin{pmatrix} d^{\mathrm{t}}_{n \times n} & f^{\mathrm{t}}_{n \times n} \\ e^{\mathrm{t}}_{n \times n} & d'^{\mathrm{t}}_{n \times n} \end{pmatrix}.$$

直接计算知

$$\sigma_2 A \sigma_2 = -\begin{pmatrix} 0 & -I_{n \times n} \\ I_{n \times n} & 0 \end{pmatrix} \begin{pmatrix} d_{n \times n} & e_{n \times n} \\ f_{n \times n} & d'_{n \times n} \end{pmatrix} \begin{pmatrix} 0 & -I_{n \times n} \\ I_{n \times n} & 0 \end{pmatrix}$$

$$= \begin{pmatrix} d'_{n \times n} & -f_{n \times n} \\ -e_{n \times n} & d_{n \times n} \end{pmatrix},$$

那么, 由 $\sigma_2 A \sigma_2 = -A^{\mathrm{t}}$ 知

$$d'^{\mathrm{t}}_{n \times n} = -d_{n \times n}, \qquad e^{\mathrm{t}}_{n \times n} = e_{n \times n}, \qquad f^{\mathrm{t}}_{n \times n} = f_{n \times n},$$

所以 (变换) 矩阵 $A$ 实际可以表述为

$$A = \begin{pmatrix} d_{n \times n} & e_{n \times n} \\ f_{n \times n} & -d^{\mathrm{t}}_{n \times n} \end{pmatrix},$$

其中的子矩阵应满足 $e_{n\times n}^{\mathrm{t}} = e_{n\times n}$, $f_{n\times n}^{\mathrm{t}} = f_{n\times n}$. 取 $e_{n\times n} = 0_{n\times n}$, $f_{n\times n} = 0_{n\times n}$, $d_{n\times n}$ 为对角矩阵, 显然满足上述要求. 于是, 斜交李代数 $\mathrm{sp}(2n)$ 的 Cartan 子代数的生成元可以取为

$$A_{\mathrm{sp}(2n)} = \begin{pmatrix} T & 0 \\ 0 & -T^{\mathrm{t}} \end{pmatrix}, \tag{3.22}$$

其中 $T$ 为 $n \times n$ 对角矩阵 (从而 $T^{\mathrm{t}} \equiv T$, 并且 $T_i T_j \equiv T_j T_i$, 保证 $[H_i, H_j] = [A_i, A_j] = 0$).

进一步, 放宽 $T$ 为对角矩阵的要求, 而仅要求其中的矩阵 $T$ 为厄米矩阵, $T^{\dagger} = T$, 也就是 $T^{\mathrm{t}} = T^*$, 则

$$A_{\mathrm{sp}(2n)} = \begin{pmatrix} T & 0 \\ 0 & -T^* \end{pmatrix} = \begin{pmatrix} T' + T_0 & 0 \\ 0 & -T'^* - T_0^* \end{pmatrix},$$

其中矩阵 $T_0$ 的迹应等于矩阵 $T$ 的迹, 即有 $\mathrm{tr}T_0 = \mathrm{tr}T$, 并且 $\mathrm{tr}T' = 0$, 即 $T'$ 为零迹厄米矩阵.

因为 $n \times n$ 零迹厄米矩阵为 $\mathrm{su}(n)$ 李代数的 Cartan 子代数, 所以有约化关系 $\mathrm{sp}(2n) \supset \mathrm{su}(n)$. 根据上述讨论和 $\mathrm{sp}(m, \mathbb{C})$ 李代数的定义, 这样的矩阵的集合形成的李代数即为 $\mathrm{sp}(2n, \mathbb{C})$ 李代数. 仅考虑对称性, 其基本形式可简单地取为 $A_{\mathrm{sp}(2n)} = \sigma_3 \otimes I_{n\times n}$, 其中 $\sigma_3$ 为通常的 Pauli 矩阵.

另一方面, 取基为

$$H_j = E_{jj} - E_{(n+j)(n+j)}, \tag{3.23}$$

$$E_{e_j+e_k} = E_{j(n+k)} + E_{k(n+j)}, \tag{3.24}$$

$$E_{e_j-e_k} = -E_{jk} + E_{(n+k)(n+j)}, \tag{3.25}$$

$$E_{-(e_j+e_k)} = E_{(n+k)j} + E_{(n+j)k}, \tag{3.26}$$

$$E_{-(e_j-e_k)} = -E_{kj} + E_{(n+j)(n+k)}, \tag{3.27}$$

$$E_{2e_j} = \sqrt{2} E_{j(n+j)}, \tag{3.28}$$

$$E_{-2e_j} = \sqrt{2} E_{(n+j)j}, \tag{3.29}$$

其中 $j < k = 1, 2, \cdots, n$, 直接计算对易关系知, $\{H_j \mid j = 1, 2, \cdots, n\}$ 张成单李代数 $C_n$ 的 Cartan 子代数, 上述 $E_{\pm(e_j+e_k)}, E_{\pm(e_j-e_k)}, E_{\pm 2e_j}$ 分别为对应 $C_n$ 的非零根 $\pm(e_j+e_k), \pm(e_j-e_k), \pm 2e_j$ 的 Cartan-Weyl 基下的矩阵形式, 所以此即 $C_n$ 的矩阵实现形式, 并且 $C_n$ 李代数就是 $\mathrm{sp}(2n)$ 李代数.

记

$$v^{(1)} = e_1 = (1, 0, \cdots, 0),$$
$$v^{(2)} = e_2 = (0, 1, 0, \cdots, 0),$$
$$\cdots\cdots$$
$$v^{(n)} = e_n = (0, 0, 0, \cdots, 0, 1),$$

即

$$v^{(j)} = e_j = (\overbrace{0, 0, \cdots, 0}^{j-1\,\text{个}}, 1, \overbrace{0, \cdots, 0}^{n-j\,\text{个}}) \quad (j = 1, 2, \cdots, n),$$

再记 $v^{(n+j)} = -v^{(j)}$, 则有素根

$$\alpha_i = v^{(i)} - v^{(i+1)} = e_i - e_{i+1} \quad (i = 1, 2, \cdots, n-1),$$
$$\alpha_n = 2v^{(n)} = 2e_n,$$

并有根系 $\beta^{(I,J)} = v^{(I)} - v^{(J)}(I, J = 1, 2)$, 其中

$$I = 1, J = 1, \quad \beta^{(I,J)} = \beta^{(i,j)} = v^{(i)} - v^{(j)},$$
$$I = 2, J = 2, \quad \beta^{(I,J)} = \beta^{(n+i,n+j)} = -(v^{(i)} - v^{(j)}) = -\beta^{(i,j)},$$
$$I = 1, J = 2, \quad \beta^{(I,J)} = \beta^{(i,n+j)} = v^{(i)} - v^{(n+j)} = v^{(i)} + v^{(j)},$$
$$I = 2, J = 1, \quad \beta^{(I,J)} = \beta^{(n+i,j)} = v^{n+i} - v^j = -(v^i + v^j) = -\beta^{(i,n+j)}.$$

对于这样定义的素根, 因为对 $i, j = 1, 2, \cdots, n-1$, 有

$$(\alpha_i, \alpha_j) = (e_i - e_{i+1}, e_j - e_{j+1}) = 2\delta_{ij} - \delta_{i(j+1)} - \delta_{i(j-1)} = \begin{cases} 2, & i = j, \\ -1, & i = j \pm 1, \\ 0, & \text{其他情况}, \end{cases}$$

$$\cos\theta_{i(i+1)} = \frac{(\alpha_i, \alpha_{i+1})}{(\alpha_i, \alpha_i)^{1/2}(\alpha_{i+1}, \alpha_{i+1})^{1/2}} = \frac{-1}{\sqrt{2}\sqrt{2}} = -\frac{1}{2},$$

则这 $n-1$ 个素根等长, 相邻素根间的夹角为 $\dfrac{2\pi}{3}$, 不相邻的素根相互垂直. 并且, 对 $i = 1, 2, \cdots, n-1$, 有

$$(\alpha_i, \alpha_n) = (e_i - e_{i+1}, 2e_n) = -2\delta_{(i+1)n},$$
$$\cos\theta_{in} = \frac{(\alpha_i, \alpha_n)}{(\alpha_i, \alpha_i)^{1/2}(\alpha_n, \alpha_n)^{1/2}} = \frac{-2\delta_{(i+1)n}}{\sqrt{2}\sqrt{4}} = -\frac{\delta_{(i+1)n}}{\sqrt{2}},$$
$$(\alpha_n, \alpha_n) = (2e_{(n)}, 2e_{(n)}) = 4.$$

这表明, 第 $n$ 个素根的长度是其他 $n-1$ 个素根的 $\sqrt{2}$ 倍, 它与相邻的素根 (第 $n-1$ 个) 成 $\dfrac{3\pi}{4}$ 角, 与其他 $n-2$ 个素根都正交.

所以该李代数即 $C_n$ 李代数, 其 Dynkin 图如图 3.12 所示. 并且, $C_n$ 李代数就是 sp$(2n)$ 李代数.

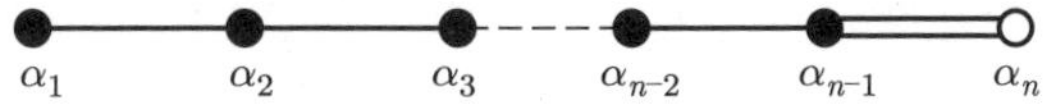

图 3.12　$C_n$ (即 sp$(2n)$) 李代数的 Dynkin 图

## §3.2　Chevalley 基下的实现

由前述讨论知, 在 Cartan-Weyl 基下, 根向量的表述 $\{\alpha_i \mid i = 1, 2, \cdots, l\}$ (或 $\{\alpha^i \mid i = 1, 2, \cdots, l\}$) 依赖于基 (尤其是归一化系数) 的选取. 即使在确定的基下, $[E_\alpha, E_\beta] = N_{\alpha,\beta}\delta^\gamma_{\alpha+\beta}E_\gamma$ 中的 $N_{\alpha,\beta}$ 仍有相位选取的任意性. 为解决这些问题, 人们采用约定 (或重新定义) 基的方法来实现典型李代数.

### 3.2.1　Chevalley 基

设 $\mathfrak{g}$ 是 $l$ 秩单李代数, $\mathfrak{h}$ 为其 Cartan 子代数, $\alpha_m$ 为其第 $m$ 个素根 (即 $l$ 维空间中的向量), 引入 $3l$ 个生成元

$$h_{\alpha_m} = \frac{2(\alpha_m, H)}{(\alpha_m, \alpha_m)}\alpha_m, \tag{3.30}$$

$$e_{\alpha_m} = \sqrt{\frac{2}{(\alpha_m, \alpha_m)}}E_{\alpha_m}, \tag{3.31}$$

$$e_{-\alpha_m} = \sqrt{\frac{2}{(\alpha_m, \alpha_m)}}E_{-\alpha_m}, \tag{3.32}$$

其中 $H = \{H_i \in \mathfrak{h} \mid i = 1, 2, \cdots, l\}$. 这些生成元构成的基称为 Chevalley 基.

记 $l$ 维空间中的向量 $\alpha_m$ 的协变、逆变分量分别为 $\alpha_{mi}, \alpha_m^j$, 则

$$(\alpha_m, \alpha_m) = \alpha_m^i \alpha_{mi} \qquad (i = 1, 2, \cdots, l),$$
$$(\alpha_m, H) = \alpha_m^i H_i \qquad (i = 1, 2, \cdots, l),$$

其中 $H_i$ 为 Cartan-Weyl 基下的元素. 那么, 对每一个素根 $\alpha_m$, 都可以定义一个 Cartan 子代数 $\mathfrak{h}$ 的基 $h_{\alpha_m}$, 它们满足

$$\left[h_{\alpha_m}, h_{\alpha_j}\right] = 0, \tag{3.33}$$

$$\left[h_{\alpha_m}, e_{\pm\alpha_j}\right] = \pm A_{mj}e_{\pm\alpha_j}, \tag{3.34}$$

$$\left[e_{\alpha_m}, e_{-\alpha_j}\right] = \delta_{mj}h_{\alpha_m}, \tag{3.35}$$

其中 $A_{mj}$ 为 Cartan 矩阵的矩阵元, $e_{\alpha_m}, e_{-\alpha_m}$ 为对应素根 $\alpha_m$ 的升降算符 (生成元), 再加上 (因为这 $3l$ 个生成元并不一定充满李代数 $\mathfrak{g}$ )

$$e_{\alpha_m \cdots \alpha_j \alpha_k} = \left[ e_{\alpha_m}, \cdots, \left[ e_{\alpha_j}, e_{\alpha_k} \right] \right], \tag{3.36}$$

$$e_{-\alpha_m \cdots (-\alpha_j)(-\alpha_k)} = \left[ e_{-\alpha_m}, \cdots, \left[ e_{-\alpha_j}, e_{-\alpha_k} \right] \right], \tag{3.37}$$

即构成李代数的基.

### 3.2.2　典型李代数在 Chevalley 基下的实现形式

#### 1. $A_n$ 李代数的实现

对 $j = 1, 2, \cdots, n$, 记

$$h_{\alpha_j} = E_{jj} - E_{(j+1)(j+1)}, \tag{3.38}$$

$$e_{\alpha_j} = E_{j(j+1)}, \tag{3.39}$$

$$e_{-\alpha_j} = E_{(j+1)j}, \tag{3.40}$$

其中 $E_{ij}$ 为仅第 $i$ 行、第 $j$ 列矩阵元为 1, 其他矩阵元都为 0 的矩阵. 这样的矩阵的集合即 $A_n$ 李代数在 Chevalley 基下的实现形式.

#### 2. $B_n$ 李代数的实现

对 $j = 1, 2, \cdots, n-1$, 记

$$h_{\alpha_j} = H_j - H_{j+1} = \mathrm{i} \left( I_{2j(2j-1)} - I_{(2j+2)(2j+1)} \right), \tag{3.41}$$

$$e_{\pm\alpha_j} = \frac{1}{2} \left\{ \mathrm{i} \left( I_{(2j+1)(2j-1)} + I_{(2j+2)(2j)} \right) \mp \left( I_{(2j+1)(2j)} - I_{(2j+2)(2j-1)} \right) \right\}, \tag{3.42}$$

并记

$$h_{\alpha_n} = 2H_n = 2\mathrm{i}I_{2n(2n-1)}, \tag{3.43}$$

$$e_{\pm\alpha_n} = \mathrm{i}I_{(2n+1)(2n)} \pm I_{(2n+1)(2n-1)}, \tag{3.44}$$

其中 $I_{ij} = E_{ij} - E_{ji}$, $E_{ij}$ 为仅第 $i$ 行、第 $j$ 列矩阵元为 1, 其他矩阵元都为 0 的矩阵, 这样的矩阵的集合即 $B_n$ 李代数在 Chevalley 基下的实现形式.

#### 3. $C_n$ 李代数的实现

对 $j = 1, 2, \cdots, n-1$, 记

$$h_{\alpha_j} = H_j - H_{j+1} = E_{jj} - E_{(j+1)(j+1)} - E_{(n+j)(n+j)} + E_{(n+j+1)(n+j+1)}, \tag{3.45}$$

$$e_{\alpha_j} = E_{j(j+1)} - E_{(n+j+1)(n+j)}, \tag{3.46}$$

$$e_{-\alpha_j} = E_{(j+1)j} - E_{(n+j)(n+j+1)}, \tag{3.47}$$

并记

$$h_{\alpha_n} = H_n = E_{nn} - E_{(2n)(2n)}, \tag{3.48}$$

$$e_{\alpha_n} = E_{n(2n)}, \tag{3.49}$$

$$e_{-\alpha_n} = E_{(2n)n}, \tag{3.50}$$

其中 $E_{ij}$ 为仅第 $i$ 行、第 $j$ 列矩阵元为 1, 其他矩阵元都为 0 的矩阵, 这样的矩阵的集合即 $C_n$ 李代数在 Chevalley 基下的实现形式.

### 4. $D_n$ 李代数的实现

对 $j = 1, 2, \cdots, n-1$, 记

$$h_{\alpha_j} = H_j - H_{j+1} = \mathrm{i}\left(I_{2j(2j-1)} - I_{(2j+2)(2j+1)}\right), \tag{3.51}$$

$$e_{\pm\alpha_j} = \frac{1}{2}\left\{\mathrm{i}\left(I_{(2j+1)(2j-1)} + I_{(2j+2)(2j)}\right) \mp \left(I_{(2j+1)(2j)} - I_{(2j+2)(2j-1)}\right)\right\}, \tag{3.52}$$

并记

$$h_{\alpha_n} = H_{n-1} + H_n = \mathrm{i}\left(I_{(2n-2)(2n-3)} + I_{2n(2n-1)}\right), \tag{3.53}$$

$$e_{\pm\alpha_n} = \frac{1}{2}\left\{\mathrm{i}\left(I_{(2n-1)(2n-3)} - I_{2n(2n-2)}\right) \mp \left(I_{(2n-1)(2n-2)} + I_{2n(2n-3)}\right)\right\}, \tag{3.54}$$

其中 $I_{ij} = E_{ij} - E_{ji}$, $E_{ij}$ 为仅第 $i$ 行、第 $j$ 列矩阵元为 1, 其他矩阵元都为 0 的矩阵, 这样的矩阵的集合即 $D_n$ 李代数在 Chevalley 基下的实现形式.

## §3.3　典型李代数的费米子实现和玻色子实现

现在我们认识的微观粒子可以分为费米子和玻色子两类. 为利用代数方法研究多粒子系统的性质, 我们需要在物理粒子与典型李代数和典型李群之间建立起联系, 也就是将抽象的典型李代数和李群由物理上的费米子和玻色子实现出来.

关于典型李代数 (李群) 的矩阵形式实现的讨论 (本章前两节) 表明, 记第 $m$ 行第 $m'$ 列的矩阵元为 1, 其他矩阵元都为 0 的 $N \times N$ 矩阵为 $E_{mm'}$, 显然有

$$[E_{mm'}, E_{nn'}] = E_{mn'}\delta_{m'n} - E_{nm'}\delta_{mn'}, \tag{3.9'}$$

它们张成 su$(N)$ 李代数. 根据李代数与李群的关系, $E_{mm'}$ 为 SU$(N)$ 群的无穷小生成元.

引入反对称矩阵 $\Xi_{ij} = E_{ij} - E_{ji}$, 其间的李乘积规则为

$$[\Xi_{ij}, \Xi_{kl}] = \delta_{il}\Xi_{jk} + \delta_{jk}\Xi_{il} - \delta_{ik}\Xi_{jl} - \delta_{jl}\Xi_{ik}. \tag{3.25'}$$

这表明, 这样的 $\Xi_{ij}$ 的集合张成 so($N$) 李代数. 根据李代数与李群的关系, $\Xi_{ij}$ 为 SO($N$) 群的无穷小生成元. 显然, SO($N$) 群为 SU($N$) 群的一个子群, 因为集合 $\{\Xi_{ij}\}$ 为 $\{E_{mm'}\}$ 的一个子集.

引入对称度规张量 $G_{ij} = G_{ji}$, 记任一 $N$ 维向量的基矢为 $e_i$, 其对偶基为 $\bar{e}_i = Ge_i$, 定义 $\mathcal{S}_{ij} = e_i\bar{e}_j + e_j\bar{e}_i$, $\mathcal{H}_{ij} = \bar{e}_ie_j = -\bar{e}_je_i$, 则有

$$[\mathcal{S}_{ij}, \mathcal{S}_{kl}] = \mathcal{H}_{jk}\mathcal{S}_{il} + \mathcal{H}_{jl}\mathcal{S}_{ik} + \mathcal{H}_{ik}\mathcal{S}_{jl} + \mathcal{H}_{il}\mathcal{S}_{jk}. \tag{3.55}$$

这表明, 这样的 $\mathcal{S}_{ij}$ 的集合张成 sp($2N$) 李代数, 并且 $\mathcal{S}_{ij}$ 为相应的 SP($2N$) 群的无穷小生成元. 显然, SP($2N$) 群为 SU($2N$) 群的一个子群, 因为集合 $\{\mathcal{S}_{ij}\}$ 为 $\{E_{mm'}\}$ 的一个子集.

### 3.3.1   $A_n$ 李代数的费米子实现和玻色子实现

将角动量为 $j, z$ 方向投影为 $m$ 的费米子的产生算符和湮灭算符简写为 $a_{jm}^\dagger = a_m^\dagger$, $a_{jm} = a_m$, 由量子力学知识知 (实际是此后将讨论的群表示约化 SO(3)⊃ SO(2) 的表现), 其中的 $m = -j, -j+1, \cdots, j-1, j$, 共有 $2j+1 = 2n$ (偶数) 个值, 它们满足反对易关系

$$\{a_m^\dagger, a_{m'}^\dagger\} = \{a_m, a_{m'}\} = 0, \qquad \{a_m, a_{m'}^\dagger\} = \delta_{mm'}. \tag{3.56}$$

记产生算符与湮灭算符之间的组合 (乘积) 为 $a_m^\dagger a_{m'}$, 其中 $m, m' = -j, -j+1, \cdots, j-1, j$, $m \neq m'$, 直接计算得

$$[a_p^\dagger a_{p'}, a_q^\dagger a_{q'}] = \delta_{p'q}a_p^\dagger a_{q'} - \delta_{pq'}a_q^\dagger a_{p'}.$$

该对易关系与 (3.9′) 式所示的 su($N$) ($N = 2j+1$ 为偶数) 李代数的李乘积规则完全相同.

因为上述组合的数目为

$$2\mathrm{C}_{2j+1}^2 = 2\frac{(2j+1)!}{((2j+1)-2)!2!} = 2j(2j+1),$$

与 su($2n$) (其中 $2n = 2j+1$ 为偶数) 李代数的非零根的数目相同, 所以 su($2j+1$) 李代数 (即 $A_{2j}$ 李代数, $2j$ 为奇数) 可以由 (全同) 费米子来实现, 其元素可以由 (全同) 费米子的产生算符与湮灭算符的组合表述为 $a_m^\dagger a_{m'}$. 相应地, SU($2j+1$) 群可以由 (全同) 费米子来实现, 其无穷小生成元可以由 (全同) 费米子的产生算符与湮灭算符的组合表述为 $a_m^\dagger a_{m'}$.

记全同玻色子系统中单个玻色子的角动量为 $l$ (非负整数), 其在 $z$ 方向上的投影为 $m$, 它可取 $2l+1$ 个数值 $\{-l, -l+1, \cdots, l-1, l\}$, 即其自由度空间为 $2l+1$ 维.

再记这类玻色子的产生算符、湮灭算符分别为 $b_{lm}^{\dagger} = b_m^{\dagger}$, $b_{lm} = b_m$, 它们满足对易关系 (李乘积规则)

$$[b_m^{\dagger}, b_{m'}^{\dagger}] = [b_m, b_{m'}] = 0, \qquad [b_m, b_{m'}^{\dagger}] = \delta_{mm'}. \tag{3.57}$$

记产生算符与湮灭算符之间的组合 (乘积) 为 $b_m^{\dagger} b_{m'}$, 其中 $m, m' = -l, -l+1, \cdots, l-1$, $l$, $m \neq m'$, 直接计算得

$$\left[ b_p^{\dagger} b_{p'}, b_q^{\dagger} b_{q'} \right] = \delta_{p'q} b_p^{\dagger} b_{q'} - \delta_{pq'} b_q^{\dagger} b_{p'}.$$

该对易关系与 (3.9') 式所示的 su($N$) 李代数的李乘积规则完全相同. 因为上述组合的数目为

$$2\mathrm{C}_{2l+1}^2 = 2\frac{(2l+1)!}{((2l+1)-2)!2!} = 2l(2l+1),$$

与 su($N$) (其中 $N = 2l+1$ 为奇数) 李代数的非零根的数目相同, 所以 su($N$) 李代数 (即 $A_{N-1}$ 李代数, $N = 2l+1$ 为奇数) 可以由 (全同) 玻色子来实现, 其元素可以由 (全同) 玻色子的产生算符与湮灭算符的组合表述为 $b_m^{\dagger} b_{m'}$. 相应地, SU($N$) ($N = 2l+1$ 为奇数) 群可以由 (全同) 玻色子来实现, 其无穷小生成元可以由 (全同) 玻色子的产生算符与湮灭算符的组合表述为 $b_m^{\dagger} b_{m'}$.

由于 SU($N$)(U($N$)) 群的生成元可以由费米子算符表述为 $a_m^{\dagger} a_{m'}$, 或由玻色子算符表述为 $b_m^{\dagger} b_{m'}$, 由定义知, 群的不变量 —— Casimir 算子可以表述为生成元的多项式. 例如, 二阶 Casimir 算子为生成元的二次型, 那么 SU($N$) 群和 U($N$) 群的 Casimir 算子即是多粒子系统中多体相互作用的表现, 二阶 Casimir 算子即为目前研究中通常考虑的两体相互作用的表现.

### 3.3.2 $B_n$ 李代数的玻色子实现

与 $A_N$ 李代数 (su($N+1$) 李代数, $N = 2l$ 为偶数) 的全同玻色子实现相同, 记角动量为 $l$, 其 $z$ 分量为 $m$ 的玻色子的产生算符、湮灭算符分别为 $b_{lm}^{\dagger} = b_m^{\dagger}$, $b_{lm} = b_m$, 并记 $b_m^{\dagger} b_{m'} - b_{m'}^{\dagger} b_m = \Xi_{mm'}$, 其中 $m, m' = -l, -l+1, \cdots, l-1, l$, $m \neq m'$, 直接计算得

$$\left[ \Xi_{pp'}, \Xi_{qq'} \right] = \delta_{pq'} \Xi_{p'q} + \delta_{p'q} \Xi_{pq'} - \delta_{pq} \Xi_{p'q'} - \delta_{p'q'} \Xi_{pq}.$$

这表明, $\Xi_{mm'}$ 的李乘积规则与 (5.25') 式所示的 so($2l+1$) 李代数的李乘积规则完全相同. 所以李代数 so($2l+1$) ($B_l$ 李代数) 可以由角动量为 $l$ 的全同玻色子来实现, 其元素可以由 (全同) 玻色子的产生算符与湮灭算符的组合表述为

$$\Xi_{mm'} = b_m^{\dagger} b_{m'} - b_{m'}^{\dagger} b_m.$$

相应地, SO($2l+1$) 群可以由 (全同) 玻色子来实现, 其无穷小生成元可以由 (全同) 玻色子的产生算符与湮灭算符的组合表述为

$$\Xi_{mm'} = b_m^\dagger b_{m'} - b_{m'}^\dagger b_m.$$

由于 SO($N$)(O($N$), $N$ 为奇数) 群的生成元可以由玻色子算符表述为 $\Xi_{mm'} = b_m^\dagger b_{m'} - b_{m'}^\dagger b_m$, 其二次型当然为多玻色子系统中两体相互作用的表现. 由 Casimir 算子的定义知, 该群的二阶 Casimir 算子即为现在的对多玻色子系统性质研究中通常考虑的两体相互作用的表现.

### 3.3.3　$C_n$ 李代数的费米子实现

与 $A_N$ 李代数 (su($N+1$) 李代数, $N = 2j$ 为奇数) 的全同费米子实现相同, 记总角动量为 $j$, 其 $z$ 分量为 $m$ 的费米子的产生算符、湮灭算符分别为 $a_{jm}^\dagger = a_m^\dagger$, $a_{jm} = a_m$, 并进一步记 $a_m^\dagger a_{m'} + a_{m'}^\dagger a_m = \Xi_{mm'}$, 其中 $m, m' = -j, -j+1, \cdots, j-1, j$, $m \neq m'$, 直接计算得

$$[\Xi_{pp'}, \Xi_{qq'}] = \mathcal{H}_{p'q} \Xi_{pq'} + \mathcal{H}_{p'q'} \Xi_{pq} + \mathcal{H}_{pq} \Xi_{p'q'} + \mathcal{H}_{pq'} \Xi_{p'q}.$$

这表明, $\Xi_{mm'}$ 的李乘积规则与 (3.55) 式所示的 sp($2j+1$) 李代数的李乘积规则完全相同. 所以李代数 sp($2j+1$) ($C_{(2j+1)/2}$ 李代数, $j$ 为半奇数) 可以由总角动量为 $j$ 的全同费米子来实现, 其元素可以由全同费米子的产生算符与湮灭算符的组合表述为

$$\Xi_{mm'} = a_m^\dagger a_{m'} + a_{m'}^\dagger a_m.$$

相应地, SP($2j+1$) ($j$ 为半奇数) 群可以由全同费米子来实现, 其无穷小生成元可以由全同费米子的产生算符与湮灭算符的组合表述为

$$\Xi_{mm'} = a_m^\dagger a_{m'} + a_{m'}^\dagger a_m.$$

由于 SP($N$) 群 ($N$ 为偶数) 的生成元可以由费米子算符表述为 $\Xi_{mm'} = a_m^\dagger a_{m'} + a_{m'}^\dagger a_m$ (特殊地, SP($N$) 群 ($N$ 为偶数) 的生成元也可以由玻色子算符来实现, 例如本章思考题与习题 10 所述的情形), 其二次型当然为多费米子系统中两体相互作用的表现. 由 Casimir 算子的定义知, 该群的二阶 Casimir 算子即为现在的对多费米子系统性质研究中通常考虑的两体相互作用的表现.

将上述讨论推广, 对 su($2N+1$)) 李代数, 如果 $2N+1 = \sum_{l=0}^{k}(2l+1)$ 为偶数, 则它可以由总角动量为半奇数 $N$ 的全同费米子实现, 还可以由角动量为 $l = 0, 1, \cdots, k$ 的非全同玻色子实现. 例如, su(16) 李代数可以由总角动量为 $j = \dfrac{15}{2}$ 的费米子实

现, 也可以由角动量 $l = 0, 1, 2, 3$ 的玻色子实现. 当然, 如果 $2N+1$ 为奇数, 则 su$(2N+1)$ 李代数也可以由非全同玻色子实现, 例如 su$(15)$ 李代数可以由角动量 $l = 0, 2, 4$ 的玻色子实现.

再者, 我们已经知道, SO$(N)$ (O$(N)$) 群是 SU$(N)$ (U$(N)$) 群的子群, SP$(N)$ ($N$ 为偶数) 群也是 SU$(N)$ (U$(N)$, $N$ 为偶数) 群的子群, 上述的典型李代数 (李群) 的玻色子实现和费米子实现表明, 玻色子系统的对称性可以由较大的 U$(N)$ 或 SU$(N)$ 破缺到 O$(N)$ (SO$(N)$) 或 SP$(N)$, 费米子系统的对称性可以由较大的 U$(N)$ 或 SU$(N)$ ($N$ 为偶数) 破缺到 SP$(N)$. 如果系统的哈密顿量可以表示为这些群的 Casimir 算子的线性叠加的形式, 则系统具有明显的动力学对称性破缺. 作为群的不变量的 Casimir 算子当然有其确定的本征值 (第四章及第八章将予以具体讨论), 从而我们可以方便地标记 (区分开与高对称性相应的简并) 系统的状态, 并给出系统的能谱, 讨论对称性动力学破缺的效应.

## 思考题与习题

1. 对于由条件

$$s^{-1}gs = g^{*-1}, \qquad s = \begin{pmatrix} 0 & 0 & \sigma \\ 0 & e & 0 \\ \sigma & 0 & 0 \end{pmatrix}$$

决定的 GL$(n, \mathbb{C})$ 的实子群, 其中 $\sigma$ 为 $p \times p$ 矩阵元为 1 的反对角矩阵, $e$ 为 $(n-2p) \times (n-2p)$ 单位矩阵, 试证明该实子群同态于 U$(p, q)$ 群.

2. 试通过具体计算, 给出 $A_n$ (su$(n+1)$) 李代数的矩阵表述形式及相应的李乘积规则的表述形式.

3. 试通过具体计算, 给出 $B_n$ (so$(2n+1)$) 李代数的矩阵表述形式及相应的李乘积规则的表述形式.

4. 试通过具体计算, 给出 $C_n$ (sp$(2n)$) 李代数的矩阵表述形式及相应的李乘积规则的表述形式.

5. 试通过具体计算, 给出 $D_n$ (so$(2n)$) 李代数的矩阵表述形式及相应的李乘积规则的表述形式.

6. 记 $\{\sigma_k \mid k = 1, 2, 3\}$ 为 Pauli 矩阵, 试证明 $3+1$ 维赝正交空间的对称性群对应的李代数 so$(3, 1)$ 可以实现为

$$\mathbb{J}_k = \frac{\mathrm{i}}{2}\begin{pmatrix} \sigma_k & 0 \\ 0 & \sigma_k \end{pmatrix}, \qquad \mathbb{N}_k = \frac{1}{2}\begin{pmatrix} 0 & \sigma_k \\ \sigma_k & 0 \end{pmatrix}, \qquad k = 1, 2, 3.$$

7. 试在 Chevalley 基下计算与不相逆非零根相应的李乘积 $[e_{\alpha_j}, e_{a_k}]$.

8. 试通过具体计算, 给出 Chevalley 基下 $A_n, B_n, C_n, D_n$ 李代数的李乘积规则.

9. 记 $\{\sigma_k \mid k = 1, 2, 3\}$ 为 Pauli 矩阵, $a = \begin{pmatrix} a_1 \\ a_2 \end{pmatrix}$, $a^* = (a_1^*, a_2^*)$, 并且 $[a_i, a_j^*] = \delta_{ij}, (i = 1, 2)$, 试证明 $\mathrm{su}(1,1) \sim \mathrm{so}(2,1) \sim \mathrm{sp}(2,\mathbb{R}) \sim \mathrm{sl}(2,\mathbb{R})$ 可以实现为

$$\mathbb{X}_1 = \frac{\mathrm{i}}{2} a^* \sigma_1 a, \qquad \mathbb{X}_2 = \frac{\mathrm{i}}{2} a^* \sigma_2 a, \qquad \mathbb{X}_3 = \frac{1}{2} a^* \sigma_3 a,$$

并且它们的二阶 Casimir 算子都可以表述为 $C_2 = \mathbb{X}_3^2 - \mathbb{X}_1^2 - \mathbb{X}_2^2$.

10. 记 $\{a_i, a_i^\dagger \mid i = 1, 2, 3, \cdots, n\}$ 为一组玻色子算符, 试证明这些玻色子算符的双线性组合

$$F_{ij} = a_i a_j, \qquad G_{ij} = a_i^\dagger a_j + \frac{1}{2} \delta_{ij}, \qquad H_{ij} = a_i^\dagger a_j^\dagger$$

满足李乘积关系

$$[G_{ij}, G_{kl}] = \delta_{jk} G_{il} - \delta_{il} G_{jk}, \qquad [F_{ij}, G_{kl}] = \delta_{jk} F_{il} + \delta_{ik} F_{jl},$$

并且张成 $\mathrm{sp}(n, \mathbb{C})$ 李代数.

11. 记 $\{a_i, a_i^\dagger \mid i = 1, 2, 3, \cdots, n\}$ 为一组玻色子算符, $M$ 为 $n \times n$ 矩阵, 试确定分别生成李代数 $\mathrm{u}(n), \mathrm{so}(n)$ 的双线性组合 $a^\dagger M a$ 的具体形式.

12. 试证明 $\mathrm{u}(6)$ 李代数既可以由角动量 $j = 0$ 和 $j = 2$ 的 s, d 玻色子系统实现, 也可以由总角动量 $j = \frac{1}{2}$ 和 $j = \frac{3}{2}$ 的费米子实现, 并给出两种实现下的各元素及二阶 Casimir 算子的表达式.

13. 接第 12 题, 试给出由角动量 $j = 0$ 和 $j = 2$ 的 s, d 玻色子实现的 $\mathrm{u}(6)$ 李代数的子代数 $\mathrm{so}(6)$ 的各元素及二阶 Casimir 算子的表达式.

14. 接第 12 题, 试给出由总角动量 $j = \frac{1}{2}$ 和 $j = \frac{3}{2}$ 的费米子实现的 $\mathrm{u}(6)$ 李代数的子代数 $\mathrm{sp}(6)$ 的各元素及二阶 Casimir 算子的表达式.

# 第四章　李群和李代数的表示

## §4.1　李群和李代数的表示的定义及分类

### 4.1.1　表示的定义

回顾前几章的讨论我们知道, 对李群 $\mathcal{G}$ 下的操作, 如果 $g_1$ 为对应于参数 $\alpha$ 的操作, $g_2$ 为对应于参数 $\beta$ 的操作, 则其联合操作为 $g_1(\alpha)g_2(\beta) = g_{12}(\gamma)$, 相应的参数为 $\gamma = \varphi(\alpha, \beta)$, 其中 $\varphi(\alpha, \beta)$ 是关于 $\alpha$ 和 $\beta$ 的连续可微函数. 这表明, 选定一个 $n$ 维线性空间, 则群元素对应一个变换 $g \to T(g)$, 并且 $T(g_1)T(g_2) = T(g_1g_2)$. 例如, 对于三维空间转动群, 我们可以将以欧拉角 $\{\alpha, \beta, \gamma\}$ 标记的转动 $R\{\alpha, \beta, \gamma\}$ 表述为三个相继的定轴转动, 这三个定轴转动是: 先绕坐标系 $Oxyz$ 的 $z$ 轴转 $\alpha$ 角 ($\alpha \in [0, 2\pi)$), 使坐标系变换至 $Ox'y'z'$; 然后绕 $Ox'y'z'$ 坐标系的 $y'$ 轴转 $\beta$ 角 ($\beta \in [0, \pi]$), 使坐标系转至 $Ox''y''z''$; 最后绕 $Ox''y''z''$ 坐标系的 $z''$ 轴转 $\gamma$ 角 ($\gamma \in [0, 2\pi)$); 即有 $R(\alpha, \beta, \gamma) = R_{z''}(\gamma)R_{y'}(\beta)R_z(\alpha)$. 当然, 我们也可以将之表述为原坐标系 $Oxyz$ 中三个定轴转动的乘积 $R(\alpha, \beta, \gamma) = R_z(\alpha)R_y(\beta)R_z(\gamma)$. 我们已经熟知, 定轴转动可以由矩阵形式表述, 例如,

$$R_z(\alpha) = \begin{pmatrix} \cos\alpha & -\sin\alpha & 0 \\ \sin\alpha & \cos\alpha & 0 \\ 0 & 0 & 1 \end{pmatrix}, \quad R_y(\beta) = \begin{pmatrix} \cos\beta & 0 & \sin\beta \\ 0 & 1 & 0 \\ -\sin\beta & 0 & \cos\beta \end{pmatrix},$$

于是, 我们有

$$R(\alpha, \beta, \gamma) = \begin{pmatrix} \cos\alpha\cos\beta\cos\gamma - \sin\alpha\sin\gamma & -\cos\alpha\cos\beta\sin\gamma - \sin\alpha\cos\gamma & \cos\alpha\sin\beta \\ \sin\alpha\cos\beta\cos\gamma + \cos\alpha\sin\gamma & -\sin\alpha\cos\beta\sin\gamma + \cos\alpha\cos\gamma & \sin\alpha\sin\beta \\ -\sin\beta\cos\gamma & \sin\beta\sin\gamma & \cos\beta \end{pmatrix}.$$

这表明, 一个三维空间中的转动操作可以由一个 $3 \times 3$ 矩阵来表述. 推而广之, 任何一个 (对称性) 群操作都可以由一个相应维数空间上的 (变换) 矩阵来表示.

**定义 4.1**　设 $\mathcal{G}$ 是一个李群, $\mathfrak{g}$ 是相应的李代数, $V$ 是复数域上的 $n$ 维向量空间, $\mathrm{GL}(n, \mathbb{C})$ 为 $V$ 上的一般线性变换群, 则 $\mathcal{G}$ 到 $\mathrm{GL}(n, \mathbb{C})$ 的同态称为 $\mathcal{G}$ 的一个 $n$

维表示, $V$ 是表示空间. 而李代数 $\mathfrak{g}$ 到 $\mathrm{gl}(n,\mathbb{C})$ 的一个同态映射称为李代数 $\mathfrak{g}$ 的一个 $n$ 维表示[①].

因为 $\mathrm{GL}(n,\mathbb{C})$ 为一般线性变换群, $\mathrm{gl}(n,\mathbb{C})$ 为对应的一般线性李代数, 又对表示 $A, \forall X \in \mathfrak{g}, A(X) \in \mathrm{gl}(n,\mathbb{C})$, 而 $\mathrm{gl}(n,\mathbb{C})$ 为所有可能的 $n \times n$ 矩阵的集合, 所以, 李群和李代数的表示可以是抽象的线性变换, 也可以是具体的矩阵 (实际仅是线性表示).

由李群与李代数的关系以及李群的表示、李代数的表示的定义知, 李群的表示与李代数的表示之间的关系可以表述为下面的定理.

**定理 4.1** 设 $\mathcal{G}$ 是一个李群, $\mathfrak{g}$ 是 $\mathcal{G}$ 对应的李代数, 则 $\mathfrak{g}$ 的表示与 $\mathcal{G}$ 的通用覆盖群的表示一一对应.

### 4.1.2 表示的分类

与一般的群表示相同, 李群 (李代数) 的表示也可分为忠实表示、等价表示、伴随表示、幺正表示、不可约表示、可约表示、完全可约表示、分导表示、诱导表示等, 还可分为复表示与实表示、基础表示与基本表示、张量表示与旋量表示等.

#### 1. 忠实表示、伴随表示与等价表示

**定义 4.2** 如果群 $\mathcal{G}$ 到一般线性群 $\mathrm{GL}(n,\mathbb{C})$ 的映射不仅同态, 而且同构, 其中 $n$ 为表示空间 $V$ 的维数, 即对任意 $g_\alpha \in \mathcal{G}$, 有唯一的 $A(g_\alpha) \in \mathrm{GL}(n,\mathbb{C})$ 与之对应, 反之, 对任一 $A(g_\alpha) \in \mathrm{GL}(n,\mathbb{C})$, 有唯一的 $g_\alpha \in \mathcal{G}$ 与之对应, 则称该表示 $A$ 为忠实表示 (faithful representation).

下面举几个例子.

(1) 典型李代数的矩阵实现形式.

典型李代数 $A_n$ (亦即 $\mathrm{su}(n+1)$), $B_n$ (亦即 $\mathrm{so}(2n+1)$), $C_n$ (亦即 $\mathrm{sp}(2n)$), $D_n$ (亦即 $\mathrm{so}(2n)$) 的矩阵实现形式本身就是其对应的线性变换 (矩阵), 也就是它们的忠实表示.

实际上, 对 $\mathrm{gl}(n,\mathbb{C}), \mathrm{sl}(n,\mathbb{C})$ 也完全相同.

(2) $\mathrm{SO}(2) = \{R_k(\theta)\}$ 的具体形式.

选三维笛卡儿空间为表示空间, 各坐标轴方向的单位向量为 $\hat{i}, \hat{j}, \hat{k}$, 前述的沿 $\hat{k}$

---

[①]若再加上条件 "$\forall X, Y \in \mathfrak{g}$, 如果 $Z = XY$, 则 $A(X)A(Y) = A(Z)$", 则这样的表示 $A$ 为相应的通用包络代数 (universal envoloping algebra) 的表示.

轴方向的转角 $\theta$ 的转动可以由矩阵表示为

$$A(R_{\widehat{k}}(\theta)) = \begin{pmatrix} \cos\theta & -\sin\theta & 0 \\ \sin\theta & \cos\theta & 0 \\ 0 & 0 & 1 \end{pmatrix} \quad (\theta \in [0, 2\pi)).$$

显然, 这样的变换矩阵与变换操作 (群元素) $R_{\widehat{k}}(\theta)$ 一一对应, 完全等价, 故为忠实表示.

**定义 4.3** 一李代数内各元素间按乘法 (即对易关系) 定义的线性变换称为该李代数的伴随表示 (adjoint representation).

对任意 $A \in \mathfrak{g}, B \in \mathfrak{g}$, 定义 $\mathrm{ad}(A)B = [A, B]$, 算符 $\mathrm{ad}(A)$ 称为 $A$ 的伴随算符 (adjoint operator). 前已证明, 它显然满足 $\mathrm{ad}(\alpha A + \beta B) = \alpha\mathrm{ad}(A) + \beta\mathrm{ad}(B)$, $[\mathrm{ad}(A), \mathrm{ad}(B)] = \mathrm{ad}([A, B])$, 所以线性变换 $A \to \mathrm{ad}(A)$ 为一同态映射, 该同态映射即为李代数 $\mathfrak{g}$ 的伴随表示.

设李群 $\mathcal{G} = \{g_\alpha\}$ 在表示空间 $V$ 的表示为 $A = \{A(g_\alpha)\}$, 对应每一个 $g_\alpha$, 都有唯一的非奇异线性变换 $A(g_\alpha)$ 与之对应. 在一组基 $\{e_1, e_2, \cdots, e_n\}$ 下, $A(g_\alpha)$ 就是 $g_\alpha$ 对应的非奇异变换矩阵. 设 $X$ 是 $V$ 上的非奇异矩阵, $\det(X) \neq 0$, 则其相似矩阵的集合 $\{XA(g_\alpha)X^{-1}\}$ 也给出群 $\mathcal{G}$ 的一个表示, 因为每个元素 $g_\alpha$ 唯一对应矩阵 $XA(g_\alpha)X^{-1}$, 而且 $XA(g_\alpha)X^{-1}$ 非奇异, 并保持群 $\mathcal{G}$ 的乘法规则:

$$XA(g_\alpha g_\beta)X^{-1} = XA(g_\alpha)A(g_\beta)X^{-1} = (XA(g_\alpha)X^{-1})(XA(g_\beta)X^{-1}).$$

由此有如下定义.

**定义 4.4** 若李群 $\mathcal{G} = \{g_\alpha\}$ 在空间 $V$ 上有表示 $A = \{A(g_\alpha)\}$, 而 $X$ 为 $V$ 上的非奇异矩阵, 则 $\{XA(g_\alpha)X^{-1}\}$ 称为 $\{A(g_\alpha)\}$ 的等价表示 (equivalent representation).

两个表示 $A, B$ 等价记为 $A \sim B$. 由定义知, 等价表示具有下述性质:

(1) 两个等价表示的维数一定相同 (但维数相同的表示不一定等价).

(2) 对一个表示, 原则上有无穷多个等价表示, 因为在一个表示空间中基的选择是任意的.

由定义知, 等价表示的标准是它们可以由相似变换联系起来, 或者特征标 (表示矩阵的迹) 相等.

**2. 不可约表示、可约表示及完全可约表示**

**定义 4.5** 如果李群 $\mathcal{G}$ 的表示 $A$ 的表示空间 $V$ 不存在 $\mathcal{G}$ 不变的真子空间 $W$(即 $W$ 不是零空间或 $V$ 本身), 则称 $A$ 是 $\mathcal{G}$ 的不可约表示 (irreducible representation), 或称既约表示.

**定义 4.6**  记 $A$ 为李群 $\mathcal{G}$ 在表示空间 $V$ 上的一个表示, 如果 $V$ 存在一个 $\mathcal{G}$ 不变的真子空间 $W$ (即 $W$ 不是零空间或 $V$ 本身), 即对任意 $y \in W$ 和任意 $g_\alpha \in \mathcal{G}$, 都有 $A(g_\alpha)y \in W$ (即 $A(g_\alpha)$ 不把 $W$ 中的向量变换到 $W$ 之外), 则称表示 $A$ 为可约表示.

如果 $V$ 中存在 $\mathcal{G}$ 不变的真子空间 $W$, 则总可以在 $V$ 中选一组基 $\{e_1, e_2, \cdots, e_l, e_{l+1}, \cdots, e_n\}$, 其中 $\{e_1, e_2, \cdots, e_l\}$ 是 $W$ 的基, 则 $W$ 中的向量 $Y$ 可记为 $Y = \sum_{i=1}^{l} Y_i e_i$, 而其在 $n$ 维空间 $V$ 中可以表示为

$$\mathcal{Y} = \begin{pmatrix} Y_l \\ 0 \end{pmatrix},$$

其中 $Y_l$ 为 $l$ 行 1 列矩阵, 对矩阵

$$A = \begin{pmatrix} C_{l \times l} & N_{l \times (n-l)} \\ M_{(n-l) \times l} & B_{(n-l) \times (n-l)} \end{pmatrix},$$

总有

$$A\mathcal{Y} = \begin{pmatrix} C_{l \times l} & N_{l \times (n-l)} \\ M_{(n-l) \times l} & B_{(n-l) \times (n-l)} \end{pmatrix} \begin{pmatrix} Y_l \\ 0 \end{pmatrix} = \begin{pmatrix} C_{l \times l} Y_l \\ M_{(n-l) \times l} Y_l \end{pmatrix}.$$

为保证 $A\mathcal{Y} \in W$, 即 $W$ 为 $l$ 维真子空间, 则应有 $M_{(n-l) \times l} Y_l = 0$. 由于 $Y_l \neq 0$, 则必有 $M_{(n-l) \times l} = 0$, 所以对所有 $g_\alpha \in \mathcal{G}$, $A(g_\alpha)$ 都有矩阵形式

$$A(g_\alpha) = \begin{pmatrix} C_{l \times l} & N_{l \times (n-l)} \\ 0 & B_{(n-l) \times (n-l)} \end{pmatrix}.$$

这表明, 可约表示都可以在表示空间 $V$ 中表述为分块矩阵的形式.

**定义 4.7**  如果李群 $\mathcal{G}$ 的表示空间 $V$ 可以分解为 $W$ 与 $W'$ 的直和, 即 $V = W \oplus W'$ (具体地: $V = W + W'$, $W \cap W' = \{0\}$, 或对任意向量 $\mathcal{X} \in V$, 可以找到 $\mathcal{Y} \in W$, $\mathcal{Z} \in W'$, 使得 $\mathcal{X}$ 可以唯一地写为 $\mathcal{X} = \mathcal{Y} + \mathcal{Z}$), 且 $W$ 和 $W'$ 都是 $\mathcal{G}$ 不变的, 即对任意 $\mathcal{Y} \in W$, $\mathcal{Z} \in W'$, $V$ 上 $\mathcal{G}$ 的表示 $A$ 都有

$$A(g_\alpha)\mathcal{Y} \in W, \qquad A(g_\alpha)\mathcal{Z} \in W',$$

则称表示 $A$ 是完全可约表示.

显然, 完全可约表示是特殊的可约表示.

对完全可约表示 $A$ 的表示空间 ($n$ 维), 总可以选一组基 $(e_1, e_2, \cdots, e_m, e_{m+1}, \cdots, e_n)$, 使得 $(e_1, e_2, \cdots, e_m)$、$(e_{m+1}, e_{m+2}, \cdots, e_n)$ 分别是 $W$, $W'$ 的基, 则 $W$ 和 $W'$ 中的向量 $\mathcal{Y}$, $\mathcal{Z}$ 可以分别表示为

$$\mathcal{Y} = \begin{pmatrix} Y_m \\ 0 \end{pmatrix}, \qquad \mathcal{Z} = \begin{pmatrix} 0 \\ Z_{n-m} \end{pmatrix},$$

其中 $Y_m$ 为 $m$ 行 1 列矩阵, $Z_{n-m}$ 为 $n-m$ 行 1 列矩阵. 因为对矩阵

$$A = \begin{pmatrix} C_{m \times m} & 0 \\ 0 & B_{(n-m) \times (n-m)} \end{pmatrix},$$

总有

$$A\mathcal{Y} = \begin{pmatrix} C_{m \times m} & 0 \\ 0 & B_{(n-m) \times (n-m)} \end{pmatrix} \begin{pmatrix} Y_m \\ 0 \end{pmatrix} = \begin{pmatrix} (CY)_m \\ 0 \end{pmatrix} \in W,$$

$$A\mathcal{Z} = \begin{pmatrix} C_{m \times m} & 0 \\ 0 & B_{(n-m) \times (n-m)} \end{pmatrix} \begin{pmatrix} 0 \\ Z_{n-m} \end{pmatrix} = \begin{pmatrix} 0 \\ (BZ)_{n-m} \end{pmatrix} \in W',$$

所以对任意 $g_\alpha \in \mathcal{G}$, 表示矩阵 $A(g_\alpha)$ 都可以写为

$$A(g_\alpha) = \begin{pmatrix} C_{m \times m} & 0 \\ 0 & B_{(n-m) \times (n-m)} \end{pmatrix} = C(g_\alpha) \oplus B(g_\alpha),$$

即完全可约表示都可以在表示空间 $V$ 中表述为仅对角线及其附近的矩阵元不为 0 的分块矩阵的形式.

**定理 4.2 (Weyl 定理)** 如果连通半单李群的有限维不可约表示 $A^p(g_\alpha)$ 的不可约表示空间 (真不变子空间) 为 $W^p$, 这样的不可约表示共 $q$ 个, 则该群的表示 $A(g_\alpha)$ 的表示空间可以表述为

$$V = \sum_{p=1}^{q} {}_\oplus W^p.$$

进一步推广, 对任意 $i \neq j \in p$, $W^i \cap W^j = \{0\}$, 而 $W^p$ 真子空间中的不可约表示 $A^p(g_\alpha)$ 在 $V$ 上的表示中出现 $m_p$ 次, 则

$$A(g_\alpha) = \sum_{p=1}^{q} {}_\oplus m_p A^p(g_\alpha),$$

$m_p$ 称为表示 $A^p(g_\alpha)$ 的重复度.

由此知, 确定李群的表示归结为求其全部不等价不可约表示. 具体地, 即不仅需要确定所有可能的 $A^p(g_\alpha)$, 还需要确定其重复度 $m_p$.

### 3. 复共轭表示、共轭表示、幺正表示, 以及实表示、复表示

**定义 4.8**　对 $n$ 维空间 $V$ 上的表示为 $A$ 的群 $G$ 的元素 $g_\alpha$ 和 $g_\beta$, 由 $A(g_\alpha)A(g_\beta)$ $= A(g_\alpha g_\beta)$, 并考虑表示 $A$ 实际可以写为变换矩阵和对矩阵操作 (矩阵运算) 的规律知,

$$A^*(g_\alpha g_\beta) = (A(g_\alpha)A(g_\beta))^* = A^*(g_\alpha)A^*(g_\beta),$$

由此知, $A^*$ 也是 $G$ 的表示, 称为表示 $A$ 的复共轭表示.

记 $A^\dagger = \widetilde{A}^*$, 因为

$$A^\dagger(g_\alpha g_\beta) = (A(g_\alpha)A(g_\beta))^\dagger = A^\dagger(g_\beta)A^\dagger(g_\alpha)$$

不一定等于 $A^\dagger(g_\alpha)A^\dagger(g_\beta)$, 所以, $A^\dagger$ 一般不为 $G$ 的表示. 然而, 将之与取逆相结合, 则可定义新的表示.

**定义 4.9**　对于群 $G$ 的表示 $A$, 由

$$(A^\dagger(g_\alpha g_\beta))^{-1} = (A^\dagger(g_\beta)A^\dagger(g_\alpha))^{-1} = (A^\dagger(g_\alpha))^{-1}(A^\dagger(g_\beta))^{-1}$$

知, $(A^\dagger)^{-1}$ 为 $G$ 的表示, 称为 $A$ 的共轭表示.

显然, $A$ 的共轭表示不同于 $A$ 的复共轭表示.

**定义 4.10**　对群 $G$ 的表示 $A$, 如果 $AA^\dagger = A^\dagger A = I$, 其中 $I$ 为单位矩阵, 即表示矩阵为幺正矩阵, 则称该表示为幺正表示, 或称酉表示.

易见, 幺正表示的共轭表示就是其自身. 再者, 由

$$A^{-1}(g_\alpha g_\beta) = (A(g_\alpha)A(g_\beta))^{-1} = A^{-1}(g_\beta)A^{-1}(g_\alpha)$$

知, $A^{-1}$ 不一定是表示. 然而, 将之与转置相结合, 则可定义新的表示.

**定义 4.11**　由

$$\widetilde{A}^{-1}(g_\alpha g_\beta) = \overline{(A(g_\alpha)A(g_\beta))^{-1}} = \widetilde{A}^{-1}(g_\alpha)\widetilde{A}^{-1}(g_\beta)$$

知, $\widetilde{A}^{-1}(g_\alpha)$ 一定是一个表示. 该表示称为表示 $A(g_\alpha)$ 的逆步表示.

**定义 4.12**　如果存在相似变换 $S$, 使得 $A^*(g_\alpha) = SA(g_\alpha)S^{-1}$, 则称 $A(g_\alpha)$ 为 $G$ 的一个自共轭表示.

由定义知, 实表示 (在某个相似变换下所有表示矩阵都是实矩阵, 反之为复表示) 自然是自共轭表示. 然而, 虽然自共轭表示与其复共轭表示等价, 但不一定存在相似变换使其所有表示矩阵都能变为实矩阵, 这表明自共轭表示不一定是实表示.

可以证明 (请读者作为习题自己完成), 幺正的不可约自共轭表示与其复共轭表示之间变换的相似矩阵 $S$ 应为对称幺正矩阵或反对称幺正矩阵. 如果 $S$ 为对称矩阵, 则该自共轭表示为实表示; 如果 $S$ 为反对称矩阵, 则该自共轭表示不是真正的实表示 (常称为赝实表示).

**定理 4.3** 幺正表示可约则完全可约.

**证明** 记 $A$ 为 (李) 群 $\mathcal{G}$ 的可约幺正表示, 则其表示空间 $V$ 中有 $\mathcal{G}$ 不变的真子空间 $W$. 记 $V$ 中 $W$ 的正交补空间为 $W^\perp$, 即 $V = W \oplus W^\perp$, $\forall \mathcal{Y} \in W$, $\mathcal{Z} \in W^\perp$, 依定义, 一定有

$$(\mathcal{Y}, \mathcal{Z}) = 0 = (\mathcal{Z}, \mathcal{Y}).$$

因 $W$ 是 $\mathcal{G}$ 不变的, 即 $\forall g_\alpha \in \mathcal{G}$, $\mathcal{Y} \in W$, 都有

$$A(g_\alpha)\mathcal{Y} \in W, \quad A(g_\alpha^{-1})\mathcal{Y} \in W,$$

那么,

$$(A(g_\alpha)\mathcal{Z}, \mathcal{Y}) = (\mathcal{Z}, A^\dagger(g_\alpha)\mathcal{Y}) = (\mathcal{Z}, A(g_\alpha^{-1})\mathcal{Y}) = 0.$$

由此知, $W^\perp$ 也是 $\mathcal{G}$ 不变的真子空间, 即 $A$ 是完全可约的, 并且 $A$ 可以写成 $W$ 和 $W^\perp$ 上的幺正变换 $C$ 与 $B$ 的直和, 即

$$A(g_\alpha) = C(g_\alpha) \oplus B(g_\alpha),$$

并且有

$$C^\dagger(g_\alpha)C(g_\alpha) = I, \qquad B^\dagger(g_\alpha)B(g_\alpha) = I,$$
$$C(g_\alpha)\mathcal{Y} \in W, \qquad B(g_\alpha)\mathcal{Z} \in W^\perp.$$

**推论** 有限维幺正表示可以分解为不可约幺正表示的直和.

设 $A$ 是 (李) 群 $\mathcal{G}$ 在有限维内积空间上的幺正表示, 则由前述定理知 $V = V_1 \oplus V_2 \oplus \cdots \oplus V_k$, 其中任一 $V_p$ 都不再包含 $\mathcal{G}$ 不变的真子空间. 相应地,

$$A(g_\alpha) = A^1(g_\alpha) \oplus A^2(g_\alpha) \oplus \cdots \oplus A^k(g_\alpha),$$

其中 $A^p$ 是 $\mathcal{G}$ 的不可约幺正表示. 由于其中有些可能相同, 记 $A^p$ 的重复度为 $m_p$, 则

$$A(g_\alpha) = \sum_p {}^\oplus m_p A^p(g_\alpha).$$

### 4. 分导表示与诱导表示

**定义 4.13** 由群 $\mathcal{G}$ 及其代数 (记为 $\mathfrak{g}$) 的结构知, 其子群 $\mathcal{H}$ 的表示空间为群 $\mathcal{G}$ 的表示空间中的子空间, 那么, 当群 $\mathcal{G}$ 破缺到子群 $\mathcal{H}$ (对称性破缺) 时, 包含在群 $\mathcal{G}$ 的不可约表示 (记为 $D^j(\mathcal{G})$) 中与子群 $\mathcal{H}$ 的元素有关的表示矩阵构成子群 $\mathcal{H}$ 的表示. 这样的群 $\mathcal{G}$ 的不可约表示 $D^j(\mathcal{G})$ 称为其关于子群 $\mathcal{H}$ 的分导表示 (subduced representation), 常记为 $D^j(\mathcal{H})$.

分导表示一般都为可约表示, 可按子群的不可约表示 $\overline{D}^k(\mathcal{H})$ 分解, 即有

$$X D^j(\mathcal{H}) X^{-1} = \sum_{k \oplus} m_{jk} \overline{D}^k(\mathcal{H}),$$

其中 $m_{jk}$ 称为包含在表示 $D^j(\mathcal{H})$ 中的 $\overline{D}^k(\mathcal{H})$ 的重复度, $X$ 为相似变换矩阵.

显然, 记表示 $D^j(\mathcal{G})$ 的维数为 $d_j$, $\overline{D}^k(\mathcal{H})$ 的维数为 $\overline{d}_k$, 则有 $d_j = \sum_k m_{jk} \overline{d}_k$.

**定义 4.14** 记 $\mathcal{H}$ 为 $\mathcal{G}$ 的一个子群, $h \to L_h$ 是 Hilbert 空间 $\mathcal{K}$ 中 (子) 群 $\mathcal{H}$ 的一个有限维不可约表示, 那么, 考虑 Hilbert 空间 $\mathcal{K}$ 中域 $\mathcal{G}$ 内的函数 $u$ 的一个线性空间 $\widetilde{\mathcal{K}}^L$, 则有性质:

(1) $\forall\, v \in \mathcal{K}$, 标量积 $(u(g), v)$ 在 $\mathcal{G}$ 中都连续;

(2) $\forall\, h \in \mathcal{H}$, $u(hg) = L_h u(g)$.

按照群操作规则, 定义

$$T_{g_0}^L u(g) = u(g g_0),$$

则 $u(g g_0)$ 满足上述性质, 因此 $u(g g_0) \in \widetilde{\mathcal{K}}^L$, 并有

$$\left(T_{g_1}^L T_{g_2}^L u\right)(g) = u(g g_1 g_2) = T_{g_1 g_2}^L u(g).$$

由此知,

$$T_{g_1}^L T_{g_2}^L = T_{g_1 g_2}^L,$$

并且, 对于单位元 $e$, $T_e^L = I$.

按前述定义, $g \to T_g^L$ 为连续映射, 那么, 映射 $g \to T_g^L$ 即定义了群 $\mathcal{G}$ 的一个表示. 这样的由子群 $\mathcal{H}$ 的不可约表示 $L$ 通过映射 $g \to T_g^L$ 构成的群 $\mathcal{G}$ 的表示称为由子群 $\mathcal{H}$ 的不可约表示 $L$ 构成的群 $\mathcal{G}$ 的诱导表示 (induced representation).

由于上述映射是连续映射, 这样得到的群 $\mathcal{G}$ 的 (诱导) 表示一般为无限维表示.

### 5. 基础表示与基本表示、张量表示与旋量表示

根据选用的基的特点及相应的表示的特点, 李群的表示还有基础表示与基本表示之分, 以及张量表示与旋量表示之分, 由于它们比较专门, 不容易进行概要性讨论, 因此将在后面逐渐进行具体讨论.

### 4.1.3 李群的表示的一些性质

由李群的结构和李群的表示的定义可以证明, 李群的表示具有下列定理所述的性质.

**定理 4.4** 复荷载空间上的连通可解李群的每一个有限维不可约表示都是一维的.

**定理 4.5** 连通单紧致李群的不可约幺正表示都是有限维的.

例如, SO(3) 和 SU(2) 的不可约幺正表示.

**定理 4.6** 连通单非紧致李群的不可约幺正表示, 除恒等表示外, 都是无限维的.

**定理 4.7** 记李群 $\mathcal{G}$ 的一个复解析表示为 $T_{\mathcal{G}}$, 相应的 $\mathcal{G}$ 的实形式 $\mathcal{N}$ 的表示为 $T_{\mathcal{N}}$, 则 $T_{\mathcal{G}}$(完全) 可约的充要条件是 $T_{\mathcal{N}}$(完全) 可约.

这些定理是关于李群的表示的基本性质的表述, 但证明大多比较复杂, 这里略去, 有兴趣的读者请参阅参考书 [2].

## §4.2 权及半单李代数的权的性质

### 4.2.1 权与权空间

我们知道, 对李群 $\mathcal{G}$, 其对应的李代数为 $\mathfrak{g}$, 在 Cartan 正则形式下, $\mathfrak{g}$ 为满足下列规律的向量空间:

$$
\begin{aligned}
&[H_i, H_j] = 0, \\
&[H_i, E_\alpha] = \alpha_i E_\alpha, \\
&[E_\alpha, E_{-\alpha}] = \alpha^i H_i, \\
&[E_\alpha, E_\beta] = N_{\alpha\beta} \delta^\gamma_{\alpha+\beta} E_\gamma.
\end{aligned}
$$

由李代数 (李群) 的表示的定义知, $\mathfrak{g}$ 的表示也满足这些关系, 但意义不同. 若为表示的关系, 则其代表的是作用在表示空间 $V_A$ 上的矩阵间的关系.

**定义 4.15** 李代数 $\mathfrak{g}$ 的 Cartan 子代数的基 $\{H_i\}$ 在 $\mathfrak{g}$ 的某个表示中的共同本征向量上的本征值组成的向量 $(\nu_1, \nu_2, \cdots, \nu_l)$ 称为权向量, 简称权. 权向量张成的空间称为权空间.

因为对 $H_i$ 的相应于本征值 $\nu_i^{(r)}$ 的本征向量 $|r\rangle$, 有

$$
\begin{aligned}
H_i\left(E_\alpha|r\rangle\right) = H_i E_\alpha|r\rangle &= \left([H_i, E_\alpha] + E_\alpha H_i\right)|r\rangle \\
&= \left(\alpha_i E_\alpha|r\rangle + E_\alpha \nu_i^{(r)}|r\rangle\right) \\
&= \left(\nu_i^{(r)} + \alpha_i\right) E_\alpha|r\rangle,
\end{aligned}
$$

这表明, 如果本征向量 $|r\rangle$ 对应本征值 $v_i^{(r)}$, 则 $E_\alpha|r\rangle$ 为相应于本征值 $v_i^{(r)} + \alpha_i$ 的本征向量. 由此知, 在伴随表示下, Cartan-Weyl 基 $\{H_i, E_\alpha\}$ 作为本征向量所对应的权等于根.

于是, 对于 $\{H_i\}$ 的某一个权 $\Lambda$, 由根的性质知, $\{H_i\}$ 的本征向量可以写为相应于包含 $\Lambda$ 的关于 $\alpha$ 的根链的形式

$$
\underbrace{\Lambda - q\alpha,\ \Lambda - (q-1)\alpha,\ \cdots,\ \Lambda - 2\alpha,\ \Lambda - \alpha}_{q \text{ 个}},\ \Lambda,\ \underbrace{\Lambda + \alpha,\ \Lambda + 2\alpha,\ \cdots,\ \Lambda + p\alpha}_{p \text{ 个}},
$$

$$
\begin{array}{cc}
(\Lambda - q\alpha \text{ 是权}, & (\Lambda + p\alpha \text{ 是权}, \\
\Lambda - (q+1)\alpha \text{ 不是权}) & \Lambda + (p+1)\alpha \text{ 不是权})
\end{array}
$$

那么相应的本征值, 即权向量也可以写为包含 $\Lambda$ 的关于 $\alpha$ 的权链.

与根分为正根、负根、零根对应, 权也分为正权、负权、零权, 其定义很直观, 即对于权 $\Lambda$, 如果 $\Lambda > 0$ (与根类似, 这里 $\Lambda > 0$ 表示 $\Lambda$ 第一个不为 0 的分量 $> 0$), 则称为正权, 如果 $\Lambda < 0$, 则称为负权, 如果 $\Lambda = 0$, 则称为零权.

**定义 4.16** 对权 $\Lambda_1$ 和 $\Lambda_2$, 如果 $\Lambda_1 - \Lambda_2 > 0$, 则称 $\Lambda_1$ 是高于 $\Lambda_2$ 的权. $\{\Lambda_i\}$ 中最大的权称为最高权, 也称为首权.

例如对 SO(2) 群的不可约表示 $M$. 将三维空间转动群 SO(3) 的不可约表示 (即角动量) $J$ 约化到定轴转动群 SO(2) 的不可约表示 (即角动量在转轴方向上的投影) $M$ 时, 其可取值为 $M = -J, -J+1, \cdots, J-1, J$, 共 $2J+1$ 个, 其中的 $J$ $(-J)$ 即称为 SO(2) 的不可约表示的最高 (最低) 权.

### 4.2.2 半单李代数的权的性质

#### 1. 半单李代数的权的存在性

**定理 4.8** 半单李代数的任何表示空间至少有一个权.

**证明** 由矩阵的基本性质知, 矩阵 $H_i$ 至少有一个本征值 $\Lambda_i$. 记 $V_i$ 是由本征值为 $\Lambda_i$ 的本征向量展成的子空间, 例如 $|U_{\Lambda_i}\rangle \in V_i$, 由于 $H_i H_j|U_{\Lambda_i}\rangle = H_j H_i|U_{\Lambda_i}\rangle = H_j \Lambda_i|U_{\Lambda_i}\rangle = \Lambda_i H_j|U_{\Lambda_i}\rangle$, 即有

$$
H_j V_i \in V_i,
$$

由此知, $H_j$ 在它的不变子空间 $V_i$ 中至少有一个本征向量, 其相应的本征值为 $\Lambda_j$.

如此继续下去, 则知每一个 $H_j$ 在它的不变子空间中都至少有一个本征向量, 相应的本征值为 $\Lambda_j$, 最后得到子空间 $V_\Lambda$, 它包含 $H_1, H_2, \cdots, H_l$ 的共同本征向量, 相应的权为

$$\Lambda = (\Lambda_1, \Lambda_2, \cdots, \Lambda_l).$$

**2. 具有不同权的本征向量的线性无关性与完备性**

**定理 4.9**　如果向量 $|U\rangle$ 的权为 $\Lambda$, 向量 $|U^k\rangle$ 的权为 $\Lambda^k$, 若 $|U\rangle$ 为 $|U^k\rangle$ 的线性组合, 而所有的 $\Lambda^k$ 都不等于 $\Lambda$, 则 $|U\rangle$ 必为零向量.

**证明**　依所设条件, 记 $|U\rangle = \sum_k C_k |U^k\rangle$, 引入算符

$$\prod_k \mu^i (H_i - \Lambda_i^k),$$

其中 $\mu^i$ 为任意复数. 将该算符作用于 $|U\rangle$ 的展开式的两边, 考虑 $\Lambda, \Lambda^k$ 分别为 $H_i$ 的 (不同) 本征值, 则有

$$\text{左边} = \prod_k \mu^i (H_i - \Lambda_i^k)|U\rangle = \prod_k \mu^i (\Lambda_i - \Lambda_i^k)|U\rangle,$$

$$\text{右边} = \prod_k \mu^i (H_i - \Lambda_i^k) \sum_{k'} C_{k'} |U^{k'}\rangle = \sum_{k'} C_{k'} \prod_k \mu_i (H_i - \Lambda_i^k)|U^{k'}\rangle$$

$$= \sum_{k'} C_{k'} \prod_k \mu^i (\Lambda_i^{k'} - \Lambda_i^k)|U^{k'}\rangle.$$

因为右边连乘积中的 $k$ 取遍所有可能的值, 所以一定有 $k' = k$, 从而 $\Lambda_i^{k'} - \Lambda_i^k = 0$, 于是右边 $= 0$, 即有

$$\prod_k \mu^i (\Lambda_i - \Lambda_i^k)|U\rangle = 0.$$

因为 $\Lambda \neq \Lambda^k$, 即至少存在某个 $i$, 使得 $\Lambda_i - \Lambda_i^k \neq 0$, 而 $\mu^i$ 任意, 则

$$\mu^i (\Lambda_i - \Lambda_i^k) \neq 0, \quad \prod_k \mu^i (\Lambda_i - \Lambda_i^k) \neq 0,$$

于是必有 $|U\rangle = 0$.

由于零向量不是通常关心的本征向量 (至少不认为它们是有重要实际意义的), 因此若 $|U\rangle$ 为对应权 $\Lambda$ 的本征向量, 且所有 $\Lambda^k$ 都不等于 $\Lambda$, 则 $|U\rangle$ 一定不可以表述为 $|U^k\rangle$ 的线性组合, 即 $|U\rangle$ 与所有 $|U^k\rangle$ 都线性无关 $((U, U^k) = 0)$, 从而具有不同权的本征向量彼此都线性独立. 既然各本征向量都线性无关, 则在 $n$ 维表示空间中, 最多有 $n$ 个权.

如果一个权对应的线性独立的本征向量有 $\nu$ 个, 则称这个权是 $\nu$ 重的. 如果一个权对应的线性独立的本征向量只有一个, 则称这个权为单权.

**定义 4.17** 在表示空间 $V_A$ 中取一组基 $\{|\xi_1\rangle, |\xi_2\rangle, \cdots, |\xi_n\rangle\}$, 设 $\Lambda_i$ 是对应于 $|\xi_i\rangle$ 的权, 如果权 $\{\Lambda_i\}$ 满足 $\Lambda_1 \geqslant \Lambda_2 \geqslant \cdots \geqslant \Lambda_n$, 则称这组基为正则基.

**3. 半单李代数的不可约表示的表示空间的可分解性**

**定理 4.10** 设 $A$ 是半单李代数 $\mathfrak{g}$ 的不可约表示, 相应的表示空间为 $V_A$, 如果 $V_A$ 的子空间 $V_A^\Lambda$ 可由对应权 $\Lambda$ 的本征向量展开, 则 $V_A$ 可以分解为

$$V_A = \sum_{\Lambda \in \Delta_\Lambda \oplus} V_A^\Lambda,$$

其中 $\Delta_\Lambda$ 是所有权 $\Lambda$ 的集合.

**证明** 依条件和表示空间中权的存在性知, $V_A$ 中至少存在一个权 $\Lambda'$, 对任意本征向量 $|U_{\Lambda'}\rangle \in V_A^{\Lambda'}$, 都有

$$H_i E_\alpha |U_{\Lambda'}\rangle = \big([H_i, E_\alpha] + E_\alpha H_i\big)|U_{\Lambda'}\rangle = (\Lambda' + \alpha_i) E_\alpha |U_{\Lambda'}\rangle,$$

这就是说, 如果 $\Lambda' + \alpha \in \Delta_\Lambda$, 则 $E_\alpha |U_{\Lambda'}\rangle \in V_A^{\Lambda' + \alpha}$, 如果 $\Lambda' + \alpha \notin \Delta_\Lambda$, 则 $E_\alpha |U_{\Lambda'}\rangle = 0$.

以此类推, 如果 $\Lambda' + \alpha + \beta + \cdots + \gamma \in \Delta_\Lambda$, 则 $E_\alpha E_\beta \cdots E_\gamma |U_{\Lambda'}\rangle$ 是权为 $\Lambda' + \alpha + \beta + \cdots + \gamma$ 的本征向量, 如果 $\Lambda' + \alpha + \beta + \cdots + \gamma \notin \Delta_\Lambda$, 则 $E_\alpha E_\beta \cdots E_\gamma |U_{\Lambda'}\rangle = 0$.

由此可知, 具有不同权的子空间 $V_A^\Lambda$ 的直和 $\displaystyle\sum_{\Lambda \in \Delta_\Lambda \oplus} V_A^\Lambda$ 是半单李代数 $\mathfrak{g}$ 的一个不变子空间.

依假设, $V_A$ 是 $\mathfrak{g}$ 的不可约表示的表示空间, 所以一定有

$$V_A = \sum_{\Lambda \in \Delta_\Lambda \oplus} V_A^\Lambda.$$

**4. 半单李代数的权与根的关系及权链的存在性**

前已述及, 一个权可与一个非零根相联系, 在正则形式下, 权与根等价. 那么, 由根的性质知有如下定理.

**定理 4.11** 设 $A$ 是半单李代数 $\mathfrak{g}$ 的一个表示, $\Lambda$ 是 $A$ 的一个权, $\alpha$ 是 $\mathfrak{g}$ 的一个根, 则:

(1) $\dfrac{2(\Lambda, \alpha)}{(\alpha, \alpha)}$ 是整数, $\Lambda - \dfrac{2(\Lambda, \alpha)}{(\alpha, \alpha)}\alpha$ 是 $A$ 的一个权;

(2) $\Lambda - \dfrac{2(\Lambda, \alpha)}{(\alpha, \alpha)}\alpha$ 与 $\Lambda$ 在 $A$ 中具有相同的重数;

(3) 如果 $\Lambda$ 是单权, 则存在一个包含 $\Lambda$ 的关于 $\alpha$ 的权链

$$\Lambda - q\alpha,\ \Lambda - (q-1)\alpha,\ \cdots,\ \Lambda - \alpha,\ \Lambda,\ \Lambda + \alpha,\ \cdots,\ \Lambda + (p-1)\alpha,\ \Lambda + p\alpha,$$

使得 $\Lambda - (q+1)\alpha$ 和 $\Lambda + (p+1)\alpha$ 不是权, 并且

$$\frac{2(\Lambda, \alpha)}{(\alpha, \alpha)} = q - p.$$

由此可知, 前述推测的权的分类以及其高低的分类等都是必然.

### 5. 半单李代数的最高权的性质

**定理 4.12 (最高权定理)** 如果半单李代数 $\mathfrak{g}$ 的有限维表示 $A$ 是不可约的, 则 $A$ 的最高权是单的. 如果半单李代数 $\mathfrak{g}$ 的两个不可约表示 $A_1$ 和 $A_2$ 是等价的, 则 $A_1$ 和 $A_2$ 的最高权相等. 反之, 如果一个半单李代数的两个不可约表示的最高权相等, 则这两个不可约表示等价.

**证明** 前半部分用反证法.

记半单李代数 $\mathfrak{g}$ 的有限维不可约表示 $A$ 的最高权 $\Lambda$ 对应的两个线性无关本征向量为 $|U_\Lambda\rangle$, $|U'_\Lambda\rangle$, 则由 $E_{-\alpha}, E_{-\beta}, \cdots$ 对 $|U_\Lambda\rangle$ 作用, 得到表示空间 $V_A$ 的一个子空间 $V_\Lambda$, 由 $E_{-\alpha}, E_{-\beta}, \cdots$ 对 $|U'_\Lambda\rangle$ 作用, 得到表示空间 $V_A$ 的另一个子空间 $V'_\Lambda$.

由半单李代数的不可约表示的表示空间的可分解性知, 如果 $\Lambda - \alpha - \beta - \cdots$ 是 $A$ 的权, 则 $V_\Lambda$ 中的向量有一般形式 $|U_{\Lambda-\alpha-\beta-\cdots}\rangle$, 并且 $H_i$ 和 $E_{-\gamma}$ 类的算符对 $V_\Lambda$ 作用不变, 即

$$H_i|U_{\Lambda-\alpha-\beta-\cdots}\rangle = (\Lambda - \alpha - \beta - \cdots)_i|U_{\Lambda-\alpha-\beta-\cdots}\rangle \in V_\Lambda,$$

$$E_{-\gamma}|U_{\Lambda-\alpha-\beta-\cdots}\rangle = \begin{cases} |U_{\Lambda-\alpha-\beta-\cdots-\gamma}\rangle \in V_\Lambda, & \text{若 } \Lambda - \alpha - \beta - \cdots - \gamma \text{ 是权}, \\ 0 \in V_\Lambda, & \text{若 } \Lambda - \alpha - \beta - \cdots - \gamma \text{ 不是权}. \end{cases}$$

由 $E_\gamma$ 对 $|U_{\Lambda-\alpha-\beta-\cdots}\rangle$ 作用也不变及 $[H_i, E_\alpha] = \alpha_i E_\alpha$, 则知

$$\begin{aligned}
E_\gamma|U_{\Lambda-\alpha-\beta-\cdots}\rangle &= E_\gamma E_{-\alpha}|U_{\Lambda-\beta-\cdots}\rangle \\
&= (\delta_{\gamma\alpha}\alpha^i H_i + E_{-\alpha}E_\gamma)|U_{\Lambda-\beta-\cdots}\rangle \\
&= \delta_{\gamma\alpha}\alpha^i H_i|U_{\Lambda-\beta-\cdots}\rangle + E_{-\alpha}E_\gamma E_{-\beta}|U_{\Lambda-\cdots}\rangle \\
&= \delta_{\gamma\alpha}\alpha^i H_i|U_{\Lambda-\beta-\cdots}\rangle + E_{-\alpha}(\delta_{\gamma\beta}\beta^i H_i + E_{-\beta}E_\gamma)|U_{\Lambda-\cdots}\rangle \\
&= \delta_{\gamma\alpha}\alpha^i H_i|U_{\Lambda-\beta-\cdots}\rangle + \delta_{\gamma\beta}\beta^i(H_i E_{-\alpha} - (-\alpha_i)E_{-\alpha})|U_{\Lambda-\cdots}\rangle \\
&\quad + E_{-\alpha}E_{-\beta}E_\gamma|U_{\Lambda-\cdots}\rangle \\
&= \delta_{\gamma\alpha}\alpha^i H_i|U_{\Lambda-\beta-\cdots}\rangle + \delta_{\gamma\beta}\beta^i(H_i + \alpha_i)|U_{\Lambda-\alpha-\cdots}\rangle \\
&\quad + E_{-\alpha}E_{-\beta}E_\gamma|U_{\Lambda-\cdots}\rangle.
\end{aligned}$$

如此一直做下去, 最后仅剩下 $E_{-\alpha}E_{-\beta}\cdots E_{\gamma}|U_{\Lambda}\rangle$. 由于 $|U_{\Lambda}\rangle$ 是与最高权 $\Lambda$ 相应的本征向量, 则 $E_{\gamma}|U_{\Lambda}\rangle = 0$, 于是

$$E_{\gamma}|U_{\Lambda-\alpha-\beta-\cdots}\rangle = \delta_{\gamma\alpha}\alpha^i H_i|U_{\Lambda-\beta-\cdots}\rangle + \delta_{\gamma\beta}\beta^i(H_i+\alpha_i)|U_{\Lambda-\alpha-\cdots}\rangle$$
$$+\delta_{\gamma\rho}\rho^i H_i|U_{\Lambda-\alpha-\cdots}\rangle + \cdots$$
$$\in V_{\Lambda},$$

即 $V_{\Lambda}$ 是李代数 $\mathfrak{g}$ 不变的子空间. 同理, $V_{\Lambda}'$ 也是半单李代数 $\mathfrak{g}$ 不变的子空间. 这说明, 表示空间 $V_A$ 中存在两个 $\mathfrak{g}$ 不变的子空间 $V_{\Lambda}$ 和 $V_{\Lambda}'$, 因此表示 $A$ 是可约的. 这显然与已知条件 ($A$ 是不可约表示) 矛盾. 所以最高权对应两个线性无关的本征向量的假设实际是不成立的. 故此有限维不可约表示 $A$ 的最高权一定是单的.

下面证明后半部分.

由相似矩阵具有相同的本征值的基本性质知, 等价的不可约表示一定有相同的最高权. 反过来, 设不可约表示 $A$ 和 $A'$ 的最高权相等, 均为 $\Lambda$, 相应的本征向量分别为 $|U_{\Lambda}\rangle, |U_{\Lambda}'\rangle$, 我们需要证明 $A'$ 与 $A$ 等价.

由定义和假设知,

$$(A-\Lambda)|U_{\Lambda}\rangle = 0, \qquad (A'-\Lambda)|U_{\Lambda}'\rangle = 0,$$

$A'$ 与 $A$ 等价即存在变换矩阵 $S$, 使得 $SAS^{-1} = A'$, 亦即 $|U_{\Lambda}'\rangle = S|U_{\Lambda}\rangle$.

记不可约表示 $A$ 和 $A'$ 的表示空间分别为 $V_{\Lambda}, V_{\Lambda}'$, 由 $E_{-\alpha}, E_{-\beta}, \cdots$ 分别作用于表示空间 $V_{\Lambda}, V_{\Lambda}'$ 中的本征向量, 则有:

$$|U_{\Lambda}\rangle, \ |U_{\Lambda-\alpha}\rangle, \cdots, \ |U_{\Lambda-\alpha-\beta}\rangle, \cdots, \ |U_{\Lambda-\alpha-\beta-\cdots}\rangle \ ;$$
$$|U_{\Lambda}'\rangle, \ |U_{\Lambda-\alpha}'\rangle, \cdots, \ \left|U_{\Lambda-\alpha-\beta}'\right\rangle, \cdots, \ \left|U_{\Lambda-\alpha-\beta-\cdots}'\right\rangle .$$

下面证明它们之间有一一对应关系, 亦即 $|U_{\Lambda}'\rangle = S|U_{\Lambda}\rangle$.

我们知道, 对于两空间 $V_{\Lambda}$ 和 $V_{\Lambda}'$ 中的向量, 如果它们线性无关, 则其间的相因子可任意选取. 并且, 尽管对应不同权的本征向量线性无关, 但对应相同权的各本征向量可能线性相关. 设 $V_{\Lambda}$ 中的向量 $u_1, u_2, \cdots$ 线性相关, 即有

$$C_1 u_1 + C_2 u_2 + C_3 u_3 + \cdots = 0,$$

其中 $C_1, C_2, \cdots \in \mathbb{C}$. 由李代数和最高权的定义知, 必有

$$E_{\alpha}(C_1 u_1 + C_2 u_2 + \cdots) = 0.$$

$V_{\Lambda}'$ 空间中线性相关的向量则可一般地表述为

$$u' = C_1 u_1' + C_2 u_2' + C_3 u_3' + \cdots,$$

其全体 $\{u'\} = V_1'$ 构成 $V_\Lambda'$ 的一个子空间, 且自然有

$$E_\alpha u' = E_\alpha \big(C_1 u_1' + C_2 u_2' + C_3 u_3' + \cdots \big).$$

由于 $\{u_i'\}$ 都为相应于最高权 $\Lambda$ 的本征向量, 则 $E_\alpha u_i' = 0$, 从而有

$$E_\alpha u' = 0,$$

即 $E_\alpha u'$ 对应 $V_\Lambda'$ 中的零向量. 再考虑代数空间的完备性, 则知 $E_\alpha u' \in V_1'$. 因为 $V_\Lambda'$ 是不可约的, 由定义知 $V_1' = 0$ 或 $V_1' = V_\Lambda'$.

另一方面, 由于 $V_\Lambda'$ 中相应于最高权 $\Lambda$ 的向量 $|U_\Lambda'\rangle \neq 0$, 则

$$|U_\Lambda'\rangle \notin V_1',$$

于是只可能有 $V_1' = 0$. 这表明, 当 $C_1 u_1 + C_2 u_2 + C_3 u_3 + \cdots = 0$ 时, 在 $V_\Lambda'$ 中有

$$C_1 u_1' + C_2 u_2' + C_3 u_3' + \cdots = 0.$$

由此知, $V_\Lambda'$ 中的向量的线性相关性与 $V_\Lambda$ 中的向量的线性相关性完全一样, 亦即两表示空间中的向量可以通过线性变换相互联系, 从而 $A'$ 与 $A$ 等价. 即使考虑线性无关态的相因子的任意性, 再加上线性相关态的相关情况, 同样会得到表示 $A'$ 与表示 $A$ 等价. 总之, 最高权定理的后半部分一定成立.

### 6. 半单李代数的最高权的条件

**定理 4.13** $\Lambda$ 是半单李代数 $\mathfrak{g}$ 的不可约表示 $A$ 最高权的充要条件是, 对于任意素根 $\alpha_i \in \pi$, $\lambda_i = \lambda_{\alpha_i} = \dfrac{2(\Lambda, \alpha_i)}{(\alpha_i, \alpha_i)}$ 为非负整数.

**证明** 记 $\Lambda$ 是 $\mathfrak{g}$ 的不可约表示 $A$ 的最高权, 由于素根 $\alpha_i$ 一定是正根, 则包含 $\Lambda$ 的关于 $\alpha_i$ 的权链只可能为

$$\Lambda - \lambda_i \alpha_i,\ \Lambda - (\lambda_i - 1)\alpha_i,\ \cdots, \Lambda.$$

由半单李代数的权链中的权与根的关系

$$\frac{2(\Lambda, \alpha_i)}{(\alpha_i, \alpha_i)} = q - p, \quad q = \lambda_i,\ p = 0,$$

知

$$\frac{2(\Lambda, \alpha_i)}{(\alpha_i, \alpha_i)} = \lambda_i$$

为非负整数.

反过来即应有: $\lambda_i$ 取非负整数时, 与之相应的 $\Lambda$ 皆可成为半单李代数 $\mathfrak{g}$ 的不可约表示的最高权. 由于其具体证明 (可以利用通用包络代数的概念严格证明) 很麻烦, 这里从略, 我们仅说明如下.

设 $|U_\Lambda\rangle$ 是与最高权 $\Lambda$ 对应的本征向量 (最高权态), 依定义则有: 如果 $k \leqslant \lambda_i$, 则 $(E_{-\alpha_i})^k|U_\Lambda\rangle \neq 0$; 如果 $k > \lambda_i$, 则 $(E_{-\alpha_i})^k|U_\Lambda\rangle = 0$.

最高权定理是确定半单李代数的不可约表示的根据, 这里给出了最高权的充要条件. 由之可以判定并确定半单李代数的不可约表示的最高权态, 进而由降算符 $E_{-\alpha}$ 等作用即可得到该不可约表示的所有本征向量.

### 7. 半单李代数的有限维表示的可约性

**定理 4.14**　半单李代数的任意一个有限维可约表示都是完全可约的.

采用类似于证明可约幺正表示的完全可约性的方案即可证明此定理, 这里从略 (请读者作为习题自己完成).

### 4.2.3　权向量的分量

任意一个向量都可以在取定的基下写成各基对应分量的线性叠加, 例如最常见的三维向量 $\boldsymbol{r}$, 在取定笛卡儿坐标系, 即给定基 $\{\hat{e}_x, \hat{e}_y, \hat{e}_z\}$ 后, 都可以写为 $\boldsymbol{r} = x\hat{e}_x + y\hat{e}_y + z\hat{e}_z$.

前面关于根的讨论表明, 任意一个根向量 $\alpha_i$ 都可以在一组 Euclid 基下写为

$$\alpha_i = \alpha_{i,1}e_1 + \alpha_{i,2}e_2 + \cdots + \alpha_{i,l}e_l. \tag{4.1}$$

对典型李代数, 其秩 $l$ 即其对应的 Cartan 子代数的维数. 那么, 由权与根的对应关系 (在伴随表示中, 权与根相同) 知, 任意一个权向量 $\Lambda_i$ 也可以在一组 Euclid 基下写为

$$\Lambda_i = \Lambda_{i,1}e_1 + \Lambda_{i,2}e_2 + \cdots + \Lambda_{i,l}e_l, \tag{4.2}$$

其中的 $\Lambda_{i,j}$ 即为权向量 $\Lambda_i$ 的第 $j$ 分量.

例如, 对 SU(3) ($A_2$) 李代数, 由前两章的讨论知, 在直角坐标基下, 各根等长, 两相邻根间的夹角为 $\dfrac{\pi}{3}$. 如图 4.1 所示, 取根长为 1, 其素根常表述为

$$\alpha_1 = \left(\frac{1}{2}, \frac{\sqrt{3}}{2}\right), \qquad \alpha_2 = \left(\frac{1}{2}, -\frac{\sqrt{3}}{2}\right),$$

其间的夹角显然为 $\dfrac{2\pi}{3}$. 此外, 还有正根 $\alpha_1 + \alpha_2 = (1, 0)$.

对于权, 按照已用习惯, 取其长度 (归一化) 为 $\dfrac{1}{\sqrt{3}}$, 在直角坐标系中, 它们常表

述为

$$\Lambda_1 = \left(\frac{1}{2}, \frac{1}{2\sqrt{3}}\right), \quad \Lambda_2 = \left(0, -\frac{1}{\sqrt{3}}\right), \quad \Lambda_3 = \left(-\frac{1}{2}, \frac{1}{2\sqrt{3}}\right),$$

其分布如图 4.1 所示. 显然, $\Lambda_2 = \Lambda_1 - \alpha_1$, $\Lambda_3 = \Lambda_2 - \alpha_2 = \Lambda_1 - \alpha_1 - \alpha_2$, $\Lambda_1$ 为最高权.

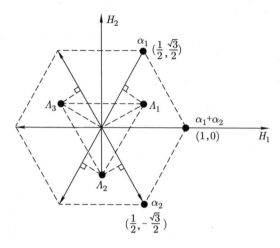

图 4.1 $A_2$ 李代数的根图与权图

下面介绍两种特殊的分量形式: 对偶分量和 Dynkin 分量.

由基的选取的任意性知, $l$ 秩单李代数的权 $\Lambda_i$ 可以在以素根为基的坐标系下展开为

$$\Lambda_i = \sum_{k=1}^{l} \Lambda_{i,k} \alpha_k,$$

其中的 $\Lambda_{i,k}$ 称为第 $i$ 个权的第 $k$ 分量. 这种形式表述 (定义) 的权 $\Lambda$ 的分量 $\{\Lambda_k \mid k = 1, 2, \cdots, l\}$ 称为权 $\Lambda$ 的对偶分量.

例如, 对 $A_2$ (su(3)) 李代数, 以素根 $\{\alpha_1, \alpha_2\}$ 为基, 前述的权 $\Lambda_1, \Lambda_2, \Lambda_3$ 可以具体表述为

$$\Lambda_1 = \left(\frac{2}{3}, \frac{1}{3}\right),$$

$$\Lambda_2 = \left(-\frac{1}{3}, \frac{1}{3}\right),$$

$$\Lambda_3 = \left(-\frac{1}{3}, -\frac{2}{3}\right),$$

并且, 显然有

$$\Lambda_2 = \Lambda_1 - \alpha_1, \quad \Lambda_3 = \Lambda_2 - \alpha_2 = \Lambda_1 - \alpha_1 - \alpha_2.$$

这表明, $\Lambda_1$ 为最高权, $\Lambda_2$ 为包含 $\Lambda_1$ 的关于 $\alpha_1$ 的权链, $\Lambda_3$ 为包含 $\Lambda_2$ 的关于 $\alpha_2$ 的权链 (也就是包含 $\Lambda_1$ 的关于 $\alpha_1$ 和 $\alpha_2$ 的权链).

由上一章关于李代数的实现的讨论知, 对于权, 可以由数 $\lambda_{i,k} = \dfrac{2(\alpha_k, \Lambda_i)}{(\alpha_k, \alpha_k)}$ 标记权 $\Lambda_i$ 的第 $k$ 分量. 这种形式表述 (定义) 的权 $\Lambda$ 的分量 $\{\lambda_k \mid k = 1, 2, \cdots, l\}$ 称为权 $\Lambda$ 的 Dynkin 分量.

仍以 $A_2$ (su(3)) 李代数为例, 先将 $\{\Lambda_i \mid i = 1, 2, 3\}$ 和 $\{\alpha_k \mid k = 1, 2\}$ 都在正交基下写出, 再求出其内积, 则有:

$$\lambda_{1,1} = 2\frac{(\alpha_1, \Lambda_1)}{(\alpha_1, \alpha_1)} = 2\frac{\frac{1}{4} + \frac{1}{4}}{\frac{1}{4} + \frac{3}{4}} = 1, \qquad \lambda_{1,2} = 2\frac{(\alpha_2, \Lambda_1)}{(\alpha_2, \alpha_2)} = 2\frac{\frac{1}{4} - \frac{1}{4}}{\frac{1}{4} + \frac{3}{4}} = 0;$$

$$\lambda_{2,1} = 2\frac{(\alpha_1, \Lambda_2)}{(\alpha_1, \alpha_1)} = 2\frac{0 - \frac{1}{2}}{\frac{1}{4} + \frac{3}{4}} = -1, \quad \lambda_{2,2} = 2\frac{(\alpha_2, \Lambda_2)}{(\alpha_2, \alpha_2)} = 2\frac{0 + \frac{1}{2}}{\frac{1}{4} + \frac{3}{4}} = 1;$$

$$\lambda_{3,1} = 2\frac{(\alpha_1, \Lambda_3)}{(\alpha_1, \alpha_1)} = 2\frac{-\frac{1}{4} + \frac{1}{4}}{1} = 0, \quad \lambda_{3,2} = 2\frac{(\alpha_2, \Lambda_3)}{(\alpha_2, \alpha_2)} = 2\frac{-\frac{1}{4} - \frac{1}{4}}{1} = -1.$$

根据定义, 权 $\Lambda$ 的对偶分量 $\{\Lambda_k\}$ 即权 $\Lambda$ 由素根系 $\{\alpha_k \mid 1, 2, \cdots, l\}$ 直接展开的叠加系数. 因为各 $\{\alpha_k\}$ 相互不正交, 所以权 $\Lambda$ 的对偶分量 $\Lambda_k$ 实际为斜交系中的 "斜" 分量.

关于权 $\Lambda$ 的 Dynkin 分量 $\lambda_k$, 考虑其定义, 因为

$$\lambda_k = 2\frac{(\alpha_k, \Lambda)}{(\alpha_k, \alpha_k)} = 2\frac{|\alpha_k| \, |\Lambda| \cos\theta_{\alpha_k \Lambda}}{|\alpha_k|^2},$$

并且其中的 $\alpha_k$ 已经归一化, 所以这种形式定义的 "权的分量" 实际是权 $\Lambda$ 对应的 "点" 在素根 $\alpha_k$ 上的直角投影的 2 倍, 也就是关于轴 $\alpha_k$ 的 "直角坐标" 的 2 倍. 例如, 对上述的 $A_2$ (su(3)) 李代数, $(\lambda_{1,1}, \lambda_{1,2}) = (1, 0)$ 表示 $\Lambda_1$ 在 $\alpha_1$ 上的投影为 $\frac{1}{2}$, 在 $\alpha_2$ 上的投影为 0; $(\lambda_{2,1}, \lambda_{2,2}) = (-1, 1)$ 表示 $\Lambda_2$ 在 $\alpha_1$ 上的投影为 $-\frac{1}{2}$, 在 $\alpha_2$ 上的投影为 $\frac{1}{2}$; $(\lambda_{3,1}, \lambda_{3,2}) = (0, -1)$ 表示 $\Lambda_3$ 在 $\alpha_1$ 上的投影为 0, 在 $\alpha_2$ 上的投影为 $-\frac{1}{2}$.

另一方面, 考虑权的 Dynkin 分量的定义 $\lambda_{i,k} = 2\dfrac{(\alpha_k, \Lambda_i)}{(\alpha_k, \alpha_k)}$ 和 Chevalley 基的定义 $h_{\alpha_k} = \dfrac{2(\alpha_k, H)}{(\alpha_k, \alpha_k)}\alpha_k$, 以及权 $\Lambda_i$ 是 $H$ 的本征值的本质, 我们知道, 权 $\Lambda_i$ 的 Dynkin

分量实际上为其在 Chevalley 基上的坐标 (投影).

根据定义, 在对偶基下,

$$\Lambda = \sum_{k=1}^{l} \Lambda_k \alpha_k,$$

具体到第 $i$ 个权, $\Lambda_i = \sum_{k=1}^{l} \Lambda_{i,k} \alpha_k.$

在 Dynkin 基下,

$$\Lambda = \sum_{k=1}^{l} \lambda_k \alpha_k,$$

具体到第 $i$ 个权, 其中的 $\lambda_k$ 为 $\lambda_{i,k} = 2\dfrac{(\alpha_k, \Lambda_i)}{(\alpha_k, \alpha_k)}$. 将对偶基下的 $\Lambda_i$ 的表达式代入, 则得

$$\lambda_{i,k} = 2\frac{(\alpha_k, \Lambda_i)}{(\alpha_k, \alpha_k)} = \frac{2(\alpha_k, \sum_{j=1}^{l} \Lambda_{i,j}\alpha_j)}{(\alpha_k, \alpha_k)} = \sum_{j=1}^{l} \frac{2(\alpha_k, \alpha_j)}{(\alpha_k, \alpha_k)} \Lambda_{i,j} = A_{kj}\Lambda_{i,j}, \qquad (4.3)$$

其中 $A_{kj}$ 为相应李代数的 Cartan 矩阵元 (可以由 Dynkin 图直接写出). 这表明, 标记权的 Dynkin 分量实际为对偶分量经 Cartan 矩阵作用后的结果.

例如, $A_2$ 李代数 (SU(3) 群) 的 Dynkin 图如图 4.2 所示, 其 Cartan 矩阵为

$$A_{\mathrm{SU}(3)} = \begin{pmatrix} 2 & -1 \\ -1 & 2 \end{pmatrix},$$

在对偶基下, 其权表述为

$$\Lambda_1 = \begin{pmatrix} \dfrac{2}{3} \\ \dfrac{1}{3} \end{pmatrix}, \quad \Lambda_2 = \begin{pmatrix} -\dfrac{1}{3} \\ \dfrac{1}{3} \end{pmatrix}, \quad \Lambda_3 = \begin{pmatrix} -\dfrac{1}{3} \\ -\dfrac{2}{3} \end{pmatrix}.$$

根据 Dynkin 基下的权的分量与对偶基下的权的分量间的关系, 很容易得到

$$\Lambda_1^{\mathrm{Dynkin}} = A_{kj}\Lambda_{1,j} = \begin{pmatrix} 2 & -1 \\ -1 & 2 \end{pmatrix} \begin{pmatrix} \dfrac{2}{3} \\ \dfrac{1}{3} \end{pmatrix} = \begin{pmatrix} 1 \\ 0 \end{pmatrix},$$

$$\Lambda_2^{\text{Dynkin}} = A_{kj}\Lambda_{2,j} = \begin{pmatrix} 2 & -1 \\ -1 & 2 \end{pmatrix} \begin{pmatrix} -\dfrac{1}{3} \\ \dfrac{1}{3} \end{pmatrix} = \begin{pmatrix} -1 \\ 1 \end{pmatrix},$$

$$\Lambda_3^{\text{Dynkin}} = A_{kj}\Lambda_{3,j} = \begin{pmatrix} 2 & -1 \\ -1 & 2 \end{pmatrix} \begin{pmatrix} -\dfrac{1}{3} \\ -\dfrac{2}{3} \end{pmatrix} = \begin{pmatrix} 0 \\ -1 \end{pmatrix}.$$

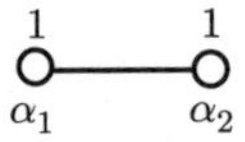

$$\underset{\alpha_1}{\overset{1}{\circ}} \!\!-\!\!-\!\!-\!\! \underset{\alpha_2}{\overset{1}{\circ}}$$

图 4.2　$A_2$ 李代数的 Dynkin 图

又如, 由 $G_2$ 李代数的根系图 (见图 2.13) 知, 在直角坐标系中, 其正根系为

素根：　$\alpha_1 = (0, \sqrt{3})$,　$\alpha_2 = \left(\dfrac{1}{2}, -\dfrac{\sqrt{3}}{2}\right)$, 其间夹角为 $\dfrac{5\pi}{6}$;

二级正根：　$\alpha_1 + \alpha_2 = \left(\dfrac{1}{2}, \dfrac{\sqrt{3}}{2}\right)$;

三级正根：　$\alpha_1 + 2\alpha_2 = (1, 0)$;

四级正根：　$\alpha_1 + 3\alpha_2 = \left(\dfrac{3}{2}, -\dfrac{\sqrt{3}}{2}\right)$;

五级正根：　$2\alpha_1 + 3\alpha_2 = \left(\dfrac{3}{2}, \dfrac{\sqrt{3}}{2}\right)$.

由其 Dynkin 图 (见图 4.3) 知, $G_2$ 李代数的 Cartan 矩阵为

$$A_{G_2} = \begin{pmatrix} 2 & -1 \\ -3 & 2 \end{pmatrix}.$$

图 4.3　$G_2$ 李代数的 Dynkin 图

考虑权与根之间的关系, 对于伴随表示, 在对偶基下, 其权表述为

$$\Lambda_1 = \begin{pmatrix} 2 \\ 3 \end{pmatrix}, \quad \Lambda_2 = \begin{pmatrix} 1 \\ 3 \end{pmatrix}, \quad \Lambda_3 = \begin{pmatrix} 1 \\ 2 \end{pmatrix},$$

$$\Lambda_4 = \begin{pmatrix} 1 \\ 1 \end{pmatrix}, \quad \Lambda_5 = \begin{pmatrix} 1 \\ 0 \end{pmatrix}, \quad \Lambda_6 = \begin{pmatrix} 0 \\ 1 \end{pmatrix}.$$

很显然, $\Lambda_2 = \Lambda_1 - \alpha_1$, $\Lambda_3 = \Lambda_1 - \alpha_1 - \alpha_2$, $\Lambda_4 = \Lambda_1 - \alpha_1 - 2\alpha_2$, $\Lambda_5 = \Lambda_1 - \alpha_1 - 3\alpha_2$, $\Lambda_6 = \Lambda_1 - 2\alpha_1 - 2\alpha_2$, 所以 $\Lambda_1$ 为最高权.

根据 Dynkin 基下的权的分量与对偶基下的权的分量间的关系, 很容易得到

$$\Lambda_1^{\text{Dynkin}} = A_{kj}\Lambda_{1,j} = \begin{pmatrix} 2 & -1 \\ -3 & 2 \end{pmatrix}\begin{pmatrix} 2 \\ 3 \end{pmatrix} = \begin{pmatrix} 1 \\ 0 \end{pmatrix},$$

$$\Lambda_2^{\text{Dynkin}} = A_{kj}\Lambda_{2,j} = \begin{pmatrix} 2 & -1 \\ -3 & 2 \end{pmatrix}\begin{pmatrix} 1 \\ 3 \end{pmatrix} = \begin{pmatrix} -1 \\ 3 \end{pmatrix},$$

$$\Lambda_3^{\text{Dynkin}} = A_{kj}\Lambda_{3,j} = \begin{pmatrix} 2 & -1 \\ -3 & 2 \end{pmatrix}\begin{pmatrix} 1 \\ 2 \end{pmatrix} = \begin{pmatrix} 0 \\ 1 \end{pmatrix},$$

$$\Lambda_4^{\text{Dynkin}} = A_{kj}\Lambda_{4,j} = \begin{pmatrix} 2 & -1 \\ -3 & 2 \end{pmatrix}\begin{pmatrix} 1 \\ 1 \end{pmatrix} = \begin{pmatrix} 1 \\ -1 \end{pmatrix},$$

$$\Lambda_5^{\text{Dynkin}} = A_{kj}\Lambda_{5,j} = \begin{pmatrix} 2 & -1 \\ -3 & 2 \end{pmatrix}\begin{pmatrix} 1 \\ 0 \end{pmatrix} = \begin{pmatrix} 2 \\ -3 \end{pmatrix},$$

$$\Lambda_6^{\text{Dynkin}} = A_{kj}\Lambda_{6,j} = \begin{pmatrix} 2 & -1 \\ -3 & 2 \end{pmatrix}\begin{pmatrix} 0 \\ 1 \end{pmatrix} = \begin{pmatrix} -1 \\ 2 \end{pmatrix}.$$

因为对权 $\Lambda$, 包含它的关于 $\{\alpha_i \mid i = 1, 2, \cdots, l\}$ 的权链的长度为

$$\lambda_i^{(\Lambda)} = q(\Lambda, \alpha_i) - p(\Lambda, \alpha_i),$$

对于一个权 $\Lambda$ 和任意正根 $\alpha$, 如果 $\Lambda + \alpha$ 不是权, 则 $\Lambda$ 即是最高权. 具体地, 只要 $\Lambda + \alpha_i \ (i = 1, 2, \cdots, l)$ 不是权即可, 也就是

$$p_i = p(\Lambda, \alpha_i) = 0. \tag{4.4}$$

由此知, 一组非负整数 $q_i (i = 1, 2, \cdots, l)$ 可以准确标记 $l$ 秩李代数的一个权. 而一个权由一 $l \times l$ 矩阵决定, 与该矩阵相应有任意多个相似矩阵. 一个这样的矩阵即相应于李代数 (李群) 的一个表示. 因此一组非负整数 $\{q_i \mid i = 1, 2, \cdots, l\}$ 标记 $l$ 秩李代数的一个表示.

### 4.2.4 权向量的集合

由前述讨论知, 与根相同, 权向量也存在权系, 并且对于最高权, 我们有条件将之确定. 那么只要先确定了最高权, 我们就可以得到所有的权, 即完整地确定权系.

权系可以由前述的权链方法确定, 即在知道最高权 $\Lambda$ 的情况下, 由

$$\begin{cases} p_i = p(\Lambda, \alpha_i) = 0, \\ q_i = \lambda_i = \dfrac{2(\alpha_i, \Lambda)}{(\alpha_i, \alpha_i)} > 0 \end{cases}$$

得到一系列新的权 $\Lambda - \alpha_i$, 再反复递推即可得到全部权的集合.

例如, 对 $A_2$ 李代数 (SU(3) 群), 记在 Chevalley 基下 (以 Dynkin 分量) 表述为 $\Lambda = (1,0)$ 的权为其最高权, 在直角坐标系中

$$\Lambda = \left(\frac{1}{2}, \frac{1}{2\sqrt{3}}\right), \qquad \alpha_1 = \left(\frac{1}{2}, \frac{\sqrt{3}}{2}\right), \qquad \alpha_2 = \left(\frac{1}{2}, -\frac{\sqrt{3}}{2}\right),$$

并且

$$(\alpha_1, \alpha_1) = \left(\frac{1}{2}, \frac{\sqrt{3}}{2}\right)\begin{pmatrix}\frac{1}{2} \\ \frac{\sqrt{3}}{2}\end{pmatrix} = 1, \qquad (\alpha_2, \alpha_2) = 1,$$

$$(\alpha_1, \alpha_2) = \left(\frac{1}{2}, \frac{\sqrt{3}}{2}\right)\begin{pmatrix}\frac{1}{2} \\ -\frac{\sqrt{3}}{2}\end{pmatrix} = -\frac{1}{2},$$

$$(\alpha_1, \Lambda) = \left(\frac{1}{2}, \frac{\sqrt{3}}{2}\right)\begin{pmatrix}\frac{1}{2} \\ \frac{1}{2\sqrt{3}}\end{pmatrix} = \frac{1}{2},$$

$$(\alpha_2, \Lambda) = \left(\frac{1}{2}, -\frac{\sqrt{3}}{2}\right)\begin{pmatrix}\frac{1}{2} \\ \frac{1}{2\sqrt{3}}\end{pmatrix} = 0,$$

则

$$q_1^\Lambda = \lambda_1^\Lambda = \frac{2(\alpha_1, \Lambda)}{(\alpha_1, \alpha_1)} = \frac{2 \cdot \frac{1}{2}}{1} = 1 > 0,$$

$$q_2^\Lambda = \lambda_2^\Lambda = \frac{2(\alpha_2, \Lambda)}{(\alpha_2, \alpha_2)} = \frac{2 \cdot 0}{1} = 0.$$

由于 $q_1^\Lambda$ 和 $q_2^\Lambda$ 都不小于 0, 则 $\Lambda$ 是最高权. 并且, 在此表示下, $A_2$ 有权

$$\Lambda_1 = \Lambda - q_1 \alpha_1 = \Lambda - \alpha_1 = \left(0, -\frac{1}{\sqrt{3}}\right).$$

考察以权 $\Lambda_1$ 为出发点的权链, 因为

$$q_1^{\Lambda_1} - p_1^{\Lambda_1} = \lambda_1^{\Lambda_1} = \frac{2(\alpha_1, \Lambda_1)}{(\alpha_1, \alpha_1)} = \frac{2(\alpha_1, \Lambda - \alpha_1)}{1} = 2\left(\frac{1}{2} - 1\right) = -1 \not> 0,$$

并且, 由 $\Lambda_1 + \alpha_1 = \Lambda$ 为最高权知, $p_1^{\Lambda_1} = 1$, 那么

$$q_1^{\Lambda_1} = \lambda_1^{\Lambda_1} + p_1^{\Lambda_1} = -1 + 1 = 0 \not> 0,$$

又因为

$$q_2^{\Lambda_1} - p_2^{\Lambda_1} = \lambda_2^{\Lambda_1} = \frac{2\,(\alpha_2, \Lambda_1)}{(\alpha_2, \alpha_2)} = \frac{2\,(\alpha_2, \Lambda - \alpha_1)}{1} = 2\left(0 - \left(-\frac{1}{2}\right)\right) = 1,$$

并且, 由 $\Lambda_1 + \alpha_2 \neq \Lambda$, 即不是最高权知, $p_2^{\Lambda_1} = 0$, 则

$$q_2^{\Lambda_1} = \lambda_2^{\Lambda_1} + p_2^{\Lambda_1} = 1 + 0 = 1 > 0,$$

因此, 此表示下, $\Lambda_2$ 有权

$$\Lambda_2 = \Lambda_1 - \alpha_2 = \Lambda - \alpha_1 - \alpha_2 = \left(-\frac{1}{2}, \frac{1}{2\sqrt{3}}\right).$$

再考察由 $\Lambda_2$ 为出发点的权链, 因为

$$q_1^{\Lambda_2} - p_1^{\Lambda_2} = \lambda_1^{\Lambda_2} = \frac{2\,(\alpha_1, \Lambda_2)}{(\alpha_1, \alpha_1)} = \frac{2\,(\alpha_1, \Lambda - \alpha_1 - \alpha_2)}{1} = 2\left(\frac{1}{2} - 1 - \left(-\frac{1}{2}\right)\right) = 0,$$

$$q_2^{\Lambda_2} - p_2^{\Lambda_2} = \lambda_2^{\Lambda_2} = \frac{2\,(\alpha_2, \Lambda_2)}{(\alpha_2, \alpha_2)} = \frac{2\,(\alpha_2, \Lambda - \alpha_1 - \alpha_2)}{1} = 2\left(0 - \left(-\frac{1}{2}\right) - 1\right) = -1,$$

并且, 由 $\Lambda_2 + \alpha_1 = \Lambda - \alpha_2$ 不为已知的权知, $p_1^{\Lambda_2} = 0$, 由 $\Lambda_2 + \alpha_2 = \Lambda - \alpha_1 = \Lambda_1$ 知, $p_2^{\Lambda_2} = 1$, 那么

$$q_1^{\Lambda_2} = \lambda_1^{\Lambda_2} + p_1^{\Lambda_2} = 0 + 0 = 0 \not> 0, \quad q_2^{\Lambda_2} = \lambda_2^{\Lambda_2} + p_2^{\Lambda_2} = -1 + 1 = 0 \not> 0,$$

所以不存在包含 $\Lambda_2$ 的权链. 这表明, 在包含 $\Lambda_2$ 的权链中, 权 $\Lambda_2$ 为最低权, 即对任意正根 $\alpha$, $\Lambda_2 - \alpha$ 都不是权, 从而递推截断, 不再有其他 (新的) 权.

总之, $A_2$ 在以 $\Lambda$ 为最高权的表示下的权的集合为

$$\Lambda = \left(\frac{1}{2}, \frac{1}{2\sqrt{3}}\right) = \frac{1}{3}\,(2\alpha_1 + \alpha_2),$$

$$\Lambda_1 = \Lambda - \alpha_1 = \frac{1}{3}\,(\alpha_2 - \alpha_1),$$

$$\Lambda_2 = \Lambda - \alpha_1 - \alpha_2 = -\frac{1}{3}\,(\alpha_1 + 2\alpha_2).$$

该权集合如图 4.4 所示.

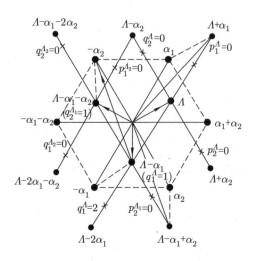

图 4.4 $A_2$ 李代数的以 $M=(1,0)$ 为最高权的表示下的权系的确定过程及所得结果示意图, × 表示这样递推的结果不存在

如果以在直角坐标系中表述为 $\left(\frac{1}{2},-\frac{1}{2\sqrt{3}}\right)$ 的权为最高权 $\Lambda'$, 即在素根系中 (以对偶分量表述为) $\Lambda'=\frac{1}{3}(\alpha_1+2\alpha_2)$, 在 Chevalley 基下 (以 Dynkin 分量表述为) $\Lambda'=(0,1)$. 因为 $q_1^{\Lambda'}=\frac{2(\alpha_1,\Lambda')}{(\alpha_1,\alpha_1)}=2\left(\frac{1}{4}-\frac{1}{4}\right)=2\cdot 0=0 \not> 0$, $q_2^{\Lambda'}=\frac{2(\alpha_2,\Lambda')}{(\alpha_2,\alpha_2)}$
$=2\left(\frac{1}{4}-\left(-\frac{1}{4}\right)\right)=2\cdot\frac{1}{2}=1>0$, 即 $\lambda_1^{\Lambda'}$ 和 $\lambda_2^{\Lambda'}$ 都不小于 0, 所以 $\Lambda'$ 可以为最高权.

采用与讨论以 $\Lambda=(1,0)$ 为最高权的权系时完全相同的步骤, 可得权系

$$\Lambda'=\left(\frac{1}{2},-\frac{1}{2\sqrt{3}}\right)=\frac{1}{3}(\alpha_1+2\alpha_2),$$

$$\Lambda_1'=\Lambda'-\alpha_2=\frac{1}{3}(\alpha_1-\alpha_2),$$

$$\Lambda_2'=\Lambda'-\alpha_2-\alpha_1=-\frac{1}{3}(2\alpha_1+\alpha_2).$$

比较上述取不同形式的最高权的结果知, 最高权的形式不同, 权的集合也不相同, 但整体来看, 仅相差一个符号 (相因子): $\Lambda'=-\Lambda_2$, $\Lambda_1'=-\Lambda_1$, $\Lambda_2'=-\Lambda$.

# §4.3  不可约张量与杨图

回顾已有知识及前述讨论知, 我们已经熟悉的量有标量和向量 (矢量). 事实上, 还有称为张量的量. 在此, 我们对之予以简要讨论, 并讨论以其作为基表征李代数 (李群) 的不可约表示的方法.

### 4.3.1  张量的定义

张量可以由 "代数" 出发来定义, 也可以由 "群" 出发来定义.

由 "代数" 出发的定义如下.

**定义 4.18**  记 $\rho$ 是李代数 $\mathfrak{g}$ 的一个表示, 其维数为 $\dim(\rho)$, 对任意 $X \in \mathfrak{g}$, 如果对任意 $\gamma = 1, 2, \cdots, \dim(\rho)$, 算符组 $\{T_\gamma^\rho\}$ 都满足

$$[X, T_\gamma^\rho] = \sum_{\gamma'} (\rho(X))_{\gamma'\gamma} T_{\gamma'}^\rho, \tag{4.5}$$

则称算符组 $T_\gamma^\rho$ 是李代数 $\mathfrak{g}$ 的一组荷载了表示 $\rho$ 的张量, $\dim(\rho)$ 称为其阶数.

另一方面, 对 $n$ 维空间 $\mathbb{R}^n$ 中的向量 $X = (x_1, x_2, \cdots, x_n)$, 群 $\mathcal{G}$ 的一个变换 (不可约表示) $A$ 使得 $X$ 变换为 $X'$, 即 $X' = AX$, 具体地, 对任意分量 $i$, $x_i' = A_{ij}x_j$ $(i, j = 1, 2, \cdots, n)$. 如果还有另一 $n$ 维向量 $Y = (y_1, y_2, \cdots, y_n)$, 对 $X$ 与 $Y$ 的直积 $x_i y_j$ (共 $n^2$ 个), 其变换为 $x_i' y_j' = A_{ik} A_{jl} x_k y_l$. 推而广之, 对一组 $n^2$ 个量 $T_{ij}$, 如果其变换为

$$T_{ij}' = A_{ik} A_{jl} T_{kl}, \tag{4.6}$$

则称这组量 (算符组) 为 2 阶不可约张量.

进一步推广, 对一组 $n^r$ 个量 $T_{i_1 i_2 \cdots i_r}$, 如果其变换为

$$T_{i_1 i_2 \cdots i_r}' = A_{i_1 j_1} A_{i_2 j_2} \cdots A_{i_r j_r} T_{j_1 j_2 \cdots j_r}, \tag{4.7}$$

其中 $A_{i_k j_k}$ $(k = 1, 2, \cdots, r)$ 都为 $n \times n$ 矩阵的矩阵元, 则称这 $n^r$ 个量形成的算符组为 $r$ 阶张量.

总结起来有如下由 "群" 出发的定义.

**定义 4.19**  记由与群 $\mathcal{G}$ 的某表示的某一权 $\Lambda$ 线性无关的算子 $T_\lambda^\Lambda$ 组成的集合为 $T^\Lambda$, 如果它在群的运算下按表示 $\Lambda$ 变换, 即有

$$A T_\lambda^\Lambda A^{-1} = \sum_{\lambda'} A_{\lambda'\lambda}^\Lambda T_{\lambda'}^\Lambda, \tag{4.8}$$

则称 $T_\lambda^\Lambda$ 为群 $\mathcal{G}$ 的属于 $\Lambda$ 的张量 (算子).

这两种定义是等价的, 证明如下.

**证明** 由基于群变换的定义出发, 记 $n$ 维空间中的无穷小变换为

$$A = 1 + \delta a^\sigma X_\sigma,$$

其中 $X_\sigma$ $(\sigma = 1, 2, \cdots, n)$ 为无穷小生成元, $\delta a^\sigma$ $(\sigma = 1, 2, \cdots, n)$ 为无穷小参数, 则

$$\begin{aligned}
A T_\lambda^\Lambda A^{-1} &= \left(1 + \delta a^\sigma X_\sigma\right) T_\lambda^\Lambda \left(1 - \delta a^\rho X_\rho\right) \\
&= T_\lambda^\Lambda + \delta a^\sigma \left[X_\sigma, T_\lambda^\Lambda\right] - \delta a^\sigma X_\sigma T_\lambda^\Lambda \delta a^\rho X_\rho.
\end{aligned}$$

略去二阶小量, 即有

$$\left[X, T_\lambda^\Lambda\right] = \sum_{\lambda'} A_{\lambda'\lambda}^\Lambda T_{\lambda'}^\Lambda.$$

这表明, 由基于群变换的对张量的定义可以导出基于代数的对张量的定义.

同理, 也可由基于代数的对张量的定义导出基于群变换的对张量的定义. 所以, 两种关于张量的定义等价.

### 4.3.2 张量的分类

由前述定义知, 张量与群和代数的表示有关, 表征变换的特征和性质, 因此, 人们常根据与张量相应的群和代数的表示是否可约等对张量进行分类, 也常根据变换的性质与特征对张量进行分类.

**1. 按约化特征分类**

由于张量都是基于群 (代数) 的表示定义的, 因此人们根据群 (代数) 表示是否可约和是否等价将张量分为不可约张量、可约张量、等价张量等.

很直接, 如果一组张量荷载的群 (代数) 的表示是可约的, 则称为可约张量, 如果一组张量荷载的群 (代数) 的表示是不可约的, 则称为不可约张量. 如果两组张量荷载的群 (代数) 的表示是等价的, 则称为等价张量.

由于群和代数的最基本的表示是不可约表示, 因此人们通常最关心不可约张量.

**2. 按变换特征分类**

我们知道, 变换有协变和逆变两类, 因此张量也分为协变张量和逆变张量两类.

**定义 4.20** $\forall g \in \mathfrak{g}$, $A(g)$ 为 $\mathfrak{g}$ 对应的群 $G$ 的一个有限维表示, $A_\mu^\nu$ 为 $A$ 在其表示空间上的矩阵表述形式, $U(g)$ 为 $g$ 在 Hilbert 空间上的一个幺正表示, 如果一组张量算符 $\{T_\mu\}$ $(\mu = 1, 2, \cdots, \dim(A))$ 在群变换的运算下满足

$$U^{-1}(g) T_\mu U(g) = \widetilde{A_\nu^\mu(g^{-1})} T_\nu = A_\mu^\nu(g^{-1}) T_\nu,$$

即

$$[U(g), T_\mu] = A_\mu^\nu(g^{-1}) T_\nu,$$

则称这组张量算符 $\{T_\mu\}$ 为协变张量.

通常考虑特殊的相位约定, 上述定义中 $A_\mu^\nu(g^{-1})$ 前会出现 $-i$ 因子.

**定义 4.21** $\forall g \in \mathfrak{g}$, $A(g)$ 为 $\mathfrak{g}$ 对应的群 $G$ 的一个有限维表示, $A_\mu^\nu$ 为 $A$ 在其表示空间上的矩阵表述形式, $U(g)$ 为 $g$ 在 Hilbert 空间上的一个幺正表示, 如果一组张量算符 $\{T^\mu\}$ $(\mu = 1, 2, \cdots, \dim(A))$ 在群变换的运算下满足

$$U^{-1}(g) T^\mu U(g) = A_\nu^\mu(g) T^\nu,$$

即

$$[U(g), T^\mu] = A_\nu^\mu(g) T^\nu,$$

则称这组张量算符 $\{T^\mu\}$ 为逆变张量.

考虑特殊的相位约定, 上述定义中 $A_\nu^\mu(g)$ 前会出现 $i$ 因子.

**定义 4.22** 既包含逆变部分又包含协变部分, 即按下述形式变换的张量称为混合张量:

$$T_{j_1 j_2 \cdots j_n}^{i_1 i_2 \cdots i_m} = \left(A_1 A_2 \cdots A_m\right)_{i_1' i_2' \cdots i_m' i_1 i_2 \cdots i_m} \left(\widetilde{A_1}^{-1} \widetilde{A_2}^{-1} \cdots \widetilde{A_n}^{-1}\right)_{j_1' j_2' \cdots j_n' j_1 j_2 \cdots j_n} T_{j_1' j_2' \cdots j_n'}^{i_1' i_2' \cdots i_m'}.$$

### 4.3.3　张量的性质

由定义知, 张量是表征变换的性质的量, 它们具有不变性. 它们有多个指标, 可以缩并, 并且还可以叠加和相乘 (亦称耦合). 下面对之予以简单介绍.

**1. 变换的不变性**

如果协变张量 $\{T_{\mu_1 \mu_2 \cdots \mu_p}\}$ 满足关系

$$A_{\mu_1}^{\nu_1}(g) A_{\mu_2}^{\nu_2}(g) \cdots A_{\mu_p}^{\nu_p}(g) T_{\nu_1 \nu_2 \cdots \nu_p} = g_{\mu_1 \mu_2 \cdots \mu_p}, \tag{4.9}$$

其中 $g_{\mu_1 \mu_2 \cdots \mu_p}$ 为确定的 (度规) 张量, 则称张量 $\{T_{\mu_1 \mu_2 \cdots \mu_p}\}$ 是变换不变的.

如果 $\{T^{\mu_1 \mu_2 \cdots \mu_p}\}$ 是按照李群的表示 $g \to A(g)$ 的张量积 $A(g_1) \otimes A(g_2) \otimes \cdots \otimes A(g_p)$ 变换的张量算符, $g_{\mu_1 \mu_2 \cdots \mu_p}$ 是一个不变的协变张量, 则

$$T = g_{\mu_1 \mu_2 \cdots \mu_p} T^{\mu_1 \mu_2 \cdots \mu_p} \tag{4.10}$$

是一个不变量, 因为显然有 $U^{-1}(g) T U(g) = T$, 并称 (4.10) 式所示的关系为逆变张量的不变性.

**2. 缩并及其性质**

**定义 4.23**　对一个高阶混合张量 $\{T^{\nu\alpha_1\alpha_2\cdots\alpha_p}_{\mu\beta_1\beta_2\cdots\beta_q}\}$，在其上下指标间进行的求和运算，即

$$T^{\mu\alpha_1\alpha_2\cdots\alpha_p}_{\mu\beta_1\beta_2\cdots\beta_q} = T^{\alpha_1\alpha_2\cdots\alpha_p}_{\beta_1\beta_2\cdots\beta_q}, \tag{4.11}$$

称为混合张量的缩并.

张量算符经缩并之后仍是张量算符，但其阶数降低. 例如，$T^{\mu_1\mu_2\cdots\mu_s\alpha_1\alpha_2\cdots\alpha_p}_{\mu_1\mu_2\cdots\mu_s\beta_1\beta_2\cdots\beta_q}$ 实际是由 $s+p$ 阶逆变 $s+q$ 阶协变张量缩并转变得到的 $p$ 阶逆变 $q$ 阶协变张量. $T^\alpha_\alpha\,(=T_\alpha T^\alpha)$，$T^{\alpha\beta}_{\alpha\beta}\,(=T_{\alpha\beta}T^{\alpha\beta})$，$T^{\alpha\beta}_{\beta\alpha}\,(=T_{\beta\alpha}T^{\alpha\beta})$ 等都是零阶张量，即标量 (在群 (代数) 变换 (操作) 下都是不变量). $T^{\alpha i}_\alpha$，$T^\alpha_{i\alpha}$，$T^{\alpha\beta}_{\alpha\beta i}$，$T^{\alpha\beta}_{i\alpha\beta}$ 等都是 1 阶协变张量.

但是，上指标中或下指标中有相同指标并不代表 "缩并"，例如 $T_{\alpha\alpha}$ 和 $T^{\beta\beta}$ 都不是标量，而是 2 阶张量的分量.

**3. 张量的加法和乘法**

由张量的定义知，两同阶张量 $T^{a,(1)}, T^{a,(2)}$ 可以进行简单的叠加运算，并记为

$$T^a = T^{a,(1)} + T^{a,(2)}, \tag{4.12}$$

$T^a$ 称为 $T^{a,(1)}$ 与 $T^{a,(2)}$ 的和.

对两张量 $T^a$ 和 $T^b$，$T^{ab} = T^a T^b$ 称为它们的乘积，亦称为其耦合. 该乘积当然满足变换规则

$$U^{-1}(g)T^{ab}U(g) = A^{ab}_{a'b'}T^{a'b'} = A^a_{a'}(g)A^b_{b'}(g)T^{a'b'},$$

其中 $A$ 为李代数 $\mathfrak{g}$ (相应的 (局部) 李群 $\mathcal{G}$) 的不可约表示.

两张量的乘法规则 (耦合规则) 可以具体表述为：记相应于两不可约表示的最高权分别为 $\Lambda_1, \Lambda_2$，相应的不可约张量分别为 $T^{\Lambda_1}_{\lambda_1}, T^{\Lambda_2}_{\lambda_2}$，则其乘积 (耦合张量) 为

$$T^\Lambda_\lambda = \langle \Lambda_1\lambda_1\Lambda_2\lambda_2 | \Lambda\lambda \rangle T^{\Lambda_1}_{\lambda_1} T^{\Lambda_2}_{\lambda_2}, \tag{4.13}$$

其中 $\{\Lambda\lambda\}$ 的可取值由两表示 $\{\Lambda_1\lambda_1\}$，$\{\Lambda_2\lambda_2\}$ 的直乘表示的约化规则确定，$\langle \Lambda_1\lambda_1\Lambda_2\lambda_2 | \Lambda\lambda \rangle$ 称为李代数 $\mathfrak{g}$ (李群 $\mathcal{G}$) 的 Clebsch–Gordan (CG) 系数，具体讨论见下一章.

### 4.3.4　不可约张量的分解

交换 2 阶不可约张量 $T_{i_1 i_2}$ 的指标 $i_1, i_2$ 得 $T_{i_2 i_1}$. 2 阶不可约张量 $T_{i_1 i_2}$ 一般不具有交换对称性，但是，记

$$T_{i_1 i_2} = \frac{1}{2}(T_{i_1 i_2} + T_{i_2 i_1}) + \frac{1}{2}(T_{i_1 i_2} - T_{i_2 i_1}),$$

则前一部分 $\frac{1}{2}(T_{i_1 i_2} + T_{i_2 i_1})$ 具有交换对称性, 后一部分 $\frac{1}{2}(T_{i_1 i_2} - T_{i_2 i_1})$ 具有交换反对称性.

记

$$Y_{\pm} = e_{i_1 i_2} \pm P_{i_1 i_2}, \tag{4.14}$$

其中 $e_{i_1 i_2}$ 为恒等算符, $P_{i_1 i_2}$ 为对 $i_1 i_2$ 的置换算符, 其前面的符号由置换的奇偶决定 (如果置换为偶置换, 则为正号, 如果置换为奇置换, 则为负号), 则 $Y_+$ 为对称化算符, $Y_-$ 为反对称化算符, 显然

$$T_{i_1 i_2} = \frac{1}{2} Y_+ T_{i_1 i_2} + \frac{1}{2} Y_- T_{i_1 i_2}. \tag{4.15}$$

推而广之, 由任意一个不可约张量都可以构造全对称张量 (交换任意两个指标值不变) 和全反对称张量 (交换任意两个指标乘 $-1$)

$$T^{\mathrm{S}}_{i_1 i_2 \cdots i_r}, \qquad T^{\mathrm{AS}}_{i_1 i_2 \cdots i_r}. \tag{4.16}$$

$r$ 阶全对称不可约张量可以类比于以分量形式表述的 $r$ 个 $n$ 维向量的乘积的形式, 即写为

$$X_1^{m_1} X_2^{m_2} \cdots X_n^{m_n},$$

其中 $m_1 + m_2 + \cdots + m_n = r$. 它显然仅与该求和的结果有关, 与其中的具体顺序无关. 于是, $r$ 阶全对称张量可以表述为对各种指标置换的叠加的形式, 即有

$$T^{\mathrm{S}}_{i_1 i_2 \cdots i_r} = \frac{1}{r!} \sum_{P(i_1 i_2 \cdots i_r)} (\pm) T_{P(i_1 i_2 \cdots i_r)}, \tag{4.17}$$

如果 $P(i_1 i_2 \cdots i_r)$ 为 $i_1 i_2 \cdots i_r$ 的偶置换则取正号, 如果 $P(i_1 i_2 \cdots i_r)$ 为 $i_1 i_2 \cdots i_r$ 的奇置换则取负号.

$s$ 阶全反对称不可约张量可以由 $s$ 个 $n$ 维向量的各分量构成的 Slater 行列式表述, 即有

$$T^{\mathrm{AS}}_{i_1 i_2 \cdots i_s} = \frac{1}{s!} \sum_{\det} T_{\det[i_1 i_2 \cdots i_s]}, \tag{4.18}$$

其中

$$\det[i_1 i_2 \cdots i_s] = \begin{vmatrix} x_1^{(1)} & x_1^{(2)} & \cdots & x_1^{(s)} \\ x_2^{(1)} & x_2^{(2)} & \cdots & x_2^{(s)} \\ \vdots & \vdots & \ddots & \vdots \\ x_s^{(1)} & x_s^{(2)} & \cdots & x_s^{(s)} \end{vmatrix}.$$

### 4.3.5　不可约张量的杨图标记

前述讨论表明, 一个不可约张量可以分解为全对称部分、全反对称部分和混合对称 (在指标的某种置换下不变) 部分. 为直观清楚地表征不可约张量的对称性, 人们引入了方格图: 对一阶不可约张量表述为一个方格; 对前述的二阶张量, 将其对称部分表述为 ☐☐, 反对称部分表述为 ☐; 对 $r$ 阶全对称张量表述为一行 $r$ 个方格的形式, 对 $s$ 阶全反对称张量表述为一列 $s$ 个方格的形式; 对高阶混合对称张量则表述为包含左侧对齐的多行方格的形式, 并约定其中自上而下的各行中的方格数不增加. 这样的由 $n$ 个小方格组成的左侧对齐、且自上而下各行中的方格数不增加的图形称为杨图 (Young diagram, 或 Young graph), 如图 4.5 所示.

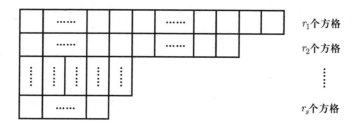

图 4.5　具有 $s$ 行的杨图示意图 (其中第 $i$ 行中的方格数 $r_i \geqslant r_{i+1}$, $i = 1, 2, \cdots, s-1$)

于是, 反对称部分最高阶数为 $s$ 的 $n$ 阶混合对称不可约张量对应各种可能的满足 $r_1 + r_2 + \cdots + r_s = n$, 且 $r_1 \geqslant r_2 \geqslant \cdots \geqslant r_s$ 的第 $i$ 行 $(i = 1, 2, \cdots, s)$ 中有 $r_i$ 个方格的杨图. 由于上述条件即对自然数 $n$ 的 $s$ 元划分 (分割), 因此 $n$ 阶混合对称不可约张量对应自然数 $n$ 的 $s$ 元划分 (分割) $[n] = [r_1 \ r_2 \ \cdots \ r_s]$, 其中 $s$ 为最高的反对称部分的阶数. 例如, 一些低阶不可约张量对应的杨图可以具体表述如下:

1 阶不可约张量对应杨图 ☐,

2 阶对称不可约张量对应杨图 ☐☐,

2 阶反对称不可约张量对应杨图 ☐;

3 阶对称不可约张量对应杨图 ☐☐☐,

3 阶反对称不可约张量对应杨图 ☐,

3 阶混合对称不可约张量对应杨图 ☐,

$\cdots\cdots$

类似于把行列互换的矩阵称为转置矩阵, 人们称行列互换的杨图为共轭杨图.

进一步, 由于不可约张量是荷载了群和代数的不可约表示的算符, 并且不可约张量可以由杨图来标记, 因此, 与不可约张量相应的群和代数的不可约表示可以由杨图来标记. 从而, 李群和李代数的不可约表示可以由杨图来标记.

再者, 对 $n$ 阶混合对称不可约张量对应的共有 $n$ 个小方格的杨图的每个小方格填上由 1 到 $n$ 的 $n$ 个数字中的某一个, 这样形成的填有数字的杨图称为杨盘 (Young tableau, 亦称 Frobenius–Young tableau). 进一步, 如果一个杨盘中, 每一列中由上至下的每一个小方格中所填数字逐渐增大, 每一行中由左至右的每一个小方格中所填数字也逐渐增大, 则称这样的杨盘为标准杨盘. 例如, 对 $n = 4$, 由于其一元划分为 $[4]_1 = [4, 0, 0, 0]$, 其二元划分为 $[4]_2 = [3, 1, 0, 0]$ 和 $[4]_2 = [2, 2, 0, 0]$, 其三元划分为 $[4]_3 = [2, 1, 1, 0]$, 其四元划分为 $[4]_4 = [1, 1, 1, 1]$, 于是, 它们相应的标准杨盘分别如图 4.6 的 (a), (b), (c), (d) 子图所示.

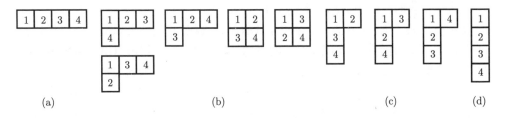

图 4.6　四阶不可约张量对应的标准盘 (其中 (a) 对应全对称情况, (b) 和 (c) 对应混合对称情况, (d)对应全反对称情况)

更进一步, 如果一个杨盘中, 每一列中由上至下的每一个小方格中所填数字逐渐增大, 每一行中由左至右的每一个小方格中所填数字不减小, 则称这样的杨盘为Weyl 盘 (Weyl tableau, 亦称分量盘). 例如, 相应于 $n = 3$ 的三种划分的 Weyl 盘分别如图 4.7 的 (a), (b), (c) 子图所示.

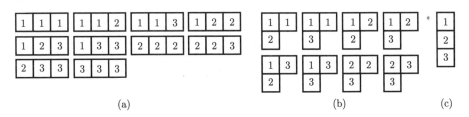

图 4.7　相应于 $n = 3$ 的三种划分的 Weyl 盘 ((a) $[3]_1 = [3, 0, 0]$, (b) $[3]_2 = [2, 1, 0]$, (c) $[3]_3 = [1, 1, 1]$)

另外, 可以证明 (这里从略, 有兴趣深入探究的读者可参阅参考书 [16]): 置换群的一个不可约表示的维数等于其相应的标准盘的数目. 并且, 由上述实例知, SU($n$) 群 (su($n$) 李代数) 的不可约表示的维数等于其对应的 Weyl 盘的数目.

总之, 不可约张量可以由杨图标记. 相应地, 李群和李代数的不可约表示可以由杨图来标记, 并且这种标记方法直观清楚, 易于分析和计算 (尤其是对于此后将讨论的典型李代数的表示的约化等).

## §4.4 单李代数的表示

### 4.4.1 单李代数的表示及其标记

**1. 进一步的分类和标记**

由半单李代数的最高权定理知, 半单李代数的不等价不可约表示与最高权一一对应, 因此, 我们可以用最高权来标记不可约表示.

由 §4.2 的讨论, 知道了一个半单李代数的最高权, 我们就可以确定该李代数的权的集合, 从而确定所有生成元对应的表示. 李代数的最高权可以由一组数标记的对偶分量或 Dynkin 分量来表达, 那么, $l$ 秩半单李代数的不可约表示可以由一组数 $(m_1, m_2, \cdots, m_l)$ 或 $(\lambda_1, \lambda_2, \cdots, \lambda_l)$ 来标记.

为更直观, 通常将最高权的 Dynkin 分量 $(\lambda_1, \lambda_2, \cdots, \lambda_l)$ 标记在 Dynkin 图的相应素根之上来标记相应的表示, 例如, 对 $A_n$ (亦即 $\mathrm{su}(n+1)$) 李代数 $(\mathrm{SU}(n+1)$ 群), 其表示常标记为图 4.8 所示的形式, 对 $G_2$ 李代数, 其表示常标记为图 4.9 所示的形式.

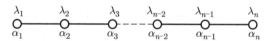

图 4.8　$A_n$ 李代数的表示的一种标记方式

图 4.9　$G_2$ 李代数的表示的一种标记方式

根据表示的各 Dynkin 分量的具体数值, 人们对不可约表示进行进一步分类.

(1) 恒等表示.

所有 $\lambda_i$ $(i = 1, 2, \cdots, l)$ 都为零的表示称为一维恒等表示.

(2) 基础表示.

最高权不能写成其他不可约表示对应的最高权之和的不可约表示称为基础表示.

由最高权定理知, 半单李代数的不可约表示的最高权都是单重的. 那么, $l$ 秩李

代数 (李群) 有 $l$ 个基础表示, 它们可以表述为 (归一化)

$$M_{k,i} = \frac{2(\alpha_i, M_k)}{(\alpha_i, \alpha_i)} = \delta_{ki},$$

即第 $k$ 个权可以表述为

$$\left\{ M_k \;\middle|\; k = 1, 2, \cdots, l \right\} = \left.\begin{cases} (1,0,0,\cdots,0,0) \\ (0,1,0,\cdots,0,0) \\ \qquad \cdots\cdots \\ (0,0,0,\cdots,1,0) \\ (0,0,0,\cdots,0,1) \end{cases}\right\} \text{共 } l \text{ 行.}$$

共 $l$ 列

例如 $A_3$ 李代数的基础表示有图 4.10 所示的三个.

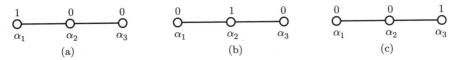

图 4.10   $A_3$ 李代数的基础表示及其对应的 Dynkin 图

**定理 4.15 (Cartan 定理)**　对于 $l$ 秩单典型李群 $\mathcal{G}$ (李代数 $\mathfrak{g}$), 存在 $l$ 个基础表示 $\{ M^i \mid i = 1, 2, \cdots, l \}$, 使得相应于李群 $\mathcal{G}$ 的不可约表示的每一个最高权 $m = (m_1, m_2, \cdots, m_l)$ 都可以表示为它们的线性叠加, 即有

$$m = \sum_{j=1}^{l} \lambda_i M^i,$$

并且 $\lambda_i$ 为非负整数.

由此知, 任何一个不可约表示都可以写成基础表示的线性叠加, 即有

$$\begin{aligned} \Lambda &= (\lambda_1, \lambda_2, \cdots, \lambda_l) \\ &= \lambda_1(1,0,0,\cdots,0) + \lambda_2(0,1,0,\cdots,0) + \cdots + \lambda_l(0,0,\cdots,0,1) \\ &= \lambda_1 M^1 + \lambda_2 M^2 + \cdots + \lambda_l M^l, \end{aligned}$$

其中 $\lambda_i$ 为非负整数.

例如, 对 $A_2$ 的表示 $\Lambda_{A_2} = (5, 2)$, 它可以表述为 $A_2$ 的基础表示 $(1,0)$ 和 $(0,1)$ 的线性叠加形式, 即有 $\Lambda_{A_2} = (5, 2) = 5(1,0) + 2(0,1)$.

这表明, 基础表示可以作为李代数的不可约表示的基, 这样的基称为基权基.

(3) 基本表示.

通过 Dynkin 图连接起来的终端的 Dynkin 分量为 1 的表示称为基本表示, 也常称为初等表示. 也就是说, 按照 Dynkin 分量形式表述, $(1,0,0,0,\cdots,0)$ 和 $(0,0,0,0,\cdots,1)$ 称为基本表示 (或初等表示), 其中最简单的初等表示 $(1,0,\cdots,0)$ 又称为定义表示.

例如, 图 4.9 所示的 $A_3$ 的三个基础表示中, (a) 图和 (c) 图对应的表示 $(1,0,0)$, $(0,0,1)$ 为 $A_3$ 李代数的基本表示, 其中 $(1,0,0)$ 表示又称为定义表示.

值得注意的是, 这里的终端是指分支的起点. 所谓的分支, 是满足下述条件的有方向的一串 "点" 的连线.

(i) 分支的起点只与其后面的一点连接, 分支中间的点只与其前后两点连接.

(ii) 中间的第 $i$ 点与第 $i+1$ 点的连接形式仅有图 4.11 所示的三种方式, 并且最后一种形式只出现在末端.

图 4.11　与李代数的表示对应的分支图 (Dynkin 图) 中两相邻点间可能的连接方式

(iii) 如果不违背上述两个条件就不能进而连接任意 "点" 从而得到扩充, 相应地, 各单李代数的分支分布如图 4.12 所示.

(4) 对称表示与反对称表示.

对 $k$ 个相同的基础表示, 由它们完全对称叠加组成的表示称为对称表示, 常用 $A^{\{k\}}$ 或 $[k]$ 标记, 由它们完全反对称叠加组成的表示称为反对称表示, 常用 $A^{\{1^k\}}$ 或 $[1^k]$、$(1^k)$ 标记. 即最高权为 $k$ 个基础表示对应的最高权 $\Lambda_1$ 之和 $k\Lambda_1$ 的表示称为对称表示, 最高权为单个基础表示的由高到低的前 $k$ 个权之和 $\Lambda_1+\Lambda_2+\cdots+\Lambda_k$ 的表示称为反对称表示.

由于最基础 (或者说最简单) 的基础表示为基本表示 $(1,0,0,\cdots,0,0)$, 亦即定义表示, 所以最基础的对称表示是 $[k,0,0,\cdots,0]$ 或 $(k,0,0,\cdots,0)$, 常简记为 $[k]$ 或 $(k)$, 并通常由图 4.13 所示的杨图标记. 此时对称杨图中的由左至右的各方格内的标号满足

$$i_1 \leqslant i_2 \leqslant i_3 \leqslant \cdots \leqslant i_k,$$

即有

$$i_1 < i_2+1 < i_3+2 < \cdots < i_k+k-1,$$

所以, 该表示的维数为

$$d_{\{k\}} = \mathrm{C}_{n+k-1}^k, \tag{4.19}$$

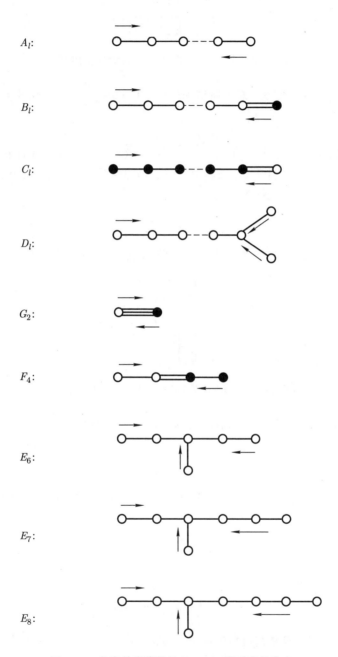

图 4.12 各半单李代数的 Dynkin 图对应的分支

图 4.13    典型李代数的全对称表示对应的杨图

其中 $n$ 为定义表示的维数. 对于典型李代数, 其与李代数的秩 $l$ 间的关系为 $n_{A_l} = l + 1$, $n_{B_l} = 2l + 1$, $n_{C_l} = 2l$, $n_{D_l} = 2l$.

最基础的反对称表示为 $(\overbrace{1, 1, \cdots, 1, 1}^{k\text{ 个}}, \overbrace{0, \cdots, 0}^{l-k\text{ 个}})$, 全反对称表示即对应 $k = l$ 的反对称表示. 由杨图的性质知, 该表示对应的杨图由图 4.14 标记. 由杨图中各方格内标记的规则知, 该表示的维数为

$$d_{\{1^k\}} = \mathrm{C}_n^k, \tag{4.20}$$

其中 $n$ 为定义表示的维数. 对于典型李代数, 其数值如前所述.

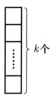

图 4.14    典型李代数的全反对称表示对应的杨图

由前述知, 李代数的不可约表示能以基础表示为基标记为 (基权基下)

$$\Lambda = \sum_{k=1}^{n} \lambda_k M^k,$$

也能以素根为基标记为 (前者称为素根基下的表示, 后者称为对称基 (Chevalley 基) 下的表示)

$$\Lambda = \sum_{i=1}^{n} \Lambda_i \alpha_i,$$

或

$$\Lambda = \sum_{i=1}^{n} \lambda_i \frac{2}{(\alpha_i, \alpha_i)} \alpha_i.$$

事实上, 我们还经常在直角坐标系下标记最高权 (不可约表示), 并称之为初权基下的表示. 例如, 对 $A_n$ 李代数, 有

$$\Lambda = \sum_{i=1}^{n+1} m_i e_i.$$

对 $B_n$, $C_n$ 和 $D_n$ 李代数, 有

$$\Lambda = \sum_{i=1}^{n} m_i e_i \, .$$

素根与直角坐标系的基向量 (对 $A_n$ 李代数, 其维数为 $n+1$, 对 $B_n$, $C_n$ 和 $D_n$ 李代数, 其维数都为 $n$) 的关系为

$$\alpha_i = e_i - e_{i+1} \ (i = 1, 2, \cdots, n-1), \qquad \alpha_n = \begin{cases} e_n - e_{n+1} & (A_n), \\ e_n & (B_n), \\ 2e_n & (C_n), \\ e_{n-1} + e_n & (D_n). \end{cases}$$

初权基下, Dynkin 图常改称 Cartan 图 (改变编号顺序). 两种图形的比较如图 4.15 所示.

**2. 表示的维数及表示的维数标记**

由前述最高权的性质知, 表示的维数相应于该表示对应的最高权的所有表示的数目 (一个实例如 4.3.5 小节所述). 由前述讨论知, 该数目即相应于该表示的最高权条件 (见定理 4.13) 的所有非负整数 $\lambda_i$ 的数目. 那么, 记半单李代数 $\mathfrak{g}$ 的正根集合为 $\Sigma^+$, 正根和之半为 $\mathcal{S}$, 即

$$\mathcal{S} = \frac{1}{2} \sum_{\alpha \in \Sigma^+} \alpha,$$

最高权为 $\Lambda$, 则相应的不可约表示的维数为

$$d_\Lambda = \prod_{\alpha \in \Sigma^+} \frac{((\Lambda + \mathcal{S}), \alpha)}{(\mathcal{S}, \alpha)} = \prod_{\alpha \in \Sigma^+} \left( 1 + \frac{(\Lambda, \alpha)}{(\mathcal{S}, \alpha)} \right) . \tag{4.21}$$

因为典型李代数的每一个有限维表示都有确定的维数, 所以还常以一个表示的维数直接标记该表示. 并且为了区分表示的对称性, 对反对称表示, 通常标记为 $\bar{d}$ 表示. 这就是说, 如果一个表示的维数为 $d$, 则常记之为表示 $d$. 如果一个 $d$ 维表示为反对称表示, 则记之为表示 $\bar{d}$.

例如, 对 $A_2(\mathrm{su}(3))$ 李代数, 在三维直角坐标系 $e_1$-$e_2$-$e_3$ (初权基) 到根平面投影后的二维直角坐标系中, 有

$$\alpha_1 = \left( \frac{1}{2}, \frac{\sqrt{3}}{2} \right), \quad \alpha_2 = \left( \frac{1}{2}, -\frac{\sqrt{3}}{2} \right), \quad \alpha_3 = (1, 0) = \alpha_1 + \alpha_2,$$

$$\mathcal{S} = \frac{1}{2} (\alpha_1 + \alpha_2 + \alpha_3) = (1, 0),$$

$$(\alpha_i, \alpha_i) = 1 \quad (i = 1, 2, 3),$$

$$(\mathcal{S}, \alpha_1) = \frac{1}{2}, \quad (\mathcal{S}, \alpha_2) = \frac{1}{2}, \quad (\mathcal{S}, \alpha_3) = 1,$$

$$\frac{2(\mathcal{S}, \alpha_1)}{(\alpha_1, \alpha_1)} = 1, \quad \frac{2(\mathcal{S}, \alpha_2)}{(\alpha_2, \alpha_2)} = 1, \quad \frac{2(\mathcal{S}, \alpha_3)}{(\alpha_3, \alpha_3)} = 2,$$

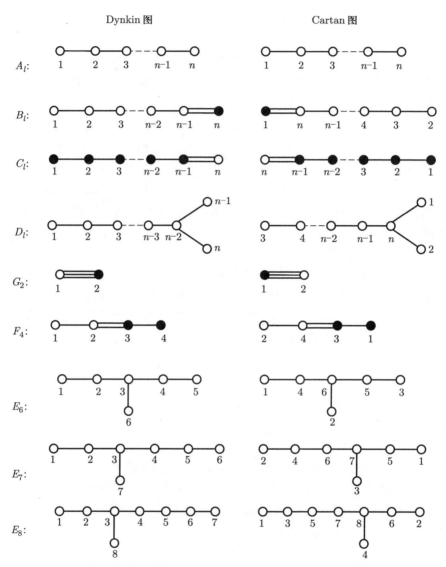

图 4.15  标记半单李代数的表示的 Dynkin 图与 Cartan 图的对应关系

于是有

$$d_\Lambda = \left(1 + \frac{(\Lambda, \alpha_1)}{(\mathcal{S}, \alpha_1)}\right)\left(1 + \frac{(\Lambda, \alpha_2)}{(\mathcal{S}, \alpha_2)}\right)\left(1 + \frac{(\Lambda, \alpha_3)}{(\mathcal{S}, \alpha_3)}\right)$$

$$= \left(1 + \frac{\dfrac{2(\Lambda, \alpha_1)}{(\alpha_1, \alpha_1)}}{\dfrac{2(\mathcal{S}, \alpha_1)}{(\alpha_1, \alpha_1)}}\right)\left(1 + \frac{\dfrac{2(\Lambda, \alpha_2)}{(\alpha_2, \alpha_2)}}{\dfrac{2(\mathcal{S}, \alpha_2)}{(\alpha_2, \alpha_2)}}\right)\left(1 + \frac{\dfrac{2(\Lambda, \alpha_1)}{(\alpha_3, \alpha_3)}}{\dfrac{2(\mathcal{S}, \alpha_3)}{(\alpha_3, \alpha_3)}} + \frac{\dfrac{2(\Lambda, \alpha_2)}{(\alpha_3, \alpha_3)}}{\dfrac{2(\mathcal{S}, \alpha_3)}{(\alpha_3, \alpha_3)}}\right)$$

$$= \left(1 + \frac{2(\Lambda, \alpha_1)}{(\alpha_1, \alpha_1)}\right)\left(1 + \frac{2(\Lambda, \alpha_2)}{(\alpha_2, \alpha_2)}\right)\left(1 + \frac{2(\Lambda, \alpha_1)}{2(\alpha_1, \alpha_1)} + \frac{2(\Lambda, \alpha_2)}{2(\alpha_2, \alpha_2)}\right).$$

因为

$$\frac{2(\Lambda, \alpha_1)}{(\alpha_1, \alpha_1)} = \lambda_1, \qquad \frac{2(\Lambda, \alpha_2)}{(\alpha_2, \alpha_2)} = \lambda_2,$$

所以有

$$d_{A_2} = (1 + \lambda_1)(1 + \lambda_2)\left(1 + \frac{\lambda_1}{2} + \frac{\lambda_2}{2}\right) = \frac{1}{2}(1 + \lambda_1)(1 + \lambda_2)(2 + \lambda_1 + \lambda_2).$$

显然对 $\Lambda = (1,0), (2,0), (0,1), (3,0), (1,1), (0,0)$, 有

$$d_{(1,0)} = \frac{1}{2}(1 + 1)(1 + 0)(2 + 1 + 0) = 3,$$

$$d_{(2,0)} = \frac{1}{2}(1 + 2)(1 + 0)(2 + 2 + 0) = 6,$$

$$d_{(0,1)} = \frac{1}{2}(1 + 0)(1 + 1)(2 + 0 + 1) = 3,$$

$$d_{(3,0)} = \frac{1}{2}(1 + 3)(1 + 0)(2 + 3 + 0) = 10,$$

$$d_{(1,1)} = \frac{1}{2}(1 + 1)(1 + 1)(2 + 1 + 1) = 8,$$

$$d_{(0,0)} = \frac{1}{2}(1 + 0)(1 + 0)(2 + 0 + 0) = 1,$$

因此, 对 $\Lambda = (1,0), \Lambda = (2,0), \Lambda = (3,0), \Lambda = (1,1), \Lambda = (0,0)$ 也常分别简记为表示 3、表示 6、表示 10、表示 8、表示 1, 对 $\Lambda = (0,1)$, 因其为反对称表示, 所以常记为表示 $\bar{3}$.

### 4.4.2 典型李代数的表示

#### 1. $A_n$ 的表示

上一章讨论已经说明, $A_n$ 李代数的 Cartan 子代数 $\{H_i \,|\, i = 1, 2, \cdots, n\}$ 有 (共同) 本征向量, 与这些本征向量相应的本征值共有 $n+1$ 种情况, 它们可以在 $n$ 维直角坐标空间中具体表述为

$$\nu_1 = \left(\frac{1}{2}, \frac{1}{2\sqrt{3}}, \cdots, \frac{1}{\sqrt{2m(m+1)}}, \cdots, \frac{1}{\sqrt{2n(n+1)}}\right),$$

$$\nu_2 = \left(-\frac{1}{2}, \frac{1}{2\sqrt{3}}, \cdots, \frac{1}{\sqrt{2m(m+1)}}, \cdots, \frac{1}{\sqrt{2n(n+1)}}\right),$$

$$\nu_3 = \left(0, -\frac{1}{\sqrt{3}}, \cdots, \frac{1}{\sqrt{2m(m+1)}}, \cdots, \frac{1}{\sqrt{2n(n+1)}}\right),$$

$$\cdots\cdots$$

$$\nu_m = \left(\overbrace{0, 0, \cdots, 0}^{m-2\text{个}}, \frac{-(m-1)}{\sqrt{2(m-1)m}}, \frac{1}{\sqrt{2m(m+1)}}, \cdots, \frac{1}{\sqrt{2n(n+1)}}\right),$$

$$\nu_{m+1} = \left(0, 0, \cdots, 0, \frac{-m}{\sqrt{2m(m+1)}}, \frac{1}{\sqrt{2(m+1)(m+2)}}, \cdots, \frac{1}{\sqrt{2n(n+1)}}\right),$$
$$\cdots\cdots$$
$$\nu_n = \left(0, 0, \cdots, 0, \frac{-(n-1)}{\sqrt{2n(n-1)}}, \frac{1}{\sqrt{2n(n+1)}}\right),$$
$$\nu_{n+1} = \Big(\underbrace{0, 0, \cdots, 0, 0}_{n-1\text{个}}, \frac{-n}{\sqrt{2n(n+1)}}\Big).$$

显然, 其间有关系

$$(\nu_i, \nu_j) = \frac{1}{2}\delta_{ij} - \frac{1}{2N} \qquad (i, j = 1, 2, \cdots, n, n+1, N = n+1).$$

定义 $\alpha_i = \nu_i - \nu_{i+1}(i = 1, 2, \cdots, n)$, 则有

$$(\alpha_i, \alpha_j) = (\nu_i, \nu_j) + (\nu_{i+1}, \nu_{j+1}) - (\nu_{i+1}, \nu_j) - (\nu_i, \nu_{j+1})$$

$$= \begin{cases} 2\dfrac{N-1}{2N} - \left(-\dfrac{1}{2N}\right) - \left(-\dfrac{1}{2N}\right) = 1, & i = j, \\ -\dfrac{1}{2N} - \dfrac{1}{2N} - \dfrac{N-1}{2N} - \left(-\dfrac{1}{2N}\right) = -\dfrac{1}{2}, & i = j \pm 1, \\ -\dfrac{1}{2N} - \dfrac{1}{2N} - \left(-\dfrac{1}{2N}\right) - \left(-\dfrac{1}{2N}\right) = 0, & i \neq j, j \pm 1. \end{cases}$$

概括地, 即有 $(\alpha_i, \alpha_j) = \delta_{ij} - \frac{1}{2}(\delta_{i(j-1)} + \delta_{i(j+1)})$. 由此知, 这样定义的 $\{\alpha_i \big| i = 1, 2, \cdots, n-1, n\}$ 的模长都为 1, 相邻者之间夹角为 $\frac{2\pi}{3}$, 不相邻者相互垂直. 显然, 它们可以作为 $A_n$ 李代数 (SU$(2n+1)$ 群) 的素根系.

记 $M_j = \sum\limits_{k=1}^{j} \nu_k$ $(j = 1, 2, \cdots, n+1)$, 具体地, 有

$$M_{n+1} = \sum_{k=1}^{n+1} \nu_k = (\overbrace{0, 0, 0, \cdots, 0, 0}^{n\text{个}}), \qquad \text{(一维恒等表示)}$$

$$M_n = \sum_{k=1}^{n} \nu_k = \Big(\overbrace{0, 0, \cdots, 0}^{n-1\ \text{个}}, \frac{n}{\sqrt{2n(n+1)}}\Big),$$
$$\cdots\cdots$$

$$M_j = \sum_{k=1}^{j} \nu_k = \Big(\overbrace{0, 0, \cdots, 0}^{j-1\ \text{个}}, \frac{j}{\sqrt{2j(j+1)}}, \frac{j}{\sqrt{2(j+1)(j+2)}}, \cdots, \frac{j}{\sqrt{2n(n+1)}}\Big),$$
$$\cdots\cdots$$

$$M_2 = \nu_1 + \nu_2 = \Big(0, \frac{2}{\sqrt{2 \cdot 2 \cdot 3}}, \cdots, \frac{2}{\sqrt{2m(m+1)}}, \cdots, \frac{2}{\sqrt{2n(n+1)}}\Big),$$

$$M_1 = \nu_1 = \Big(\frac{1}{2}, \frac{1}{2\sqrt{3}}, \cdots, \frac{1}{\sqrt{2m(m+1)}}, \cdots, \frac{1}{\sqrt{2n(n+1)}}\Big).$$

因为

$$
\begin{aligned}
2(\alpha_i, M_j) &= 2\Big(\nu_i - \nu_{i+1}, \sum_{k=1}^{j} \nu_k\Big) = 2\sum_{k=1}^{j} \big((\nu_i, \nu_k) - (\nu_{i+1}, \nu_k)\big) \\
&= 2\sum_{k=1}^{j} \Big(\Big(\frac{1}{2}\delta_{ik} - \frac{1}{2N}\Big) - \Big(\frac{1}{2}\delta_{(i+1)k} - \frac{1}{2N}\Big)\Big) \\
&= 2\sum_{k=1}^{j} \Big(\frac{1}{2}\delta_{ik} - \frac{1}{2}\delta_{(i+1)k}\Big) \\
&= \sum_{k=1}^{j} (\delta_{ik} - \delta_{(i+1)\,k}) \\
&= \delta_{ij}, \\
(\alpha_i, \alpha_i) &= 1,
\end{aligned}
$$

所以有

$$\frac{2(\alpha_i, M_j)}{(\alpha_i, \alpha_i)} = \delta_{ij}.$$

这表明 $\{M_j \mid j = 1, 2, \cdots, n\}$ 对应 $A_n$ 李代数的 $j$ 个基础表示的最高权. 用 Dynkin 分量表述即有

$$M_1 = \nu_1 = (1, \overbrace{0, 0, \cdots, 0, 0}^{n-1\text{个}}),$$

$$M_2 = \nu_1 + \nu_2 = (0, 1, \overbrace{0, \cdots, 0}^{n-2\text{个}}),$$

$$\cdots\cdots$$

$$M_j = \nu_1 + \nu_2 + \cdots + \nu_j = (\overbrace{0, 0, \cdots, 0}^{j-1\text{个}}, 1, \overbrace{0, \cdots, 0, 0}^{n-j\text{个}}),$$

$$\cdots\cdots$$

$$M_{n-1} = \nu_1 + \nu_2 + \cdots + \nu_{n-1} = (\overbrace{0, 0, \cdots, 0, 0}^{n-2\text{个}}, 1, 0),$$

$$M_n = \nu_1 + \nu_2 + \cdots + \nu_n = (\overbrace{0, 0, \cdots, 0, 0, 1}^{n-1\text{个}}),$$

$$M_{n+1} = \nu_1 + \nu_2 + \cdots + \nu_n + \nu_{n+1} = (\overbrace{0, 0, \cdots, 0, 0}^{n\text{个}}).$$

根据杨图的基本性质和前述的 Dynkin 图标记规则, $A_n$ (su($n+1$)) 李代数的表示可以由杨图标记, Dynkin 图与杨图及其间的对应关系如图 4.16 所示.

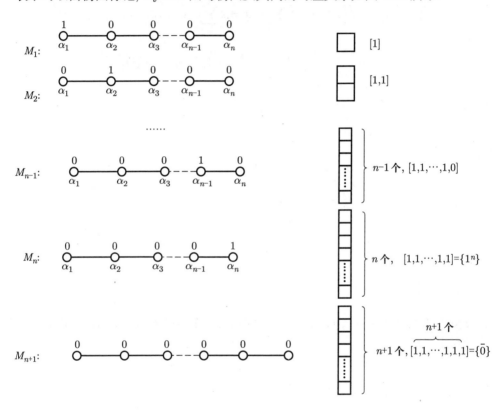

图 4.16　$A_n$ 李代数的基础表示的 Dynkin 图形式与杨图形式间的对应

图 4.16 还给出了常用的与杨图对应的标记. 由图 4.16 知, 对于 $A_n$ 李代数的基础表示 $M_j = (\overbrace{0, 0, \cdots, 0}^{j-1\text{个}}, 1, \overbrace{0, \cdots, 0, 0}^{n-j\text{个}})$, 常根据其对应的杨图将其标记为 $M_j = [\overbrace{1, 1, \cdots, 1, 1}^{j\text{个}}, \overbrace{0, \cdots, 0, 0}^{n-j\text{个}}]$, 也常将 0 的部分省略而简记为 $[1^j]$. 如果 $j = N - k > \dfrac{N}{2} = \dfrac{n+1}{2}$, 则常考虑 $M_{n+1} = (\overbrace{0, 0, \cdots, 0, 0}^{n\text{个}}) = [\overbrace{1, 1, \cdots, 1, 1}^{n+1\text{个}}] = [1^{n+1}] = [\bar{0}]$ 的

全反对称性, 将之改记为 $[\bar{k}]$. 例如, 对 $[1^{N-1}] = [1^n]$, 常记之为 $[\bar{1}]$.

由这些基础表示出发, 通过叠加, 可得任意表示

$$\Lambda = \sum_{k=1}^{n+1} \lambda_k M_k,$$

其中 $\{\lambda_k\}$ 即前述的基权基标记的不可约表示. 也可以在初权基 $\{\nu_i\}$ 下标记为

$$\Lambda = \sum_{i=1}^{n+1} m_i \nu_i,$$

还可以在素根基 $\{\alpha_i\}$ 下标记为

$$\Lambda = \sum_{i=1}^{n} \Lambda_i \alpha_i,$$

或在 Chevalley 基下标记为

$$\Lambda = \sum_{i=1}^{n} \lambda_i \frac{2}{(\alpha_i, \alpha_i)} \alpha_i.$$

由基权基 $\{M_j\}$ 与初权基 $\{\nu_k\}$ 的关系 $M_j = \sum_{k=1}^{j} \nu_k$ 知, 基权基下的表示 $[\lambda_1, \lambda_2, \cdots, \lambda_n]$ 与初权基下的表示 $[m_1, m_2, \cdots, m_{n+1}]$ 的关系为[②]

$$m_i = \sum_{k=i}^{n+1} \lambda_k \qquad (i = 1, 2, \cdots, n, n+1), \tag{4.22}$$

---

[②]对表示 $\Lambda = m_1\nu_1 + m_2\nu_2 + \cdots + m_n\nu_n + m_{n+1}\nu_{n+1} = \lambda_1 M_1 + \lambda_2 M_2 + \cdots + \lambda_n M_n + \lambda_{n+1} M_{n+1}$, 考虑 $M_j = \sum_{k=1}^{j} \nu_k$, 则有

$$\begin{aligned}\Lambda &= \lambda_1\nu_1 + \lambda_2(\nu_1 + \nu_2) + \cdots + \lambda_j(\nu_1 + \nu_2 + \cdots + \nu_j) + \cdots + \lambda_{n-1}(\nu_1 + \nu_2 + \cdots + \nu_{n-1})\\ &\quad + \lambda_n(\nu_1 + \nu_2 + \cdots + \nu_{n-1} + \nu_n) + \lambda_{n+1}(\nu_1 + \nu_2 + \cdots + \nu_{n-1} + \nu_n + \nu_{n+1})\\ &= (\lambda_1 + \lambda_2 + \cdots + \lambda_n + \lambda_{n+1})\nu_1 + (\lambda_2 + \lambda_3 + \cdots + \lambda_n + \lambda_{n+1})\nu_2\\ &\quad + (\lambda_3 + \lambda_4 + \cdots + \lambda_n + \lambda_{n+1})\nu_3\\ &\quad + \cdots + (\lambda_j + \lambda_{j+1} + \cdots + \lambda_n + \lambda_{n+1})\nu_j + \cdots + (\lambda_n + \lambda_{n+1})\nu_n + \lambda_{n+1}\nu_{n+1}.\end{aligned}$$

比较知

$$m_1 = \lambda_1 + \lambda_2 + \cdots + \lambda_n + \lambda_{n+1}, \qquad m_2 = \lambda_2 + \lambda_3 + \cdots + \lambda_n + \lambda_{n+1}, \qquad \cdots,$$
$$m_i = \sum_{k=i}^{n+1} \lambda_k, \qquad \cdots,$$
$$m_{n-1} = \lambda_{n-1} + \lambda_n + \lambda_{n+1}, \qquad m_n = \lambda_n + \lambda_{n+1}, \qquad m_{n+1} = \lambda_{n+1}.$$

由上述诸式显然可得 $\lambda_i = m_i - m_{i+1}$.

或

$$\lambda_i = m_i - m_{i+1} \qquad (i = 1, 2, \cdots, n), \tag{4.23}$$

$$\lambda_{n+1} = m_{i+1}. \tag{4.24}$$

具体即有

$$\lambda_1 = m_1 - m_2, \quad \lambda_2 = m_2 - m_3, \quad \cdots, \quad \lambda_n = m_n - m_{n+1}, \quad \lambda_{n+1} = m_{n+1}.$$

因为对任意 $i = 1, 2, \cdots, n+1$, 都有 $\lambda_i \geqslant 0$, 所以有

$$m_1 \geqslant m_2 \geqslant \cdots \geqslant m_{j-1} \geqslant m_j \geqslant m_{j+1} \geqslant \cdots \geqslant m_n \geqslant m_{n+1} \geqslant 0.$$

显然, 该表示 $\Lambda = [m_1, m_2, \cdots, m_n, m_{n+1}]$ 对应于数 $M = \sum_{i=1}^{n+1} m_i$ 的 $n+1$ 元具有上述限制的一个划分

$$\Gamma_{n+1} = [m_1, m_2, \cdots, m_n, m_{n+1}].$$

一般地, 所谓非负整数 $\rho$ 的 $\alpha$ 元划分即把非负整数 $\rho$ 写成 $\alpha$ 个非负整数的和. 显然, 数 $\rho$ 的 $\alpha$ 元划分有多种形式, 例如, 6 的 3 元划分有 $(4,1,1)$, $(3,2,1)$ 和 $(2,2,2)$. 因此, 上述划分 $[m_1, m_2, \cdots, m_n, m_{n+1}]$ 只是数 $M = \sum_{i=1}^{n+1} m_i$ 的很多 $n+1$ 元划分中的一种.

根据杨图的性质, $A_n$ $(su(n+1))$ 李代数 (对应 SU$(n+1)$ 群) 的不可约表示 $[m_1, m_2, \cdots, m_n, m_{n+1}]$ 可以由最多 $n+1$ 行的杨图标记为图 4.17(a) 所示的形式, 具体行数取决于非零的 $m_i$ $(i = 1, 2, \cdots, n+1)$ 的数目.

因为每一列 $n+1$ 行的方格都对应表示 $M_{n+1} = (0, 0, \cdots, 0, 0)$, 即为一维恒等表示, 则 $\lambda_{n+1}$ (即 $m_{n+1}$) 列 $n+1$ 行方格构成的杨图仍对应一维恒等表示 ($\lambda_{n+1}$ 次恒等变换连续作用). 所以上述 $n+1$ 行杨图常改写为图 4.17(b) 所示的 $n$ 行杨图的形式. 具体行数取决于非零的 $\lambda_i$ $(i = 1, 2, \cdots, n)$ 的数目.

由第三章关于典型李代数的费米子实现和玻色子实现的讨论知, 一个物理粒子的状态和性质可以由其基本表示 [1] 来表征, 也就是由杨图 "□" 表征. 那么 $A_n$ 李代数的不可约表示 $[m_1, m_2, \cdots, m_n, m_{n+1}]$ 和 $[\lambda_1, \lambda_2, \cdots, \lambda_n]$ 可以表征 $M = \sum_{i=1}^{n+1} m_i$

$- (n+1)m_{n+1}$ 个粒子组成的系统的状态, 或者说, 它们表征由 $M' = \sum_{i=1}^{n+1} m_i$ 个粒子组成, 其中 $(n+1)m_{n+1}$ 个粒子处于 ($m_{n+1}$ 个) 全反对称态的系统的状态.

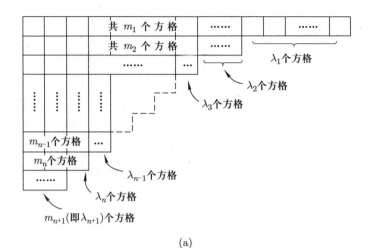

图 4.17 以最多 $n+1$ 行杨图标记的 $A_n$ 李代数的表示 (a) 和以最多 $n$ 行杨图标记的 $A_n$ 李代数的表示 (b)

以 $[\lambda_1, \lambda_2, \cdots, \lambda_{n-1}, \lambda_n]$ 标记的表示的维数可以直接由前述的一般公式

$$d_\Lambda = \prod_{\alpha \in \Sigma^+} \left(1 + \frac{(\Lambda, \alpha)}{(\mathcal{S}, \alpha)}\right)$$

(其中 $\mathcal{S} = \dfrac{1}{2} \prod\limits_{\alpha \in \sigma^+} \alpha$ 为正根和之半) 来直接计算, 并可具体表述为

$$d_\Lambda = \prod_{j,i} \left(1 + \frac{\lambda_i + \lambda_{i+1} + \cdots + \lambda_j}{j+1-i}\right), \qquad j = 1, 2, \cdots, n, \quad i = 1, 2, \cdots, j. \quad (4.25)$$

以 $[m_1, m_2, \cdots, m_n, m_{n+1}]$ 标记的表示的维数可以直接表述为

$$d_\Lambda = \prod_{i,j} \frac{n+1-i+j}{g_{ij}}, \tag{4.26}$$

其中 $g_{ij}$ 为第 $i$ 行第 $j$ 列的钩长. 钩长的具体定义是: 以 $(i, j)$ 处的格子为端点的直角尺所量出的方格数, 即 $(i, j)$ 右边及下边的方格数之和加 1. 例如, 对图 4.18 所示的杨图中的方格 $A$, 其右侧有 $\xi - 1$ 个方格, 其下方有 $\zeta$ 个方格, 所以方格 $A$ 的钩长为 $g_{\text{A}} = \xi + \zeta$. 再如, 杨图中一些位置的方格的钩长的具体数值如图 4.19 所示的杨图中各方格内的数字所示.

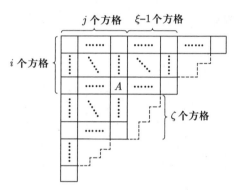

图 4.18 杨图中某一方格 $A$ 的钩长的定义

| | | | | | |
|---|---|---|---|---|---|
| 10 | 9 | 7 | 5 | 3 | 1 |
| 8 | 7 | 5 | 3 | 1 | |
| 6 | 5 | 3 | 1 | | |
| 4 | 3 | 1 | | | |
| 2 | 1 | | | | |

图 4.19 杨图中一些位置的方格对应的钩长

例如, 对 $A_2$ (su(3)) 李代数, 有

$$\begin{aligned} d_{[3]} &= \prod_{i,j} \frac{3-i+j}{g_{ij}} = \prod_j \frac{3-1+j}{g_{1j}} = \frac{3-1+1}{g_{11}} \cdot \frac{3-1+2}{g_{12}} \cdot \frac{3-1+3}{g_{13}} \\ &= \frac{3}{3} \cdot \frac{4}{2} \cdot \frac{5}{1} = 10, \\ d_{[21]} &= \prod_{i,j} \frac{3-i+j}{g_{ij}} = \Big(\prod_j \frac{2+j}{g_{1j}}\Big)\Big(\prod_j \frac{1+j}{g_{2j}}\Big) = \frac{2+1}{g_{11}} \cdot \frac{2+2}{g_{12}} \cdot \frac{1+1}{g_{21}} \\ &= \frac{3}{3} \cdot \frac{4}{1} \cdot \frac{2}{1} = 8, \end{aligned}$$

$$d_{[1^3]} = \prod_{i,j} \frac{3-i+j}{g_{ij}} = \prod_i \frac{4-i}{g_{i1}} = \frac{4-1}{g_{11}} \cdot \frac{4-2}{g_{21}} \cdot \frac{4-3}{g_{31}}$$

$$= \frac{3}{3} \cdot \frac{2}{2} \cdot \frac{1}{1} = 1.$$

由前述讨论, 对应杨图分别为 "□"、"□" 的表示, 即 [1] 和 [$\bar{1}$] 互为复共轭表示. 因为 [1] 表示即对应最高权 $\nu_H = \nu_1$ 的表示, [$\bar{1}$] 表示即 $[\underbrace{1,1,1,\cdots,1}_{n\uparrow},0]$ 表示,

也就是

$$[\bar{1}] = \sum_{k=1}^n \nu_k = \left(\sum_{k=1}^{n+1} \nu_k\right) - \nu_{n+1} = -\nu_{n+1} \neq \nu_1,$$

所以该表示不是实表示, 而是复表示.

### 2. $B_n$ 李代数和 $D_n$ 李代数的表示

$B_n$ (so($2n+1$)) 李代数、$D_n$ (so($2n$)) 李代数 (相应的群分别为 SO($2n+1$)、SO($2n$)) 的 Dynkin 图分别如图 4.20, 图 4.21 所示.

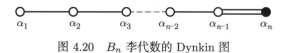

图 4.20 $B_n$ 李代数的 Dynkin 图

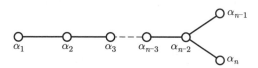

图 4.21 $D_n$ 李代数的 Dynkin 图

$D_n$ 李代数的 Cartan 子代数为

$$H_j^{D_n} = \mathrm{i}I_{2j(2j-1)} = \mathrm{i}E_{2j(2j-1)} - \mathrm{i}E_{(2j-1)2j}$$

$$= \begin{pmatrix} 0 & 0 & \cdots & 0 & 0 & 0 & \cdots & 0 & 0 \\ \vdots & \vdots & \ddots & \vdots & \vdots & \vdots & \ddots & \vdots & \vdots \\ 0 & 0 & \cdots & 0 & 0 & 0 & \cdots & 0 & 0 \\ 0 & 0 & \cdots & 0 & \sigma_2 & 0 & \cdots & 0 & 0 \\ 0 & 0 & \cdots & 0 & 0 & 0 & \cdots & 0 & 0 \\ \vdots & \vdots & \ddots & \vdots & \vdots & \vdots & \ddots & \vdots & \vdots \\ 0 & 0 & \cdots & 0 & 0 & 0 & \cdots & 0 & 0 \end{pmatrix},$$

其中 $j = 1, 2, \cdots, n$, $\quad \sigma_2 = \begin{pmatrix} 0 & -\mathrm{i} \\ \mathrm{i} & 0 \end{pmatrix}$ 位于矩阵的第 $2j - 1$ 行, $2j - 1$ 列到 $2j$ 行, $2j$ 列.

$B_n$ 的 Cartan 子代数为

$$H_j^{B_n} = \begin{pmatrix} H_j^{D_n} & 0 \\ 0 & 0 \end{pmatrix},$$

其中 $H_j^{D_n} = \mathrm{i}I_{2j(2j-1)}, j = 1, 2, \cdots, n$.

(1) $D_n$ (so($2n$)) 李代数 (SO($2n$) 群) 的表示.

由上述 $H_j$ 的具体表达式易知, $D_n$ 的定义表示有 $2n$ 个 $n$ 维权向量

$$\nu_J = \begin{cases} \nu_j, & J = 2j - 1, \\ -\nu_j, & J = 2j, \end{cases}$$

其中 $j = 1, 2, \cdots, n$, 并且 $\nu_j$ 可在直角坐标系中具体表述为

$$\nu_1 = (\overbrace{1, 0, 0, \cdots, 0}^{\text{共 } n \text{ 个}}),$$
$$\nu_2 = (0, 1, 0, \cdots, 0),$$
$$\cdots \cdots$$
$$\nu_i = (0, 0, \cdots, 0, 1, 0, \cdots, 0), \quad \text{其中的 } 1 \text{ 位于第 } i \text{ 列,}$$
$$\cdots \cdots$$
$$\nu_n = (\underbrace{0, 0, 0, \cdots, 0}_{n-1 \text{ 个}}, 1).$$

显然有 $(\nu_i, \nu_j) = \delta_{ij}$. 那么, 可以取 $\{\nu_j \mid j = 1, 2, \cdots, n\}$ 作为 $n$ 维空间的直角坐标系的基向量, 即有 $\{e_i = \nu_i \mid i = 1, 2, \cdots, n\}$.

定义 $\alpha_i = \nu_i - \nu_{i+1}$, $i = 1, 2, \cdots, n-1$, $\alpha_n = \nu_{n-1} + \nu_n$, 对 $i, j = 1, 2, \cdots, n-1$, 则有

$$(\alpha_i, \alpha_j) = (\nu_i - \nu_{i+1}, \nu_j - \nu_{j+1}) = (\nu_i, \nu_j) + (\nu_{i+1}, \nu_{j+1}) - (\nu_i, \nu_{j+1}) - (\nu_{i+1}, \nu_j)$$
$$= 2\delta_{ij} - \delta_{i(j+1)} - \delta_{i(j-1)},$$

即模为 $\sqrt{2}$, 相邻根夹角为 $\dfrac{2\pi}{3}$, 不相邻根之间相互垂直. 而

$$(\alpha_{n-2}, \alpha_n) = (\nu_{n-2} - \nu_{n-1}, \nu_{n-1} + \nu_n) = -1,$$
$$(\alpha_{n-1}, \alpha_n) = (\nu_{n-1} - \nu_n, \nu_{n-1} + \nu_n) = 0.$$

由此知, $\alpha_n$ 与 $\alpha_{n-1}$ 垂直, 与 $\alpha_{n-2}$ 间成 $\frac{2\pi}{3}$ 角.

这些性质表明, 这样定义的 $\{\alpha_i \mid i = 1, 2, \cdots, n-1, n\}$ 可以作为 $D_n$ 李代数 (SO(2n) 群) 的素根系.

再定义

$$M_j = \sum_{k=1}^{j} \nu_k \quad (j = 1, 2, \cdots, n-2),$$

$$M_{n-1} = \frac{1}{2}(\nu_1 + \nu_2 + \cdots + \nu_{n-1} - \nu_n),$$

$$M_n = \frac{1}{2}(\nu_1 + \nu_2 + \cdots + \nu_{n-1} + \nu_n),$$

因为对 $i = 1, 2, \cdots, n-1, j = 1, 2, \cdots, n-2$, 有

$$\begin{aligned}
\frac{2(\alpha_i, M_j)}{(\alpha_i, \alpha_i)} &= \frac{2\left(\nu_i - \nu_{i+1}, \sum\limits_{k=1}^{j} \nu_k\right)}{2} \\
&= \sum_{k=1}^{j}(\nu_i, \nu_k) - \sum_{k=1}^{j}(\nu_{i+1}, \nu_k) \\
&= \sum_{k=1}^{j}(\delta_{ik} - \delta_{(i+1)k}) = \delta_{ij} \quad (j = 1, 2, \cdots, n-2),
\end{aligned}$$

并且

$$\begin{aligned}
\frac{2(\alpha_i, M_{n-1})}{(\alpha_i, \alpha_i)} &= \frac{2\left((\nu_i - \nu_{i+1}), \frac{1}{2}\left(\sum\limits_{k=1}^{n-1} \nu_k - \nu_n\right)\right)}{2} \\
&= \frac{1}{2}\sum_{k=1}^{n-1}(\nu_i, \nu_k) - \frac{1}{2}\sum_{k=1}^{n-1}(\nu_{i+1}, \nu_k) - \frac{1}{2}(\nu_i, \nu_n) + \frac{1}{2}(\nu_{i+1}, \nu_n) \\
&= \frac{1}{2}\sum_{k=1}^{n-1}(\delta_{ik} - \delta_{(i+1)k}) - \frac{1}{2}\delta_{in} + \frac{1}{2}\delta_{(i+1)n} \\
&= \delta_{i(n-1)},
\end{aligned}$$

$$\begin{aligned}
\frac{2(\alpha_i, M_n)}{(\alpha_i, \alpha_i)} &= \frac{2\left((\nu_i - \nu_{i+1}), \frac{1}{2}\sum\limits_{k=1}^{n} \nu_k\right)}{2} \\
&= \frac{1}{2}\sum_{k=1}^{n}(\nu_i, \nu_k) - \frac{1}{2}\sum_{k=1}^{n}(\nu_{i+1}, \nu_k)
\end{aligned}$$

$$= \frac{1}{2} \sum_{k=1}^{n} \delta_{ik} - \frac{1}{2} \sum_{k=1}^{n} \delta_{(i+1)k}$$

$$= 0,$$

$$\frac{2(\alpha_n, M_j)}{(\alpha_n, \alpha_n)} = \frac{2\left((\nu_{(n-1)} + \nu_n), \sum_{k=1}^{j} \nu_k\right)}{2}$$

$$= \sum_{k=1}^{j} (\nu_{(n-1)}, \nu_k) + \sum_{k=1}^{j} (\nu_n, \nu_k)$$

$$= \sum_{k=1}^{j} (\delta_{(n-1)k} - \delta_{nk})$$

$$= 0,$$

$$\frac{2(\alpha_n, M_{n-1})}{(\alpha_n, \alpha_n)} = \frac{2\left((\nu_{n-1} + \nu_n), \left(\frac{1}{2} \sum_{k=1}^{n-1} \nu_k - \frac{1}{2} \nu_n\right)\right)}{2}$$

$$= \frac{1}{2} \sum_{k=1}^{n-1} ((\nu_{n-1}, \nu_k) + (\nu_n, \nu_k)) - \frac{1}{2}((\nu_{n-1}, \nu_n) + (\nu_n, \nu_n))$$

$$= \frac{1}{2} \sum_{k=1}^{n-1} (\delta_{(n-1)k} + \delta_{nk}) - \frac{1}{2}$$

$$= 0,$$

$$\frac{2(\alpha_n, M_n)}{(\alpha_n, \alpha_n)} = \frac{2\left((\nu_{n-1} + v_n), \frac{1}{2} \sum_{k=1}^{n} \nu_k\right)}{2}$$

$$= \frac{1}{2} \sum_{k=1}^{n} (\delta_{(n-1)k} + \delta_{nk})$$

$$= 1,$$

总之, 对 $i, j = 1, 2, 3, \cdots, n-1, n$, 都有

$$\frac{2(\alpha_i, M_j)}{(\alpha_i, \alpha_i)} = \delta_{ij},$$

所以, 这样的 $M_j$ 对应 $D_n(\mathrm{so}(2n))$ 李代数的 $n$ 个基础表示的最高权, 并且 $M_j$ 可以具体表述为

$$M_1 = \nu_1 = (\overbrace{1, 0, 0, \cdots, 0, 0}^{\text{共 } n \text{ 维}}),$$

$$M_2 = \nu_1 + \nu_2 = (1,\, 1,\, \overbrace{0,\, \cdots,\, 0,\, 0}^{\text{共 } n-2 \text{ 个}}),$$

$$\cdots\cdots$$

$$M_j = \nu_1 + \nu_2 + \cdots + \nu_j = (\overbrace{1,\, 1,\, \cdots,\, 1}^{\text{共 } j \text{ 个}},\, \overbrace{0,\, \cdots,\, 0,\, 0}^{\text{共 } n-j \text{ 个}}),$$

$$\cdots\cdots$$

$$M_{n-2} = \nu_1 + \nu_2 + \cdots + \nu_{n-2} = (\overbrace{1,\, 1,\, \cdots,\, 1,\, 1}^{\text{共 } n-2 \text{ 个}},\, 0,\, 0),$$

$$M_{n-1} = \frac{1}{2}(\nu_1 + \nu_2 + \cdots + \nu_{n-1} - \nu_n) = \left(\frac{1}{2},\, \frac{1}{2},\, \frac{1}{2},\, \cdots,\, \frac{1}{2},\, -\frac{1}{2}\right),$$

$$M_n = \frac{1}{2}(\nu_1 + \nu_2 + \cdots + \nu_{n-1} + \nu_n) = \left(\frac{1}{2},\, \frac{1}{2},\, \frac{1}{2},\, \cdots,\, \frac{1}{2},\, \frac{1}{2}\right).$$

显然, 最高权 $M_{n-1}$ 和 $M_n$ 与其他 $n-2$ 个最高权不同, 它们对应的不可约表示称为旋量表示 (spinor representation), 而其他 $n-2$ 个最高权对应的不可约表示称为张量表示 (tensor representation).

总之, 任意一个不可约表示都可以在基权基 $\{M_j\}$ 下标记为

$$\Lambda = \sum_{i=1}^{n} \lambda_i M_i \qquad (\lambda_i \geqslant 0),$$

也可以在素根基或 Chevalley 基下标记为

$$\Lambda = \sum_{i=1}^{n} \Lambda_i \alpha_i, \quad \text{或 } \Lambda = \sum_{i=1}^{n} \lambda_i \frac{2}{(\alpha_i, \alpha_i)} \alpha_i,$$

还可以在初权基 $\{\nu_j\}$ ($\{\nu_j\} = \{e_j\}$) 下标记为

$$\Lambda = \sum_{i=1}^{n} m_i \nu_i.$$

不同基下的表示间的关系可以直接求得, 尤其是初权基下的表示与基权基下的表示的关系可简单表述为

$$m_1 = \lambda_1 + \lambda_2 + \lambda_3 + \cdots + \lambda_{n-2} + \frac{1}{2}\lambda_{n-1} + \frac{1}{2}\lambda_n,$$

$$m_2 = \lambda_2 + \lambda_3 + \cdots + \lambda_{n-2} + \frac{1}{2}\lambda_{n-1} + \frac{1}{2}\lambda_n,$$

$$\cdots\cdots$$

$$m_j = \lambda_j + \lambda_{j+1} + \cdots + \lambda_{n-2} + \frac{1}{2}\lambda_{n-1} + \frac{1}{2}\lambda_n,$$

$$\cdots\cdots$$

$$m_{n-2} = \lambda_{n-2} + \frac{1}{2}\lambda_{n-1} + \frac{1}{2}\lambda_n,$$

$$m_{n-1} = \frac{1}{2}\lambda_{n-1} + \frac{1}{2}\lambda_n,$$

$$m_n = -\frac{1}{2}\lambda_{n-1} + \frac{1}{2}\lambda_n.$$

显然, 由于 $\lambda_i \geqslant 0$, 有

$$m_1 \geqslant m_2 \geqslant \cdots \geqslant m_{n-1} \geqslant |m_n| \geqslant 0.$$

并且, 在 $\lambda_{n-1}$ 和 $\lambda_n$ 同时为偶数或奇数的情况下, $m_j$ 全为整数, 相应的表示为张量表示, 在 $\lambda_{n-1}$ 和 $\lambda_n$ 中一个为奇数, 另一个为偶数的情况下, $m_j$ 为半奇数, 相应的表示为旋量表示.

张量表示可以由数 $M = \sum\limits_{i=1}^{\alpha} m_i$ 的 $\alpha$ 元划分 $\Gamma_\alpha = [m_1, m_2, \cdots, m_\alpha]$ (其中 $\alpha \leqslant n$) 标记, 于是可以由最多不超过 $n$ 行的杨图标记为图 4.22 所示的形式. 具体行数取决于非零的 $m_i$ $(i = 1, 2, \cdots, \alpha)$ (其中 $\alpha \leqslant n$) 的数目.

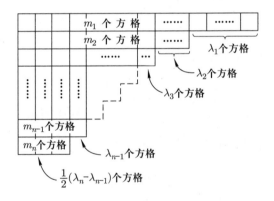

图 4.22　$D_n(\mathrm{so}(2n))$ 李代数的表示的杨图标记形式

对于旋量表示, 由表示与最高权态之间的关系知, 人们可以采用寻找权链的方法由最高权态得到其所有表示的所有权.

例如, 对 $n = 4$ (即 so(8)), 其 Dynkin 图如图 4.23 所示. 最高权可取为 $M_3 = \frac{1}{2}(1, 1, 1, -1)$ 或 $M_4 = \frac{1}{2}(1, 1, 1, 1)$. 由权链中各权的结构知, 由 $E_{-\alpha_i}$ $(i = 1, 2, 3, 4)$ 对最高权态作用即可得到所有的权.

因为其根系为 $\alpha_1 = e_1 - e_2$, $\alpha_2 = e_2 - e_3$, $\alpha_3 = e_3 - e_4$, $\alpha_4 = e_3 + e_4$, 则 $E_{-\alpha_i}$ $(i = 1, 2, 3)$ 作用实际是 $e_i - e_{i+1}$ $(i = 1, 2, 3)$ 作用, 其效果是第 $i$ 分量减小 1,

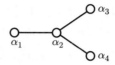

图 4.23 $D_4$ (so(8)) 李代数的 Dynkin 图

第 $i+1$ 分量增大 1, $E_{-\alpha_4}$ 作用则使第 3, 4 分量都减小 1. 于是分别有权链

$$\left(\frac{1}{2}, \frac{1}{2}, \frac{1}{2}, -\frac{1}{2}\right) \xrightarrow{\alpha_3} \left(\frac{1}{2}, \frac{1}{2}, -\frac{1}{2}, \frac{1}{2}\right)$$

$$\xrightarrow{\alpha_2} \left(\frac{1}{2}, -\frac{1}{2}, \frac{1}{2}, \frac{1}{2}\right) \begin{array}{c} \xrightarrow{\alpha_1} \left(-\frac{1}{2}, \frac{1}{2}, \frac{1}{2}, \frac{1}{2}\right) \xrightarrow{\alpha_4} \\[4pt] \xrightarrow{\alpha_4} \left(\frac{1}{2}, -\frac{1}{2}, -\frac{1}{2}, -\frac{1}{2}\right) \xrightarrow{\alpha_1} \end{array} \left(-\frac{1}{2}, \frac{1}{2}, -\frac{1}{2}, -\frac{1}{2}\right)$$

$$\xrightarrow{\alpha_2} \left(-\frac{1}{2}, -\frac{1}{2}, \frac{1}{2}, -\frac{1}{2}\right) \xrightarrow{\alpha_3} \left(-\frac{1}{2}, -\frac{1}{2}, -\frac{1}{2}, \frac{1}{2}\right),$$

$$\left(\frac{1}{2}, \frac{1}{2}, \frac{1}{2}, \frac{1}{2}\right) \xrightarrow{\alpha_4} \left(\frac{1}{2}, \frac{1}{2}, -\frac{1}{2}, -\frac{1}{2}\right)$$

$$\xrightarrow{\alpha_2} \left(\frac{1}{2}, -\frac{1}{2}, \frac{1}{2}, -\frac{1}{2}\right) \begin{array}{c} \xrightarrow{\alpha_1} \left(-\frac{1}{2}, \frac{1}{2}, \frac{1}{2}, -\frac{1}{2}\right) \xrightarrow{\alpha_3} \\[4pt] \xrightarrow{\alpha_3} \left(\frac{1}{2}, -\frac{1}{2}, -\frac{1}{2}, \frac{1}{2}\right) \xrightarrow{\alpha_1} \end{array} \left(-\frac{1}{2}, \frac{1}{2}, -\frac{1}{2}, \frac{1}{2}\right)$$

$$\xrightarrow{\alpha_2} \left(-\frac{1}{2}, -\frac{1}{2}, \frac{1}{2}, \frac{1}{2}\right) \xrightarrow{\alpha_4} \left(-\frac{1}{2}, -\frac{1}{2}, -\frac{1}{2}, -\frac{1}{2}\right).$$

由此可以直接得知, 基础旋量表示的维数为 $d_{D_s} = 2^{n-1}$.

根据前述一般公式, $D_n$ 李代数的表示 (基权基下的表述) 的维数为

$$d_{D_n} = \frac{2 d_{A_n}}{2 + \lambda_{n-1} + \lambda_n} \prod_k \left(1 + \frac{\lambda_k + \lambda_{k+1} + \cdots + \lambda_{n-2} + \lambda_n}{n - k}\right)$$

$$\times \prod_{i,j} \left(1 + \frac{\lambda_i + \lambda_{i+1} + \cdots + 2\lambda_j + \cdots + 2\lambda_{n-2} + \lambda_{n-1} + \lambda_n}{2n - i - j}\right), \quad (4.27)$$

其中 $k = 1, 2, \cdots, n-2, \ j = 2, 3, \cdots, n-2, \ i = 1, 2, \cdots, j-1$.

此外, 旋量表示可以一般地表述为

$$\left(\frac{\eta_1}{2}, \frac{\eta_2}{2}, \cdots, \frac{\eta_{n-1}}{2}, \frac{\eta_n}{2}\right) = \left|\frac{\eta_1}{2}\right\rangle \otimes \left|\frac{\eta_2}{2}\right\rangle \otimes \cdots \otimes \left|\frac{\eta_{n-1}}{2}\right\rangle \otimes \left|\frac{\eta_n}{2}\right\rangle,$$

相应的维数为

$$d_{S, D_n} = 2^{\left(\sum\limits_{i=1}^{n} \eta_i - 1\right)}.$$

系统全面地讨论 $D_n$ 李代数的表示的实性很复杂, 这里从略. 概括地, $n = 4k$ ($k$ 为整数) 情况下的旋量表示为实表示, $n = 4k + 2$ ($k$ 为整数) 情况下的旋量表示为赝实表示, $n = 4k + 1$ 和 $n = 4k + 3$ ($k$ 为整数) 情况下的旋量表示为复表示.

(2) $B_n(\mathrm{so}(2n + 1))$ 李代数 ($\mathrm{SO}(2n + 1)$ 群) 的表示.

由 §3.5 讨论知, 将 $D_{n+1}$ 李代数的 Dynkin 图 (如图 4.24(a) 所示) 中的相邻根间夹角为 $\dfrac{2\pi}{3}$ 的两分岔单线 (长度仅为 1) 合并得到一条双线 (由之相连的两根间夹角为 $\dfrac{3\pi}{4}$), 相应的端点成为一个短根, 就得到 $B_n$ 李代数的 Dynkin 图 (如图 4.24(b) 所示). 这表明, $B_n$ 李代数为 $D_{n+1}$ 李代数的子代数, 即 $\mathrm{so}(2n + 1)$ 李代数为 $\mathrm{so}(2n + 2)$ 李代数的子代数、$\mathrm{SO}(2n + 1)$ 群为 $\mathrm{SO}(2n + 2)$ 群的子群.

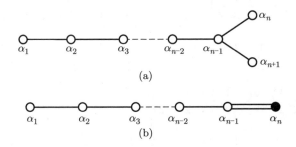

图 4.24　$B_n$ 李代数为 $D_{n+1}$ 李代数的子代数的 Dynkin 图变化

相应地, 其 Cartan 子代数之间有关系

$$H_j^{B_n} = \begin{pmatrix} H_j^{(2n \times 2n)} & 0 \\ 0 & 0 \end{pmatrix},$$

其中 $H_j^{(2n \times 2n)} = \mathrm{i}I_{2j(2j-1)} = \mathrm{i}E_{2j(2j-1)} - \mathrm{i}E_{(2j-1)2j}$ ($j = 1, 2, \cdots, n$), 为 $2n \times 2n$ 矩阵. 考察 $H_j^{(2n \times 2n)}$ 的表达形式知, 去掉上述 Cartan 矩阵的第 $2n + 1$ 行 (全为 0) 和第 $2n + 1$ 列 (全为 0) 后, 所得的 $H_j^{(2n \times 2n)}$ 与 $H_j^{D_n}$ 完全相同, 所以 $B_n$ 李代数与 $D_n$ 李代数的定义表示有完全相同的 $n$ 维权向量

$$\nu_J = \begin{cases} \nu_j, & J = 2j - 1, \\ -\nu_j, & J = 2j, \end{cases}$$

其中 $j = 1, 2, \cdots, n$, 相应地, $J = 1, 2, \cdots, 2n$.

具体地, 即有

$$\nu_1 = (\overbrace{1, 0, 0, \cdots, 0, 0}^{\text{共 } n \text{ 个}}),$$
$$\nu_2 = (0, 1, 0, \cdots, 0, 0),$$

$$\cdots\cdots$$

$$\nu_i = (0, 0, \cdots, 0, 1, 0, \cdots, 0, 0), \quad \text{其中的 } 1 \text{ 位于第 } i \text{ 列},$$

$$\cdots\cdots$$

$$\nu_n = (\underbrace{0, 0, 0, \cdots, 0, 0}_{n-1\text{个}}, 1).$$

显然有 $(\nu_i, \nu_j) = \delta_{ij}$. 那么, 可以取 $\{\nu_j \mid j = 1, 2, \cdots, n\}$ 作为 $n$ 维空间的直角坐标系的基向量, 即有 $\{e_i = \nu_i \mid i = 1, 2, \cdots, n\}$.

定义 $\alpha_i = \nu_i - \nu_{i+1}(i = 1, 2, \cdots, n-1)$, $\alpha_n = \nu_n$, 则有

$$(\alpha_i, \alpha_j) = 2\delta_{ij} - \delta_{i(j-1)} - \delta_{i(j+1)} \quad (i, j = 1, 2, \cdots, n-1),$$
$$(\alpha_i, \alpha_n) = -\delta_{i(n-1)},$$
$$(\alpha_n, \alpha_n) = 1,$$

即有

$$\cos\theta_{i(i+1)} = \frac{-1}{\sqrt{2}\sqrt{2}} = -\frac{1}{2}, \quad \theta_{i(i+1)} = \frac{2\pi}{3} \quad (i = 1, 2, \cdots, n-1),$$
$$\cos\theta_{(n-1)n} = \frac{-1}{\sqrt{2}\sqrt{1}} = -\frac{1}{\sqrt{2}}, \quad \theta_{(n-1)n} = \frac{3\pi}{4}.$$

显然, 这样定义的 $\{\alpha_i \mid i = 1, 2, \cdots, n-1, n\}$ 可以作为 $B_n$ 李代数 (SO$(2n+1)$ 群) 的素根系.

再定义 $M_j = \sum\limits_{k=1}^{j} \nu_k$ $(j = 1, 2, \cdots, n-1)$, $M_n = \dfrac{1}{2}\sum\limits_{k=1}^{n} \nu_k$, 对 $i = 1, 2, \cdots, n-1$, $j = 1, 2, \cdots, n-1$, 有

$$\frac{2(\alpha_i, M_j)}{(\alpha_i, \alpha_i)} = \frac{2\left(\nu_i - \nu_{i+1}, \sum\limits_{k=1}^{j} \nu_k\right)}{2} = \sum_{k=1}^{j} (\delta_{ik} - \delta_{(i+1)k}) = \delta_{ij},$$

对 $i = 1, 2, \cdots, n-1, j = n$, 有

$$\frac{2(\alpha_i, M_n)}{(\alpha_i, \alpha_i)} = \frac{2\left(\nu_i - \nu_{i+1}, \dfrac{1}{2}\sum\limits_{k=1}^{n} \nu_k\right)}{2} = \frac{1}{2}\sum_{k=1}^{n} (\delta_{ik} - \delta_{(i+1)k}) = 0,$$

对 $i = n, j = 1, 2, \cdots, n-1$, 有

$$\frac{2(\alpha_n, M_j)}{(\alpha_n, \alpha_n)} = \frac{2\left(\nu_n, \sum\limits_{k=1}^{j} \nu_k\right)}{1} = 2\sum_{k=1}^{j} \delta_{nk} = 0,$$

对 $i = n$, $j = n$, 有

$$\frac{2(\alpha_n, M_n)}{(\alpha_n, \alpha_n)} = \frac{2\left(\nu_n, \frac{1}{2}\sum_{k=1}^{n}\nu_k\right)}{1} = 2 \cdot \frac{1}{2}\sum_{k=1}^{n}\delta_{nk} = 1.$$

总之, 对所有 $i, j = 1, 2, \cdots, n$, 都有

$$\frac{2(\alpha_i, M_j)}{(\alpha_i, \alpha_i)} = \delta_{ij}.$$

因此, 这样定义的 $M_j$ 对应 $B_n$ (so($2n+1$)) 李代数的 $n$ 个基础表示的最高权. 这些最高权可以具体表述为

$$M_1 = \nu_1 = (1, \overbrace{0, 0, \cdots, 0, 0}^{\text{共 }(n-1)\text{ 个}}),$$

$$M_2 = \nu_1 + \nu_2 = (1, 1, \overbrace{0, \cdots, 0, 0}^{\text{共 }(n-2)\text{ 个}}),$$

$$\cdots\cdots$$

$$M_j = \nu_1 + \nu_2 + \cdots + \nu_j = (\overbrace{1, 1, \cdots, 1}^{\text{共 }j\text{ 个}}, \overbrace{0, \cdots, 0, 0}^{\text{共 }n-j\text{ 个}}),$$

$$\cdots\cdots$$

$$M_{n-2} = \nu_1 + \nu_2 + \cdots + \nu_{n-2} = (\overbrace{1, 1, \cdots, 1}^{\text{共 }n-2\text{ 个}}, 0, 0),$$

$$M_{n-1} = \nu_1 + \nu_2 + \cdots + \nu_{n-2} + \nu_{n-1} = (\overbrace{1, 1, \cdots, 1, 1}^{\text{共 }n-1\text{ 个}}, 0),$$

$$M_n = \frac{1}{2}(\nu_1 + \nu_2 + \cdots + \nu_{n-1} + \nu_n) = \left(\overbrace{\frac{1}{2}, \frac{1}{2}, \frac{1}{2}, \cdots, \frac{1}{2}, \frac{1}{2}}^{\text{共 }n\text{ 个}}\right).$$

显然, $M_n$ 与 $M_j$ ($j = 1, 2, \cdots, n-1$) 不同, 它对应的不可约表示称为旋量表示, 而前 $n-1$ 个最高权对应的不可约表示称为张量表示.

于是, 任意一个不可约表示可以在初权基 $\{\nu_i\}$ (即 $\{e_i\}$) 下标记为

$$\Lambda = \sum_{i=1}^{n}m_i\nu_i \qquad (m_1 \geqslant m_2 \geqslant m_3 \geqslant \cdots \geqslant m_n \geqslant 0),$$

也可以在基权基 $\{M_i\}$ 下标记为

$$\Lambda = \sum_{i=1}^{n}\lambda_i M_i \qquad (\lambda_i \geqslant 0),$$

还可以在素根基 (或 Chevalley 基) 下标记为

$$\Lambda = \sum_{i=1}^{n} \Lambda_i \alpha_i, \qquad 或 \qquad \Lambda = \sum_{i=1}^{n} \lambda_i \frac{2}{(\alpha_i, \alpha_i)} \alpha_i.$$

初权基下的表示与基权基下的表示间有关系

$$m_1 = \lambda_1 + \lambda_2 + \lambda_3 + \cdots + \lambda_{n-1} + \frac{1}{2}\lambda_n,$$

$$m_2 = \lambda_2 + \lambda_3 + \cdots + \lambda_{n-1} + \frac{1}{2}\lambda_n,$$

$$\cdots\cdots$$

$$m_j = \lambda_j + \lambda_{j+1} + \cdots + \lambda_{n-1} + \frac{1}{2}\lambda_n,$$

$$\cdots\cdots$$

$$m_{n-2} = \lambda_{n-2} + \lambda_{n-1} + \frac{1}{2}\lambda_n,$$

$$m_{n-1} = \lambda_{n-1} + \frac{1}{2}\lambda_n,$$

$$m_n = \frac{1}{2}\lambda_n.$$

显然, 当 $\lambda_n$ 为偶数时, $m_j$ $(j = 1, 2, \cdots, n)$ 全为整数, 当 $\lambda_n$ 为奇数时, $m_j$ $(j = 1, 2, \cdots, n)$ 全为半奇数. 与 $D_n$ 的相同, 前者称为张量表示, 后者称为旋量表示.

根据 $B_n$ $(\mathrm{so}(2n+1))$ 李代数的上述性质和杨图的性质, $B_n$ $(\mathrm{so}(2n+1))$ 李代数的张量表示可以由 $\alpha$ 行 $(\alpha \leqslant n)$ 的杨图 $(\alpha$ 元划分) 标记为图 4.25 所示的形式. 具体行数取决于非零的 $m_i$ $(i = 1, 2, \cdots, \alpha)$ (其中 $\alpha \leqslant n$) 的数目.

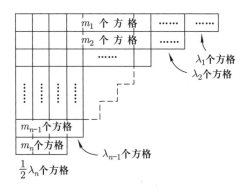

图 4.25 $\quad B_n$ $(\mathrm{so}(2n+1))$ 李代数的张量表示的杨图标记形式

对于旋量表示, 我们可以采用与确定 $D_n$ 李代数的旋量表示相同的寻找权链的方法得到其所有表示.

例如, 对 $n = 3$ (即 so(7)), 其 Dynkin 图如图 4.26 所示. 由权链中各权的结构知, 在知道最高权的情况下, 由 $E_{-\alpha_i}$ 对最高权态作用即可得到所有的权. 因为素根系为 $\alpha_1 = \nu_1 - \nu_2, \alpha_2 = \nu_2 - \nu_3, \alpha_3 = \nu_3$, 所以, 对权链, $E_{-\alpha_1}$ 作用使得第 1, 2 分量分别减小、增大 1, $E_{-\alpha_2}$ 作用使得第 2, 3 分量分别减小、增大 1, $E_{-\alpha_3}$ 作用使得第 3 分量减小 1. 如果已知最高权, 利用 $\{\alpha_i\}$ 作用, 即可得到所有的权, 也就是可以确定该表示. 具体地, 例如, 取最高权为 $M_3 = \dfrac{1}{2}(1,1,1)$, 则有下述权链:

$$\left(\frac{1}{2},\frac{1}{2},\frac{1}{2}\right) \xrightarrow{\alpha_3} \left(\frac{1}{2},\frac{1}{2},-\frac{1}{2}\right)$$

$$\xrightarrow{\alpha_2} \left(\frac{1}{2},-\frac{1}{2},\frac{1}{2}\right) \overset{\alpha_1}{\nearrow} \left(-\frac{1}{2},\frac{1}{2},\frac{1}{2}\right) \overset{\alpha_3}{\searrow} \left(-\frac{1}{2},\frac{1}{2},-\frac{1}{2}\right)$$
$$\overset{\alpha_3}{\searrow} \left(\frac{1}{2},-\frac{1}{2},-\frac{1}{2}\right) \overset{\alpha_1}{\nearrow}$$

$$\xrightarrow{\alpha_2} \left(-\frac{1}{2},-\frac{1}{2},\frac{1}{2}\right) \xrightarrow{\alpha_3} \left(-\frac{1}{2},-\frac{1}{2},-\frac{1}{2}\right).$$

显然, 所有的权对应三个分量都各取正负号, 共有 $2^3 = 8$ 种情况, 也就是该表示为 8 维表示.

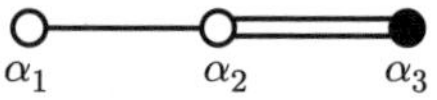

图 4.26　$B_3$ (so(7)) 李代数的 Dynkin 图

考察这一结果和前述的 $D_4$ (so(8)) 的一个实例的结果知, 与基础旋量表示相对应的权链呈纺锤形.

根据前述一般公式, $B_n$ 李代数的表示 (基权基下的表述) 的维数为

$$d_{B_n} = d_{A_n} \prod_{j,i} \left(1 + \frac{\lambda_i + \lambda_{i+1} + \cdots + 2\lambda_j + \cdots + 2\lambda_{n-1} + \lambda_n}{2n+1-i-j}\right), \tag{4.28}$$

其中 $j = 1, 2, \cdots, n-1, i = 1, 2, \cdots, j$.

对于旋量表示 $\left(\dfrac{\eta_1}{2}, \dfrac{\eta_2}{2}, \cdots, \dfrac{\eta_n}{2}\right) = \left|\dfrac{\eta_1}{2}\right\rangle \otimes \left|\dfrac{\eta_2}{2}\right\rangle \otimes \cdots \otimes \left|\dfrac{\eta_n}{2}\right\rangle$,

$$d_{S,B_n} = 2^{\sum\limits_{i=1}^{n} \eta_i}.$$

对简单的 $\eta_i = 1$ 情况, $d_{S,B_n} = 2^n$.

关于 $B_n$ 李代数 (SO(2n+1) 群) 的表示的实性的讨论比较复杂, 这里略去. 概括地: 对于 $k = 0, 1, 2, \cdots$, SO($8k+3$) 和 SO($8k+5$) 的表示为赝实表示, SO($8k+7$) 和 SO($8k+9$) 的表示为实表示.

**3. $C_n(\mathrm{sp}(2n))$ 李代数 ($\mathrm{SP}(2n)$ 群) 的表示**

由上一章的讨论知, 在 $C_n$ 李代数 ($\mathrm{sp}(2n)$ 李代数) 的定义表示中, 其 Cartan 子代数的矩阵形式为

$$H_j = E_{jj} - E_{(n+j)(n+j)} \qquad (j = 1, 2, \cdots, n),$$

其中 $E_{jj}$ 为仅第 $j$ 行, 第 $j$ 列矩阵元为 1, 其他矩阵元都为 0 的矩阵.

可以验证, 它们满足 $\mathrm{tr}\{H_m H_{m'}\} = \delta_{mm'}$. 其本征值为 $2n$ 个 $n$ 维权向量

$$\nu_j = e_j = (\overbrace{0, 0, \cdots, 0}^{\text{共}\,j-1\,\text{个}}, 1, \overbrace{0, 0, \cdots, 0}^{\text{共}\,n-j\,\text{个}}) \qquad (j = 1, 2, \cdots, n),$$

$$\nu_{n+j} = -\nu_j = -e_j \qquad (j = 1, 2, \cdots, n).$$

定义 $\alpha_i = \nu_i - \nu_{i+1}$ $(i = 1, 2, \cdots, n-1)$, $\alpha_n = 2\nu_n$, 显然有

$$(\alpha_i, \alpha_j) = (\nu_i - \nu_{i+1}, \nu_j - \nu_{j+1}) = 2\delta_{ij} - \delta_{i(j+1)} - \delta_{i(j-1)} \quad (i, j = 1, 2, \cdots, n-1),$$

$$(\alpha_i, \alpha_n) = (\nu_i - \nu_{i+1}, 2\nu_n) = -2\delta_{i(n-1)} \qquad (i = 1, 2, \cdots, n-1),$$

$$(\alpha_n, \alpha_n) = 4,$$

即有

$$\cos\theta_{i(i+1)} = \frac{-1}{\sqrt{2}\sqrt{2}} = -\frac{1}{2}, \quad \theta_{i(i+1)} = \frac{2\pi}{3} \qquad (i = 1, 2, \cdots, n-1),$$

$$\cos\theta_{(n-1)n} = \frac{-2}{\sqrt{2}\sqrt{4}} = -\frac{1}{\sqrt{2}}, \quad \theta_{(n-1)n} = \frac{3\pi}{4}.$$

这表明, 前 $n-1$ 个 $\alpha_i$ 的模长都为 $\sqrt{2}$, 相邻者之间夹角为 $\frac{2\pi}{3}$, 不相邻者相互垂直, 而 $\alpha_n$ 的模长为 2, 与 $\alpha_{n-1}$ 间成 $\frac{3\pi}{4}$ 夹角, 与其他 $\alpha_i$ 都垂直. 由此知, 这样定义的 $\{\alpha_i \mid i = 1, 2, \cdots, n-1, n\}$ 可以作为 $C_n$ 李代数 ($\mathrm{SP}(2n)$ 群) 的素根系, 且有如图 4.27 所示的 Dynkin 图.

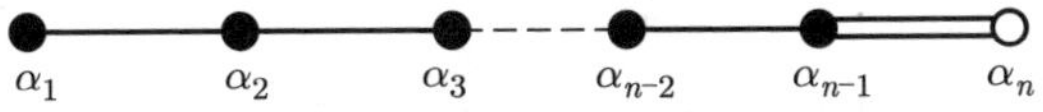

图 4.27  $C_n$ (即 $\mathrm{sp}(2n)$) 李代数的 Dynkin 图

定义

$$M_j = \sum_{k=1}^{j} \nu_k \qquad (j = 1, 2, \cdots, n-1, n),$$

对 $i, j = 1, 2, \cdots, n-1$, 有

$$\frac{2(\alpha_i, M_j)}{(\alpha_i, \alpha_i)} = \left(\nu_i - \nu_{i+1}, \sum_{k=1}^{j} \nu_k\right) = \sum_{k=1}^{j}(\delta_{ik} - \delta_{(i+1)k}) = \delta_{ij},$$

对 $i = 1, 2, \cdots, n-1, j = n$, 有

$$\frac{2(\alpha_i, M_n)}{(\alpha_i, \alpha_i)} = \left(\nu_i - \nu_{i+1}, \sum_{k=1}^{n} \nu_k\right) = \sum_{k=1}^{n}(\delta_{ik} - \delta_{(i+1)k}) = 0,$$

对 $i = n, j = 1, 2, \cdots, n-1$, 有

$$\frac{2(\alpha_n, M_j)}{(\alpha_n, \alpha_n)} = \frac{2}{4}\left(2\nu_n, \sum_{k=1}^{j} \nu_k\right) = \sum_{k=1}^{n-1} \delta_{nk} = 0,$$

对 $i = n, j = n$, 有

$$\frac{2(\alpha_n, M_n)}{(\alpha_n, \alpha_n)} = \frac{2}{4}\left(2\nu_n, \sum_{k=1}^{n} \nu_k\right) = \sum_{k=1}^{n} \delta_{nk} = 1.$$

总之, 对所有 $i, j = 1, 2, \cdots, n$, 都有

$$\frac{2(\alpha_i, M_j)}{(\alpha_i, \alpha_i)} = \delta_{ij}.$$

那么, 这样定义的 $M_j$ 对应 $C_n(\mathrm{sp}(2n))$ 李代数的 $n$ 个基础表示的最高权, 即有基权基

$$M_1 = \nu_1 = (\overbrace{1, 0, 0, \cdots, 0, 0}^{n \text{ 个}}),$$
$$M_2 = \nu_1 + \nu_2 = (1, 1, 0, \cdots, 0, 0),$$
$$\cdots\cdots$$
$$M_j = \nu_1 + \nu_2 + \cdots + \nu_j = (\underbrace{1, 1, \cdots, 1}_{j\text{个}}, \underbrace{0, \cdots, 0}_{n-j\text{个}}),$$
$$\cdots\cdots$$
$$M_n = \nu_1 + \nu_2 + \cdots + \nu_n = (\underbrace{1, 1, 1, \cdots, 1, 1}_{n\text{个}}).$$

于是, 任意一个不可约表示都可以在初权基 $\{\nu_i\}$ (即 $\{e_i\}$) 下标记为

$$\Lambda = \sum_{i=1}^{n} m_i \nu_i \quad (m_1 \geqslant m_2 \geqslant \cdots \geqslant m_n \geqslant 0),$$

也可以在基权基 $\{M_i\}$ 下标记为

$$\Lambda = \sum_{i=1}^{n} \lambda_i M_i \qquad (\lambda_i \geqslant 0),$$

还可以在素根基 $\{\alpha_i\}$ 或 Chevalley 基下标记为

$$\Lambda = \sum_{i=1}^{n} \Lambda_i \alpha_i, \quad \text{或} \quad \Lambda = \sum_{i=1}^{n} \lambda_i \frac{2}{(\alpha_i, \alpha_i)} \alpha_i.$$

并且, 它们之间有关系

$$m_1 = \lambda_1 + \lambda_2 + \cdots + \lambda_{n-1} + \lambda_n,$$
$$m_2 = \lambda_2 + \lambda_3 + \cdots + \lambda_{n-1} + \lambda_n,$$
$$\cdots\cdots$$
$$m_{n-1} = \lambda_{n-1} + \lambda_n,$$
$$m_n = \lambda_n.$$

相应地, $C_n(\mathrm{sp}(2n))$ 李代数的不可约表示也可以由 $\alpha$ 行 $(\alpha \leqslant n)$ 的杨图 ($\alpha$ 元划分) 标记为图 4.28 所示的形式. 具体行数取决于非零的 $m_i$ ($i = 1, 2, \cdots, \alpha$, 其中 $\alpha \leqslant n$) 的数目.

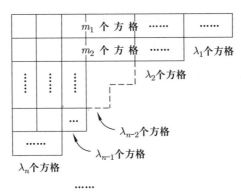

图 4.28 $C_n$ $(\mathrm{sp}(2n))$ 李代数的表示的杨图标记形式

以基权基标记的 $C_n$ 李代数的表示 $(\lambda_1, \lambda_2, \lambda_3, \cdots, \lambda_{n-1}, \lambda_n)$ 的维数为

$$d_{C_n} = d_{A_n} \prod_{j,i} \left(1 + \frac{\lambda_i + \lambda_{i+1} + \cdots + 2\lambda_j + \cdots + 2\lambda_n}{2n + 2 - i - j}\right),$$

其中 $j = 2, 3, \cdots, n, i = 1, 2, \cdots, j - 1$.

关于 $C_n$ 李代数 (SP($2n$) 李群) 的表示的实性的讨论很复杂, 这里略去.

## §4.5 典型李代数的二阶 Casimir 算子及其本征值

第一章中已经述及, 李群 (李代数) 的 Casimir 算子是群变换下的不变量, 在现在通常考虑两体相互作用的情况下, 常用的 Casimir 算子是二阶 Casimir 算子. 再者, 具有某一确定对称性的物理状态由表征相应对称性的李群 (李代数) 的不可约表示标记, 那么, 在该状态下系统的二阶 Casimir 算子的本征值可以由标记不可约表示的量子数表述. 于是, 人们可以很直接地得到相应状态下以二阶 Casimir 算子表述的物理量的本征值. 因此, 本节对典型李代数 (李群) 的二阶 Casimir 算子的具体表述形式及相应于确定的不可约表示的本征值予以简要讨论.

### 4.5.1 表述形式

按原始定义, 一个李群的 $n$ 阶 Casimir 算子由其生成元 $\mathbb{X}_\mu$ 和结构常数 $C_{\sigma\rho}^\tau$ 定义为

$$\widehat{C}_n = C_{\alpha_1\beta_1}^{\beta_2} C_{\alpha_2\beta_2}^{\beta_3} \cdots C_{\alpha_{n-1}\beta_{n-1}}^{\beta_n} C_{\alpha_n\beta_n}^{\beta_1} \mathbb{X}^{\alpha_1}\mathbb{X}^{\alpha_2}\cdots\mathbb{X}^{\alpha_n}.$$

最常用的二阶 Casimir 算子为

$$\widehat{C}_2 = C_{\alpha_1\beta_1}^{\beta_2} C_{\alpha_2\beta_2}^{\beta_1} X^{\alpha_1}X^{\alpha_2} = g_{\alpha_1\alpha_2}\mathbb{X}^{\alpha_1}\mathbb{X}^{\alpha_2} = g^{\sigma\rho}\mathbb{X}_\sigma\mathbb{X}_\rho,$$

其中 $g^{\sigma\rho}$ 为反 Killing 度规, 即有

$$g_{\sigma\rho}g^{\rho\mu} = \delta_\sigma^\mu.$$

在标准基下, $n$ 秩半单李代数的 Killing 度规的矩阵形式为

$$g_{\sigma\rho} = \begin{pmatrix} g_{ij} & 0 & 0 & 0 & 0 \\ 0 & \begin{smallmatrix}0&1\\1&0\end{smallmatrix} & 0 & 0 & 0 \\ 0 & 0 & \begin{smallmatrix}0&1\\1&0\end{smallmatrix} & 0 & 0 \\ 0 & 0 & 0 & \ddots & 0 \\ 0 & 0 & 0 & 0 & \begin{smallmatrix}0&1\\1&0\end{smallmatrix} \end{pmatrix},$$

$$g^{\sigma\rho} = \begin{pmatrix} g^{ij} & 0 & 0 & 0 & 0 \\ 0 & \begin{smallmatrix}0&1\\1&0\end{smallmatrix} & 0 & 0 & 0 \\ 0 & 0 & \begin{smallmatrix}0&1\\1&0\end{smallmatrix} & 0 & 0 \\ 0 & 0 & 0 & \ddots & 0 \\ 0 & 0 & 0 & 0 & \begin{smallmatrix}0&1\\1&0\end{smallmatrix} \end{pmatrix},$$

其中 $g_{ij}$ 为 Cartan 子代数的 Killing 度规, $g^{ij}$ 为其逆.

于是, 在标准基下, $\widehat{C}_2$ 可以写为

$$\widehat{C}_2 = g^{ij}H_iH_j + \sum_{\alpha \in \Sigma} E_\alpha E_{-\alpha}, \tag{4.29}$$

其中 $\{H_i \mid i = 1, 2, \cdots, n\}$ 为 Cartan 子代数, $\alpha$ 为非零根, $\Sigma$ 为根系.

### 4.5.2 本征值

在以 $M$ 为最高权的不可约表示空间中, 记属于 $M$ 的本征向量为 $\Psi_M$, 那么, 对任意正根 $\alpha$, 都有

$$E_\alpha \Psi_M \equiv 0,$$

否则 $M$ 就不是最高权. 于是

$$\sum_{\alpha \in \Sigma} E_\alpha E_{-\alpha} \Psi_M = \Big( \sum_{\alpha \in \Sigma^+} E_\alpha E_{-\alpha} + \sum_{\alpha \in \Sigma^-} E_\alpha E_{-\alpha} \Big) \Psi_M = \sum_{\alpha \in \Sigma^+} E_\alpha E_{-\alpha} \Psi_M$$

$$= \sum_{\alpha \in \Sigma^+} (E_\alpha E_{-\alpha} - E_{-\alpha} E_\alpha) \Psi_M = \sum_{\alpha \in \Sigma^+} [E_\alpha, E_{-\alpha}] \Psi_M,$$

$$\widehat{C}_2 \Psi_M = g^{ij} M_i M_j \Psi_M + \sum_{\alpha \in \Sigma^+} [E_\alpha, E_{-\alpha}] \Psi_M$$

$$= \Big( (M, M) + \sum_{\alpha \in \Sigma^+} \alpha^i H_i \Big) \Psi_M$$

$$= \Big( (M, M) + \sum_{\alpha \in \Sigma^+} (\alpha, M) \Big) \Psi_M,$$

所以 $\widehat{C}_2$ 的本征值为

$$C_2 = (M, M) + \sum_{\alpha \in \Sigma^+} (\alpha, M). \tag{4.30}$$

记所有正根和之半为 $\dfrac{1}{2} \sum\limits_{\alpha \in \Sigma^+} \alpha = \mathcal{S}$, 则

$$C_2 = (M, M) + 2(\mathcal{S}, M) = (M + \mathcal{S})^2 - \mathcal{S}^2. \tag{4.31}$$

在初权基 $\{e_i\}$ 下, 各典型李代数的主要性质如下.

$A_n$ 李代数 ($su(n+1)$ 李代数, $n(n+2)$ 维):

根系为 $e_i - e_j$ ($i, j = 1, 2, \cdots, n+1, i \neq j$), 与定义 (基本) 表示相应的 Dynkin 图如图 4.29 所示.

$B_n$ 李代数 ($so(2n+1)$ 李代数, $n(2n+1)$ 维):

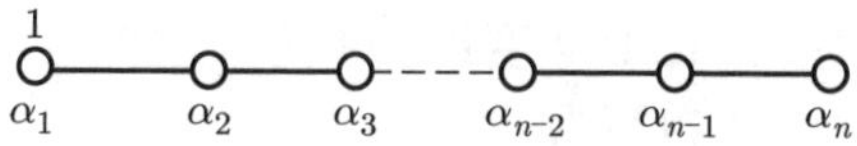

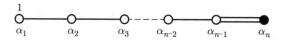

图 4.29　与 $A_n$ 李代数的定义表示相应的 Dynkin 图

根系为 $\pm e_i \pm e_j$ $(i, j = 1, 2, 3, \cdots, n, i < j)$, $\pm e_i$ $(i = 1, 2, \cdots, n)$, 与定义 (基本) 表示相应的 Dynkin 图如图 4.30 所示.

图 4.30　与 $B_n$ 李代数的定义表示相应的 Dynkin 图

$C_n$ 李代数 $(\mathrm{sp}(2n)$ 李代数, $n(2n+1)$ 维):

根系为 $\pm e_i \pm e_j$ $(i, j = 1, 2, 3, \cdots, n, i < j)$, $\pm 2e_i$ $(i = 1, 2, \cdots, n)$, 与定义 (基本) 表示相应的 Dynkin 图如图 4.31 所示.

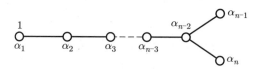

图 4.31　与 $C_n$ 李代数的定义表示相应的 Dynkin 图

$D_n$ 李代数 $(\mathrm{so}(2n)$ 李代数, $n(2n-1)$ 维):

根系为　$\pm e_i \pm e_j$ $(i, j = 1, 2, 3, \cdots, n, i < j)$, 与定义 (基本) 表示相应的 Dynkin 图如图 4.32 所示.

图 4.32　与 $D_n$ 李代数的定义表示相应的 Dynkin 图

根据根的性质, 直接计算得, 各典型李代数的正根和之半在直角坐标基下可以分别表述为

$$\mathcal{S}_{A_n} = \sum_{i=1}^{n+1} \left( \frac{n}{2} - i + 1 \right) e_i,$$

$$\mathcal{S}_{B_n} = \sum_{i=1}^{n} \left( n - i + \frac{1}{2} \right) e_i,$$

$$\mathcal{S}_{C_n} = \sum_{i=1}^{n} (n-i+1)e_i,$$

$$\mathcal{S}_{D_n} = \sum_{i=1}^{n} (n-i)e_i.$$

直接计算内积, 即得典型李代数的二阶 Casimir 算子的本征值. 考虑直角坐标基与初权基之间的关系, 即对 $A_n$ 李代数, $(e_i, e_j) = \delta_{ij}$, $(\nu_i, \nu_j) = \dfrac{1}{2}\delta_{ij} - \dfrac{1}{2(n+1)}$, $(\nu_i, e_j) = 0$ (如果 $j \leqslant i-2$) 或 $-\dfrac{j}{\sqrt{2j(j+1)}}$ (如果 $j = i-1$) 或 $\dfrac{1}{\sqrt{2j(j+1)}}$ (如果 $j \geqslant i$), 对 $B_n, C_n$ 和 $D_n$ 李代数, $(e_i, e_j) = \delta_{ij}$, $(\nu_i, \nu_j) = \delta_{ij}$, $(\nu_i, e_j) = \delta_{ij}$, 因此在以初权基标记的表示下, 典型李代数的二阶 Casimir 算子的本征值为

$$C_{2A_n} = C_{2\mathrm{su}(n+1)} = \frac{1}{2(n+1)}\Big[\sum_{i=1}^{n+1} nm_i(m_i+n+2-2i) \\ - \sum_{i \neq j=1}^{n+1} m_i(m_j+n+2-2j)\Big], \tag{4.32}$$

$$C_{2B_n} = C_{2\mathrm{so}(2n+1)} = \frac{1}{2(2n-1)}\sum_{i=1}^{n} m_i(m_i+2n-2i+1), \tag{4.33}$$

$$C_{2C_n} = C_{2\mathrm{sp}(2n)} = \frac{1}{4(n+1)}\sum_{i=1}^{n} m_i(m_i+2n-2i+2), \tag{4.34}$$

$$C_{2D_n} = C_{2\mathrm{so}(2n)} = \frac{1}{4(n-1)}\sum_{i=1}^{n} m_i(m_i+2n-2i). \tag{4.35}$$

据此, 人们即可以讨论并解决实际物理问题.

## 思考题与习题

1. 记幺正的不可约自共轭表示与其复共轭表示之间变换的相似矩阵为 $\mathcal{S}$, 试证明如果 $\mathcal{S}$ 为对称矩阵, 则该自共轭表示为实表示; 如果 $\mathcal{S}$ 为反对称矩阵, 则该自共轭表示不为实表示.
2. 试证明群的有限维幺正表示可以分解为不可约幺正表示的直和.
3. 试证明连通单紧致李群的不可约幺正表示都是有限维的.
4. 试证明连通单非紧致李群的不可约幺正表示, 除恒等表示外, 都是无限维的.

5. 记 $\mathcal{G}$ 是一个李群, $\mathfrak{g}$ 是 $\mathcal{G}$ 对应的李代数, 试证明 $\mathfrak{g}$ 的表示与 $\mathcal{G}$ 的通用覆盖群的表示一一对应.

6. 试证明广义正交定理: 设 $A^{(p)}(g_\alpha), A^{(q)}(g_\beta)$ 是群 $\mathcal{G}$ 的两个不可约表示, 记其维数分别为 $d_p, d_q$, 群 $\mathcal{G}$ 的阶数为 $n$, 则

$$\sum_{g_\alpha \in \mathcal{G}} A^{(p)}(g_\alpha)_{\sigma'\rho'} A^{(p)}(g_\alpha^{-1})_{\rho\sigma} = \frac{n}{d_q} \delta_{\rho\rho'} \delta_{\sigma\sigma'} \delta_{pq}.$$

7. 试证明半单李代数的任意一个有限维可约表示都是完全可约的.

8. 人们通常称满足李乘积规则 $[Q_i, P_j] = \delta_{ij} I$ 的算符集 $\{Q_i, P_j | i, j = 1, 2, \cdots, n\}$ 为 Heisenberg 代数, 试证明 Heisenberg 代数不具有有限维的不可约表示.

9. 对 $A_2$ 李代数, 在取 $M = (0,1)$ 为最高权的情况下, 确定其所有的权, 并给出与取 $M = (1,0)$ 为最高权情况下的结果 (正文所述) 的对应关系.

10. 试给出 $B_3, C_3, D_4, G_2$ 李代数的权系及所有权的对偶分量和 Dynkin 分量表述.

11. 对于以最高权 $\Lambda$ 标记的单李代数的不可约表示, 记 $\alpha \in \Sigma^+$ 构成正根系, $\delta$ 为正根和之半, 试证明该表示的维数可以确定为

$$d_\Lambda = \prod_{\alpha \in \Sigma^+} \frac{((\Lambda + \delta), \alpha)}{(\delta, \alpha)} = \prod_{\alpha \in \Sigma^+} \left(1 + \frac{(\Lambda, \alpha)}{(\delta, \alpha)}\right).$$

12. 试证明 SU(3) 与其中心对称群 $Z_3$ 的商群 SU(3)$/Z_3$ 的自共轭表示的维数只能是 $1, 8, 27, \cdots, n^3, \cdots$, 并且 SU(3) 的 3 维基础表示 (基本表示) 不是 SU(3)$/Z_3$ 的表示.

13. 假设颜色具有对称性 SU$_c$(3), 并且, 在这样的情况下, 系统呈无色状态, 即颜色是禁闭的. 试证明如果 SU$_c$(3) 的中心对称性 $Z_3$ 破缺, 则色退禁闭.

14. $\gamma_\alpha = \gamma_\alpha^\dagger = \gamma_\alpha^{-1}$ 为厄米幺正矩阵.

    (1) 试证明所有这样的 $\gamma_\alpha$ 矩阵的乘积的集合 (可记 $1 < \alpha \leqslant N$) 构成一个群 (常称为 $\Gamma$ 矩阵群, 相应的代数称为 Clifford 代数);

    (2) 进一步, 记 $R$ 是行列式为 1 的正交矩阵, 并有 $D^{-1}(R)\gamma_\alpha D(R) = \sum_{\beta=1}^{N} R_{\alpha\beta} \gamma_\beta$, 试证明如果 $D^\dagger(R)D(R) = 1, \det[R] = 1$, 则这样的矩阵 $D(R)$ 的集合构成的群中包含单位元的不变子群 $G_N$ 是 SO($N$) 群的通用覆盖群;

    (3) 试证明 SO($N$) 群的不可约张量表示 (单值表示) 是 $G_N$ 的赝实表示, SO($N$) 群的旋量表示 (双值表示) 是 $G_N$ 的实表示.

15. 对 3 维空间 $\{x_k \mid k = 1, 2, 3\}$, 定义 $a_k = \frac{1}{\sqrt{2}}\left(x_k + \mathrm{i}\frac{\partial}{\partial x_k}\right)$, $a_k^* = \frac{1}{\sqrt{2}}\left(x_k - \mathrm{i}\frac{\partial}{\partial x_k}\right)$,

$\mathbb{X}_{kl} = a_k^* a_l + \frac{1}{2}\delta_{kl}$, 试证明:

(1) 算符集 $\{\mathbb{X}_{kl} \mid k, l = 1, 2, 3\}$ 张成 u(3) 李代数;

(2) 对于 u(3) 的由最高权 $M = (m, 0, 0)$ 标记的不可约表示, 其在平方可积的荷载空间 $H = L^2(\mathbb{R}^3)$ 上仅最高简并的表示才可以实现;

(3) 上述能够实现的表示的最低维数是 1, 6, 10, 15.

16. 给出典型李代数的二阶 Casimir 算子的本征值在初权基标记的不可约表示下的公式的具体导出过程.

17. 通过具体计算给出典型李代数的二阶 Casimir 算子的本征值在基权基标记的不可约表示下的公式.

18. 试给出 SU(3), SO(7), SP(8) 和 SO(8) 群的二阶 Casimir 算子的本征值在基权基标记的不可约表示下的具体表达式.

19. 试给出例外李代数的二阶 Casimir 算子的本征值在不可约表示下的表达式.

20. 考虑质子与中子的质量相差很小, 人们引入类似于自旋的同位旋概念, 将质子、中子作为同位旋二重态, 并常记单个质子、中子分别为对应同位旋第 3 分量为 $\frac{1}{2}, -\frac{1}{2}$ 的态. 试给出包含的质子数、中子数分别为 $Z, N$ 的原子核的质量在考虑到两体作用下对其同位旋的依赖行为的最低阶表达式.

21. 某系统的能量本征方程表述为

$$(H - E)\psi = \left(-\frac{\mathrm{d}^2}{\mathrm{d}q^2} + q^q + \frac{K}{q^2} - E\right)\psi = 0,$$

其中 $q \in (0, \infty)$.

(1) 试证明该系统具有 o(2, 1)(亦即 su(1, 1)) 对称性, 并且该对称性群的生成元为

$$T = \frac{1}{4}(qp + pq), \quad \Gamma_0 = \frac{1}{4}\left(p^2 + q^2 + \frac{K}{q^2}\right), \quad \Gamma_4 = \frac{1}{4}(H - 2q^2);$$

(2) 试给出 o(2, 1)(亦即 su(1, 1)) 群的二阶 Casimir 算子的算符表达形式, 并给出该系统的本征能谱.

# 第五章　典型李群和李代数的表示的约化

我们已经熟知, 对称性为一些操作下的不变性. 对于具有较高对称性的态, 这种不变性使得对应于确定的表示的态具有 (相当) 高的简并度. 为清楚区分各物理态并分析其性质, 人们通常考虑其包含的较低的对称性, 使对称性破缺, 于是确定具有较高对称性的不可约表示包含的具有较低对称性的不可约表示 (即分导表示) 就是解决实际物理问题的重要环节. 而且, 将物理量算符表示为相应对称性下的代数的元素 (群的生成元) 和 Casimir 算子, 根据代数结构等, 人们可以很方便地直接确定与 Casimir 算子对应的物理量的本征值 (如 §4.5 所述), 并将与代数的元素相对应的物理量的矩阵元的计算转化为群 (代数) 表示的耦合 (直积表示的约化), 从而为具体问题的计算提供简便的方法. 因此, 本章对典型李代数和李群的表示的约化予以讨论.

## §5.1　单李代数的表示的约化

### 5.1.1　子代数结构

**定义 5.1**　对半单李代数 $\mathfrak{g}$ 的子代数 $\mathfrak{h}$, 在 Cartan 标准基下, 如果 $H_\mathfrak{h} \subset H_\mathfrak{g}$, $E_\mathfrak{h} \subset E_\mathfrak{g}$, 则称 $\mathfrak{h}$ 为 $\mathfrak{g}$ 的一个正规子代数.

例如 su(3) 的矩阵实现形式为

$$\lambda_1 = \begin{pmatrix} 0 & 1 & 0 \\ 1 & 0 & 0 \\ 0 & 0 & 0 \end{pmatrix}, \qquad \lambda_2 = \begin{pmatrix} 0 & -i & 0 \\ i & 0 & 0 \\ 0 & 0 & 0 \end{pmatrix}, \qquad \lambda_3 = \begin{pmatrix} 1 & 0 & 0 \\ 0 & -1 & 0 \\ 0 & 0 & 0 \end{pmatrix},$$

$$\lambda_4 = \begin{pmatrix} 0 & 0 & 1 \\ 0 & 0 & 0 \\ 1 & 0 & 0 \end{pmatrix}, \qquad \lambda_5 = \begin{pmatrix} 0 & 0 & -i \\ 0 & 0 & 0 \\ i & 0 & 0 \end{pmatrix},$$

$$\lambda_6 = \begin{pmatrix} 0 & 0 & 0 \\ 0 & 0 & 1 \\ 0 & 1 & 0 \end{pmatrix}, \qquad \lambda_7 = \begin{pmatrix} 0 & 0 & 0 \\ 0 & 0 & -i \\ 0 & i & 0 \end{pmatrix}, \qquad \lambda_8 = \frac{1}{\sqrt{3}} \begin{pmatrix} 1 & 0 & 0 \\ 0 & 1 & 0 \\ 0 & 0 & -2 \end{pmatrix},$$

其 Cartan 子代数的基为 $H_1 = \dfrac{\lambda_3}{2}$, $H_2 = \dfrac{\lambda_8}{2}$. 显然 $\{\lambda_1, \lambda_2, \lambda_3\}$ 张成子代数 su(2),

并且其 Cartan 子代数的基 $\lambda_3$ 属于 su(3) 的 Cartan 子代数, 其与非零根相应的元素 $\lambda_1$ 和 $\lambda_2$ 也属于 su(3) 的与非零根相应的元素, 因此 su(2) 是 su(3) 的正规子代数. 通常还将其表述为

$$J_0 = \frac{1}{2}\lambda_3, \quad J_{+1} = \frac{1}{2\sqrt{2}}(\lambda_1 + i\lambda_2), \quad J_{-1} = \frac{1}{2\sqrt{2}}(\lambda_1 - i\lambda_2).$$

再者, su(3) 的元素 $\lambda_8$ 张成子代数 u(1), 常记其生成元为 $Q = -\frac{1}{\sqrt{3}}\lambda_8 = \frac{1}{3}(2E_{33} - E_{11} - E_{22})$, 所以有正则子代数链 su(3) $\supset$ su(2) $\oplus$ u(1).

**定义 5.2** 如果正规子代数 $\mathfrak{h}$ 的秩等于代数 $\mathfrak{g}$ 的秩, 并且不存在 $\mathfrak{g}$ 的另一个真子代数包含 $\mathfrak{h}$, 则称该子代数 $\mathfrak{h}$ 为 $\mathfrak{g}$ 的最大正规子代数.

例如 su(2) $\oplus$ u(1) 的秩是 $1 + 1 = 2$, 与 su(3) 的秩 2 相同, 并且 su(3) 的其他真子代数都不包含 su(2) $\oplus$ u(1), 因此 su(2) $\oplus$ u(1) 是 su(3) 的最大正规子代数.

又如, $A_4$ 李代数有子代数 $A_3$ 和 $A_2 \oplus A_1$, 其 Dynkin 图以及与其子代数相应的 Dynkin 图分别如图 5.1 中自左至右的各图所示. 虽然 $A_3$ 和 $A_2 \oplus A_1$ 都是 $A_4$ 的正规子代数, 但都不是最大正规子代数, 因为它们的秩分别为 3, 3, 4.

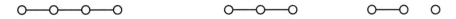

图 5.1 $A_4$ 李代数及其各子代数的 Dynkin 图

由典型李代数的结构知, 简单常用的典型李代数的子代数结构有:

(1) $A_n \supset A_{n-1} \supset \cdots \supset A_1$, 亦即 su$(n+1) \supset$ su$(n) \supset \cdots \supset$ su$(2)$.

(2) $B_n \supset B_{n-1} \supset \cdots \supset B_3$, 亦即 so$(2n+1) \supset$ so$(2n-1) \supset \cdots \supset$ so$(7)$ (由于 so(5) 李代数 (亦即 $B_2$ 李代数) 同构于 sp(4), so(3) 李代数 (亦即 $B_1$ 李代数) 局部同构于 su(2), 因此没有专门列出).

(3) $C_n \supset C_{n-1} \supset \cdots \supset C_2$, 亦即 sp$(2n) \supset$ sp$(2n-2) \supset \cdots \supset$ sp$(4)$.

(4) $D_n \supset D_{n-1} \supset \cdots \supset D_1$, 亦即 so$(2n) \supset$ so$(2n-2) \supset \cdots \supset$ so$(8)$ (由于 so(6) 李代数 (亦即 $D_3$ 李代数) 同构于 su(4), so(4) 李代数 (亦即 $D_2$ 李代数) 同构于 so(3) $\otimes$ so(3), 因此没有专门列出).

(5) $B_n \supset D_n \supset B_{n-1} \supset D_{n-1} \supset \cdots \supset B_1 \supset D_1$, 亦即 so$(2n+1) \supset$ so$(2n) \supset$ so$(2n-1) \supset$ so$(2n-2) \supset \cdots \supset$ so$(3) \supset$ so$(2)$; $D_n \supset B_{n-1} \supset D_{n-1} \supset \cdots \supset B_1 \supset D_1$, 亦即 so$(2n) \supset$ so$(2n-1) \supset$ so$(2n-2) \supset \cdots \supset$ so$(3) \supset$ so$(2)$.

经常采用的子代数链还有很多. 例如, 由第三章关于典型李代数的费米子实现和玻色子实现的讨论知, 物理上常用的即有

$$\text{su}(n) \supset \text{so}(n) \supset \cdots, \qquad \text{su}(2n) \supset \text{sp}(2n) \supset \cdots,$$

等等.

### 5.1.2 常见的不可约表示约化分支律

由前述讨论及第三章关于典型李代数的费米子实现和玻色子实现的讨论知, 单粒子角动量为 $j$ 的全同多粒子系统具有以李代数 $A_n$ 标记的对称性 (其中 $n = 2j$, 对费米子系统, $j$ 为半奇数, $n$ 为奇数, 对玻色子系统, $j$ 为整数, $n$ 为偶数). 由代数结构分析知, $A_n$ 李代数 (SU$(n+1)$ 群) 有子代数 $B_{n/2}$ ($n$ 为偶数) (SO$(n+1)$ 群), $D_{(n+1)/2}$ (SO$(n+1)$ 群) ($n$ 为奇数) 或 $C_{(n+1)/2}$ (SP$(n+1)$ 群) ($n$ 为奇数), 即有重要的子代数结构 su$(n)$ ⊃ so$(n)$, su$(2n)$ ⊃ sp$(2n)$, 对应的群链有 SU$(n)$ ⊃ SO$(n)$, SU$(2n)$ ⊃ SP$(2n)$. 再者, 物理上的全同多粒子系统中的组分粒子可能有配对, 考虑配对效应后不配对的粒子态具有上述的正交对称性 (玻色子系统) 或斜交对称性 (费米子系统), 标记系统状态的对称性群链即 U$(n)$ ⊃ SO$(n)$, U$(2n)$ ⊃ SP$(2n)$, 其中 $n = 2j+1$ (对玻色子系统, $j = l$ 为整数, $n$ 为奇数, 对费米子系统, $j$ 为半奇数, $n$ 为偶数). 另一方面, 通常的物理系统具有转动不变性, 即具有 SO(3) 对称性, 因此我们还有重要的群链 SU$(n)$ ⊃ SO$(n)$ ⊃ $\cdots$ ⊃ SO(3), SU$(2n)$ ⊃ SP$(2n)$ ⊃ $\cdots$ ⊃ SO(3). 全同多粒子系统的各组分粒子的角动量会耦合成总角动量. 考虑配对情况下, 系统的总角动量由不配对的粒子决定, 于是, SO$(2l+1)$ ⊃ SO(3), SP$(2j+1)$ ⊃ SO(3) 的约化分支律就是确定物理系统的总角动量等性质的关键.

上一章已经述及, 包含在一确定对称性的代数 (群) 的表示中的较低对称性的代数 (群) 的表示称为该代数 (群) 的分导表示. 由较大的对称性破缺到较小的对称性时, 包含在表征较大对称性的群的不可约表示 $\Gamma$ 中的表征较小对称性的群的不可约表示 $\Gamma'$ 亦常称为群表示约化分支律 (branching rules of the irreducible representation reduction).

确定群表示约化分支律的常用方法有: (1) 特征标理论法, (2) Schur 函数法, (3) Gel'fand 方法, (4) 张量基方法.

这里讨论确定约化分支律的 Gel'fand 方法和张量基 (杨图) 方法.

**1. Gel'fand 基与 Gel'fand-Zetlin 图**

由前述关于李代数的实现及表示的讨论知, 李代数及其表示空间的基可以任意选取, 常用的方案有:

(1) 直角坐标基, $\left\{ e_i \mid i = 1, 2, \cdots, n-1, \begin{cases} n, n+1, & \text{对 } A_n \text{ 李代数}, \\ n, & \text{对 } B_n, C_n, D_n \text{ 李代数}. \end{cases} \right.$

(2) 素根基, $\left\{ \alpha_i \in \Sigma^+ \mid i = 1, 2, \cdots, n-1, \begin{cases} n, n+1, & \text{对 } A_n \text{ 李代数}, \\ n, & \text{对 } B_n, C_n, D_n \text{ 李代数}. \end{cases} \right.$

(3) 基权基, $\left\{ M_i \mid i = 1, 2, \cdots, n-1, \right. \begin{cases} n, n+1, & \text{对 } A_n \text{ 李代数}, \\ n, & \text{对 } B_n, C_n, D_n \text{ 李代数}. \end{cases}$

考察它们的特点知, 构建李代数的表示空间的基的关键是其维数与代数的 Cartan 子代数的基的维数 (亦即根向量的基的维数) 相同. 那么, 由代数的基本概念及其基的选取的任意性知, 只要注意保证上述两个特点, 典型李代数的基当然可以选取为其他形式. 由于子代数系列 u($n$), u($n-1$), u($n-2$), $\cdots$, u(2), u(1) 的数目与 u($n$) ($A_{n-1}$) 李代数的 Cartan 子代数的维数相同, 子代数系列 o($n$), o($n-1$), o($n-2$), $\cdots$, o(2), o(1) (如果 $n$ 为偶数, 即以 $D_{n/2}$ 为首, 紧接 $B_{\frac{n}{2}-1}$ 等的正交李代数链, 如果 $n$ 为奇数, 即以 $B_{(n-1)/2}$ 为首, 紧接 $D_{\frac{n-1}{2}}$ 等的正交李代数链) 的数目与 o($n$) 李代数的 Cartan 子代数的维数相同, 子代数系列 sp($2n$), sp($2(n-1)$), sp($2(n-2)$), $\cdots$, sp(4), sp(2) 的数目与 sp($2n$) ($C_n$) 李代数的 Cartan 子代数的维数相同, 那么, 对于典型李代数, 人们可以选取同一类子代数 (分别由保持幺正变换不变、正交变换不变、斜交变换不变的群的生成元组成) 链的最高权 (亦即不可约表示) 作为其表示空间的基.

**定义 5.3** 以保持同类变换对称性的子代数链中各代数的最高权构成的基称为 Gel'fand–Zetlin 基, 常简称为 Gel'fand 基.

这样的基常表述为 Gel'fand–Zetlin 图 (Gel'fand–Zetlin pattern) 的形式.

对 u($n$)($A_{n-1}$) 李代数, 由第四章所述的其表示的标记知, 其最高权可记为

$$M_n = \left\{ m_{1,n}, m_{2,n}, m_{3,n}, \cdots, m_{n-2,n}, m_{n-1,n}, m_{n,n} \right\},$$

其中 $m_{i,n}$ 为满足 $m_{1,n} \geqslant m_{2,n} \geqslant m_{3,n} \geqslant \cdots \geqslant m_{n-2,n} \geqslant m_{n-1,n} \geqslant m_{n,n}$ 的非负整数. 对 u($n-1$) ($A_{n-2}$) 李代数, 其最高权可记为

$$M_{n-1} = \left\{ m_{1,n-1}, m_{2,n-1}, m_{3,n-1}, \cdots, m_{n-2,n-1}, m_{n-1,n-1} \right\},$$

其中 $m_{i,n-1}$ 为满足 $m_{1,n-1} \geqslant m_{2,n-1} \geqslant m_{3,n-1} \geqslant \cdots \geqslant m_{n-2,n-1} \geqslant m_{n-1,n-1}$ 的非负整数. 以此类推, u(2) 的最高权可以标记为 $M_2 = \{ m_{1,2}, m_{2,2} \}$, 其中 $m_{1,2}$ 和 $m_{2,2}$ 为满足 $m_{1,2} \geqslant m_{2,2}$ 的非负整数, u(1) 的最高权可以标记为 $m_{1,1}$, $m_{1,1}$ 为非负整数. 于是, u($n$) (与 $A_{n-1}$ 李代数相应, 仅差行列式条件) 的 Gel'fand–Zetlin 图常表述为

$$M = \left| \begin{array}{ccccccc} m_{1,n} & m_{2,n} & m_{3,n} & \cdots\cdots & m_{n-2,n} & m_{n-1,n} & m_{n,n} \\ & m_{1,n-1} & m_{2,n-1} & \cdots\cdots & m_{n-2,n-1} & m_{n-1,n-1} & \\ & & & \cdots\cdots & & & \\ & & m_{1,2} & m_{2,2} & & & \\ & & & m_{1,1} & & & \end{array} \right| .$$

对于 o($n$) 李代数, 我们已经熟知, 如果 $n = 2k + 2$, 则它对应典型李代数 $D_{k+1}$, 如果 $n = 2k + 1$, 则它对应典型李代数 $B_k$, 余类推, 那么, o($2k + 2$) (u($2k + 2$) (亦即 $A_{2k+1}$) 李代数的子代数) 的最高权可以标记为

$$M_{2k+2} = \{m_{1,2k+1}, m_{2,2k+1}, m_{3,2k+1}, \cdots, m_{k-1,2k+1}, m_{k,2k+1}, m_{k+1,2k+1}\},$$

其中 $m_{i,2k+1}$ 为满足 $m_{1,2k+1} \geqslant m_{2,2k+1} \geqslant m_{3,2k+1} \geqslant \cdots \geqslant m_{k-1,2k+1} \geqslant m_{k,2k+1} \geqslant m_{k+1,2k+1}$ 的非负整数. 对 o($2k + 1$) (与 $A_{2k}$ 李代数相关) 李代数, 其最高权可标记为

$$M_{2k+1} = \{m_{1,2k}, m_{2,2k}, m_{3,2k}, \cdots, m_{k-2,2k}, m_{k-1,2k}, m_{k,2k}\},$$

其中 $m_{i,2k}$ 为满足 $m_{1,2k} \geqslant m_{2,2k} \geqslant m_{3,2k} \geqslant \cdots \geqslant m_{k-2,2k} \geqslant m_{k-1,2k} \geqslant m_{k,2k}$ 的非负整数. 以此类推, o($4$) 的最高权可以标记为 $M_4 = \{m_{1,4}, m_{2,4}\}$, 其中 $m_{1,4}$ 和 $m_{2,4}$ 为满足 $m_{1,4} \geqslant m_{2,4}$ 的非负整数, o($3$) 的最高权可以标记为 $M_3 = \{m_{1,3}, m_{2,3}\}$, 其中 $m_{1,3}$ 和 $m_{2,3}$ 为满足 $m_{1,3} \geqslant m_{2,3}$ 的非负整数. 于是, 对于 o($2k + 2$), 其 Gel'fand–Zetlin 图常表述为

$$M_{n=2k+2} = \begin{vmatrix} m_{1,2k+1} & m_{2,2k+1} & m_{3,2k+1} & \cdots\cdots & m_{k-1,2k+1} & m_{k,2k+1} & m_{k+1,2k+1} \\ & m_{1,2k} & m_{2,2k} & \cdots\cdots & & m_{k-1,2k} & m_{k,2k} \\ & m_{1,2k-1} & m_{2,2k-1} & \cdots\cdots & & m_{k-1,2k-1} & m_{k,2k-1} \\ & & m_{1,2k-2} & \cdots\cdots & & m_{k-1,2k-2} & \\ & & m_{1,2k-3} & \cdots\cdots & & m_{k-1,2k-3} & \\ & & & \cdots\cdots & & & \\ & & & m_{1,4} & m_{2,4} & & \\ & & & m_{1,3} & m_{2,3} & & \\ & & & & m_{1,2} & & \\ & & & & m_{1,1} & & \end{vmatrix},$$

其中, 对任意行 $p$ 和 $i = 1, 2, \cdots, p - 1$, 有

$$m_{i,2p+1} \geqslant m_{i,2p} \geqslant m_{i+1,2p+1},$$
$$m_{i,2p} \geqslant m_{i,2p-1} \geqslant m_{i+1,2p}.$$

再有

$$m_{p,2p+1} \geqslant m_{p,2p} \geqslant m_{p+1,2p+1}, \quad m_{p,2p} \geqslant m_{p,2p-1},$$

$o(2k+1)$ 的 Gel'fand–Zetlin 图则常表述为

$$
M_{n=2k+1} = \begin{vmatrix}
m_{1,2k} & m_{2,2k} & m_{3,2k} & \cdots\cdots & m_{k-2,2k} & m_{k-1,2k} & m_{k,2k} \\
m_{1,2k-1} & m_{2,2k-1} & m_{3,2k-1} & \cdots\cdots & m_{k-2,2k-1} & m_{k-1,2k-1} & m_{k,2k-1} \\
& m_{1,2k-2} & m_{2,2k-2} & \cdots\cdots & m_{k-2,2k-2} & m_{k-1,2k-2} & \\
& m_{1,2k-3} & m_{2,2k-3} & \cdots\cdots & m_{k-2,2k-3} & m_{k-1,2k-3} & \\
& & m_{1,2k-4} & \cdots\cdots & m_{k-2,2k-4} & & \\
& & m_{1,2k-5} & \cdots\cdots & m_{k-2,2k-5} & & \\
& & & \cdots\cdots & & & \\
& & & m_{1,4} & m_{2,4} & & \\
& & & m_{1,3} & m_{2,3} & & \\
& & & & m_{1,2} & & \\
& & & & m_{1,1} & &
\end{vmatrix},
$$

其中, 对任意行 $p$ 和 $i = 1, 2, \cdots, p-1$, 有

$$m_{i,2p} \geqslant m_{i,2p-1} \geqslant m_{i+1,2p}, \qquad m_{i,2p-1} \geqslant m_{i,2p-2} \geqslant m_{i+1,2p-1},$$

并且

$$m_{p-1,2p} \geqslant m_{p-1,2p-1} \geqslant m_{p,2p}, \qquad m_{p-1,2p} \geqslant m_{p,2p} \geqslant m_{p,2p-1}.$$

### 2. 沿同一类正规子代数链约化的约化分支律

第三章关于典型李代数的费米子实现和玻色子实现的讨论表明, 单粒子角动量为 $j$ 的全同粒子系统具有以李代数 $A_n$ 标记的对称性 (其中 $n = 2j$, 对费米子系统, $j$ 为半奇数, $n$ 为奇数, 对玻色子系统, $j$ 为整数, $n$ 为偶数). 前述讨论表明, 同一类典型李代数具有重要的正规子代数链 $A_n \supset A_{n-1} \supset \cdots \supset A_2 \supset A_1$ (亦即有群链 $U(n+1) \supset U(n) \supset \cdots \supset U(3) \supset U(2)$), $B_n \supset B_{n-1} \supset \cdots \supset B_2 \supset B_1$ (亦即有群链 $O(2n+1) \supset O(2n-1) \supset \cdots \supset O(5) \supset O(3)$), $D_n \supset D_{n-1} \supset \cdots \supset D_2 \supset D_1$ (亦即有群链 $O(2n) \supset O(2n-2) \supset \cdots \supset O(4) \supset O(2)$), 以及 $C_n \supset C_{n-1} \supset \cdots \supset C_2 \supset C_1$ (亦即有群链 $SP(2n) \supset SP(2n-2) \supset \cdots \supset SP(4) \supset SP(2)$). 这些子代数链具有明确的物理意义, 例如, 由 s 玻色子和 d 玻色子形成的系统具有 $U(6)$ 对称性和对称性破缺群链 $U(6) \supset U(5)$ 等等. 由上述李代数 (李群) 表示的 Gel'fand 基知, 当系统的对称性沿着这些同一类正规子代数链标记的对称性破缺时, 相应的李代数 (李群) 的表示的约化规则 (约化分支律) 很容易确定. 其中 $U(n) \supset U(n-1)$ 的和

$O(n) \supset O(n-1)$ 的约化分支律我们简述于下. 对 $SP(2n) \supset SP(2n-2)$ 的约化分支律, 请读者作为习题自己完成.

(1) $U(n) \supset U(n-1)$ 的约化分支律.

$U(n) \supset U(n-1)$ 的约化分支律即 $U(n)$ 的不可约表示包含的 $U(n-1)$ 的不可约表示, 亦即上一章所述的分导表示.

由前述的 Gel'fand–Zetlin 图知, 对于以 $[m_1, m_2, m_3, \cdots, m_{n-1}, m_n]$ 标记的 $U(n)$ 的不可约表示, 所有满足

$$m_1 \geqslant m_1' \geqslant m_2 \geqslant m_2' \geqslant \cdots \geqslant m_{n-1} \geqslant m_{n-1}' \geqslant m_n$$

的 $U(n-1)$ 的不可约表示 $[m_1', m_2', \cdots, m_{n-1}']$ 即为其约化分支律.

对于以 $[\lambda_1, \lambda_2, \cdots, \lambda_{n-1}, \lambda_n]$ 标记的 $U(n)$ 的不可约表示, 所有满足

$$\lambda_1 \geqslant \lambda_1' \geqslant \lambda_2 \geqslant \lambda_2' \geqslant \cdots \geqslant \lambda_{n-1} \geqslant \lambda_{n-1}' \geqslant \lambda_n$$

的 $U(n-1)$ 的不可约表示 $[\lambda_1', \lambda_2', \cdots, \lambda_{n-1}']$ 即为其约化分支律.

(2) $O(n) \supset O(n-1)$ 的约化分支律.

$O(n) \supset O(n-1)$(对于 $n$ 为偶数, 即 $D(n/2) \supset B(n/2-1)$; 对于 $n$ 为奇数, 即 $B([n/2]) \supset D([n/2])$) 的约化分支律即 $O(n)$ 的不可约表示包含的 $O(n-1)$ 的不可约表示, 亦即上一章所述的分导表示.

由前述的 Gel'fand–Zetlin 图知, 对于以 $[m_1, m_2, m_3, \cdots, m_{[n/2]-1}, m_{[n/2]}]$ 标记的 $O(n)$ 的不约表示, 如果 $n$ 为偶数, 所有满足

$$m_1 \geqslant m_1' \geqslant m_2 \geqslant m_2' \geqslant \cdots \geqslant m_{n/2-1} \geqslant m_{n/2-1}' \geqslant |m_{n/2}|$$

的 $O(n-1)$ 的不可约表示 $[m_1', m_2', \cdots, m_{n/2-1}']$ 即为其约化分支律. 如果 $n$ 为奇数, 所有满足

$$m_1 \geqslant m_1' \geqslant m_2 \geqslant m_2' \geqslant \cdots \geqslant m_{[n/2]-1} \geqslant m_{[n/2]-1}' \geqslant |m_{[n/2]}| \geqslant |m_{[n/2]}'|$$

的 $O(n-1)$ 的不可约表示 $[m_1', m_2', \cdots, m_{n/2-1}']$ 即为其约化分支律.

对于以 $[\lambda_1, \lambda_2, \cdots, \lambda_{n-1}, \lambda_n]$ 标记的 $O(n)$ 的不可约表示, 其约化分支律的表述形式与上述情形类似, 不再重述.

**3. $U(n) \supset SO(n)$ 和 $U(n) \supset SP(n)$ 的约化分支律**

前已述及, $U(n) \supset SO(n)$ 和 $U(n) \supset SP(n)$($n$ 为偶数) 是物理上常用的标记系统状态对称性破缺的方式, 相应的不可约表示的约化分支律当然极其重要. 这里予以具体讨论.

如前面所述, $U(n)$ 群的 $\lambda$ 阶不可约张量表示可以由数 $\lambda$ 的 $n$ 元划分 $\Gamma_n = [\lambda] = [\lambda_1, \lambda_2, \cdots, \lambda_n]$ 标记, 其中

$$\lambda_1 + \lambda_2 + \cdots + \lambda_n = \lambda, \quad \lambda_1 \geqslant \lambda_2 \geqslant \cdots \geqslant \lambda_n \geqslant 0,$$

即可以由第 $i$ 行包含 $\lambda_i$ 个方块的杨图标记.

我们已经熟知, SO($n$) 群是保持 $n$ 维空间两向量的标积 (二次型) $(X,Y) = X_1Y_1 + X_2Y_2 + \cdots + X_nY_n$ 不变的变换矩阵的集合, 即变换矩阵是行列式为 1 的实正交矩阵. 保持该标量积不变, 即使得两张量指标收缩成标量, 亦即不可约张量的阶减小 2. 将不可约张量 $T$ 做分解

$$T = T^0 + T' + \varPhi,$$

其中 $T^0$ 为零迹不可约张量, $T'$ 为 $r-2$ 阶的不可约张量

$$\delta_{i_\alpha i_\beta} G^{\alpha\beta}_{i_1 i_2 \cdots i_{\alpha-1} i_{\alpha+1} \cdots i_{\beta-1} i_{\beta+1} \cdots i_r} \qquad (\alpha, \beta = 1, 2, \cdots, r),$$

$\varPhi$ 为可能可约的不变子空间.

依次分解下去知, SO($n$) 群的表示为第 1 列中方格数不大于 $\left[\frac{n}{2}\right]$、前两列中方格数之和不大于 $n$ 的杨图, 即数 $\nu$ 的 $\rho$ 元划分 $(\nu) = (\nu_1, \nu_2, \cdots, \nu_\rho)$, 其中

$$\rho \leqslant \rho_{\max} = \begin{cases} \dfrac{n}{2}, & n \text{ 为偶数}, \\ \dfrac{n-1}{2}, & n \text{ 为奇数}, \end{cases}$$

$\nu_1 + \nu_2 + \cdots + \nu_\rho = \nu$ 所标记的表示. 于是 $\lambda$ 阶不可约张量标记的 U($n$) 群的不可约表示包含的 SO($n$) 群的不可约表示是 U($n$) 群的 $\lambda$ 阶不可约张量缩并掉所有可能的 0 阶、2 阶、4 阶 $\cdots\cdots$ 对称张量后的不可约张量对应的表示, 即

$$[\lambda] = (\nu) \otimes \underbrace{[2] \otimes [2] \otimes \cdots \otimes [2]}_{s \text{ 个}}, \tag{5.1}$$

其中 $s$ 满足 $2s + \nu = \lambda$, 即 $s = \dfrac{1}{2}(\lambda - \nu)$. 在不可约表示的杨图表述形式下, 方格数 $\lambda = \nu + 2s$. 这表明, 该表示的约化分支律为所有的添加上不属于同一列的两方格 (例如 "□□" 或 "□□") 后能够得到 $[\lambda]$ 的所有可能的杨图对应的表示. 如果 $[\lambda]$ 的行数超过 $\left[\dfrac{n}{2}\right]$ 的限制, 则由其等价的关联图代替. 记与 SU($n$) 群的不可约表示 $[\lambda]$ 直接对应的杨图为 $T$, 其第一列和第二列包含的方格数分别是 $a, b$, 由 SO($n$) 群的不可约表示的杨图标记规则知, 在 SO($n$) 群的不可约表示的杨图标记中应该有 $a \leqslant \left[\dfrac{n}{2}\right], b \leqslant a$, 所谓的等价的关联图 $T'$ 即第一列包含的方格数 (即杨图的行数) 换为 $n-a$, 其他各列包含的方格数保持与 $T$ 中相同的杨图. 例如: 对 SO(3), 与 $(1,1)$ 等价的关联图为 $(1)$, 与 $(7,1)$ 等价的关联图为 $(7)$; 对 SO(4), 与 $(5,1,1)$ 等价的关联图为 $(5)$; 对 SO(7), 与 $(5,2,1,1)$ 等价的关联图为 $(5,2,1)$; 等等.

不缩并为标量的不可约张量的阶数 $\nu = \lambda - 2s$ $(s = 0, 1, 2, \cdots, \left[\frac{\lambda}{2}\right])$ 称为辛弱数 (seniority).

例如, $\mathrm{U}(7) \supset \mathrm{SO}(7)$ 的一些不可约表示的约化分支律如表 5.1 所示.

**表 5.1**    $\mathrm{U}(7)$ **的一些表示沿群链 $\mathrm{U}(7) \supset \mathrm{SO}(7)$ 的约化分支律**

| $\lambda$ | $[\lambda]_{\mathrm{U}(7)}$ | $(\nu)_{\mathrm{SO}(7)}$ ( 即 $(\nu_1, \nu_2, \nu_3)_{\mathrm{SO}(7)}$) | 维数 $d$ |
|---|---|---|---|
| 0 | [0] | $(0,0,0)$ | 1 |
| 1 | [1] | $(1,0,0)$ | 7 |
| 2 | [2] | $(2,0,0),\ (0,0,0)$ | 28 |
|   | [1,1] | $(1,1,0),$ | 21 |
| 3 | [3] | $(3,0,0),\ (1,0,0)$ | 84 |
|   | [2,1] | $(2,1,0),\ (1,0,0)$ | 112 |
|   | [1,1,1] | $(1,1,1),$ | 35 |
| 4 | [4] | $(4,0,0),\ (2,0,0),\ (0,0,0)$ | 210 |
|   | [3,1] | $(3,1,0),\ (2,0,0),\ (1,1,0)$ | 378 |
|   | [2,2] | $(2,2,0),\ (2,0,0),\ (0,0,0)$ | 196 |
|   | [2,1,1] | $(2,1,1),\ (1,1,0),$ | 210 |
| 5 | [5] | $(5,0,0),\ (3,0,0),\ (1,0,0)$ | 462 |
|   | [4,1] | $(4,1,0),\ (3,0,0),\ (2,1,0),\ (1,0,0)$ | 1008 |
|   | [3,2] | $(3,2,0),\ (3,0,0),\ (2,1,0),\ (1,0,0)$ | 882 |
|   | [3,1,1] | $(3,1,1),\ (2,1,0),\ (1,1,1)$ | 756 |
|   | [2,2,1] | $(2,2,1),\ (2,1,0),\ (1,0,0)$ | 490 |
|   | [2,1,1,1] | $(2,1,1),\ (1,1,1)$ | 224 |
|   | [1,1,1,1,1] | $(1,1,0)$ | 21 |
| 6 | [6] | $(6,0,0),\ (4,0,0),\ (2,0,0),\ (0,0,0)$ | 924 |
|   | [5,1] | $(5,1,0),\ (4,0,0),\ (3,1,0),\ (2,0,0),\ (1,1,0)$ | 2310 |
|   | [4,2] | $(4,2,0),\ (4,0,0),\ (3,1,0),\ (2,2,0),\ (2,0,0)^2,\ (0,0,0)$ | 2646 |
|   | [3,3] | $(3,3,0),\ (3,1,0),\ (1,1,0)$ | 1176 |
|   | [4,1,1] | $(4,1,1),\ (3,1,0),\ (2,1,1),\ (1,1,0)$ | 2100 |
|   | [3,2,1] | $(3,2,1),\ (3,1,0),\ (2,2,0),\ (2,1,1),\ (2,0,0),\ (1,1,0)$ | 2352 |
|   | [2,2,2] | $(2,2,2),\ (2,2,0),\ (2,0,0),\ (0,0,0)$ | 490 |
|   | [3,1,1,1] | $(3,1,1),\ (2,1,1),\ (1,1,1)$ | 840 |
|   | [2,2,1,1] | $(2,2,1),\ (2,1,1),\ (1,1,0)$ | 588 |
|   | [2,1,1,1,1] | $(2,1,0),\ (1,1,1)$ | 140 |

$\mathrm{SP}(n)$ 群是保持两 $2\nu = n$ 维向量的 "斜积" (或称旋量积)

$$\{X, Y\} = (X_1 Y_{\nu+1} - Y_1 X_{\nu+1}) + (X_2 Y_{\nu+2} - Y_2 X_{\nu+2}) + \cdots + (X_\nu Y_{2\nu} - Y_\nu X_{2\nu})$$

不变的变换矩阵 $\mathcal{M}$ 的集合, 简记为

$$\{X, Y\} = \varepsilon_{ij} x_i y_j,$$

其中

$$\varepsilon_{ij} = \begin{cases} 1, & i = 1, 2, \cdots, \nu, j = \nu + i, \\ -1, & i = \nu + j, j = 1, 2, \cdots, \nu, \\ 0, & \text{其他情况.} \end{cases}$$

由此可知, 变换矩阵 $\mathcal{M} = (\varepsilon_{ij})$ 应满足

$$\mathcal{M}^2 = -1, \qquad \varepsilon_{ij} \varepsilon_{jk} = -\delta_{ik},$$

即应有

$$\mathcal{M}^{\mathrm{t}} = -\mathcal{M}, \qquad \det \mathcal{M} = (-1)^n \det \mathcal{M}^{\mathrm{t}}.$$

为使 $\mathcal{M}$ 不为恒等于 0 的矩阵, 必须有 $n = 2\nu$ 为偶数, 并可由分块矩阵表述为
$\begin{pmatrix} 0 & I_n \\ 0 & 0 \end{pmatrix} \oplus \begin{pmatrix} 0 & 0 \\ -I_n & 0 \end{pmatrix}.$

    由于 "斜交", 因此收缩成标量的运算应为 2 阶 (全) 反对称张量, 于是, 标记 $\mathrm{SP}(n)$ 群的不可约张量具有分解形式

$$T_{i_1 i_2 \cdots i_\lambda} = T^0_{i_1 i_2 \cdots i_\lambda} + \Phi_{i_1 i_2 \cdots i_\lambda},$$

其中 $T^0_{i_1 i_2 \cdots i_\lambda}$ 为 $\lambda$ 阶零迹不可约张量,

$$\Phi = \varepsilon_{i_1 i_2} G^{12}_{i_3 i_4 \cdots i_\lambda} + \cdots + \varepsilon_{i_\alpha i_\beta} G^{\alpha\beta}_{i_1 i_2 \cdots i_{\alpha-1} i_{\alpha+1} \cdots i_{\beta-1} i_{\beta+1} \cdots i_\lambda} + \cdots,$$

共 $\lambda(\lambda-1)/2$ 项, 并且其中的 $G$ 可以再按上述规则继续分解.

    那么, $\mathrm{SP}(n)$ 的不可约表示为第一列的长度 (包含的方格数) 不大于 $\rho = \dfrac{n}{2}$, 前两列的长度和 (包含的方格数之和) 不大于 $n$ 的杨图对应的表示, 也就是数 $\sigma$ 的 $\rho$ 元划分

$$(\sigma) = (\sigma_1, \sigma_2, \cdots, \sigma_\rho)$$

(其中 $\rho \leqslant \dfrac{n}{2}$, $\sigma_1 + \sigma_2 + \cdots + \sigma_\rho = \sigma$) 所标记的表示. 因此, $\lambda$ 阶不可约张量标记的 $\mathrm{U}(n)$ 群的不可约表示包含的 $\mathrm{SP}(n)$ 群的不可约表示是 $\mathrm{U}(n)$ 群的 $\lambda$ 阶不可约张量缩并掉所有可能的 0 阶, 2 阶, 4 阶 $\cdots\cdots$ 反对称张量后的不可约张量对应的表示, 即有

$$[\lambda] = (\sigma) \otimes \underbrace{[1,1] \otimes [1,1] \otimes \cdots \otimes [1,1]}_{s \text{ 个}}, \tag{5.2}$$

其中 $s$ 应满足 $2s + \sigma = \lambda$ (即 $s = \frac{1}{2}(\lambda - \sigma)$, $\sigma = \lambda$, $\lambda - 2$, $\lambda - 4$, $\cdots$, $0$ 或 $1$). 这就是说, $U(n) \supset SP(n)$ 的约化分支律为所有添加上可能的不属于同一行的两方格后能够得到 $[\lambda]$ 的所有可能的杨图对应的表示. 注意, 对行数超过 $\frac{n}{2}$ 的表示, 采用其等价的关联图标记的表示.

例如, $U(8) \supset SP(8)$ 的一些不可约表示的约化分支律如表 5.2 所示.

与 $SO(n)$ 情况完全相同, 不缩并成标量的不可约张量的阶数 $\sigma = \lambda - 2s$ ($s = 0, 1, \cdots, \left[\frac{\lambda}{2}\right]$) 称为辛弱数. 对于多粒子系统, 辛弱数即系统中不配成角动量为 $0$ 的对的粒子数.

**4. $SO(2l + 1) \supset SO(3)$ ($l$ 为整数) 和 $SP(2j + 1) \supset SO(3)$ ($j$ 为半奇数) 的约化分支律**

由前述讨论可知, 辛弱数 $\nu = 0$ 对应不可约张量的指标都两两缩并成标量, 于是, 对应的 $SO(3)$ 的不可约表示 $L = 0$. 对辛弱数为 $\nu$ 的情况, 若为全对称 (对应 $SO(2l + 1)$ 情况), 系统的最高权为各组分的最高权之和, 于是

$$L_{\max} = \nu l. \tag{5.3}$$

一般情况下, 有

$$(\nu_1, \nu_2, \cdots, \nu_l) \Rightarrow \sum_L {}_{\oplus} \gamma_L L, \tag{5.4}$$

其中 $L \in [0, \nu l]$, $\gamma_L$ 称为约化中 $L$ 的重复度. 于是, 问题归结为确定 $L$ 的重复度.

**表 5.2**  U(8) 的一些表示沿群链 $U(8) \supset SP(8)$ 的约化分支律

| $\lambda$ | $[\lambda]_{U(8)}$ | $(\sigma)_{SP(8)}$ (即 $(\sigma_1, \sigma_2, \sigma_3, \sigma_4)_{SP(8)}$) | 维数 $d$ |
|---|---|---|---|
| 0 | [0] | (0,0,0,0) | 1 |
| 1 | [1] | (1,0,0,0) | 8 |
| 2 | [2] | (2,0,0,0) | 36 |
|   | [1,1] | (1,1,0,0), (0,0,0,0) | 28 |
| 3 | [3] | (3,0,0,0) | 120 |
|   | [2,1] | (2,1,0,0), (1,0,0,0) | 168 |
|   | [1,1,1] | (1,1,1,0), (1,0,0,0) | 56 |
| 4 | [4] | (4,0,0,0) | 330 |
|   | [3,1] | (3,1,0,0), (2,0,0,0) | 630 |
|   | [2,2] | (2,2,0,0), (1,1,0,0), (0,0,0,0) | 336 |
|   | [2,1,1] | (2,1,1,0), (2,0,0,0), (1,1,0,0) | 378 |
|   | [1,1,1,1] | (1,1,1,1), (1,1,0,0), (0,0,0,0) | 70 |

续表

| $\lambda$ | $[\lambda]_{U(8)}$ | $(\sigma)_{SP(8)}$ (即 $(\sigma_1,\sigma_2,\sigma_3,\sigma_4)_{SP(8)}$) | 维数 $d$ |
|---|---|---|---|
| 5 | [5] | $(5,0,0,0)$ | 792 |
| | [4,1] | $(4,1,0,0),\ (3,0,0,0)$ | 1848 |
| | [3,2] | $(3,2,0,0),\ (2,1,0,0),\ (1,0,0,0)$ | 1680 |
| | [3,1,1] | $(3,1,1,0),\ (3,0,0,0),\ (2,1,0,0)$ | 1512 |
| | [2,2,1] | $(2,2,1,0),\ (2,1,0,0),\ (1,1,1,0),\ (1,0,0,0)$ | 1008 |
| | [2,1,1,1] | $(2,1,1,1),\ (2,1,0,0),\ (1,1,1,0),\ (1,0,0,0)$ | 504 |
| | [1,1,1,1,1] | $(1,1,1,0),\ (1,0,0,0)$ | 56 |
| 6 | [6] | $(6,0,0,0)$ | 1716 |
| | [5,1] | $(5,1,0,0),\ (4,0,0,0)$ | 4620 |
| | [4,2] | $(4,2,0,0),\ (3,1,0,0),\ (2,0,0,0)$ | 5544 |
| | [3,3] | $(3,3,0,0),\ (2,2,0,0),\ (1,1,0,0),\ (0,0,0,0)$ | 2520 |
| | [4,1,1] | $(4,1,1,0),\ (4,0,0,0),\ (3,1,0,0)$ | 4620 |
| | [3,2,1] | $(3,2,1,0),\ (3,1,0,0),\ (2,2,0,0),\ (2,1,1,0),\ (2,0,0,0),\ (1,1,0,0)$ | 5376 |
| | [2,2,2] | $(2,2,2,0),\ (2,1,1,0),\ (2,0,0,0)$ | 1176 |
| | [3,1,1,1] | $(3,1,1,1),\ (3,1,0,0),\ (2,1,1,0),\ (2,0,0,0)$ | 2100 |
| | [2,2,1,1] | $(2,2,1,1),\ (2,2,0,0),\ (2,1,1,0),\ (1,1,1,1),\ (1,1,0,0)^2,\ (0,0,0,0)$ | 1512 |
| | [2,1,1,1,1] | $(2,1,1,0),\ (2,0,0,0),\ (1,1,1,1),\ (1,1,0,0)$ | 420 |
| | [1,1,1,1,1,1] | $(1,1,0,0),\ (0,0,0,0)$ | 28 |

若为全反对称 (对应 SP($2j+1$)) 情况, 系统的最高权为各组分的最高权、次高权、再次高权 $\cdots\cdots$ 的和, 于是

$$J_{\max} = j + (j-1) + \cdots + (j-(\sigma-1)) = \frac{1}{2}\sigma(2j+1-\sigma). \tag{5.5}$$

从而, 有

$$(\sigma_1,\sigma_2,\cdots,\sigma_{j+\frac{1}{2}}) \Rightarrow \sum_J {}^\oplus \gamma_J J, \tag{5.6}$$

其中 $J \in [0, J_{\max}]$, $\gamma_J$ 称为约化中 $J$ 的重复度. 于是, 问题归结为确定 $J$ 的重复度. 很显然, 使 $J_{\max}$ 取最大值的 $\sigma$ 为 $j+\frac{1}{2}$, 相应的 $J_{\max} = \frac{1}{2}\left(j+\frac{1}{2}\right)\left(j+\frac{1}{2}\right)$. 关于 SO(3) 的不可约表示 $J$ 的维数, 由一般公式可算得 $d_J = 2J+1$.

上述讨论表明, 无论是对称表示还是反对称表示, 确定其约化分支律就是确定包含在群的不可约表示 $\Gamma$ 中的子群的不可约表示 $\Gamma'$ 的重复度. 若重复度 $\gamma_{\Gamma'} = 0$, 说明不包含相应的不可约表示 $\Gamma'$; 若 $\gamma_{\Gamma'} > 0$, 说明包含 $\gamma_{\Gamma'}$ 个子群的不可约表示 $\Gamma'$.

关于 SO(3) 的不可约表示 $J$ 的重复度 $\gamma_J$, 以 SO($2l+1$) 和 SP($2j+1$) 的全对称表示 $(\nu,0,0,\cdots)$ 为例, 分别讨论如下.

(1) U($2j+1$) 到 SO(3) 的约化.

(i) $j=l$ (为自然数) 的情况.

对 U($2l+1$) ($l$ 为自然数) 的全对称表示 $[n]$, 由其全对称性知, U($2l+1$) $\supset$ SO(3) 时, SO(3) 的不可约表示 $L$ 的最高权为

$$M_{\max} = L_{\max} = \underbrace{l+l+l+\cdots+l}_{\text{共 } n \text{ 个}} = nl,$$

$L$ 的次高权为

$$M_{\max}-1 = \underbrace{l+l+l+\cdots+l}_{\text{共 } n-1 \text{ 个}} + (l-1),$$

$L$ 的再次高权为

$$M_{\max}-2 = \underbrace{l+l+l+\cdots+l}_{\text{共 } n-1 \text{ 个}} + (l-2),$$



$$M_{\max}-2 = \underbrace{l+l+l+\cdots+l}_{\text{共 } n-2 \text{ 个}} + (l-1) + (l-1).$$

以此类推, 权 $M = M_{\max}-\xi$ 的个数等于数 $\xi$ 的各种可能的多元划分的个数, 例如 $\xi=2$ 对应一元划分 [2] 和二元划分 [1,1], $\xi=3$ 对应一元划分 [3]、二元划分 [2,1] 和三元划分 [1,1,1], $\xi=4$ 对应一元划分 [4]、二元划分 [3,1] 和 [2,2]、三元划分 [2,1,1]、四元划分 [1,1,1,1], 等等.

一般来讲, 非负整数 $\xi$ 的 $\alpha$ 元划分即满足条件

$$\sum_{i=1}^{\alpha}\xi_i = \xi, \qquad \xi_1 \geqslant \xi_2 \geqslant \cdots \geqslant \xi_\alpha > 0$$

的各种可能的组合 $\{\xi_i \mid i=1,2,\cdots,\alpha\}$.

由 SO(3) 的不可约表示 $l$ 的维数为 $2l+1$ 知,

$$m = m_{\max},\, m_{\max}-1,\, m_{\max}-2,\, \cdots,\, -(m_{\max}-1),\, -m_{\max}$$
$$= l,\, l-1,\, l-2,\, \cdots,\, -(l-2),\, -(l-1),\, -l,$$

那么, 为保证 $m = m_{\max}-\xi_1$ 是权, 应有 $\xi_1 \leqslant 2l$, 所以, 上述划分应满足 $\xi_1 \leqslant 2l$.

记 $\eta = 2l$ 为 $\xi_1$ 的最大可取值, $\alpha$ 为划分的元数, $P_{\alpha,\eta}(\xi)$ 为 $\xi_1 \leqslant \eta$ 的关于非负整数 $\xi$ 的 $\alpha$ 元划分的数目, 则权 $M = M_{\max} - \xi \geqslant 0$ 的数目 $\rho(n,\xi)$ 可以表述为

$$\rho(n,\xi) = \sum_{\alpha=1}^{n} P_{\alpha,\eta}(\xi). \tag{5.7}$$

由 SO(3) $\supset$ SO(2) 的简单可约性 (重复度为 1) 知, 各种可能的 $L \geqslant M = M_{\max} - \xi$ 都包含一个权 $M$, 那么

$$\rho(n,\xi) = \{L \geqslant nl - \xi\} \text{ 的所有可能的表示的数目,}$$

$$\rho(n,\xi-1) = \{L \geqslant nl - (\xi-1)\} \text{ 的所有可能的表示的数目} .$$

所以 SO(3) 的表示 (角动量) $L = nl - \xi$ 的数目为

$$\beta_{n,L} = \beta(n,L) = \rho(n,\xi) - \rho(n,\xi-1) . \tag{5.8}$$

显然, 此即 U($2l+1$) $\supset$ SO(3) 的约化中 SO(3) 的不可约表示 (角动量) $L$ 的重复度 $\gamma_L$.

(ii) $j$ 为半奇数的情况.

在 $j$ 为半奇数的情况下, $2j+1$ 为偶数, 则 U($2j+1$) 群有子群 SP($2j+1$). 记 U($2j+1$) 的不可约表示为 $[n]$, 考虑 U($2j+1$) ($j$ 为半奇数) 群的不可约表示的反对称性质, U($2j+1$) $\supset$ SO(3) 约化时, SO(3) 的最高权为

$$M_{\max} = j + (j-1) + \cdots + (j-(n-2)) + (j-(n-1)) = \frac{1}{2}n(2j+1-n) .$$

并且, 与 $j = l$ 为自然数情况相同, 权 $M = M_{\max} - \xi$ 可以表示为

$$\begin{aligned}
M &= M_{\max} - \xi \\
&= (j - \xi_n) + (j-1-\xi_{n-1}) + (j-2-\xi_{n-2}) + \cdots \\
&\quad + (j-(n-2)-\xi_2) + (j-(n-1)-\xi_1),
\end{aligned}$$

其中 $\xi_1, \xi_2, \cdots, \xi_n$ 为满足 $\xi_1 + \xi_2 + \cdots + \xi_n = \xi$ 的非负整数.

考虑

$$j - \xi_n > j-1-\xi_{n-1} > \cdots > j-n+2-\xi_2 > j-n+1-\xi_1,$$

即

$$\xi_n < \xi_{n-1}+1 < \xi_{n-2}+2 < \cdots < \xi_2+n-2 < \xi_1+n-1$$

知,

$$\xi_1 \geqslant \xi_2 \geqslant \cdots \geqslant \xi_n \geqslant 0 .$$

再考虑表示的维数知,

$$j - n + 1 - \xi_1 \geqslant -j,$$

那么

$$\xi_1 \leqslant 2j + 1 - n.$$

所以, 权为 $M = M_{\max} - \xi \geqslant 0$ 的表示的个数为 $\xi_1 \leqslant 2j + 1 - n$ 的非负整数 $\xi$ 的各种可能的 $\alpha$ 元划分 $(\alpha \leqslant n)$ 的个数之和, 即

$$\rho(n, \xi) = \sum_{\alpha=1}^{n} P_{\alpha, \eta}(\xi),$$

其中, $\eta = 2j + 1 - n$ 为 $\xi_1$ 的最大可取值, $\alpha$ 为划分的元数, $P_{\alpha, \eta}(\xi)$ 为 $\xi_1 \leqslant \eta$ 的 $\xi$ 的 $\alpha$ 元划分的数目.

因为各种可能的 $J \geqslant M = M_{\max} - \xi$ 都包含一个权 $M$, 那么 $\rho(n, \xi)$ 为所有 $J \geqslant \frac{1}{2}n(2j + 1 - n) - \xi$ 的表示的数目, $\rho(n, \xi - 1)$ 为所有 $J \geqslant \frac{1}{2}n(2j + 1 - n) - (\xi - 1)$ 的表示的数目, 所以 U$(2j + 1) \supset$ SO$(3)$ 时, 相应于其不可约表示 $[n]$ 的 SO$(3)$ 的不可约表示 (角动量) $J = \frac{1}{2}n(2j + 1 - n) - \xi$ 的数目为

$$\beta_{n,J} = \beta(n, J) = \rho(n, \xi) - \rho(n, \xi - 1). \tag{5.9}$$

(2) SO$(2l + 1)$ 和 SP$(2j + 1)$ 到 SO$(3)$ 的约化.

对 SO$(2l + 1)$ 和 SP$(2j + 1)$ 到 SO$(3)$ 的约化, 因为 SO$(2l + 1)$ 和 SP$(2j + 1)$ 的不可约表示可以一般地表述为

$$(\nu) = (n - 2s),$$

其中 $s = 0, 1, 2, \cdots, \left[\frac{n}{2}\right]$, $(\nu)$ 为 SO$(2l + 1)$ 和 SP$(2j + 1)$ 的表示, 则 $\beta(n, L), \beta(n, J)$ 分别为 SO$(2l + 1)$ 群, SP$(2j + 1)$ 群的各种可能的表示 $(\nu)$ 包含的 $L = nl - \xi, J = \frac{1}{2}n(2j + 1 - n) - \xi$ 的态的总数目. 那么, 由 U$(2l+1) \supset$ SO$(2l+1)$, U$(2j+1) \supset$ SP$(2j+1)$ 的约化规则

$$\nu = n, n - 2, n - 4, \cdots, \begin{cases} 0, & n \text{ 为偶数}, \\ 1, & n \text{ 为奇数} \end{cases}$$

知, 对于 SO$(2l + 1) \supset$ SO$(3)$ 和 SP$(2j + 1) \supset$ SO$(3)$ 的约化, 即由辛弱数 $\nu$ 标记的表示 $(\nu)$ 的约化, SO$(3)$ 的表示 (角动量) $L = \nu l - \xi, J = \frac{1}{2}\nu(2j + 1 - \nu) - \xi$ 的重复度分别为

$$\gamma_{\nu, L} = \beta(\nu, L) - \beta(\nu - 2, L), \tag{5.10}$$

$$\gamma_{\nu, J} = \beta(\nu, J) - \beta(\nu - 2, J). \tag{5.11}$$

将 $\beta$ 的具体表述代入, 则可将按群链 $\mathrm{SO}(2l+1) \supset \mathrm{SO}(3)$, $\mathrm{SP}(2j+1) \supset \mathrm{SO}(3)$ 由确定辛弱数 $\nu$ 的表示到确定角动量 $L = \nu l - \xi$, $J = \frac{1}{2}\nu(2j+1-\nu) - \xi$ 的表示约化的重复度由非负整数 $\xi$ 和 $\xi-1$ 的划分表示为

$$\gamma_{\nu,L} = P_{\nu,\eta}(\xi) + P_{(\nu-1),\eta}(\xi) - P_{\nu,\eta}(\xi-1) - P_{(\nu-1),\eta}(\xi-1), \tag{5.12}$$

$$\gamma_{\nu,J} = P_{\nu,\eta}(\xi) + P_{(\nu-1),\eta}(\xi) - P_{\nu,\eta}(\xi-1) - P_{(\nu-1),\eta}(\xi-1), \tag{5.13}$$

其中 $P_{\alpha,\eta}(\xi)$ 为非负整数 $\xi$ 的保证 $\xi_1 \leqslant \eta$ (对 $j = l$ 为自然数, $\eta = 2l$, 对 $j$ 为半奇数, $\eta = 2j+1-\nu$) 的 $\alpha$ 元划分的数目, 它可以由递推关系

$$P_{\alpha,\eta}(\xi) = \sum_{i=1}^{\alpha-1} \sum_{k=1}^{[\xi/\alpha]} P_{i,(\xi-k)}(\xi - \alpha k) \tag{5.14}$$

确定, 其中 $\left[\dfrac{y}{x}\right]$ 为小于等于 $\dfrac{y}{x}$ 的最大整数. 为保证 $M - \xi$ 是权, 即对 $\xi_1 = \eta$, 应有 $M - \xi \geqslant M - \eta$, 必有 $\xi \leqslant \eta$, 因此该递推关系的第一项可解析地表述为

$$P_{1,\eta}(\xi) = \begin{cases} 0, & \eta < \xi, \\ 1, & \eta \geqslant \xi. \end{cases} \tag{5.15}$$

因为将 $\xi$ 划分为两自然数之和, 例如 $\xi = a+b$ 时, 应有 $\left[\dfrac{\xi}{2}\right] \leqslant a \leqslant \xi-1, 1 \leqslant b \leqslant \left[\dfrac{\xi}{2}\right]$, 按定义 $a \leqslant \eta$, 所以 当 $\eta \geqslant \xi-1$ 时, $a$ 可取由 $\left[\dfrac{\xi}{2}\right]$ 到 $\xi-1$ 之间的各个数, 即有 $\left[\dfrac{\xi}{2}\right]$ 种取值方式, 当 $\eta < \left[\dfrac{\xi}{2}\right]$ 时, $M - \left[\dfrac{\xi+1}{2}\right]$ 不为权, 即实际不存在有意义的划分, 当 $\left[\dfrac{\xi+1}{2}\right] \leqslant \eta \leqslant \xi-1$ 时, 仅 $a \leqslant \eta$ 的 $M - a$ 是权, 即 $a$ 可取由 $\left[\dfrac{\xi+1}{2}\right]$ 到 $\eta + 1$ 之间的各个数, 即有 $\eta + 1 - \left[\dfrac{\xi+1}{2}\right]$ 种取值方式. 所以递推关系的第二项可解析地表述为

$$P_{2,\eta}(\xi) = \begin{cases} \left[\dfrac{\xi}{2}\right], & \xi-1 \leqslant \eta, \\[2mm] \eta + 1 - \left[\dfrac{\xi+1}{2}\right], & \left[\dfrac{\xi+1}{2}\right] \leqslant \eta < \xi-1, \\[2mm] 0, & \left[\dfrac{\xi+1}{2}\right] > \eta. \end{cases} \tag{5.16}$$

利用这一方法已经编写了计算程序, 由之计算得到的一些常见的 $\mathrm{SO}(2l+1)$ 的全对称表示 (即确定辛弱数) 到 $\mathrm{SO}(3)$ 的表示 (即确定角动量) 的约化的重复度列

于附录中表 1、表 2、表 3、表 4、表 5 (简单的 p 玻色子 ($l = 1$) 系统的未列出, 更高角动量的也未列出), 一些常见的 SP($2j+1$) 的全对称表示 (即确定辛弱数) 到 SO(3) 的表示 (即确定角动量) 的约化的重复度列于附录中表 6、表 7、表 8、表 9、表 10 (简单的 $j = 1/2$, $j = 3/2$, $j = 5/2$ 的费米子系统的未列出, 更高角动量的也未列出), 以便查阅使用.

到目前为止, 我们仅对 U($2j+1$) 的全 (反) 对称不可约表示按群链 U($2j+1$) ⊃ SO($2j+1$) ⊃ SO(3) 和 U($2j+1$) ⊃ SP($2j+1$) ⊃ SO(3) 约化的重复度给出了方便实用的计算方案, 而对非全 (反) 对称表示的约化的重复度尚无确定方案 (递推的都还没有), 相关问题仍是目前的一个重要研究课题. 另外, 对于 $l = 2$ 情况的全对称表示, 除具有递推公式外, 还有 "解析" 计算公式①, 但对其他角动量情况, 尚无 "解析" 公式.

## §5.2　直积表示及确定其约化分支律的方法

### 5.2.1　直积表示的概念与性质

**定义 5.4**　记 $A = \{A(X)\}$, $B = \{B(X)\}$ 是李代数 $\mathfrak{g}$ 的两个表示, $X \in \mathfrak{g}$, 则 $C = \{C(X) = A(X) \otimes B(X)\}$ 也是 $\mathfrak{g}$ 的一个表示, 该表示称为 $A$ 和 $B$ 的直积表示, 记为 $C = A \otimes B$.

由概念知, 李代数的直积表示具有下述性质:

(1) 如果 $A \sim A'$, $B \sim B'$, 则 $A \otimes B \sim A' \otimes B'$;

(2) $A \otimes B \sim B \otimes A$;

(3) $(A \otimes B) \otimes C \sim A \otimes (B \otimes C)$;

(4) $(A \oplus B) \otimes C \sim (A \otimes C) \oplus (B \otimes C)$.

### 5.2.2　直积表示的约化

如果 $A$ 和 $B$ 是李代数 $\mathfrak{g}$ 的不可约表示, 一般来讲, $A \otimes B$ 是 $\mathfrak{g}$ 的可约表示, 并且等价于 $\mathfrak{g}$ 的一些不可约表示的直和, 即

$$(A \otimes B) \sim \sum_{\oplus} m_{ABC} C, \tag{5.17}$$

其中 $m_{ABC}$ 是与 $A, B, C$ 有关的非负整数, 它代表 $A \otimes B$ 中包含的不可约表示 $C$ 的数目, 称为表示 $C$ 在 $A \otimes B$ 中的重复度.

由上述讨论知, 确定直积表示 $A \otimes B$ 的约化实际就是确定不可约表示 $C$ 在 $A \otimes B$ 中的重复度 $m_{ABC}$, 确定了不可约表示 $C$ 在 $A \otimes B$ 中的重复度 $m_{ABC}$ 即确

---

①参见孙洪洲. 高能物理与核物理, 1980, 4: 478.

定了直积表示 $A \otimes B$ 的约化分支律. 但目前除了参考书 [12] 中简要讨论的形式外, 尚无普适的具体的解析方法, 因此一般由直积的权空间约化求出权系而确定, 或利用张量基方法 (杨图乘法) 来确定.

### 1. 权空间约化方法

记 $A, B$ 是半单李代数 $\mathfrak{g}$ 的两个不可约表示, 其相应的表示空间分别为 $V_A, V_B$, 它们的权系分别为 $\Delta_A, \Delta_B$, 因为

$$V_A = \sum_{\Lambda_A \in \Delta_A} {}_{\oplus} V_A^{\Lambda_A}, \qquad V_B = \sum_{\Lambda_B \in \Delta_B} {}_{\oplus} V_B^{\Lambda_B},$$

则直积表示 $A \otimes B$ 的表示空间为

$$V_{A \otimes B} = V_A \otimes V_B = \sum_{\Lambda_A \in \Delta_A} {}_{\oplus} \sum_{\Lambda_B \in \Delta_B} {}_{\oplus} V_A^{\Lambda_A} \otimes V_B^{\Lambda_B}. \tag{5.18}$$

对于 $h \in \mathfrak{g}$, 根据李代数的表示的定义及直积表示的定义, 我们知道

$$(A \otimes B)(h)(V_A^{\Lambda_A} \otimes V_B^{\Lambda_B}) = (A(h)V_A^{\Lambda_A}) \otimes V_B^{\Lambda_B} + V_A^{\Lambda_A} \otimes (B(h)V_B^{\Lambda_B})$$
$$= (\Lambda_A + \Lambda_B)(V_A^{\Lambda_A} \otimes V_B^{\Lambda_B}),$$

即子空间 $V_A^{\Lambda_A} \otimes V_B^{\Lambda_B}$ 对应的权为 $\Lambda_A + \Lambda_B$, 所以表示 $A \otimes B$ 的权是表示 $A$ 的权与表示 $B$ 的权的算术和, 即 $\Delta_A, \Delta_B$ 中任意两个权 $\Lambda_A, \Lambda_B$ 的和都是 $\Delta_{A \otimes B}$ 的一个权, 有

$$\Lambda_{A \otimes B} = \Lambda_A + \Lambda_B. \tag{5.19}$$

该规律称为李代数 (李群) 的直积表示约化的权叠加原则 (规律).

利用此规律即可确定直积表示的约化分支律.

**例 5.1** 确定 $A_2$ 的不可约表示 $(0,1)$ 与 $(0,1)$ 的直积的约化分支律.

由前述讨论知, $A_2$ 的不可约表示 $(0,1)$ 的最高权为 $\Lambda = \frac{1}{3}(\alpha_1 + 2\alpha_2)$, 其权系由三个权组成, 具体为

$$\Delta_{(0,1)} = \left\{ \frac{1}{3}(\alpha_1 + 2\alpha_2), \frac{1}{3}(\alpha_1 - \alpha_2), -\frac{1}{3}(2\alpha_1 + \alpha_2) \right\}.$$

根据上述规则, 直积表示 $(0,1) \otimes (0,1)$ 的权系为

$$\begin{aligned}
\Delta_{(0,1) \otimes (0,1)} = \Big\{ &\frac{1}{3}(2\alpha_1 + 4\alpha_2), \frac{1}{3}(2\alpha_1 + \alpha_2), \frac{1}{3}(-\alpha_1 + \alpha_2), \frac{1}{3}(2\alpha_1 + \alpha_2), \\
&\frac{1}{3}(2\alpha_1 - 2\alpha_2), \frac{1}{3}(-\alpha_1 - 2\alpha_2), \frac{1}{3}(-\alpha_1 + \alpha_2), \frac{1}{3}(-\alpha_1 - 2\alpha_2), \\
&\frac{1}{3}(-4\alpha_1 - 2\alpha_2) \Big\}.
\end{aligned}$$

因为 $\frac{1}{3}(2\alpha_1 + \alpha_2)$ 是不可约表示 $(1,0)$ 对应的最高权, 相应的权系为

$$\Delta_{(1,0)} = \left\{ \frac{1}{3}(2\alpha_1 + \alpha_2), \frac{1}{3}(-\alpha_1 + \alpha_2), \frac{1}{3}(-\alpha_1 - 2\alpha_2) \right\},$$

比较知, $(0,1) \otimes (0,1)$ 中包含不可约表示 $(1,0)$.

又因为不可约表示 $(0,2)$ 的最高权为 $\frac{2}{3}(\alpha_1 + 2\alpha_2) = \frac{1}{3}(2\alpha_1 + 4\alpha_2)$, 相应的权系为

$$\begin{aligned}
\Delta_{(0,2)} = \Big\{ &\frac{1}{3}(2\alpha_1 + 4\alpha_2), \frac{1}{3}(2\alpha_1 + \alpha_2), \frac{1}{3}(2\alpha_1 - 2\alpha_2), \frac{1}{3}(-\alpha_1 + \alpha_2), \\
&\frac{1}{3}(-\alpha_1 - 2\alpha_2), \frac{1}{3}(-4\alpha_1 - 2\alpha_2) \Big\},
\end{aligned}$$

比较知, $(0,1) \otimes (0,1)$ 的权系中包含不可约表示 $(0,2)$ 的权系, 所以直积表示 $(0,1) \otimes (0,1)$ 中包含不可约表示 $(0,2)$.

总之, 直积表示 $(0,1) \otimes (0,1)$ 的约化分支律为 $(0,1) \otimes (0,1) = (0,2) \oplus (1,0)$.

### 2. 张量基方法

由上节讨论知, 李代数 $\mathfrak{g}$ 的一个不可约表示对应一个不可约张量. 对两个不可约表示, 记其对应的不可约张量分别为 $T_{q_1}^{k_1}, T_{q_2}^{k_2}$, 其中 $k_1, k_2$ 分别为相应表示 (不可约张量) 的阶数, 相应的权分别为 $q_1, q_2$, 其直积的约化可以表述为

$$T_{q_1}^{k_1} \otimes T_{q_2}^{k_2} = \sum_{k,q} {}_\oplus \langle k_1 q_1 k_2 q_2 | k q \rangle T_q^k,$$

其中 $k$ 的取值由相应的最高权的叠加原则确定. $\langle k_1 q_1 k_2 q_2 | k q \rangle$ 称为 Clebsch-Gordan 系数, 详细讨论见下一节.

由于每一个不可约张量都对应一个杨图, 因此上述直积表示的约化分支律可以由杨图的乘法规则

$$[M^1] \otimes [M^2] = \sum_M {}_\oplus [M] \quad (M \text{ 可能重复出现}) \tag{5.20}$$

确定.

杨图的乘法规则和相乘步骤如下.

(1) 画出 $[M^1], [M^2]$ 对应的杨图, 并对每一个杨图中的同一行中的方格标上相同的符号, 不同行中的方格标上不同的符号, 例如 $[M^2] = [M_1^2, M_2^2, M_3^2, \cdots, M_{n_2}^2]$ 的第一行的 $M_1^2$ 个方格都标上 $\alpha$, 对第二行的 $M_2^2$ 个方格都标上 $\beta$, 等等, 其中 $n_2$ 为相应于表示的杨图的行数, 由相应代数 (群) 的表示的规则确定.

(2) 在 $[M^1]$ 对应的杨图上加上 $M_1^2$ 个标有 $\alpha$ 的方格, $M_2^2$ 个标有 $\beta$ 的方格, $M_3^2$ 个标有 $\gamma$ 的方格, 等等.

(3) 添加方格时应满足条件:

(i) 在添加过程中形成的杨图都对应标记相应代数 (群) 的表示的杨图, 并且具有相同标号的杨图不能排在同一列.

(ii) 对添加后的杨图, 自第一行开始从右向左数, 再接着第二行从右向左数, 依次下去, 在任意前 $k$ 个添加的方格中, $\alpha$ 出现的次数不少于 $\beta$ 出现的次数, $\beta$ 出现的次数不少于 $\gamma$ 出现的次数, 等等.

下面举一些例子.

(1) 对 $\mathrm{SU}(5) \otimes \mathrm{SU}(5) \supset \mathrm{SU}(5)$, 有

$$[m_1, m_2, m_3, m_4] \otimes [n]$$
$$= \sum_{n_1, n_2, n_3, n_4, n_5} {}_{\oplus} \ [m_1 + n_1 - n_5, m_2 + n_2 - n_5, m_3 + n_3 - n_5, m_4 + n_4 - n_5],$$

其中 $n_1, n_2, n_3, n_4, n_5$ 满足

$$n_1 + n_2 + n_3 + n_4 + n_5 = n,$$
$$0 \leqslant n_2 \leqslant m_1 - m_2,$$
$$0 \leqslant n_3 \leqslant m_2 - m_3,$$
$$0 \leqslant n_4 \leqslant m_3 - m_4,$$
$$0 \leqslant n_5 \leqslant m_4.$$

(2) 对 $\mathrm{SU}(4) \otimes \mathrm{SU}(4) \supset \mathrm{SU}(4)$, 有

$$[m_1, m_2, m_3] \otimes [n] = \sum_{n_1, n_2, n_3, n_4} {}_{\oplus} \ [m_1 + n_1 - n_4, m_2 + n_2 - n_4, m_3 + n_3 - n_4],$$

其中 $n_1, n_2, n_3, n_4$ 满足

$$n_1 + n_2 + n_3 + n_4 = n,$$
$$0 \leqslant n_2 \leqslant m_1 - m_2,$$
$$0 \leqslant n_3 \leqslant m_2 - m_3,$$
$$0 \leqslant n_4 \leqslant m_3.$$

(3) 对 $\mathrm{SU}(3) \otimes \mathrm{SU}(3) \supset \mathrm{SU}(3)$, 有

$$(\lambda_1, \mu_1) \otimes (\lambda_2, \mu_2) = \sum_{p,q} {}_{\oplus} K(\lambda_1 \mu_1 \lambda_2 \mu_2 pq)(\lambda_1 + \lambda_2 - p - 2q, \mu_1 + \mu_2 - p + q),$$

其中的重复度 $K$ 满足

$$K(\lambda_1 \mu_1 \lambda_2 \mu_2 pq) = K(\lambda_2 \mu_2 \lambda_1 \mu_1 pq),$$
$$K(\lambda_1 \mu_1 \lambda_2 \mu_2 pq) = K(\mu_1 \lambda_1 \mu_2 \lambda_2 (p-q)(-q)).$$

记 $\mu_1' = \min(\mu_1, \mu_2)$, 则 $K(\lambda_1\mu_1\lambda_2\mu_2pq)$ 取值如下:

| $p$ | $p_0$ | $p_0+1$ | $\cdots$ | $p_1$ | $p_1+1$ | $\cdots$ | $p_2$ | $p_2+1$ | $\cdots$ | $p_1+p_2-p_0$ |
|---|---|---|---|---|---|---|---|---|---|---|
| $K$ | 1 | 2 | $\cdots$ | $p_1-p_0+1$ | $p_1-p_0+1$ | $\cdots$ | $p_1-p_0+1$ | $p_1-p_0$ | $\cdots$ | 1 |

其中

$$p_0 = -\min(0, q), \quad q = -\mu_1', -\mu_1'+1, \cdots, 0, \cdots, \min(\lambda_1, \lambda_2),$$

$$p_1 = \min(a, b), \quad p_2 = \max(a, b), a = \min(\mu_2, \lambda_2 - q), b = \min(\mu_1, \lambda_1 - q).$$

例如, 对于利用权空间分解方法讨论过的 $(\lambda_1, \mu_1) = (0, 1)$, $(\lambda_2, \mu_2) = (0, 1)$, 比较其具体数值知, $\mu_1' = 1$, 从而 $q = -1, 0$. 进而有 $p_0 = 1, 0, a = 1, 0, b = 1, 0$, $p_1 = 1, 0, p_2 = 1, 0$. 相应地, $p = 1, 0$, 于是 $(\lambda_1+\lambda_2-p-2q) = 1, 0, (\mu_1+\mu_2-p+q) = 0, 2$. 因此有 $K = 1, 1$. 对此简单情况, 很容易通过杨图乘法直接验证上表所述规律的正确性.

(4) 对 $\mathrm{SP}(4) \otimes \mathrm{SP}(4) \supset \mathrm{SP}(4)$.

$$(\sigma_1, \sigma_2) \otimes (\sigma_1', \sigma_2') = \sum_{\sigma_1'', \sigma_2'', i}{}_{\oplus} (\sigma_1 + \sigma_1'' - i, \sigma_2 + \sigma_2'' - i),$$

其中 $\sigma_1'' = \sigma_1' - \sigma_2''$, $\sigma_2'' = 0, 1, \cdots, \sigma_2', i = 0, 1, 2, \cdots, \min(\sigma_2, \sigma_2')$.

## §5.3  直积表示约化的 Clebsch-Gordan 系数和 Wigner–Eckart 定理

### 5.3.1  Clebsch-Gordan 系数的概念和性质

**定义 5.5**  对半单李代数 $\mathfrak{g}$ 的直积表示的约化

$$\Gamma_1 \otimes \Gamma_2 \sim \sum_{\Gamma}{}_{\oplus} m_\Gamma \Gamma,$$

其中 $m_\Gamma$ 为 $\Gamma$ 在 $\Gamma_1 \otimes \Gamma_2$ 中的重复度, 记相应的表示空间分别为 $V_1, V_2, V_\Gamma$, 上述约化表明, 在直积空间 $V_1 \otimes V_2$ 上有非奇异算符 $C$ 存在, 使得独立的 (非耦合的) 表示 $\Gamma_1$ (相应的空间为 $V_1$)、$\Gamma_2$ (相应的空间为 $V_2$) 与耦合的表示 $\Gamma$ (相应的空间为 $V_\Gamma$) 之间建立起联系:

$$C(\Gamma_1 \otimes \Gamma_2)C^{-1} = \sum_{\Gamma}{}_{\oplus} m_\Gamma \Gamma,$$

$$C(V_1 \otimes V_2) = \sum_{\Gamma}{}_{\oplus} m_\Gamma V_\Gamma.$$

该算符 $C$ 的矩阵元称为 Clebsch–Gordan 系数, 简称 CG 系数.

记表示空间 $V_1, V_2, V_\Gamma$ 的正交归一基分别为 $\left|\begin{smallmatrix}\Gamma_1\\\gamma_1\kappa_1\end{smallmatrix}\right\rangle$, $\left|\begin{smallmatrix}\Gamma_2\\\gamma_2\kappa_2\end{smallmatrix}\right\rangle$, $\left|\beta\begin{smallmatrix}\Gamma\\\gamma\kappa\end{smallmatrix}\right\rangle$, 其中大写 $\Gamma$ 代表最高权, 小写 $\gamma$ 代表权, $\kappa$ 为区分权空间简并的其他指标, $\beta = 0, 1, \cdots, m_\Gamma$. 如果 $m_\Gamma \neq 0$ 或 $1$, $\beta$ 为区分非简单可约而出现多次的 $\Gamma$ 的附加指标, 则 $V_1 \otimes V_2$ 的基可以写为

$$\left|\begin{matrix}\Gamma_1\\\gamma_1\kappa_1\end{matrix}\right\rangle \otimes \left|\begin{matrix}\Gamma_2\\\gamma_2\kappa_2\end{matrix}\right\rangle = \left|\begin{matrix}\Gamma_1 & \Gamma_2\\\gamma_1\kappa_1 & \gamma_2\kappa_2\end{matrix}\right\rangle.$$

根据基的正交完备性知, 上述直接以 $\Gamma_1$, $\Gamma_2$ 表述的非耦合基与以 $\Gamma$ 表述的耦合基之间的关系为

$$\left|\begin{matrix}\Gamma_1 & \Gamma_2\\\gamma_1\kappa_1 & \gamma_2\kappa_2\end{matrix}\right\rangle = \sum_{\beta,\Gamma,\gamma,\kappa} \left|\beta\begin{matrix}\Gamma\\\gamma\kappa\end{matrix}\right\rangle \left\langle\beta\begin{matrix}\Gamma\\\gamma\kappa\end{matrix}\middle|\begin{matrix}\Gamma_1 & \Gamma_2\\\gamma_1\kappa_1 & \gamma_2\kappa_2\end{matrix}\right\rangle$$

$$= \sum_{\beta,\Gamma,\gamma,\kappa} \left\langle\beta\begin{matrix}\Gamma\\\gamma\kappa\end{matrix}\middle|\begin{matrix}\Gamma_1 & \Gamma_2\\\gamma_1\kappa_1 & \gamma_2\kappa_2\end{matrix}\right\rangle \left|\beta\begin{matrix}\Gamma\\\gamma\kappa\end{matrix}\right\rangle,$$

$$\left|\beta\begin{matrix}\Gamma\\\gamma\kappa\end{matrix}\right\rangle = \sum_{\gamma_1,\kappa_1,\gamma_2,\kappa_2} \left|\begin{matrix}\Gamma_1 & \Gamma_2\\\gamma_1\kappa_1 & \gamma_2\kappa_2\end{matrix}\right\rangle \left\langle\begin{matrix}\Gamma_1 & \Gamma_2\\\gamma_1\kappa_1 & \gamma_2\kappa_2\end{matrix}\middle|\beta\begin{matrix}\Gamma\\\gamma\kappa\end{matrix}\right\rangle$$

$$= \sum_{\gamma_1,\kappa_1,\gamma_2,\kappa_2} \left\langle\begin{matrix}\Gamma_1 & \Gamma_2\\\gamma_1\kappa_1 & \gamma_2\kappa_2\end{matrix}\middle|\beta\begin{matrix}\Gamma\\\gamma\kappa\end{matrix}\right\rangle \left|\begin{matrix}\Gamma_1 & \Gamma_2\\\gamma_1\kappa_1 & \gamma_2\kappa_2\end{matrix}\right\rangle,$$

变换系数 $\left\langle\beta\begin{smallmatrix}\Gamma\\\gamma\kappa\end{smallmatrix}\middle|\begin{smallmatrix}\Gamma_1 & \Gamma_2\\\gamma_1\kappa_1 & \gamma_2\kappa_2\end{smallmatrix}\right\rangle$ 和 $\left\langle\begin{smallmatrix}\Gamma_1 & \Gamma_2\\\gamma_1\kappa_1 & \gamma_2\kappa_2\end{smallmatrix}\middle|\beta\begin{smallmatrix}\Gamma\\\gamma\kappa\end{smallmatrix}\right\rangle$ 即为 CG 系数.

由基的正交归一性知, CG 系数显然有正交归一关系

$$\sum_{\beta,\Gamma,\gamma,\kappa} \left\langle\begin{matrix}\Gamma_1 & \Gamma_2\\\gamma_1'\kappa_1' & \gamma_2'\kappa_2'\end{matrix}\middle|\beta\begin{matrix}\Gamma\\\gamma\kappa\end{matrix}\right\rangle \left\langle\beta\begin{matrix}\Gamma\\\gamma\kappa\end{matrix}\middle|\begin{matrix}\Gamma_1 & \Gamma_2\\\gamma_1\kappa_1 & \gamma_2\kappa_2\end{matrix}\right\rangle = \delta_{\gamma_1'\gamma_1}\delta_{\kappa_1'\kappa_1}\delta_{\gamma_2'\gamma_2}\delta_{\kappa_2'\kappa_2},$$

$$(5.21)$$

$$\sum_{\gamma_1,\kappa_1,\gamma_2,\kappa_2} \left\langle\beta'\begin{matrix}\Gamma'\\\gamma'\kappa'\end{matrix}\middle|\begin{matrix}\Gamma_1 & \Gamma_2\\\gamma_1\kappa_1 & \gamma_2\kappa_2\end{matrix}\right\rangle \left\langle\begin{matrix}\Gamma_1 & \Gamma_2\\\gamma_1\kappa_1 & \gamma_2\kappa_2\end{matrix}\middle|\beta\begin{matrix}\Gamma\\\gamma\kappa\end{matrix}\right\rangle = \delta_{\beta'\beta}\delta_{\Gamma'\Gamma}\delta_{\gamma'\gamma}\delta_{\kappa'\kappa}.$$

$$(5.22)$$

记 $r$ 秩半单李代数的素根系为 $\pi = \{\alpha_1, \alpha_2, \cdots, \alpha_r\}$, 而 $h_{\alpha_i}$, $e_{\alpha_i}$, $e_{-\alpha_i}$ $(i = 1, 2, \cdots, \gamma)$ 为 $\mathfrak{g}$ 的 Chevalley 基生成元, 考虑李代数到李群的指数映射的表述形式, 物理上常引入虚数单位 $\mathrm{i}$ (即引入一个相因子), 紧致半单李代数有关系

$$h_{\alpha_i}^\dagger = h_{\alpha_i}, \quad e_{\alpha_i}^\dagger = e_{-\alpha_i}, \quad e_{-\alpha_i}^\dagger = e_{\alpha_i}.$$

此处 † 表示该算子的伴随算子, 上式即保证 $\langle a|h|b\rangle = \langle a|h^\dagger|b\rangle$. 并且, 如无特殊情况, 我们约定算子作用在右矢态上.

由权的定义知

$$h_{\alpha_i}\left|\beta\begin{matrix}\Gamma\\\gamma\kappa\end{matrix}\right\rangle = \gamma_i\left|\beta\begin{matrix}\Gamma\\\gamma\kappa\end{matrix}\right\rangle,$$

$$h_{\alpha_i}\left|\begin{matrix}\Gamma_1&\Gamma_2\\\gamma_1\kappa_1&\gamma_2\kappa_2\end{matrix}\right\rangle = (\gamma_{1i}+\gamma_{2i})\left|\begin{matrix}\Gamma_1&\Gamma_2\\\gamma_1\kappa_1&\gamma_2\kappa_2\end{matrix}\right\rangle,$$

那么, 对厄米表示

$$\left(\left\langle\beta\begin{matrix}\Gamma\\\gamma\kappa\end{matrix}\right|h_{\alpha_i}\left|\begin{matrix}\Gamma_1&\Gamma_2\\\gamma_1\kappa_1&\gamma_2\kappa_2\end{matrix}\right\rangle = \left\langle\begin{matrix}\Gamma_1&\Gamma_2\\\gamma_1\kappa_1&\gamma_2\kappa_2\end{matrix}\right|h_{\alpha_i}\left|\beta\begin{matrix}\Gamma\\\gamma\kappa\end{matrix}\right\rangle^*\right)$$

分别在耦合基和非耦合基下计算 $h_{\alpha_i}$ 的矩阵元, 则有

$$\gamma_i\left\langle\beta\begin{matrix}\Gamma\\\gamma\kappa\end{matrix}\right|\left.\begin{matrix}\Gamma_1&\Gamma_2\\\gamma_1\kappa_1&\gamma_2\kappa_2\end{matrix}\right\rangle = (\gamma_{1i}+\gamma_{2i})\left\langle\beta\begin{matrix}\Gamma\\\gamma\kappa\end{matrix}\right|\left.\begin{matrix}\Gamma_1&\Gamma_2\\\gamma_1\kappa_1&\gamma_2\kappa_2\end{matrix}\right\rangle, \tag{5.23}$$

也就是有

$$\gamma_i = \gamma_{1i} + \gamma_{2i}. \tag{5.24}$$

这称为 CG 系数的选择定则, 常被称为权守恒条件.

由基的正交归一性知

$$\left\langle\beta\begin{matrix}\Gamma\\\gamma\kappa\end{matrix}\right|e_{-\alpha_i}\left|\begin{matrix}\Gamma_1&\Gamma_2\\\gamma_1\kappa_1&\gamma_2\kappa_2\end{matrix}\right\rangle$$

$$= \sum_{\alpha',\beta'}\left\langle\beta\begin{matrix}\Gamma\\\gamma\kappa\end{matrix}\right|e_{-\alpha_i}\left|\beta'\begin{matrix}\Gamma\\(\gamma+\alpha_i)\alpha'\end{matrix}\right\rangle\left\langle\beta'\begin{matrix}\Gamma\\(\gamma+\alpha_i)\alpha'\end{matrix}\right|\left.\begin{matrix}\Gamma_1&\Gamma_2\\\gamma_1\kappa_1&\gamma_2\kappa_2\end{matrix}\right\rangle.$$

另一方面, 由

$$\left|\beta\begin{matrix}\Gamma\\\gamma\kappa\end{matrix}\right\rangle = \sum_{\gamma_1,\kappa_1,\gamma_2,\kappa_2}\left\langle\begin{matrix}\Gamma_1&\Gamma_2\\\gamma_1\kappa_1&\gamma_2\kappa_2\end{matrix}\right|\left.\beta\begin{matrix}\Gamma\\\gamma\alpha\end{matrix}\right\rangle\left|\begin{matrix}\Gamma_1\\\gamma_1\kappa_1\end{matrix}\right\rangle\left|\begin{matrix}\Gamma_2\\\gamma_2\kappa_2\end{matrix}\right\rangle$$

知,

$$\left\langle\beta\begin{matrix}\Gamma\\\gamma\kappa\end{matrix}\right|e_{-\alpha_i}\left|\begin{matrix}\Gamma_1&\Gamma_2\\\gamma_1\kappa_1&\gamma_2\kappa_2\end{matrix}\right\rangle$$

$$= \sum_{\gamma_1',\kappa_1',\gamma_2',\kappa_2'}\left\langle\beta\begin{matrix}\Gamma\\\gamma\kappa\end{matrix}\right|\left.\begin{matrix}\Gamma_1&\Gamma_2\\\gamma_1'\kappa_1'&\gamma_2'\kappa_2'\end{matrix}\right\rangle\left\langle\begin{matrix}\Gamma_1&\Gamma_2\\\gamma_1'\kappa_1'&\gamma_2'\kappa_2'\end{matrix}\right|e_{-\alpha_i}\left|\begin{matrix}\Gamma_1&\Gamma_2\\\gamma_1\kappa_1&\gamma_2\kappa_2\end{matrix}\right\rangle$$

$$
= \sum_{\gamma_1', \kappa_1', \gamma_2', \kappa_2'} \left\langle \beta \begin{array}{c} \Gamma \\ \gamma\kappa \end{array} \middle| \begin{array}{cc} \Gamma_1 & \Gamma_2 \\ \gamma_1'\kappa_1' & \gamma_2'\kappa_2' \end{array} \right\rangle \left( \left\langle \begin{array}{c} \Gamma_1 \\ \gamma_1'\kappa_1' \end{array} \middle| e_{-\alpha_i} \middle| \begin{array}{c} \Gamma_1 \\ \gamma_1\kappa_1 \end{array} \right\rangle \left\langle \begin{array}{c} \Gamma_2 \\ \gamma_2'\kappa_2' \end{array} \middle| \begin{array}{c} \Gamma_2 \\ \gamma_2\kappa_2 \end{array} \right\rangle \right.
$$

$$
\left. + \left\langle \begin{array}{c} \Gamma_2 \\ \gamma_2'\kappa_2' \end{array} \middle| e_{-\alpha_i} \middle| \begin{array}{c} \Gamma_2 \\ \gamma_2\kappa_2 \end{array} \right\rangle \left\langle \begin{array}{c} \Gamma_1 \\ \gamma_1'\kappa_1' \end{array} \middle| \begin{array}{c} \Gamma_1 \\ \gamma_1\kappa_1 \end{array} \right\rangle \right)
$$

$$
= \sum_{\gamma_1', \kappa_1', \gamma_2', \kappa_2'} \left\langle \beta \begin{array}{c} \Gamma \\ \gamma\kappa \end{array} \middle| \begin{array}{cc} \Gamma_1 & \Gamma_2 \\ \gamma_1'\kappa_1' & \gamma_2'\kappa_2' \end{array} \right\rangle \left( \left\langle \begin{array}{c} \Gamma_1 \\ \gamma_1'\kappa_1' \end{array} \middle| e_{-\alpha_i} \middle| \begin{array}{c} \Gamma_1 \\ \gamma_1\kappa_1 \end{array} \right\rangle \delta_{\gamma_2'\gamma_2}\delta_{\kappa_2'\kappa_2} \right.
$$

$$
\left. + \left\langle \begin{array}{c} \Gamma_2 \\ \gamma_2'\kappa_2' \end{array} \middle| e_{-\alpha_i} \middle| \begin{array}{c} \Gamma_2 \\ \gamma_2\kappa_2 \end{array} \right\rangle \delta_{\gamma_1'\gamma_1}\delta_{\kappa_1'\kappa_1} \right)
$$

$$
= \sum_{\kappa_1'} \left\langle \begin{array}{c} \Gamma_1 \\ (\gamma_1-\alpha_i)\kappa_1' \end{array} \middle| e_{-\alpha_i} \middle| \begin{array}{c} \Gamma_1 \\ \gamma_1\kappa_1 \end{array} \right\rangle \left\langle \beta \begin{array}{c} \Gamma \\ \gamma\kappa \end{array} \middle| \begin{array}{cc} \Gamma_1 & \Gamma_2 \\ (\gamma_1-\alpha_i)\kappa_1' & \gamma_2\kappa_2 \end{array} \right\rangle
$$

$$
+ \sum_{\kappa_2'} \left\langle \begin{array}{c} \Gamma_2 \\ (\gamma_2-\alpha_i)\kappa_2' \end{array} \middle| e_{-\alpha_i} \middle| \begin{array}{c} \Gamma_2 \\ \gamma_2\kappa_2 \end{array} \right\rangle \left\langle \beta \begin{array}{c} \Gamma \\ \gamma\kappa \end{array} \middle| \begin{array}{cc} \Gamma_1 & \Gamma_2 \\ \gamma_1\kappa_1 & (\gamma_2-\alpha_i)\kappa_2' \end{array} \right\rangle,
$$

所以, 对于有确定最高权 $\Gamma_1$, $\Gamma_2$, $\Gamma$ 的表示, 从权 $\gamma$ 到权 $\gamma+\alpha_i$ 有递推关系

$$
\sum_{\kappa',\beta'} \left\langle \beta \begin{array}{c} \Gamma \\ \gamma\kappa \end{array} \middle| e_{-\alpha_i} \middle| \beta' \begin{array}{c} \Gamma' \\ (\gamma+\alpha_i)\kappa' \end{array} \right\rangle \left\langle \beta' \begin{array}{c} \Gamma' \\ (\gamma+\alpha_i)\kappa' \end{array} \middle| \begin{array}{cc} \Gamma_1 & \Gamma_2 \\ \gamma_1\kappa_1 & \gamma_2\kappa_2 \end{array} \right\rangle
$$

$$
= \sum_{\kappa_1'} \left\langle \begin{array}{c} \Gamma_1 \\ (\gamma_1-\alpha_i)\kappa_1' \end{array} \middle| e_{-\alpha_i} \middle| \begin{array}{c} \Gamma_1 \\ \gamma_1\kappa_1 \end{array} \right\rangle \left\langle \beta \begin{array}{c} \Gamma \\ \gamma\kappa \end{array} \middle| \begin{array}{cc} \Gamma_1 & \Gamma_2 \\ (\gamma_1-\alpha_i)\kappa_1' & \gamma_2\kappa_2 \end{array} \right\rangle
$$

$$
+ \sum_{\kappa_2'} \left\langle \begin{array}{c} \Gamma_2 \\ (\gamma_2-\alpha_i)\kappa_2' \end{array} \middle| e_{-\alpha_i} \middle| \begin{array}{c} \Gamma_2 \\ \gamma_2\kappa_2 \end{array} \right\rangle \left\langle \beta \begin{array}{c} \Gamma \\ \gamma\kappa \end{array} \middle| \begin{array}{cc} \Gamma_1 & \Gamma_2 \\ \gamma_1\kappa_1 & (\gamma_2-\alpha_i)\kappa_2' \end{array} \right\rangle. \quad (5.25)
$$

显然, 这是一组关于 CG 系数的线性齐次方程. 考虑正交归一条件, 再规定相因子, 即可确定所有的 CG 系数.

由直积表示空间的顺序无关性和 CG 系数的定义知, 有如下非耦合表示间的交换对称性:

$$
\left\langle \begin{array}{cc} \Gamma_1 & \Gamma_2 \\ \gamma_1\kappa_1 & \gamma_2\kappa_2 \end{array} \middle| \beta \begin{array}{c} \Gamma \\ \gamma\kappa \end{array} \right\rangle = \Theta_\Gamma \left\langle \begin{array}{cc} \Gamma_2 & \Gamma_1 \\ \gamma_2\kappa_2 & \gamma_1\kappa_1 \end{array} \middle| \beta \begin{array}{c} \Gamma \\ \gamma\kappa \end{array} \right\rangle, \quad (5.26)
$$

其中 $\Theta_\Gamma = \pm 1$, 由相因子约定确定.

对 $\Gamma_1 = \Gamma_2$, 如果 $\Theta_\Gamma = 1$, 则称之为对称表示, 如果 $\Theta_\Gamma = -1$, 则称之为反对称表示.

非耦合表示与耦合表示间也有交换对称性. 由直积表示空间有确定维数的特

征和正交归一性知

$$
\left\langle \begin{matrix} \Gamma_1 & \Gamma_2 \\ \gamma_1\kappa_1 & \gamma_2\kappa_2 \end{matrix} \middle| \beta \begin{matrix} \Gamma \\ \gamma\kappa \end{matrix} \right\rangle = \Theta_\Gamma \left( \frac{d_\Gamma}{d_{\Gamma_1}} \right)^{1/2} \left\langle \beta \begin{matrix} \Gamma & \Gamma_2 \\ \gamma\kappa & \gamma_2\kappa_2 \end{matrix} \middle| \begin{matrix} \Gamma_1 \\ \gamma_1\kappa_1 \end{matrix} \right\rangle, \tag{5.27}
$$

其中 $\Theta_\Gamma = \pm 1$, 由相因子约定确定, $d_\Gamma$ 为表示空间 $V_\Gamma$ 的维数.

### 5.3.2　Wigner-Eckart 定理

关于不可约张量的概念, 第四章已予以讨论, 并由之讨论了李群 (李代数) 的表示, 本章还由之讨论了李群 (李代数) 的表示的约化, 本小节进一步讨论直积表示的约化及其应用.

前面已经述及, 记 $A$ 是李代数的一个有限维不可约表示, 对任意 $X \in \mathfrak{g}$, 如果算符组 $\{T^A_{\gamma\kappa}\}$ 对 $(\gamma, \kappa), (\gamma', \kappa') = 1, 2, \cdots, \dim(A)$ 满足

$$
\left[X, T^A_{\gamma\kappa}\right] = \sum_{\gamma', \kappa'} A(X)_{\gamma'\kappa'\gamma\kappa} T^A_{\gamma'\kappa'},
$$

则称算符组 $\{T^A_{\gamma\kappa}\}$ 为 $\mathfrak{g}$ 的 $\rho$ 阶不可约张量, 其中 $\rho$ 等于 $A$ 对应的秩数, 也就是其维数 $\dim(A)$.

记 $\mathfrak{g}$ 是紧致半单李代数, $\Gamma_1$, $\Gamma_2$, $\Gamma$ 是 $\mathfrak{g}$ 在有限维的内积空间 $V_1$, $V_2$, $V$ 上的不可约表示, $h_{\alpha_i}, e_{\alpha_i}, e_{-\alpha_i}(i = 1, 2, \cdots, r)$ 是 $\mathfrak{g}$ 的 Chevalley 基生成元, 如果算符组 $T^{\Gamma_1}_{\gamma_1\kappa_1}$ 是 $\mathfrak{g}$ 的 $\Gamma_1$ 阶不可约张量, 依定义, 则有

$$
\left[h_{\alpha_i}, T^{\Gamma_1}_{\gamma_1\kappa_1}\right] = \sum_{\gamma'_1, \kappa'_1} \left\langle \begin{matrix} \Gamma_1 \\ \gamma'_1\kappa'_1 \end{matrix} \middle| h_{\alpha_i} \middle| \begin{matrix} \Gamma_1 \\ \gamma_1\kappa_1 \end{matrix} \right\rangle T^{\Gamma_1}_{\gamma'_1\kappa'_1},
$$

$$
[e_{\pm\alpha_i}, T^{\Gamma_1}_{\gamma_1\kappa_1}] = \sum_{\gamma'_1, \kappa'_1} \left\langle \begin{matrix} \Gamma_1 \\ \gamma'_1\kappa'_1 \end{matrix} \middle| e_{\pm\alpha_i} \middle| \begin{matrix} \Gamma_1 \\ \gamma_1\kappa_1 \end{matrix} \right\rangle T^{\Gamma_1}_{\gamma'_1\kappa'_1}.
$$

直接利用上述两式计算不可约张量 $T^{\Gamma_1}_{\gamma_1\kappa_1}$ 在 $\left\langle \begin{matrix} \Gamma \\ \gamma\kappa \end{matrix} \right|$ 与 $\left| \begin{matrix} \Gamma_2 \\ \gamma_2\kappa_2 \end{matrix} \right\rangle$ 间的矩阵元, 得

$$
\gamma_i \left\langle \begin{matrix} \Gamma \\ \gamma\kappa \end{matrix} \middle| T^{\Gamma_1}_{\gamma_1\alpha_1} \middle| \begin{matrix} \Gamma_2 \\ \gamma_2\kappa_2 \end{matrix} \right\rangle = (\gamma_{1i} + \gamma_{2i}) \left\langle \begin{matrix} \Gamma \\ \gamma\kappa \end{matrix} \middle| T^{\Gamma_1}_{\gamma_1\kappa_1} \middle| \begin{matrix} \Gamma_2 \\ \gamma_2\kappa_2 \end{matrix} \right\rangle,
$$

$$
\sum_{\kappa'} \left\langle \begin{matrix} \Gamma \\ \gamma\kappa \end{matrix} \middle| e_{-\alpha_i} \middle| \begin{matrix} \Gamma \\ (\gamma+\alpha_i)\kappa' \end{matrix} \right\rangle \left\langle \begin{matrix} \Gamma \\ (\gamma+\alpha_i)\kappa' \end{matrix} \middle| T^{\Gamma_1}_{\gamma_1\kappa_1} \middle| \begin{matrix} \Gamma_2 \\ \gamma_2\kappa_2 \end{matrix} \right\rangle
$$

$$
= \sum_{\kappa'_1} \left\langle \begin{matrix} \Gamma_1 \\ (\gamma_1-\alpha_i)\kappa'_1 \end{matrix} \middle| e_{-\alpha_i} \middle| \begin{matrix} \Gamma_1 \\ \gamma_1\kappa_1 \end{matrix} \right\rangle \left\langle \begin{matrix} \Gamma \\ \gamma\kappa \end{matrix} \middle| T^{\Gamma_1}_{(\gamma_1-\alpha_i)\kappa'_1} \middle| \begin{matrix} \Gamma_2 \\ \gamma_2\kappa_2 \end{matrix} \right\rangle
$$

$$+ \sum_{\kappa_2'} \left\langle \begin{matrix} \Gamma_2 \\ (\gamma_2 - \alpha_i)\kappa_2' \end{matrix} \middle| e_{-\alpha_i} \middle| \begin{matrix} \Gamma_2 \\ \gamma_2 \kappa_2 \end{matrix} \right\rangle \left\langle \begin{matrix} \Gamma \\ \gamma \kappa \end{matrix} \middle| T^{\Gamma_1}_{\gamma_1 \kappa_1} \middle| \begin{matrix} \Gamma_2 \\ (\gamma_2 - \kappa_i)\kappa_2' \end{matrix} \right\rangle.$$

显然, 对于确定的表示 $\Gamma_1$, $\Gamma_2$ 和 $\Gamma$, 矩阵元 $\left\langle \begin{matrix} \Gamma \\ \gamma \kappa \end{matrix} \middle| T^{\Gamma_1}_{\gamma_1 \kappa_1} \middle| \begin{matrix} \Gamma_2 \\ \gamma_2 \kappa_2 \end{matrix} \right\rangle$ 与 CG 系数

$\left\langle \beta \begin{matrix} \Gamma \\ \gamma \kappa \end{matrix} \middle| \begin{matrix} \Gamma_1 & \Gamma_2 \\ \gamma_1 \kappa_1 & \gamma_2 \kappa_2 \end{matrix} \right\rangle$ 有相同的选择定则和递推关系. 于是有以下定理.

**定理 5.1 (Wigner-Eckart 定理)** 对确定的不可约表示 $\Gamma$, 当 $\Gamma_1 \otimes \Gamma_2$ 简单可约时, 矩阵元和 CG 系数满足相同的线性齐次方程, 因此矩阵元与 CG 系数仅差一个常数因子. 记约化矩阵元 $\left\langle \Gamma \| T^{\Gamma_1} \| \Gamma_2 \right\rangle$ 为对应确定表示的常数, 则有

$$\left\langle \begin{matrix} \Gamma \\ \gamma \kappa \end{matrix} \middle| T^{\Gamma_1}_{\gamma_1 \kappa_1} \middle| \begin{matrix} \Gamma_2 \\ \gamma_2 \kappa_2 \end{matrix} \right\rangle = \left\langle \begin{matrix} \Gamma \\ \gamma \kappa \end{matrix} \middle| \begin{matrix} \Gamma_1 & \Gamma_2 \\ \gamma_1 \kappa_1 & \gamma_2 \kappa_2 \end{matrix} \right\rangle \left\langle \Gamma \| T^{\Gamma_1} \| \Gamma_2 \right\rangle. \tag{5.28}$$

**定理 5.2 (推广的 Wigner-Eckart 定理)** 如果对于确定的 $\Gamma$, $\Gamma_1 \otimes \Gamma_2$ 非简单可约, 由于矩阵元与 CG 系数满足同样的线性齐次方程组, 而 CG 系数有 $m_\Gamma$ 个线性独立的解, 因此矩阵元必为这 $m_\Gamma$ 个 CG 系数的线性叠加, 即有

$$\left\langle \begin{matrix} \Gamma \\ \gamma \kappa \end{matrix} \middle| T^{\Gamma_1}_{\gamma_1 \kappa_1} \middle| \begin{matrix} \Gamma_2 \\ \gamma_2 \kappa_2 \end{matrix} \right\rangle = \sum_{\beta=1}^{m_\Gamma} \left\langle \begin{matrix} \Gamma_1 & \Gamma_2 \\ \gamma_1 \kappa_1 & \gamma_2 \kappa_2 \end{matrix} \middle| \beta \begin{matrix} \Gamma \\ \gamma \kappa \end{matrix} \right\rangle \left\langle \beta \Gamma \| T^{\Gamma_1} \| \Gamma_2 \right\rangle. \tag{5.29}$$

考察上述矩阵元的意义知, 上述矩阵元即由李群 (李代数) 的最高权为 $\Gamma_1$ 的表示与最高权为 $\Gamma_2$ 的表示直积耦合得到 (约化到) 最高权为 $\Gamma$ 的表示的约化系数, 也就是由李群 (李代数) 的两个不可约表示可以确定其另一些不可约表示. 这种确定李代数表示的方法称为张量基方法.

### 5.3.3 确定 CG 系数的一个实例

由前面关于 CG 系数的递推关系知, 求解递推关系构成的线性 (齐次) 方程组, 并考虑正交归一性, 再约定相因子即可确定所有的 CG 系数. 具体计算时, 只须随时保证选择定则 (也称权守恒条件). 作为一个例子, 下面计算 SO(3) 群的表示及其 CG 系数.

**1. 代数结构 (回顾)**

对 $\mathrm{so}(3) \cong B_1$ 李代数, 取

$$\widetilde{H} = \mathrm{i}H, \quad U_\alpha = \mathrm{i}(E_\alpha + E_{-\alpha}), \quad V_\alpha = E_\alpha - E_{-\alpha}$$

(具有反厄米性), 李群 SO(3) 的指数实现为

$$\exp(a\widetilde{H} + bU_\alpha + cV_\alpha),$$

其中 $a, b, c \in \mathbb{R}$.

物理上, 常取 so(3) 的基为厄米算符, 即有

$$J_1 = \mathrm{i}U_\alpha, \quad J_2 = \mathrm{i}V_\alpha, \quad J_3 = \frac{\mathrm{i}}{\sqrt{2}}\widetilde{H},$$

它们满足对易关系

$$[J_1, J_2] = \mathrm{i}J_3, \quad [J_2, J_3] = \mathrm{i}J_1, \quad [J_3, J_1] = \mathrm{i}J_2.$$

相应地, SO(3) 的指数实现为

$$\exp(\mathrm{i}a_1 J_1 + \mathrm{i}a_2 J_2 + \mathrm{i}a_3 J_3),$$

其中 $a_1, a_2, a_3 \in \mathbb{R}$.

为了方便确定不可约表示, 常取生成元为

$$J_0 = J_3, \quad J_{\pm 1} = \mp\frac{1}{\sqrt{2}}(J_1 \pm \mathrm{i}J_2),$$

即有

$$J_0 = -\frac{H}{\sqrt{2}}, \quad J_{+1} = \sqrt{2}E_\alpha, \quad J_{-1} = -\sqrt{2}E_{-\alpha}.$$

其间的对易关系为

$$[J_0, J_{\pm 1}] = \pm J_{\pm 1}, \quad [J_{+1}, J_{-1}] = -J_0,$$

厄米运算下

$$J_0^\dagger = J_0, \quad J_{\pm 1}^\dagger = -J_{\mp 1},$$

并且其二阶 Casimir 算子为

$$C_{2\mathrm{SO}(3)} = J_0^2 - J_{+1}J_{-1} - J_{-1}J_{+1}.$$

### 2. SO(3) 的 CG 系数及其正交归一性

由李代数 (李群) 的直积表示约化的 CG 系数的一般定义知, SO(3) 的 CG 系数即角动量态 $|j_1 m_1\rangle$, $|j_2 m_2\rangle$ 与它们的耦合态 $|jm\rangle$ 间的变换关系 $\langle j_1 m_1 j_2 m_2 | jm\rangle$.

考虑 SO(3) 的两个不可约表示 $j_1$ 与 $j_2$ 的直积约化的权叠加原则和简单可约性, 有

$$j_1 \otimes j_2 = \sum_{j=|j_1-j_2|}^{j_1+j_2} {}_\oplus \, j,$$

因而有

$$|j_1m_1j_2m_2\rangle = \sum_{j,m}\langle jm|j_1m_1j_2m_2\rangle|jm\rangle,$$

$$|jm\rangle = \sum_{m_1,m_2}\langle j_1m_1j_2m_2|jm\rangle|j_1m_1j_2m_2\rangle.$$

由此知, SO(3) 的 CG 系数具有正交归一关系

$$\sum_{m_1,m_2}\langle j'm'|j_1m_1j_2m_2\rangle\langle j_1m_1j_2m_2|jm\rangle = \delta_{jj'}\delta_{mm'},$$

$$\sum_{j,m}\langle j_1'm_1'j_2'm_2'|jm\rangle\langle jm|j_1m_1j_2m_2\rangle = \delta_{j_1j_1'}\delta_{j_2j_2'}\delta_{m_1m_1'}\delta_{m_2m_2'},$$

并有选择定则

$$m_1 + m_2 = m.$$

### 3. SO(3) 的 CG 系数的确定

因为 $J_0$ 为 SO(3) 的子群 SO(2) 的生成元 (so(3) 的 Cartan 子代数), 取其不可约表示空间中的基为 $|jm\rangle$, 则有

$$J_0|jm\rangle = m|jm\rangle. \tag{5.30}$$

对其最高权态 $|jj\rangle$ 和最低权态 $|j-j\rangle$, 则有

$$J_{+1}|jj\rangle = 0, \qquad J_{-1}|j-j\rangle = 0.$$

由李乘积规则 $[J_0, J_{\pm1}] = \pm J_{\pm1}$ 知,

$$J_0J_{\pm1} = J_{\pm1}J_0 \pm J_{\pm1}.$$

将之作用于 $|jm\rangle$ 上, 则有

$$J_0J_{\pm1}|jm\rangle = (m\pm1)J_{\pm1}|jm\rangle. \tag{5.31}$$

这表明, $J_{\pm1}|jm\rangle$ 也是 $J_0$ 的本征函数, 相应的本征值为 $m\pm1$. 再考虑 (5.30) 式, 则知

$$J_{\pm1}|jm\rangle = C_{\pm}(j,m)|j(m\pm1)\rangle, \tag{5.32}$$

其中 $C_{\pm}(j,m)$ 是由 $j, m$ 决定的常数, 并可具体表述为

$$C_{\pm}(j,m) = \langle j(m\pm1)|J_{\pm1}|jm\rangle.$$

由对易关系 $[J_{+1}, J_{-1}] = -J_0$ 知, $J_{+1}J_{-1} = J_{-1}J_{+1} - J_0$, 其矩阵元自然有关系

$$\langle jm|J_{+1}J_{-1}|jm\rangle = \langle jm|J_{-1}J_{+1}|jm\rangle - \langle jm|J_0|jm\rangle .$$

于是有递推关系

$$\langle jm|J_{+1}|j(m-1)\rangle\langle j(m-1)|J_{-1}|jm\rangle = \langle jm|J_{-1}|j(m+1)\rangle\langle j(m+1)|J_{+1}|jm\rangle - m .$$

$$(5.33)$$

由 so(3) 是紧致实李代数知, 其有限维表示具有反厄米性, 即有

$$\langle jm|J_{+1}|j(m-1)\rangle = -\langle j(m-1)|J_{-1}|jm\rangle^* . \tag{5.34}$$

代入上述递推关系, 则得

$$\left|\langle j(m-1)|J_{-1}|jm\rangle\right|^2 = \left|\langle jm|J_{-1}|j(m+1)\rangle\right|^2 + m . \tag{5.35}$$

考虑 SO(3) 的二阶 Casimir 算子, 有

$$\begin{aligned}
\langle jm|C_2|jm\rangle &= \langle jm|J_0^2|jm\rangle - \langle jm|J_{+1}J_{-1}|jm\rangle - \langle jm|J_{-1}J_{+1}|jm\rangle \\
&= \langle jm|J_0^2|jm\rangle - \langle jm|J_{+1}|j(m-1)\rangle\langle j(m-1)|J_{-1}|jm\rangle \\
&\quad - \langle jm|J_{-1}|j(m+1)\rangle\langle j(m+1)|J_{+1}|jm\rangle \\
&= \langle jm|J_0^2|jm\rangle + \left|\langle j(m-1)|J_{-1}|jm\rangle\right|^2 + \left|\langle jm|J_{-1}|j(m+1)\rangle\right|^2 .
\end{aligned}$$

将 (5.30), (5.34) 和 (5.35) 式代入上式, 则得

$$\langle jm|C_2|jm\rangle = 2\left|\langle j(m-1)|J_{-1}|jm\rangle\right|^2 + m^2 - m.$$

由上一章关于典型李代数的二阶 Casimir 算子的本征值的讨论知,

$$\langle jm|C_{2\mathrm{SO}(3)}|jm\rangle = j(j+1),$$

于是有

$$2\left|\langle j(m-1)|J_{-1}|jm\rangle\right|^2 = j(j+1) - m(m-1) .$$

显然, 由上式可以确定 $J_{-1}$ 的矩阵元的绝对值. 为确定其具体数值, 需要有相位约定. 在 Condon–Shortley 约定 (对最高权, 保证 CG 系数 $\langle j_1m_1j_2m_2|jj\rangle > 0$) 下取相因子 (符号), 则有

$$\langle j(m-1)|J_{-1}|jm\rangle = \sqrt{\frac{(j+m)(j-m+1)}{2}}, \tag{5.36}$$

并且

$$\langle j(m+1)|J_{+1}|jm\rangle = -\sqrt{\frac{(j-m)(j+m+1)}{2}}, \tag{5.37}$$

其中 $m = -j, -j+1, \cdots, j-1, j$, $j$ 可取非负整数或半奇数.

另一方面, 由态的正交归一性知

$$\langle jm|J_{-1}|j_1m_1j_2m_2\rangle = \langle jm|J_{-1}|jm'\rangle\langle jm'|j_1m_1j_2m_2\rangle$$
$$= \langle jm|J_{-1}|j(m+1)\rangle\langle j(m+1)|j_1m_1j_2m_2\rangle.$$

由非耦合态的独立性, 知

$$\langle jm|J_{-1}|j_1m_1j_2m_2\rangle = \sum_{m_1',m_2'} \langle jm|j_1m_1'j_2m_2'\rangle\langle j_1m_1'j_2m_2'|J_{-1}|j_1m_1j_2m_2\rangle$$
$$= \sum_{m_1',m_2'} \langle jm|j_1m_1'j_2m_2'\rangle\big[\langle j_1m_1'|J_{-1}|j_1m_1\rangle\langle j_2m_2'|j_2m_2\rangle$$
$$+ \langle j_2m_2'|J_{-1}|j_2m_2\rangle\langle j_1m_1'|j_1m_1\rangle\big]$$
$$= \langle jm|j_1(m_1-1)j_2m_2\rangle\langle j_1(m_1-1)|J_{-1}|j_1m_1\rangle$$
$$+ \langle jm|j_1m_1j_2(m_2-1)\rangle\langle j_2(m_2-1)|J_{-1}|j_2m_2\rangle.$$

比较上述两式, 得

$$\langle jm|J_{-1}|j(m+1)\rangle\langle j(m+1)|j_1m_1j_2m_2\rangle$$
$$= \langle jm|j_1(m_1-1)j_2m_2\rangle\langle j_1(m_1-1)|J_{-1}|j_1m_1\rangle$$
$$+ \langle jm|j_1m_1j_2(m_2-1)\rangle\langle j_2(m_2-1)|J_{-1}|j_2m_2\rangle.$$

将前面计算得到的 $J_{-1}$ 的矩阵元代入上式, 则得递推关系为

$$\sqrt{(j-m)(j+m+1)}\langle j_1m_1j_2m_2|j(m+1)\rangle$$
$$= \sqrt{(j_1+m_1)(j_1-m_1+1)}\langle j_1(m_1-1)j_2m_2|jm\rangle$$
$$+ \sqrt{(j_2+m_2)(j_2-m_2+1)}\langle j_1m_1j_2(m_2-1)|jm\rangle,$$

$$\sqrt{(j+m)(j-m+1)}\langle j_1m_1j_2m_2|j(m-1)\rangle$$
$$= \sqrt{(j_1-m_1)(j_1+m_1+1)}\langle j_1(m_1+1)j_2m_2|jm\rangle$$
$$+ \sqrt{(j_2-m_2)(j_2+m_2+1)}\langle j_1m_1j_2(m_2+1)|jm\rangle.$$

考虑最高权态 $m = j$, 由最高权的定义知, $|j(j+1)\rangle$ 态不存在, 那么由递推关系的第一个表达式得

$$\langle j_1(m_1-1)j_2m_2|jj\rangle = -\sqrt{\frac{(j_2+m_2)(j_2-m_2+1)}{(j_1+m_1)(j_1-m_1+1)}}\langle j_1m_1j_2(m_2-1)|jj\rangle.$$

再考虑表示 $j_1$ 的最高权态 $m_1 = j_1$ 以及选择定则 $m_1 + m_2 = m$, 知

$$m_2 - 1 = j - j_1 - 1,$$

于是有

$$\langle j_1(j_1 - 1)j_2(j - j_1)|jj\rangle = -\sqrt{\frac{(j + j_2 - j_1)(j_1 + j_2 - j + 1)}{2j_1}}\langle j_1 j_1 j_2(j - j_1 - 1)|jj\rangle.$$

如此递推下去, 所有 $\langle j_1 m_1 j_2 m_2|jj\rangle$ 都可以由 $\langle j_1 j_1 j_2(j - j_1)|jj\rangle$ 递推来得到.

由于递推关系是 CG 系数的线性齐次方程 (不定解方程), 那么由之确定 CG 系数时仅能精确到差一常数. 再考虑正交归一性, 可得其绝对值, 一般取之为实数, 再约定其相因子, 才可以将其完全确定. 相因子通常取 Condon-Shortley 约定

$$\langle j_1 j_1 j_2(j - j_1)|jj\rangle > 0.$$

再利用第二个递推关系可得到所有 CG 系数. 常用表述形式有:

$$\langle j_1 m_1 j_2 m_2|jm\rangle$$
$$= \delta_{(m_1 + m_2)m}\left[\frac{(2j + 1)(j_1 + j_2 - j)!(j_1 - m_1)!(j_2 - m_2)!(j - m)!(j + m)!}{(j_1 + j_2 + j + 1)!(j + j_1 - j_2)!(j_1 + m_1)!(j_2 + m_2)!}\right]^{1/2}$$
$$\times \sum_t (-1)^{j_1 - m_1 + t}\left[\frac{(j_1 + m_1 + t)!(j + j_2 - m_1 - t)!}{t!(j - m - t)!(j_1 - m_1 - t)!(j_2 - j + m_1 + t)!}\right],$$

该表达式常被称为 CG 系数的第一 Racah 形式;

$$\langle j_1 m_1 j_2 m_2|jm\rangle$$
$$= \delta_{(m_1 + m_2)m}\left[\frac{(2j + 1)(j_1 + j_2 - j)!(j + j_1 - j_2)!(j + j_2 - j_1)!}{(j_1 + j_2 + j + 1)!}\right]^{1/2}$$
$$\times \sum_z \frac{(-1)^z \left[(j_1 + m_1)!(j_1 - m_1)!(j_2 + m_2)!(j_2 - m_2)!(j + m)!(j - m)!\right]^{1/2}}{z!(j_1 + j_2 - j - z)!(j_1 - m_1 - z)!(j_2 + m_2 - z)!(j - j_2 + m_1 + z)!(j - j_1 - m_2 + z)!},$$

该表达式常被称为 CG 系数的第二 Racah 形式;

$$\langle j_1 m_1 j_2 m_2|jm\rangle$$
$$= \delta_{(m_1 + m_2)m}\left[\frac{(2j + 1)(j + j_1 - j_2)!(j - j_1 + j_2)!(j_1 + j_2 - j)!(j + m)!(j - m)!}{(j + j_1 + j_2 + 1)!(j_1 + m_1)!(j_1 - m_1)!(j_2 + m_2)!(j_2 - m_2)!}\right]^{1/2}$$
$$\times \sum_s \frac{(-1)^{j_2 + m_2 + s}(j_2 + j + m_1 - s)!(j_1 - m_1 + s)!}{s!(j - j_1 + j_2 - s)!(j + m - s)!(j_1 - j_2 - m + s)!},$$

该表达式常被称为 CG 系数的 Wigner-Racah 形式. 在 Condon–Shortley 约定下, CG 系数有如下对称性:

$$\langle j_1 m_1 j_2 m_2 | jm \rangle = (-1)^{j_1 + j_2 - j} \langle j_2 m_2 j_1 m_1 | jm \rangle, \tag{5.38}$$

$$\langle j_1 m_1 j_2 m_2 | jm \rangle = (-1)^{j_1 + j_2 - j} \langle j_1 (-m_1) j_2 (-m_2) | j(-m) \rangle, \tag{5.39}$$

$$\langle j_1 m_1 j_2 m_2 | jm \rangle = (-1)^{j_1 - m_1} \sqrt{\frac{2j+1}{2j_2+1}} \langle j_1 m_1 j(-m) | j_2 (-m_2) \rangle. \tag{5.40}$$

上述两个 SO(3) 表示的直积到一个 SO(3) 表示的约化可以推广到多个 SO(3) 表示的直积到一个 SO(3) 表示的约化, 其中常用的是三个 SO(3) 表示的直积到一个 SO(3) 表示的约化. 相应地, 有选择定则

$$m_1 + m_2 + m_3 = m,$$

耦合的 Racah 系数或重新耦合系数

$$\langle (j_1 j_2) j_{12} j_3 j | j_1 (j_2 j_3) j_{23} j \rangle = \sum_{m_1, m_2} \langle j_1 m_1 j_2 m_2 | j_{12} m_{12} \rangle \langle j_{12} m_{12} j_3 m_3 | jm \rangle$$
$$\times \langle j_2 m_2 j_3 m_3 | j_{23} m_{23} \rangle \langle j_1 m_1 j_{23} m_{23} | jm \rangle.$$

除了 SO(3) 的 CG 系数外, 目前常用的还有 SU(3) 和 SO(4) 的 CG 系数等, 其中 SO(4) 的比较简单, 请读者作为习题自己完成. SU(3) 的比较复杂, 有关计算见下节的讨论.

CG 系数和 Racah 系数也常分别用 (Wigner) $3j$ 系数、$6j$ 系数来表达, 其间的关系为

$$\begin{pmatrix} j_1 & j_2 & j \\ m_1 & m_2 & m \end{pmatrix} \equiv \frac{(-1)^{j_1 - j_2 + m}}{\sqrt{(2j+1)}} \langle j_1 m_1 j_2 m_2 | jm \rangle, \tag{5.41}$$

$$\begin{Bmatrix} j_1 & j_2 & j_{12} \\ j_3 & j & j_{23} \end{Bmatrix} \equiv \frac{(-1)^{j_1 + j_2 + j_3 + j}}{\sqrt{(2j_{12} + 1)(2j_{23} + 1)}} \langle (j_1 j_2) j_{12} j_3 j | j_1 (j_2 j_3) j_{23} j \rangle. \tag{5.42}$$

$3j$ 系数具有对换列出现相因子 $(-1)^{j_1 + j_2 + j}$、轮换列保持不变的性质, 还具有改变符号出现相因子 $(-1)^{j_1 + j_2 + j}$ 的性质. $6j$ 系数也具有对换列和轮换列都保持不变等性质, 有关详细讨论, 请参见参考书 [4].

## §5.4　Racah 因子分解引理与同位标量因子

### 5.4.1　问题的提出

以 SO(4) 的表示为例, 在 Gel'fand 基下, SO(4) 的表示的基由群链 SO(4) ⊃ SO(3) ⊃ SO(2) 标记, 即有

$$|(pq)jm\rangle,$$

其中 $j = p, p-1, \cdots, |q|$, 并且简单可约, $m = -j, -j+1, \cdots, (j-1), j$.

在 SO(4) ⊗ SO(4) ⊃ SO(4) 下, 其耦合系数为

$$\langle (p_1q_1)j_1m_1, (p_2q_2)j_2m_2|(p_1q_1)(p_2q_2)(p_{12}q_{12}), J_{12}M_{12}\rangle$$
$$= \langle j_1m_1j_2m_2|J_{12}M_{12}\rangle\langle (p_1q_1)j_1, (p_2q_2)j_2|(p_1q_1)(p_2q_2)(p_{12}q_{12}), J_{12}\rangle,$$

即分解成 (因子化为) 两部分的乘积, 前一部分为 SO(3) ⊃ SO(2) 有关的 CG 系数, 后一部分为仅与 SO(4) ⊃ SO(3) 有关的因子.

一般情况下如何? 相应的因子有何性质? 如何确定? 本节对这些问题予以简要讨论.

### 5.4.2　Racah 因子分解引理

对群 $\mathcal{G}$, 记其不可约表示为 $\Gamma_i$, 群 $\mathcal{G}$ 包含子群 $\mathcal{K}$, 子群 $\mathcal{K}$ 的诱导自 $\Gamma_i$ 的表示标记为 $\Lambda_i$, 其分量为 $\lambda_i$, 在 $\mathcal{G}$ 缩小到 $\mathcal{K}$ 上的情况下,

$$\Gamma_i = \sum_j {}_\oplus m_j \Lambda_j, \tag{5.43}$$

其中 $m_j$ 为 $\Lambda_j$ 的重复度.

记该群链标记的基向量的集合为 $|\Gamma_i a_i \Lambda_i \lambda_i\rangle$, 其中 $a_j = 1, 2, \cdots, m_j$ 为区分 $\Lambda_i$ 和 $\lambda_i$ 分别相同的态的附加量子数, 则由子群定义的耦合系数可以把两基矢的耦合 (直积的基) 标记为

$$\left| \begin{matrix} \Gamma_1 \\ a_1\Lambda_1\lambda_1 \end{matrix} \right\rangle \left| \begin{matrix} \Gamma_2 \\ a_2\Lambda_2\lambda_2 \end{matrix} \right\rangle = \sum_{a,\Lambda,\lambda} \left\langle a\Lambda\lambda | \Lambda_1\lambda_1\Lambda_2\lambda_2 \right\rangle \left| \begin{matrix} \Gamma_1 & \Gamma_2 \\ a_1\Lambda_1 & a_2\Lambda_2 & a\Lambda\lambda \end{matrix} \right\rangle.$$

显然, 等号右边的向量构成子群 $\mathcal{K}$ 上的不可约表示 $\Lambda$ 的一组基矢, 并且, 通过适当的线性组合可以得到 $\mathcal{G}$ 的不可约表示 $\Gamma$ 的一组右矢基底, 其间的关系可以表述为

$$\left| \begin{matrix} \Gamma_1 & \Gamma_2 \\ a_1\Lambda_1 & a_2\Lambda_2 & a\Lambda\lambda \end{matrix} \right\rangle = \sum_{\beta,\Gamma,\alpha} \left\langle \beta \begin{matrix} \Gamma \\ \alpha\Lambda\lambda \end{matrix} \middle| \begin{matrix} \Gamma_1 & \Gamma_2 \\ a_1\Lambda_1 & a_2\Lambda_2 & a\Lambda\lambda \end{matrix} \right\rangle \left| \beta \begin{matrix} \Gamma \\ \alpha\Lambda\lambda \end{matrix} \right\rangle.$$

因此

$$
\left| \begin{matrix} \Gamma_1 \\ a_1 \Lambda_1 \lambda_1 \end{matrix} \right\rangle \left| \begin{matrix} \Gamma_2 \\ a_2 \Lambda_2 \lambda_2 \end{matrix} \right\rangle
$$

$$
= \sum_{\substack{\beta, \Gamma, \alpha, \\ a, \Lambda, \lambda}} \langle a \Lambda \lambda | \ \Lambda_1 \lambda_1 \Lambda_2 \lambda_2 \rangle \left\langle \beta \begin{matrix} \Gamma \\ \alpha \Lambda \lambda \end{matrix} \right| \left. \begin{matrix} \Gamma_1 & \Gamma_2 \\ a_1 \Lambda_1 & a_2 \Lambda_2 \end{matrix} \right\rangle \left| (\Gamma_1 \Gamma_2) \beta \begin{matrix} \Gamma \\ \alpha \Lambda \lambda \end{matrix} \right\rangle .
$$

另一方面, 直接在群 $\mathcal{G}$ 层次上有

$$
\left| \begin{matrix} \Gamma_1 & \Gamma_2 \\ a_1 \Lambda_1 \lambda_1 & a_2 \Lambda_2 \lambda_2 \end{matrix} \right\rangle = \sum_{\substack{\beta, \Gamma, \alpha, \\ \Lambda, \lambda}} \left\langle \beta \begin{matrix} \Gamma \\ \alpha \Lambda \lambda \end{matrix} \right| \left. \begin{matrix} \Gamma_1 & \Gamma_2 \\ a_1 \Lambda_1 \lambda_1 & a_2 \Lambda_2 \lambda_2 \end{matrix} \right\rangle \left| (\Gamma_1 \Gamma_2) \beta \begin{matrix} \Gamma \\ \alpha \Lambda \lambda \end{matrix} \right\rangle .
$$

比较上述两式, 则得

$$
\left\langle \beta \begin{matrix} \Gamma \\ \alpha \Lambda \lambda \end{matrix} \right| \left. \begin{matrix} \Gamma_1 & \Gamma_2 \\ a_1 \Lambda_1 \lambda_1 & a_2 \Lambda_2 \lambda_2 \end{matrix} \right\rangle = \sum_a \langle a \Lambda \lambda | \ \Lambda_1 \lambda_1 \Lambda_2 \lambda_2 \rangle \left\langle \beta \begin{matrix} \Gamma \\ \alpha \Lambda \lambda \end{matrix} \right| \left. \begin{matrix} \Gamma_1 & \Gamma_2 \\ a_1 \Lambda_1 & a_2 \Lambda_2 \end{matrix} \right\rangle .
$$

$$(5.44)$$

这一将沿群链约化的耦合系数因子化为群 $\mathcal{G}$ 层次上的耦合系数和子群 $\mathcal{K}$ 层次上的耦合系数的乘积的规律称为 Racah 因子分解引理.

### 5.4.3   同位标量因子

**定义 5.6**   在 Racah 因子分解引理中出现的因子 $\left\langle \beta \begin{matrix} \Gamma \\ \alpha \Lambda \lambda \end{matrix} \right| \left. \begin{matrix} \Gamma_1 & \Gamma_2 \\ a_1 \Lambda_1 & a_2 \Lambda_2 \end{matrix} \right\rangle$ 仅与群 $\mathcal{G}$ 的不可约表示有关, 在子群 $\mathcal{K}$ 下是不变的, 因此称为同位标量因子 (isoscalar factor), 常简记为 ISF.

由定义知, ISF 是基之间的幺正变换矩阵的元素, 因此有正交归一性

$$
\sum_{\beta, \Gamma, \alpha} \left\langle \begin{matrix} \Gamma_1 & \Gamma_2 \\ a_1 \Lambda_1 & a_2 \Lambda_2 \end{matrix} \right| \left. \beta \begin{matrix} \Gamma \\ a \Lambda \lambda \end{matrix} \right\rangle \left\langle \beta \begin{matrix} \Gamma \\ a \Lambda \lambda \end{matrix} \right| \left. \begin{matrix} \Gamma_1 & \Gamma_2 \\ a_1' \Lambda_1' & a_2' \Lambda_2' \end{matrix} \right\rangle
$$

$$
= \delta_{a_1 a_1'} \delta_{a_2 a_2'} \delta_{\Lambda_1 \Lambda_1'} \delta_{\Lambda_2 \Lambda_2'}, \tag{5.45}
$$

$$
\sum_{\substack{a_1, a_2, \\ \Lambda_1, \Lambda_2}} \left\langle \beta \begin{matrix} \Gamma \\ a \Lambda \lambda \end{matrix} \right| \left. \begin{matrix} \Gamma_1 & \Gamma_2 \\ a_1 \Lambda_1 & a_2 \Lambda_2 \end{matrix} \right\rangle \left\langle \begin{matrix} \Gamma_1 & \Gamma_2 \\ a_1 \Lambda_1 & a_2 \Lambda_2 \end{matrix} \right| \left. \beta' \begin{matrix} \Gamma' \\ a' \Lambda' \lambda \end{matrix} \right\rangle
$$

$$
= \delta_{\beta \beta'} \delta_{\Gamma \Gamma'} \delta_{aa'} \delta_{\Lambda \Lambda'} . \tag{5.46}
$$

根据 Racah 因子分解引理, 在利用 Wigner-Eckart 定理计算张量算子作用在由一个群链中各群的不可约表示标记的基上的矩阵元时, 我们有

$$
\left\langle \begin{matrix} \Gamma_1 \\ \beta_1 \ a_1\Lambda_1\lambda_1 \end{matrix} \right| T(\beta\Gamma a\Lambda\lambda) \left| \begin{matrix} \Gamma_2 \\ \beta_2 \ a_2\Lambda_2\lambda_2 \end{matrix} \right\rangle
$$

$$
= \sum_\tau \left\langle \tau \begin{matrix} \Gamma_1 \\ a_1\Lambda_1\lambda_1 \end{matrix} \middle| \begin{matrix} \Gamma & \Gamma_2 \\ a\Lambda\lambda & a_2\Lambda_2\lambda_2 \end{matrix} \right\rangle \langle \tau\beta_1\Gamma_1 \| T(\beta\Gamma) \| \beta_2\Gamma_2 \rangle
$$

$$
= \sum_{\tau,\alpha} \langle \tau\beta_1\Gamma_1 \| T(\beta\Gamma) \| \beta_2\Gamma_2 \rangle \langle \alpha\Lambda_1\lambda_1 | \Lambda\lambda\Lambda_2\lambda_2 \rangle \left\langle \tau \begin{matrix} \Gamma_1 \\ a_1\Lambda_1\alpha \end{matrix} \middle| \begin{matrix} \Gamma & \Gamma_2 \\ a\Lambda & a_2\Lambda_2 \end{matrix} \right\rangle,
$$

$$(5.47)$$

即分解为约化矩阵元、CG 系数和 ISF 三部分的乘积, 其中的每个因子都相对较容易计算, 从而有利于解决物理问题.

记群 $\mathcal{G}$ 的表示为 $\Gamma_i$, 子群 $\mathcal{K}$ 的表示为 $\Lambda_i$, 对于三个表示的直积的约化, 由标准的重新耦合系数知

$$
\left| \begin{matrix} & a_{12,3}\Gamma \\ (\Gamma_1\Gamma_2)a_{12}\Gamma_{12}\Gamma_3, & \alpha\Lambda\lambda \end{matrix} \right\rangle
$$

$$
= \sum_{\substack{\alpha_{12},\Lambda_{12},\lambda_{12}, \\ \alpha_3,\Lambda_3,\lambda_3}} \left\langle \begin{matrix} \Gamma_{12} & \Gamma_3 \\ \alpha_{12}\Lambda_{12}\lambda_{12} & \alpha_3\Lambda_3\lambda_3 \end{matrix} \middle| \begin{matrix} a_{12,3}\Gamma \\ \alpha\Lambda\lambda \end{matrix} \right\rangle \left| (\Gamma_1\Gamma_2)a_{12} \begin{matrix} \Gamma_{12} & \Gamma_3 \\ \alpha_{12}\Lambda_{12}\lambda_{12} & \alpha_3\Lambda_3\lambda_3 \end{matrix} \right\rangle
$$

$$
= \sum_{\substack{\alpha_{12},\Lambda_{12},\lambda_{12}, \\ \alpha_3,\Lambda_3,\lambda_3}} \sum_{\substack{\alpha_1,\Lambda_1,\lambda_1, \\ \alpha_2,\Lambda_2,\lambda_2}} \left\langle \begin{matrix} \Gamma_{12} & \Gamma_3 \\ \alpha_{12}\Lambda_{12}\lambda_{12} & \alpha_3\Lambda_3\lambda_3 \end{matrix} \middle| \begin{matrix} a_{12,3}\Gamma \\ \alpha\Lambda\lambda \end{matrix} \right\rangle \left\langle \begin{matrix} \Gamma_1 & \Gamma_2 \\ \alpha_1\Lambda_1\lambda_1 & \alpha_2\Lambda_2\lambda_2 \end{matrix} \middle| \begin{matrix} a_{12}\Gamma_{12} \\ \alpha_{12}\Lambda_{12}\lambda_{12} \end{matrix} \right\rangle
$$

$$
\times \left| \begin{matrix} \Gamma_1 & \Gamma_2 & \Gamma_3 \\ \alpha_1\Lambda_1\lambda_1 & \alpha_2\Lambda_2\lambda_2 & \alpha_3\Lambda_3\lambda_3 \end{matrix} \right\rangle
$$

$$
= \sum_{\substack{\alpha_{12},\Lambda_{12},\lambda_{12}, \\ \alpha_3,\Lambda_3,\lambda_3}} \sum_{\substack{\alpha_1,\Lambda_1,\lambda_1, \\ \alpha_2,\Lambda_2,\lambda_2}} \left\langle \begin{matrix} \Gamma_{12} & \Gamma_3 \\ \alpha_{12}\Lambda_{12}\lambda_{12} & \alpha_3\Lambda_3\lambda_3 \end{matrix} \middle| \begin{matrix} a_{12,3}\Gamma \\ \alpha\Lambda\lambda \end{matrix} \right\rangle \left\langle \begin{matrix} \Gamma_1 & \Gamma_2 \\ \alpha_1\Lambda_1\lambda_1 & \alpha_2\Lambda_2\lambda_2 \end{matrix} \middle| \begin{matrix} a_{12}\Gamma_{12} \\ \alpha_{12}\Lambda_{12}\lambda_{12} \end{matrix} \right\rangle
$$

$$
\times \sum_{\substack{\alpha_{23},\Lambda_{23},\lambda_{23}, \\ a_{23},\Gamma_{23}}} \left| \begin{matrix} \Gamma_1 & a_{23}\Gamma_{23} \\ \alpha_1\Lambda_1\lambda_1 & \alpha_{23}\Lambda_{23}\lambda_{23} \end{matrix} \right\rangle \left\langle \begin{matrix} a_{23}\Gamma_{23} \\ \alpha_{23}\Lambda_{23}\lambda_{23} \end{matrix} \middle| \begin{matrix} \Gamma_2 & \Gamma_3 \\ \alpha_2\Lambda_2\lambda_2 & \alpha_3\Lambda_3\lambda_3 \end{matrix} \right\rangle
$$

$$
= \sum_{\substack{\alpha_{12},\Lambda_{12},\lambda_{12}, \\ \alpha_{23},\Lambda_{23},\lambda_{23},a_{23},\Gamma_{23}, \\ \alpha',\Gamma',\Lambda',\lambda',a_{1,23}}} \sum_{\substack{\alpha_1,\Lambda_1,\lambda_1, \\ \alpha_2,\Lambda_2,\lambda_2, \\ \alpha_3,\Lambda_3,\lambda_3}} \left\langle \begin{matrix} \Gamma_{12} & \Gamma_3 \\ \alpha_{12}\Lambda_{12}\lambda_{12} & \alpha_3\Lambda_3\lambda_3 \end{matrix} \middle| \begin{matrix} a_{12,3}\Gamma \\ \alpha\Lambda\lambda \end{matrix} \right\rangle
$$

$$\times \left\langle \begin{matrix} \Gamma_1 & \Gamma_2 \\ \alpha_1 \Lambda_1 \lambda_1 & \alpha_2 \Lambda_2 \lambda_2 \end{matrix} \middle| \begin{matrix} a_{12}\Gamma_{12} \\ a_{12}\Lambda_{12}\lambda_{12} \end{matrix} \right\rangle \left\langle \begin{matrix} a_{23}\Gamma_{23} \\ a_{23}\Lambda_{23}\lambda_{23} \end{matrix} \middle| \begin{matrix} \Gamma_2 & \Gamma_3 \\ \alpha_2 \Lambda_2 \lambda_2 & \alpha_3 \Lambda_3 \lambda_3 \end{matrix} \right\rangle$$

$$\times \left\langle \begin{matrix} a_{1,23}\Gamma' \\ \alpha' \Lambda' \lambda' \end{matrix} \middle| \begin{matrix} \Gamma_1 & a_{23}\Gamma_{23} \\ \alpha_1 \Lambda_1 \lambda_1 & \alpha_{23}\Lambda_{23}\lambda_{23} \end{matrix} \right\rangle \middle| \Gamma_1(\Gamma_2\Gamma_3)a_{23}\Gamma_{23}, a_{1,23} \begin{matrix} \Gamma' \\ \alpha' \Lambda' \lambda' \end{matrix} \right\rangle.$$

直接在耦合表象中则有

$$\left| (\Gamma_1\Gamma_2)a_{12}\Gamma_{12}\Gamma_3, \begin{matrix} a_{12,3}\Gamma \\ \alpha\Lambda\lambda \end{matrix} \right\rangle$$

$$= \sum_{\substack{a_{23},\Gamma_{23},a_{1,23}, \\ \alpha',\Gamma',\Lambda',\lambda'}} \left\langle \Gamma_1(\Gamma_2\Gamma_3)a_{23}\Gamma_{23}, a_{1,23} \begin{matrix} \Gamma' \\ \alpha'\Lambda'\lambda' \end{matrix} \middle| (\Gamma_1\Gamma_2)a_{12}\Gamma_{12}\Gamma_3, a_{12,3}\Gamma \right\rangle$$

$$\times \left| \Gamma_1(\Gamma_2\Gamma_3)a_{23}\Gamma_{23}, a_{1,23} \begin{matrix} \Gamma' \\ \alpha'\Lambda'\lambda' \end{matrix} \right\rangle.$$

比较上述不同表象中 $\left| (\Gamma_1\Gamma_2)a_{12}\Gamma_{12}\Gamma_3, \begin{matrix} a_{12,3}\Gamma \\ \alpha\Lambda\lambda \end{matrix} \right\rangle$ 的表达式, 知

$$\langle \Gamma_1(\Gamma_2\Gamma_3)a_{23}\Gamma_{23}, a_{1,23}\Gamma | (\Gamma_1\Gamma_2)a_{12}\Gamma_{12}\Gamma_3, a_{12,3}\Gamma \rangle$$

$$= \sum_{\substack{\alpha_1,\Lambda_1,\lambda_1, \\ \alpha_2,\Lambda_2,\lambda_2, \\ \alpha_3,\Lambda_3,\lambda_3, \\ \alpha_{12},\Lambda_{12},\lambda_{12}, \\ \alpha_{23},\Lambda_{23},\lambda_{23}, \\ \alpha,\Lambda,\lambda}} \left\langle \begin{matrix} \Gamma_1 & \Gamma_2 \\ \alpha_1\Lambda_1\lambda_1 & \alpha_2\Lambda_2\lambda_2 \end{matrix} \middle| \begin{matrix} a_{12}\Gamma_{12} \\ a_{12}\Lambda_{12}\lambda_{12} \end{matrix} \right\rangle \left\langle \begin{matrix} \Gamma_{12} & \Gamma_3 \\ \alpha_{12}\Lambda_{12}\lambda_{12} & \alpha_3\Lambda_3\lambda_3 \end{matrix} \middle| \begin{matrix} a_{12,3}\Gamma \\ \alpha\Lambda\lambda \end{matrix} \right\rangle$$

$$\times \left\langle \begin{matrix} \Gamma_2 & \Gamma_3 \\ \alpha_2\Lambda_2\lambda_2 & \alpha_3\Lambda_3\lambda_3 \end{matrix} \middle| \begin{matrix} a_{23}\Gamma_{23} \\ \alpha_{23}\Lambda_{23}\lambda_{23} \end{matrix} \right\rangle \left\langle \begin{matrix} \Gamma_1 & a_{23}\Gamma_{23} \\ \alpha_1\Lambda_1\lambda_1 & \alpha_{23}\Lambda_{23}\lambda_{23} \end{matrix} \middle| \begin{matrix} a_{1,23}\Gamma \\ \alpha\Lambda\lambda \end{matrix} \right\rangle, \quad (5.48)$$

亦即有

$$\sum_{\alpha_{12},\Lambda_{12},\lambda_{12}} \left\langle \begin{matrix} \Gamma_1 & \Gamma_2 \\ \alpha_1\Lambda_1\lambda_1 & \alpha_2\Lambda_2\lambda_2 \end{matrix} \middle| \begin{matrix} a_{12}\Gamma_{12} \\ a_{12}\Lambda_{12}\lambda_{12} \end{matrix} \right\rangle \left\langle \begin{matrix} \Gamma_{12} & \Gamma_3 \\ \alpha_{12}\Lambda_{12}\lambda_{12} & \alpha_3\Lambda_3\lambda_3 \end{matrix} \middle| \begin{matrix} a_{12,3}\Gamma \\ \alpha\Lambda\lambda \end{matrix} \right\rangle$$

$$= \sum_{\substack{\alpha_{23},\Lambda_{23},a_{1,23}, \\ \alpha_{23},\Lambda_{23},\lambda_{23}}} \langle \Gamma_1(\Gamma_2\Gamma_3)a_{23}\Gamma_{23}, a_{1,23}\Gamma | (\Gamma_1\Gamma_2)a_{12}\Gamma_{12}\Gamma_3, a_{12,3}\Gamma \rangle$$

$$\times \left\langle \begin{matrix} \Gamma_2 & \Gamma_3 \\ \alpha_2\Lambda_2\lambda_2 & \alpha_3\Lambda_3\lambda_3 \end{matrix} \middle| \begin{matrix} a_{23}\Gamma_{23} \\ \alpha_{23}\Lambda_{23}\lambda_{23} \end{matrix} \right\rangle \left\langle \begin{matrix} \Gamma_1 & a_{23}\Gamma_{23} \\ \alpha_1\Lambda_1\lambda_1 & \alpha_{23}\Lambda_{23}\lambda_{23} \end{matrix} \middle| \begin{matrix} a_{1,23}\Gamma \\ \alpha\Lambda\lambda \end{matrix} \right\rangle. \quad (5.49)$$

如果表示 $\Lambda_i$ 简单可约, 对上述各 CG 系数按 ISF 的定义展开, 并对 $\lambda_i$ 求和, 则有

$$\langle \Gamma_1(\Gamma_2\Gamma_3)a_{23}\Gamma_{23}, a_{1,23}\Gamma | (\Gamma_1\Gamma_2)a_{12}\Gamma_{12}\Gamma_3, a_{12,3}\Gamma \rangle$$

$$= \sum_{\substack{\alpha_1,\alpha_2,\alpha_3, \\ \alpha_{12},\alpha_{23}, \\ \Lambda_1,\Lambda_2,\Lambda_3, \\ \Lambda_{12},\Lambda_{23}, \\ \alpha,\Lambda}} \left\langle \begin{array}{cc|c} \Gamma_1 & \Gamma_2 & a_{12}\Gamma_{12} \\ \alpha_1\Lambda_1 & \alpha_2\Lambda_2 & \alpha_{12}\Lambda_{12} \end{array} \right\rangle \left\langle \begin{array}{cc|c} a_{12}\Gamma_{12} & \Gamma_3 & a_{12,3}\Gamma \\ \alpha_{12}\Lambda_{12} & \alpha_3\Lambda_3 & \alpha\Lambda \end{array} \right\rangle$$

$$\times \left\langle \begin{array}{cc|c} \Gamma_2 & \Gamma_3 & a_{23}\Gamma_{23} \\ \alpha_2\Lambda_2 & \alpha_3\Lambda_3 & \alpha_{23}\Lambda_{23} \end{array} \right\rangle \left\langle \begin{array}{cc|c} \Gamma_1 & a_{23}\Gamma_{23} & a_{1,23}\Gamma \\ \alpha_1\Lambda_1 & \alpha_{23}\Lambda_{23} & \alpha\Lambda \end{array} \right\rangle$$

$$\times \langle \Lambda_1(\Lambda_2\Lambda_3)\Lambda_{23}, \Lambda | (\Lambda_1\Lambda_2)\Lambda_{12}\Lambda_3, \Lambda \rangle .$$

两边同乘以 $\left\langle \begin{array}{cc|c} \Gamma_1' & \Gamma_{23}' & a_{1,23}\Gamma \\ \alpha_1'\Lambda_1' & \alpha_{23}'\Lambda_{23}' & \alpha\Lambda \end{array} \right\rangle$, 并对 $a_{1,23}, \Gamma, \alpha, \Lambda$ 求和, 则有

$$\sum_{a_{1,23}} \langle \Gamma_1(\Gamma_2\Gamma_3)a_{23}\Gamma_{23}, a_{1,23}\Gamma | (\Gamma_1\Gamma_2)a_{12}\Gamma_{12}\Gamma_3, a_{12,3}\Gamma \rangle \left\langle \begin{array}{cc|c} \Gamma_1' & \Gamma_{23}' & a_{1,23}\Gamma \\ \alpha_1'\Lambda_1' & \alpha_{23}'\Lambda_{23}' & \alpha\Lambda \end{array} \right\rangle$$

$$= \sum_{\substack{\alpha_2,\alpha_3,\alpha_{12}, \\ \Lambda_2,\Lambda_{12}}} \left\langle \begin{array}{cc|c} \Gamma_1 & \Gamma_2 & a_{12}\Gamma_{12} \\ \alpha_1'\Lambda_1' & \alpha_2\Lambda_2 & \alpha_{12}\Lambda_{12} \end{array} \right\rangle \left\langle \begin{array}{cc|c} a_{12}\Gamma_{12} & \Gamma_3 & a_{12,3}\Gamma \\ \alpha_{12}\Lambda_{12} & \alpha_3\Lambda_3 & \alpha\Lambda \end{array} \right\rangle$$

$$\times \left\langle \begin{array}{cc|c} \Gamma_2 & \Gamma_3 & a_{23}\Gamma_{23} \\ \alpha_2\Lambda_2 & \alpha_3\Lambda_3 & \alpha_{23}'\Lambda_{23}' \end{array} \right\rangle \langle \Lambda_1(\Lambda_2\Lambda_3)\Lambda_{23}, \Lambda | (\Lambda_1\Lambda_2)\Lambda_{12}\Lambda_3, \Lambda \rangle . \quad (5.50)$$

由此可知, 如果知道了一些特殊的同位标量因子, 即可逐步递推求出所有同位标量因子. 也可以仿照前述的计算对应群下的不可约张量的矩阵元而递推的方法确定同位标量因子.

关于特殊的同位标量因子, 由最高权都是单重的性质和 ISF 的幺正性可知, 如果 $\Lambda_1^m, \Lambda_2^m$ 是子群 $\mathcal{K}$ 的两个表示, 它们分别具有 $\mathcal{G}$ 的表示 $\Gamma_1, \Gamma_2$ 沿群链 $\mathcal{G} \supset \mathcal{K}$ 约化时的最高权, 并且 $\Gamma^m$ 为 $\Gamma_1 \otimes \Gamma_2$ 中最高权为 $\Lambda^m = \Lambda_1^m + \Lambda_2^m$ 的表示, 则有

$$\left| \left\langle \begin{array}{cc|c} \Gamma_1 & \Gamma_2 & \Gamma^m \\ \Lambda_1^m & \Lambda_2^m & \Lambda^m \end{array} \right\rangle \right|^2 = 1,$$

于是有

$$\left| \left\langle \begin{array}{cc|c} \Gamma_1 & \Gamma_2 & \Gamma^m \\ \Lambda_1^m & \Lambda_2^m & \Lambda^m \end{array} \right\rangle \right| = e^{i\omega},$$

其中 $\omega$ 是相位角.

这样的最高权态对应的同位标量因子称为完全伸展标量因子, 通常据此约定 ISF 的相因子. 在推广的 Cordon-Shortley 约定下, 取

$$\left\langle \begin{matrix} \Gamma_1 & \Gamma_2 \\ \Lambda_1^m & \Lambda_2^m \end{matrix} \middle| \begin{matrix} \Gamma^m \\ \Lambda^m \end{matrix} \right\rangle \geqslant 0.$$

例如, 对 SO(3)(原始的 Cordon-Shortley 约定) 有

$$\langle j_1 j_1 j_2 j_2 | (j_1+j_2)(j_1+j_2)\rangle = 1.$$

作为一个例子, 下面计算 su(3) 的同位标量因子和 CG 系数.

(1) 代数结构 (回顾).

su(3) 李代数的基常取为

$$\lambda_1 = \begin{pmatrix} 0 & 1 & 0 \\ 1 & 0 & 0 \\ 0 & 0 & 0 \end{pmatrix}, \quad \lambda_2 = \begin{pmatrix} 0 & -i & 0 \\ i & 0 & 0 \\ 0 & 0 & 0 \end{pmatrix}, \quad \lambda_3 = \begin{pmatrix} 1 & 0 & 0 \\ 0 & -1 & 0 \\ 0 & 0 & 0 \end{pmatrix},$$

$$\lambda_4 = \begin{pmatrix} 0 & 0 & 1 \\ 0 & 0 & 0 \\ 1 & 0 & 0 \end{pmatrix}, \quad \lambda_5 = \begin{pmatrix} 0 & 0 & -i \\ 0 & 0 & 0 \\ i & 0 & 0 \end{pmatrix},$$

$$\lambda_6 = \begin{pmatrix} 0 & 0 & 0 \\ 0 & 0 & 1 \\ 0 & 1 & 0 \end{pmatrix}, \quad \lambda_7 = \begin{pmatrix} 0 & 0 & 0 \\ 0 & 0 & -i \\ 0 & i & 0 \end{pmatrix}, \quad \lambda_8 = \frac{1}{\sqrt{3}}\begin{pmatrix} 1 & 0 & 0 \\ 0 & 1 & 0 \\ 0 & 0 & -2 \end{pmatrix},$$

张量基下的生成元为

$$J_0 = \frac{1}{2}(E_{22}-E_{11}) = -\frac{1}{2}\lambda_3,$$

$$J_+ = -\frac{1}{\sqrt{2}}E_{21} = -\frac{1}{2\sqrt{2}}(\lambda_1-i\lambda_2),$$

$$J_- = \frac{1}{\sqrt{2}}E_{12} = \frac{1}{2\sqrt{2}}(\lambda_1+i\lambda_2),$$

$$Q = \frac{1}{3}(2E_{33}-E_{11}-E_{22}) = -\frac{1}{\sqrt{3}}\lambda_8,$$

$$V_{-\frac{1}{2}} = E_{13} = \frac{1}{2}(\lambda_4+i\lambda_5),$$

$$V_{+\frac{1}{2}} = E_{23} = \frac{1}{2}(\lambda_6+i\lambda_7),$$

$$T_{\frac{1}{2}} = -E_{31} = -\frac{1}{2}(\lambda_4 + i\lambda_5),$$

$$T_{-\frac{1}{2}} = E_{32} = -\frac{1}{2}(\lambda_6 - i\lambda_7).$$

显然, $\{J_0, J_{+1}, J_{-1}\}$ 张成一个 su(2) 代数, 所以 su(3) 有正规子代数 su(2), 于是有对称性群链 SU(3)⊃SU(2) 和 SU(3)⊃SO(3).

生成元之间的李乘积规则 (对易关系) 为

$$[J_0, J_{\pm 1}] = \pm J_{\pm 1},$$
$$[J_{+1}, J_{-1}] = J_0,$$
$$[J_s, Q] = 0 \qquad\qquad (s = 0, \pm 1),$$
$$[J_0, V_q] = qV_q \qquad\qquad \left(q = \pm\frac{1}{2}\right),$$
$$[J_{\pm 1}, V_q] = \mp\sqrt{\frac{1}{2}\left(\frac{1}{2} \mp q\right)\left(\frac{1}{2} \pm q + 1\right)}V_{q\pm 1} \qquad \left(q = \pm\frac{1}{2}\right),$$
$$[J_0, T_q] = qT_q \qquad\qquad \left(q = \pm\frac{1}{2}\right),$$
$$[J_{\pm 1}, T_q] = \mp\sqrt{\frac{1}{2}\left(\frac{1}{2} \mp q\right)\left(\frac{1}{2} \pm q + 1\right)}T_{q\pm 1} \qquad \left(q = \pm\frac{1}{2}\right),$$
$$[Q, V_q] = -V_q \qquad\qquad \left(q = \pm\frac{1}{2}\right),$$
$$[Q, T_q] = T_q \qquad\qquad \left(q = \pm\frac{1}{2}\right),$$
$$[V_q, V_{q'}] = [T_q, T_{q'}] = 0 \qquad\qquad \left(q, q' = \pm\frac{1}{2}\right),$$
$$\left[V_{\pm\frac{1}{2}}, T_{\pm\frac{1}{2}}\right] = \sqrt{2}J_{\pm 1},$$
$$\left[V_{\pm\frac{1}{2}}, T_{\mp\frac{1}{2}}\right] = J_0 \mp \frac{3}{2}Q.$$

并且, 对于实 su(3) 李代数, 生成元的厄米共轭运算为

$$Q^\dagger = Q,$$
$$J_0^\dagger = J_0,$$
$$J_{\pm 1}^\dagger = -J_{\mp 1},$$
$$V_{\pm\frac{1}{2}}^\dagger = \pm T_{\pm\frac{1}{2}},$$
$$T_{\pm\frac{1}{2}}^\dagger = \mp V_{\mp\frac{1}{2}}.$$

由此知, $\{J_0, J_{+1}, J_{-1}\}, Q$ 分别是 SU(3) ⊃ SU(2) ⊗ U(1) 的最大正规子代数链中子群 SU(2), U(1) 的生成元. $V_q$ 和 $T_q$ 为 so(3) 的 $\frac{1}{2}$ 阶不可约张量, 并且它们分别使 $Q$ 的本征值增加 1、减小 1.

定义耦合张量

$$(VT)_s^r = \sum_{qq'} \left\langle \frac{1}{2}\, q\, \frac{1}{2}\, q' \,\Big|\, rs \right\rangle V_q T_{q'}, \tag{5.51}$$

则有

$$(VT)_s^1 - (TV)_s^1 = \sqrt{2} J_s \qquad (s = 0, \pm 1),$$

$$(VT)_0^0 - (TV)_0^0 = -\frac{\sqrt{3}}{2} Q.$$

SU(3) 的二阶 Casimir 算子为

$$C_{2\mathrm{SU}(3)} = \frac{1}{3}\left\{ J^2 + \frac{3}{4} Q(Q+2) + V_{\frac{1}{2}} T_{-\frac{1}{2}} - V_{-\frac{1}{2}} T_{\frac{1}{2}} \right\}, \tag{5.52}$$

其中 $J^2 = J_0^2 - J_{+1} J_{-1} - J_{-1} J_{+1}$.

(2) 不可约表示与算符的矩阵元.

习惯上, 采用基权基标记 su(3) 李代数的不可约表示, 即常将之表述为 $\varGamma = (\lambda, \mu)$, 对应如图 5.2 所示的杨图. 记 $Q, J^2, J_0$ 的共同本征向量为 $|\varepsilon \varLambda K\rangle$, 则有

$$Q|\varepsilon \varLambda K\rangle = \varepsilon |\varepsilon \varLambda K\rangle,$$

$$J^2 |\varepsilon \varLambda K\rangle = \varLambda(\varLambda + 1)|\varepsilon \varLambda K\rangle,$$

$$J_0 |\varepsilon \varLambda K\rangle = K |\varepsilon \varLambda K\rangle,$$

$$\langle \varepsilon' \varLambda' K' | J_{\pm 1} | \varepsilon \varLambda K\rangle = \mp \delta_{\varepsilon' \varepsilon} \delta_{\varLambda' \varLambda} \delta_{K'(K \pm 1)} \sqrt{\frac{1}{2}(\varLambda \mp K)(\varLambda \pm K + 1)},$$

$$\langle \varepsilon' \varLambda' K' | V_q | \varepsilon \varLambda K\rangle = \delta_{\varepsilon'(\varepsilon - 1)} \left\langle \varLambda K \frac{1}{2} q \,\Big|\, \varLambda' K' \right\rangle \langle (\varepsilon - 1)\varLambda' \| V \| \varepsilon \varLambda \rangle,$$

$$\langle \varepsilon' \varLambda' K' | T_q | \varepsilon \varLambda K\rangle = \delta_{\varepsilon'(\varepsilon + 1)} \left\langle \varLambda K \frac{1}{2} q \,\Big|\, \varLambda' K' \right\rangle \langle (\varepsilon + 1)\varLambda' \| T \| \varepsilon \varLambda \rangle,$$

并且, 由维数关系知

$$\langle \varepsilon \varLambda \| V \| (\varepsilon + 1)\varLambda' \rangle = (-1)^{\varLambda' - \varLambda + \frac{1}{2}} \sqrt{\frac{2\varLambda' + 1}{2\varLambda + 1}} \langle (\varepsilon + 1)\varLambda' \| T \| \varepsilon \varLambda \rangle.$$

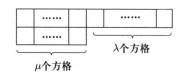

图 5.2 su(3) 李代数 (SU(3) 群) 的不可约表示的常用标记对应的杨图

(3) 同位标量因子与 CG 系数.

对 $\mathrm{SU}(3)_1 \otimes \mathrm{SU}(3)_2 \supset \mathrm{SU}(3)$, 记 $J_{si}, Q_i, V_{qi}, T_{qi}$ 为 $\mathrm{SU}(3)_i$ 的生成元, 则 $\mathrm{SU}(3)$ 的生成元为

$$J_s = J_{s1} + J_{s2} \qquad (s = 0, \pm 1),$$

$$Q = Q_1 + Q_2,$$

$$T_q = T_{q1} + T_{q2} \qquad \left(q = \pm \frac{1}{2}\right),$$

$$V_q = V_{q1} + V_{q2} \qquad \left(q = \pm \frac{1}{2}\right).$$

记 $(\lambda_i, \mu_i)$, $(\lambda, \mu)$ 分别为 $\mathrm{su}(3)_i$, $\mathrm{su}(3)$ 的不可约表示, 相应表示空间的基分别为

$$\left|\begin{matrix}(\lambda_i \ \mu_i) \\ \varepsilon_i \Lambda_i K_i\end{matrix}\right\rangle, \qquad\qquad \left|\begin{matrix}(\lambda \ \mu) \\ \varepsilon \Lambda K\end{matrix}\right\rangle,$$

非耦合及耦合系统的基分别为

$$\left|\begin{matrix}(\lambda_1 \ \mu_1) \\ \varepsilon_1 \Lambda_1 K_1\end{matrix}\right\rangle \left|\begin{matrix}(\lambda_2 \ \mu_2) \\ \varepsilon_2 \Lambda_2 K_2\end{matrix}\right\rangle, \qquad \left|(\lambda_1 \ \mu_1)(\lambda_2 \ \mu_2) \begin{matrix}(\lambda \ \mu) \\ \varepsilon \Lambda K\end{matrix}\right\rangle,$$

其间的 (幺正) 变换关系为

$$\left|(\lambda_1 \ \mu_1)(\lambda_2 \ \mu_2) \ a \begin{matrix}(\lambda \ \mu) \\ \varepsilon \Lambda K\end{matrix}\right\rangle$$

$$= \sum_{\substack{\varepsilon_1, \Lambda_1, K_1, \\ \varepsilon_2, \Lambda_2, K_2}} \left\langle \begin{matrix}(\lambda_1 \ \mu_1) & (\lambda_2 \ \mu_2) \\ \varepsilon_1 \Lambda_1 K_1 & \varepsilon_2 \Lambda_2 K_2\end{matrix}\right| a \begin{matrix}(\lambda \ \mu) \\ \varepsilon \Lambda K\end{matrix}\right\rangle \left|\begin{matrix}(\lambda_1 \ \mu_1) \\ \varepsilon_1 \Lambda_1 K_1\end{matrix}\right\rangle \left|\begin{matrix}(\lambda_2 \ \mu_2) \\ \varepsilon_2 \Lambda_2 K_2\end{matrix}\right\rangle$$

$$= \sum_{\substack{\varepsilon_1, \Lambda_1, K_1, \\ \varepsilon_2, \Lambda_2, K_2}} \left\langle \begin{matrix}(\lambda_1 \ \mu_1) & (\lambda_2 \ \mu_2) \\ \varepsilon_1 \Lambda_1 & \varepsilon_2 \Lambda_2\end{matrix}\right| a \begin{matrix}(\lambda \ \mu) \\ \varepsilon \Lambda\end{matrix}\right\rangle \left\langle \Lambda_1 K_1 \Lambda_2 K_2 \middle| \Lambda K \right\rangle \left|\begin{matrix}(\lambda_1 \ \mu_1) \\ \varepsilon_1 \Lambda_1 K_1\end{matrix}\right\rangle \left|\begin{matrix}(\lambda_2 \ \mu_2) \\ \varepsilon_2 \Lambda_2 K_2\end{matrix}\right\rangle.$$

$\mathrm{SU}(3)$ 的 CG 系数满足正交归一关系

$$\sum_{\substack{\varepsilon_1, \Lambda_1, K_1, \\ \varepsilon_2, \Lambda_2, K_2}} \left\langle \begin{matrix}(\lambda_1 \ \mu_1) & (\lambda_2 \ \mu_2) \\ \varepsilon_1 \Lambda_1 K_1 & \varepsilon_2 \Lambda_2 K_2\end{matrix}\right| a \begin{matrix}(\lambda \ \mu) \\ \varepsilon \Lambda K\end{matrix}\right\rangle \left\langle a' \begin{matrix}(\lambda' \ \mu') \\ \varepsilon' \Lambda' K'\end{matrix}\right| \left.\begin{matrix}(\lambda_1 \ \mu_1) & (\lambda_2 \ \mu_2) \\ \varepsilon_1 \Lambda_1 K_1 & \varepsilon_2 \Lambda_2 K_2\end{matrix}\right\rangle$$

$$= \delta_{aa'} \delta_{(\lambda \ \mu)(\lambda' \ \mu')} \delta_{\varepsilon\varepsilon'} \delta_{\Lambda\Lambda'} \delta_{KK'},$$

$$\sum_{\substack{a, (\lambda \ \mu), \\ \varepsilon, \Lambda, K}} \left\langle a \begin{matrix}(\lambda \ \mu) \\ \varepsilon \Lambda K\end{matrix}\right| \left.\begin{matrix}(\lambda_1 \ \mu_1) & (\lambda_2 \ \mu_2) \\ \varepsilon_1 \Lambda_1 K_1 & \varepsilon_2 \Lambda_2 K_2\end{matrix}\right\rangle \left\langle \begin{matrix}(\lambda_1 \ \mu_1) & (\lambda_2 \ \mu_2) \\ \varepsilon_1' \Lambda_1' K_1' & \varepsilon_2' \Lambda_2' K_2'\end{matrix}\right| a \begin{matrix}(\lambda \mu) \\ \varepsilon \Lambda K\end{matrix}\right\rangle$$

$$= \delta_{\varepsilon_1 \varepsilon_1'} \delta_{\varepsilon_2 \varepsilon_2'} \delta_{\Lambda_1 \Lambda_1'} \delta_{\Lambda_2 \Lambda_2'} \delta_{K_1 K_1'} \delta_{K_2 K_2'}.$$

SU(3) 的同位标量因子满足正交归一关系

$$\sum_{\substack{\varepsilon_1, \Lambda_1, \\ \varepsilon_2, \Lambda_2}} \left\langle \begin{array}{cc} (\lambda_1\ \mu_1) & (\lambda_2\ \mu_2) \\ \varepsilon_1 \Lambda_1 & \varepsilon_2 \Lambda_2 \end{array} \middle| a' \begin{array}{c} (\lambda'\ \mu') \\ \varepsilon' \Lambda' \end{array} \right\rangle \left\langle a \begin{array}{c} (\lambda\ \mu) \\ \varepsilon \Lambda \end{array} \middle| \begin{array}{cc} (\lambda_1\ \mu_1) & (\lambda_2\ \mu_2) \\ \varepsilon_1 \Lambda_1 & \varepsilon_2 \Lambda_2 \end{array} \right\rangle$$

$$= \delta_{aa'} \delta_{(\lambda\mu)(\lambda'\mu')},$$

$$\sum_{\substack{a(\lambda\ \mu), \\ \varepsilon, \Lambda}} \left\langle \begin{array}{cc} (\lambda_1\ \mu_1) & (\lambda_2\ \mu_2) \\ \varepsilon_1 \Lambda_1 & \varepsilon_2 \Lambda_2 \end{array} \middle| a \begin{array}{c} (\lambda\mu) \\ \varepsilon \Lambda \end{array} \right\rangle \left\langle a \begin{array}{c} (\lambda\ \mu) \\ \varepsilon \Lambda \end{array} \middle| \begin{array}{cc} (\lambda_1\ \mu_1) & (\lambda_2\ \mu_2) \\ \varepsilon_1' \Lambda_1' & \varepsilon_2' \Lambda_2' \end{array} \right\rangle$$

$$= \delta_{\varepsilon_1 \varepsilon_1'} \delta_{\varepsilon_2 \varepsilon_2'} \delta_{\Lambda_1 \Lambda_1'} \delta_{\Lambda_2 \Lambda_2'}.$$

因为耦合系统的生成元为两子系统相应生成元之和, 对 $T_g = T_{g1} + T_{g2}$, 其在 $\left\langle (\lambda_1\ \mu_1)(\lambda_2\ \mu_2) \begin{array}{c} (\lambda'\ \mu') \\ \varepsilon' \Lambda' K' \end{array} \right|$ 与 $\left| (\lambda_1\ \mu_1)(\lambda_2\ \mu_2) \begin{array}{c} (\lambda\ \mu) \\ \varepsilon \Lambda K \end{array} \right\rangle$ 之间的矩阵元为

$$\left\langle \Lambda K \frac{1}{2} q \middle| \Lambda' K' \right\rangle \left\langle \begin{array}{c} (\lambda'\ \mu') \\ \varepsilon' \Lambda' \end{array} \middle\| T \middle\| \begin{array}{c} (\lambda\ \mu) \\ \varepsilon \Lambda \end{array} \right\rangle \delta_{(\lambda'\ \mu')(\lambda\mu)} \delta_{\varepsilon'(\varepsilon+1)}$$

$$= \sum_{\substack{\varepsilon_1, \Lambda_1 K_1, \\ \varepsilon_2, \Lambda_2 K_2, \\ \varepsilon_1', \Lambda_1', K_1'}} \left\langle \begin{array}{c} (\lambda'\ \mu') \\ \varepsilon' \Lambda' \end{array} \middle| \begin{array}{cc} (\lambda_1\ \mu_1) & (\lambda_2\ \mu_2) \\ \varepsilon_1' \Lambda_1' & \varepsilon_2 \Lambda_2 \end{array} \right\rangle \left\langle \begin{array}{cc} (\lambda_1\ \mu_1) & (\lambda_2\ \mu_2) \\ \varepsilon_1 \Lambda_1 & \varepsilon_2 \Lambda_2 \end{array} \middle| \begin{array}{c} (\lambda\ \mu) \\ \varepsilon \Lambda \end{array} \right\rangle$$

$$\times \left\langle \begin{array}{c} (\lambda_1\ \mu_1) \\ (\varepsilon_1+1)\Lambda_1' \end{array} \middle\| T_1 \middle\| \begin{array}{c} (\lambda_1\ \mu_1) \\ \varepsilon_1 \Lambda_1 \end{array} \right\rangle \langle \Lambda_1' K_1' \Lambda_2 K_2 | \Lambda' K' \rangle$$

$$\times \langle \Lambda_1 K_1 \Lambda_2 K_2 | \Lambda K \rangle \left\langle \Lambda_1 K_1 \frac{1}{2} q \middle| \Lambda_1' K_1' \right\rangle$$

$$+ \sum_{\substack{\varepsilon_1, \Lambda_1, K_1, \\ \varepsilon_2, \Lambda_2, K_2, \\ \varepsilon_2', \Lambda_2', K_2'}} \left\langle \begin{array}{c} (\lambda'\ \mu') \\ \varepsilon' \Lambda' \end{array} \middle| \begin{array}{cc} (\lambda_1\ \mu_1) & (\lambda_2\ \mu_2) \\ \varepsilon_1 \Lambda_1 & \varepsilon_2' \Lambda_2' \end{array} \right\rangle \left\langle \begin{array}{cc} (\lambda_1\ \mu_1) & (\lambda_2\ \mu_2) \\ \varepsilon_1 \Lambda_1 & \varepsilon_2 \Lambda_2 \end{array} \middle| \begin{array}{c} (\lambda\ \mu) \\ \varepsilon \Lambda \end{array} \right\rangle$$

$$\times \left\langle \begin{array}{c} (\lambda_2\ \mu_2) \\ (\varepsilon_2+1)\Lambda_2' \end{array} \middle\| T_2 \middle\| \begin{array}{c} (\lambda_2\ \mu_2) \\ \varepsilon_2 \Lambda_2 \end{array} \right\rangle \langle \Lambda_1 K_1 \Lambda_2' K_2' | \Lambda' K' \rangle$$

$$\times \langle \Lambda_1 K_1 \Lambda_2 K_2 | \Lambda K \rangle \left\langle \Lambda_2 K_2 \frac{1}{2} q \middle| \Lambda_2' K_2' \right\rangle.$$

由三角动量耦合的 Racah 系数的原始表达式及其 $6j$ 系数表达式知,

$$\sum_{K_1, K_2, K_1'} \langle \Lambda_1' K_1' \Lambda_2 K_2 | \Lambda' K' \rangle \langle \Lambda_1 K_1 \Lambda_2 K_2 | \Lambda K \rangle \left\langle \Lambda_1 K_1 \frac{1}{2} q \middle| \Lambda_1' K_1' \right\rangle$$

$$= \sum_{K_1, K_2, K_1'} (-1)^{\Lambda_1 + \frac{1}{2} - \Lambda_1'} \left\langle \frac{1}{2} q \Lambda_1 K_1 \middle| \Lambda_1' K_1' \right\rangle \langle \Lambda_1' K_1' \Lambda_2 K_2 | \Lambda' K' \rangle \langle \Lambda_1 K_1 \Lambda_2 K_2 | \Lambda K \rangle$$

$$= (-1)^{\frac{1}{2} + \Lambda_1 + \Lambda_2 + \Lambda'} \sqrt{(2\Lambda_1' + 1)(2\Lambda + 1)} \left\{ \begin{matrix} \frac{1}{2} & \Lambda_1 & \Lambda_1' \\ \Lambda_2 & \Lambda' & \Lambda \end{matrix} \right\}$$

$$\times \left\langle \Lambda K \frac{1}{2} q \middle| \Lambda' K' \right\rangle (-1)^{\frac{1}{2} + \Lambda - \Lambda'} (-1)^{\Lambda_1 + \frac{1}{2} - \Lambda_1'}$$

$$= (-1)^{\Lambda_1' + \Lambda_2 + \Lambda + \frac{1}{2}} \sqrt{(2\Lambda_1' + 1)(2\Lambda + 1)} \left\{ \begin{matrix} \frac{1}{2} & \Lambda_1 & \Lambda_1' \\ \Lambda_2 & \Lambda' & \Lambda \end{matrix} \right\} \left\langle \Lambda K \frac{1}{2} q \middle| \Lambda' K' \right\rangle.$$

同理有

$$\langle \Lambda_1 K_1 \Lambda_2' K_2' | \Lambda' K' \rangle \langle \Lambda_1 K_1 \Lambda_2 K_2 | \Lambda K \rangle \left\langle \Lambda_2 K_2 \frac{1}{2} q \middle| \Lambda_2' K_2' \right\rangle$$

$$= (-1)^{\Lambda_2 + \frac{1}{2} - \Lambda_2'} \left\langle \frac{1}{2} q \Lambda_2 K_2 \middle| \Lambda_2' K_2' \right\rangle \langle \Lambda_2' K_2' \Lambda_1 K_1 | \Lambda' K' \rangle (-1)^{\Lambda_1 + \Lambda_2' - \Lambda'}$$

$$\times \langle \Lambda_2 K_2 \Lambda_1 K_1 | \Lambda K \rangle (-1)^{\Lambda_1 + \Lambda_2 - \Lambda}$$

$$= (-1)^{\frac{1}{2} + 2\Lambda_1 + 2\Lambda_2 - \Lambda - \Lambda'} \left\langle \frac{1}{2} q \Lambda_2 K_2 \middle| \Lambda_2' K_2' \right\rangle \langle \Lambda_2' K_2' \Lambda_1 K_1 | \Lambda' K' \rangle \langle \Lambda_2 K_2 \Lambda_1 K_1 | \Lambda K \rangle$$

$$= (-1)^{\Lambda_1 + \Lambda_2 + \Lambda' + \frac{1}{2}} \sqrt{(2\Lambda_2' + 1)(2\Lambda + 1)} \left\{ \begin{matrix} \frac{1}{2} & \Lambda_2 & \Lambda_2' \\ \Lambda_1 & \Lambda' & \Lambda \end{matrix} \right\} \left\langle \Lambda K \frac{1}{2} q \middle| \Lambda' K' \right\rangle.$$

将上述两结果代入约化矩阵元的表达式得

$$\left\langle \begin{matrix} (\lambda' \, \mu') \\ \varepsilon' \Lambda' \end{matrix} \middle\| T \middle\| \begin{matrix} (\lambda \, \mu) \\ \varepsilon \Lambda \end{matrix} \right\rangle \delta_{(\lambda' \mu')(\lambda \mu)} \delta_{\varepsilon'(\varepsilon+1)}$$

$$= \sum_{\substack{\varepsilon_1, \Lambda_1, \\ \varepsilon_2, \Lambda_2, \\ \varepsilon_1', \Lambda_1'}} \left\langle \begin{matrix} (\lambda' \, \mu') \\ \varepsilon' \Lambda' \end{matrix} \middle| \begin{matrix} (\lambda_1 \, \mu_1) & (\lambda_2 \, \mu_2) \\ \varepsilon_1' \Lambda_1' & \varepsilon_2 \Lambda_2 \end{matrix} \right\rangle \left\langle \begin{matrix} (\lambda_1 \, \mu_1) & (\lambda_2 \, \mu_2) \\ \varepsilon_1 \Lambda_1 & \varepsilon_2 \Lambda_2 \end{matrix} \middle| \begin{matrix} (\lambda \mu) \\ \varepsilon \Lambda \end{matrix} \right\rangle$$

$$\times \left\langle \begin{matrix} (\lambda_1 \, \mu_1) \\ (\varepsilon_1 + 1) \Lambda_1' \end{matrix} \middle\| T_1 \middle\| \begin{matrix} (\lambda_1 \, \mu_1) \\ \varepsilon_1 \Lambda_1 \end{matrix} \right\rangle$$

$$\times (-1)^{\Lambda_1' + \Lambda_2 + \Lambda + \frac{1}{2}} \sqrt{(2\Lambda + 1)(2\Lambda_1' + 1)} \left\{ \begin{matrix} \frac{1}{2} & \Lambda_1 & \Lambda_1' \\ \Lambda_2 & \Lambda' & \Lambda \end{matrix} \right\}$$

$$+ \sum_{\substack{\varepsilon_1, \Lambda_1, \\ \varepsilon_2, \Lambda_2, \\ \varepsilon_2', \Lambda_2'}} \left\langle \begin{matrix} (\lambda' \, \mu') \\ \varepsilon' \Lambda' \end{matrix} \middle| \begin{matrix} (\lambda_1 \, \mu_1) & (\lambda_2 \, \mu_2) \\ \varepsilon_1 \Lambda_1 & \varepsilon_2' \Lambda_2' \end{matrix} \right\rangle \left\langle \begin{matrix} (\lambda_1 \, \mu_1) & (\lambda_2 \, \mu_2) \\ \varepsilon_1 \Lambda_1 & \varepsilon_2 \Lambda_2 \end{matrix} \middle| \begin{matrix} (\lambda \mu) \\ \varepsilon \Lambda \end{matrix} \right\rangle$$

$$\times \left\langle \begin{matrix} (\lambda_1\,\mu_1) \\ (\varepsilon_2+1)\Lambda_2' \end{matrix} \middle\| T_2 \middle\| \begin{matrix} (\lambda_1\,\mu_1) \\ \varepsilon_2\Lambda_2 \end{matrix} \right\rangle$$

$$\times (-1)^{\Lambda_1+\Lambda_2+\Lambda'+\frac{1}{2}}\sqrt{(2\Lambda+1)(2\Lambda_2'+1)}\begin{Bmatrix} \frac{1}{2} & \Lambda_2 & \Lambda_2' \\ \Lambda_1 & \Lambda' & \Lambda \end{Bmatrix}.$$

上式两边同乘以 $\left\langle \begin{matrix} (\lambda\,\mu) \\ \varepsilon\Lambda \end{matrix} \middle| \begin{matrix} (\lambda_1\,\mu_1) & (\lambda_2\,\mu_2) \\ \varepsilon_1''\Lambda_1'' & \varepsilon_2''\Lambda_2'' \end{matrix} \right\rangle$, 并对 $(\lambda\,\mu)$ 求和, 则得

$$\left\langle \begin{matrix} (\lambda'\,\mu') \\ (\varepsilon+1)\Lambda' \end{matrix} \middle\| T \middle\| \begin{matrix} (\lambda'\,\mu') \\ \varepsilon\Lambda \end{matrix} \right\rangle \left\langle \begin{matrix} (\lambda'\,\mu') \\ \varepsilon\Lambda \end{matrix} \middle| \begin{matrix} (\lambda_1\,\mu_1) & (\lambda_2\,\mu_2) \\ \varepsilon_1''\Lambda_1'' & \varepsilon_2''\Lambda_2'' \end{matrix} \right\rangle$$

$$= \sum_{\Lambda_1'}(-1)^{\Lambda_1'+\Lambda_2''+\Lambda+\frac{1}{2}}\sqrt{(2\Lambda+1)(2\Lambda_1'+1)}\begin{Bmatrix} \frac{1}{2} & \Lambda_1'' & \Lambda_1' \\ \Lambda_2'' & \Lambda' & \Lambda \end{Bmatrix}$$

$$\times \left\langle \begin{matrix} (\lambda'\,\mu') \\ (\varepsilon+1)\Lambda' \end{matrix} \middle| \begin{matrix} (\lambda_1\,\mu_1) & (\lambda_2\,\mu_2) \\ (\varepsilon_1''+1)\Lambda_1' & \varepsilon_2''\Lambda_2'' \end{matrix} \right\rangle \left\langle \begin{matrix} (\lambda_1\,\mu_1) \\ (\varepsilon_1''+1)\Lambda_1' \end{matrix} \middle\| T_1 \middle\| \begin{matrix} (\lambda_1\,\mu_1) \\ \varepsilon_1''\Lambda_1'' \end{matrix} \right\rangle$$

$$+ \sum_{\Lambda_2'}(-1)^{\Lambda_1''+\Lambda_2''+\Lambda'+\frac{1}{2}}\sqrt{(2\Lambda+1)(2\Lambda_2'+1)}\begin{Bmatrix} \frac{1}{2} & \Lambda_2'' & \Lambda_2' \\ \Lambda_1'' & \Lambda' & \Lambda \end{Bmatrix}$$

$$\times \left\langle \begin{matrix} (\lambda'\,\mu') \\ (\varepsilon+1)\Lambda' \end{matrix} \middle| \begin{matrix} (\lambda_1\,\mu_1) & (\lambda_2\,\mu_2) \\ \varepsilon_1''\Lambda_1'' & (\varepsilon_2''+1)\Lambda_2' \end{matrix} \right\rangle \left\langle \begin{matrix} (\lambda_2\,\mu_2) \\ (\varepsilon_2''+1)\Lambda_2' \end{matrix} \middle\| T_2 \middle\| \begin{matrix} (\lambda_2\,\mu_2) \\ \varepsilon_2''\Lambda_2'' \end{matrix} \right\rangle.$$

显然, 此式给出 SU(3) 的同位标量因子的递推关系, 再考虑同位标量因子的正交归一性, 即可确定 SU(3) 的同位标量因子.

例如, 对 $(\lambda_1,\mu_1)=(0,1)$ 和 $(\lambda_2,\mu_2)=(1,0)$, 其约化同位标量因子可如下确定: 已知对应于 $(\lambda_1,\mu_1)=(0,1)$, $(\varepsilon_1^m,\Lambda_1^m)=\left(\frac{1}{3},\frac{1}{2}\right)$, 对应于 $(\lambda_2,\mu_2)=(1,0)$, $(\varepsilon_2^m,\Lambda_2^m)=\left(\frac{2}{3},0\right)$, 并且 $(\lambda_1,\mu_1)\otimes(\lambda_2,\mu_2)\sim(\lambda,\mu)=(1,1)$, 相应的 $(\varepsilon^m,\Lambda^m)=\left(1,\frac{1}{2}\right)$, 于是

$$\sum_{\varepsilon_1,\Lambda_1,\varepsilon_2,\Lambda_2}=\left|\left\langle \begin{matrix} (0\,1) & (1\,0) \\ \varepsilon_1\Lambda_1 & \varepsilon_2\Lambda_2 \end{matrix} \middle| \begin{matrix} (1\,1) \\ 1\,\frac{1}{2} \end{matrix} \right\rangle\right|^2 = \left|\left\langle \begin{matrix} (0\,1) & (1\,0) \\ \frac{1}{3}\,\frac{1}{2} & \frac{2}{3}\,0 \end{matrix} \middle| \begin{matrix} (1\,1) \\ 1\,\frac{1}{2} \end{matrix} \right\rangle\right|^2 = 1.$$

取相因子保证对应最高权态的 CG 系数为正实数, 则有

$$\left\langle \begin{matrix} (0\,1) & (1\,0) \\ \frac{1}{3}\,\frac{1}{2} & \frac{2}{3}\,0 \end{matrix} \middle| \begin{matrix} (1\,1) \\ 1\,\frac{1}{2} \end{matrix} \right\rangle = \left\langle \begin{matrix} (1\,1) \\ 1\,\frac{1}{2} \end{matrix} \middle| \begin{matrix} (0\,1) & (1\,0) \\ \frac{1}{3}\,\frac{1}{2} & \frac{2}{3}\,0 \end{matrix} \right\rangle = 1.$$

由递推关系知

$$
\left\langle \begin{matrix} (1\,1) \\ 0\,1 \end{matrix} \middle| \begin{matrix} (0\,1) \\ \frac{1}{3}\,\frac{1}{2} \end{matrix} \quad \begin{matrix} (1\,0) \\ -\frac{1}{3}\,\frac{1}{2} \end{matrix} \right\rangle \left\langle \begin{matrix} (1\,1) \\ 1\,\frac{1}{2} \end{matrix} \middle\| T \middle\| \begin{matrix} (1\,1) \\ 0\,1 \end{matrix} \right\rangle
$$

$$
= \sum_{\Lambda_1'} (-1)^{\Lambda_1' + \frac{1}{2} + 1 + \frac{1}{2}} \sqrt{3(2\Lambda_1' + 1)} \left\{ \begin{matrix} \frac{1}{2} & \frac{1}{2} & \Lambda_1' \\ \frac{1}{2} & \frac{1}{2} & 1 \end{matrix} \right\} \left\langle \begin{matrix} (1\,1) \\ 1\,\frac{1}{2} \end{matrix} \middle| \begin{matrix} (0\,1) \\ \frac{4}{3}\,\Lambda_1' \end{matrix} \quad \begin{matrix} (1\,0) \\ -\frac{1}{3}\,\frac{1}{2} \end{matrix} \right\rangle
$$

$$
\times \left\langle \begin{matrix} (0\,1) \\ \frac{4}{3}\,\Lambda_1' \end{matrix} \middle\| T_1 \middle\| \begin{matrix} (0\,1) \\ \frac{1}{3}\,\frac{1}{2} \end{matrix} \right\rangle
$$

$$
+ \sum_{\Lambda_2'} (-1)^{\frac{1}{2} + \frac{1}{2} + \frac{1}{2} + \frac{1}{2}} \sqrt{3(2\lambda_2' + 1)} \left\{ \begin{matrix} \frac{1}{2} & \frac{1}{2} & \Lambda_2' \\ \frac{1}{2} & \frac{1}{2} & \frac{1}{2} \end{matrix} \right\} \left\langle \begin{matrix} (1\,1) \\ 1\,\frac{1}{2} \end{matrix} \middle| \begin{matrix} (0\,1) \\ \frac{1}{3}\,\frac{1}{2} \end{matrix} \quad \begin{matrix} (1\,0) \\ \frac{2}{3}\,\Lambda_2' \end{matrix} \right\rangle
$$

$$
\times \left\langle \begin{matrix} (1\,0) \\ \frac{2}{3}\,\Lambda_2' \end{matrix} \middle\| T_2 \middle\| \begin{matrix} (1\,0) \\ -\frac{1}{3}\,\frac{1}{2} \end{matrix} \right\rangle . \tag{5.53}
$$

因为

$$
\left\langle \begin{matrix} (0\,1) \\ \frac{4}{3}\,\Lambda_1' \end{matrix} \middle\| T_1 \middle\| \begin{matrix} (0\,1) \\ \frac{1}{3}\,\frac{1}{2} \end{matrix} \right\rangle = 0,
$$

$$
\left\langle \begin{matrix} (1\,1) \\ 1\,\frac{1}{2} \end{matrix} \middle| \begin{matrix} (0\,1) \\ \frac{1}{3}\,\frac{1}{2} \end{matrix} \quad \begin{matrix} (1\,0) \\ \frac{2}{3}\,0 \end{matrix} \right\rangle = 1,
$$

$$
\left\langle \begin{matrix} (1\,0) \\ \frac{2}{3}\,0 \end{matrix} \middle\| T_2 \middle\| \begin{matrix} (1\,0) \\ -\frac{1}{3}\,\frac{1}{2} \end{matrix} \right\rangle = \sqrt{2},
$$

则 (5.53) 式 $= \sqrt{3} \left\{ \begin{matrix} \frac{1}{2} & \frac{1}{2} & 0 \\ \frac{1}{2} & \frac{1}{2} & \frac{1}{2} \end{matrix} \right\} \times 1 \times \sqrt{2} = \sqrt{\frac{3}{2}}.$ 又因为

$$
\left\langle \begin{matrix} (1\,1) \\ 1\,\frac{1}{2} \end{matrix} \middle\| T \middle\| \begin{matrix} (1\,1) \\ (0\,1) \end{matrix} \right\rangle = \sqrt{\frac{3}{2}},
$$

所以

$$
\left\langle \begin{matrix} (1\,1) \\ 0\,1 \end{matrix} \middle| \begin{matrix} (0\,1) \\ \frac{1}{3}\,\frac{1}{2} \end{matrix} \quad \begin{matrix} (1\,0) \\ -\frac{1}{3}\,\frac{1}{2} \end{matrix} \right\rangle = 1.
$$

同理得 (详细计算见参考书 [11])[②]

$$\left\langle \begin{matrix} (1\ 1) \\ 0\ 0 \end{matrix} \middle| \begin{matrix} (0\ 1) \\ \dfrac{1}{3}\ \dfrac{1}{2} \end{matrix} \quad \begin{matrix} (1\ 0) \\ -\dfrac{1}{3}\ \dfrac{1}{2} \end{matrix} \right\rangle = -\sqrt{\dfrac{1}{3}},$$

$$\left\langle \begin{matrix} (1\ 1) \\ 0\ 0 \end{matrix} \middle| \begin{matrix} (0\ 1) \\ -\dfrac{2}{3}\ 0 \end{matrix} \quad \begin{matrix} (1\ 0) \\ \dfrac{2}{3}\ 0 \end{matrix} \right\rangle = \sqrt{\dfrac{2}{3}},$$

$$\left\langle \begin{matrix} (1\ 1) \\ -1\ \dfrac{1}{2} \end{matrix} \middle| \begin{matrix} (0\ 1) \\ -\dfrac{2}{3}\ 0 \end{matrix} \quad \begin{matrix} (1\ 0) \\ -\dfrac{1}{3}\ \dfrac{1}{2} \end{matrix} \right\rangle = 1,$$

$$\left\langle \begin{matrix} (0\ 0) \\ 0\ 0 \end{matrix} \middle| \begin{matrix} (0\ 1) \\ \dfrac{1}{3}\ \dfrac{1}{2} \end{matrix} \quad \begin{matrix} (1\ 0) \\ -\dfrac{1}{3}\ \dfrac{1}{2} \end{matrix} \right\rangle = \sqrt{\dfrac{2}{3}},$$

$$\left\langle \begin{matrix} (0\ 0) \\ 0\ 0 \end{matrix} \middle| \begin{matrix} (0\ 1) \\ -\dfrac{2}{3}\ 0 \end{matrix} \quad \begin{matrix} (1\ 0) \\ \dfrac{2}{3}\ 0 \end{matrix} \right\rangle = \sqrt{\dfrac{1}{3}}.$$

## 思考题与习题

1. 试根据典型李代数的结构及相应 Dynkin 图所示的性质, 给出确定典型李代数 $A_n, B_n, C_n$ 和 $D_n$ 的最大正规子代数的方案.

2. 试对 SP($2n$) 群 (sp($2n$) 李代数) 给出其 Gel'fand 基和 Gel'fand–Zetlin 图.

3. 试给出 SU(8) 的 $r = 8$ 的各不可约表示约化到 SO(8) 的不可约表示的分支律.

4. 试给出 SU(10) 的 $r = 8$ 的各不可约表示约化到 SP(10) 的不可约表示的分支律.

5. 试证明非负整数 $\xi$ 的 $\alpha$ 元划分 $P_{\alpha,\eta}(\xi)$ 的递推公式, 其中 $\eta$ 为划分的第一个数 $\xi_1$ 的上限.

6. 对 d 玻色子 ($l = 2$) 系统的全对称表示, 试总结归纳出有确定辛弱数的总角动量态的重复度的解析公式.

7. 对于 U($n$) 群的基础表示 $T^{m^p}$ (即有 $m^p = (\underbrace{1, 1, \cdots, 1}_{p\,个}, 0, \cdots, 0)$) 和任意一个表示 $T^m$ (即 $m = (m_1, m_2, \cdots, m_n)$), 试利用杨图相乘的方法证明它们的直积表示的约化可以表述为

---

[②]更具体的讨论和数值表见 De Swart J J. Rev. Mod. Phys., 1963, 35: 916 及参考书 [11].

$$T^{m^p} \otimes T^m = \sum_{\substack{\oplus \\ 1 \leqslant i_1 < i_2 < \cdots < i_p \leqslant \cdots \leqslant n}} T^{m'=(m_1 \cdots (m_{i_1}+1) \cdots (m_{i_p}+1) \cdots m_n)}.$$

8. 对于 O($n$) 群的基础表示 $T^{m^p}$ (即有 $m^p = (\underbrace{1,1,\cdots,1}_{p\,\uparrow},0,\cdots,0)$, $p \leqslant [n/2]$) 和任意一个表示 $T^m$ (即 $m = (m_1, m_2, \cdots, m_{[n/2]})$), 试利用杨图相乘的方法给出它们的直积表示的约化规则, 并总结归纳为解析表述形式.

9. 对于 SP($2n$) 群的基础表示 $T^{m^p}$ (即有 $m^p = (\underbrace{1,1,\cdots 1}_{p\,\uparrow},0,\cdots,0)$, $p \leqslant n$) 和任意一个表示 $T^m$ (即 $m = (m_1, m_2, \cdots, m_n)$), 试利用杨图相乘的方法给出它们的直积表示的约化规则, 并总结归纳为解析表述形式.

10. 试对 6 个 s 和 d 玻色子形成的系统给出其沿动力学对称性破缺群链 U(6) $\supset$ U(5) $\supset$ SO(5) $\supset$ SO(3) 的所有各态的量子数, 并对考虑单体和两体作用的情况画出可能的能谱示意图.

11. 试对 6 个 s 和 d 玻色子形成的系统给出其沿动力学对称性破缺群链 U(6) $\supset$ SO(6) $\supset$ SO(5) $\supset$ SO(3) 的所有各态的量子数, 并对考虑单体和两体作用的情况画出可能的能谱示意图.

12. 试给出 SO(4) 的 CG 系数.

13. 试证明对于 SU($N$) 的全反对称表示 $[1^n]$, SU($N$) $\supset$ SP($N$) 的 ISF 可以表述为

$$\left\langle \begin{matrix} [1] & [1^{n-1}] \\ (1) & (1^{\tau-1}) \end{matrix} \middle| \begin{matrix} [1^n] \\ (1^\tau) \end{matrix} \right\rangle = \sqrt{\frac{\tau(N-n-\tau+2)}{n(N-2\tau+2)}},$$

$$\left\langle \begin{matrix} [1] & [1^{n-1}] \\ (1) & (1^{\tau+1}) \end{matrix} \middle| \begin{matrix} [1^n] \\ (1^\tau) \end{matrix} \right\rangle = -\sqrt{\frac{(n-\tau)(N-\tau+2)}{n(N-2\tau+2)}}.$$

14. 试证明对于 SP($N$) 的全反对称表示 $[1^n]$, SP($N$) $\supset$ SO(3) 的 ISF 可以由下述递推公式

$$\left\langle \begin{matrix} (1) & (1^{\tau-1}) \\ j & \alpha_1\ J_1 \end{matrix} \middle| \begin{matrix} (1^\tau) \\ (\alpha_1'\ J_1')\ J \end{matrix} \right\rangle = \frac{P(\tau\ [\alpha_1'\ J_1']\ \alpha_1\ J_1\ J)}{\sqrt{\tau\ P(\tau\ [\alpha_1'\ J_1']\ \alpha_1'\ J_1'\ J)}}$$

确定, 其中

$$P(\tau\ [\alpha_1'\ J_1']\ \alpha_1\ J_1\ J)$$

$$= \delta_{\alpha_1'\alpha_1}\delta_{J_1'J_1} + (-1)^{J_1+J_1'}(\tau-1)\sqrt{(2J_1+1)(2J_1'+1)} \sum_{\alpha_2,J_2}\left[\begin{Bmatrix} j & J_2 & J_1' \\ j & J & J_1 \end{Bmatrix}\right.$$

$$\left. + \frac{2\delta_{J\,J_2}(-)^\tau}{(2J+1)(N-2\tau+4)}\right]\left\langle \begin{matrix} (1) & (1^{\tau-2}) \\ j & \alpha_2\ J_2 \end{matrix} \middle| \begin{matrix} (1^{(\tau-1)}) \\ \alpha_1\ J_1 \end{matrix} \right\rangle \left\langle \begin{matrix} (1) & (1^{\tau-2}) \\ j & \alpha_2\ J_2 \end{matrix} \middle| \begin{matrix} (1^{(\tau-1)}) \\ \alpha_1'\ J_1' \end{matrix} \right\rangle,$$

其初值为

$$\left\langle \begin{matrix} (1) & (1) \\ j & j \end{matrix} \middle| \begin{matrix} (1^2) \\ J \end{matrix} \right\rangle = 1 \; (\text{其中} J = 0, 2, \cdots, 2j - 1).$$

15. 对 SU(3) 的 $(1,0) \otimes (1,0)$ 表示, 试给出其 CG 系数和 ISF.

16. 对 SU(3) 的 $(2,0) \otimes (1,0)$ 表示, 试给出其 CG 系数和 ISF.

# 第六章　时空对称性及其在粒子和场的性质研究中的应用导引

## §6.1　Lorentz 群的结构与分类

### 6.1.1　齐次 Lorentz 群的概念及其代数结构

回顾第一章关于典型矩阵群的讨论知, 对于有号差的度规

$$G = \begin{pmatrix} 1 & 0 & 0 & 0 \\ 0 & 1 & 0 & 0 \\ 0 & 0 & 1 & 0 \\ 0 & 0 & 0 & -1 \end{pmatrix}, \tag{6.1}$$

所有满足变换 $\Lambda^{t} G \Lambda = G$ 的 $4 \times 4$ 实矩阵 $\Lambda$ 的集合构成赝正交群 O(3,1). 它显然满足群公理, 尤其有性质:

(1) $\forall \Lambda \in \mathrm{O}(3,1)$, $\Lambda^{-1} = G \Lambda^{t} G \in \mathrm{O}(3,1)$;

(2) 如果 $\Lambda \in \mathrm{O}(3,1)$, 则 $-\Lambda$ 和 $\Lambda^{t} = G^{-1} \Lambda^{-1} G^{-1}$ 都属于 O(3,1).

并且, 对于两个四维实列向量 $x = (x_1, x_2, x_3, x_4)^{t}$ 和 $y = (y_1, y_2, y_3, y_4)^{t}$, 如果 $y = \Lambda x$, $\Lambda \in \mathrm{O}(3,1)$, 则有

$$y_1^2 + y_2^2 + y_3^2 - y_4^2 = y^{t} G y = (\Lambda x)^{t} G (\Lambda x) = x^{t} (\Lambda^{t} G \Lambda) x = x^{t} G x.$$

这些性质表明, O(3,1) 是一个李代数为 $\mathrm{so}(3,1) = \{\mathcal{A} : \mathcal{A}^{t} = -G \mathcal{A} G\}$ 的线性李群.

根据李代数的矩阵实现方式, $\mathrm{so}(3,1)$ 的任意一个元素都可以表述为

$$\mathcal{A} = \begin{pmatrix} 0 & -\alpha_3 & \alpha_2 & \beta_1 \\ \alpha_3 & 0 & -\alpha_1 & \beta_2 \\ -\alpha_2 & \alpha_1 & 0 & \beta_3 \\ \beta_1 & \beta_2 & \beta_3 & 0 \end{pmatrix}, \tag{6.2}$$

其中 $\alpha_i, \beta_i$ 为任意实数. 因此, $\mathrm{so}(3,1)$ 是 6 维李代数, O(3,1) 是 6 参数李群. 指数映射 $\mathcal{A} \to \exp \mathcal{A}$ 把 $\mathrm{so}(3,1)$ 一一映射到 O(3,1) 的单位元的一个邻域内.

考察前述的度规矩阵 $G$ 的表述形式知, 它为四维 Minkowski 空间的度规矩阵. 我们知道, 保持 Minkowski 空间度规不变性的变换是 Lorentz 变换. 按照一般的变

换群的定义, Lorentz 变换矩阵的集合构成 Lorentz 群. 因此, 上述赝正交群 O(3,1) 即齐次 Lorentz 群 L(4).

再根据李代数的矩阵实现方式我们知道, $\alpha_i = 1$ 且其他参数为零的矩阵 $\mathcal{L}_i$ ($i = 1,2,3$) 以及 $\beta_i = 1$ 且其他参数为零的矩阵 $\mathcal{B}_i$ ($i = 1,2,3$) 可以作为李代数 so(3,1) 的一个基底, 它们满足变换 (代数) 关系

$$[\mathcal{L}_i, \mathcal{L}_j] = \sum_k \varepsilon_{ijk}\mathcal{L}_k\,, \qquad [\mathcal{L}_i, \mathcal{B}_j] = \sum_k \varepsilon_{ijk}\mathcal{B}_k\,, \qquad [\mathcal{B}_i, \mathcal{B}_j] = -\sum_k \varepsilon_{ijk}\mathcal{L}_k\,, \quad (6.3)$$

其中 $1 \leqslant i,j \leqslant 3$, 并且 $\varepsilon_{ijk}$ 是 $\varepsilon_{123} = +1$ 的反对称张量.

上述变换 (代数) 关系表明, $\{\mathcal{L}_1, \mathcal{L}_2, \mathcal{L}_3\}$ 构成 so(3,1) 的一个子代数的基底, 该子代数同构于 so(3). 并且, 矩阵

$$M = \begin{pmatrix} & & & 0 \\ & R & & 0 \\ & & & 0 \\ 0 & 0 & 0 & 1 \end{pmatrix}, \qquad R \in O(3) \tag{6.4}$$

构成 L(4) 的一个李子群, 它同构于 O(3). 通常, 人们把这个子群与 O(3) 等同起来, 与其对应的子代数由矩阵 $\{\mathcal{L}_i \mid i = 1,2,3\}$ 生成.

由第一章关于李群和李代数的紧致性的讨论知, 单参数子群 $\exp[\varphi\mathcal{L}_i]$ 都属于 SO(3,1). 另一方面, 通过具体计算知,

$$\exp[b\,\mathcal{B}_3] = \begin{pmatrix} 1 & 0 & 0 & 0 \\ 0 & 1 & 0 & 0 \\ 0 & 0 & \cosh b & \sinh b \\ 0 & 0 & \sinh b & \cosh b \end{pmatrix} \in \mathrm{L}(4), \tag{6.5}$$

并且对于 $\mathcal{B}_1$ 和 $\mathcal{B}_2$ 也有类似的结果. 因为 (6.5) 式中的一些矩阵元是无界的, 所以 L(4) 群是非紧致群.

我们还知道, 将 SO(3) 群的生成元 (so(3) 李代数的元素) 表述为复数形式 (复数化) 可以保证它的厄米性, 从而有利于与物理相关的讨论. 对 L(4) 群, 我们将之复数化, 其基矢可以由前述基矢表述为

$$\begin{aligned} \mathcal{L}^\pm &= \pm\mathcal{L}_2 + \mathrm{i}\mathcal{L}_1\,, & \mathcal{L}^3 &= -\mathrm{i}\mathcal{L}_3\,, \\ \mathcal{B}^\pm &= \pm\mathcal{B}_2 + \mathrm{i}\mathcal{B}_1\,, & \mathcal{B}^3 &= -\mathrm{i}\mathcal{B}_3\,. \end{aligned} \tag{6.6}$$

其代数 (交换) 关系为

$$[\mathcal{L}^+, \mathcal{L}^-] = 2\mathcal{L}^3, \qquad [\mathcal{L}^3, \mathcal{L}^\pm] = \pm\mathcal{L}^\pm,$$

$$[\mathcal{B}^+, \mathcal{B}^-] = -2\mathcal{L}^3, \qquad [\mathcal{B}^3, \mathcal{B}^\pm] = \mp\mathcal{L}^\pm,$$

$$[\mathcal{L}^3, \mathcal{B}^\pm] = \pm\mathcal{B}^\pm, \qquad [\mathcal{L}^+, \mathcal{B}^3] = -\mathcal{B}^+, \qquad (6.7)$$

$$[\mathcal{L}^-, \mathcal{B}^3] = \mathcal{B}^-, \qquad [\mathcal{L}^+, \mathcal{B}^-] = [\mathcal{B}^+, \mathcal{L}^-] = 2\mathcal{B}^3,$$

$$[\mathcal{L}^+, \mathcal{B}^+] = [\mathcal{L}^-, \mathcal{B}^-] = [\mathcal{L}^3, \mathcal{B}^3] = 0.$$

由此易知, $\{\mathcal{L}^\pm, \mathcal{L}^3\}$ 构成该复数化的李代数的子代数 sl(2) 的一个基底.

并且, 选取

$$\mathcal{C}^\pm = \frac{1}{2}(\mathcal{L}^\pm + \mathrm{i}\mathcal{B}^\pm), \qquad \mathcal{C}^3 = \frac{1}{2}(\mathcal{L}^3 + \mathrm{i}\mathcal{B}^3),$$

$$\mathcal{D}^\pm = \frac{1}{2}(\mathcal{L}^\pm - \mathrm{i}\mathcal{B}^\pm), \qquad \mathcal{D}^3 = \frac{1}{2}(\mathcal{L}^3 - \mathrm{i}\mathcal{B}^3), \qquad (6.8)$$

可以得到第三组基底, 它们的代数关系为

$$[\mathcal{C}^3, \mathcal{C}^\pm] = \pm\mathcal{C}^\pm, \qquad [\mathcal{C}^+, \mathcal{C}^-] = 2\mathcal{C}^3,$$

$$[\mathcal{D}^3, \mathcal{D}^\pm] = \pm\mathcal{D}^\pm, \qquad [\mathcal{D}^+, \mathcal{D}^-] = 2\mathcal{D}^3, \qquad [\mathcal{C}, \mathcal{D}] = 0. \qquad (6.9)$$

这表明, 任意一个这样定义的矩阵 $\mathcal{C}$ 与任意一个这样定义的矩阵 $\mathcal{D}$ 都可交换. 并且, 对此复数化的李代数 $\mathrm{so}(3,1)^c$, 我们有 $\mathrm{so}(3,1)^c \cong \mathrm{sl}(2,\mathbb{C}) \oplus \mathrm{sl}(2,\mathbb{C})$.

### 6.1.2　齐次 Lorentz 群的分类

对前述的齐次 Lorentz 群 L(4), 我们知道, 如果 $\Lambda \in \mathrm{L}(4)$, 则 $\Lambda^\mathrm{t} G \Lambda = G$. 对之取行列式, 我们得到 $(\det\Lambda)^2 = 1$, 于是有 $\det\Lambda = \pm 1$. 因为 (单位元) $E \in \mathrm{L}(4)$, $G \in \mathrm{L}(4)$, 且 $\det E = -\det G = 1$, 所以 $\pm$ 号都是可能的.

考察各个分量, 我们知道, 只要

$$\sum_{h=1}^{4} \Lambda^\mathrm{t}_{ih} G_{hh} \Lambda_{hj} = G_{ij}, \qquad 1 \leqslant i, j \leqslant 4,$$

就有 $\Lambda = \{\Lambda_{ik}\} \in \mathrm{L}(4)$. 对 $i = j = 4$, 由 $G$ 的具体表达式知, 上式即

$$\sum_{h=1}^{3} \Lambda_{h4}^2 - \Lambda_{44}^2 = \sum_{h=1}^{3} \Lambda_{4h}^2 - \Lambda_{44}^2 = -1. \qquad (6.10)$$

由此易知, $|\Lambda_{44}| \geqslant 1$, 亦即应有 $\Lambda_{44} \geqslant 1$ 或 $\Lambda_{44} \leqslant -1$. 如果 $\Lambda_{44} \geqslant 1$, 则称 $\Lambda$ 是前向类时的, 否则称 $\Lambda$ 是后向类时的. 由于 $E$ 是前向类时的, 而 $G$ 是后向类时的, 因此

这两种情况都会出现. 显然, 前向类时矩阵形成 L(4) 的一个子群. 由 $|\Lambda_{44}| \geqslant 1$ 亦知, 齐次 Lorentz 变换矩阵的一些矩阵元是无界的, 从而 Lorentz 群是非紧致的.

并且, 如果 $\Lambda$ 和 $\Lambda'$ 都是前向类时的, 则

$$\left| \sum_j \Lambda_{4j} \Lambda'_{j4} \right| \leqslant \left( \sum_j \Lambda_{4j}^2 \sum_{j'} \Lambda'^2_{j'4} \right)^{1/2} \leqslant \left[ (\Lambda_{44}^2 - 1)(\Lambda'^2_{44} - 1) \right]^{1/2} \leqslant \Lambda_{44} \Lambda'_{44},$$

于是有

$$(\Lambda\Lambda')_{44} = \sum_{j=1}^{3} \Lambda_{4j} \Lambda'_{j4} + \Lambda_{44} \Lambda'_{44} > 0.$$

同理, 容易验证一个前向类时变换的逆也是前向类时的.

考虑这些关系, 人们通常把 L(4) 分为四个分支:

$$\begin{aligned}
&\mathrm{L}^{\uparrow+}: \quad \Lambda_{44} \geqslant +1, \quad \det\Lambda = +1; \\
&\mathrm{L}^{\uparrow-}: \quad \Lambda_{44} \geqslant +1, \quad \det\Lambda = -1; \\
&\mathrm{L}^{\downarrow+}: \quad \Lambda_{44} \leqslant -1, \quad \det\Lambda = +1; \\
&\mathrm{L}^{\downarrow-}: \quad \Lambda_{44} \leqslant -1, \quad \det\Lambda = -1.
\end{aligned} \tag{6.11}$$

显然, L(4) 的每一个元素只位于一个分支之中. 可以证明, 在 L(4) 中没有一条解析曲线能够连接两个不同的分支, 也就是说, 这些分支是互不连通的. 分支 $\mathrm{L}^{\uparrow+}$ 自身形成一个群, 常称为正常 Lorentz 群. $\mathrm{L}^{\uparrow+}$ 显然是含有 L(4) 的单位元的连通分支. 并且, 由定义易知, 如果 $\Lambda \in \mathrm{L}^{\uparrow+}$, 且 $\Lambda_{44} = +1$, 则 $\Lambda \in \mathrm{SO}(3)$.

### 6.1.3 正常 Lorentz 群的性质及构成

#### 1. 正常 Lorentz 群的四个分支间的关系及一些元素的直观物理意义

我们已经知道, 根据 Lorentz 群 L(4) 的元素 $\Lambda$ 的行列式的取值和 $\Lambda_{44}$ 的取值, L(4) 有四个互不连通的分支, 分别记为 $\mathrm{L}^{\uparrow+}, \mathrm{L}^{\uparrow-}, \mathrm{L}^{\downarrow+}, \mathrm{L}^{\downarrow-}$. 这里对这四个分支间的关系及一些元素的直观意义予以简单讨论, 6.3.1 节将对其物理意义予以讨论.

对于 L(4) 的四个分支, 我们有下述定理.

**定理 6.1** 记 $\Lambda_P = \mathrm{diag}\{-1, -1, -1, 1\}$, $\Lambda_T = \mathrm{diag}\{1, 1, 1, -1\}$, $\Lambda_{PT} = \Lambda_P \Lambda_T = -E$, 则有:

(1) $\mathrm{L}^{\uparrow-} = \Lambda_P \mathrm{L}^{\uparrow+} = \mathrm{L}^{\uparrow+} \Lambda_P$;

(2) $\mathrm{L}^{\downarrow+} = \Lambda_{PT} \mathrm{L}^{\uparrow+}$;

(3) $\mathrm{L}^{\downarrow-} = \Lambda_T \mathrm{L}^{\uparrow+} = \mathrm{L}^{\uparrow+} \Lambda_T$.

**证明** 由定义易知, $\Lambda_P = -G \in \mathrm{L}^{\uparrow-}$. 如果 $\Lambda \in \mathrm{L}^{\uparrow+}$, 则有

$$\det[\Lambda_P \Lambda] = \det[\Lambda \Lambda_P] = \det\Lambda \det\Lambda_P = -1,$$

并且

$$(\Lambda_P\Lambda)_{44} = (\Lambda\Lambda_P)_{44} = \Lambda_{44} \geqslant 1,$$

所以

$$\Lambda_P\Lambda \in \mathrm{L}^{\uparrow-}, \qquad \Lambda\Lambda_P \in \mathrm{L}^{\uparrow-},$$

亦即有

$$\mathrm{L}^{\uparrow-} \supseteq \Lambda_P\mathrm{L}^{\uparrow+}, \qquad \mathrm{L}^{\uparrow-} \supseteq \mathrm{L}^{\uparrow+}\Lambda_P.$$

反之, 如果 $\Lambda \in \mathrm{L}^{\uparrow-}$, 则

$$\Lambda_P\Lambda \in \mathrm{L}^{\uparrow+}, \qquad \Lambda\Lambda_P \in \mathrm{L}^{\uparrow+}.$$

记 $\Lambda_P\Lambda = \Lambda_1$, $\Lambda\Lambda_P = \Lambda_2$, 考虑关系 $\Lambda_P^2 = E$, 则得

$$\Lambda = \Lambda_P\Lambda_1 = \Lambda_2\Lambda_P.$$

因此,

$$\mathrm{L}^{\uparrow-} = \Lambda_P\mathrm{L}^{\uparrow+} = \mathrm{L}^{\uparrow+}\Lambda_P,$$

即有 (1) 所述的结论.

同理可证 (2) 和 (3) 也成立.

由其定义和子群结构知, 这里的 $\Lambda_P$ 对应空间反演 (变换) 算符, $\Lambda_T$ 对应时间反演 (变换) 算符, $\Lambda_{PT}$ 则为全反演 (变换) 算符.

从定理 6.1 可知, 由正常 Lorentz 群的参数化即可直接得到整个群的参数化, 于是, 人们可以只选 6 个独立的矩阵元来作为 $\mathrm{L}^{\uparrow+}$ 的局部坐标.

**2. 正常 Lorentz 群的一些元素间的关系**

正常 Lorentz 群的元素之间除了满足通常的代数结构决定的关系外, 其中的一些元素还具有更直观的关系. 该关系可以表述为下述定理.

**定理 6.2** 对 $\Lambda \in \mathrm{L}^{\uparrow+}$ 和 $\Lambda' \in \mathrm{L}^{\uparrow+}$, 假定 $\Lambda e = \Lambda' e$, 其中 $e$ 为 $e^{\mathrm{t}} = (0,0,0,1)$ 的列矩阵 (四维列向量), 那么存在唯一的 $R \in \mathrm{SO}(3)$, 使得 $\Lambda = \Lambda' R$. 反之, 如果 $\Lambda' \in \mathrm{L}^{\uparrow+}$, $R \in \mathrm{SO}(3)$, 并有 $\Lambda = \Lambda' R$, 那么 $\Lambda e = \Lambda' e$.

**证明** 假设对 $\Lambda \in \mathrm{L}^{\uparrow+}$ 和 $\Lambda' \in \mathrm{L}^{\uparrow+}$, 有 $\Lambda e = \Lambda' e$, 对

$$R = (\Lambda')^{-1}\Lambda \in \mathrm{L}^{\uparrow+},$$

则有

$$Re = e.$$

由此知, 对于 $1 \leqslant k \leqslant 3$, $R_{k4} = 0$, 并且 $R_{44} = 1$. 由前述的代数结构 ((6.4) 式及相关内容) 知, $R \in \mathrm{SO}(3)$.

反之, 如果 $\Lambda' \in \mathrm{L}^{\uparrow+}$、$R \in \mathrm{SO}(3)$, 则 $Re = e$ 和 $\Lambda' Re = \Lambda' e$, 即有

$$\Lambda e = \Lambda' e.$$

### 3. 正常 Lorentz 群的元素的一般表述

由基本理论部分的讨论知, 对于李代数, 我们除了关心其抽象的李乘积关系外, 还关心其具体的实现形式. 关于正常 Lorentz 群, 其元素的实现可以一般地表述为下述定理.

**定理 6.3** 如果 $R_1 \in \mathrm{SO}(3)$, $R_2 \in \mathrm{SO}(3)$, 则每一个 $\Lambda \in \mathrm{L}^{\uparrow+}$ 都能够表述为 $\Lambda = R_1(\exp[b\mathcal{B}_3])R_2$, 其中 $\mathcal{B}_3$ 为 $\mathrm{SO}(3,1)$ 李代数的基底中的元素, $b$ 为实参数.

**证明** 由定义知, 形如 $R_1(\exp[b\mathcal{B}_3])R_2$ 的所有元素都位于 $\mathrm{L}^{\uparrow+}$ 中. 但需要证明这样的元素的集合充满了 $\mathrm{L}^{\uparrow+}$, 从而说明每一个 $\Lambda \in \mathrm{L}^{\uparrow+}$ 都可以这样表述.

假定 $\Lambda \in \mathrm{L}^{\uparrow+}$, 对仅第 4 分量为 1, 其他分量都为 0 的列向量 $e$, 有

$$\Lambda e = \Lambda \begin{pmatrix} 0 \\ 0 \\ 0 \\ 1 \end{pmatrix} = \begin{pmatrix} \Lambda_{14} \\ \Lambda_{24} \\ \Lambda_{34} \\ \Lambda_{44} \end{pmatrix}, \qquad \text{其中 } \Lambda_{44} \geqslant 1.$$

如果 $\Lambda_{44} = 1$, 则 $\Lambda \in \mathrm{SO}(3)$. 对于 $b = 0$, 显然有本定理成立.

如果 $\Lambda_{44} > 1$, 则

$$\Lambda_{14}^2 + \Lambda_{24}^2 + \Lambda_{34}^2 = \Lambda_{44}^2 - 1 = r^2 > 0.$$

记 $r$ 为实数, 且 $r > 0$, 因为 $\Lambda_{44}^2 - r^2 = 1$, 则上式表明, 存在唯一的 $b > 0$, 使得 $r = \sinh b$ 或 $r = \cosh b$. 事实上, $b = \ln[\Lambda_{44} + (\Lambda_{44}^2 - 1)^{1/2}]$. 于是有

$$(\exp[b\mathcal{B}_3])e = \begin{pmatrix} 0 \\ 0 \\ r \\ \Lambda_{44} \end{pmatrix},$$

从而存在一组球坐标 $\{r, \theta_1, \varphi_1\}$, 使得

$$\Lambda_{14} = r \sin\theta_1 \cos\varphi_1, \qquad \Lambda_{24} = r \sin\theta_1 \sin\varphi_1, \qquad \Lambda_{34} = r \cos\theta_1.$$

由 SO(3) 群的直积表示的约化规则 (简单来讲, 即角动量耦合的 CG 系数) 知, 矩阵 $R_1 = R(\varphi_1 + \pi/2, \theta_1, 0)$ (欧拉参数) 满足

$$R_1 \begin{pmatrix} 0 \\ 0 \\ r \\ \Lambda_{44} \end{pmatrix} = \begin{pmatrix} \Lambda_{14} \\ \Lambda_{24} \\ \Lambda_{34} \\ \Lambda_{44} \end{pmatrix}.$$

显然, $R_1 \exp[b\mathcal{B}_3] \in \mathrm{L}^{\uparrow+}$, 并且 $R_1(\exp[b\mathcal{B}_3])e = \Lambda e$. 由定理 6.2 则知, 存在唯一的 $R_2 \in \mathrm{SO}(3)$, 使得 $\Lambda = R_1(\exp[b\mathcal{B}_3])R_2$.

定理 6.3 表明, 如果 $\Lambda \notin \mathrm{SO}(3)$, 则上述因子分解是唯一的. 如果 $R_2$ 的欧拉参数为 $\{\varphi_2, \theta_2, \psi_2\}$, 则有

$$\Lambda = R_1\left(\varphi_1 + \frac{1}{2}\pi, \theta_1, 0\right)(\exp[b\mathcal{B}_3])R_2(\varphi_2, \theta_2, \psi_2), \tag{6.12}$$

其中的 6 个参数 $\{\varphi_1, \theta_1, b, \varphi_2, \theta_2, \psi_2\}$ 可以作为 $\Lambda$ 的坐标. 需要注意的是, 在 $\theta_1, \theta_2 = 0, \pi$ 情况下, 这些坐标不是一一对应的.

同理, 如果 $\Lambda \in \mathrm{SO}(3)$, 则 $b = 0$, 从而仅乘积 $R_1 R_2$ 被规定, 而不是各个因子都被规定. 然而, 坐标不一一对应的那些点形成群上的一个较低维数的流形, 因而对不变测度并没有影响.

从上式可以看到, 任意 $\Lambda \in \mathrm{L}^{\uparrow+}$ 都可以由一条完全位于 $\mathrm{L}^{\uparrow+}$ 中的解析曲线与单位元连接起来. 事实上, 人们可以选取曲线 $\{t\varphi_1, \cdots, t\varphi_{2n}\}$ (其中 $0 \leqslant t \leqslant 1$). 因此, $\mathrm{L}^{\uparrow+}$ 与包含 L(4) 的单位元的连通分支一致. 这就是说, L(4) 由四个连通分支组成, 李代数 so(3) 仅给出了关于 $\mathrm{L}^{\uparrow+}$ 的情况. 为了研究其他三个各自连通的分支, 需要利用定理 6.1.

### 4. $\mathrm{L}^{\uparrow+}$ 与 SL(2) 的关系及其覆盖性

第一章中我们已讨论过, SU(2) 是 SO(3) 的一个二重覆盖群. 在 SL(2) 与 $\mathrm{L}^{\uparrow+}$ 之间也有类似的关系. 事实上, 作为一个 6 维实李代数, sl(2) 同构于 so(3,1). 因此, 实李群 SL(2) 和 $\mathrm{L}^{\uparrow+}$ 局部同构. 为了更清楚地说明这一点, 我们考察原始定义: sl(2) 由所有 $2 \times 2$ 的零迹复矩阵

$$\mathcal{U} = \begin{pmatrix} z_1 & z_2 \\ z_3 & -z_1 \end{pmatrix}, \qquad z_j \in \mathbb{C}$$

构成. 记 $z_j = x_j + \mathrm{i}y_j$, 则得到实数域上的一个 6 维李代数. 取

$$\mathcal{J}_1 = \begin{pmatrix} 0 & \dfrac{1}{2} \\ \dfrac{1}{2} & 0 \end{pmatrix}, \qquad \mathcal{J}_2 = \begin{pmatrix} 0 & -\dfrac{1}{2} \\ \dfrac{1}{2} & 0 \end{pmatrix}, \qquad \mathcal{J}_3 = \begin{pmatrix} \dfrac{\mathrm{i}}{2} & 0 \\ 0 & -\dfrac{\mathrm{i}}{2} \end{pmatrix} \tag{6.13}$$

和

$$\mathcal{F}_1 = \begin{pmatrix} 0 & \dfrac{\mathrm{i}}{2} \\ \dfrac{\mathrm{i}}{2} & 0 \end{pmatrix}, \qquad \mathcal{F}_2 = \begin{pmatrix} 0 & -\dfrac{\mathrm{i}}{2} \\ \dfrac{\mathrm{i}}{2} & 0 \end{pmatrix}, \qquad \mathcal{F}_3 = \begin{pmatrix} -\dfrac{1}{2} & 0 \\ 0 & \dfrac{1}{2} \end{pmatrix} \qquad (6.14)$$

作为 sl(2) 的基底, 容易验证这些矩阵满足 so(3,1) 的代数关系 ($\mathcal{J}_i = \mathcal{L}_i$, $\mathcal{F}_i = \mathcal{B}_i$).

为了更清楚地展示出 SL(2) 与 L$^{\uparrow+}$ 间的整体关系, 我们考察由所有 $2 \times 2$ 反厄米矩阵 $\mathcal{S} = -\mathcal{S}^\dagger$ 构成的四维空间 $S$.

由于每一个这样的矩阵都可以表述为

$$\mathcal{S} = \begin{pmatrix} \mathrm{i}(x_4 - x_3) & -x_2 + \mathrm{i}x_1 \\ x_2 + \mathrm{i}x_1 & \mathrm{i}(x_4 + x_3) \end{pmatrix}, \qquad \text{其中 } x_j \in \mathbb{R}, \qquad (6.15)$$

并且这些矩阵构成 u(2) 李代数, 因而映射

$$\mathcal{S} \to \mathcal{R} = A\mathcal{S}A^\dagger, \qquad A = \begin{pmatrix} a & b \\ c & d \end{pmatrix} \in \mathrm{SL}(2) \qquad (6.16)$$

是 SL(2) 在空间 $S$ 上的一个表现. 具体地, 即 $\mathcal{K}^\dagger = A\mathcal{S}^\dagger A^\dagger = -A\mathcal{S}A^\dagger = -\mathcal{K}$, 则 $\mathcal{K} \in \mathcal{S}$, 并且该映射是同态映射.

因为

$$\det\mathcal{K} = \det(A\mathcal{S}A^\dagger) = \det\mathcal{S},$$

则 $\mathcal{K}$ 可以表述为

$$\mathcal{K} = \begin{pmatrix} \mathrm{i}(y_4 - y_3) & -y_2 + \mathrm{i}y_1 \\ y_2 + \mathrm{i}y_1 & \mathrm{i}(y_4 + y_3) \end{pmatrix}, \qquad (6.17)$$

进而有

$$y_1^2 + y_2^2 + y_3^2 - y_4^2 = \det\mathcal{K} = \det\mathcal{S} = x_1^2 + x_2^2 + x_3^2 - x_4^2. \qquad (6.18)$$

由上述变换的定义式知, $y_j$ 是 $x_k$ 的线性组合:

$$y_j = \sum_{k=1}^{4} L(A)_{jk} x_k, \qquad 1 \leqslant j \leqslant 4, \qquad (6.19)$$

其中 $L(A) \in \mathrm{L}(4)$. 并且, 因为前述变换的定义实际上定义了 SL(2) 的一个表示, 则其具有群的性质 (例如, 对于 $A \in \mathrm{SL}(2), B \in \mathrm{SL}(2)$, 有 $L(AB) = L(A)L(B)$ 等等). 物理上, 人们称荷载了满足上述变换关系的坐标 $\{x_i \mid i = 1,2,3,4\}, \{y_i \mid i = 1,2,3,4\}$ 的坐标系 $\mathcal{I}, \mathcal{I}'$ 为惯性系.

上述讨论还表明, 对变换 $A$ 的参数而言, 映射 $A \to L(A)$ 是连续的, 由于 SL(2) 是连通的, 则 $L(A)$ 必定在 L(4) 的包含单位元的连通分支 L$^{\uparrow+}$ 中. 总之, 在

SL(2) 到 $L^{\uparrow+}$ 中存在一个实解析同态 $A \to L(A)$. 这个同态的核是 $\{\pm E_2\}$, 因此有 $L(A) = L(-A)$, 而且 SL(2) 的两个元素是此同态的值域内的一个元素.

下面具体考察 $L(\exp[b\mathcal{F}_3])$, 其中 $\mathcal{F}_3 \in \mathrm{sl}(2)$ 由 (6.14) 式定义. 由于

$$\exp[b\mathcal{F}_3] = \begin{pmatrix} \mathrm{e}^{-\frac{b}{2}} & 0 \\ 0 & \mathrm{e}^{\frac{b}{2}} \end{pmatrix},$$

$$\begin{pmatrix} \mathrm{e}^{-\frac{b}{2}} & 0 \\ 0 & \mathrm{e}^{\frac{b}{2}} \end{pmatrix} \begin{pmatrix} \mathrm{i}(x_4 - x_3) & -x_2 + \mathrm{i}x_1 \\ x_2 + \mathrm{i}x_1 & \mathrm{i}(x_4 + x_3) \end{pmatrix} \begin{pmatrix} \mathrm{e}^{-\frac{b}{2}} & 0 \\ 0 & \mathrm{e}^{\frac{b}{2}} \end{pmatrix} = \begin{pmatrix} \mathrm{i}(y_4 - y_3) & -y_2 + \mathrm{i}y_1 \\ y_2 + \mathrm{i}y_1 & \mathrm{i}(y_4 + y_3) \end{pmatrix},$$

其中 $y_1 = x_1$, $y_2 = x_2$, $y_3 = x_3 \cosh b + x_4 \sinh b$, $y_4 = x_3 \sinh b + x_4 \cosh b$, 由此知, $L(\exp[b\mathcal{F}_3])$ 即前述的 $\exp[b\mathcal{B}_3]$.

假定 $\Lambda \in L^{\uparrow+}$, 并且 $A_1 = A\left(\varphi_1 + \dfrac{\pi}{2}, \theta_1, 0\right)$ 和 $A_2 = A(\varphi_2, \theta_2, \psi_2)$ 是 SU(2) 的由欧拉角表示的元素, 由群的性质知

$$L\big(A_1(\exp[b\mathcal{F}_3])A_2\big) = L(A_1)\, L(\exp[b\mathcal{F}_3])\, L(A_2) = R_1(\exp[b\mathcal{B}_3])R_2 = \Lambda,$$

所以映射 $A \to L(A)$ 覆盖了 $L^{\uparrow+}$.

当然, 也可用参数 $\{\varphi_1, \theta_1, b, \varphi_2, \theta_2, \psi_2\}$ 作为 SL(2) 的坐标, 其中

$$0 \leqslant \varphi_1, \varphi_2 \leqslant 2\pi, \quad 0 \leqslant \theta_1, \theta_2 \leqslant 2\pi, \quad b \geqslant 0, \quad -2\pi < \psi_2 < 2\pi.$$

$-A$ 的参数除了 $\psi_2 \to \psi_2 \pm 2\pi$ 外, 都与 $A$ 的相同. 也就是说, 在 $L^{\uparrow+}$ 上, 除了 $\psi_2$ 被限制在 $0 \leqslant \psi_2 < 2\pi$ 外, 参数的取值范围是相同的.

因为这个群同态是局部 1 对 1 的, 它诱导出一个 $\mathrm{sl}(2)$ 到 $\mathrm{so}(3,1)$ 上的李代数同构映射. 容易验证:

$$L(\mathcal{J}_j) = \mathcal{J}_j, \qquad L(\mathcal{F}_j) = \mathcal{B}_j \qquad (1 \leqslant j \leqslant 3).$$

所以 SL(2) 不仅与 $L^{\uparrow+}$ 局部同构, 而且与 SO(3,1) 局部同构.

### 6.1.4　Poincaré 群与非齐次 3+1 维特殊正交群

如果 (6.19) 式所示的坐标变换修改为

$$x'_j = \sum_{k=1}^{4} \Lambda_{jk} x_k + a_j, \qquad j = 1, 2, 3, 4, \tag{6.20}$$

其中 $\Lambda \in L(4)$, 而 $a = (a_1, a_2, a_3, a_4)$ 是一个实四重数, 则对由 $x$ 到 $x'$ 再到 $x''$ 的两步变换, 有

$$x''_l = \sum_s \Lambda'_{ls} x'_s + a'_l = \sum_k \left( \sum_s \Lambda'_{ls} \Lambda_{sk} \right) x_k + \sum_s \Lambda'_{ls} a_s + a'_l,$$

其中 $\Lambda, \Lambda', \Lambda'' \in \mathrm{L}(4)$. 与由 $x$ 直接到 $x''$ 的一步变换

$$x_l'' = \sum_k \Lambda_{lk}'' x_k + a_l'', \qquad \Lambda'' \in \mathrm{L}(4)$$

比较知,

$$\Lambda'' = \Lambda' \Lambda, \qquad a'' = \Lambda' a + a'. \tag{6.21}$$

这表明, 所有 $\{a, \Lambda\}$ 关于乘积

$$\{a', \Lambda'\}\{a, \Lambda\} = \{\Lambda' a + a', \Lambda' \Lambda\}, \qquad \Lambda, \Lambda' \in \mathrm{L}(4), \quad a, a' \in R_4 \tag{6.22}$$

也构成一个群. 并且, 这样构成的群显然是一个 10 参数李群. 人们称之为 Poincaré 群, 常简记为 P, 相应的李代数称为 Poincaré 代数. 在惯性系和群 P 的元素之间存在着一一对应关系.

从 (6.22) 式知, 所有元素 $\{\boldsymbol{b}, R\}[R \in \mathrm{O}(3), \boldsymbol{b} = (a_1, a_2, a_3, 0)]$ 的集合形成 P 的一个子群, 它同构于三维 Euclid 群 $E(3)$. 显然, 单位元对应于 $\boldsymbol{b} = \boldsymbol{0}$, $R = 1$. 包含单位元的子群 (分支) 常被称为非齐次 3+1 维特殊正交群 (简记为 $\mathrm{ISO}^+(3,1)$ 群). 更特殊地, 将变换局限到一维, 即有第一章中所述的一维伸缩平移群.

## §6.2　Lorentz 群的表示

由上节讨论知, 如果 $R$ 是由算子 $R(A)$ 定义的正常 Lorentz 群的一个表示, 那么算子 $R'(A) = R(L(A))$ 就定义了 $\mathrm{SL}(2)$ 的一个表示, 并有 $R'(-A) = R'(A)$. 另一方面, 如果 $S$ 是 $\mathrm{SL}(2)$ 的一个表示, 并满足 $S(A) = S(-A)$, 那么算子 $S'(L(A)) = S(A)$ 则定义了 $\mathrm{L}^{\uparrow+}$ 的一个表示. 因此, 在 $\mathrm{L}^{\uparrow+}$ 的单值表示和 $\mathrm{SL}(2)$ 的使得 $S(-E_2)$ 为恒等算子的表示 $S$ 之间有 1 对 1 的关系.

$\mathrm{SL}(2)$ 和 $\mathrm{L}(4)$ 都不是紧致的, 因此 $\mathrm{SL}(2)$ 的有限维表示不等价于幺正表示. 例如, 矩阵 $L(A)\,(A \in \mathrm{SL}(2))$ 定义了 $\mathrm{SL}(2)$ 的一个四维表示, 因为 $L(A)$ 的矩阵元是无界的, 所以这个表示不等价于一个幺正矩阵表示.

另外我们知道, 紧致群没有无限维的不可约表示, 但 $\mathrm{SL}(2)$ 却有无限维的不可约表示, 并且 $\mathrm{SL}(2)$ 的任意一个表示不一定都能分解成不可约表示的直和.

假定 $S$ 是 $\mathrm{SL}(2)$ 的一个有限维不可约表示, 因为 $-E$ 和 $\mathrm{SL}(2)$ 的所有元素都可交换, 算子 $S(-E_2)$ 便与所有的 $S(A)$ 可交换. 根据 Schur 引理, $S(-E_2) = \alpha E$ (其中 $E$ 是恒等算子), 并且 $[S(-E_2)]^2 = S(E_2) = E$, 从而 $\alpha^2 = 1$, $\alpha = \pm 1$. 因此, $S(-E_2) = \pm E$. 如果 $\alpha = +1$, 则 $S$ 定义了 $\mathrm{L}^{\uparrow+}$ 的一个单值不可约表示; 如果 $\alpha = -1$, 则 $S(-A) = -S(A)$, 从而 $S$ 确定了 $\mathrm{L}^{\uparrow+}$ 的一个双值表示.

本节对 $\mathrm{L}^{\uparrow+}$ 的有限维表示、$\mathrm{SL}(2)$ 的无限维表示、$\mathrm{SL}(2)$ 的幺正表示, 以及一般 Lorentz 群 $\mathrm{L}(4)$ 的有限维不可约表示予以简要讨论.

### 6.2.1  $L^{\uparrow+}$ 的有限维表示

为了确定 $L^{\uparrow+}$ 的表示, 我们先讨论实李群 SL(2) 的解析不可约表示 $T$, 然后确定其中哪些满足 $R(-E) = R(E)$. 记 SU(2) 的不可约表示为 $D^{(u)}$, 它们是复群参数的解析函数, 如果 $D^{(u)}(A)$ 是 $L^{\uparrow+}$ 的一个矩阵实现, 那么复共轭矩阵 $\overline{D}^{(u)}(A)$ 亦定义了 $L^{\uparrow+}$ 的一个不可约表示, 它是实群参数的解析函数, 但不是复群参数的解析函数. 由于任意等价于复解析表示的表示也是复解析的, 因此 $D^{(u)}$ 和 $\overline{D}^{(u)}$ 是不等价的不可约表示.

对于实 6 维李代数 $sl(2) \cong so(3,1)$ 来讲, 取其基矢为 $\{\mathcal{J}_j\}$ 和 $\{\mathcal{F}_j\} = \mathrm{i}\{\mathcal{J}_j\}$ $(1 \leqslant j \leqslant 3)$, 其中 $\{\mathcal{J}_j\}$ 的定义如 (6.13) 式所示. 这些矩阵满足 (6.3) 式所示的代数关系 (以 $\mathcal{J}_j$ 对应 $\mathcal{L}_j$、$\mathcal{F}_j$ 对应 $\mathcal{B}_j$). 由 (6.8) 式知, 记

$$\mathcal{C}_j = \frac{1}{2}(\mathcal{J}_j - \mathrm{i}\mathcal{F}_j), \qquad \mathcal{D}_j = \frac{1}{2}(\mathcal{J}_j + \mathrm{i}\mathcal{F}_j),$$

它们满足关系

$$[\mathcal{C}_j, \mathcal{C}_k] = \sum_l \varepsilon_{jkl}\mathcal{C}_l, \qquad [\mathcal{D}_j, \mathcal{D}_k] = \sum_l \varepsilon_{jkl}\mathcal{D}_l, \qquad [\mathcal{C}_j, \mathcal{D}_k] = 0, \qquad (6.23)$$

其中 $j, k, l = 1, 2, 3$. 这表明 $sl(2)^\circ$ (实代数的复化) 具有基底 $\{\mathcal{C}_j, \mathcal{D}_j\}$, 并且群 $SU(2) \otimes SU(2) = G$ 的李代数是复李代数 $\{\mathcal{C}_j, \mathcal{D}_j\}$ 的另一个实形. 由于在复李代数的表示和它的任一实形的表示之间具有一一对应关系, 因此, $sl(2)$ 和 $sl(2)^\circ$ 的不可约表示可以表述为 $D^{(u,v)} = D^{(u)} \otimes D^{(v)}$ $(2u, 2v = 0, 1, 2, \cdots)$. 具体地, 如果我们以 $\mathcal{C}_j = R(\mathcal{C}_j), \mathcal{D}_j = R(\mathcal{D}_j)$ 表征对应于这个表示的算子, 且记

$$\mathcal{C}^\pm = \pm\mathcal{C}_2 + \mathrm{i}\mathcal{C}_1, \quad \mathcal{C}^3 = -\mathrm{i}\mathcal{C}_3, \quad \mathcal{D}^\pm = \pm\mathcal{D}_2 + \mathrm{i}\mathcal{D}_1, \quad \mathcal{D}^3 = -\mathrm{i}\mathcal{D}_3,$$

则对应于这个 $(2u+1)(2v+1)$ 维表示 $D^{(u,v)} = D^{(u)} \otimes D^{(v)}$ $(2u, 2v = 0, 1, 2, \cdots)$ 的表示空间 $\mathcal{V}^{(u,v)}$ 的基底 $\{f_{mn}^{(u,v)}\}$ 满足的关系可以表述为

$$
\begin{aligned}
&\mathcal{C}^3 f_{mn}^{(u,v)} = m f_{mn}^{(u,v)}, &&\mathcal{C}^\pm f_{mn}^{(u,v)} = [(u \pm m + 1)(u \mp m)]^{1/2} f_{m\pm 1,n}^{(u,v)}, \\
&\mathcal{D}^3 f_{mn}^{(u,v)} = n f_{mn}^{(u,v)}, &&\mathcal{D}^\pm f_{mn}^{(u,v)} = [(v \pm n + 1)(v \mp n)]^{1/2} f_{m,n\pm 1}^{(u,v)}, \\
&\mathcal{C} \cdot \mathcal{C} f_{mn}^{(u,v)} = -u(u+1) f_{mn}^{(u,v)}, &&\mathcal{D} \cdot \mathcal{D} f_{mn}^{(u,v)} = -v(v+1) f_{mn}^{(u,v)}.
\end{aligned}
$$

$$(6.24)$$

容易证明算子

$$\mathcal{C} \cdot \mathcal{C} = \mathcal{C}_1\mathcal{C}_1 + \mathcal{C}_2\mathcal{C}_2 + \mathcal{C}_3\mathcal{C}_3, \qquad \mathcal{D} \cdot \mathcal{D} = \mathcal{D}_1\mathcal{D}_1 + \mathcal{D}_2\mathcal{D}_2 + \mathcal{D}_3\mathcal{D}_3$$

与 $\mathcal{C}_j$ 和 $\mathcal{D}_j$ 都可交换, 所以 $\mathcal{C} \cdot \mathcal{C} = \mathcal{C}^2$ 和 $\mathcal{D} \cdot \mathcal{D} = \mathcal{D}^2$ 为两 SU(2) 李代数的二阶 Casimir 算子, 并且, 对于 $sl(2)$ 的任意不可约表示, 它们都是恒等算子的倍数.

显然, 诱导的李代数的表示具有性质 $\mathcal{F}_j = \mathrm{i}\mathcal{J}_j$ $(1 \leqslant j \leqslant 3)$. 因此, $\mathcal{C}^\pm = \mathcal{J}^\pm$, $\mathcal{C}^3 = \mathcal{J}^3$, 而 $\mathcal{D}$ 算子都等于零. 由此可以得到结论, $D^{(u)}$ 等价于表示 $D^{(u,0)}$. 另一方面, 由 $\overline{D}^{(v)}$ 诱导的李代数的表示具有性质 $\mathcal{F}_j = -\mathrm{i}\mathcal{J}_j$. 因此 $\mathcal{D}^\pm = \mathcal{J}^\pm$, $\mathcal{D}^3 = \mathcal{J}^3$, 而 $\mathcal{C}$ 算子都等于零. 这表明 $\overline{D}^{(v)}$ 等价于 $D^{(0,v)}$.

由于上面定义的群 $G$ $(\mathrm{SU}(2) \otimes \mathrm{SU}(2))$ 是紧致的, 其整体不可约表示正是 $D^{(u,v)} = D^{(u)} \otimes D^{(v)}$ $(2u, 2v = 0, 1, 2, \cdots)$, 因此, $L(G)$ 的可能的有限维不可约表示正是由 $D^{(u,v)}$ 诱导的李代数的表示. 计算由 $\mathrm{SL}(2)$ 在 $\mathcal{V}^{(u)} \otimes \mathcal{V}^{(v)}$ 上的群表示 $D^{(u)} \otimes D^{(v)}$ 诱导出来的李代数表示, 并取 $f_{mn}^{(u,v)} = f_m^{(u)} \otimes f_n^{(v)}$ (其中 $\{f_m^{(u)}\}, \{f_n^{(v)}\}$ 分别是 $\mathcal{V}^{(u)}, \mathcal{V}^{(v)}$ 的规范基底), 则有 (6.24) 式所述的关系.

这些讨论表明, $D^{(u,v)}$ $(2u, 2v = 0, 1, 2, \cdots)$ 给出了实李群 $\mathrm{SL}(2)$ 的有限维解析不可约表示的一个完全集. 这些表示对于一个适当的基底 (不是规范的) 的矩阵元可以表述为

$$R(A)h_{mn}^{(u,v)} = \sum_{m'=-u}^{u} \sum_{n'=-v}^{v} R_{m'm}^{(u)}(A)\overline{R}_{n'n}^{(v)}(A)h_{m'n'}^{(u,v)}. \tag{6.25}$$

选取 $D^{(u)}$ 的一个矩阵实现, 使得 $f_m^{(u)}$ 成为 $2u + 1$ 个分量的列向量, 这个群表示诱导了 $\mathrm{sl}(2)$ 的一个矩阵李代数的表示, 前述的变换矩阵 $\{\mathcal{C}\}, \{\mathcal{D}\}$ 满足

$$\begin{aligned} &\mathcal{C}^3 f_m^{(u)} = m f_m^{(u)}, \qquad \mathcal{C}^\pm f_m^{(u)} = [(u \pm m + 1)(u \mp m)]^{1/2} f_{m\pm 1}^{(u)}, \\ &\mathcal{D}^\pm = \mathcal{D}^3 = 0. \end{aligned} \tag{6.26}$$

记 $\mathcal{C}_j^* = \overline{\mathcal{C}}_j$, $\mathcal{D}_j^* = \overline{\mathcal{D}}_j$, 则有

$$\mathcal{C}_j^* = (\mathcal{J}_j^* - \mathrm{i}\mathcal{F}_j^*)/2 = \overline{\mathcal{D}}_j, \qquad \mathcal{D}_j^* = (\mathcal{J}_j^* + \mathrm{i}\mathcal{F}_j^*)/2 = \overline{\mathcal{C}}_j,$$

亦即有 $\mathcal{C}^{*\pm} = \mathcal{C}^{*3} = 0$, $\mathcal{D}^{*\pm} = -\overline{\mathcal{C}}^\mp$, $\mathcal{D}^{*3} = -\overline{\mathcal{C}}^3$.

将这些结果代入 (6.26) 式, 则得

$$\begin{aligned} &\mathcal{C}^{*\pm} = \mathcal{C}^{*3} = 0, \\ &\mathcal{D}^{*3}\overline{f}_m^{(u)} = -\overline{\mathcal{C}^3 f_m^{(u)}} = -m\overline{f}_m^{(u)}, \\ &\mathcal{D}^{*\pm}\overline{f}_m^{(u)} = -\overline{\mathcal{C}^\pm f_m^{(u)}} = -[(u \mp m + 1)(u \pm m)]^{1/2}\overline{f}_{m\mp 1}^{(u)}. \end{aligned}$$

这表明, 向量 $g_{-m}^{(u)} = (-1)^{u-m} \overline{f}_m^{(u)}$ 构成了 $\overline{D}^{(u)}$ 的一个规范基底. 由此知, 如果向量 $f_m^{(u)}$ 是 $D^{(u)}$ 的一个规范基底, 则它的复共轭向量 $\overline{f}_m^{(u)}$ 不是 $\overline{D}^{(u)}$ 的规范基底.

对于规范基底来说, $\overline{D}^{(u)}$ 的矩阵元为

$$R(A)g_m^{(u)} = \sum_{n=-u}^{u} (-1)^{m-n} \overline{R}_{-n,-m}^{(u)}(A)g_n^{(u)},$$

其中 $R_{nm}^{(u)}(A)$ 是 $D^{(u)}$ 在规范基底下的矩阵元. 由 (6.25) 式知, $R(-E_2) = (-1)^{2(u+v)}E$. 总之, 当且仅当 $u + v$ 为整数情况下, $D^{(u,v)}$ 确定 Lorentz 群的一个单值表示.

根据前述的构造方法, $D^{(u,v)} \sim D^{(u)} \otimes \overline{D}^{(v)}$, 并且对

$$D^{(u)} \otimes \overline{D}^{(u')} \sim \sum_{w=|u-u'|}^{u+u'} {}_{\oplus} D^w$$

取复共轭可知, $\overline{D}^{(u)} \otimes D^{(u')}$ 满足类似的关系. 因此

$$D^{(u,v)} \otimes D^{(u',v')} \sim (D^{(u)} \otimes \overline{D}^{(v)}) \otimes (D^{(u')} \otimes \overline{D}^{(v')})$$

$$\sim (D^{(u)} \otimes D^{(u')}) \otimes (\overline{D}^{(v)} \otimes \overline{D}^{(v')})$$

$$\sim \sum_{w=|u-u'|}^{u+u'} {}_{\oplus} \sum_{z=|v-v'|}^{v+v'} {}_{\oplus} D^{(w,z)}.$$

由此可以定义 SL(2) 群的不可约表示的 CG 系数. 由于每一个不可约表示 $D^{(w,z)}$ 在 $D^{(u,v)} \otimes D^{(u',v')}$ 的分解中都只出现一次, 因此容易投影出在 $D^{(w,z)}$ 下不可约地变换的 $\mathcal{V}^{(u,v)} \otimes \mathcal{V}^{(u',v')}$ 的子空间 $\mathcal{W}^{(w,z)}$.

由上述讨论知, $\mathcal{W}^{(w,z)}$ 的规范基底可以取为

$$h_{kl}^{(w,z)} = \sum_{m,n,m',n'} C(u,m;u',m'|wk)C(v,n;v'n'|z,l)f_{mn}^{(u,v)} \otimes f_{m'n'}^{(u',v')}, \qquad (6.27)$$

其中 $C(-|-)$ 为 SU(2) 群表示的 CG 系数, $-w \leqslant k \leqslant w$, $-z \leqslant l \leqslant z$. 由此易知, 实李群 SL(2) 的 CG 系数是 SU(2) 群的相应系数的乘积.

由第五章的讨论知, 如果我们把 SL(2) 的表示 $D^{(u,v)}$ 缩小到子群 SU(2) 上, 则它分解为 SU(2) 的一些不可约表示的直和, 即有

$$D^{(u,v)}|_{\mathrm{SU}(2)} \sim D^{(u)} \otimes D^{(v)} \sim \sum_{w=|u-v|}^{u+v} {}_{\oplus} D^{(w)}. \qquad (6.28)$$

并且第五章所述的关于 SU(2)⊗SU(2) 的不可约表示的约化分支律及 CG 系数都可以直接应用于此. 这里不予重述.

除了前述的规范基底 $\{f_{mn}^{(u,v)}\}$ 外 (在其下, 当李代数 sl(2) 缩小到 su(2) 上时, 由之明显表示出 (6.28) 式所示约化的情况太困难), 对于 $\mathcal{V}^{(u,v)}$ 存在着正交归一基底 $\{f_k^{(w)} \mid (u-v) \leqslant w \leqslant (u+v), -w \leqslant k \leqslant w\}$, 使得

$$\mathcal{J}^3 f_k^{(w)} = k f_k^{(w)}, \qquad \mathcal{J}^{\pm} f_k^{(w)} = [(w \pm k + 1)(w \mp k)]^{1/2} f_{k\pm 1}^{(w)}. \qquad (6.29)$$

该组正交基底 $\{f_k^{(w)}\}$ 可以通过 CG 系数由前述的规范基底 $\{f_{mn}^{(u,v)}\}$ 来构造, 也可以通过考察李代数对基底 $\{f_k^{(w)}\}$ 的作用结果而直接构造, 两组不同的基之间的关系由标记表示的量子数表述为

$$
\begin{aligned}
w &= |w_0|, |w_0| + 1, \cdots, |w_1|, \qquad -w \leqslant k \leqslant w, \\
w_0 &= u - v, \qquad w_1 = u + v.
\end{aligned}
\tag{6.30}
$$

有关计算过程请读者作为习题完成, 这里不再赘述.

### 6.2.2 SL(2) 的无限维表示

除了有界的有限维表示, 非紧致群 SL(2) 还有有界的无限维不可约表示. 如果 $R$ 是这种表示, 将第五章中的结果稍加推广, 即可证明 $R|_{\mathrm{SU}(2)}$ 可以表述为紧致李群 SU(2) 的不可约表示的直和, 即有

$$
R|_{\mathrm{SU}(2)} \sim \sum_{2w=0}^{\infty} {}_{\oplus}\, m_w D^{(w)},
\tag{6.31}
$$

其中 $m_w$ 为不可约表示 $D^{(w)}$ 的重复度.

假定 $m_w$ 为 0 或 1, 即每个表示 $D^{(w)}$ 在这个分解中最多只出现一次, 再假定在有界算子 $R(A)$ ($A \in \mathrm{SU}(2)$) 和 $\mathcal{J}^{\pm}$, $\mathcal{J}^3$, $\mathcal{F}^{\pm}$, $\mathcal{F}^3$ 等之间的关系对于这些无限维表示也成立, 并记 $I$ 是 $R|_{\mathrm{SU}(2)}$ 分解中含有的 $D^{(w)}$ 的所有 $w$ 的集合, 则在表示空间存在基底 $\{f_k^{(w)} : w \in I, -w \leqslant k \leqslant w\}$ 使得 (6.29) 式成立. 由 Wigner-Eckart 定理知, 算子 $\mathcal{F}^{\pm}$, $\mathcal{F}^3$ 与其在有限维情况中一样, 满足关系

$$
\begin{aligned}
\mathcal{F}^{\pm} f_k^{(w)} &= \pm[(w \mp k)(w \mp k - 1)]^{1/2} A_w f_{k \pm 1}^{(w-1)} - [(w \pm k + 1)(w \mp k)]^{1/2} B_w f_{k \pm 1}^{(w)} \\
&\quad \pm[(w \pm k + 1)(w \pm k + 2)]^{1/2} C_{w+1} f_{k \pm 1}^{(w+1)}, \\
\mathcal{F}^3 f_k^{(w)} &= [(w - k)(w + k)]^{1/2} A_w f_k^{(w-1)} - k B_w f_k^{(w)} \\
&\quad - [(w + k + 1)(w - k + 1)]^{1/2} C_{w+1} f_k^{(w+1)},
\end{aligned}
\tag{6.32}
$$

其中 $A_w, B_w, C_w$ 为表示 $w$ 决定的常数. 经过一些计算 (对有限维情况, 请读者自己完成) 可得

$$
\begin{aligned}
B_w &= \mathrm{i} \frac{w_0 w_1}{w(w+1)}, \\
C_w &= A_w = \frac{\mathrm{i}}{w} \left[ \frac{(w^2 - w_0^2)(w^2 - w_1^2)}{4w^2 - 1} \right]^{1/2}.
\end{aligned}
\tag{6.33}
$$

由此知, 前述的表示的集合可以记为 $I = \{w_0 + n, n = 0, 1, 2, \cdots\}$, $w_0$ 为 $I$ 的指标中的最小数, 并且

$$
R|_{\mathrm{SU}(2)} \sim \sum_{n=0}^{\infty} {}_{\oplus} D^{(w_0 + n)}.
$$

因为 $R$ 是不可约的, 在 $D^{(w)}$ 的上述序列中不可能缺项, 如果这个序列是有限的, 则 $R$ 同构于前面已经讨论过的有限维表示 $D^{(u,v)}$.

我们知道, 在有限维情况下, 对于某一个整数 $k \geqslant 0$, $w_1 = w_0 + k$. 对于目前的无限维情况, SL(2) 的无限维不可约表示仍可以由参数 $(w_0, w_1)$ 标记, 其中 $2w_0$ 为非负整数, 而 $w_1$ 是满足 $w_1 \neq w_0 + k$ $(k = 0, 1, 2, \cdots)$ 的复数.

### 6.2.3    SL(2) 的幺正表示

由定义知, 如果 $R$ 是幺正的, 则对于相应于前述的元素 $\{\mathcal{J}, \mathcal{F}\}$ 的表示有

$$(\mathcal{J}^3)^* = \mathcal{J}^3, \qquad (\mathcal{J}^+)^* = \mathcal{J}^-, \qquad (\mathcal{F}^3)^* = \mathcal{F}^3, \qquad (\mathcal{F}^+)^* = \mathcal{F}^-. \qquad (6.34)$$

并且,

$$(f_k^{(w)}, f_{k'}^{(w')}) = \delta_{ww'}\delta_{kk'} \qquad \text{(正交基的定义)},$$
$$\|f_k^{(w)}\| = \|f_j^{(w)}\| \qquad (-w \leqslant k, j \leqslant w).$$

因为 $\mathcal{F}^3$ 是对称的, 有

$$(\mathcal{F}^3 f_k^{(w)}, f_k^{(w')}) = (f_k^{(w)}, \mathcal{F}^3 f_k^{(w')}).$$

考虑 (6.32) 式所述的关系, 则得

$$B_w = B_w^\dagger, \qquad A_w \|f_k^{(w-1)}\|^2 = -A_w^\dagger \|f_k^{(w)}\|^2. \qquad (6.35)$$

由于 $(\mathcal{F}^+)^* = \mathcal{F}^-$ 的要求并不给出其他限制, 再由前述的 (6.33) 式知, 上述 $B_w$ 为实数的充要条件为 $w_1 = ic$ (其中 $c$ 是实数), 或者 $w_0 = 0$.

将 $A_w$ 的实部和虚部明确区分开, 即记 $A_w = R_{wA} + iI_{wA}$, 由 (6.35) 式则得 $R_{wA} = 0$, $\|f_k^{(w)}\| = \|f_k^{(w-1)}\|$. 因为所有的基向量都具有同样的长度, 即可以归一化, 所以有 $\|f_k^{(w)}\| = 1$. 进而, 由 $w_1 = ic$, $-w_1^2 = c^2 \geqslant 0$ 知, $R_{wA} = 0$ 的要求恒被满足. 对于 $w_0 = 0$ 情况, 当且仅当 $0 \leqslant w_1^2 \leqslant 1$ 时, 对于 $w = 0, 1, 2, \cdots$ 才有 $(w^2 - w_1^2)/(4w^2 - 1) \geqslant 0$, 因此, $-1 \leqslant w_1 \leqslant 1$.

总之, SL(2) 的幺正表示分成两类: (1) 主列, 纯虚数表示; (2) 辅助列, $w_0 = 0$, $w_1$ 为实数, 且 $|w_1| \leqslant 1$. 并且, 仅有的有限维幺正表示是恒等表示 $(0, 1) \sim D^{(0,0)}$.

### 6.2.4    一般 Lorentz 群 L(4) 的有限维不可约表示

因为在李代数 sl(2) 和 su(2)⊕su(2) 之间具有同构关系, 所以 SL(2) 或 L$^{\uparrow+}$ 的任意有限维表示都能够分解成不可约表示 $D^{(u,v)}$ 的直和. 我们据此讨论一般 Lorentz 群 L(4) 的 (有限维) 不可约表示, 以及正常 Lorentz 群加上空间反演所形成的完全 Lorentz 群 L$^\uparrow = \{\text{L}^{\uparrow+}, \Lambda_P \text{L}^{\uparrow+}\}$ 的不可约表示.

记 $R$ 是 $L^\uparrow$ 的一个不可约表示, $\mathcal{P} = R(\Lambda_P)$. 因为 $\mathcal{P}$ 与所有转动都可交换, 所以对于 (6.13)、(6.14) 及 (6.3) 式定义的基底, 有

$$\mathcal{P}\,\mathcal{J}^\pm\mathcal{P}^{-1} = \mathcal{J}^\pm\,, \qquad \mathcal{P}\,\mathcal{J}^3\mathcal{P}^{-1} = \mathcal{J}^3\,, \qquad \mathcal{P} = \mathcal{P}^{-1}\,,$$

并有

$$\mathcal{P}\,\mathcal{B}^\pm\mathcal{P}^{-1} = -\mathcal{B}^\pm\,, \qquad \mathcal{P}\,\mathcal{B}^3\mathcal{P}^{-1} = -\mathcal{B}^3\,.$$

采用 $\mathcal{C}$ 和 $\mathcal{D}$ 算子 (定义如 (6.8) 式所示) 表达这些结果, 则有

$$\mathcal{P}\,\mathcal{C}^\pm\mathcal{P}^{-1} = \mathcal{D}^\pm\,, \qquad \mathcal{P}\,\mathcal{C}^3\mathcal{P}^{-1} = \mathcal{D}^3\,. \tag{6.36}$$

假定 $R|_{L^{\uparrow+}}$ 中包含表示 $D^{(u,v)}$, 则存在向量 $\{f_{mn}^{(u,v)};\ -u \leqslant m \leqslant u, -v \leqslant n \leqslant v\}$, 它们张成表示空间 $\mathcal{V}$ 的一个子空间 $\mathcal{V}^{(u,v)}$, 其在 $\mathcal{C}$ 和 $\mathcal{D}$ 算子下按 (6.24) 式变换. 由 $g_{nm}^{(v,u)} = \mathcal{P}f_{mn}^{(u,v)}$ 定义向量 $g_{nm}^{(v,u)} \in \mathcal{V}$, 由 (6.36) 式和前述的变换关系则得

$$\mathcal{C}^3 g_{nm}^{(v,u)} = n g_{nm}^{(v,u)}\,, \qquad \mathcal{C}^\pm g_{nm}^{(v,u)} = [(v \pm n + 1)(v \mp n)]^{1/2} g_{n\pm 1,m}^{(v,u)}\,. \tag{6.37}$$

对 $\mathcal{D}$ 算子有完全类似的结果.

由此知, 向量 $\{g_{nm}^{(v,u)}\}$ 张成 $\mathcal{V}$ 的一个按 $D^{(u,v)}$ 变换的子空间 $\mathcal{V}^{(v,u)}$. 因为 $\mathcal{P}^2 = E$, 则有 $\mathcal{P}\,g_{nm}^{(v,u)} = \mathcal{P}^2 f_{mn}^{(v,u)} = f_{mn}^{(v,u)}$. 又因为 $R$ 是不可约的, 并且空间 $\mathcal{V}^{(u,v)} + \mathcal{V}^{(v,u)}$ 是关于 $R$ 不变的, 则这一空间必须与 $\mathcal{V}$ 重合, 那么, 按 $u = v$ 或 $u \neq v$, 该空间有两种可能性.

如果 $u \neq v$, 集合 $\{f_{mn}^{(u,v)}, g_{kl}^{(v,u)}\}$ 是线性无关的, 而

$$\mathcal{V} = \mathcal{V}^{(u,v)} \oplus \mathcal{V}^{(v,u)}\,,$$

于是我们可以用

$$D^{(u,v)} \oplus D^{(v,u)}\,, \qquad u \neq v \tag{6.38}$$

来表征这一 $2(2u+1)(2v+1)$ 维表示. 反之, 容易证明 $L^{\uparrow+}$ 的每一对取这一形式的表示都定义了 $L^\uparrow$ 的一个不可约表示.

对 $u = v$ 情况, 定义新的向量 $h_{mn}^\pm = f_{mn}^{(u,v)} \pm g_{mn}^{(u,v)}$, 向量 $\{h_{mn}^+\}$ 张成子空间 $\mathcal{V}^{(+)}$, 而 $\{h_{mn}^-\}$ 张成 $\mathcal{V}^{(-)}$, 于是有

$$
\begin{aligned}
\mathcal{C}^3 h_{mn}^+ &= m(f_{mn}^{(u,u)} \pm g_{mn}^{(u,u)}) = m h_{mn}^\pm\,, \\
\mathcal{D}^3 h_{mn}^\pm &= n h_{mn}^\pm\,, \\
\mathcal{C}^+ h_{mn}^\pm &= [(u+m+1)(u-m)]^{1/2} h_{m+1,n}^\pm\,, \\
\mathcal{D}^+ h_{mn}^\pm &= [(u+n+1)(u-n)]^{1/2} h_{m+1,n}^\pm\,.
\end{aligned}
\tag{6.39}
$$

对 $\mathcal{C}^-$ 和 $\mathcal{D}^-$ 有类似的结果. 另外还有

$$\mathcal{P}h_{mn}^{\pm} = \mathcal{P}f_{mn}^{(u,u)} \pm \mathcal{P}g_{mw}^{(u,u)} = g_{nm}^{(u,u)} \pm f_{nm}^{(u,u)} = \pm h_{nm}^{\pm}. \tag{6.40}$$

这表明, $\mathcal{V}^{(+)}$ 和 $\mathcal{V}^{(-)}$ 各自对 $R$ 都是不变的. 因为 $R$ 是不可约的, 则有两种情况: (1) $\mathcal{V} = \mathcal{V}^{(+)}$ 和 $\mathcal{V}^{(-)} = \{0\}$; (2) $\mathcal{V} = \mathcal{V}^{(-)}$ 和 $\mathcal{V}^{(+)} = \{0\}$.

对于情况 (1), 因为 $h_{mn}^- = 0$, 则 $f_{mn}^{(u,u)} = g_{mn}^{(u,u)} = \mathcal{P}f_{nm}^{(u,u)}$, 并且 $\mathcal{P}$ 对换 $\mathcal{V}$ 的基底向量 $f_{mn}^{(u,u)}$ 的下指标, 于是我们可以用 $D_+^{(u,u)}$ 来标记这一类不可约表示.

对于情况 (2), 因为 $h_{mn}^+ = 0$, 并且 $\mathcal{P}f_{nm}^{(u,u)} = -f_{mn}^{(u,u)}$, 于是可以用 $D_-^{(u,u)}$ 来标记这一类表示, 其中

$$\dim D_+^{(u,u)} = \dim D_-^{(u,u)} = (2u+1)^2.$$

总之, $\mathrm{L}^{\uparrow}$ 的可能的不可约表示是 $D^{(u,v)} \oplus D^{(v,u)}$ $(u > v)$ 和 $D_+^{(u,u)}$, $D_-^{(u,u)}$. 并且, 只是 $u+v$ 为整数的那些表示才是 $\mathrm{L}^{\uparrow}$ 的单值表示, 其余的表示对 $\mathrm{L}^{\uparrow}$ 是双值的, 但对于由 $\mathrm{SL}(2)$ 和 $P$ 生成的群来说, 它们是单值的.

$\mathrm{L}(4) = \{\mathrm{L}^{\uparrow}, I \cdot \mathrm{L}^{\uparrow}\}$, 其中 $I = -E$ 是全反演算子, 它显然与 $\mathrm{L}(4)$ 的所有元素都可交换, 并且 $I^2 = E$, 由此知, 对每一个不可约表示 $R$, 都有 $R(I) = \pm E$. 因此, 对 $L^{\uparrow}$ 的每一个不可约表示, 都有 $\mathrm{L}(4)$ 的两个表示与之对应. 在一个表示中有 $R(I) = E$, 在另一个表示中有 $R(I) = -E$. 如果 $u+v$ 不是整数, 则这些表示在 $\mathrm{L}(4)$ 上是双值的, 但在由 $P$ (表示为 $\Lambda_P$), $I$ (表示为 $\Lambda_{PT}$) 和 $\mathrm{SL}(2)$ 生成的群上则是单值的.

在这些表示中, $\mathrm{L}^{\uparrow+}$ 的通常的 $4 \times 4$ 矩阵实现等价于 $\mathrm{SL}(2)$ 的一个实表示 $D^{(1/2,1/2)}$, 通常的 $2 \times 2$ 矩阵实现等价于 $D^{(1/2,0)}$, 矩阵 $A^{\dagger}(A \in (\mathrm{SL}(2))$ 定义了表示 $D^{(1/2,0)}$. $\mathrm{L}^{\uparrow}$ 的通常的 $4 \times 4$ 矩阵实现等价于 $D_-^{(1/2,1/2)}$. 按 $\mathrm{L}^{\uparrow}$ 的 $D^{(0,0)}$ 变换的量称为标量, 按 $D^{(0,0)}$ 变换的量称为赝标量, 按 $D_-^{(1/2,1/2)}$, $D_+^{(1/2,1/2)}$ 变换的量分别称为矢量和赝矢量. 并且, $\mathrm{L}(4)$ 的通常的 $4 \times 4$ 矩阵实现等价于使 $R(I) = -E$ 的 $D_-^{(1/2,1/2)}$.

## §6.3　Lorentz 群在粒子和场的研究中的简单应用

### 6.3.1　Lorentz 对称性的物理意义

#### 1. Lorentz 变换的原始物理意义

在 Einstein 狭义相对论中, 时空被看作一个称为 Minkowski 空间的四维实流形. 在 Minkowski 空间中, 人们区分出一类参考系, 称之为惯性系. 对于一个惯性系而言, 一个事件的坐标用 $x = (x_1, x_2, x_3, x_4) = (\boldsymbol{x}, x_4)$ 来表述, 这里的笛卡儿坐标

$x = (x_1, x_2, x_3)$ 是事件的空间坐标, 而 $x_4 = ct$, 其中 $t$ 是该事件的时间坐标, $c$ 是光在真空中的速度. 当 $x_j$ 取遍所有的实数时, 就给出 Minkowski 空间中的所有点.

记 $\mathcal{I}$ 是一个惯性系, 而 $p, q$ 是在 $\mathcal{I}$ 中坐标分别为 $x, y$ 的两事件, 这里 $x, y$ 都是四维列向量. 通常, 人们定义

$$|x - y|^2 = \sum_{j=1}^{3} (x_j - y_j)^2 - (x_4 - y_4)^2 = (x - y)^t G(x - y) \qquad (6.41)$$

为该两事件之间的时空距离 (亦称时空间隔) 的平方, 其中的 $G$ 如 (6.1) 式所示. 假定 $\mathcal{I}'$ 是另一个坐标系, 而事件 $p, q$ 在其中的坐标分别为 $x', y'$, 只要对所有的事件 $p, q$, 有

$$|x' - y'|^2 = |x - y|^2 \qquad (6.42)$$

成立, 亦即如果两事件之间的时空间隔保持不变, 则称 $\mathcal{I}'$ 是另一个惯性系.

显然, 如果 $\mathcal{I}'$ 是一个惯性系, 那么事件 $p$ 在 $\mathcal{I}$ 和 $\mathcal{I}'$ 中的坐标的关系可以表述为 (6.20) 所示的形式. 反之, 如果 $\mathcal{I}$ 是一个惯性系, 而 $\mathcal{I}'$ 是通过 (6.20) 式与 $\mathcal{I}$ 相关联的另一个坐标系, 那么 $\mathcal{I}'$ 也是一个惯性系.

由其定义知, 惯性系构成一系列等价系, 即它们具有性质: (1) 如果 $\mathcal{I}'$ 对 $\mathcal{I}$ 是惯性系, 则 $\mathcal{I}$ 对 $\mathcal{I}'$ 也是惯性系; (2) 如果 $\mathcal{I}'$ 对 $\mathcal{I}$ 是惯性系, 而 $\mathcal{I}''$ 对 $\mathcal{I}'$ 是惯性系, 那么 $\mathcal{I}''$ 对 $\mathcal{I}$ 也是惯性系. 因此, 只要选定一个惯性系, 就可以得到所有其他的惯性系.

在狭义相对论中, 物理规律在所有惯性系中都表述为同样的形式. 因为 Poincaré 群 P 的元素决定了从一个惯性系到另一个惯性系的坐标变换, 这就意味着, 物理的动力学方程在 Poincaré 群变换下是不变的. 对于微分方程来说, 这一不变性与 Euclid 不变性具有同样的意义, 并且 Poincaré 不变方程亦是 (三维) Euclid 不变的.

记 $p$ 是一个事件, 考虑 $p$ 的坐标取 $(0, 0, 0, 0)$ 的所有惯性系构成的集合 $\mathcal{I}_p$, 在 $\mathcal{I}_p$ 中固定一个坐标系 $\mathcal{I} \in \mathcal{I}_p$, 如果 $\mathcal{I}' \in \mathcal{I}_p$, 则有一组 $\{a, \Lambda\}$, 使得 $\mathcal{I}$ 中的坐标 $x$ 和 $\mathcal{I}'$ 中的坐标 $x'$ 由

$$x'_s = \sum \Lambda_{sk} x_k + a_s$$

相联系. 该方程必须对 $x = x' = (0, 0, 0, 0)$ 也成立, 所以 $a$ 是零向量.

同样, 如果 $\mathcal{I}'$ 对 $\mathcal{I}$ 的关系为

$$x'_s = \sum \Lambda_{sk} x_k, \qquad \Lambda \in \mathrm{L}(4),$$

则 $\mathcal{I}' \in \mathcal{I}_p$. 因此, 在 $\mathcal{I}_p$ 的元素与 P 的子群 L(4) 的元素之间有一一对应关系, 从而人们通常只讨论 $\mathcal{I}_p$ 中的惯性系.

记 $x$ 是一个空间分量为 $\boldsymbol{x} = (x_1, x_2, x_3)$、时间分量为 $x_4 = ct$ 的四维列向量, 在空间反演下, $\Lambda_P x = (-\boldsymbol{x}, x_4)$, 在时间反演下, $\Lambda_T x = (\boldsymbol{x}, -x_4)$, 而在全反演下, $\Lambda_{PT} x = -x$. 这些坐标变换及其效果的图像很直观清楚.

由定理 6.3 知, 对

$$\Lambda = R_1\left(\varphi_2 + \frac{1}{2}\pi, \theta_2, 0\right)(\exp(b\mathcal{B}_3))R_2(\varphi_2, \theta_2, \psi_2)$$

(其中 $\Lambda_{14} = r\sin\theta_1\cos\varphi_1, \Lambda_{24} = r\sin\theta_1\sin\varphi_1, \Lambda_{34} = r\cos\theta_1$, 并且 $r = \sinh b, b \geqslant 0$), 如果 $r > 0$, 这样的因子分解是唯一的.

进一步, 因为

$$\Lambda = R_1(\exp(tb\mathcal{B}_3))R_2 = R_1(\exp(tb\mathcal{B}_3))\left(R_1^{-1}R_1\right)R_2 = R_1(\exp(tb\mathcal{B}_3))R_1^{-1}\,(R_1R_2),$$

而其中的矩阵 $B(t) = R_1(\exp(tb\mathcal{B}_3))R_1^{-1}$ 关于所有实数 $t$ 构成 $\mathrm{L}^{\uparrow+}$ 的一个单参数子群, 并且它在单位元处的切矩阵是 $bR_1\mathcal{B}_3R_1^{-1}$, 直接计算知

$$R_1\mathcal{B}_3R_1^{-1} = (\cos\varphi_1\sin\theta_1)\mathcal{B}_1 + (\sin\varphi_1\sin\theta_1)\mathcal{B}_2 + (\cos\theta_1)\mathcal{B}_3\,.$$

由李代数与李群的关系知, 该切矩阵在同构意义上确定了此单参数子群, 于是有

$$R_1(\exp(tb\mathcal{B}_3))R_1^{-1} = \exp(t[b_1\mathcal{B}_1 + b_2\mathcal{B}_2 + b_3\mathcal{B}_3]) = V(t\boldsymbol{b}),$$

其中 $\boldsymbol{b}$ 可具体表述为

$$\boldsymbol{b} = (r\cos\varphi_1\sin\theta_1, r\sin\varphi_1\sin\theta_1, r\cos\theta_1)\,, \qquad r = \sinh b\,.$$

取 $t = 1$, 则得 $\Lambda = V(\boldsymbol{b})R$, 其中 $R = R_1R_2 \in \mathrm{SO}(3)$. 根据这一构造方法, 如果 $r > 0$, 即如果 $\Lambda \notin \mathrm{SO}(3)$, 则这样的分解是唯一的. 并且, 如果 $r = 0$, 即 $\boldsymbol{b} = 0$, $\Lambda \in \mathrm{SO}(3)$, 则 $V(\boldsymbol{b}) = E$, $\Lambda = R$, 所以这样的因子分解也是唯一的.

因为 $\mathcal{B}_j$ 是对称矩阵, 从而 $\mathcal{B}(\boldsymbol{b})$ 是一个正定对称矩阵, 乘积 $\Lambda = V(\boldsymbol{b})R$ 实际是熟知的把一个实非奇异矩阵分解为一个正定矩阵和一个正交矩阵乘积的极分解.

由 $V(\boldsymbol{b})$ 是定义在 (流形的) 切空间上的变换知, $V(\boldsymbol{b})$ 具有速度的意义. 具体地, 对 $x = \begin{pmatrix} \boldsymbol{x} \\ 0 \end{pmatrix}$, 在无穷小变换下, 有

$$V(\boldsymbol{b})x = (b_1\mathcal{B}_1 + b_2\mathcal{B}_2 + b_3\mathcal{B}_3)\begin{pmatrix} \boldsymbol{x} \\ 0 \end{pmatrix} = \begin{pmatrix} \boldsymbol{\theta} \\ \boldsymbol{b}\cdot\boldsymbol{x} \end{pmatrix} = \begin{pmatrix} \boldsymbol{\theta} \\ 0 \end{pmatrix}.$$

这表明, 保证 $\boldsymbol{x}\cdot\boldsymbol{b} = 0$ 的任意向量 $x = \begin{pmatrix} \boldsymbol{x} \\ 0 \end{pmatrix}$ 都不变.

总之, 变换 $V(\boldsymbol{b})$ 确实具有速度的意义. 综合上述讨论, 我们有下述定理.

**定理 6.4** 每一个 $\Lambda \in L^{\uparrow +}$ 都能够唯一地表述为 $\Lambda = V(\boldsymbol{b})R$, 其中 $R \in SO(3)$, $V(\boldsymbol{b}) = \exp(b_1\mathcal{B}_1 + b_2\mathcal{B}_2 + b_3\mathcal{B}_3)$. 群元 $V(\boldsymbol{b})$ 常被称为速度变换.

根据定理 6.4, 对于惯性系 $\mathcal{I}'$ 通过变换 $x' = V(\boldsymbol{b})x$ 与惯性系 $\mathcal{I}$ 相联系的情况, 记一事件发生在 $\mathcal{I}$ 坐标系的原点, 即有 $x = (0, 0, 0, 0)$, 则在 $\mathcal{I}'$ 中, 该事件的坐标为

$$
\begin{aligned}
x' &= V(\boldsymbol{b})x \\
&= ct(\sinh b \sin\theta_1 \cos\varphi_1, \sinh b \sin\theta_1 \sin\varphi_1, \sinh b \cos\theta_1, \cosh b) \\
&= (\boldsymbol{x}', ct').
\end{aligned}
$$

因此, 在 $\mathcal{I}'$ 坐标系中, 该事件的坐标可以表述为

$$
\boldsymbol{x}' = \boldsymbol{v}t,
$$

其中

$$
\boldsymbol{v} = \frac{c}{b}(\tanh b)\boldsymbol{b} = \frac{rc}{(1+r^2)^{1/2}}\widehat{\boldsymbol{b}},
$$

$\widehat{\boldsymbol{b}}$ 是 $\boldsymbol{b}$ 方向上的三维单位向量. 这就是说, $\mathcal{I}$ 中的空间坐标原点对于 $\mathcal{I}'$ 中的空间坐标原点做速度为 $\boldsymbol{v}$ 的匀速直线运动.

在速度 $\boldsymbol{v}$ 沿着 $z$ 轴正方向的一维情况下, 则有

$$
V(\boldsymbol{b}) = \begin{pmatrix} 1 & 0 & 0 & 0 \\ 0 & 1 & 0 & 0 \\ 0 & 0 & \gamma & \gamma v \\ 0 & 0 & \gamma v & \gamma \end{pmatrix},
$$

其中 $\gamma = \dfrac{1}{\sqrt{1 - \dfrac{v^2}{c^2}}}$. 而坐标变换为

$$
x' = x, \qquad y' = y, \qquad z' = \frac{z + vt}{\sqrt{1 - \dfrac{v^2}{c^2}}}, \qquad t' = \frac{t + zv/c^2}{\sqrt{1 - \dfrac{v^2}{c^2}}}.
$$

因为 $R \in SO(3)$ 的直观意义是三维空间中的转动, 所以形为 $\Lambda = V(\boldsymbol{b})R$ 的 Lorentz 变换 (常称为 boost) 的物理意义可以解释为在进行了一个空间转动后再进行一个速度变换.

**2. 狭义相对论和时空对称性**

回顾前述讨论我们知道, 四维时空的 Lorentz 变换可以表述为

$$
A'^{\mu} = \Lambda^{\mu}{}_{\nu} A^{\nu},
$$

其中 $A$ 为逆变矢量 (协变矢量 $A_\mu = \Lambda_\mu{}^\nu A_\nu$), $\Lambda$ 是变换矩阵. Lorentz 变换保持矢量内积不变 (空间旋转保持三维矢量点积不变), 即有

$$A'^\mu A'^\nu \eta_{\mu\nu} = \Lambda^\mu{}_\alpha A^\alpha \Lambda^\nu{}_\beta A^\beta \eta_{\mu\nu} = A^\alpha A^\beta \eta_{\alpha\beta}.$$

由此知, 变换具有性质

$$\Lambda^\mu{}_\alpha \Lambda^\nu{}_\beta \eta_{\mu\nu} = \eta_{\alpha\beta}, \tag{6.43}$$

亦即有

$$\Lambda^{\mathrm{T}} \cdot \eta \cdot \Lambda = \eta.$$

考虑 $\eta_{\alpha\beta}\eta^{\beta\alpha'} = \delta_\alpha^{\alpha'}$, $\Lambda^\mu{}_\alpha \Lambda^{\nu\alpha'} \eta_{\mu\nu} = \delta_\alpha^{\alpha'}$, $\Lambda^\mu{}_\alpha \Lambda_\mu{}^{\alpha'} = \delta_\alpha^{\alpha'}$ 则知, 变换矩阵具有性质

$$(\det\Lambda)^2 = 1,$$

具体地, 即有:

(1) $\det\Lambda = \pm 1$.

(2) 由 $\Lambda^\mu{}_0 \Lambda^\nu{}_0 \eta_{\mu\nu} = \eta_{00}$ 和上述性质 (1) 知,

$$(\Lambda^0{}_0)^2 - \sum_{i=1}^3 (\Lambda^i{}_0)^2 = 1. \tag{6.44}$$

显然, 该式与 (6.10) 式相差一个因子 "$-1$", 亦即相差 "i²". 比较 (6.44) 式和 (6.10) 式知, 一个矢量在 Minkowski 空间中的四个 (投影) 分量的顺序可以标记为 $\{1, 2, 3, 4\}$ (其中第 1, 2, 3 维为三维空间坐标, 第 4 维为时间, 度规矩阵 $G = \mathrm{diag}\{1, 1, 1, -1\}$), 也可以标记为 $\{0, 1, 2, 3\}$ (其中第 1, 2, 3 维仍为三维空间坐标, 第 0 维为时间, 度规矩阵 $G = \mathrm{diag}\{1, -1, -1, -1\}$). 两种标记的变换 (矩阵元) 相差一个负号.

由 (6.44) 式和 (6.10) 式知, $|\Lambda^4{}_4| \geqslant 1$ ($|\Lambda^0{}_0| \geqslant 1$), 这表明 $\Lambda^4{}_4$ ($\Lambda^0{}_0$) 无界, 从而 Lorentz 群是非紧致的. 并且对应于 $|\Lambda^4{}_4| \geqslant 1$ ($|\Lambda^0{}_0| \geqslant 1$), 有 $\Lambda^4{}_4 \geqslant 1$ ($\Lambda^0{}_0 \geqslant 1$), 或 $\Lambda^4{}_4 \leqslant -1$ ($\Lambda^0{}_0 \leqslant -1$) 两种情况. 根据这些性质, 人们常将 Lorentz 变换分为表 6.1 所示的四类, 即有 (6.11) 式所述的四个分支. 因此, 这四类 Lorentz 变换还常由 (6.11) 式所述的 $\mathrm{L}^{\uparrow+}$, $\mathrm{L}^{\uparrow-}$, $\mathrm{L}^{\downarrow+}$, $\mathrm{L}^{\downarrow-}$ 标记.

表 6.1  Lorentz 变换分类

| $\Lambda^0{}_0$ | $\det\Lambda$ | |
| :---: | :---: | :---: |
| | $+1$ | $-1$ |
| $\geqslant +1$ | 恰当、正时 | 非恰当、正时 |
| $\leqslant -1$ | 恰当、非正时 | 非恰当、非正时 |

另一方面, 由 (6.44) 式和 (6.10) 式知, $(\Lambda^4{}_4)^2 - \sum_{i=1}^{3}(\Lambda^i{}_4)^2 \geqslant 1$, 这就是说, 这样的时空中的事件 $A$ 满足因果律, 亦即有真空中的光速作为不同事件交流信息的速度的上限. 通常人们称这样的事件, 或者说时空中的矢量是类时的. 否则, 称相应的事件 (时空中的矢量) 为类空的.

对于一维坐标和一维时间构成的二维空间, 其中的变换可以表述为

$$\begin{pmatrix} x' \\ t' \end{pmatrix} = \begin{pmatrix} \cosh\beta & \sinh\beta \\ \sinh\beta & \cosh\beta \end{pmatrix} \begin{pmatrix} x \\ t \end{pmatrix},$$

其中 $\tanh\beta = v$ 为两惯性系之间的相对速度. 相应地, 二维空间中的矢量在伸缩和转动变换下的行为如图 6.1 中的曲面所示.

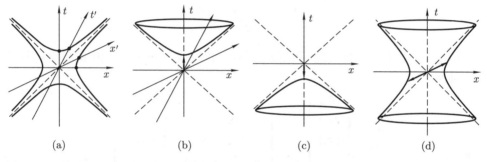

| (a) | (b) | (c) | (d) |

图 6.1 二维空间 $x$-$t$ 中的矢量在伸缩和转动变换下的行为. 其中, (a) 显示 Euclid 空间的转动可以表示为坐标轴沿圆形轨道的转动, 从而相应的 Lorentz 变换可以表述为坐标轴沿双曲线轨道的转动. (b) 表示时空中的某类时矢量 ($t > 0$) 经过 boost 时在一、二象限中扫过一条双曲线, 再经 $x$-$y$ 平面 ($y$ 轴垂直纸面) 的转动后形成双曲面 (因为 $t > 0$, 时空变换不能改变类时矢量的时间方向). (c) 表示时空中的某类时矢量 ($t < 0$) 经过 boost 时在三、四象限中扫过一条双曲线, 再经 $x$-$y$ 平面 ($y$ 轴垂直纸面) 的转动后形成双曲面 (因为 $t < 0$, 时空变换不能改变类时矢量的时间方向). (d) 表示时空中的某类空矢量经过 boost 时在一、四象限中扫过一条双曲线, 再经 $x$-$y$ 平面 ($y$ 轴垂直纸面) 的转动后形成柱状双曲面 (因为该双曲面上既有对应 $t > 0$ 的点也有对应 $t < 0$ 的点, 所以时空变换可以改变类空矢量的时间方向)

对于一般情况, 定理 6.4 表明, 变换算符可以表述为

$$\Lambda = L(\boldsymbol{\beta})R(\boldsymbol{\alpha}) = R(\boldsymbol{\alpha})L(R(\boldsymbol{\alpha})^{-1}\boldsymbol{\beta}),$$

具体地, 即有

$$\Lambda = \underbrace{\left(\begin{array}{c|c} v & v\beta\boldsymbol{n}^{\mathrm{t}} \\ \hline \gamma\beta\boldsymbol{n} & 1 + (\gamma-1)\boldsymbol{n}\boldsymbol{n}^{\mathrm{t}} \end{array}\right)}_{L(\boldsymbol{\beta})} \underbrace{\left(\begin{array}{c|c} 1 & \boldsymbol{o}^{\mathrm{t}} \\ \hline \boldsymbol{o} & R(\boldsymbol{\alpha}) \end{array}\right)}_{R(\boldsymbol{\alpha})},$$

其中 $\beta = \dfrac{v}{c}, \gamma = \dfrac{1}{\sqrt{1-\beta^2}}, \boldsymbol{\beta} = \beta\boldsymbol{n}.$

### 6.3.2 粒子的分类

**1. 对称群表示定理与守恒量**

我们知道, 将对称性与守恒量联系起来的基本原理是 Noether 定理. 而将之具体化的具有里程碑式作用的则是 Wigner 的量子对称变换定理.

**定理 6.5 (Wigner 定理)** 物理的对称变换通常作用在动力学变量上, 但是保持观测量不变. 若系统由量子理论描述, 则对称变换表示为 Hilbert 空间上的幺正线性或反幺正反线性变换.

对于变换群 $U(\Lambda, a)$, 有

$$|\varphi\rangle \longrightarrow U(\Lambda, a)|\varphi\rangle,$$

其中 $U(\Lambda, a)$ 为幺正线性变换. 从而 $U(\Lambda, a)$ 可以写成 Hilbert 空间中的分块对角矩阵, 进而

$$|\varphi\rangle = \begin{pmatrix} |\varphi_1\rangle \\ |\varphi_2\rangle \\ |\varphi_3\rangle \\ \vdots \end{pmatrix} \longrightarrow \begin{pmatrix} u_1 & & & 0 \\ & u_2 & & \\ & & u_3 & \\ 0 & & & \ddots \end{pmatrix} \begin{pmatrix} |\varphi_1\rangle \\ |\varphi_2\rangle \\ |\varphi_3\rangle \\ \vdots \end{pmatrix},$$

其中子矩阵 $u_i$ 称为群表示, $|\varphi_i\rangle$ 称为 (相应的) 表示空间, 其维度称为表示的维数.

具体到既考虑 Lorentz 变换又考虑平移的时空变换的 Poincaré 变换, 其无穷小变换为

$$U(\Lambda, a) = \mathrm{e}^{-\frac{\mathrm{i}}{2}\omega_{\mu\nu}M^{\mu\nu}}\mathrm{e}^{-\mathrm{i}a_\mu p^\mu},$$

于是

$$\Lambda^\mu{}_\nu = \delta^\mu_\nu - \omega^\mu{}_\nu, \quad a_\mu = \epsilon_\mu \implies 1 - \frac{\mathrm{i}}{2}\omega_{\mu\nu}M^{\mu\nu} - \mathrm{i}\epsilon_\mu p^\mu.$$

由 Lorentz 条件得

$$\eta_{\mu\nu} = \eta_{\alpha\beta}\big(\delta^\alpha_\mu - \omega^\alpha{}_\mu\big)\big(\delta^\beta_\nu - \omega^\beta{}_\nu\big) = \eta_{\mu\nu} - \omega_{\nu\mu} - \omega_{\mu\nu} + O(\omega^2).$$

由此知, $\omega_{\mu\nu} = -\omega_{\nu\mu}$ 为反对称张量, 具有 $(4\times 3)/2 = 6$ 个自由分量. 为清楚表达上述变换的物理意义和效应, 我们先讨论其中 $M^{\mu\nu}$ 和 $p^\mu$ 满足的代数关系.

为此, 我们考虑原始的乘法关系

$$U(\Lambda, a)U(\Lambda', a') = U(\Lambda\Lambda', a + \Lambda a'),$$

$$U(\Lambda, a)U(\Lambda', a')U^{-1}(\Lambda, a) = U(\Lambda\Lambda'\Lambda^{-1}, a + \Lambda a' - \Lambda\Lambda'\Lambda^{-1}a),$$

其中 $U^{-1}(\Lambda,a)=U(\Lambda^{-1},-\Lambda^{-1}a)$ 满足 $U(\Lambda,a)U(\Lambda^{-1},-\Lambda^{-1}a)=U(1,0)$. 将它们代入 $U(\Lambda,a)$ 和 $U^{-1}(\Lambda,a)=U(1-\omega,-a)$, 并比较 $\omega\omega'$, $a\omega'$, $\omega a'$, $aa'$ 的系数, 得

$$\left[M^{\mu\nu},M^{\alpha\beta}\right]=\mathrm{i}\eta^{\mu\beta}M^{\nu\alpha}+\mathrm{i}\eta^{\nu\alpha}M^{\mu\beta}-\mathrm{i}\eta^{\mu\alpha}M^{\nu\beta}-\mathrm{i}\eta^{\nu\beta}M^{\mu\alpha},$$

$$\left[p^{\mu},M^{\alpha\beta}\right]=\mathrm{i}\eta^{\mu\beta}p^{\alpha}-\mathrm{i}\eta^{\mu\alpha}p^{\beta},$$

$$\left[p^{\mu},p^{\nu}\right]=0.$$

并且, 由 $U^{\dagger}=U^{-1}$ 知, $M$ 和 $p$ 为厄米算符.

将 $M$ 的表述 $(M^{\alpha\beta})^{x}{}_{y}=\mathrm{i}(\eta^{\alpha x}\delta^{\beta}_{y}-\eta^{\beta x}\delta^{\alpha}_{y})$ 与我们熟知的角动量算符的定义式 $L^{\mu\nu}=-\mathrm{i}(x^{\mu}\partial^{\nu}-x^{\nu}\partial^{\mu})$ 比较知, 前面引入的算符 $M$ 可以看成角动量算符的推广. 而 $p^{\mu}=-\mathrm{i}\partial^{\mu}$, 这表明前面引入的算符 $p$ 即 (量子力学中) 通常的动量算符.

总之, 我们有 (取自然单位 $c=1$)

$$p^{\mu}=(p^{0},p^{1},p^{2},p^{3})=(H,\boldsymbol{p}),$$

即 $\{p^{\mu}\mid\mu=0,1,2,3\}$ 为通常的四维动量, $H$ 为系统的哈密顿量, 并且

$$M^{\mu\nu}=\begin{pmatrix}0 & M^{01} & M^{02} & M^{03}\\ M^{10} & 0 & M^{12} & M^{13}\\ M^{20} & M^{21} & 0 & M^{23}\\ M^{30} & M^{31} & M^{32} & 0\end{pmatrix}=\begin{pmatrix}0 & -K' & -K^{2} & -K^{3}\\ K^{1} & 0 & J^{3} & -J^{2}\\ K^{2} & -J^{3} & 0 & J^{1}\\ K^{3} & J^{2} & -J^{1} & 0\end{pmatrix},$$

其中 $K^{i}=M^{i0}$, $J^{i}=\dfrac{1}{2}\varepsilon^{ijk}M^{jk}$, 它们之间有代数关系

$$[J^{i},J^{j}]=\mathrm{i}\varepsilon^{ijk}J^{k},\qquad [J^{i},K^{j}]=\mathrm{i}\varepsilon^{ijk}K^{k},\quad [K^{i},K^{j}]=-\mathrm{i}\varepsilon^{ijk}J^{k},\tag{6.45}$$

$$[J^{i},p^{j}]=\mathrm{i}\varepsilon^{ijk}p^{k},\quad [K^{i},p^{j}]=\mathrm{i}\delta^{ij}H,\tag{6.46}$$

$$[J^{i},H]=[P^{i},H]=0,\quad [K^{i},H]=\mathrm{i}p^{i}.\tag{6.47}$$

由此知, $\boldsymbol{J}$ 和 $\boldsymbol{p}$ 是守恒量, 标记其表示的量子数是好量子数, 但 $\boldsymbol{K}$ 却不是守恒量.

**2. 单粒子态的分类**

现在我们考察具有时空对称性的态在时空对称群下变换的性质. 前述讨论表明, 四动量是好量子数, 故其相应的态是动量的本征态, 即有

$$p^{\mu}|p\sigma\rangle=p^{\mu}|p\sigma\rangle,$$

其中 $\sigma$ 是内部自由度 (对粒子态通常是离散的, 例如自旋和其他各种荷), 左边的 $p^{\mu}$ 是算符, 右边的 $p^{\mu}$ 是本征值. 由于平移群的表示为 $\mathrm{e}^{-\mathrm{i}p\cdot a}$, 则动量本征态在平移操作下的变换行为是

$$U(1,a)|p\sigma\rangle=\mathrm{e}^{-\mathrm{i}p\cdot a}|p\sigma\rangle.$$

为清楚地表征动量本征态的性质, 我们需要确定在一般的变换 $U(\Lambda)$ 下, $U(\Lambda)|p\sigma\rangle$ 的具体行为.

因为

$$
\begin{aligned}
p^\mu U(\Lambda)|p\sigma\rangle &= (U(\Lambda)U^{-1}(\Lambda))p^\mu U(\Lambda)|p\sigma\rangle \\
&= U(\Lambda)\big(U^{-1}(\Lambda)p^\mu U(\Lambda)\big)|p\sigma\rangle = U(\Lambda)\big(\Lambda_\rho^{-1\mu}p^\rho\big)|p\sigma\rangle \\
&= \big(\Lambda^\mu{}_\rho p^\rho\big)U(\Lambda)|p\sigma\rangle,
\end{aligned}
$$

即 $U(\Lambda)|p\sigma\rangle$ 仍为动量本征态, 但本征值为 $\Lambda p$, 则有

$$
U(\Lambda)|p\sigma\rangle = \sum_{\sigma'} C_{\sigma\sigma'}(\Lambda, p)|\Lambda p\sigma'\rangle.
$$

由于 $p^2$ 是不变量, 选定一种简单的动量表述 $\kappa^\mu$, 令

$$
m^2 = p^2 = \kappa^2, \qquad p^\mu = L^\mu{}_\nu(p)\kappa^\nu, \qquad |p\sigma\rangle = U(L(p))|\kappa\sigma\rangle,
$$

则有

$$
\big[L^{-1}(\Lambda p)\Lambda L(p)\big]^\mu{}_\nu \kappa^\nu = \kappa^\mu.
$$

记 $L^{-1}(\Lambda p)\Lambda L(p) = \omega$, 则上式即

$$
w^\mu{}_\nu \kappa^\nu = \kappa^\mu.
$$

由此知, 借助该简单动量 $\kappa$, 我们可以将动量与内部自由度分开处理, 并有

$$
U(\omega)|\kappa\sigma\rangle = \sum_{\sigma'} D_{\sigma\sigma'}(\omega)|\kappa\sigma'\rangle,
$$

其中 $D$ 是关于内部自由度的小群的表示. 亦即有

$$
\begin{aligned}
U(\Lambda)|p\sigma\rangle &= U(\Lambda L(p))|p\sigma\rangle \\
&= \sum_{\sigma'} D_{\sigma\sigma'}(\omega)U(L(\Lambda p))|\kappa\sigma'\rangle \\
&= \sum_{\sigma'} D_{\sigma\sigma'}(\omega)|\Lambda p\sigma'\rangle.
\end{aligned}
$$

因此, 对粒子态可以在选定 $\kappa$ 的情况下, 按 $\omega$ 标记的群表示分类. 在固定 $\kappa^2$ 的情况下存在以下 6 种情况:

$$
\begin{array}{lll}
(0,0,0,0), & (M,0,0,0), & (\chi,\chi,0,0), \\
(-M,0,0,0), & (-\chi,\chi,0,0), & (0,N,0,0).
\end{array}
\tag{6.48}
$$

物理上, 仅前三种情况有意义, 它们分别对应 $p^2 = M^2$ 或 0, $E_p > 0$. 具体地, 我们有:

$$p^2 = M^2: \quad \text{SO(3) 小群}, \quad \text{本征态} |jm\rangle, \quad j = 0, \frac{1}{2}, 1, \frac{3}{2}, \cdots, |m| \leqslant j,$$

$$p^2 = 0: \quad \text{ISO(2) 小群}, \quad \text{本征态} |j\sigma\rangle, \quad j = 0, \frac{1}{2}, 1, \frac{3}{2}, \cdots, \sigma = \pm j.$$

特别地, 对应 $p^2 = 0$ 情况, 变换可以具体表述为

$$\omega = \begin{pmatrix} 1+\xi & -\xi & \alpha & \beta \\ -\xi & 1-\xi & -\alpha & -\beta \\ \alpha & -\alpha & 1 & 0 \\ \beta & -\beta & 0 & 1 \end{pmatrix} \begin{pmatrix} 1 & 0 & 0 & 0 \\ 0 & 1 & 0 & 0 \\ 0 & 0 & \cos\theta & \sin\theta \\ 0 & 0 & -\sin\theta & \cos\theta \end{pmatrix},$$

这里 $1+\xi \to \gamma, (-\xi, \alpha, \beta) \to \gamma\beta\boldsymbol{n}^{\mathrm{t}}, \xi^2 + \alpha^2 + \beta^2 = \gamma^2\beta^2 = \gamma^2 - 1 = (1+\xi)^2 - 1 \to \alpha^2 + \beta^2 = 2\xi$.

　　总之, 粒子态可按质量和角动量 (自旋) 进行分类. 进一步考虑空间反演变换, 引进宇称量子数 $P$, 粒子态 (的分类) 则常标记为 $J^P$.

### 3. 多粒子态的对称性

　　将前述单粒子态的表述方案直接推广知, 多粒子态的基本构件可以表述为 $|p_1 p_2 \cdots p_i \cdots p_j \cdots\rangle$.

　　全同粒子假设要求: 交换同一种量的两个粒子不改变系统的状态. 记交换操作为 $C_{ij}$, 则有

$$C_{ij} |p_1 p_2 \cdots p_i \cdots p_j \cdots\rangle = \alpha |p_1 p_2 \cdots p_j \cdots p_i \cdots\rangle,$$

$$C_{ij}^2 |p_1 p_2 \cdots p_i \cdots p_j \cdots\rangle = \alpha^2 |p_1 p_2 \cdots p_i \cdots p_j \cdots\rangle.$$

直观地, 有

$$C_{ij}^2 |p_1 p_2 \cdots p_i \cdots p_j \cdots\rangle = |p_1 p_2 \cdots p_i \cdots p_j \cdots\rangle,$$

从而有 $\alpha^2 = 1$, 进而有 $\alpha = +1$ 和 $\alpha = -1$. 此即我们在量子物理中已经熟知的微观粒子可以分为交换对称 (对应 $\alpha = +1$, 即交换系统中的任意两粒子, 系统的波函数都保持不变, 常称这类粒子为玻色子) 和交换反对称 (对应 $\alpha = -1$, 即交换系统中的任意两粒子, 系统的波函数都改变符号, 常称这类粒子为费米子) 两类的数学基础.

　　据此, 全同费米子系统的状态可以由 Slater 行列式形式表述. 由行列式的性质 (如果行列式的某两行中或某两列中的元素全相同, 则行列式为零)知, 如果多个费米子处于相同的状态, 则系统的状态为零, 即不存在这样的状态. 这就是说, 不能有多于一个的费米子处于同一个 (量子) 态. 此即著名的 Pauli 不相容原理. 全同玻

色子系统的状态更复杂 (不受 Pauli 不相容原理限制, 可能有 $n_i$ 个粒子处于第 $k_i$ 态), 简略地, 可以表述为

$$\Psi^{S}_{n_1 n_2 \cdots n_N}(q_1, q_2, \cdots, q_N)$$

$$= \sqrt{\frac{\prod\limits_{i} n_i!}{N!}} \sum_{P} P\big[\phi_{k_1}(q_1), \phi_{k_1}(q_2), \cdots, \phi_{k_1}(q_{n_1}) \cdots \phi_{k_N}(q_N)\big],$$

其中的 $P$ 表示所有可能的各种交换变换.

进一步, 我们有超统计 (parastatistics), 即经变换 $p_1 \to np_1 = k_1$, $p_2 \to np_2 = k_2, \cdots$ 之后, 系统的统计规律性不变. 更进一步, 考虑相互作用, 我们有经过扭结的变换 $p_1 \to np_1 = k_1'$, $p_2 \to np_2 = k_2', \cdots$. 具体地, 对于 $2+1$ 维系统, 描述这种变换的对称性规律的群称为辫子群 (braid group). 由于辫子群比较专门, 这里不予具体讨论, 有兴趣的读者可参阅有关专著[1].

### 6.3.3 对场及其基本性质描述的基本要求

#### 1. 经典场和量子场的分类及其基本性质

(1) 基本概念与一般性质.

我们知道, 一个物理系统的拉格朗日量 (简称拉氏量)、作用量和运动方程都是定义在时空点上的量, 可以一般地标记为 $\phi_\alpha(\boldsymbol{x}, t)$, 其中 $\boldsymbol{x}$ 和 $\alpha$ 都是自由度的标记.

类比于经典力学, 我们可以将相应于一个场的拉氏量表述为

$$L(t) = \int \mathrm{d}^3\boldsymbol{x} \mathcal{L}[\phi_\alpha(\boldsymbol{x}, t), \partial_\mu \phi_\alpha(\boldsymbol{x}, t)],$$

其中 $\mathcal{L}$ 称为场的拉氏密度. 作用量则可表述为

$$S[\phi_\alpha] = \int_{t_1}^{t_2} \mathrm{d}t \int \mathrm{d}^3\boldsymbol{x} \mathcal{L}(\boldsymbol{x}, t) = \int \mathrm{d}^4 x \mathcal{L}(x).$$

场的运动方程则由最小作用量原理给出. 由该原理, 有

$$\delta S = 0 = \int \mathrm{d}^4 x \Big[\frac{\partial \mathcal{L}}{\partial \phi_\alpha} \delta \phi_\alpha + \frac{\partial \mathcal{L}}{\partial(\partial_\mu \phi_\alpha)} \delta(\partial_\mu \phi_\alpha)\Big]$$

$$= \int \mathrm{d}^4 x \Big\{\Big[\frac{\partial \mathcal{L}}{\partial \phi_\alpha} - \partial_\mu\Big(\frac{\partial \mathcal{L}}{\partial(\partial_\mu \phi_\alpha)}\Big)\Big]\delta \phi_\alpha + \partial_\mu\Big(\frac{\partial \mathcal{L}}{\partial(\partial_\mu \phi_\alpha)} \delta \phi_\alpha\Big)\Big\},$$

其中最后一项为表面项, 其数值为零, 因为 $\delta\phi_\alpha(\boldsymbol{x} \to \infty, t_1) = \delta\phi'_\alpha(\boldsymbol{x} \to \infty, t_2) = 0$, 于是有

$$\partial_\mu\Big(\frac{\partial \mathcal{L}}{\partial(\partial_\mu \phi_\alpha)}\Big) - \frac{\partial \mathcal{L}}{\partial \phi_\alpha} = 0.$$

---

[1]如 Yang C N. Braid Group, Knot Theory and Statistical Mechanics II. World Scientific Pub. Co. Inc, 1994; 马中骐. 杨–巴克斯特方程和量子包络代数. 北京: 科学出版社, 1993.

它显然与经典物理中的欧拉–拉格朗日方程的形式完全相同, 因此常称为场的欧拉–拉格朗日方程.

(2) 标量场 (Klein–Gordon 场).

记标量场 (亦即 Klein–Gordon 场, 简称 KG 场) 为 $\phi$, 其拉氏密度则可表述为

$$\mathcal{L} = \frac{1}{2}\eta^{\mu\nu}\partial_\mu\phi\partial_\nu\phi - \frac{1}{2}m^2\phi^2 = \frac{1}{2}\dot\phi^2 - \frac{1}{2}(\nabla\phi)^2 - \frac{1}{2}m^2\phi^2,$$

其中 $\dot\phi$ 表示场 $\phi$ 关于 $t$ 的偏导数. 场的正则动量密度为

$$\begin{aligned}
\pi(\boldsymbol{x},t) = \frac{\partial L(t)}{\partial\dot\phi(\boldsymbol{x},t)} &= \frac{\partial}{\partial\dot\phi(x)}\int \mathrm{d}^3\boldsymbol{y}\,\mathcal{L}[\phi(y),\partial_\mu\phi(y)] \\
&= \int \mathrm{d}^3\boldsymbol{y}\left\{\frac{\partial}{\partial\dot\phi(y)}\mathcal{L}[\phi(y),\partial_\mu\phi(y)]\right\}\delta^3(x-y) \\
&= \frac{\partial}{\partial\dot\phi(\boldsymbol{x},t)}\mathcal{L}[\phi(\boldsymbol{x},t),\partial_\mu\phi(\boldsymbol{x},t)]\,.
\end{aligned}$$

场的哈密顿量 $H$ 可写为

$$H = \int \mathrm{d}^3\boldsymbol{x}[\pi(\boldsymbol{x},t)\dot\phi(\boldsymbol{x},t) - \mathcal{L}(\boldsymbol{x},t)] = \int \mathrm{d}^3\boldsymbol{x}\mathcal{H}(\boldsymbol{x},t)\,.$$

因此, 对于 KG 场, 我们有

$$\pi(\boldsymbol{x},t) = \dot\phi(\boldsymbol{x},t)\,, \qquad \mathcal{H}(\boldsymbol{x},t) = \frac{1}{2}\dot\phi^2 + \frac{1}{2}(\nabla\phi)^2 + \frac{1}{2}m^2\phi^2\,.$$

记 $L = T - V$, $H = T + V$, 则有

$$T = \int \mathrm{d}^3\boldsymbol{x}\left(\frac{1}{2}\dot\phi^2\right),$$

$$V = \int \mathrm{d}^3\boldsymbol{x}\left[\frac{1}{2}(\nabla\phi)^2 + \frac{1}{2}m^2\phi^2\right].$$

运动方程则为

$$(\partial_\mu\partial^\mu + m^2)\phi(x) = 0\,.$$

(3) 矢量场 (Maxwell 场).

由我们已经熟悉的电磁场知, 矢量场 $A$ 可以由四维矢势 $A^\mu = (\phi, \boldsymbol{A})$ 表述 (取自然单位制), (电) 流密度矢量则为 $j^\mu = (\rho, \boldsymbol{J})$, 系统的拉氏密度为

$$\mathcal{L} = -\frac{1}{2}(\partial_\mu A_\nu)(\partial^\mu A^\nu) + \frac{1}{2}(\partial_\mu A^\mu)^2 - j_\mu A^\mu = -\frac{1}{4}F_{\mu\nu}F^{\mu\nu} - j_\mu A^\mu,$$

其中 $F_{\mu\nu} = \partial_\mu A_\nu - \partial_\nu A_\mu$ 称为场强张量. 于是, 有

$$\frac{\partial\mathcal{L}}{\partial(\partial_\mu A_\nu)} = -\partial^\mu A^\nu + (\partial_\rho A^\rho)\eta^{\mu\nu}\,, \qquad \frac{\partial\mathcal{L}}{\partial A_\mu} = -j_\nu\eta^{\mu\nu} = -j^\mu,$$

并且,

$$\partial_\mu \left( \frac{\partial \mathcal{L}}{\partial(\partial_\mu A_\nu)} \right) = -\partial^2 A^\nu + \partial^\nu(\partial_\mu A^\mu) = -\partial_\mu(\partial^\mu A^\nu - \partial^\nu A^\mu) = -\partial_\mu F^{\mu\nu}.$$

由欧拉–拉格朗日方程知, 系统的运动方程为

$$\partial_\mu F^{\mu\nu} = j^\nu.$$

(4) 量子场.

(i) 场的变换形式与场量的分类.

我们知道, 在时空坐标做变换 $x \to \Lambda x$ 时, 场的变换 (被动变换) 形式是

$$\phi(x) \to \phi'(\Lambda x) = \phi(x), \qquad\qquad A^\mu \to A^{\mu\prime}(\Lambda x) = \Lambda^\mu{}_\nu A^\nu(x).$$

对于一般的多分量场 $\varphi_\alpha(x)$, 可具体表述为

$$\phi'_\alpha(\Lambda x) = D_{\alpha\alpha'}(\Lambda)\phi_{\alpha'}(x),$$

$$\phi'_\alpha(\bar\Lambda\Lambda x) = D_{\alpha\alpha'}(\bar\Lambda\Lambda)\phi_{\alpha'}(x) = D_{\alpha\alpha'}(\bar\Lambda)\phi'_{\alpha'}(\Lambda x) = D_{\alpha\alpha''}(\bar\Lambda)D_{\alpha''\alpha'}(\Lambda)\phi_{\alpha'}(x).$$

上式表明,

$$D_{\alpha\alpha'}(\bar\Lambda\Lambda) = D_{\alpha\alpha''}(\bar\Lambda)D_{\alpha''\alpha'}(\Lambda).$$

并且, 场本身的变换 (常记为主动变换) 为

$$\phi_\alpha(x) \longrightarrow D(\Lambda)_{\alpha\alpha'}\phi_{\alpha'}(\Lambda^{-1}x),$$

具体即

$$\begin{pmatrix} \phi_\alpha^1(x) \\ \phi_\alpha^2(x) \\ \phi_\alpha^3(x) \\ \vdots \end{pmatrix} \longrightarrow \begin{pmatrix} D^1(\Lambda) & & & \\ & D^2(\Lambda) & & \\ & & D^3(\Lambda) & \\ & & & \ddots \end{pmatrix} \begin{pmatrix} \phi_\alpha^1(\Lambda^{-1}x) \\ \phi_\alpha^2(\Lambda^{-1}x) \\ \phi_\alpha^3(\Lambda^{-1}x) \\ \vdots \end{pmatrix}.$$

上述变换规则表明, $D$ 构成 Lorentz 群的表示. 于是, 场可以按 $D$ (对应的量子数) 来分类.

前述讨论表明, 时空变换包括平移变换和 Lorentz 变换, 而 Lorentz 变换包含恰当正时变换和时空反演. 对于场本身, 首先要求其满足恰当正时变换, 即有

$$D = \mathrm{e}^{-\mathrm{i}\boldsymbol{\theta}\cdot\boldsymbol{J} - \mathrm{i}\boldsymbol{\eta}\cdot\boldsymbol{K}},$$

其中的 $\boldsymbol{J}$ 和 $\boldsymbol{K}$ 满足 (6.45) 式所示的代数关系. 由于变换对象是经典场, 无需特别要求变换为幺正线性或者反幺正反线性, 因此可以定义

$$\boldsymbol{A} = \frac{1}{2}(\boldsymbol{J} + \mathrm{i}\boldsymbol{K}), \qquad \boldsymbol{B} = \frac{1}{2}(\boldsymbol{J} - \mathrm{i}\boldsymbol{K}),$$

容易验证其间有代数关系

$$[A^i, A^j] = \mathrm{i}\varepsilon^{ijk} A^k, \qquad [B^i, B^j] = \mathrm{i}\varepsilon^{ijk} B^j, \qquad [A^i, B^j] = 0,$$

并有

$$\boldsymbol{A} + \boldsymbol{B} = \boldsymbol{J}.$$

于是, 前述的场的变换可以改写为

$$\phi_\alpha(x) \to \phi_{ab}(x),$$

其中 $a \in [-A, A]$, $b \in [-B, B]$, $A, B$ 分别为对应于 (操作) 算符 $\boldsymbol{A}, \boldsymbol{B}$ 的量子数.

由于宇称变换下 $A \leftrightarrow B$, 即 $A$ 与 $B$ 互换, 因此, 对于 $A \neq B$ 情况, $(A, B)$ 不构成时空变换群的表示. 但是, 因为

$$\mathcal{P} \begin{pmatrix} \varphi_{ab}(x) \\ \varphi_{ba}(x) \end{pmatrix} = \begin{pmatrix} 0 & 1 \\ 1 & 0 \end{pmatrix} \begin{pmatrix} \varphi_{ab}(\widetilde{x}) \\ \varphi_{ba}(\widetilde{x}) \end{pmatrix} = \begin{pmatrix} \varphi_{ba}(\widetilde{x}) \\ \varphi_{ab}(\widetilde{x}) \end{pmatrix},$$

其中 $\widetilde{x}$ 表示 $x$ 的空间分量反号, 那么通过将 $(A, B)$ 与 $(B, A)$ 直和起来即可构成包含空间反演的时空变换群的表示.

根据前述定义和群表示约化规则我们知道, 转动算符的量子数为 $J = A + B, A + B - 1, \cdots, |A - B|$, $J_3 = -J, -J + 1 \cdots, J - 1, J$, 于是有对场分类的方案:

$(A, B) = (0, 0) \implies J = 0$, 称为标量场;

$(A, B) = \left(\dfrac{1}{2}, \dfrac{1}{2}\right) \implies J = 1, 0$, 称为矢量场;

$(A, B) = \left(\dfrac{1}{2}, 0\right) \implies J = \dfrac{1}{2}$, 称为左 Weyl 旋量场;

$(A, B) = \left(0, \dfrac{1}{2}\right) \implies J = \dfrac{1}{2}$, 称为右 Weyl 旋量场;

$(A, B) \oplus (A', B') = \left(\dfrac{1}{2}, 0\right) \oplus \left(0, \dfrac{1}{2}\right) \implies J = \dfrac{1}{2}$, 称为 Dirac 旋量场;

$(A, B) \oplus (A', B') = (1, 0) \oplus (0, 1) \implies J = 1$, 称为电磁场张量.

(ii) Weyl 旋量和 Dirac 旋量的变换行为.

我们知道, 前述的 $\left(\frac{1}{2}, 0\right)$, $\left(0, \frac{1}{2}\right)$ 分别对应二维表示 $\left(a = \pm\frac{1}{2}, b = 0\right)$, $\left(a = 0, b = \pm\frac{1}{2}\right)$, 具体地, 即

$$\left(\frac{1}{2}, 0\right) \Longrightarrow \left(A^i = \frac{\sigma^i}{2}, B^i = 1\right), \qquad \left(0, \frac{1}{2}\right) \Longrightarrow \left(A^i = 1, B^i = \frac{\sigma^i}{2}\right).$$

变换矩阵

$$D_{L/K}{}^{(\Lambda)} = \mathrm{e}^{\frac{\mathrm{i}}{2}\boldsymbol{\sigma}\cdot(\boldsymbol{\theta}\pm\mathrm{i}\boldsymbol{\eta})},$$

其中

$$\sigma^0 = \begin{pmatrix} 1 & 0 \\ 0 & 1 \end{pmatrix}, \quad \sigma^1 = \begin{pmatrix} 0 & 1 \\ 1 & 0 \end{pmatrix}, \quad \sigma^2 = \begin{pmatrix} 0 & -\mathrm{i} \\ \mathrm{i} & 0 \end{pmatrix}, \quad \sigma^3 = \begin{pmatrix} 1 & 0 \\ 0 & -1 \end{pmatrix},$$

$\sigma_\mu = \eta_{\mu\nu}\sigma^\nu \equiv \bar{\sigma}^\mu = (\sigma^0, -\boldsymbol{\sigma})$, $\boldsymbol{\theta}$ 和 $\boldsymbol{\eta}$ 为变换角度 (各三个分量).

具体地, 记 $\chi \in \left(\frac{1}{2}, 0\right)$, $\xi \in \left(0, \frac{1}{2}\right)$, 考虑

$$\left(D_{\mathrm{L}}^{\mathrm{t}}\right)^* = (D_{\mathrm{R}})^{-1} = D_{\mathrm{L}}^\dagger, \qquad D_{\mathrm{L}}^\dagger \bar{\sigma}^\mu D_{\mathrm{L}} = L^\mu_{\ \nu} \bar{\sigma}^\nu, \qquad D_{\mathrm{R}}^\dagger \sigma^\mu D_{\mathrm{R}} = L^\mu_{\ \nu} \sigma^\nu,$$

则 Weyl 旋量的变换可表述为

$$\chi^{\mathrm{t}} \sigma^2 \chi \longrightarrow (D_{\mathrm{L}}\chi)^{\mathrm{t}} \sigma^2 D_{\mathrm{L}}\chi = \chi^{\mathrm{t}} D_{\mathrm{L}}^{\mathrm{t}} \sigma^2 D_{\mathrm{L}}\chi = \chi^{\mathrm{t}} \sigma^2 \chi,$$

$$\chi^\dagger \xi \longrightarrow (D_{\mathrm{L}}\chi)^{\mathrm{t}*} D_{\mathrm{R}}\xi = \chi^\dagger D_{\mathrm{L}}^\dagger D_{\mathrm{R}}\xi = \chi^\dagger \xi,$$

$$\chi^\dagger \bar{\sigma}^\mu \chi \longrightarrow \chi^\dagger D_{\mathrm{L}}^\dagger \bar{\sigma}^\mu D_{\mathrm{L}}\chi = L^\mu_{\ \nu} \chi^\dagger \bar{\sigma}^\mu \chi,$$

$$\xi^\dagger \sigma^\mu \xi \longrightarrow \xi^\dagger D_{\mathrm{R}}^\dagger \sigma^\mu D_{\mathrm{R}}\xi = L^\mu_{\ \nu} \xi^\dagger \sigma^\mu \xi.$$

令 $\psi = \begin{pmatrix} \chi \\ \xi \end{pmatrix} \in \left(\frac{1}{2}, 0\right) \oplus \left(0, \frac{1}{2}\right)$, 则变换矩阵可写为

$$D_{\frac{1}{2}}(\Lambda) = \mathrm{e}^{-\frac{\mathrm{i}}{2}\omega_{\mu\nu}S^{\mu\nu}},$$

其中

$$S^{\mu\nu} = \frac{1}{4}[\gamma^\mu, \gamma^\nu],$$

$$\gamma^0 = \begin{pmatrix} 0 & 1_{2\times 2} \\ 1_{2\times 2} & 0 \end{pmatrix}, \qquad \gamma^i = \begin{pmatrix} 0 & \sigma^i \\ -\sigma^i & 0 \end{pmatrix}, \qquad \{\gamma^\mu, \gamma^\nu\} = 2\eta^{\mu\nu}.$$

容易验证 $S^{\mu\nu}$ 满足 Lorentz 代数, 并且有

$$[r^\mu, S^{\rho\sigma}] = (M^{\rho\sigma})^\mu{}_\nu \gamma^\nu,$$

其中 $(M^{\rho\sigma})^\mu{}_\nu = \mathrm{i}(\eta^{\rho\mu}\delta^\sigma_\nu - \eta^{\sigma\mu}\delta^\rho_\nu)$.

等价地, 我们有

$$\left(1 + \frac{\mathrm{i}}{2}\omega_{\rho\sigma}S^{\rho\sigma}\right)\gamma^\mu\left(1 - \frac{\mathrm{i}}{2}\omega_{\rho\sigma}S^{\rho\sigma}\right) = \left(1 - \frac{\mathrm{i}}{2}\omega_{\rho\sigma}M^{\rho\sigma}\right)^\mu{}_\nu \gamma^\nu,$$

$$D_{\frac{1}{2}}^{-1}(\Lambda)\gamma^\mu D_{\frac{1}{2}}(\Lambda) = \Lambda^\mu{}_\nu \gamma^\nu.$$

进一步, 基于关系式

$$\gamma^{0\dagger} = \gamma^0, \qquad \gamma^{i\dagger} = -\gamma^i, \qquad \gamma^0\gamma^\mu\gamma^0 = (\gamma^\mu)^\dagger,$$

$$(S^{\mu\nu})^\dagger = \frac{\mathrm{i}}{4}\left[\gamma^{\mu\dagger}, \gamma^{\nu\dagger}\right] = \gamma^0 S^{\mu\nu}\gamma^0,$$

$$D_{\frac{1}{2}}(\Lambda)^\dagger = \left[\mathrm{e}^{-\frac{1}{2}\omega_{\mu\nu}S^{\mu\nu}}\right]^\dagger = \mathrm{e}^{\frac{1}{2}\omega_{\mu\nu}S^{\mu\nu\dagger}} = \gamma^0 \mathrm{e}^{\frac{1}{2}\omega_{\mu\nu}S^{\mu\nu}}\gamma^0 = \gamma^0 D_{\frac{1}{2}}(\Lambda)^{-1}\gamma^0$$

我们可以得知, Dirac 场量 $\psi$ 有变换性质

$$\psi^\dagger\gamma^0\psi \longrightarrow \psi^\dagger D_{\frac{1}{2}}^\dagger \gamma^0 D_{\frac{1}{2}}\psi = \psi^\dagger\gamma^0\psi,$$

$$\psi^\dagger\gamma^0\gamma^\mu\psi \longrightarrow \psi^\dagger D_{\frac{1}{2}}^\dagger\gamma^0\gamma^\mu D_{\frac{1}{2}}\psi = \psi^\dagger\gamma^0 D_{\frac{1}{2}}^{-1}\gamma^\mu D_{\frac{1}{2}}\psi = \Lambda^\mu{}_\nu\psi^\dagger\gamma^0\gamma^\mu\psi.$$

引入

$$\gamma^5 \equiv \mathrm{i}\gamma^0\gamma^1\gamma^2\gamma^3 = -\frac{\mathrm{i}}{4!}\varepsilon^{\mu\nu\rho\sigma}\gamma_\mu\gamma_\nu\gamma_\rho\gamma_\sigma,$$

容易证明

$$(\gamma^5)^\dagger = \gamma^5, \qquad (\gamma^5)^2 = 1, \qquad [\gamma^5, \gamma^\mu] = 0.$$

Dirac 场的相应变换行为是

$$\bar\psi\gamma_5\psi \longrightarrow \psi^\dagger D_{\frac{1}{2}}^\dagger\gamma_0\gamma_5 D_{\frac{1}{2}}\psi = \bar\psi\gamma_5\psi,$$

$$\bar\psi\gamma_5\gamma_\mu\psi \longrightarrow \Lambda^\mu{}_\nu\bar\psi\gamma_5\gamma_\mu\psi.$$

$P$ 宇称变换定义为

$$P: \quad \psi(\boldsymbol{x}, t) \longrightarrow \gamma^0\psi(-\boldsymbol{x}, t),$$

即交换左右手分量, 则有

$$P: \quad \bar\psi\gamma_5\psi \longrightarrow \bar\psi\gamma_0\gamma_5\gamma_0\psi = -\bar\psi\gamma_5\psi.$$

这表明, $\bar\psi\gamma_5\psi$ 为赝标作用.

根据上述各种量的变换规则, 我们可以构造对应于 Weyl 旋量场和 Dirac 旋量场的拉氏密度和运动方程.

(iii) Weyl 旋量场的拉氏密度和运动方程.

由前述的经典场和量子场的概念知, 任何场的拉氏密度都必须是 Lorentz 不变的标量, 并且必须是实数. 由前述 Weyl 旋量场的变换规则知, Weyl 旋量场 $\chi$ 的拉氏密度为

$$\mathcal{L} = \chi^\dagger(\mathrm{i}\bar{\sigma}^\mu\partial_\mu)\chi + \frac{\mathrm{i}m}{2}(\chi^\dagger\sigma^2\chi - \chi^\dagger\sigma^2\chi^*)\,,$$

运动方程则为

$$\mathrm{i}\bar{\sigma}^\mu\partial_\mu\chi - \mathrm{i}m\sigma^2\chi^* = 0\,.$$

(iv) Dirac 旋量场的拉氏密度和运动方程.

由前述 Dirac 旋量场的变换规则和场的拉氏密度的基本性质知, Dirac 旋量场的拉氏密度为

$$\mathcal{L} = \bar{\psi}(\mathrm{i}\gamma^\mu\partial_\mu - m)\psi\,,$$

其运动方程为

$$(\mathrm{i}\gamma^\mu\partial_\mu - m)\psi = 0\,.$$

此即我们通常所说的 Dirac 方程.

作为时空变换对称性的一个简单应用, 我们简要讨论 Dirac 方程的解. 对 Dirac 方程做转置共轭变换得

$$\mathrm{i}\partial_\mu\bar{\psi}\gamma^\mu + m\bar{\psi} = 0\,.$$

将 $\mathrm{i}\gamma^\nu\partial_\nu + m$ 作用于 Dirac 方程得

$$(\mathrm{i}\gamma^\nu\partial_\nu + m)(\mathrm{i}\gamma^\mu\partial_\mu - m)\psi = 0,$$

即有

$$-(\gamma^\mu\gamma^\nu\partial_\mu\partial_\nu + m^2)\psi = 0,$$

进而有

$$(\partial^2 + m^2)\psi = 0\,.$$

此即我们熟知的 Klein–Gordon 方程. 该运动方程的平面波解为

$$\psi(x) = u(p)\mathrm{e}^{-\mathrm{i}p\cdot x}\,.$$

由此易得

$$p^2 = m^2\,.$$

将该平面波解代入 Dirac 方程, 得

$$(\gamma^\mu p_\mu - m)u(p) = 0.$$

在 "静止" 系中, $p_0 = (m, \mathbf{0})$, 上述方程化为

$$(m\gamma^0 - m)u(p_0) = m \begin{pmatrix} -1 & 1 \\ 1 & -1 \end{pmatrix} u(p_0) = 0,$$

于是有

$$u(p_0) = \sqrt{m} \begin{pmatrix} \xi \\ \xi \end{pmatrix},$$

其中 $\xi$ 满足关系 $\xi^\dagger \xi = 1$, 即有 $\xi = (1,0)^{\mathrm{t}}$ 或 $(0,1)^{\mathrm{t}}$.

利用 Boost 变换, 我们可以得到一般情况下的解为

$$u^\varsigma(p) = \begin{pmatrix} \sqrt{p \cdot \sigma}\, \xi^\varsigma \\ \sqrt{p \cdot \bar\sigma}\, \xi^\varsigma \end{pmatrix} \quad (\varsigma = 1, 2),$$

归一化条件为 $\bar{u}u = u^\dagger \gamma^0 u = 2m$, $u^\dagger u = 2\sqrt{m^2 + \boldsymbol{p}^2}$.

除上述正能解之外, 还有负能解 $\psi(x) = v(p)\mathrm{e}^{+\mathrm{i}p\cdot x}$, 并有

$$v^\varsigma(p) = \begin{pmatrix} \sqrt{p \cdot \sigma}\, \eta^\varsigma \\ -\sqrt{p \cdot \bar\sigma}\, \eta^\varsigma \end{pmatrix} \qquad (\varsigma = 1, 2).$$

显然有自旋求和公式

$$\sum_\varsigma u^\varsigma(p)\bar{u}^\varsigma(p) = \gamma \cdot p + m,$$

$$\sum_\varsigma v^\varsigma(p)\bar{v}^\varsigma(p) = \gamma \cdot p - m.$$

### 2. 对称性和 Noether 定理

回顾前述讨论我们知道, 关于场的理论主要是局域理论, 即不存在不同时空点之间的耦合, 例如, 没有形如

$$L = \int \mathrm{d}^3\boldsymbol{x}\mathrm{d}^3\boldsymbol{y}\phi(\boldsymbol{x})\phi(\boldsymbol{y})$$

的拉氏量. 因此, 场的理论还具有局域对称性.

再考虑前述讨论, 我们至此讨论的对称性都是连续对称性, 或者说以连续群表征的对称性. 关于连续对称性, 我们有著名的 Noether 定理.

**定理 6.6 (Noether 定理)**　系统的每一个连续对称性都对应一个守恒量.

具体地, 对场做变换

$$\phi(x) \longrightarrow \phi'(x) = \phi(x) + \alpha\Delta\phi(x).$$

例如, 对无穷小时空平移变换, $\alpha\Delta\phi(x) = \epsilon^\mu\partial_\mu\phi(x)$, 即 $\phi'(x) = \phi(x+\epsilon)$. 同时, 作为一个标量, 拉氏密度的变换可表述为

$$\mathcal{L}'(x) = \mathcal{L}(x) + \alpha\partial_\mu F^\mu(x).$$

另一方面, 由拉氏密度是场的函数知

$$\alpha\partial_\mu F^\mu = \delta\mathcal{L} = \frac{\partial\mathcal{L}}{\partial\phi}(\alpha\Delta\phi) + \frac{\partial\mathcal{L}}{\partial(\partial_\mu\phi)}[\partial_\mu(\alpha\Delta\phi)]$$

$$= \alpha\partial_\mu\Big(\frac{\partial\mathcal{L}}{\partial(\partial_\mu\phi)}\Delta\phi\Big) + (\alpha\Delta\phi)\Big[\frac{\partial\mathcal{L}}{\partial\phi} - \partial\Big(\frac{\partial\mathcal{L}}{\partial(\partial_\mu\phi)}\Big)\Big].$$

考虑欧拉–拉格朗日方程知

$$上式 = \alpha\partial_\mu\Big(\frac{\partial\mathcal{L}}{\partial(\partial_\mu\phi)}\Delta\phi\Big).$$

于是有

$$\partial_\mu j^\mu = 0,$$

其中

$$j^\mu = \frac{\partial\mathcal{L}}{\partial(\partial_\mu\phi)}\Delta\phi - F^\mu,$$

即有流 (密度) 守恒. 下面对标量场的时空平移、Lorentz 转动及复标量场的时空平移分别予以简要讨论.

(1) 实标量场的时空平移对称性.

记变换前后的时空坐标分别为 $x, x' = \Lambda x$, 变换前后的场分别为 $\phi, \phi'(x')$, 由对称性即变换下的不变性知, $\phi(x) = \phi'(x') = \phi'(\Lambda x)$, 即有

$$\phi'(x) = \phi(\Lambda^{-1}x).$$

对应于时空平移变换 $x \to x - \epsilon$, 实标量场的变换为

$$\phi(x) \longrightarrow \phi'(x) = \phi(x) + \epsilon^\nu(\partial_\nu\phi(x)),$$

系统拉氏密度的变换为

$$\mathcal{L}(x) \longrightarrow \mathcal{L}'(x) = \mathcal{L}(x) + \epsilon^\nu(\partial_\nu\mathcal{L}(x)) = \mathcal{L}(x) + \epsilon^\nu\partial_\mu(\delta_\nu^\mu\mathcal{L}(x)).$$

于是有

$$\Delta\phi_\nu = \partial_\nu\phi(x), \qquad F^\mu{}_\nu = \delta^\mu_\nu\mathcal{L}(x).$$

定义能动量张量为

$$T^\mu{}_\nu = \frac{\partial\mathcal{L}}{\partial(\partial_\mu\phi)}\partial_\nu\phi - \delta^\mu_\nu\mathcal{L},$$

容易验证

$$\partial_\mu T^\mu{}_\nu = 0,$$

即能动量张量为守恒流, 并有守恒荷

$$E = \int \mathrm{d}^3\boldsymbol{x}T^{00}, \qquad p^i = \int \mathrm{d}^3\boldsymbol{x}T^{0i}.$$

(2) 标量场的 Lorentz 转动对称性.

时空的 Lorentz 转动表述为

$$\Lambda^\mu{}_\nu = \delta^\mu_\nu - \omega^\mu{}_\nu,$$

从而有

$$\phi(x) \longrightarrow \phi'(x) = \phi(\Lambda^{-1}x) = \phi(x) + \omega^\mu{}_\nu x^\nu \partial_\mu\phi(x)$$
$$= \phi(x) + \omega^{\mu\rho}\eta_{\rho\nu}x^\nu \partial_\mu\phi(x) = \phi(x) + \omega^{\mu\rho}x_\rho\partial_\nu\phi(x),$$
$$\mathcal{L}(x) \longrightarrow \mathcal{L}'(x) = \mathcal{L}(x) + \omega^{\nu\rho}x_\rho\partial_\nu\mathcal{L}(x),$$

于是有

$$(\Delta\phi)_{\nu\rho} = \frac{1}{2}(x_\rho\partial_\nu\phi - x_\nu\partial_\rho\phi),$$
$$(F^\mu)_{\nu\rho} = \frac{1}{2}(x_\rho\delta^\mu_\nu\mathcal{L} - x_\nu\delta^\mu_\rho\mathcal{L}).$$

进而有守恒流

$$(J^\mu)_{\nu\rho} = \left[\frac{\partial\mathcal{L}}{\partial(\partial_\mu\phi)}x_\rho\partial_\nu\phi - \delta^\mu_\nu x_\rho\mathcal{L}\right] + (\rho \leftrightarrow \nu) = x_\rho T^\mu{}_\nu - x_\nu T^\mu{}_\rho,$$

守恒荷则为

$$\boldsymbol{J} = \int \mathrm{d}^3\boldsymbol{x}(x^i T^{0j} - x^j T^{0i}),$$
$$\boldsymbol{Q} = \int \mathrm{d}^3\boldsymbol{x}(x^i T^{0i} - x^i T^{00}).$$

并且, 由

$$\frac{\mathrm{d}\boldsymbol{Q}}{\mathrm{d}t} = \boldsymbol{p} - \frac{\mathrm{d}}{\mathrm{d}t}\int \mathrm{d}^3\boldsymbol{x}\boldsymbol{x}T^{00} = \boldsymbol{0},$$

得

$$\boldsymbol{p} = \frac{\mathrm{d}}{\mathrm{d}t} \int \mathrm{d}^3 \boldsymbol{x} \boldsymbol{x} T^{00},$$

显然与宏观的 $\boldsymbol{p} = m\dot{\boldsymbol{x}}$ 一致.

(3) 复标量场的内禀对称性.

复标量场具有全域 U(1) 对称性, 其拉氏密度为

$$\mathcal{L} = \partial_\mu \phi^* \partial^\mu \phi - V(|\phi|^2).$$

在 U(1) 变换下,

$$\phi(x) \longrightarrow \phi'(x) = \mathrm{e}^{\mathrm{i}\alpha}\phi(x) = \phi(x) + \mathrm{i}\alpha\phi(x),$$
$$\mathcal{L}(x) \longrightarrow \mathcal{L}'(x) = \mathcal{L}(x),$$

进而有守恒流 $j^\mu = \mathrm{i}(\partial^\mu \phi^*)\phi - \mathrm{i}\phi^*(\partial^\mu \phi)$, 守恒荷 $Q = \int \mathrm{d}^3\boldsymbol{x}(\mathrm{i}\dot{\phi}^*\phi - \mathrm{i}\phi^*\dot{\phi})$.

更深入地, 除了 U(1) 对称性, 对于不同相互作用的系统还有相应的规范对称性 (局域对称性), 例如: 强相互作用系统有 SU(3) 规范对称性, 电弱相互作用统一系统有 SU(2) ⊗ U(1) 规范对称性. 本书 §7.3 将对其基本概念予以简要介绍, 具体的讨论见关于量子场论或量子规范场论的教材和专著.

## 思考题与习题

1. 试说明反映所有四维时空变换对称性的李群对应的李代数为包含 4 维 Abel 代数的 10 维李代数, 并按 Levi–Malcev 定理对之进行分类.

2. 试给出分别与 Lorentz 群、Poincaré 群对应的李代数的可解子代数.

3. 试确定 Poincaré 李代数的最大可解理想及其商代数.

4. 试确定 Poincaré 群的 Killing 型.

5. 记由 Poincaré 李代数 $\mathcal{P}$ 的基元素和任意一个紧致李代数 $\mathcal{K}$ 的基元素张成的空间上的李代数为 $\mathcal{L}$, 李代数 $\mathcal{K}$ 的最大交换子代数为 $\mathcal{C}$, 试证明如果 $[\mathcal{P}, \mathcal{C}] = 0$, 则 $\mathcal{L} = \mathcal{P} \oplus \mathcal{K}$.

6. 记由 Poincaré 李代数 $\mathcal{P}$ 的基元素和任意一个半单李代数 $\mathcal{S}$ 的基元素张成的空间上的李代数为 $\mathcal{L}$, 试证明如果对李代数 $\mathcal{S}$ 的 Cartan 子代数 $\mathcal{H}$, $[\mathcal{P}, \mathcal{H}] = 0$, 则 $\mathcal{L} = \mathcal{P} \oplus \mathcal{S}$.

7. 试对 Euclid 群 $T^3 \otimes \mathrm{SO}(3)$ 的有限维表示予以分类.

8. 对 Poincaré 群 $\mathrm{P} = T^4 \otimes \mathrm{SO}(3,1)$, 记其中 SO(3,1) 的 Iwasawa 因子为 N, $\mathrm{G}_0 = T^4 \otimes \mathrm{N}$, 商群 $\mathrm{P}/\mathrm{G}_0 = X$, 试证明在空间 $L^2(X)$ 上, Poincaré 群 P 有不止两个不变的微分算子.

9. 记 $\mathbb{R}^4$ 空间上的 Lorentz 群的定义表示为 $L$, 即有 $x \to x' = Lx$, $T$ 为不可约张量, 试证明该定义表示与表示 $D^{(1/2,1/2)}$ 等价, 即有 $D^{(1/2,1/2)} = TLT^{-1}$.

10. $L^{\uparrow+}$ 的有限维表示的正交基底 $\{f_k^{(w)}\}$ 可以通过规范基底 $\{f_{mn}^{(u,v)}\}$ 构造, 也可以通过考察李代数对基底 $\{f_k^{(w)}\}$ 的作用结果而直接构造, 试通过具体计算给出两组不同的基下标记表示的量子数之间的关系 ((6.30) 式).

11. 试证明 SL(2) 群相应的李代数的元素 $\{\mathcal{F}^\pm, \mathcal{F}^3\}$ 对其有限维表示空间的基 $\{f_k^{(w)}\}$ 作用的结果的表达式中函数 $A_w, B_w, C_w$ 的表达式 ((6.33) 式).

12. 试证明相应于 Lorentz 群的不可约表示 $D^{(1/2,0)}$, $D^{(0,1/2)}$ 的生成元可以分别表述为

$$J_k^{(1/2,0)} = -\frac{1}{2}\mathrm{i}\sigma_k, \qquad N_k^{(1/2,0)} = \frac{1}{2}\sigma_k,$$

$$J_k^{(0,1/2)} = -\frac{1}{2}\mathrm{i}\sigma_k, \qquad N_k^{(0,1/2)} = -\frac{1}{2}\sigma_k,$$

其中 $\sigma_k$ 为 Pauli 矩阵.

13. 对于向量 $\boldsymbol{u}, \boldsymbol{w}$, 记 $u = |\boldsymbol{u}|$, $w = |\boldsymbol{w}|$, $\Sigma = \begin{pmatrix} \boldsymbol{\sigma} & 0 \\ 0 & \boldsymbol{\sigma} \end{pmatrix}$ 和 $\alpha = \begin{pmatrix} -\boldsymbol{\sigma} & 0 \\ 0 & \boldsymbol{\sigma} \end{pmatrix}$ 为由 Pauli 矩阵 $\boldsymbol{\sigma}$ 构造的矩阵, 试证明 SL(2, $\mathbb{R}$) 群的表示 $D^{(1/2,0)} \otimes D^{(0,1/2)}$ 可以表述为

$$\left(D^{(1/2,0)} \otimes D^{(0,1/2)}\right)(\Lambda) = \begin{cases} \exp\left(\dfrac{\mathrm{i}}{2}\boldsymbol{w} \cdot \Sigma\right) = \cos\dfrac{w}{2} + \mathrm{i}\boldsymbol{w} \cdot \Sigma \sin\dfrac{w}{2}, \\ \qquad\qquad\qquad\qquad\qquad 对特殊转动; \\ \exp\left(-\dfrac{1}{2}\boldsymbol{u} \cdot \alpha\right) = \cosh\dfrac{u}{2} - \boldsymbol{u} \cdot \alpha \sinh\dfrac{u}{2}, \\ \qquad\qquad\qquad\qquad\qquad 对特殊 Lorentz 变换. \end{cases}$$

14. 对李代数 $\mathrm{sl}(2, \mathbb{C}) \sim \mathrm{so}(3,1)$, 记其作用于由

$$|jm\rangle = \left((j+m)!(j-m)!\right)^{-1/2} a_1^{*(j+m)} a_2^{*(j-m)} |0\rangle$$

张成的 Hilbert 空间上的元素为

$$J_k = \frac{1}{2}a^*\sigma_k a, \qquad N_k = \frac{1}{2}\mathrm{i}\left(a^*\sigma_k C a^* + a C \sigma_k a\right), \qquad k = 1, 2, 3,$$

其中 $\sigma_k$ 为 Pauli 矩阵, $C = \begin{pmatrix} 0 & 1 \\ -1 & 0 \end{pmatrix}$, $a = \begin{pmatrix} a_1 \\ a_2 \end{pmatrix}$, $a^* = (a_1^*, a_2^*)$, 并且 $[a_i, a_j^*] = \delta_{ij}$ $(i = 1, 2)$.

(1) 试证明该李代数的二阶 Casimir 算子可以表述为 $C_2 = \boldsymbol{J}^2 - \boldsymbol{N}^2$, $C_2' = \boldsymbol{J} \cdot \boldsymbol{N}$, 并且相应的本征值分别为 $0$, $-\dfrac{3}{4}$;

(2) 试证明如果该 Hilbert 空间中的最低态为 $|0\rangle$ 或 $a^*|0\rangle$, 则相应的 so(3,1) 的自共轭表示分别为 $j_0 = j_{\min} = 0$ 或 $\dfrac{1}{2}$;

(3) 推广上述结果, 试证明 so(3,1) 有可分为两个序列的幺正表示, 其一是 $j_0 = \dfrac{1}{2}, 1, \dfrac{3}{2}, \cdots, a \in (-\infty, \infty)$, 其二是 $j_0 = 0$, ia $\in [0,1]$, 相应的二阶 Casimir 算子的本征值都可以表述为 $C_2 = j_0 a$, $C_2' = 1 + a^2 - j_0^2$;

(4) 进一步, 记 $\{a_i, b_i \mid i = 1, 2\}$ 为两组玻色子算符, 并且

$$J_k = \frac{1}{2}\big(a^* \sigma_k a + b^* \sigma_k a\big), \qquad N_k = -\frac{1}{2}\big(a^* \sigma_k C b^* - a C \sigma_k b\big),$$

试构建 so(3,1) 李代数的相应的表示.

15. 对 Poincaré 群 $P = T^4 \otimes SO(3,1)$, 记 $T$ 是 $H = L^2(\mathbb{R}^4)$ (平方可积) 空间上的表示.

(1) 试给出该空间上 Poincaré 群 P 的生成元的表述形式;

(2) 试给出 Poincaré 群的二阶 Casimir 算子的表达式, 以及相应于表示 $T$ 的本征谱.

# 第七章 典型李代数在强子结构及基本相互作用规律研究中的应用

## §7.1 轻味强子的夸克模型

### 7.1.1 夸克的基本性质

20 世纪 50 年代中期到 60 年代初期的电子与质子的深度非弹性散射等实验表明, 将质子作为点粒子的理论不能描述高能电子–质子等散射的散射截面, 说明其形状因子与点粒子的形状因子不同, 从而这些 "基本粒子" 不是点粒子, 而是有结构的, 即强子是由其他粒子组成的. 组成强子的粒子称为夸克 (也称为部分子 (实际为部分子中的一类) 或层子等). 夸克具有 (固有) 质量、自旋、宇称、电荷、超荷、同位旋、重子数、奇异数等量子数. 按夸克的固有质量 (由手征对称性自发破缺而产生, 严格说, 应称为流质量) 等性质, 人们将组成常见的轻强子的夸克称为上夸克、下夸克、奇异夸克. 20 世纪 70 年代人们发现了较重的粲夸克, 之后又发现了更重的底夸克和顶夸克. 现在, 人们把按照固有质量不同对夸克的分类称为夸克具有不同的味 (道), 并整体将之分为三代. 基态 (轨道角动量 $L = 0$) 夸克的宇称都被认定为偶 (+) 宇称, 其他量子数如表 7.1 所示. 显然, 这些量子数之间有关系

$$Y = B + S, \tag{7.1}$$

$$Q = I_3 + \frac{Y}{2} \ (\text{对上、下、奇异夸克}),$$

$$Q = I_3 + \frac{1}{2}(Y + C + B' + T') \ (\text{对全部夸克}), \tag{7.2}$$

其中 $Y$ 为超荷, $B$ 为重子数, $S$ 为奇异数, $Q$ 为以 $e$ 为单位的电荷, $I_3$ 为同位旋第三分量 (同位旋在不产生歧义时, 也常用 $T$ 标记), $C, B', T'$ 分别为粲数、底数、顶数. (7.2) 式中的前一式称为 Gell-Mann–Nishijima 关系, (7.2) 式中的后一式称为推广的 Gell-Mann-Nishijima 关系.

各种味道的夸克都有对应的反粒子 —— 反夸克. 反夸克的所有量子数都为相应夸克的量子数的负值.

表 7.1 夸克的内禀性质一览表

| 代次 | 味道 (F) | 流质量 ($m_0$) | 重子数 (B) | 电荷/e (Q) | 超荷 (Y) | 同位旋第三分量 ($I_3$) | 粲数 (C) | 奇异数 (S) | 顶数 (T') | 底数 (B') |
|---|---|---|---|---|---|---|---|---|---|---|
| 1 | 上(u) | $2.16^{+0.49}_{-0.26}$ MeV | $\frac{1}{3}$ | $\frac{2}{3}$ | $\frac{1}{3}$ | $\frac{1}{2}$ | 0 | 0 | 0 | 0 |
| 1 | 下(d) | $4.67^{+0.48}_{-0.17}$ MeV | $\frac{1}{3}$ | $-\frac{1}{3}$ | $\frac{1}{3}$ | $-\frac{1}{2}$ | 0 | 0 | 0 | 0 |
| 2 | 粲(c) | $(1.27 \pm 0.02)$GeV | $\frac{1}{3}$ | $\frac{2}{3}$ | $\frac{1}{3}$ | 0 | 1 | 0 | 0 | 0 |
| 2 | 奇异(s) | $93^{+11}_{-5}$MeV | $\frac{1}{3}$ | $-\frac{1}{3}$ | $-\frac{2}{3}$ | 0 | 0 | −1 | 0 | 0 |
| 3 | 顶(t) | $(172.76 \pm 0.30)$GeV | $\frac{1}{3}$ | $\frac{2}{3}$ | $\frac{1}{3}$ | 0 | 0 | 0 | 1 | 0 |
| 3 | 底(b) | $4.18^{+0.03}_{-0.02}$GeV | $\frac{1}{3}$ | $-\frac{1}{3}$ | $\frac{1}{3}$ | 0 | 0 | 0 | 0 | −1 |

20 世纪 60 年代前期对强子谱的研究表明, 在夸克模型框架下, 如果夸克仅具有前述的 (固有) 质量、电荷、自旋、同位旋等内禀自由度, 则无法解释实验观测到的 $\Delta^{++}\left(\frac{3}{2}\right)$ 等的存在性 (自旋量子数 $\frac{3}{2}$ 说明其中的 3 个夸克都处于 $\left|\frac{1}{2}\frac{1}{2}\right\rangle$ 状态, 带 2 个单位正电荷说明其中的 3 个夸克都处于带电荷 $\frac{2}{3}e$ 状态, 即该粒子是由 3 个处于相同状态的 u 夸克组合而成. 这显然与 Pauli 不相容原理矛盾). 因此人们认为, 夸克 (反夸克) 除具有前述内禀自由度外, 还有一个重要的自由度, 称为 "颜色". 由于实验上观测到的强子都不带颜色自由度, 也就是无色的, 因此人们认为颜色自由度有三维, 通常由三原色红 (red, r)、绿 (green, g)、蓝 (blue, b) 标记, 并且认为夸克具有色 SU(3) 对称性, 且处于其基础表示 $[1]_3$ (下标标记其维数) (色自由度最早是在对抽象的超粒子 (para-particle) 系统的统计规律的研究中引入的, 并被认为是没有实际意义的超自由度, 后来的正负电子碰撞产生强子对与产生 μ 子对的分支比等实验研究要求该自由度是现实的, 并改称之为颜色. 稍具体的讨论见 §7.3). 与上述颜色相对, 还有反色, 即反红 (r̄)、反绿 (ḡ)、反蓝 (b̄). 由于实验上没有看到带颜色的夸克, 因此人们认为夸克及其颜色都是禁闭的.

### 7.1.2 轻味强子的夸克结构

从 20 世纪 50—60 年代开始直到现在, 人们已经发现了 700 多种不同的强子. 这些大量的强子仅仅由少数几种夸克构成. 其中, 轻强子 (同时也是实验上最早观测到的强子) 都由 u, d, s 三味夸克 (或其中一两种) 构成. 由于这三味夸克性质相近, 由它们构成的强子具有近似的 SU(3) (味) 对称性.

在夸克模型中, 介子是由一个夸克与一个反夸克构成的束缚态, 其味空间和色空间的表示都可以由 SU(3) 对称的夸克、反夸克的相应表示的直积 $((1,0) \otimes (0,1) = (1,1) \oplus (0,0))$ 的约化表述为 (按维数标记)

$$3 \otimes \bar{3} = 8 \oplus 1. \tag{7.3}$$

对于色空间, 上述 1 维表示为对应于色单态 (色禁闭) 的表示, 即 $[1,1,1]$ 或 $(0,0)$ 表示, 它可以显式地表述为

$$|1\rangle = \frac{1}{\sqrt{6}} (\mathrm{rgb} - \mathrm{rbg} + \mathrm{gbr} - \mathrm{grb} + \mathrm{brg} - \mathrm{bgr}) \,.$$

因为介子为无色的强子, 因此介子的色空间表示可以表述为上述形式, 亦常更简单地表述为 $|1\rangle = \frac{1}{\sqrt{3}} (\mathrm{r\bar{r}} + \mathrm{g\bar{g}} + \mathrm{b\bar{b}})$. 上述 8 维表示为对应于显色的表示, 以其作为组分时 (例如讨论多夸克态时) 常被称为隐色道 (hidden-color channel).

对于味空间, 1 维表示和 8 维表示分别对应味单态介子和味八重态介子. 由上一章的讨论知, 这些介子按照夸克与反夸克形成的束缚态的总角动量和宇称量子数 $J^P$ 来分类. 由于夸克、反夸克的偶、奇内禀宇称, $J^P = 0^-$ (轨道角动量 $L = 0$, 自旋 $S = 0$) 的介子称为赝标量介子, $J^P = 1^-$ (轨道角动量 $L = 0$, 自旋 $S = 1$) 的介子称为矢量介子, $J^P = 1^+$ (轨道角动量 $L = 1$, 自旋 $S = 0$) 的介子称为轴矢量介子, $J^P = 0^+$ (轨道角动量 $L = 1$, 自旋 $S = 1$) 的介子称为标量介子, $J^P = 2^+$ (轨道角动量 $L = 1$, 自旋 $S = 1$) 等介子称为张量介子. 由上述味 SU(3) 对称性的直积表示约化规则知, 轻味系统有 9 个 (基态) 赝标量介子和 9 个 (基态) 矢量介子, 其名称及夸克–反夸克组分结构如图 7.1 所示.

重子由三个夸克构成, 反重子由三个反夸克构成, 其味道组分由 SU(3) 的直积表示 $((1,0) \otimes (1,0) \otimes (1,0) = (3,0) \oplus (1,1) \oplus (1,1) \oplus (0,0))$ 及其约化 (按维数标记)

$$3 \otimes 3 \otimes 3 = 10 \oplus 8 \oplus 8 \oplus 1 \tag{7.4}$$

表征, 具体如图 7.2 所示, 其中, 重子十重态中的 $\Omega^- \left(\frac{3}{2}\right)$ 先由味对称性理论预言, 后来才在美国布鲁克海文国家实验室观测到.

最近观测到的双粲重子等奇异强子态也都可以由强子的夸克结构模型来分类, 只是味道对称性应由 SU(3) 扩展到 SU(4). 请读者作为习题给出味 SU(4) 对称性下的 $J^P = \frac{3}{2}^+$ 的重子态 (20 重) 和 $J^P = \frac{1}{2}^+$ 的重子态 (20 重、4 重) 的夸克组分结构.

上面讨论了三味夸克系统具有 $\mathrm{SU}_F(3)$ 对称性, 四味夸克系统具有 $\mathrm{SU}_F(4)$ 对称性. 再考虑角动量守恒的 $\mathrm{SU}_S(2)$ 对称性, 则三味系统、四味系统的对称性可以分别表述为

$$\mathrm{SU}_F(3) \otimes \mathrm{SU}_S(2) \subset \mathrm{SU}(6), \qquad \mathrm{SU}_F(4) \otimes \mathrm{SU}_S(2) \subset \mathrm{SU}(8) \,.$$

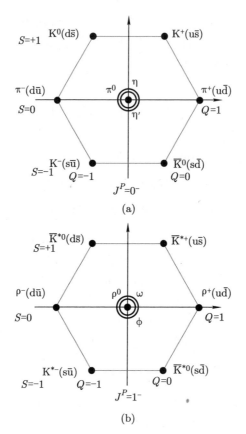

图 7.1    轻赝标量介子的九重态 (a) 和矢量介子的九重态 (b) 的夸克结构及电荷、奇异数等量子数标记

事实上, 由于夸克具有不同的流质量, 上述的 $\mathrm{SU}_F(3)$ 对称性和 $\mathrm{SU}_F(4)$ 对称性都仅是近似的对称性, 实际都是破缺的. 由于 u, d 夸克的流质量相差很小, 并且重子数和奇异数都守恒, 则可认为系统的同位旋守恒、超荷守恒, 那么, 以三味系统为例, 其味对称性破缺可以表述为 $\mathrm{SU}_F(3) \supset \mathrm{SU}_I(2) \otimes \mathrm{U}_Y(1)$, 于是系统的完整的对称性可以表述为

$$\mathrm{SU}_I(2) \otimes \mathrm{U}_Y(1) \otimes \mathrm{SU}_S(2).$$

决定系统质量谱的哈密顿量可以表述为

$$\widehat{H} = \widehat{H}_0 + c_1 C_{1Y} + c_2 C_{2Y} + c_3 C_{2I} + c_4 C_{2S},$$

其中 $C_{kA}$ 为对称性 $A$ 的 $k$ 阶 Casimir 算子. 进而, 系统 (强子) 的质量谱可以由系统的超荷、同位旋、自旋等量子数表述为

$$M(Y, I, S) = M_0 + c_1 Y + c_2 Y^2 + c_3 I(I+1) + c_4 S(S+1).$$

以 $M_N = 939\,\text{MeV}$, $M_\Lambda = 1116\,\text{MeV}$, $M_\Sigma = 1192\,\text{MeV}$, $M_\Xi = 1317\,\text{MeV}$ 为标准, 拟合计算得到上式中的参数可取为 $M_0 = 1065.5\,\text{MeV}$, $c_1 = -193\,\text{MeV}$, $c_2 = -8.1\,\text{MeV}$, $c_3 = 32.5\,\text{MeV}$, $c_4 = 67.5\,\text{MeV}$ (事实上, 考虑 Gell-man-Nishijima 关系, $c_2 = -\dfrac{1}{4}c_3$).

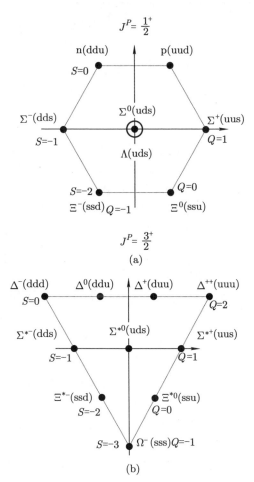

图 7.2 轻重子八重态 (a) 和重子十重态 (b) 的夸克结构及电荷、奇异数等量子数标记

由此计算得到的一些重子的质量及与实验测量结果的比较如表 7.2 所示. 由表 7.2 知, 基于味对称性及其破缺的理论可以相当好地表述重子的质量谱, 并且前已述及, $\Omega\left(J^{PC} = \dfrac{3}{2}^{+-}\right)$ 的发现是在理论上预言了该粒子的存在性之后. 以此为基础, 还可以深入地讨论并描述重子八重态和重子十重态的质量劈裂[①]. 由此可窥

①具体的讨论请参见 Cutkosky R E. Phys. Rev. C, 1993, 47: 367 等文献.

得对称性及其破缺在揭示物理本质并描述物理现象中的作用之一斑.

**表 7.2　仅由对称性出发计算得到的一些重子** (括号内标记其量子数 $J^P$) **的质量** (以 MeV 为单位) **及与实验测量结果的比较**

| 重子名称 | N$\left(\frac{1}{2}^+\right)$ | $\Lambda\left(\frac{1}{2}^+\right)$ | $\Sigma\left(\frac{1}{2}^+\right)$ | $\Xi\left(\frac{1}{2}^+\right)$ | $\Delta\left(\frac{3}{2}^+\right)$ | $\Sigma\left(\frac{3}{2}^+\right)$ | $\Xi\left(\frac{3}{2}^+\right)$ | $\Omega\left(\frac{3}{2}^+\right)$ |
|---|---|---|---|---|---|---|---|---|
| 计算结果 | 939 | 1116 | 1181 | 1325 | 1239 | 1384 | 1528 | 1672 |
| 测量结果 | 939 | 1116 | 1189 | 1318 | 1232 | 1385 | 1533 | 1672 |

### 7.1.3　多夸克集团态

夸克结构模型对于介子和重子态的分类和基本性质描述的成功自然使得人们将之扩展到由多个夸克形成的强子, 即多夸克集团态. 由于多夸克集团态涉及较复杂的色味结构, 因此被认为是研究色禁闭的更好载体, 从而一直是人们致力探测的对象. 近年来, 关于多夸克集团态等奇异强子态的研究取得很大进展, 发现了一些可能的四夸克态 (实际是由两个价夸克与两个反价夸克形成的束缚态或分子态)、五夸克态 (实际是由四个价夸克与一个反价夸克形成的束缚态或分子态)、六夸克态 (由六个价夸克形成的束缚态或分子态). 这里仅从群表示及其约化的角度对五夸克态和六夸克态予以简单讨论. 关于四夸克态的讨论, 作为习题由读者自己完成.

#### 1. 五夸克态

与介子和重子一样, 五夸克态的波函数也可以写成 "轨道" 部分与内禀部分的直积. 为保证五夸克态为色单态, 其色自由度应该包含一种颜色与其反色形成的无色态和三种颜色形成的无色态, 即其应该包含四个夸克和一个反夸克. 因为反夸克与夸克不是全同粒子, 则四个夸克形成的态应该为全反对称态, 即应有 [1⁴] 对称性.

对于四夸克部分仅包含两味轻夸克的情况, 因其内禀空间的对称性可以表示为 $\mathrm{SU}_{CTS}(12)\supset\mathrm{SU}_C(3)\otimes\mathrm{SU}_{ST}(4)$, 记与 "轨道"、颜色、自旋–同位旋空间的对称性 (其中 $\mathrm{SU}_{ST}(4)$ 可以进一步分解为自旋空间和同位旋空间的对称性 $\mathrm{SU}_S(2)\otimes\mathrm{SU}_T(2)$) 相应的不可约表示分别为 $[f]_O, [f]_C, [f]_{ST}$, 则应有

$$[1^4]\in[f]_O\otimes[f]_C\otimes[f]_{ST}.$$

因五夸克态整体为色单态, 则四个夸克在色空间的 SU(3) 对称性下的不可约表示应该为 $[f]_C=[2,1,1]$. 于是, 对应于 "轨道" 空间对称性的不可约表示 $[f]_O$ (亦即四个粒子形成的置换群 $\mathrm{S}_4$ 的不可约表示) 和对应于自旋–同位旋空间对称性的不可约表示 $[f]_{ST}$ 及其间的联系如表 7.3 所示.

**表 7.3** 两味四夸克集团可能的 "轨道" 空间对称性的不可约表示及自旋–同位旋空间对称性的不可约表示 (保证 $[f]_O \otimes [f]_{ST} \otimes [2,1,1] = [1^4]$)

| $[f]_O$ | $[f]_{ST}(\mathrm{SU}_{ST}(4))$ |
|---|---|
| [4] | [3,1]* |
| [3,1] | [4]*, [3,1]*, [2,2], [2,1,1] |
| [2,2] | [3,1]*, [2,1,1] |
| [2,1,1] | [3,1]*, [2,2], [2,1,1], [1^4] |
| [1^4] | [2,1,1] |

因为基态重子的自旋–同位旋空间对称性都为 $[f]_{ST} = [3]$, 那么由一个重子和一个介子形成的五夸克态中的四个夸克在自旋–同位旋空间的对称性为

$$[f]_{ST} = [3] \otimes [1] = \{[4], [3,1]\} \,.$$

这些态在表 7.3 中加了星号. 相应地, 表 7.3 中没有加星号的态为隐色道态.

对非隐色道态按 $\mathrm{SU}_{ST}(4) \supset \mathrm{SU}_S(2) \otimes \mathrm{SU}_T(2)$ 约化, 即得相应的同位旋和自旋量子数, 结果如表 7.4 所示.

**表 7.4** 两味四夸克部分相应于同位旋 $T = 0, 1, 2$ 的 $\mathrm{SU}_{ST}(4)$ 的不可约表示 $[f]_{ST}$ 及相应的 "轨道" 空间对称性的不可约表示 $\lambda$

| $(S, T)$ | $[f]_{ST}$ | $\lambda$ |
|---|---|---|
| (0,0) | [4] | [3,1] |
| (1,0) | [3,1] | [4], [3,1], [2,2], [2,1,1] |
| (2,0) | [3,1] | [4], [3,1], [2,2], [2,1,1] |
| (0,1) | [3,1] | [4], [3,1], [2,2], [2,1,1] |
| (1,1) | [4], [3,1] | [4], [3,1], [2,2], [2,1,1] |
| (2,1) | [3,1] | [4], [3,1], [2,2], [2,1,1] |
| (0,2) | [3,1] | [4], [3,1], [2,2], [2,1,1] |
| (1,2) | [3,1] | [4], [3,1], [2,2], [2,1,1] |
| (2,2) | [4] | [3,1] |

对于四夸克部分包含三味夸克的情况 (例如 2015 年 LHC 发现的五夸克态), 与前述的四夸克部分仅包含两味轻夸克的情况相比, 差别在于前述的自旋–同位旋空间应扩展为自旋–味道空间, 相应的对称性由 $\mathrm{SU}_{ST}(4)$ 扩展为 $\mathrm{SU}_{SF}(6)$, 完整的内禀空间的对称性可以表示为 $\mathrm{SU}_{CSF}(18) \supset \mathrm{SU}_C(3) \otimes \mathrm{SU}_{SF}(6)$. 于是, 对应于 "轨道" 空间对称性的不可约表示 $[f]_O$ (亦即四个粒子形成的置换群 $S_4$ 的不可约表示) 和

对应于自旋–味道空间对称性的不可约表示 $[f]_{SF}$ 及其间的联系如表 7.5 所示, 相应的自旋空间及味道空间的不可约表示如表 7.6 所列.

**表 7.5**　三味四夸克集团可能的 "轨道" 空间对称性的不可约表示及自旋–味道空间对称性的不可约表示 (保证 $[f]_O \otimes [f]_{SF} \otimes [2,1,1] = [1^4]$)

| $[f]_O$ | $[f]_{SF}$ |
| --- | --- |
| $[4]$ | $[3,1]$ |
| $[3,1]$ | $[4], [3,1], [2,2], [2,1,1]$ |
| $[2,2]$ | $[3,1], [2,1,1]$ |
| $[2,1,1]$ | $[3,1], [2,2], [2,1,1], [1,1,1,1]$ |
| $[1,1,1,1]$ | $[2,1,1]$ |

**表 7.6**　三味四夸克部分相应于 $\mathrm{SU}_{SF}(6)$ 的不可约表示 $[f]_{SF}$ 及 "轨道" 空间对称性的不可约表示 $[f]_O$ 的味道空间和自旋空间的不可约表示 (下标标记表示的维数)

| $[f]_O$ | $\mathrm{SU}_{SF}(6)$ | $\mathrm{SU}_F(3)$ | $\mathrm{SU}_S(2)$ |
| --- | --- | --- | --- |
| $[4]$ | $[4]_{126}$ | $[4]_{15}$ | $[4]_5$ |
| | | $[3,1]_{15}$ | $[3,1]_3$ |
| | | $[2,2]_6$ | $[2,2]_1$ |
| $[3,1]$ | $[3,1]_{210}$ | $[4]_{15}$ | $[3,1]_3$ |
| | | $[3,1]_{15}$ | $[4]_5, [3,1]_3, [2,2]_1$ |
| | | $[2,2]_6$ | $[3,1]_3$ |
| | | $[2,1,1]_3$ | $[2,2]_1, [3,1]_3$ |
| $[2,2]$ | $[2,2]_{105}$ | $[4]_{15}$ | $[2,2]_1$ |
| | | $[3,1]_{15}$ | $[3,1]_3$ |
| | | $[2,2]_6$ | $[4]_5, [2,2]_1$ |
| | | $[2,1,1]_3$ | $[3,1]_3$ |
| $[2,1,1]$ | $[2,1,1]_{105}$ | $[3,1]_{15}$ | $[3,1]_3, [2,2]_1$ |
| | | $[2,2]_6$ | $[3,1]_3$ |
| | | $[2,1,1]_3$ | $[4]_5, [3,1]_3, [2,2]_1$ |
| $[1,1,1,1]$ | $[1,1,1,1]_{15}$ | $[2,2]_6$ | $[2,2]_1$ |
| | | $[2,1,1]_3$ | $[3,1]_3$ |

　　目前, 关于重味强子的研究特别活跃. 实验上发现了 $Z_c(4380)$, $Z_c(4450)$ 等五夸克态[②], 并有更精确的测定[③], 实验上还发现了双粲重子 $\Xi_{cc}^{++}(3620)$ 重子[④], 相关的理论研究也已取得长足进展.

---

[②] 见 Aaij R, et al. (LHCb collaboration) Phys. Rev. Lett., 2015, 115: 072001.
[③] 见 Aaij R, et al. (LHCb collaboration) Phys. Rev. Lett., 2019, 122: 222001.
[④] 见 Aaij R, et al. (LHCb collaboration) Phys. Rev. Lett., 2017, 119: 112001.

另一方面, 考虑四个夸克的空间分布的几何结构, 例如, 正四面体结构、正方形结构等, 可以分析系统的内禀节点, 再考虑反夸克处于基态, 根据内禀节点越少, 束缚态系统能量越低的基本原理, 可以得到五夸克低激发态的质量谱[⑤].

### 2. 六夸克态

作为费米子束缚系统, 六夸克态的波函数满足全反对称性 $[1^6]$, 并可表述为空间部分和内禀部分的直积. 以轻夸克 u, d 和奇异夸克 s 组成的系统为例, 其内禀部分具有对称性

$$SU_{CFS}(18) \supset SU_C(3) \otimes SU_F(3) \otimes SU_S(2) \supset SU_C(3) \otimes SU_{SF}(6).$$

记 $[f]_O$, $[f]_C$, $[f]_{SF}$ 分别为相应于轨道、颜色、自旋–味道空间的对称性群的不可约表示, 则有

$$[1^6] \in [f]_O \otimes [f]_C \otimes [f]_{SF}. \tag{7.5}$$

对于六粒子系统的空间部分的对称性, 可以将之表述为置换群 $S_6$, 相应的表示 $[f]_O$ 如表 7.7 的左列所示. 对内禀空间的不可约表示 $[f]_{CFS}$, 可以将之分解为色 SU(3) 的表示 $[f]_C$ 与自旋–味道空间的 $SU_{SF}(6)$ 对称性的表示 $[f]_{SF}$ 的直积. 因为六夸克态无颜色自由度, 则其对应的 SU(3) 的表示 $[f]_C$ 应为全反对称表示, 即有

$$[f]_C = [2,2,2]. \tag{7.6}$$

考虑反映整体全反对称性的 (7.5) 式的要求, 按照标准的直积表示约化规则, 得到内禀空间的表示 $[f]_{SF}$ 如表 7.7 的右边列所示.

**表 7.7** 标记 "轨道" 空间的对称性 $S_6$ 的不可约表示和标记自旋–味道空间的对称性 $SU_{SF}(6)$ 的不可约表示 $[f]_{SF}$

| $S_6$ 的不可约表示 $[f]_O$ | $SU(6)_{SF}$ 的不可约表示 $[f]_{SF}$ |
| --- | --- |
| $[6]$ | $[3,3]^*$ |
| $[5,1]$ | $[4,2]^*$, $[3,2,1]$ |
| $[4,2]$ | $[5,1]^*$, $[4,1,1]$, $[3,3]^*$, $[3,2,1]$, $[2,2,1,1]$ |
| $[3,3]$ | $[6]^*$, $[4,2]^*$, $[3,1^3]$, $[2,2,2]$ |
| $[4,1,1]$ | $[4,2]^*$, $[4,1,1]$, $[3,2,1]$, $[2,2,1,1]$ |
| $[3,2,1]$ | $[5,1]^*$, $[4,2]^*$, $[4,1,1]$, $[3,1^3]$, $[3,2,1]^2$, $[2,2,1,1]$, $[2,1^4]$ |
| $[3,1^3]$ | $[4,1,1]$, $[3,3]^*$, $[3,2,1]$, $[3,1^3]$, $[2,2,1,1]$ |
| $[2,2,2]$ | $[4,1,1]$, $[3,3]^*$, $[3,1^3]$, $[2,2,1,1]$, $[1^6]$ |
| $[2,2,1,1]$ | $[4,2]^*$, $[3,1^3]$, $[2,2,2]$ |
| $[2,1^4]$ | $[3,2,1]$, $[2,2,1,1]$ |
| $[1^6]$ | $[2,2,2]$ |

---

[⑤] 参见 Chen C Y, et al. Commun. Theor. Phys., 2020, 72: 125202 等文献.

如上小节所述, 由 u, d, s 夸克可以构成强子 (色单态, [1, 1, 1]) N, Δ, Σ, Σ*, Λ, Ξ, Ξ* 和 Ω, 它们的自旋–味道空间对称性都为 $[f]_{SF} = [3]$, 那么由两个色单态强子构成的六夸克态 (常称为双重子) 在自旋–味道空间的对称性为

$$[f]_{SF} \in [3] \otimes [3] = \{[6], [5, 1], [4, 2], [3, 3]\}. \tag{7.7}$$

将之列在表 7.7 中时都标记了星号. 由表 7.7 知, 还有很多没有标记星号的态, 这些态不由两色单态强子构成, 但其整体 (六夸克) 保持色单态, 这样的状态称为隐色道态.

假设构成六夸克态的重子都处于基态, 则其 "轨道" 空间的对称性为 $[f]_O = [3]$. 与之相应, 六夸克态的 "轨道" 空间的对称性为

$$[f]_O \in [3] \otimes [3] = \{[6], [5, 1], [4, 2], [3, 3]\}. \tag{7.8}$$

再考虑对称性 $\mathrm{SU}_{SF}(6) \supset \mathrm{U}_s(1) \otimes \mathrm{SU}_T(2) \otimes \mathrm{SU}_S(2)$ (其中 $\mathrm{U}_s(1)$ 为相应于 s 夸克的奇异数的对称性群, $\mathrm{SU}_T(2)$ 为相应于 u, d 夸克的同位旋对称性), 将 $\mathrm{SU}_{SF}(6)$ 的不可约表示 $[f]_{SF}$ 约化, 即得各种六夸克态的奇异数、同位旋及自旋量子数, 所得结果如表 7.8 所示.

进一步考虑六个夸克的空间分布的几何结构, 例如正八面体结构、正五边形底的金字塔结构等, 可以分析系统的内禀节点, 根据内禀节点越少, 束缚态系统能量越低的基本原理, 可以得到六夸克低激发态的质量谱[⑥].

**表 7.8** **轻味六夸克态对应的奇异数和自旋及同位旋量子数** (其中 CC 标记隐色道态)

| 奇异数 | 双重子态 | (同位旋, 自旋) |
|---|---|---|
| 0 | $N^2$ | $(0, 0), (0, 1), (1, 0), (1, 1)$ |
| | $\Delta^2$ | $(0, 0), (0, 1), (0, 2), (0, 3), (1, 0), (1, 1), (1, 2), (1, 3),$ $(2, 0), (2, 1), (2, 2), (2, 3), (3, 0), (3, 1), (3, 2), (3, 3),$ |
| | $N\Delta$ | $(1, 1)^2, (1, 2)^2, (2, 1)^2, (2, 2)^2$ |
| | CC | $(0, 0), (0, 1), (0, 2), (0, 3), (1, 0), (1, 1)^2, (1, 2)^2,$ $(1, 3), (2, 0), (2, 1)^2, (2, 2), (3, 0), (3, 1),$ |
| −1 | $N\Lambda$ | $(1/2, 0)^2, (1/2, 1)^2$ |
| | $N\Sigma$ | $(3/2, 0)^2, (3/2, 1)^2, (1/2, 0)^2, (1/2, 1)^2$ |
| | $N\Sigma^*$ | $(3/2, 1)^2, (3/2, 2)^2, (1/2, 1)^2, (1/2, 2)^2$ |
| | $\Delta\Lambda$ | $(3/2, 1)^2, (3/2, 2)^2$ |
| | $\Delta\Sigma$ | $(5/2, 1)^2, (5/2, 2)^2, (3/2, 1)^2, (3/2, 2)^2, (1/2, 1)^2, (1/2, 2)^2$ |
| | $\Delta\Sigma^*$ | $(5/2, 0)^2, (5/2, 1)^2, (5/2, 2)^2, (5/2, 3)^2, (3/2, 0)^2, (3/2, 1)^2,$ $(3/2, 2)^2, (3/2, 3)^2, (1/2, 0)^2, (1/2, 1)^2, (1/2, 2)^2, (1/2, 3)^2$ |
| | CC | $(1/2, 0)^3, (1/2, 1)^6, (1/2, 2)^5, (1/2, 3)^2, (3/2, 0)^3, (3/2, 1)^6,$ $(3/2, 2)^4, (3/2, 3), (5/2, 0)^2, (5/2, 1)^3, (5/2, 2), (5/2, 3)$ |

⑥参见 Liu Y X, et al. Phys. Rev. C, 2003, 67: 055207.

续表

| 奇异数 | 双重子态 | (同位旋, 自旋) |
|---|---|---|
| $-2$ | $\Lambda^2$ | $(0, 0), (0, 1)$ |
| | $\Sigma^2$ | $(0, 0), (0, 1), (1, 0), (1, 1)$ |
| | $\Sigma^{*2}$ | $(0, 0), (0, 1), (0, 2), (0, 3), (1, 0), (1, 1), (1, 2), (1, 3)$ |
| | $\Sigma^*\Sigma$ | $(0, 1)^2, (0, 2)^2, (1, 1)^2, (1, 2)^2$ |
| | $N\Xi$ | $(0, 0)^2, (0, 1)^2, (1, 0)^2, (1, 1)^2$ |
| | $N\Xi^*$ | $(0, 1)^2, (0, 2)^2, (1, 1)^2, (1, 2)^2$ |
| | $\Delta\Xi$ | $(1, 1)^2, (1, 2)^2, (2, 1)^2, (2, 2)^2$ |
| | $\Delta\Xi^*$ | $(1, 0)^2, (1, 1)^2, (1, 2)^2, (1, 3)^2, (2, 0)^2, (2, 1)^2, (2, 2)^2, (2, 3)^2$ |
| | $CC$ | $(0, 0), (0, 1)^4, (0, 2)^4, (0, 3), (1, 0)^7, (1, 1)^4,$ |
| | | $(1, 2)^9, (1, 3)^2, (2, 0)^5, (2, 1)^9, (2, 2)^5, (2, 3)^2$ |
| $-3$ | $N\Omega$ | $(1/2, 1)^2, (1/2, 2)^2$ |
| | $\Delta\Omega$ | $(3/2, 0)^2, (3/2, 1)^2, (3/2, 2)^2, (3/2, 3)^2$ |
| | $\Lambda\Xi$ | $(1/2, 0)^2, (1/2, 1)^2$ |
| | $\Lambda\Xi^*$ | $(1/2, 1)^2, (1/2, 2)^2$ |
| | $\Sigma\Xi$ | $(1/2, 0)^2, (1/2, 1)^2, (3/2, 0)^2, (3/2, 1)^2$ |
| | $\Sigma^*\Xi$ | $(1/2, 1)^2, (1/2, 2)^2, (3/2, 1)^2, (3/2, 2)^2$ |
| | $\Sigma\Xi^*$ | $(1/2, 1)^2, (1/2, 2)^2, (3/2, 1)^2, (3/2, 2)^2$ |
| | $\Sigma^*\Xi^*$ | $(1/2, 0)^2, (1/2, 1)^2, (1/2, 2)^2, (1/2, 3)^2,$ |
| | | $(3/2, 0)^2, (3/2, 1)^2, (3/2, 2)^2, (3/2, 3)^2$ |
| | $CC$ | $(1/2, 0)^6, (1/2, 1)^9, (1/2, 2)^5, (1/2, 3),$ |
| | | $(3/2, 0)^5, (3/2, 1)^6, (3/2, 2)^3, (3/2, 3)^2$ |
| $-4$ | $\Lambda\Omega$ | $(0, 1)^2, (0, 2)^2$ |
| | $\Sigma\Omega$ | $(1, 1)^2, (1, 2)^2$ |
| | $\Sigma^*\Omega$ | $(1, 0)^2, (1, 1)^2, (1, 2)^2, (1, 3)^2$ |
| | $\Xi^2$ | $(0, 0), (0, 1), (1, 0), (1, 1)$ |
| | $\Xi^*\Xi$ | $(0, 1)^2, (0, 2)^2, (1, 1)^2, (1, 2)^2$ |
| | $\Xi^{*2}$ | $(0, 0), (0, 1), (0, 2), (0, 3), (1, 0), (1, 1), (1, 2), (1, 3)$ |
| | $CC$ | $(0, 0)^2, (0, 1)^4, (0, 2)^4, (1, 0)^3, (1, 1)^6, (1, 2)^3, (1, 3)$ |
| $-5$ | $\Omega\Xi$ | $(1/2, 1)^2, (1/2, 2)^2$ |
| | $\Omega\Xi^*$ | $(1/2, 0)^2, (1/2, 1)^2, (1/2, 2)^2, (1/2, 3)^3$ |
| | $CC$ | $(1/2, 0)^2, (1/2, 1)^3, (1/2, 2)$ |
| $-6$ | $\Omega^2$ | $(0, 0), (0, 1), (0, 2), (0, 3)$ |
| | $CC$ | $(0, 0), (0, 1)$ |

## §7.2 手征对称性及其破缺

### 7.2.1 对称性破缺的概念与分类

我们已经熟知, 对称性即物理系统在变换 (或者说操作) 下的不变性, 对称性破缺即物理系统的对称性被破坏 (被打破). 对称性破缺主要分为自发破缺 (spontaneous symmetry breaking) 和明显破缺 (explicit symmetry breaking) 两类.

在量子理论中, 虚粒子随机生成或湮灭于空间的任意位置, 从而具有奥妙无穷的量子效应, 并且其真空与经典物理中的真空不同, 不是全无一物的空间, 而是 (定义为) 全空间中所有能量态中能量最低的状态. 对于某种对称性变换, 如果只能将最低能量态变换为其自己, 则称这样的最低能量态对于这种变换具有 "不变性", 即 "真空态" 具有这种对称性. 一个物理系统的拉格朗日量对于某种对称性变换具有不变性, 并不意味着该系统的真空态对于这种对称性变换也具有不变性. 如果系统的拉格朗日量与其真空态具有同样的不变性 (对称性), 则称该物理系统对于这种变换具有 "外显的对称性". 如果仅拉格朗日量对某种变换具有不变性, 而真空态对于这种变换不具有不变性, 则该物理系统的对称性自发地被破坏, 或者说该物理系统的这种对称性被隐藏, 这种现象称为对称性自发破缺. 例如, 假设在墨西哥帽 (sombrero) 的帽顶有一个小圆球, 如果这个小圆球的位置 (状态) 在绕中心轴任意角度的旋转下都保持不变, 则系统处于具有旋转对称性的状态. 然而, 该小圆球处于局部极大引力势能的状态, 非常不稳定, 稍有扰动, 就可以使其滚落到帽子边缘附近的谷底的任意位置, 即自发地改变到引力势能最小的位置. 尽管该小圆球在帽子谷底的所有可能位置因旋转对称性而相互关联, 圆球实际实现的帽子谷底位置对于绕着帽子中心轴的任意角度的旋转不再保持不变, 而仅在绕通过帽子中心轴转动 $2\pi$ 整数倍角度的旋转下才保持不变, 即系统的对称性减小、能量变低, 这一能量改变说明系统的真空发生了变化, 也就是出现了对称性自发破缺.

如果在物理系统的拉格朗日量中存在一个或多个违反某种对称性的项, 因此导致系统的物理行为不具备这种对称性, 则称为对称性明显破缺. 更精细地, 把固有质量 (例如, 在量子色动力学层次上, 夸克的流质量) 引起的对称性破缺称为对称性明显破缺 (或硬破缺), 把动力学相互作用引起的对称性明显破缺称为对称性动力学破缺 (dynamical symmetry breaking).

通常, 人们把相互作用形式不破坏对称性但相互作用强度变化引起的对称性破缺也称为对称性动力学破缺. 例如, 对简单的四费米子点相互作用系统, 记零流质量的费米子场为 $\phi$, 拉氏密度为

$$\mathcal{L} = \bar{\phi} \mathrm{i} \gamma \cdot p \phi + \lambda (\bar{\phi} \phi \bar{\phi} \phi),$$

再记这样的费米子的传播子为 $S$, 计算 $\phi$ 场的自能, 得费米子的质量为

$$M = \lambda \mathrm{Tr}(S) = \lambda \int_0^{\Lambda^2} \frac{M}{p^2 + M^2} \mathrm{d}p^2 = \lambda M \left[ \Lambda^2 - M^2 \ln\left(1 + \frac{\Lambda^2}{M^2}\right)\right],$$

即有

$$M\left(\Lambda^2 - \frac{1}{\lambda}\right) = M^3 \ln\left(1 + \frac{\Lambda^2}{M^2}\right).$$

显然, 该方程有 $M \equiv 0$ 的解, 可以认为它是对应高对称性的相的标志量. 并且, 当 $\lambda > \Lambda^{-2}$ 时, 该方程还有非零解, 可以认为它是对应低对称性的相的标志量. 这表明, 在相互作用的拉氏密度形式保持不变, 但相互作用强度 $\lambda$ 满足一定条件的情况下, 系统的状态会由 $M = 0$ 突变到 $M \neq 0$, 也就是发生了对称性动力学破缺. 由于相互作用的形式没有发生变化 (没有明显破坏对称性), 因此这种动力学破缺也常被认为是对称性自发破缺.

### 7.2.2 粒子物理标准模型中的手征对称性及其破缺

#### 1. 一般讨论

已经熟知, 自然界中有引力、电磁相互作用、强相互作用和弱相互作用四种基本相互作用. 关于电磁相互作用、弱相互作用和强相互作用的微扰量子化问题已经解决, 并建立了电弱统一规范理论. 关于非微扰强相互作用, 尽管其量子化仍存在 Gribov 拷贝 (Gribov copy) 等问题, 但在格点规范层次上的量子化已经建立. 关于电弱统一理论的非微扰量子化和引力的量子化仍然是物理学界正在探讨, 并致力解决的问题. 包含已经实现了量子化的强相互作用、弱相互作用和电磁相互作用的物理理论称为 (粒子) 物理学的标准模型 (standard model) 理论.

下面我们以标准模型中的量子色动力学 (quantum chromodynamics, 简称 QCD) 为例, 讨论手征对称性破缺. 在 QCD 下, 其基本自由度是夸克和胶子, 规范变换群为 $\mathrm{SU}_c(3)$. 夸克态对应 $\mathrm{SU}_c(3)$ 的基础表示, 胶子态对应 $\mathrm{SU}_c(3)$ 的伴随表示, 其中 c 代指颜色. 在标准模型中一共有 6 味夸克 —— $\{u, d, s, c, b, t\}$, 每一味夸克有 3 种不同的颜色, 即 (在不考虑自旋的情况下) 共有 18 种夸克. 胶子有 8 种不同的颜色. QCD 的拉氏密度为

$$\mathcal{L}_{\mathrm{QCD}} = \sum_{f=1}^{N_f} \bar{q}_f(x)(\mathrm{i}\not{D} - m_f^0)q_f(x) - \frac{1}{4}G_{\mu\nu}^a(x)G_a^{\mu\nu}(x), \tag{7.9}$$

其中 $q_f(x)$ 表示夸克场, $N_f$ 为夸克味道数, $m_f^0$ 为 $f$ 味道夸克的流质量 (亦称固有质量、裸质量). $\mathrm{D}_\mu = \partial_\mu - \mathrm{i}g\frac{\lambda^a}{2}A_\mu^a$ 为协变微分, $g$ 为耦合常数, $\frac{\lambda^a}{2}$ 为 $\mathrm{SU}_c(3)$ 的生成元, $G_{\mu\nu}^a(x)$ 为胶子场的场强张量, 其定义为 (规范对称性要求)

$$G_{\mu\nu}^a(x) = \partial_\mu A_\nu^a(x) - \partial_\nu A_\mu^a(x) + gf^{abc}A_\mu^b(x)A_\nu^c(x), \tag{7.10}$$

$A_\mu^a(x)$ 表示胶子场, $f^{abc}$ 为 $\mathrm{SU_c}(3)$ 群的结构常数. 从 (7.9) 和 (7.10) 式可以看到, 胶子之间具有自相互作用 (这是 QCD 与 QED (quantum electrodynamics, 量子电动力学) 的最重要区别).

为讨论强相互作用的手征对称性及其破缺的性质, 人们引入左手和右手转动投影算符

$$\mathcal{P}^{\mathrm{L,R}} = \frac{1}{2}(1 \pm \gamma_5), \tag{7.11}$$

其中 $\gamma_5 = \gamma_1\gamma_2\gamma_3\gamma_4$ 为螺旋度算符, $\{\gamma_\mu \,|\, \mu = 1,2,3,4\}$ 为 Dirac 矩阵[⑦], 将夸克分为左手和右手两类, 即有

$$q^{\mathrm{L,R}} = \mathcal{P}^{\mathrm{L,R}}q = \frac{1}{2}(1 \pm \gamma_5)q, \tag{7.12}$$

相应地, 有

$$\overline{q^{\mathrm{L,R}}} = (\gamma_4 q^{\mathrm{L,R}})^\dagger = \bar{q}\frac{1}{2}(1 \mp \gamma_5).$$

于是有

$$\bar{q}_f(x)\slashed{D}q_f(x) = \bar{q}_f^{\mathrm{L}}(x)\slashed{D}q_f^{\mathrm{L}}(x) + \bar{q}_f^{\mathrm{R}}(x)\slashed{D}q_f^{\mathrm{R}}(x). \tag{7.13}$$

这表明, 左手夸克与右手夸克不会通过胶子直接发生相互作用.

在手征转动变换 $\mathrm{e}^{-\mathrm{i}(\Theta_1 + \gamma_5\Theta_2)}$ 下, 记 $\Theta_{\mathrm{L}} = (\Theta_1 + \Theta_2)\dfrac{1 + \gamma_5}{2}$, $\Theta_{\mathrm{R}} = (\Theta_1 - \Theta_2)\dfrac{1 - \gamma_5}{2}$, 则

$$q_f^{\mathrm{L}} \to \mathrm{e}^{-\mathrm{i}\Theta_{\mathrm{L}}}q_f^{\mathrm{L}}, \qquad q_f^{\mathrm{R}} \to \mathrm{e}^{-\mathrm{i}\Theta_{\mathrm{R}}}q_f^{\mathrm{R}}, \tag{7.14}$$

并且 (7.13) 式的形式保持不变, 即具有手征转动不变性. 对于纯规范场部分, 由于其不含夸克, 在手征变换下自然保持不变. 因此, 零质量的费米子系统具有手征 (转动) 对称性.

但是, 由手征转动变换算符知, 费米子的固有质量项

$$m_f^0\bar{q}_f(x)q_f(x) = m_f^0(\bar{q}_f^{\mathrm{R}}(x)q_f^{\mathrm{L}}(x) + \bar{q}_f^{\mathrm{L}}(x)q_f^{\mathrm{R}}(x)) \tag{7.15}$$

会破坏手征对称性.

总之, 在 $m_f = 0$ 的情况下, QCD 的拉氏密度 (7.9) 式具有手征对称性, 而当 $m_f \neq 0$ 时, 手征对称性发生破缺. 这也说明, 手征对称性破缺使零质量的费米子转变为有质量的费米子. 更进一步, 手征对称性破缺是费米子获得质量的源泉.

---

[⑦]具体地, $\gamma_k = \begin{pmatrix} 0 & -\mathrm{i}\sigma_k \\ \mathrm{i}\sigma_k & 0 \end{pmatrix}$ (其中 $\sigma_k$, $k = 1,2,3$ 为 Pauli 矩阵), $\gamma_4 = \begin{pmatrix} 0 & I_{2\times2} \\ -I_{2\times2} & 0 \end{pmatrix}$.

显然有 $\gamma_\mu^\dagger = \gamma_\mu$, $\{\gamma_\mu, \gamma_\nu\} = 2\delta_{\mu\nu}$ $(\mu, \nu = 1,2,3,4)$. 由此得 $\gamma_5 = \begin{pmatrix} 0 & -I_{2\times2} \\ -I_{2\times2} & 0 \end{pmatrix}$, $\gamma_5^\dagger = \gamma_5$, $\{\gamma_5, \gamma_\mu\} = 0$ $(\mu = 1,2,3,4)$.

相应于前面简述的一般的对称性破缺, 手征对称性破缺的方式有两种, 一种是手征对称性自发破缺 (spontaneous chiral symmetry breaking, 常简记为 SCSB), 另一种称为手征对称性明显破缺 (explicit chiral symmetry breaking, 常简记为 ECSB). 正如上一小节所述, 由于电弱对称性自发破缺的 Higgs 机制, 使得夸克具有固有质量 (相应于常说的流质量, 或重整化标度不变的质量), 从而在系统的拉格朗日量中出现明显破缺手征对称性的质量项, 导致在强相互作用层次上出现了手征对称性明显破缺. 正是手征对称性硬破缺导致的夸克的固有质量, 夸克才具有不同的 (六种)味道. 按照上一小节所述定义, 手征对称性破缺也可以是拉氏量的形式在对称性变换下保持不变, 但拉氏量中的相互作用强度发生变化引起的破缺, 并称后一种破缺为手征对称性动力学破缺 (dynamical chiral symmetry breaking, 常简记为 DCSB). 概括而言, 强相互作用系统的手征对称性破缺既包括夸克的固有质量引起的手征对称性硬破缺, 也包括由相互作用强度变化引起的手征对称性动力学破缺.

目前的研究表明, 电弱对称性破缺层次上的 Higgs 机制使 u 夸克和 d 夸克获得的质量的中心值仅约 $2.3 \sim 4.8\,\mathrm{MeV}$ (因此常称之为轻味夸克), 根据重子由三个价夸克组成的基本观点, 如果价夸克仅有上述相应于手征对称性硬破缺的固有质量, 则质子的质量不到 10 MeV, 中子的质量仅比 $10\,\mathrm{MeV}$ 稍大, 但实验测得的核子质量为约 $939\,\mathrm{MeV}$ (这一不一致常被称为核子质量疑难, 甚至核子质量危机). 由此知, 引起 ECSB 的 Higgs 机制对核子质量的贡献小于 $2\%$, 从而使轻夸克和我们宇宙中的可见物质获得质量的主要因素不是 (狭义上的) Higgs 机制, 而应该是其他方式. 该方式即手征对称性动力学破缺 (DCSB).

由前述讨论知, 在流夸克质量为 0 的情况 (常称为手征极限情况) 下, 系统具有手征对称性, 在非零流质量情况 (常称为超越手征极限) 下, 系统的手征对称性被明显破缺, 并且在现实的宇宙中, 还存在手征对称性动力学破缺. 直观地, 人们通常取夸克的动力学质量在零动量情况的值 (常称为夸克的组分质量) 或满足在壳条件情况下的质量 (常称为 Euclid 质量) 作为表征手征对称性破缺的典型特征量. 深入的研究表明, 夸克凝聚、π 介子的轻衰变常数和质量等物理量也可以作为表征手征对称性破缺的特征量. 利用 QCD 的 Dyson-Schwinger (DS) 方程方法 (目前建立起来的几乎唯一的同时具有 QCD 的手征对称性及其破缺和色禁闭性质的连续场论方法) 计算得到的表征手征对称性破缺的一些特征量随相互作用强度变化的行为如图 7.3 所示. 由图 7.3 容易得知, 在手征极限情况下, 如果相互作用强度不足够大, 则组分夸克质量、夸克凝聚和 π 介子衰变常数都保持手征对称情况下的零数值, 在相互作用强度大于一个临界值的情况下, 组分夸克质量、夸克凝聚和 π 介子衰变常数才具有相应于手征对称性破缺的非零值, π 介子质量变为相应于 (Goldstone 定理决定的) 手征对称性破缺的零值, 并且非零值的绝对值随相互作用强度增大而增大, π 介子的零质量保持不变. 这些结果清楚地表明, 相互作用是手征对称性破缺的重要源泉, 也就是说, 手征对称性动力学破缺是夸克组分质量及可见物质的质量的最主要来源. 并且, 在超越手征极限情况下, 也就是在具有硬破缺的情况下, 手征对称性动力学破缺仍然是可见物质质量的最主要来源. 比较具有硬破缺与没有硬破缺的情况可知, 质量产生的过程和机制基本相同, 只是在具有硬破缺的情况下, 在临界作用强度 (与夸克的流质量相关) 情况下各特征量渐变增大, 而在无硬破缺情况下, 其变化为突变. 直观地, 由夸克凝聚等序参量随控制参量 (相互作用强度、系统的温度、系统的密度 (化学势) 等) 的变化率表征的系统的广义磁化率可以作为更好的表征相变的标志量, 尤其是在完全非微扰从而无法确定系统的有效热力学势 (相应地, 传统的表征相变的有效热力学势判据失效) 的情况下. 相应的更精细的研究表明, 无硬破缺情况下的质量产生过程 (即手征对称性动力学破缺过程) 是二级相变, 有硬破缺情况下的质量产生过程是连续过渡[⑧].

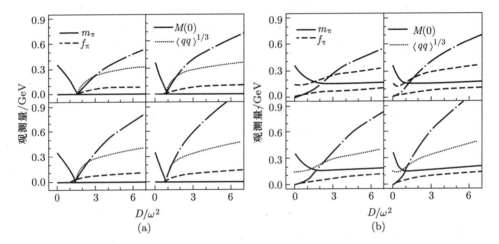

图 7.3　QCD 的 DS 方程方法给出的组分夸克质量、夸克凝聚、π 介子质量和衰变常数随夸克–胶子相互作用的有效强度变化的行为 (取自 Wang K L, et al. Phys. Rev. D, 2012, 86: 114001), 其中 (a) 为对应手征极限 ($m_f^0 = 0$) 情况的结果, (b) 为对应超越手征极限 ($m_f^0 = 5$ MeV) 情况的结果

### 2. 两味夸克系统的手征对称性及其破缺

对两轻味夸克系统, 拉氏密度为

$$\mathcal{L}_{\text{QCD}} = \bar{u}(x)(\text{i}\not{D} - m_{\text{u}}^0)u(x) + \bar{d}(x)(\text{i}\not{D} - m_{\text{d}}^0)d(x) - \frac{1}{4}G_{\mu\nu}^a(x)G_a^{\mu\nu}(x). \tag{7.16}$$

---

[⑧]对上述两种判据的等价性及相关研究有兴趣的读者可参阅 Qin S X, et al. Phys. Rev. Lett., 2011, 106: 172301; Wang K L, et al. Phys. Rev. D, 2012, 86: 114001; Gao F, et al. Phys. Rev. D, 2016, 94: 076009 等文献.

由于 u,d 夸克的流质量相差很小, 因此, 与常认为质量很相近的质子和中子为同位旋二重态一样, u,d 夸克也被认为是同位旋二重态. 记表征同位旋的矩阵为

$$t_1 = \frac{1}{2}\begin{pmatrix} 0 & 1 \\ 1 & 0 \end{pmatrix}, \qquad t_2 = \frac{1}{2}\begin{pmatrix} 0 & -i \\ i & 0 \end{pmatrix}, \qquad t_3 = \frac{1}{2}\begin{pmatrix} 1 & 0 \\ 0 & -1 \end{pmatrix}, \tag{7.17}$$

直接计算知, 与 $m_u^0 = 0$ 和 $m_d^0 = 0$ 对应的 (7.16) 式所示的拉氏密度在变换

$$\begin{pmatrix} u \\ d \end{pmatrix} \longrightarrow \begin{pmatrix} u' \\ d' \end{pmatrix} = e^{-i(t_k \Theta^{V,k} + \gamma_5 t_k \Theta^{A,k})} \begin{pmatrix} u \\ d \end{pmatrix} \tag{7.18}$$

(其中 $\Theta^{V,k}$ $(k = 1, 2, 3)$, $\Theta^{A,k}$ $(k = 1, 2, 3)$ 分别为三维实矢量 $\Theta^V$, $\Theta^A$ 的三个分量) 下保持不变.

很显然, 这里的表征同位旋的矩阵与 Pauli 矩阵仅差常系数 $\frac{1}{2}$, 它们张成一个 su(2) 李代数, 相应于两味夸克的 SU(2) 对称性. 仿照上一小节的讨论知, 该同位旋三矢量可以分解为

$$\boldsymbol{t} = \boldsymbol{t}^L + \boldsymbol{t}^R, \tag{7.19}$$

其中

$$\boldsymbol{t}^L = \frac{1}{2}(1 + \gamma_5)\boldsymbol{t}, \qquad \boldsymbol{t}^R = \frac{1}{2}(1 - \gamma_5)\boldsymbol{t} \tag{7.20}$$

分别仅对左手、右手夸克有作用, 并且容易验证其间有李乘积关系

$$\begin{aligned} [t_i^L, t_j^L] &= i\varepsilon_{ijk} t_k^L, \\ [t_i^R, t_j^R] &= i\varepsilon_{ijk} t_k^R, \\ [t_i^L, t_j^R] &= 0. \end{aligned} \tag{7.21}$$

由此知, 上述 $\boldsymbol{t}^L$, $\boldsymbol{t}^R$ 各自张成一个 su(2) 代数, 并且 $\boldsymbol{t}^L + \boldsymbol{t}^R = \boldsymbol{t}$ 张成 $\mathrm{SU}_L(2) \otimes \mathrm{SU}_R(2)$ 代数. 这说明两味手征极限情况下的夸克具有 $\mathrm{SU}_L(2) \otimes \mathrm{SU}_R(2)$ 的手征对称性.

显然, 如果记

$$\boldsymbol{x} = \boldsymbol{t}^L - \boldsymbol{t}^R = \gamma_5 \boldsymbol{t}, \tag{7.22}$$

也容易验证它 (们) 与 $\boldsymbol{t}$ 之间有李乘积关系

$$\begin{aligned} [t_i, t_j] &= i\varepsilon_{ijk} t_k, \\ [t_i, x_j] &= i\varepsilon_{ijk} x_k, \\ [x_i, x_j] &= i\varepsilon_{ijk} t_k. \end{aligned} \tag{7.23}$$

这说明, $\mathrm{SU}_L(2) \otimes \mathrm{SU}_R(2)$ 的对称性还可以有其他表述方式.

具体地, 与拉氏密度 (7.16) 相应的矢量流和轴矢量流分别为

$$\boldsymbol{V}^\mu = i\bar{q}\gamma^\mu \boldsymbol{t}\, q, \qquad \boldsymbol{A}^\mu = i\bar{q}\gamma^\mu \gamma_5 \boldsymbol{t}\, q, \tag{7.24}$$

其中 $q = \begin{pmatrix} u \\ d \end{pmatrix}$, 相应的荷则为

$$\widehat{T} = \int \mathrm{d}^3\boldsymbol{x}\, V^4, \qquad \widehat{X} = \int \mathrm{d}^3\boldsymbol{x}\, A^4. \tag{7.25}$$

直接计算知, 这些荷之间有李乘积关系

$$\begin{aligned} [T_i, T_j] &= \mathrm{i}\varepsilon_{ijk} T_k, \\ [T_i, X_j] &= \mathrm{i}\varepsilon_{ijk} X_k, \\ [X_i, X_j] &= \mathrm{i}\varepsilon_{ijk} T_k. \end{aligned} \tag{7.26}$$

由之对夸克场作用, 则有

$$[\boldsymbol{T}, q] = -\boldsymbol{t}q, \qquad [\boldsymbol{X}, q] = -\boldsymbol{x}q. \tag{7.27}$$

这表明, 系统具有 $\mathrm{SU}_V(2) \otimes \mathrm{SU}_A(2)$ 对称性. 于是有

$$\mathrm{SU}_\mathrm{L}(2) \otimes \mathrm{SU}_\mathrm{R}(2) = \mathrm{SU}_V(2) \otimes \mathrm{SU}_A(2).$$

对于由夸克组成的强子, 在这样的对称性下, 对应于每一个 (零质量) 强子, 都有一个自旋、重子数和奇异数等量子数都相同但宇称相反的零质量强子. 但实验测得的强子谱中从未发现这样的宇称伙伴态, 例如, 与 $J^P = 0^-$ 的基态赝标量介子 $\pi$ ($m_\pi \approx 138\text{ MeV}$) 相应的 $J^P = 0^+$ 的基态标量介子 $\sigma$ 的质量不为约 138 MeV, 而是 $400 \sim 550$ MeV, 与 $J^P = 1^-$ 的基态矢量介子 $\rho$ ($m_\rho \approx 775\text{ MeV}$) 相应的 $J^P = 1^+$ 的基态轴矢量介子 $\mathrm{a}_1$ 的质量不为约 775 MeV, 而为约 1230 MeV. 由此知, 上述对称性一定发生了破缺. 由于重子数守恒, 前述的同位旋对称性, 或者说各向同性的同位旋转动对称性 $\mathrm{SU}_V(2)$ 仍然保持, 那么, 两味手征极限下的夸克系统的手征对称性破缺可以表述为

$$\mathrm{SU}_\mathrm{L}(2) \otimes \mathrm{SU}_\mathrm{R}(2) \supset \mathrm{SU}_V(2) \otimes \mathrm{U}_A(1),$$

并且操作 $\widehat{X}$ 使得每一个强子变换为一个宇称相反的强子和一个零质量的赝标量 Goldstone 玻色子. 在超越手征极限情况下, 上述零质量的 Goldstone 玻色子变为赝 Goldstone 玻色子. 经过具体计算 (考虑课程范围所限, 这里不给出计算过程) 可得, 赝标量的赝 Goldstone 玻色子–$\pi$ 介子的质量 ($m_\pi$)、轻衰变常数 ($f_\pi$) 与表征 ECSB 的夸克流质量 ($m_\mathrm{u}^0, m_\mathrm{d}^0$) 及表征包含了 DCSB 效应的手征夸克凝聚 ($\langle \bar{q}q \rangle$) 之间有关系 (常被称为 Gell-Mann–Oakes–Renner 关系, 简称 GOR 关系)

$$m_\pi^2 f_\pi^2 = -\left(m_\mathrm{u}^0 + m_\mathrm{d}^0\right)\langle \bar{q}q \rangle. \tag{7.28}$$

如前所述, 自发破缺赋予宇称相反的强子伙伴态的质量差异不会太大, 然而实验上测得的质量差异却很大, 例如, ρ 介子的质量与 a₁ 介子之间的超过 450 MeV 的质量差异一定不仅源自手征对称性硬破缺 (由狭义的自发破缺产生), 而手征对称性动力学破缺发挥了更重要的作用[⑨].

### 3. 三味夸克系统的手征对称性及其破缺

三味夸克系统的拉氏密度为

$$\mathcal{L}_{\text{QCD}}^{\text{3flavor}} = \bar{u}(x)(\mathrm{i}\not{D} - m_{\mathrm{u}}^0)u(x) + \bar{d}(x)(\mathrm{i}\not{D} - m_{\mathrm{d}}^0)d(x) + \bar{s}(x)(\mathrm{i}\not{D} - m_{\mathrm{s}}^0)s(x)$$

$$- \frac{1}{4}G_{\mu\nu}^a(x)G_a^{\mu\nu}(x). \tag{7.29}$$

将与 Pauli 矩阵类似的同位旋态对应的度规矩阵 (差系数 $\frac{1}{2}$) 推广到标记 SU(3) 群的生成元的 Gell-Mann 矩阵

$$\lambda_1 = \begin{pmatrix} 0 & 1 & 0 \\ 1 & 0 & 0 \\ 0 & 0 & 0 \end{pmatrix}, \quad \lambda_2 = \begin{pmatrix} 0 & -\mathrm{i} & 0 \\ \mathrm{i} & 0 & 0 \\ 0 & 0 & 0 \end{pmatrix}, \quad \lambda_3 = \begin{pmatrix} 1 & 0 & 0 \\ 0 & -1 & 0 \\ 0 & 0 & 0 \end{pmatrix},$$

$$\lambda_4 = \begin{pmatrix} 0 & 0 & 1 \\ 0 & 0 & 0 \\ 1 & 0 & 0 \end{pmatrix}, \quad \lambda_5 = \begin{pmatrix} 0 & 0 & -\mathrm{i} \\ 0 & 0 & 0 \\ \mathrm{i} & 0 & 0 \end{pmatrix}, \quad \lambda_6 = \begin{pmatrix} 0 & 0 & 0 \\ 0 & 0 & 1 \\ 0 & 1 & 0 \end{pmatrix}, \tag{7.30}$$

$$\lambda_7 = \begin{pmatrix} 0 & 0 & 0 \\ 0 & 0 & -\mathrm{i} \\ 0 & \mathrm{i} & 0 \end{pmatrix}, \quad \lambda_8 = \frac{1}{\sqrt{3}}\begin{pmatrix} 1 & 0 & 0 \\ 0 & 1 & 0 \\ 0 & 0 & -2 \end{pmatrix},$$

直接计算知, 与 $m_{\mathrm{u}}^0 = m_{\mathrm{d}}^0 = m_{\mathrm{s}}^0 = 0$ 对应的 (7.29) 式所示的拉氏密度在变换

$$\begin{pmatrix} u \\ d \\ s \end{pmatrix} \longrightarrow \begin{pmatrix} u' \\ d' \\ s' \end{pmatrix} = \exp\left[\mathrm{i}\sum_{a=1}^{8}\left(\lambda_a\Theta^{V,a} + \lambda_a\gamma_5\Theta^{A,a}\right)\right]\begin{pmatrix} u \\ d \\ s \end{pmatrix} \tag{7.31}$$

下保持不变.

仿照前面对同位旋的分解的讨论, 由 $\lambda_a$ ($a = 1, 2, \cdots, 8$) 张成的空间也可分解为

$$\boldsymbol{\lambda} = \boldsymbol{\lambda}^{\text{L}} + \boldsymbol{\lambda}^{\text{R}}, \tag{7.32}$$

---

[⑨]精细的计算 (例如 Chang L, et al. Phys. Rev. C, 2012, 85: 052201(R)) 表明, 只有在同时考虑手征对称性动力学破缺对夸克传播子的影响和对夸克-胶子相互作用顶角 (Chang L, et al. Phys. Rev. Lett., 2011, 106: 072001; Qin S X, et al. Phys. Lett. B, 2013, 722: 384; Tang C, et al. Phys. Rev. D, 2019, 100: 056001 等) 的贡献的情况下, 这一质量劈裂才能得以较好描述.

其中

$$\boldsymbol{\lambda}^{\mathrm{L}} = \frac{1}{2}(1+\gamma_5)\boldsymbol{\lambda}, \qquad \boldsymbol{\lambda}^{\mathrm{R}} = \frac{1}{2}(1-\gamma_5)\boldsymbol{\lambda} \tag{7.33}$$

分别仅对左手、右手夸克有作用, 并且容易验证其间有李乘积关系

$$\begin{aligned}
[\lambda_a^{\mathrm{L}}, \lambda_b^{\mathrm{L}}] &= \mathrm{i}f_{abc}\lambda_c^{\mathrm{L}}, \\
[\lambda_a^{\mathrm{R}}, \lambda_b^{\mathrm{R}}] &= \mathrm{i}f_{abc}\lambda_c^{\mathrm{R}}, \\
[\lambda_a^{\mathrm{L}}, \lambda_b^{\mathrm{R}}] &= 0\,.
\end{aligned} \tag{7.34}$$

由此知, 上述 $\boldsymbol{\lambda}^{\mathrm{L}}$, $\boldsymbol{\lambda}^{\mathrm{R}}$ 各自张成一个 su(3) 代数, 并且 $\boldsymbol{\lambda}^{\mathrm{L}} + \boldsymbol{\lambda}^{\mathrm{R}} = \boldsymbol{\lambda}$ 张成 $\mathrm{SU_L}(3) \otimes \mathrm{SU_R}(3)$ 代数. 这说明三味手征极限下的夸克系统具有 $\mathrm{SU_L}(3) \otimes \mathrm{SU_R}(3)$ 的手征对称性.

显然, 如果记

$$\boldsymbol{x} = \boldsymbol{\lambda}^{\mathrm{L}} - \boldsymbol{\lambda}^{\mathrm{R}} = \boldsymbol{\lambda}\gamma_5, \tag{7.35}$$

即 $x_a = \lambda_a\gamma_5$, 也容易验证它 (们) 与 $\lambda_a$ 之间有李乘积关系

$$\begin{aligned}
[\lambda_a, \lambda_b] &= \mathrm{i}f_{abc}\lambda_c, \\
[\lambda_a, x_b] &= \mathrm{i}f_{abc}x_c, \\
[x_a, x_b] &= \mathrm{i}f_{abc}\lambda_c,
\end{aligned} \tag{7.36}$$

其中 $f_{abc}$ 为 SU(3) 群的结构常数. 这说明, 三味手征极限下的夸克系统具有的手征对称性还可以表述为 $\mathrm{SU}_V(3) \otimes \mathrm{SU}_A(3)$. 于是有

$$\mathrm{SU_L}(3) \otimes \mathrm{SU_R}(3) = \mathrm{SU}_V(3) \otimes \mathrm{SU}_A(3)\,.$$

并且, 通过与实验测量结果比较知, 该手征对称性在现实物理情况下一定发生了破缺, 其破缺方式可以表述为

$$\mathrm{SU_L}(3) \otimes \mathrm{SU_R}(3) = \mathrm{SU}_V(3) \otimes \mathrm{SU}_A(3) \supset \mathrm{SU}_V(3) \otimes \mathrm{U}_A(1)\,.$$

为将上述手征对称性及其破缺与夸克场及其复合粒子 (物理上可观测的粒子 —— 强子) 相联系, 人们常将与上述对称性相联系的变换表述为

$$\exp\left(-\mathrm{i}\gamma_5\sum_{a=1}^{8}\xi_a\lambda_a\right)\exp\left(\mathrm{i}\sum_{a=1}^{8}\varTheta_a\lambda_a\right),$$

并且, 相应于不破缺的 SU(3) 变换也表述为 $\exp\left(\mathrm{i}\sum\limits_{a=1}^{8}\varTheta_a\lambda_a\right)$. 那么, 与 $(\mathrm{SU}(3) \otimes \mathrm{SU}(3))/\mathrm{SU}(3)$ 相应的 (补) 空间可以由矩阵形式表述为 $\gamma(\xi) = \exp\left(-\mathrm{i}\gamma_5\sum\limits_{a=1}^{8}\xi_a\lambda_a\right)$.

这样, 除了可能相差一个归一化因子外, 这里引进的参数 $\xi_a$ $(a = 1, 2, \cdots, 8)$ 可视为 Goldstone 玻色子场. 总之, 与前述的手征对称性及其破缺相应的夸克场、Goldstone 玻色子场等的变换可以表述为

$$\exp\left[\mathrm{i}\sum_{a=1}^{8}\left(\Theta_a^{\mathrm{V}}\lambda_a + \Theta_a^{\mathrm{A}}\lambda_a\gamma_5\right)\right]\exp\left(-\mathrm{i}\gamma_5\sum_{a=1}^{8}\xi_a(x)\lambda_a\right)$$

$$= \exp\left(-\mathrm{i}\gamma_5\sum_{a=1}^{8}\xi_a'(x)\lambda_a\right)\exp\left(\mathrm{i}\sum_{a=1}^{8}\Theta_a\lambda_a\right), \tag{7.37}$$

其中 $\Theta_a$ 和 $\xi_a'$ 为 $\Theta^V$, $\Theta^A$ 和 $\xi(x)$ 的函数 (合成函数). 通常的夸克场 $q(x)$ 与独立 于 Goldstone 玻色子场的夸克场 $\tilde{q}$ 间的关系可以表述为

$$q(x) = \begin{pmatrix} u(x) \\ d(x) \\ s(x) \end{pmatrix} = \exp\left(-\mathrm{i}\gamma_5\sum_{a=1}^{8}\xi_a(x)\lambda_a\right)\tilde{q}(x), \tag{7.38}$$

而与不破缺的 SU(3) 相应的夸克场的变换 (仍然) 为

$$\tilde{q}'(x) = \exp\left(\mathrm{i}\sum_{a=1}^{8}\Theta_a(x)\lambda_a\right)\tilde{q}(x). \tag{7.39}$$

并且, 与原始的手征转动投影 $(1 + \gamma_5)$, $(1 - \gamma_5)$ 相应的变换 ((7.37) 式中分别正比 于 $(1 + \gamma_5)$, $(1 - \gamma_5)$ 的部分) 分别为

$$\exp\left(\mathrm{i}\sum_{a=1}^{8}\Theta_a^{\mathrm{L}}\lambda_a\right)\exp\left(-\mathrm{i}(1+\gamma_5)\sum_{a=1}^{8}\xi_a(x)\lambda_a\right)$$

$$= \exp\left(-\mathrm{i}(1+\gamma_5)\sum_{a=1}^{8}\xi_a'(x)\lambda_a\right)\exp\left(-\mathrm{i}\sum_{a=1}^{8}\Theta_a\lambda_a\right), \tag{7.40}$$

$$\exp\left(\mathrm{i}\sum_{a=1}^{8}\Theta_a^{\mathrm{R}}\lambda_a\right)\exp\left(-\mathrm{i}(1-\gamma_5)\sum_{a=1}^{8}\xi_a(x)\lambda_a\right)$$

$$= \exp\left(-\mathrm{i}(1-\gamma_5)\sum_{a=1}^{8}\xi_a'(x)\lambda_a\right)\exp\left(\mathrm{i}\sum_{a=1}^{8}\Theta_a\lambda_a\right), \tag{7.41}$$

其中

$$\Theta_a^{\mathrm{L}} = \Theta_a^V + \Theta_a^A, \qquad\qquad \Theta_a^{\mathrm{R}} = \Theta_a^V - \Theta_a^A.$$

记与 SU(3) 对称性相应的幺正幺模矩阵为

$$U(x) = \exp\left(2\mathrm{i}\sum_{a=1}^{8}\xi_a(x)\lambda_a\right), \tag{7.42}$$

以 (7.40) 式的逆右乘 (7.41) 式, 则得上述矩阵满足变换关系

$$U'(x) = \exp\left(\mathrm{i}\sum_{a=1}^{8}\lambda_a\Theta_a^{\mathrm{R}}\right)U(x)\exp\left(-\mathrm{i}\sum_{a=1}^{8}\lambda_a\Theta_a^{\mathrm{L}}(x)\right). \tag{7.43}$$

再考虑 $\det U = 1$ 和 $U^\dagger U = 1$ 的 (非线性) 限制则知, 上述的具有 SU(3) 对称性的幺正幺模矩阵按 $\mathrm{SU}(3)\otimes\mathrm{SU}(3)$ 的 $(\bar{3},3)$ 表示变换, 并且相应于 $\mathrm{SU}(3)\otimes\mathrm{SU}(3)$ 的非线性实现.

Goldstone 玻色子的拉氏量中唯一保持 $\mathrm{SU}(3)\otimes\mathrm{SU}(3)$ 不变的项为上述 $U$ 关于时空的二阶导数项, 即

$$\mathcal{L}_{\mathrm{GS}} = -\frac{1}{16}F^2\mathrm{Tr}\{\partial_\mu U\partial^\mu U^\dagger\}, \tag{7.44}$$

其中 $F^2$ 为待定的常量. Goldstone 场通常取为归一化的赝标量介子场, 即有

$$\sum_{a=1}^{8}\lambda_a\xi_a = \frac{\sqrt{2}}{F}\begin{pmatrix} \frac{1}{\sqrt{2}}\pi^0 + \frac{1}{\sqrt{6}}\eta^0 & \pi^+ & K^+ \\ \pi^- & -\frac{1}{\sqrt{2}}\pi^0 + \frac{1}{\sqrt{6}}\eta^0 & K^0 \\ \bar{K}^- & \bar{K}^0 & -\sqrt{\frac{2}{3}}\eta^0 \end{pmatrix} = \frac{\sqrt{2}}{F}B, \tag{7.45}$$

因此, 上述保持 $\mathrm{SU}(3)\otimes\mathrm{SU}(3)$ 不变的拉氏密度 (的动能项) 为

$$\mathcal{L}_{\mathrm{kin}} = -\frac{1}{2}\partial_\mu\pi^0\partial^\mu\pi^0 - \partial_\mu\pi^+\partial^\mu\pi^- - \partial_\mu K^+\partial^\mu\bar{K}^- - \partial_\mu K^0\partial^\mu\bar{K}^0 - \frac{1}{2}\partial_\mu\eta^0\partial^\mu\eta^0. \tag{7.46}$$

与两味情况比较可得 $F = 2f_\pi$.[⑩]

在超越手征极限情况下, 考虑流质量引起的硬破缺的贡献, 记三味系统的质量矩阵为

$$m_q^0 = \begin{pmatrix} m_{\mathrm{u}}^0 & 0 & 0 \\ 0 & m_{\mathrm{d}}^0 & 0 \\ 0 & 0 & m_{\mathrm{s}}^0 \end{pmatrix},$$

则相应的拉氏密度为

$$\mathcal{L}_{\mathrm{ECSB}} = -\bar{q}m_q^0 q = -\bar{\tilde{q}}\mathrm{e}^{-\mathrm{i}\sqrt{2}\gamma_5 B/F}m_q^0\mathrm{e}^{-\mathrm{i}\sqrt{2}\gamma_5 B/F}\tilde{q}. \tag{7.47}$$

上式中包含的夸克的双线性型可以由其真空期望值 (即手征夸克凝聚 $\langle\bar{q}q\rangle_0$) 代替,

---

[⑩] 考虑课程范围, 这里不予详细讨论, 有兴趣的读者可以参阅 Weinberg S. The Quantum Theory of Fields II. Cambridge University Press, 1996.

并常将之玻色化, 于是拉氏量中与 (赝)Goldstone 玻色子质量相关的项可以表述为

$$\mathcal{L}_{\mathrm{PGB}} = -\frac{\langle\widetilde{\bar{q}}\widetilde{q}\rangle_0}{F^2}\Big[4m_{\mathrm{u}}^0\Big(\frac{1}{\sqrt{2}}\pi^0 + \frac{1}{\sqrt{6}}\eta^0\Big)^2 + 4m_{\mathrm{d}}^0\Big(-\frac{1}{\sqrt{2}}\pi^0 + \frac{1}{\sqrt{6}}\eta^0\Big)^2 + \frac{8}{3}m_{\mathrm{s}}^2(\eta^0)^2$$
$$+ 4(m_{\mathrm{u}}^0 + m_{\mathrm{d}}^0)\pi^+\pi^- + 4(m_{\mathrm{u}}^0 + m_{\mathrm{s}}^0)K^+\bar{K}^- + 4(m_{\mathrm{d}}^0 + m_{\mathrm{s}}^0)K^0\bar{K}^0\Big].$$
$$(7.48)$$

进一步可得完整的 GOR 关系:

$$m_\pi^2 f_\pi^2 = -(m_{\mathrm{u}}^0 + m_{\mathrm{d}}^0)\langle\bar{q}q\rangle_0, \tag{7.49}$$

$$m_{\mathrm{K}^+}^2 f_\pi^2 = -(m_{\mathrm{u}}^0 + m_{\mathrm{s}}^0)\langle\bar{q}q\rangle_0, \tag{7.50}$$

$$m_{\mathrm{K}^0}^2 f_\pi^2 = -(m_{\mathrm{d}}^0 + m_{\mathrm{s}}^0)\langle\bar{q}q\rangle_0, \tag{7.51}$$

$$m_{\eta^0}^2 f_\pi^2 = -\frac{1}{3}(m_{\mathrm{u}}^0 + m_{\mathrm{d}}^0 + 4m_{\mathrm{s}}^0)\langle\bar{q}q\rangle_0, \tag{7.52}$$

$$m_{\pi\eta}^2 f_\pi^2 = -\frac{1}{\sqrt{3}}(m_{\mathrm{u}}^0 - m_{\mathrm{d}}^0)\langle\bar{q}q\rangle_0, \tag{7.53}$$

其中 $m_{\pi\eta}$ 为 $\pi^0$ 与 $\eta^0$ 的混合态的质量.

由前述讨论知, 手征对称性及其破缺是强相互作用的基本特征 (性质), 是可见物质质量起源和利用 QCD 研究强子质量谱及强子结构的最重要的因素. 这里仅介绍了手征对称性及其破缺的一些基本概念和效应. 关于手征对称性及其破缺的研究已取得很大进展, 尤其是在 QCD 的 DS 方程方法框架下, 除了给出手征对称性动力学破缺与恢复的行为及夸克禁闭与退禁闭的特征等早期宇宙强相互作用物质演化 (QCD 相变) 的性质和行为外, 与描述相对论性两体束缚态的 Bethe–Salpeter 方程相结合, 已经可以很好地描述赝标介子基态和矢量介子基态的质量谱 (适当考虑顶角的手征对称性动力学破缺效应, 也已可以描述矢量介子基态与轴矢量介子基态之间的质量劈裂), 与描述相对论性三体束缚态的 Faddeev 方程相结合, 已经可以较好地描述重子基态的质量谱 (并且还可以描述强子的部分子分布振幅, 从而在 QCD 层次上描述强子结构). 但对相当一部分研究, DS 方程框架下的计算很复杂 (DS 方程尽管于 20 世纪 50 年代初就建立了, 但实际应用于研究强相互作用的问题是近 20 多年的事情), 因此人们发展建立了手征微扰理论、Nambu–Jona-Lasinio (NJL) 模型及包含了 Polyakov 圈效应的 NJL 模型、$\sigma$ 模型、夸克介子耦合模型等近似或有效模型方法 (从历史发展角度来看, 其中一部分近似和模型方法是在 DS 方程能够被实际求解之前建立的). 目前这两类方法都仍在发挥作用, 并且 DS 方程方法正被广泛接受和应用. 手征对称性及其破缺的概念和研究方法已经推广到关于宇宙学、电弱对称性破缺等的研究. 并且, 这些概念和方法也已被应用于原子核物理、凝聚态物理、光物理等的研究, 如 (反) 铁磁相变、超流现象、液晶、光的偏振等等中, 并且关于手征对称性及其破缺的概念和研究方法已被应用于在三维量子

电动力学 (QED) 框架下研究高温超导相变. 凡此种种, 其应用已经很广泛, 限于篇幅和课程范围, 这里不展开介绍.

回顾前述讨论知, 强相互作用层次上的手征对称性破缺是产生可见物质的质量的源泉, 它包含明显破缺 (硬破缺) 和动力学破缺两类. 此前的研究大都集中在包含两类破缺的贡献的整体效应. 并且, 很显然, 对于手征极限情况和轻味夸克情况, 明显破缺对观测量的贡献很小, 可以忽略, 而对于超越手征极限的大流质量极限情况, 明显破缺的贡献起决定性作用, 动力学破缺的贡献可以忽略. 人们还发展了多种有效模型理论, 例如前述的手征微扰理论及唯象模型、重夸克有效理论、非相对论性量子色动力学等等. 随着研究的深入, 人们开始探索这两类破缺效应各自的贡献, 显然对于包含奇异夸克和粲夸克的系统, 区分明显破缺和动力学破缺贡献的研究尤为重要, 相应地, 准确表征两类破缺各自贡献的特征量、夸克对规范场的反馈效应的味道依赖性、夸克–胶子相互作用顶角的味道依赖性等等就是亟待解决的与对称性及其破缺直接相关的重要问题.

## §7.3　标准模型的规范对称性

### 7.3.1　规范与规范对称性的基本概念

#### 1. 经典电磁场规律在 $3+1$ 维空间中的表述

通过归纳总结前人的理论和大量实验事实, Maxwell 将经典电磁场的规律表述为一组包含四个方程的方程组:

$$\nabla \cdot \boldsymbol{D} = \rho \quad \text{((推广的) 电场的 Gauss 定理)}, \tag{7.54}$$

$$\nabla \cdot \boldsymbol{B} = 0 \quad \text{(磁场的 Gauss 定理)}, \tag{7.55}$$

$$\nabla \times \boldsymbol{E} = -\frac{\partial \boldsymbol{B}}{\partial t} \quad \text{(Faraday 电磁感应定律)}, \tag{7.56}$$

$$\nabla \times \boldsymbol{H} = \boldsymbol{J} + \frac{\partial \boldsymbol{D}}{\partial t} \quad \text{((推广的) Ampère 环路定理)}, \tag{7.57}$$

其中 $\boldsymbol{E}$ 为电场强度, $\boldsymbol{D}$ 为电位移矢量, 它与电场强度和电极化强度 $\boldsymbol{P}$ 之间有关系 $\boldsymbol{D} = \varepsilon_0 \boldsymbol{E} + \boldsymbol{P}$ (其中 $\varepsilon_0$ 为真空的介电常数). 若记 $\boldsymbol{P} = \chi_E \varepsilon_0 \boldsymbol{E}$, $\chi_E$ 为介质的电极化率, $\varepsilon_{\mathrm{r}} = 1 + \chi_E$, $\varepsilon = \varepsilon_{\mathrm{r}} \varepsilon_0$ 为介质的介电常数, 则 $\boldsymbol{D} = \varepsilon \boldsymbol{E}$. $\boldsymbol{H}$ 为磁场强度, $\boldsymbol{B}$ 为磁感应强度, 它与磁场强度和介质的磁化强度 $\boldsymbol{M}$ 之间有关系 $\boldsymbol{B} = \mu_0 \boldsymbol{H} + \boldsymbol{M}$ (其中 $\mu_0$ 为真空的磁导率). 若记 $\boldsymbol{M} = \chi_M \boldsymbol{H}$, $\chi_M$ 为介质的磁化率, $\mu_{\mathrm{r}} = 1 + \chi_M$, $\mu = \mu_{\mathrm{r}} \mu_0$ 为介质的磁导率, 则 $\boldsymbol{B} = \mu \boldsymbol{H}$. $\boldsymbol{J}$ 为电流密度. 这表明, 电场是有源无旋场, 磁场是有旋无源场.

我们熟知, 电场强度 $\boldsymbol{E}$ 可以由电势 $\varphi$ 表述为

$$\boldsymbol{E} = -\nabla\varphi, \tag{7.58}$$

亦即有 $\varphi(\boldsymbol{r}) = -\displaystyle\int_{\infty}^{\boldsymbol{r}} \boldsymbol{E} \cdot \mathrm{d}\boldsymbol{l}$ (已取 $\varphi(\infty) = 0$). 将 (7.58) 式代入 (推广的) 电场的 Gauss 定理, 则有

$$\nabla^2\varphi = -\frac{\rho}{\varepsilon},$$

其中 $\rho$ 为自由电荷密度.

根据矢量运算的性质, 旋度的散度恒为零, 人们引入另一个矢量 $\boldsymbol{A}$, 将磁感应强度 $\boldsymbol{B}$ 表述为

$$\boldsymbol{B} = \nabla \times \boldsymbol{A}, \tag{7.59}$$

并称该矢量 $\boldsymbol{A}$ 为磁矢势, 亦即有 $\displaystyle\int_S \boldsymbol{B} \cdot \mathrm{d}\boldsymbol{S} = \oint_L \boldsymbol{A} \cdot \boldsymbol{l}$ (通过任意曲面的磁通量等于相应的磁矢势沿曲面的边界的回路积分, 它显然与曲面的具体形状无关). 将 (7.59) 式代入 (推广的) 电场的 Ampère 环路定理, 对于稳恒电流 $\left(\dfrac{\partial\boldsymbol{D}}{\partial t} \equiv 0\right)$ 产生的磁场, 则有

$$\nabla^2\boldsymbol{A} - \nabla(\nabla \cdot \boldsymbol{A}) = -\mu\boldsymbol{J},$$

其中 $\boldsymbol{J}$ 为自由电流密度. 如果有附加条件 $\nabla \cdot \boldsymbol{A} = 0$, 对磁矢势 $\boldsymbol{A}$ 的任意分量, 都有

$$\nabla^2 A_i = -\mu J_i \qquad (i = 1, 2, 3).$$

显然, 该方程与电势 $\varphi$ 满足的方程的形式相同.

将 (7.59) 式代入 Faraday 电磁感应定律的表达式, 则有

$$\nabla \times \boldsymbol{E} = -\frac{\partial}{\partial t}(\nabla \times \boldsymbol{A}) = -\nabla \times \frac{\partial\boldsymbol{A}}{\partial t},$$

移项得

$$\nabla \times \left(\boldsymbol{E} + \frac{\partial\boldsymbol{A}}{\partial t}\right) = 0.$$

这表明, $\boldsymbol{E} + \dfrac{\partial\boldsymbol{A}}{\partial t}$ 仍然是无旋场, 从而仍可由标势 $\varphi$ 描述, 即有 $\boldsymbol{E} + \dfrac{\partial\boldsymbol{A}}{\partial t} = -\nabla\varphi$, 于是有

$$\boldsymbol{E} = -\nabla\varphi - \frac{\partial\boldsymbol{A}}{\partial t}, \tag{7.60}$$

即磁矢势 (矢量场) 随时间的变化率对电场强度有贡献.

考虑对矢势 $\boldsymbol{A}$ 和标势 $\varphi$ 各做一变换,

$$\boldsymbol{A} \longrightarrow \boldsymbol{A}' = \boldsymbol{A} + \nabla\Theta, \qquad\qquad \varphi \longrightarrow \varphi' = \varphi - \frac{\partial\Theta}{\partial t}, \tag{7.61}$$

其中 $\varTheta$ 为任意的关于时空坐标的函数, 显然有

$$\nabla \times \boldsymbol{A}' = \nabla \times (\boldsymbol{A} + \nabla\varTheta) = \nabla \times \boldsymbol{A} + \nabla \times \nabla\varTheta = \boldsymbol{B} + \boldsymbol{0} = \boldsymbol{B},$$

$$-\nabla\varphi' - \frac{\partial \boldsymbol{A}'}{\partial t} = -\nabla\Big(\varphi - \frac{\partial\varTheta}{\partial t}\Big) - \frac{\partial}{\partial t}(\boldsymbol{A} + \nabla\varTheta) = \Big(-\nabla\varphi - \frac{\partial \boldsymbol{A}}{\partial t}\Big) + \boldsymbol{0} = \boldsymbol{E}.$$

这表明, 对标势 $\varphi$ 和矢势 $\boldsymbol{A}$ 做 (7.61) 所示的变换之后, 无论变换中的函数 $\varTheta$ 取什么形式, 变换之后的电场强度和磁感应强度都与变换之前的相同.

显然, 给定一个函数 $\varTheta$, 即对 (7.61) 所示的变换给定一个条件, 就确定一组电磁势 $\{\boldsymbol{A}, \varphi\}$. 这样的每一组电磁势 $\{\boldsymbol{A}, \varphi\}$, 或者说每一个确定电磁势的条件, 称为一种规范 (gauge), (7.61) 式所示的变换称为规范变换 (gauge transformation), 可直接观测的电场强度和磁感应强度不依赖于所取规范的性质称为规范不变性 (gauge invariance), 或规范对称性 (gauge symmetry). 经典电磁理论是第一个规范场论 (gauge field theory).

显然, 为对矢势 $\boldsymbol{A}$ 得到与标势 $\varphi$ 形式相同的 (二阶微分) 方程所采用的辅助条件

$$\nabla \cdot \boldsymbol{A} = 0$$

(相应地, 应有 $\nabla^2\varTheta = 0$) 为一种规范, 通常称为 Coulomb 规范. 经典电磁学中还常用形式为

$$\nabla \cdot \boldsymbol{A} + \frac{1}{c^2}\frac{\partial\varphi}{\partial t} = 0$$

(其中 $c^2 = \dfrac{1}{\varepsilon_0\mu_0}$) 的规范, 称为 Lorenz 规范. 在 Lorenz 规范下, 由 Maxwell 方程组得到的 $\boldsymbol{A}$, $\varphi$ 满足的方程具有完全对称的形式:

$$\begin{aligned}\nabla^2\boldsymbol{A} - \frac{1}{c^2}\frac{\partial^2\boldsymbol{A}}{\partial t^2} &= -\mu_0\boldsymbol{J},\\ \nabla^2\varphi - \frac{1}{c^2}\frac{\partial^2\varphi}{\partial t^2} &= -\frac{\rho}{\varepsilon_0}.\end{aligned} \tag{7.62}$$

由此知, 规范不变性是物理学的基本规律, 任何真正可以观测的物理量都遵从这一规律. 在理论研究中, 规范变换和规范条件对于物理量的确定至关重要, 各种可能真实的理论构建的真实的物理量都必须满足规范对称条件.

**2. 经典电磁场规律在四维协变空间中的表述**

在古典的时空观中, 时间与通常所说的空间各自独立, 互不影响, 变换时各自按 Galileo 变换而变换. 然而, 如上一章所述, 在狭义相对论下, 记四维空间矢量为

$$x_\mu = (\boldsymbol{x}, ct),$$

空间的度规 $G_{\mu\nu}$ 为 (6.1) 式的形式, 对之可做各种变换 $x'_\mu = U_{\mu\nu} x_\nu$ ($\mu, \nu = 1, 2, 3, 4$). 所谓的 Lorentz 协变即要求间隔

$$x_1'^2 + x_2'^2 + x_3'^2 - c^2 t'^2 = x_1^2 + x_2^2 + x_3^2 - c^2 t^2 = 常量,$$

也就是要求变换为幺正保模变换. 对速度为 $v$ 的沿 $z$ 轴 (即 3 轴) 方向的惯性运动的变换, Lorentz 变换矩阵为

$$U = \begin{pmatrix} 1 & 0 & 0 & 0 \\ 0 & 1 & 0 & 0 \\ 0 & 0 & \gamma & \beta\gamma \\ 0 & 0 & \beta\gamma & \gamma \end{pmatrix}, \tag{7.63}$$

其中 $\beta = \dfrac{v}{c}$, $\gamma = \dfrac{1}{\sqrt{1-\beta^2}}$, $c$ 为真空中的光速. 这表明, 时空变换不再是各自独立的变换, 而是相互耦合、相互影响的变换. 这显然是全新的时空观念.

类似地, 动量和能量可以构成四动量

$$p^\mu = \left( \boldsymbol{p}, \frac{E}{c} \right),$$

能量和动量守恒表述为

$$p^\mu p_\mu = \boldsymbol{p}^2 - \frac{E^2}{c^2} = 常量,$$

亦即

$$m^2 c^4 = \boldsymbol{p}^2 c^2 + m_0^2 c^4,$$

$$m = \gamma m_0.$$

电磁学中的电流密度和电荷密度可以构成四维电流密度矢量

$$J_\mu = (\boldsymbol{J}, c\rho),$$

电荷守恒定律 $\nabla \cdot \boldsymbol{J} + \dfrac{\partial \rho}{\partial t} = 0$ 可以表述为

$$\partial_\mu J^\mu = \frac{\partial J^\mu}{\partial x^\mu} = 0.$$

矢势 $\boldsymbol{A}$ 和标势 $\varphi$ 构成电磁场四维矢势

$$A^\mu = \left( \boldsymbol{A}, \frac{\varphi}{c} \right),$$

从而 (7.62) 式所述的关于电磁场的矢势和标势的方程可以 (合并) 表述为

$$\partial_\mu \partial^\mu A_\nu = -\mu_0 J_\nu,$$

其中 $\partial_\mu \partial^\mu = \dfrac{\partial}{\partial x^\mu} \dfrac{\partial}{\partial x_\mu} = \nabla^2 - \dfrac{1}{c^2} \dfrac{\partial^2}{\partial t^2}$.

更进一步, 定义反对称四维张量

$$F_{\mu\nu} = \partial_\mu A_\nu - \partial_\nu A_\mu = \frac{\partial A_\nu}{\partial x^\mu} - \frac{\partial A_\mu}{\partial x^\nu}, \tag{7.64}$$

则 Maxwell 方程组中关于电荷的 Gauss 定理和推广的 Ampère 环路定理可以合并表述为

$$\partial_\nu F_{\mu\nu} = \mu_0 J_\mu, \tag{7.65}$$

另两个方程 (磁场的 Gauss 定理和 Faraday 电磁感应定律) 可以合并表述为

$$\partial_\lambda F_{\mu\nu} + \partial_\mu F_{\nu\lambda} + \partial_\nu F_{\lambda\mu} = 0. \tag{7.66}$$

前已说明, 电磁相互作用中电荷守恒, 并可表述为 $\partial_\mu J^\mu = 0$, 其中的电流密度可以由系统中的费米子场 $\{\psi_i\}$ 及标记其相应的电荷算符的本征值的参数 $\{q_i\}$ 表示为

$$J^\mu = \sum_i q_i \bar{\psi}_i \gamma^\mu \psi_i,$$

其中 $\gamma^\mu$ 为费米子与电磁场 (规范场) 的相互作用 (矢量) 顶角的表述形式. 该守恒律对应 U(1) 规范不变性.

根据群的指数实现形式, 该 U(1) 变换群可以表述为

$$U = e^{iq\Theta},$$

费米子场的变换为

$$\psi_i \longrightarrow \psi'_i = e^{iq_i \Theta(x)} \psi_i(x).$$

并且, 由四维空间坐标的定义和电磁场四矢量的定义知, (7.61) 式所示的电磁场的矢势和标势的规范变换, 即规范场的规范变换, 可以由四维形式表述为

$$A_\mu(x) \longrightarrow A'_\mu(x) = A_\mu(x) + \partial_\mu \Theta. \tag{7.67}$$

显然, 在此规范变换下, (7.64) 式所示的电磁场张量保持不变, 从而电磁相互作用系统的规范场部分 $F_{\mu\nu} F^{\mu\nu}$ 具有规范不变性.

再考察费米子场部分

$$\mathcal{L}_{\mathrm{F}} = \sum_k \bar{\psi}_k \big(\mathrm{i}\gamma^\mu \partial_\mu - m\big)\psi_k,$$

由于

$$\partial_\mu \psi'_k = \mathrm{e}^{\mathrm{i}q_k \Theta}\big(\partial_\mu + \mathrm{i}q_k \partial_\mu \Theta\big)\psi_k,$$

即多出 $(\mathrm{i}q_k \partial_\mu \Theta)\psi_k$ 项, 为保证规范不变, 考虑前述的规范场的变换形式, 如果将微分 $\partial_\mu$ 修改为 $\partial_\mu - \mathrm{i}q A_\mu(x)$, 则前述的多出项恰好可以与规范场的变换中的 $\partial_\mu \Theta$ 项抵消. 这样修改之后的微分算符 $\partial_\mu - \mathrm{i}q A_\mu(x)$ 称为协变微分算符, 常记为 $\mathrm{D}_\mu$ (上一节中已经使用过). 因此电磁场中规范不变的费米子场部分的拉氏密度为

$$\mathcal{L}_{\mathrm{F}} = \sum_k \bar{\psi}_k \big(\mathrm{i}\gamma^\mu \mathrm{D}_\mu - m\big)\psi_k.$$

总之, 电磁相互作用系统具有 U(1) 规范对称性, 其拉氏密度为

$$\mathcal{L}_{\mathrm{EM}} = \sum_k \bar{\psi}_k \big(\mathrm{i}\gamma^\mu \mathrm{D}_\mu - m\big)\psi_k - \frac{1}{4}F^{\mu\nu}F_{\mu\nu}, \tag{7.68}$$

运动方程为

$$(\mathrm{i}\gamma^\mu \partial_\mu - m)\psi = q\gamma^\mu A_\mu \psi, \tag{7.69}$$

$$\partial_\mu F^{\mu\nu} = q\bar{\psi}\gamma^\nu \psi. \tag{7.70}$$

至此, 我们简要介绍了关于电磁场及其中运动的粒子的基本理论, 给出了系统的拉氏密度、运动方程, 对之求解即可确定系统的性质. 尤其说明了系统具有 U(1) 规范对称性, 因此, 我们可以选择合适的规范 (规范条件), 以简化对实际问题进行求解的复杂度和难度.

上述讨论表明, 规范场论是基于对称性变换可以全局实施也可以局部实施的思想的一类物理理论, 规范对称性 (规范不变性) 是物理系统遵循的基本原理, 这就是说, 在某种变换下, 物理系统的拉格朗日量的表述形式及物理可观测量 (的值) 保持不变. 较具体地, 如果在每一时空点同时实施变换时系统的拉氏量都保持不变, 则系统具有全局对称性, 例如上一节讨论的手征对称性. 如果在时空的特定区域实施一些对称变换而不影响到另外一个区域, 则系统具有局部对称性 (local symmetry), 规范场论即是反映局部对称性的物理理论. 另一方面, 对称性即不变性、简并性, 因此规范对称性反映了系统表述的一个冗余性, 正是这种冗余性使得我们在实际应用时可以通过考虑规范条件 (选用规范) 简化计算.

再者, 前述的关于电磁场的讨论仅是在经典层面上的, 尚未量子化. 第一个量子化的规范理论即是关于电磁场的量子理论 —— 量子电动力学, 它涉及量子化方

案、规范固定、重整化、正规化等等一系列理论方法和技术, 建议读者参阅量子规范场论的专著或教科书.

### 7.3.2　强相互作用的规范对称性

本章开始时已说明, 到 20 世纪 60 年代前期对强子谱的研究说明夸克一定具有新的自由度 (例如命名为色自由度), 但关于色自由度为 3、具有 SU(3) 对称性, 且夸克处于其基础表示 [1]$_3$ (下标标记其维数) 等基本概念的建立, 正负电子碰撞产物和介子衰变产物等实验研究具有决定性作用. 按照夸克模型, 正负电子碰撞湮灭成光子, 光子碎裂为夸克, 进而重组合成 (各种可能的) 强子, 产生强子的总截面与产生 $\mu^+\mu^-$ 的截面的比值为

$$R = \frac{\sigma(\mathrm{e}^+\mathrm{e}^- \to \text{强子})}{\sigma(\mathrm{e}^+\mathrm{e}^- \to \mu^+\mu^-)} = \frac{e^2 \sum\limits_q Q_q{}^2}{e^2} = \sum_q Q_q{}^2,$$

其中 $Q_q$ 为夸克 $q$ 携带的电荷数. 截至目前的考虑到 u, d, s, c 和 b 夸克组成的强子的实验测量结果为 11/3. 由于 $\mathrm{e}^+\mathrm{e}^- \to \mu^+\mu^-$ 过程为轻子转变过程, 与夸克无关, 那么, 这一实验结果显然与上述求和中关于每一味夸克都有系数 3 的情况下的结果完全相同, 而不考虑系数 3 情况下的理论结果与实验结果相差 3 倍. 这显然与夸克具有色自由度, 且色自由度为 3, 夸克处于色 SU(3) 对称群的基础表示 (3 维表示) 的物理图像一致. 由李群和李代数的基本理论, 尤其是关于李代数的实现方式的讨论知, 具有 3 个维度的空间的变换矩阵对应的行列式确定 (为 1) 的最大对称群为 SU(3) 群, 况且 su(3) 代数可以由全同粒子实现, 因此色空间具有 SU(3) 对称性. 在进一步的量子色动力学 (QCD) 框架下, 传递夸克间相互作用的规范场为胶子场.

根据群的指数实现形式, 该 SU(3) 变换群可以表述为

$$U = \mathrm{e}^{\mathrm{i}\Theta^a \lambda^a},$$

其中 $\lambda^a$ $(a = 1, 2, \cdots, 8)$ 为 (7.30) 式所示的表征 SU(3) 群的生成元的矩阵 (Gell-Mann 矩阵), 费米子场的变换为

$$\psi(x) \longrightarrow \psi'(x) = \mathrm{e}^{\mathrm{i}\Theta^a(x)\lambda^a} \psi(x).$$

对拉氏密度中的费米子场部分

$$\mathcal{L}_{\mathrm{F}} = \sum_k \bar{\psi}_k (\mathrm{i}\gamma^\mu \partial_\mu - m) \psi_k,$$

仿照关于 U(1) 规范下 (电磁场中) 的讨论, 将微分算符 $\partial_\mu$ $(\mu = 1, 2, 3, 4)$ 扩展为协变微分算符

$$\mathrm{D}_\mu = \partial_\mu - \mathrm{i}g A_\mu^a(x)\lambda^a,$$

其中 $g$ 为 (待定) 常量, $A_\mu^a(x)$ 为规范场 (胶子场) 四矢量, 则 SU(3) 对称的规范场 (胶子场) 中与费米子相关的拉氏密度可以表述为

$$\mathcal{L}_{\mathrm{F}} = \sum_k \bar{\psi}_k\big(\mathrm{i}\gamma^\mu \mathrm{D}_\mu - m\big)\psi_k.$$

为保证上式具有规范不变性, 人们需要确定规范场 (胶子场) $A_\mu$ (严格地, 应该是 $A_\mu^a(x)\lambda^a$) 在规范变换下的行为. 由定义知, 若要求上述拉氏密度在规范变换下不变, 则有

$$U(x)\partial_\mu\psi_k + \big(\partial_\mu U(x)\big)\psi_k - \mathrm{i}g A_\mu' U(x)\psi_k = U(x)\big(\partial_\mu - \mathrm{i}g A_\mu\big)\psi_k,$$

也就是

$$A_\mu' U(x)\psi_k = \Big(U(x)A_\mu - \frac{\mathrm{i}}{g}\partial_\mu U(x)\Big)\psi_k.$$

这表明, 关于 $A_\mu$ 的变换应满足

$$A_\mu' = U(x)A_\mu U^{-1}(x) - \frac{\mathrm{i}}{g}\big(\partial_\mu U(x)\big)U^{-1}(x).$$

考虑无穷小变换 ($\Theta^a = \epsilon^a \to 0$, 并忽略二阶小量), 则有

$$\delta A_\mu = A_\mu' - A_\mu = \frac{1}{g}\big(\partial_\mu \epsilon^a\big)\lambda^a - \mathrm{i}\big[A_\mu, \lambda^a\big]\epsilon^a.$$

将 $A_\mu = A_\mu^b(x)\lambda^b$ 代入上式, 并计算出对易子 $\big[A_\mu^b(x)\lambda^b, \lambda^a\big]$, 则得

$$\delta A_\mu^a = \frac{1}{g}\big(\partial_\mu \varepsilon^a\big) + \mathrm{i}f_{abc}\varepsilon^b A_\mu^c,$$

其中 $\mathrm{i}f^{abc}$ 为 SU(3) 群的生成元 $\mathbb{X}^a$ 在其伴随表示中的矩阵元, 即 SU(3) 群的结构常数, 这表明规范场 (胶子场) 对应于 SU(3) 群的伴随表示 (8 维表示), 因此胶子有 8 种颜色.

更进一步, 由协变微分的形式知, 将电磁场中的 $F_{\mu\nu} = \partial_\mu A_\nu - \partial_\nu A_\mu$ 推广为

$$G_{\mu\nu} = \frac{\mathrm{i}}{g}\big[\mathrm{D}_\mu, \mathrm{D}_\nu\big] = \partial_\mu A_\nu - \partial_\nu A_\mu - \mathrm{i}g\big[A_\mu, A_\nu\big],$$

则该反对称张量具有规范变换不变性. 考虑 $A_\mu = A_\mu^a\lambda^a$ 的定义, 并将 $[\lambda^a, \lambda^b] = \mathrm{i}f^{abc}\lambda^c$ 代入, 则上述场强张量还可以由规范场 (胶子场) 在色空间中的分量表述为

$$G_{\mu\nu}^a = \partial_\mu A_\nu^a - \partial_\nu A_\mu^a + gf^{abc}A_\mu^b A_\nu^c.$$

总之, 强相互作用具有色 SU(3) (非 Abel) 规范对称性, 夸克场对应于 SU(3) 群的基础表示 (3 维表示), 规范场 (胶子场) 对应于 SU(3) 群的伴随表示 (8 维表示), 系统的拉氏密度 (的经典形式) 为

$$\mathcal{L}_{\mathrm{QCD}} = \sum_k \bar{\psi}_k\big(\mathrm{i}\gamma^\mu \mathrm{D}_\mu - m\big)\psi_k - \frac{1}{4}G^{\mu\nu}G_{\mu\nu}, \tag{7.71}$$

其中的协变微分为

$$D_\mu = \partial_\mu - igA_\mu^a(x)\lambda^a,$$

规范场场强张量为

$$G_{\mu\nu}^a = \partial_\mu A_\nu^a - \partial_\nu A_\mu^a + gf^{abc}A_\mu^b A_\nu^c,$$

$\lambda^a$ $(a = 1, 2, \cdots, 7, 8)$ 为相应于 SU(3) 群的生成元的 Gell-Mann 矩阵, $f^{abc}$ 为 SU(3) 群的结构常数.

至此, 我们简要介绍了关于强相互作用的规范场 (胶子场) 及其中运动的费米子的基本理论, 给出了系统的拉氏密度, 尤其说明了系统具有 SU(3) 规范对称性, 因此, 我们可以选择合适的规范 (规范条件), 以简化对实际问题进行求解的复杂度和难度. 由于表述形式比较复杂, 我们没有具体讨论运动方程. 实际应用时应考虑其量子化、规范固定、重整化和正规化等. 考虑了这些因素的强相互作用理论即量子色动力学 (QCD). 对于 SU(3) 规范场 (QCD) 的量子化远比 U(1) 规范下的复杂, 虽然已经发展了 Faddeev–Popov 等量子化方案, 但其中仍存在 Gribov 拷贝 (规范条件存在多个解) 的问题. 对于这些问题的研究仍然是当今非 Abel 规范场理论研究中的重要课题. 并且, 规范固定将引入附加场, 常称之为鬼场, 因此 QCD 的运动方程是关于夸克、胶子和鬼场 (的传播子) 的耦合 (实际是无限嵌套的) 方程组, 常称为 Dyson–Schwinger 方程. 在现行的关于 QCD 的 Faddeev–Popov 量子化方案下, 原始的 SU(3) 规范对称性转换为 Becchi–Rouet–Stora–Tyutin (BRST) 对称性, U(1) 规范对称性下的 Ward–Takahashi (WT) 恒等式转变为 Slavnov–Taylor 恒等式 (最近的研究表明, 可能也存在形如 WT 恒等式的恒等式[①]). 再者, 在关于强相互作用的研究中, 很多重要问题都是非微扰的, 例如色禁闭的机制、强子内部的夸克和胶子结构等等, 虽然已经发展建立了可以实际应用的 Dyson–Schwinger 方程方法 (将无限嵌套的方程组在尽可能多地保证 QCD 的对称性下截断为有限的方程组) 和泛函重整化群方法 (由紫外高能量区的微扰行为, 根据重整化群不变的流方程, 演化到红外能区, 从而讨论非微扰问题), 但相关研究仍然是当今强相互作用理论研究中的最重要课题. 有兴趣的读者请参阅有关专著和最近的研究论文.

### 7.3.3　电弱统一相互作用的规范对称性及标准模型中的规范对称性

#### 1. 电弱统一相互作用的规范对称性

我们知道, 电磁相互作用中电场部分是有源无旋场, 磁场部分是无源有旋场, 电荷是守恒量, 于是系统具有 U(1) 规范对称性. 相关的介绍与讨论已在 7.3.1 小节给出. 弱相互作用的发现可以追溯到原子核的 β 衰变, 即从原子核中逸出电子等轻子的现象. 究其机制知, 其元过程是中子转变为质子, 放出电子和 (反电子型) 中微子,

---

[①] 参见如 Gao F, et al. Phys. Lett. B, 2017, 774: 243 等.

即

$$n \longrightarrow p + e^- + \overline{\nu}_e .$$

后来人们又发现也有 Λ 超子转变为质子, 放出 μ 子 (带一个单位负电荷, 静质量约为电子的 207 倍的粒子) 和 (反 μ 子型) 中微子的过程, 即有

$$\Lambda \longrightarrow p + \mu^- + \overline{\nu}_\mu .$$

弱相互作用与电磁相互作用似乎互不相关, 从而与引力和强相互作用一起被称为自然界中的四种基本相互作用之一. 四种相互作用各自有其独特的性质和发挥作用的范围, 人们也建立起了描述其性质和应用的理论体系. 然而将四种相互作用纳入一个理论体系中统一描述一直是物理学家们追求的目标. 现代物理学发展过程中建立起来的规范场论已经将电磁相互作用和弱相互作用纳入一个理论框架之下, 由之得到的理论结果在很高的精度之内都与实验测量结果符合, 从而确立了电弱统一规范理论. 本小节对之予以简要介绍.

由于我们对电磁相互作用的 U(1) 规范理论已有所了解, 因此我们先介绍弱相互作用理论. 由于 β 衰变过程涉及的粒子的质量差异很小, 因此关于 β 衰变的弱相互作用过程涉及的质子和中子通常表述为同位旋二重态. 早期建立的描述 β 衰变的理论是矢量流 – 轴矢流理论, 其有效拉氏密度为

$$\mathcal{L}_{\text{eff}} = -2\sqrt{2} G J_\mu^\dagger(x) J^\mu(x),$$

其中 $G$ 为费米的 β 衰变常数, 在自然单位制下 $G \approx 1.165 \times 10^{-5} \text{ GeV}^{-2}$, 带电流 $J_\mu$ 可以表述为矢量流与轴矢流的叠加的形式. 在夸克为基本自由度的层面上, $J_\mu$ 可以一般地表述为

$$J_\mu = \sum_f \overline{\Psi}^f \gamma^\mu T^- \Psi^f, \tag{7.72}$$

其中 $T^-$ 为同位旋的降算符 (与中子转变为质子过程中同位旋第 3 分量变化的表述习惯一致), 并可由矩阵形式表述为

$$T^\pm = T^1 \pm \mathrm{i} T^2 = \frac{1}{2}(\sigma^1 \pm \mathrm{i}\sigma^2),$$

$\sigma^a$ 为 Pauli 矩阵, $T^\pm$ 分别为同位旋的升降算符, 中子、质子之间的转变可以由之表述为 $T^+|\mathrm{p}\rangle = |\mathrm{n}\rangle$, $T^-|\mathrm{n}\rangle = |\mathrm{p}\rangle$.

与左手粒子相应的左手流则为

$$J_\mu^a = \sum_f \overline{\Psi}_{\mathrm{L}}^f \gamma_\mu T^a \Psi_{\mathrm{L}}^f, \tag{7.73}$$

其中 $\Psi_{\mathrm{L}}^f = \frac{1}{2}(1 + \gamma_5)\Psi^f$.

考察核子的夸克结构知, 中子转变为质子的过程为 $|udd\rangle \to |uud\rangle$. 那么, 放出电子的 β 衰变过程可以在夸克层面上表述为

$$d \longrightarrow u + e^- + \bar{\nu}_e,$$

Λ 超子 ($|uds\rangle$) 转变为质子 ($|uud\rangle$), 并放出 μ 子和反 μ 子型中微子的 β 衰变过程则可在夸克层面上表述为

$$s \longrightarrow u + \mu^- + \bar{\nu}_\mu.$$

综合考虑这些现象知, 强子中的所谓的 $d$ 夸克很可能实际上是通常意义上的 $d$ 夸克与具有相同电荷的 $s$ 夸克的混合态, 并常记为

$$d' = d\cos\Theta_C + s\sin\Theta_C,$$

其中 $\Theta_C$ 称为 Cabibbo 角. 于是, 弱相互作用中涉及的费米子场可以统一标记为

$$\Psi_L^f = \frac{1}{2}(1+\gamma_5)\left\{\begin{pmatrix} \nu_e \\ e^- \end{pmatrix}, \begin{pmatrix} \nu_\mu \\ \mu^- \end{pmatrix}, \begin{pmatrix} u \\ d' \end{pmatrix}\right\}.$$

与强相互作用中的质子、中子为同位旋二重态不同, 这里的同位旋为弱同位旋, 相应的粒子都为弱同位旋二重态, 例如, $T_{\nu_e}^3 = T_{\nu_\mu}^3 = T_u^3 = \frac{1}{2}$, $T_{e^-}^3 = T_{\mu^-}^3 = T_d^3 = -\frac{1}{2}$. 显然, 可以认为这些费米子具有 (整体的)SU(2) 对称性.

相应地, 由 SU(2) 的生成元的对易关系 $[T^+, T^-] = 2T^3 = 2\sigma^3$ 知, 应该存在与前述的带电流强度相当的 (电) 中性流 (相应于 $T^3$). 然而, 实验发现奇异数不守恒的中性流转变 (例如, $K_L^0 \to \mu^+\mu^-$, 或 $K^0 \leftrightarrow \bar{K}^0$) 振幅相比于通常的弱相互作用过程被压低了多个数量级. 为解决这一问题, Glashow 与合作者将 $s$ 夸克也视为 $s$ 与 $d$ 的混合态, 即有

$$s' = -d\sin\Theta_C + s\cos\Theta_C,$$

并引入粲夸克 ($c$ 夸克), 从而有了第 4 组费米子二重态[⑫] $\begin{pmatrix} c \\ s' \end{pmatrix}$.

显然, 与 (7.73) 式所示的弱相互作用 (左手粒子) 流相对应的 (弱) 荷算符为

$$\widehat{T}_i^L = \int J_4^i \mathrm{d}^3\boldsymbol{x}, \tag{7.74}$$

---

⑫ 按照现在的认识, 上述左手费米子二重态还包括第三代夸克和第三代轻子, 即还有 $\begin{pmatrix} \nu_\tau \\ \tau \end{pmatrix}$ 和 $\begin{pmatrix} t \\ b \end{pmatrix}$.

被积函数中的下标 4 代表取 (7.73) 式所示的流的时空第 4 分量, 上标 $i$ 代表取 (7.73) 式所示的流中同位旋的第 $i$ 分量. 显然, 这些荷算符满足对易关系

$$[\widehat{T}_i^{\mathrm{L}}, \widehat{T}_j^{\mathrm{L}}] = \mathrm{i}\varepsilon_{ijk}\widehat{T}_k^{\mathrm{L}},$$

其中 $\varepsilon_{ijk}$ 为同位旋 SU(2) 群的结构常数. 也就是说, 这些荷算符张成一个 su(2) 代数, 由之可生成 SU(2) 群.

上述讨论表明, 弱相互作用具有 SU(2) 对称性, 尤其是原始的标准的 β 衰变过程即为在该对称性下由同位旋降算符 ($T^-$) 作用而实现的过程, 而同位旋的第三分量对应中性流. 根据前述的规范理论的基本概念, 为将电磁作用纳入同一个理论框架之下, 应该从其电荷守恒出发考虑.

为清楚表示弱相互作用过程中涉及的粒子的电荷、弱同位旋及超荷之间的关系, 通过推广 Gell-mann-Nishijima 关系, 可以定义弱超荷算符

$$\widehat{Y} = \widehat{Q} - \widehat{T}_3^{\mathrm{L}}. \tag{7.75}$$

这样, 前述的左手轻子 (中微子、电子等) 都对应该弱超荷算符的本征态 (弱超荷都为 $-\dfrac{1}{2}$). 显然有

$$[T_i^{\mathrm{L}}, \widehat{Y}] = 0. \tag{7.76}$$

总之, 弱作相互用中的弱荷和包含电荷的弱超荷构成 $\mathrm{SU}_{\mathrm{L}}(2) \otimes \mathrm{U}_Y(1)$ 对称性的四个生成元, 与它们相应, 在电弱统一理论中有四个规范玻色子场. 记这四个玻色子场分别为 $W^a$ $(a = 1, 2, 3)$, $B$, 则它们与 $\mathrm{SU}_{\mathrm{L}}(2) \otimes \mathrm{U}_Y(1)$ 的流间的耦合作用为

$$g J_\mu^a W^{a,\mu} + g' J_Y^\mu B_\mu,$$

其中 $g$, $g'$ 为相互独立的参数.

与通常的 SU(2) 群的生成元之间的关系一样, 由上述的 $W_\mu^{1,2}$ 可以得到荷电的规范玻色子为

$$W_\mu^\pm = \frac{1}{\sqrt{2}}\left(W_\mu^1 \pm \mathrm{i}W_\mu^2\right). \tag{7.77}$$

由弱超荷的定义知, 电荷

$$Q = T_3^{\mathrm{L}} + Y = \frac{1}{g}\left(gT_3^{\mathrm{L}}\right) + \frac{1}{g'}\left(g'Y\right),$$

进而知得, 电磁相互作用 (与电磁流 $J_\mu^{\mathrm{em}} = \sum\limits_f \bar{\Psi}^f Q\gamma_\mu \Psi^f$ 耦合) 的规范场 (光子场) $A_\mu$ 为规范场 (玻色子) $W^3$ 与 $B$ 的线性组合态

$$A_\mu = \left(\frac{1}{g^2} + \frac{1}{g'^2}\right)^{-\frac{1}{2}}\left(\frac{1}{g}W_\mu^3 + \frac{1}{g'}B_\mu\right). \tag{7.78}$$

与 $A_\mu$ 正交的线性组合态

$$Z_\mu = \left(\frac{1}{g^2} + \frac{1}{g'^2}\right)^{-\frac{1}{2}} \left(\frac{1}{g'} W_\mu^3 - \frac{1}{g} B_\mu\right)$$

仅与弱中性流

$$J_\mu^Z = \frac{g}{\cos\Theta_{\rm W}} \left(J_\mu^3 - \sin^2\Theta_{\rm W} J_\mu^{\rm em}\right)$$

耦合, 其中 $\Theta_{\rm W}$ 为 Weinberg 角, 其定义为

$$\tan\Theta_{\rm W} = \frac{g'}{g}, \quad \text{或} \quad \sin^2\Theta_{\rm W} = \frac{g'^2}{g^2 + g'^2}, \quad g\sin\Theta_{\rm W} = g'\cos\Theta_{\rm W} = e,$$

其中 $e$ 为单位正电荷.

如果这里所有的矢量玻色子都与光子一样, 是零质量的, 则显然无法描述实验测得的弱相互作用强度远小于电磁相互作用强度的事实, 因此这里的中间玻色子 $W^\pm$ 和 Z 不仅应该是非零质量的, 而且应该是相当重的. 使 $W^\pm$ 和 Z 获得质量的机制是使非 Abel 规范不变性自发破缺的 Higgs 机制[13]. 记 SU(2) 的第三生成元在自发破缺的真空中的非零期望值为 $v$, 在树图近似下, 则有[14]

$$M_{\rm W} = \frac{1}{2} vg, \qquad M_{\rm Z} = \frac{1}{2} v\left(g^2 + g'^2\right)^{1/2},$$

亦即有关系

$$M_{\rm W} = M_{\rm Z} \cos\Theta_{\rm W}.$$

这是一个包含三个参数 $\{g, g', v\}$ 的最小对称性的弱电统一理论, 三个参数可以与电磁相互作用常数 $\alpha = \frac{e^2}{4\pi}$、弱相互作用 ($\beta$ 衰变) 常数 $G$ 和 Weinberg 角相联系. 由后来的宇称不守恒的中性流过程的实验结果得到 $\sin^2\Theta_{\rm W} \approx 0.23$, 进而得到 $M_{\rm W} \approx 80\,{\rm GeV}$, $M_{\rm Z} \approx 92\,{\rm GeV}$ (Weinberg 的原始预言是 $M_{\rm Z} > 80\,{\rm GeV}$). 1982 年 CERN 的实验发现了这些中间玻色子, 并且其质量与前述实验结果符合得相当好, 从而确立了电弱统一理论. Glashow, Salam 和 Weinberg 因建立电弱统一理论而获得了 1979 年的 Nobel 物理学奖 (在实验确认之前), 在实验上发现电弱统一理论预言的 $W^\pm$ 和 Z 玻色子的工作中起重要作用的 Rubbia 和 van der Meer 则获得了 1984 年的 Nobel 物理学奖.

---

[13] 't Hooft G. Nucl. Phys. B, 1971, 33: 173; Nucl. Phys. B, 1971, 35: 167.
[14] Weinberg S. Phys. Rev. Lett., 1967, 19: 1264; Salam A. Nobel Symposium no. 8. Almqvist and Wiksell, 1968: 367.

### 2. 标准模型的规范对称性及其他

前已述及, 包含已经实现了量子化的强相互作用、弱相互作用和电磁相互作用的物理理论称为粒子物理学标准模型理论. 根据标准模型中的强相互作用部分具有 $SU_c(3)$ 规范对称性和电弱相互作用部分具有 $SU_L(2) \otimes U_Y(1)$ 规范对称性, 很容易推广得到标准模型具有规范对称性

$$SU_c(3) \otimes SU_L(2) \otimes U_Y(1).$$

标准模型获得了很大成功, 但存在参数很多、无法解释三代夸克和三代轻子分别具有相同的量子数、无法给出质子和电子具有数值相同符号相反的电荷的机制、无法给出存在三个独立的规范作用参数且其数值差异可能巨大的机制等问题. 为解决这些问题, 物理学家在真正实现强相互作用、弱相互作用和电磁相互作用统一描述方面付出了巨大努力, 并取得了一些实质性的进展. 人们称实现了强相互作用、弱相互作用和电磁相互作用统一描述的理论为大统一模型.

大统一模型的一个基本原则是, 其规范对称群必须包含

$$SU_c(3) \otimes SU_L(2) \otimes U_Y(1)$$

为其子群. 目前建立的大统一模型有 SU(5) 模型、SO(10) 模型等等. 这些模型已经在很大程度上解决了前述问题, 但仍存在诸如质子寿命与实验相差两个数量级 (实验测得质子寿命的下限为 $\tau_p \approx 10^{32}$ 年, 但 SU(5) 模型给出约 $10^{30}$ 年的结果) 等等问题. 目前人们仍在致力于解决这些问题, 并发展建立了超对称 (supersymmetry)、人工色 (technicolor)、复合 Higgs (composite Higgs) 等模型理论, 有兴趣的读者请参阅最新的规范场理论及粒子物理的专著.

近些年, 致力于统一四种基本相互作用的超大统一理论的研究也很活跃, 并且我国学者也已取得一些可喜的成果[⑮], 但其量子化仍是需要解决的问题.

## 思考题与习题

1. 对 u,d,s,c 四味夸克系统, 假设其具有近似的 SU(4) 对称性, 试说明由它们及相应的反夸克构成的基态介子有多少种, 并给出各自的味道结构.

2. 夸克模型认为重子由三个夸克组成. 现考虑 u,d,s,c 四味夸克系统.
   (1) 试根据味对称性, 由群表示的直积约化规则说明由这四味夸克形成的 $J = \frac{3}{2}$ 和 $J = \frac{1}{2}$ 的基态重子各有多少种, 并给出各自的味道结构;

---

[⑮] 例如 Wu Y L. Phys. Rev. D, 2016, 93: 024012; Eur. Phys. J. C, 2018, 78: 28 等等.

(2) 人们通常称三个组分夸克都是轻味夸克 (u,d) 的重子分别为 $\Delta$,N (根据电荷又分为 p,n), 称包含两个轻味夸克和一个 s 或 c 的重子为 $\Sigma$ ($\Lambda$) 或 $\Sigma_c$ ($\Lambda_c$), 称仅包含一个轻味夸克的重子为 $\Xi,\Xi_c,\Xi_{cc}$, 称没有轻味夸克的重子为 $\Omega,\Omega_c,\Omega_{cc},\Omega_{ccc}$, 试对上一问所得各重子态命名, 并标出各自的带电量 (例如 $\Omega_{ccc}^{++}$, 对 p, n 可省略), 画出分类图示.

3. 试给出由两味夸克形成的可能的四夸克态的味道结构.

4. 试给出由三味夸克形成的可能的四夸克态的味道结构.

5. 试给出由四味夸克形成的可能的四夸克态的味道结构.

6. 试给出由三味夸克形成的可能的五夸克态的味道结构.

7. 试给出由四味夸克形成的可能的五夸克态的味道结构.

8. 试给出由三味夸克形成的可能的六夸克态的味道结构.

9. 试给出由四味夸克形成的可能的六夸克态的味道结构.

10. 对于通常的由三味夸克形成的重子态, 假设其中的两个夸克形成一个双夸克集团, 并可以由 Bethe–Salpeter (BS) 方程计算其性质, 从而可以通过两步求解 BS 方程来计算基态重子的质量谱和结构. 试由对称性确定其中的双夸克集团的色味结构, 并以通常的按角动量和宇称的分类方案对之进行分类.

11. 对于由三味夸克形成的五夸克态, 试给出可能的隐色道的色味结构.

12. 试具体验算 (7.15) 式.

13. 对三味夸克系统的手征对称性, 试通过具体计算, 证明它可以表述为

$$SU_L(3) \otimes SU_R(3) = SU_V(3) \otimes SU_A(3),$$

并说明其有破缺 $SU_V(3) \otimes SU_A(3) \supset SU_V(3) \otimes U_A(1)$.

14. 接上题, 试写出破坏 $U_A(1)$ 对称性的可能的相互作用形式.

15. 试通过具体计算, 证明 U(1) 规范对称性的协变微分算子为 $D_\mu = \partial_\mu - iqA_\mu$, 其中 q 为电荷, $A_\mu$ 为规范势, 并给出其场强张量的表达式.

16. 试通过具体计算, 证明 SU(3) 规范对称性的协变微分算子为 $D_\mu = \partial_\mu - igA_\mu^a \lambda^a$, 其中 g 为耦合常数, $A_\mu^a$ 为规范势, $\lambda^a$ ($a = 1, 2, \cdots, 8$) 为 SU(3) 群的生成元, 并给出其场强张量的表达式, 说明其与 U(1) 规范对称情况的本质差别.

# 第八章　典型李代数在多粒子系统性质研究中的应用

## §8.1　理论基础与一般应用

### 8.1.1　费米子系统和玻色子系统的动力学对称性

现在我们认识的微观粒子可以分为费米子和玻色子两类. 为利用代数方法研究多粒子系统的性质, 我们先通过简要回顾第三章讨论过的典型李群 (李代数) 的费米子实现和玻色子实现, 讨论费米子系统和玻色子系统的动力学对称性.

#### 1. 典型李代数的基本代数关系

关于典型李代数 (李群) 的矩阵形式实现的讨论 (§3.3) 表明, 记第 $m$ 行第 $m'$ 列的矩阵元为 1、其他矩阵元都为 0 的 $N \times N$ 矩阵为 $E_{m'}^m$, 显然有

$$[E_{m'}^m, E_{n'}^n] = E_{n'}^m \delta_{m'n} - E_{m'}^n \delta_{mn'}.$$

这表明, $E_{m'}^m$ 为 U($N$) 群的无穷小生成元.

引入反对称矩阵 $\Xi_{ij} = E_j^i - E_i^j$, 显然有

$$[\Xi_{ij}, \Xi_{kl}] = \delta_{il} \Xi_{jk} - \delta_{ik} \Xi_{jl} + \delta_{jk} \Xi_{il} - \delta_{jl} \Xi_{ik}.$$

这表明, $\Xi_{ij}$ 为 O($N$) 群的无穷小生成元. 显然, O($N$) 群为 U($N$) 群的一个子群, 因为集合 $\{\Xi_{ij}\}$ 为 $\{E_j^i\}$ 的一个子集.

引入对称度规张量 $G_{ij} = G_{ji}$, 记任一 $N$ 维矢量的基矢为 $e_i$, 其对偶基为 $\bar{e}_i = G_{ij} e_i$, 定义 $\mathcal{S}_{ij} = e_i \bar{e}_j + e_j \bar{e}_i$, $\mathcal{H}_{ij} = \bar{e}_i e_j = -\bar{e}_j e_i$, 则有

$$[\mathcal{S}_{ij}, \mathcal{S}_{kl}] = \mathcal{H}_{jk} \mathcal{S}_{il} + \mathcal{H}_{jl} \mathcal{S}_{ik} + \mathcal{H}_{ik} \mathcal{S}_{jl} + \mathcal{H}_{il} \mathcal{S}_{jk}.$$

这表明, $\mathcal{S}_{ij}$ 为 SP($2N$) 群的无穷小生成元. 显然, SP($2N$) 群为 U($2N$) 群的一个子群, 因为集合 $\{\mathcal{S}_{ij}\}$ 为 $\{E_j^i\}$ 的一个子集.

#### 2. 费米子系统的动力学对称性

将角动量为 $j$、角动量 $z$ 方向投影为 $m$ 的费米子产生算符和湮灭算符分别简写为 $a_{jm}^\dagger = a_m^\dagger$, $a_{jm} = a_m$, 它们满足下述反对易关系:

$$\begin{aligned}
&\{a_m^\dagger, a_{m'}^\dagger\} = \{a_m, a_{m'}\} = 0, \\
&\{a_m, a_{m'}^\dagger\} = \delta_{mm'}.
\end{aligned} \tag{8.1}$$

系统的总角动量算符为

$$J_0 = \sum_m m a_m^\dagger a_m, \tag{8.2}$$

$$J_{\pm 1} = \mp \sum_m \sqrt{\frac{(j \mp m)(j \pm m + 1)}{2}} \, a_{m \pm 1}^\dagger a_m. \tag{8.3}$$

$J_0, J_{\pm 1}$ 是空间转动代数 so(3) 的生成元. 系统转动不变, 就是要求系统具有确定的总角动量 $J$, 但可以具有不同的总角动量 $z$ 方向投影 $M$.

根据费米子的产生算符、湮灭算符之间的反对易关系, 可以计算产生算符 $a_m^\dagger$ 和湮灭算符 $a_m$ 与上述 SO(3) 生成元的对易关系. 结果表明, $a_m^\dagger$ 是 SO(3) 的 $j$ 阶不可约张量, 而 $a_m$ 不是 SO(3) 的不可约张量, 但 $\widetilde{a}_m = (-)^{j+m} a_{-m}$ 是 SO(3) 的 $j$ 阶不可约张量.

记 $N = 2j + 1$, 由于角动量为 $j$ 的费米子的自由度为 $N$, 保持粒子数守恒的最大对称群为 U(N), 其生成元为 $a_m^\dagger a_{m'}$, 其中 $m, m' = j, j-1, \cdots, -j$, $m \neq m'$. 具有 $n$ 个粒子的空间构成 U(N) 的一个不可约表示空间, 常用最高权 $[1^n]$ 标记此不可约表示.

U(N) 群的生成元还可以由不可约张量形式表示为

$$(a^\dagger \widetilde{a})_q^k = \sum_{m,m'} \langle j \, m \, j \, m' | k \, q \rangle a_m^\dagger \widetilde{a}_{m'}, \tag{8.4}$$

其中 $k = 0, 1, \cdots, 2j$, $q = k, k-1, \cdots, -k+1, -k$. 它们满足李乘积关系

$$[(a^\dagger \widetilde{a})_q^k, (a^\dagger \widetilde{a})_{q'}^{k'}] = \sqrt{(2k+1)(2k'+1)}$$

$$\times \sum_{k''} \langle k \, q \, k' \, q' | k'' \, q'' \rangle \begin{Bmatrix} k & k' & k'' \\ j & j & j \end{Bmatrix} ((-)^{k+k'} - (-)^{k''}) (a^\dagger \widetilde{a})_{q''}^{k''}. \tag{8.5}$$

记 $\widehat{n}_f = \sum_m a_m^\dagger a_m$ 为系统的费米子数算符, 则 $(a^\dagger \widetilde{a})_0^0 = \widehat{n}_f / \sqrt{N}$. $\widehat{n}_f$ 可看作 U(1)$_n$ 的生成元, U(N) = U(1)$_n$ ⊗ SU(N). 在等价原则下, SU(N) 的不可约表示也用 $[1^n]$ 标记, 但 $[1^N]$ 与 $[0]$ 等价.

由上述对易关系可以看出, 当 $k = 1, 3, \cdots, 2j$ 为奇数时, $(a^\dagger \widetilde{a})_q^k$ 构成 SU(N) 的子群 SP(N) 的生成元, 由

$$(a^\dagger \widetilde{a})_q^k = \frac{1}{2} \sum_{m,m'} \langle j \, m \, j \, m' | k \, q \rangle (a_m^\dagger \widetilde{a}_{m'} + a_{m'}^\dagger \widetilde{a}_m),$$

可以得到其生成元的非耦合形式为

$$\Xi_{mm'} = a_m^\dagger \widetilde{a}_{m'} + a_{m'}^\dagger \widetilde{a}_m.$$

当 $m$ 和 $-m$ 态上各有一个粒子并耦合成零角动量时, 人们称之为一对粒子. 由第四章中关于 $C_l$ 李代数的表示的讨论知, SP($N$) 的生成元不会使成对的粒子转变为不成对的粒子, 并且其最高权态的角动量与其投影相等, 所以 SP($N$) 的不可约表示 ($1^\nu$) 对应于有 $\nu$ 个不成对粒子的态. 量子数 $\nu$ 称为辛弱数, 是描述对关联的重要量子数. 显然, 对产生算符和对湮灭算符可以分别表示为

$$P^\dagger = \sqrt{\frac{2j+1}{2}}(a^\dagger a^\dagger)_0^0, \qquad \widetilde{P} = \sqrt{\frac{2j+1}{2}}(\widetilde{a}\widetilde{a})_0^0. \tag{8.6}$$

定义

$$Q_0 = \frac{N}{4} - \frac{1}{2}\widehat{n}_f, \qquad Q_{-1} = \frac{1}{2}P^\dagger, \qquad Q_{+1} = \frac{1}{2}\widetilde{P}, \tag{8.7}$$

它们显然具有李乘积关系

$$[Q_0, Q_{\pm 1}] = \pm Q_{\pm 1}, \tag{8.8}$$

$$[Q_{+1}, Q_{-1}] = -Q_0. \tag{8.9}$$

这表明, 算符 $Q_0$, $Q_{\pm 1}$ 也构成 SU(2) 或 SO(3) 群的生成元. 该群常被称为准自旋 (quasispin) 群, 记为 SU(2)$_q$. 还容易证明, SP($N$) 的生成元与 SU(2)$_q$ 的生成元相互对易, 所以 SP($N$) 与 SU(2)$_q$ 是相互不变的.

综上所述, 对于粒子数确定的系统, 描述转动不变的全同 (单角动量) 费米子系统的群链就是其相应的李代数对应的群形成的群链, 可以表示为

$$U(N) \supset SP(N) \supset SO(3), \tag{8.10}$$

即系统的状态 (波函数) 可以由标记上述群链中各群的不可约表示的量子数来分类. 表 8.1 给出了此群链中每个 (子) 群的生成元、Casimir 算子 (不变量) 和不可约表示标记, 其中除 U($N$) 的不变量有一阶 Casimir 算子 $\widehat{n}_f$ 和二阶 Casimir 算子之外, 其余均为二阶 Casimir 算子. 于是, 全同费米子系统的波函数可以写为

$$|\Psi_{n,f}\rangle = |n\,\nu\,\alpha\,J\,M\rangle, \tag{8.11}$$

其中 $M$ 是 $J$ 的 $z$ 方向投影量子数, $\alpha$ 为区分相同的 $\{n, \nu, J\}$ 的不同态的附加量子数, 因为 SP($N$) $\supset$ SO(3) 的约化是非简单约化的.

容易证明, 将前述的全同费米子系统推广到包含 $r$ 种费米子的系统, 只须将 $N = 2j+1$ 推广到 $N = \sum_{i=1}^{r}(2j_i+1)$, 系统仍有动力学对称性 U($N$) $\supset$ SP($N$) $\supset$ SO(3).

**表 8.1　费米子的动力学对称性群链中各子群的生成元、Casimir 算子及不可约表示的标记**

| (子) 群 | 生成元 | Casimir 算子 | 不可约表示 |
|---|---|---|---|
| U($N$) | $E_{mm'} = a_m^\dagger a_{m'}$,<br>或 $(a^\dagger \tilde{a})_q^k$ | $\widehat{n}_f$,<br>$\dfrac{\widehat{n}_f(N+1-\widehat{n}_f)}{2N}$ | $[1^n]$ |
| SP($N$) | $\Xi_{mm'} = a_m^\dagger \tilde{a}_{m'} + a_{m'}^\dagger \tilde{a}_m$,<br>或 $(a^\dagger \tilde{a})_q^k$ ($k$ 为奇数) | $\widehat{n}_f(N+2-\widehat{n}_f)/2 + P^\dagger P =$<br>$\displaystyle\sum_{k\text{为奇数},q} (-)^q (a^\dagger \tilde{a})_q^k (a^\dagger \tilde{a})_{-q}^k$ | $(1^\nu)$ |
| SO(3) | $J_q = \sqrt{j(j+1)(2j+1)/3}\,(a^\dagger \tilde{a})_q^1$ | $J^2 = -J_{+1}J_{-1} - J_{-1}J_{+1} + J_0^2$ | $J$ |
| SU(2)$_q$ | $Q_0 = N/4 - \widehat{n}_f/2$,<br>$Q_{-1} = P^\dagger/2$,<br>$Q_{+1} = \widetilde{P}/2$ | $Q_0(Q_0+1) - \dfrac{1}{2}P^\dagger \widetilde{P}$ | $Q$ |

### 3. 玻色子系统的动力学对称性

在第三章中, 我们讨论了数学中的幺正群 (U 群)、正交群 (O 群, 或 SO 群)、斜交群 (辛群, SP 群) 相应的李代数的矩阵实现形式和全同粒子实现形式. 在上面我们讨论了 U($N$) 和 SP($N$) 群的费米子实现方法, 并给出了描述费米子系统状态的对称性群链及波函数的标记. 这里我们讨论玻色子系统的动力学对称性.

记系统中单个玻色子的角动量为 $l$ (非负整数), 其在 $z$ 方向上的投影为 $m$, 它可取 $2l+1$ 个数值 $\{l, l-1, \cdots, -l+1, -l\}$, 即其自由度空间为 $2l+1$ 维. 再记这类玻色子的产生算符、湮灭算符分别为 $b_{lm}^\dagger = b_m^\dagger$, $b_{lm} = b_m$, 它们满足对易关系

$$[b_m^\dagger, b_{m'}^\dagger] = [b_m, b_{m'}] = 0,$$
$$[b_m, b_{m'}^\dagger] = \delta_{mm'}. \tag{8.12}$$

系统的总角动量算符为

$$L_0 = \sum_m m b_m^\dagger b_m, \qquad L_{\pm 1} = \mp \sum_m \sqrt{\frac{(l \mp m)(l \pm m + 1)}{2}} b_{m\pm 1}^\dagger b_m. \tag{8.13}$$

$L_0, L_{\pm 1}$ 是空间转动群 SO(3) 的生成元. 系统的转动不变性要求系统具有确定的总角动量 $L$, 在其标记的不可约表示空间中, 系统的性质不变.

根据玻色子的产生算符、湮灭算符之间的对易关系, 直接计算玻色子的产生算符 $b_m^\dagger$ 和湮灭算符 $a_m$ 与上述 SO(3) 群的生成元的对易关系知, $b_m^\dagger$ 是 SO(3) 的 $l$ 阶不可约张量, 而 $b_m$ 不是 SO(3) 的不可约张量, 但 $\tilde{b}_m = (-)^{l+m} b_{-m}$ 是 SO(3) 的 $l$ 阶不可约张量.

记 $2l+1 = N$, 由于角动量为 $l$ 的玻色子的自由度为 $N$ (其在 $z$ 方向的投影 $m$ 取 $\{l, l-1, \cdots, -l+1, -l\}$, 共 $N = 2l+1$ 个数值), 保持粒子数守恒的最大对称群

为 U($N$), 其生成元为 $b_m^\dagger b_{m'}$. 具有 $n$ 个粒子的空间构成 U($N$) 群的一个不可约表示空间, 常用最高权 $[n]$ 来标记此不可约表示.

U($N$) 群的生成元还可以由不可约张量形式表示为

$$(b^\dagger \widetilde{b})_q^k = \sum_{m,m'} \langle l\,m\,l\,m'|k\,q\rangle\, b_m^\dagger \widetilde{b}_{m'}, \quad 其中\ k = 0, 1, \cdots, 2l, \quad q = k, k-1, \cdots, -k.$$

$$(8.14)$$

注意 $l$ 为整数, 它们满足对易关系

$$\left[(b^\dagger\widetilde{b})_q^k, (b^\dagger\widetilde{b})_{q'}^{k'}\right]$$

$$= \sqrt{(2k+1)(2k'+1)} \sum_{k''} \langle k\,q\,k'\,q'|k''\,q''\rangle \begin{Bmatrix} k & k' & k'' \\ l & l & l \end{Bmatrix} \left((-)^{k''} - (-)^{k+k'}\right) (b^\dagger\widetilde{b})_{q''}^{k''}.$$

$$(8.15)$$

总玻色子数算符为

$$\widehat{n}_b = \sum_{m=-l}^{l} b_m^\dagger b_m = \sqrt{N}(b^\dagger\widetilde{b})_0^0.$$

由 $\widehat{n}_b$ 生成群 U($1$)$_n$, 并有 U($N$) $\cong$ (U($1$)$_n$ $\otimes$ SU($N$))$/Z_N$, 其中 $Z_N$ 为 $N$ 阶循环群. 在等价原则下, SU($N$) 群的不可约表示也用 $[n]$ 标记.

由李乘积关系 (8.15) 可以看出, 当 $k = 1, 3, \cdots, 2l-1$ 为奇数时, $(b^\dagger\widetilde{b})_q^k$ 为 SU($N$) 的子群 SO($N$) 的生成元. 由

$$(b^\dagger\widetilde{b})_q^k = \sum_{m,m'} \langle l\,m\,l\,m'|k\,q\rangle(b_m^\dagger\widetilde{b}_{m'} - b_{m'}^\dagger\widetilde{b}_m),$$

可以得到 SO($N$) 群的生成元的非耦合形式为

$$\Xi_{mm'} = b_m^\dagger\widetilde{b}_{m'} - b_{m'}^\dagger\widetilde{b}_m.$$

其相应代数的 Cartan 子代数的基可以取为 $H_m = b_m^\dagger b_m - b_{-m}^\dagger b_{-m}$, 其中 $m = l, l-1, \cdots, -l+1, -l$. $H_m$ 是投影为 $m$ 的粒子数减去投影为 $-m$ 的粒子数. SO($N$) 群的不可约表示最高权 $(\nu, 0^{l-1}) = (\nu)$, 对应系统具有 $\nu$ 个不成对的粒子的态. 量子数 $\nu$ 称为辛弱数. 系统中粒子的对产生 (两个玻色子形成角动量为 0 的对)、对湮灭算符可以分别表示为

$$P^\dagger = \sqrt{\frac{2l+1}{2}}\,(b^\dagger b^\dagger)_0^0, \qquad \widetilde{P} = \sqrt{\frac{2l+1}{2}}\,(\widetilde{b}\widetilde{b})_0^0 = P, \qquad (8.16)$$

与关于典型群的费米子实现的讨论相同, 定义算符

$$Q_0 = \frac{N}{4} + \frac{1}{2}\widehat{n}_b, \qquad Q_{+1} = \frac{1}{2}P^\dagger, \qquad Q_{-1} = \frac{1}{2}\widetilde{P}, \qquad (8.17)$$

很容易证明它们满足 SU(2) 群的生成元之间的对易关系

$$[Q_0, Q_{\pm 1}] = \pm Q_{\pm 1}, \qquad [Q_{+1}, Q_{-1}] = -Q_0 . \tag{8.18}$$

该 SU(2) 群常被称为准自旋群, 记为 $SU(2)_q$. 显然, 该 $SU(2)_q$ 群的生成元与前述的 SO(N) 群的生成元对易, 所以 SO(N) 对称性也是 $SU(2)_q$ 不变的.

总之, 对于角动量为 $l$ 的全同玻色子系统, 其粒子数确定的转动不变的态具有 U(N), SO(N), SO(3) (其中 $N = 2l + 1$) 对称性, 这些态可以利用标记群链

$$U(N) \supset SO(N) \supset SO(3) \tag{8.19}$$

中的各个群的不可约表示的量子数来分类. 该群链中各个 (子) 群的生成元、不变量和不可约表示标记如表 8.2 所示, 其中除 U(N) 群的不变量 $\widehat{n}_b$ 之外, 其余均为二阶 Casimir 算子 (事实上, $\widehat{n}_b$ 为 U(N) 群的一阶 Casimir 算子). 相应地, 系统的波函数可以表示为

$$|\Psi_{n,\nu}\rangle = |n \, \nu \, \alpha \, L \, M\rangle, \tag{8.20}$$

其中 $M$ 是 $L$ 的 $z$ 方向投影量子数, $\alpha$ 是附加量子数, 反映 $SO(N) \supset SO(3)$ 的非简单约化特征. 从表 8.2 还可以看出, 由 $SO(N) \oplus SU(2)_q \supset SO(3) \oplus SU(2)_q$ 来分类波函数是一样的, 因为 $Q$ 可由 $\nu$ 确定, $M_q$ 可由 $n$ 决定.

**表 8.2　全同玻色子的对称性群链中各子群的生成元、Casimir 算子及不可约表示的标记**

| (子) 群 | 生成元 | Casimir 算子 | 不可约表示 |
|---|---|---|---|
| U(N) | $E_{mm'} = b_m^\dagger b_{m'}$, <br> 或 $(b^\dagger \tilde{b})_q^k$ | $\widehat{n}_b,$ <br> $\dfrac{\widehat{n}_b(N - 1 + \widehat{n}_b)}{2N}$ | $[n_b]$ |
| SO(N) | $\Xi_{mm'} = b_m^\dagger \tilde{b}_{m'} - b_{m'}^\dagger \tilde{b}_m,$ <br> 或 $(b^\dagger \tilde{b})_q^k$ ($k$ 为奇数) | $\widehat{n}_b(N - 2 + \widehat{n}_b)/2 - P^\dagger \tilde{P} =$ <br> $\displaystyle\sum_{k\text{为奇数}, q} (-)^{q+1} (b^\dagger \tilde{b})_q^k (b^\dagger \tilde{b})_{-q}^k$ | $(\nu)$ |
| SO(3) | $J_q = \sqrt{\dfrac{l(l+1)(2l+1)}{3}} (b^\dagger \tilde{b})_q^1$ | $L^2 = -L_{+1}L_{-1} - L_{-1}L_{+1} + L_0^2$ | $L$ |
| $SU(2)_q$ | $Q_0 = \dfrac{N}{4} + \dfrac{\widehat{n}_b}{2},$ <br> $Q_{+1} = P^\dagger / 2,$ <br> $Q_{-1} = \tilde{P}/2$ | $Q_0(Q_0 - 1) - \dfrac{P^\dagger \tilde{P}}{2} =$ <br> $\dfrac{\widehat{n}_b(N - 2 + \widehat{n}_b)}{4} - \dfrac{P^\dagger \tilde{P}}{2} + \dfrac{N(N-4)}{16}$ | $Q$ |

与费米子系统相同, 由 $r$ 种角动量分别为 $l_i$ 的玻色子形成的多粒子系统仍有动力学对称性 $U(N) \supset SO(N) \supset SO(3)$, 其中的 $N = \displaystyle\sum_{i=1}^{r} (2l_i + 1)$.

### 8.1.2 典型李代数在多粒子系统性质研究中的应用的一般讨论

#### 1. 全同粒子耦合成的总角动量的重复度

我们知道, 通常的多粒子系统都具有转动不变性, 即有确定的角动量, 该角动量由各组分粒子的角动量耦合而成 (如果有转动背景或集体运动, 还应考虑相应的贡献). 那么, 确定一个多粒子系统的具有确定角动量的态的数目 (重复度) 自然是研究多粒子系统性质的重要环节.

前述讨论表明, 单粒子角动量为 $j$ 的全同费米子系统的波函数可以写为

$$|n \nu \alpha J M\rangle,$$

其中 $n$ 为单粒子轨道 $j$ 上的粒子数, $\nu$ 为单粒子角动量为 $j$ 的粒子系统的辛弱数 (即不配成角动量为 0 的对的粒子数), 它可以由 $U(2j+1)$ 的不可约表示 $[1^n]$ 按群链 $U(2j+1) \supset SP(2j+1)$ 约化 (即 $[1^n] = \oplus_\nu (1^\nu)$) 的规则 (如 4.1.2 节所述) 确定, 并可简单表述为

$$\nu = \begin{cases} n, n-2, \cdots, 0, & n \text{ 为偶数}, \\ n, n-2, \cdots, 1, & n \text{ 为奇数}. \end{cases} \tag{8.21}$$

$J$ 为单粒子轨道 $j$ 上的粒子数为 $n$、辛弱数为 $\nu$ 的态的角动量, 即 $SP(2j+1)$ 群的表示 $(1^\nu)$ 按群链 $SP(2j+1) \supset SO(3)$ 约化时得到的 $SO(3)$ 群的不可约表示. 因为 $SP(N) \supset SO(3)$ 的约化为非简单可约, 即可能有多个态对应于同一个 $J$ 和同一个 $\nu$, 所以需要引入附加量子数 $\alpha$ 来区分 $n, \nu, J$ 都分别相同的态. 一个简单的确定附加量子数 $\alpha$ 的方案是先确定 $SP(N) \supset SO(3)$ 约化的重复度 $\eta$ ($\eta = 0$ 表明不存在总角动量为 $J$ 的态, $\eta \neq 0$ 表明存在 $\eta$ 个总角动量为 $J$ 的态), 那么取 $\alpha = 1, 2, \cdots, \eta$ 即可确定附加量子数. 关于 $SP(N) \supset SO(3)$ 约化的重复度, 上一章第一节中已予以讨论, 这里不再重述, 实用中常见的 $j = 7/2, j = 9/2, j = 11/2, j = 13/2, j = 15/2$ 系统的具体数值可分别参见附录中的表 6、表 7、表 8、表 9、表 10.

关于全同玻色子系统的具有确定辛弱数 $\nu$ 的总角动量为 $L$ 的重复度, 从问题的提出到解决都与全同费米子系统的相同, 只是因为 $2l+1$ 是奇数, $SP(2j+1)$ 群应换为 $SO(2l+1)$, 因此这里不再重述. d 玻色子 ($l=2$) 系统、f 玻色子 ($l=3$) 系统、g 玻色子 ($l=4$) 系统、h 玻色子 ($l=5$) 系统和 i 玻色子 ($l=6$) 系统的一些具体数值可分别参见附录中的表 1, 表 2, 表 3, 表 4, 表 5.

#### 2. 全同粒子系统的单体矩阵元的计算 —— 母分系数

我们知道, 对于多粒子系统, 采用坐标表象进行研究很困难, 从而人们通常采用 (能量等) 占有数表象进行研究. 在占有数表象中确定相互作用的哈密顿量 (计算相互作用矩阵元) 的关键是计算全同粒子系统的矩阵元. 实际计算中, 对于考虑到两体甚至多体相互作用的算符, 通常采用插入完备基的方法, 将问题转化为产生算符

$a_{jm}^\dagger$ 和湮灭算符 $a_{jm}$ 的矩阵元 $\langle j^n \tau \alpha J | a_j^\dagger | j^{n-1} \tau' \alpha' J' \rangle$ 和 $\langle j^n \tau \alpha J | \tilde{a}_j | j^{n+1} \tau' \alpha' J' \rangle$ (其中 $\tilde{a}_{jm} = (1)^{j-m} a_{j-m}$, $j = l$ 为整数对应玻色子系统, $j$ 为半奇数对应费米子系统) 的乘积. 那么, 计算产生算符 $a_{jm}^\dagger$ 和湮灭算符 $a_{jm}$ 的 (单体) 矩阵元就是解决计算问题的核心. 考察矩阵元的具体表达式知, 这两类矩阵元分别为由粒子数为 $n-1$、辛弱数为 $\tau'$、总角动量为 $J'$ 的全 (反) 对称态添加一个粒子形成粒子数为 $n$、辛弱数为 $\tau$、总角动量为 $J$ 的全 (反) 对称态的矩阵元, 或者由粒子数为 $n+1$、辛弱数为 $\tau'$、总角动量为 $J'$ 的全 (反) 对称态减少一个粒子形成粒子数为 $n$、辛弱数为 $\tau$、总角动量为 $J$ 的全 (反) 对称态的矩阵元.

(1) 全同费米子系统的单体矩阵元的计算.

由于在仅考虑角动量 $j$ 与 $J'$ 耦合形成角动量为 $J$ 的态中既有全反对称的成分, 又有非全反对称的成分, 但 $|j^n \tau \alpha J M\rangle$ 为全反对称态, 因此通常称角动量层次上的耦合态 $|[(j^{n-1} \tau' \alpha' J' M')(j m)] J M\rangle$ 为母态, 全反对称态 $|j^n \tau \alpha J M\rangle$ 为母态中包含的全反对称的部分, 即有

$$|j^n \tau \alpha J M\rangle = \sum_{\alpha', J'} \langle (n-1) \tau' \alpha' J' j J |\} n \tau \alpha J \rangle |[(j^{n-1} \tau' \alpha' J' M')(j m)] J M\rangle,$$

$$(8.22)$$

或者说

$$\langle n \tau \alpha J M | a_{jm}^\dagger | n-1 \tau' \alpha' J' M' \rangle$$

$$= \langle J' M' j m | J M \rangle \langle (n-1) \tau' \alpha' J' j J |\} n \tau \alpha J \rangle \langle n \| a^\dagger \| (n-1) \rangle_{U(N)}, \quad (8.23)$$

其中 $\langle J' M' j m | J M \rangle$ 为角动量耦合的 CG 系数, $\langle (n-1) \tau' \alpha' J' j J |\} n \tau \alpha J \rangle$ 称为母分系数 (coefficient of fractional parentage, 简称 CFP), 即母态中包含的全反对称的成分的概率幅, $\langle n \| a^\dagger \| (n-1) \rangle_{U(N)}$ 为产生算符的 U($N$) 约化矩阵元, 即仅考虑 (产生粒子) 粒子数变化的约化矩阵元. 由此还可以知道, 对于确定全同粒子系统的波函数的基矢和单体算符的矩阵元, 母分系数都是其关键. 经过不懈的努力, 到 20 世纪 90 年代中期, 人们给出了计算具有确定辛弱数的系统的母分系数的理论方法和计算程序.

通过直接计算 $a_{jm}^\dagger, \tilde{a}_{jm}$ 与标记系统状态的群链 U($N$) $\supset$ SP($N$) $\supset$ SO(3) (其中 $N = 2j + 1$) 中的各个群的生成元间的对易关系知, 产生算符 $a_{jm}^\dagger$ 及与湮灭算符相联系的算符 $\tilde{a}_{jm}$ 是 U($N$) 群的 1 阶不可约张量、SP($N$) 群的 1 阶不可约张量、SO(3) 群的 $j$ 阶不可约张量, 并且 $a_{jm}^\dagger$ 和 $-\tilde{a}_{jm}$ 还构成准自旋群 SU(2)$_q$ 的 1/2 阶不可约张量, 分别对应于 $\{1/2, -1/2\}, \{1/2, 1/2\}$ 分量. 那么, 上述矩阵元应该在 U($N$), SP($N$) 和 SO(3) 等层次上都满足相应的不可约张量的耦合关系 (或者说不可约表示的乘积的约化规律). 根据产生算符是 U($N$) 的 1 阶不可约张量的性质, 利

用 U($N$) 的 Wigner-Eckart 定理和 Racah 因子分解引理, 得

$$
\begin{aligned}
&\langle n\,\tau\,\alpha\,J\,M|a_{jm}^{\dagger}|n-1\,\tau'\,\alpha'\,J'\,M'\rangle \\
&= \left\langle \begin{array}{cc} [1] & [1^{n-1}] \\ (1) & (1^{\tau'}) \end{array} \middle| \begin{array}{c} [1^{n}] \\ (1^{\tau}) \end{array} \right\rangle \left\langle \begin{array}{cc} (1) & (1^{\tau'}) \\ j & \alpha'\,J' \end{array} \middle| \begin{array}{c} (1^{\tau}) \\ \alpha\,J \end{array} \right\rangle \\
&\quad \times \langle J'\,M'\,j\,m|J\,M\rangle\langle n\|a^{\dagger}\|n-1\rangle_{\mathrm{U}(N)},
\end{aligned} \tag{8.24}
$$

其中 $\left\langle \begin{array}{cc} [1] & [1^{n-1}] \\ (1) & (1^{\tau'}) \end{array} \middle| \begin{array}{c} [1^{n}] \\ (1^{\tau}) \end{array} \right\rangle$, $\left\langle \begin{array}{cc} (1) & (1^{\tau'}) \\ j & \alpha'\,J' \end{array} \middle| \begin{array}{c} (1^{\tau}) \\ \alpha\,J \end{array} \right\rangle$ 分别为 U($N$) $\supset$ SP($N$), SP($N$) $\supset$ SO(3) 的约化系数 (同位标量因子 ISF), $\langle J'\,M'\,j\,m|J\,M\rangle$ 为 SO(3) 的 CG 系数.

比较 (8.23) 和 (8.24) 式知, 母分系数可以因子化为 U($N$) $\supset$ SP($N$) 的约化系数与 SP($N$) $\supset$ SO(3) 的约化系数的乘积, 即

$$
\langle(n-1)\,\tau'\,\alpha'\,J'\,j\,J|\}n\,\tau\,\alpha\,J\rangle = \left\langle \begin{array}{cc} [1] & [1^{n-1}] \\ (1) & (1^{\tau'}) \end{array} \middle| \begin{array}{c} [1^{n}] \\ (1^{\tau}) \end{array} \right\rangle \left\langle \begin{array}{cc} (1) & (1^{\tau'}) \\ j & \alpha'\,J' \end{array} \middle| \begin{array}{c} (1^{\tau}) \\ \alpha\,J \end{array} \right\rangle. \tag{8.25}
$$

因此, 求出 U($N$) $\supset$ SP($N$) 和 SP($N$) $\supset$ SO(3) 的约化系数便求得了母分系数.

由于系统增加一个粒子后, 这个粒子可以与原系统中的没有配对的一个粒子配成对, 也可能不配对, 因此有 $\tau = \tau'-1$ 和 $\tau = \tau'+1$ 两种情况, 亦即有 $\tau' = \tau-1$ 和 $\tau' = \tau+1$ 两种情况. 那么, 对于 SP($N$) $\supset$ SO(3) 的约化系数, 我们既需要考虑 $\left\langle \begin{array}{cc} (1) & (1^{\tau-1}) \\ j & \alpha'\,J' \end{array} \middle| \begin{array}{c} (1^{\tau}) \\ \alpha\,J \end{array} \right\rangle$, 还需要考虑 $\left\langle \begin{array}{cc} (1) & (1^{\tau+1}) \\ j & \alpha'\,J' \end{array} \middle| \begin{array}{c} (1^{\tau}) \\ \alpha\,J \end{array} \right\rangle$. 同理, 关于矩阵元 $\langle j^{n}\,\tau\,\alpha\,J|\tilde{a}_{j}|j^{n+1}\,\tau'\,\alpha'\,J'\rangle$ 的计算, 也可以转化为计算相应的母分系数, 也涉及上述两种 SP($N$) $\supset$ SO(3) 的约化系数.

由产生和湮灭算符的关系以及它们均为 SP($N$) 群的 1 阶不可约张量, 知

$$
\begin{aligned}
&\langle\tau\,\tau\,\alpha\,J\|\tilde{a}\|(\tau+1)\,(\tau+1)\,\alpha_{1}\,J_{1}\rangle \\
&= (-)^{j+J_{1}-J}\sqrt{\frac{2J_{1}+1}{2J+1}}\langle(\tau+1)\,(\tau+1)\,\alpha_{1}\,J_{1}\|a^{\dagger}\|\tau\,\tau\,\alpha\,J\rangle \\
&= \left\langle \begin{array}{cc} (1) & (1^{\tau+1}) \\ j & \alpha_{1}\,J_{1} \end{array} \middle| \begin{array}{c} (1^{\tau}) \\ \alpha\,J \end{array} \right\rangle \langle\tau\,\tau\|\tilde{a}\|(\tau+1)\,(\tau+1)\rangle_{\mathrm{SP}(N)} \\
&= (-)^{j+J_{1}-J}\sqrt{\frac{2J_{1}+1}{2J+1}}\left\langle \begin{array}{cc} (1) & (1^{\tau}) \\ j & \alpha\,J \end{array} \middle| \begin{array}{c} (1^{\tau+1}) \\ \alpha_{1}\,J_{1} \end{array} \right\rangle \\
&\quad \times \langle(\tau+1)\,(\tau+1)\|a^{\dagger}\|\tau\,\tau\rangle_{\mathrm{SP}(N)}. 
\end{aligned} \tag{8.26}
$$

对上式两边取绝对值平方, 并对 $\alpha, J, \alpha_1, J_1$ 求和, 适当选择相因子, 可得

$$\langle \tau\,\tau \| \widetilde{a} \| (\tau+1)\,(\tau+1) \rangle_{\mathrm{SP}(N)}$$

$$= \sqrt{\frac{\dim(1^{\tau+1})}{\dim(1^\tau)}} \langle (\tau+1)\,(\tau+1) \| a^\dagger \| \tau\,\tau \rangle_{\mathrm{SP}(N)}$$

$$= \sqrt{\frac{(N-2\tau)(N+2-\tau)}{(\tau+1)(N+2-2\tau)}} \langle (\tau+1)\,(\tau+1) \| a^\dagger \| \tau\,\tau \rangle_{\mathrm{SP}(N)}.$$

将该结果代入 (8.26) 式, 则得 $\mathrm{SP}(N) \supset \mathrm{SO}(3)$ 的上述两类约化系数之间存在倒易律:

$$\left\langle \begin{matrix} (1) & (1^{\tau+1}) \\ j & \alpha' \, J' \end{matrix} \right| \left. \begin{matrix} (1^\tau) \\ \alpha\,J \end{matrix} \right\rangle$$

$$= (-)^{j+J'-J} \sqrt{\frac{\dim(J')\dim(1^\tau)}{\dim(J)\dim(1^{(\tau+1)})}} \left\langle \begin{matrix} (1) & (1^\tau) \\ j & \alpha\,J \end{matrix} \right| \left. \begin{matrix} (1^{\tau+1}) \\ \alpha'\,J' \end{matrix} \right\rangle$$

$$= (-)^{j+J'-J} \sqrt{\frac{(2J'+1)(\tau+1)(N+2-2\tau)}{(2J+1)(N-2\tau)(N+2-\tau)}} \left\langle \begin{matrix} (1) & (1^\tau) \\ j & \alpha\,J \end{matrix} \right| \left. \begin{matrix} (1^{(\tau+1)}) \\ \alpha'\,J' \end{matrix} \right\rangle, \quad (8.27)$$

其中 $\dim(J)$ 和 $\dim(1^\tau)$ 等分别为 $\mathrm{SO}(3)$ 的表示 $J$ 和 $\mathrm{SP}(N)$ 的表示 $(1^\tau)$ 的维数, $N = 2j+1$. 于是, 我们只需要确定 $\mathrm{SP}(N) \supset \mathrm{SO}(3)$ 的约化系数 $\left\langle \begin{matrix} (1) & (1^{\tau-1}) \\ j & \alpha'\,J' \end{matrix} \right| \left. \begin{matrix} (1^\tau) \\ \alpha\,J \end{matrix} \right\rangle$.

下面我们给出 $\mathrm{U}(N) \supset \mathrm{SP}(N)$ 的约化系数和 $\mathrm{SP}(N) \supset \mathrm{SO}(3)$ 的约化系数及计算方法.

对于计算和确定 $\mathrm{SU}(N) \supset \mathrm{SP}(N)$ 的约化系数, 我们取成对粒子数为 $\rho = (n-\tau)/2$, 则

$$|n\,\tau\,\alpha\,J\,M\rangle = c(n,\tau) P^{\dagger\rho} |\tau\,\tau\,\alpha\,J\,M\rangle,$$

其中 $|\tau\,\tau\,\alpha\,J\,M\rangle$ 是 $\tau$ 个全都不成对的粒子构成的态, 满足 $\widetilde{P} |\tau\,\tau\,\alpha\,J\,M\rangle = 0$, $c(n,\tau)$ 是归一化常数. 由 $P = -\widetilde{P}$ 和 $[P, P^{\dagger\rho}] = \rho P^{\dagger\rho-1}(N+2-2\rho-2\widehat{n}_f)$, 可得

$$c(n,\tau) = \sqrt{\frac{(N-n-\tau)!!}{((n-\tau)/2)!(N-2\tau)!!}}.$$

注意 $[P^\rho, a_m^\dagger] = -\sqrt{2}\rho P^{\rho-1}\widetilde{a}_m$, 可以算出

$$\langle n\,\tau\,\alpha\,J\,M | a_m^\dagger | (n-1)\,(\tau-1)\,\alpha'\,J'\,M'\rangle$$

$$= \sqrt{\frac{N-n-\tau+2}{N-2\tau+2}} \langle \tau\,\tau\,\alpha\,J\,M | a_m^\dagger | (\tau-1)\,(\tau-1)\,\alpha'\,J'\,M'\rangle,$$

$$\langle n\,\tau\,\alpha\,J\,M|a_m^\dagger|(n-1)\,(\tau+1)\,\alpha'\,J'\,M'\rangle$$

$$= -\sqrt{\frac{n-\tau}{N-2\tau}}\langle \tau\,\tau\,\alpha\,J\,M|\widetilde{a}_m|(\tau+1)\,(\tau+1)\,\alpha\,J'\,M'\rangle.$$

再利用 $\left\langle \begin{array}{cc} [1] & [1^{\tau-1}] \\ (1) & (1^{\tau-1}) \end{array}\middle| \begin{array}{c} [1^\tau] \\ (1^\tau) \end{array} \right\rangle = 1$ 和 $\text{SP}(N) \supset \text{SO}(3)$ 约化系数倒易律, 即得 $\text{SU}(N) \supset$ $\text{SP}(N)$ 的约化系数 (ISF) 为

$$\left\langle \begin{array}{cc} [1] & [1^{n-1}] \\ (1) & (1^{\tau-1}) \end{array}\middle| \begin{array}{c} [1^n] \\ (1^\tau) \end{array} \right\rangle = \sqrt{\frac{\tau(N-n-\tau+2)}{n(N-2\tau+2)}},$$

$$\left\langle \begin{array}{cc} [1] & [1^{n-1}] \\ (1) & (1^{\tau+1}) \end{array}\middle| \begin{array}{c} [1^n] \\ (1^\tau) \end{array} \right\rangle = -\sqrt{\frac{(n-\tau)(N-\tau+2)}{n(N-2\tau+2)}}. \tag{8.28}$$

关于 $\text{SP}(N) \supset \text{SO}(3)$ 的约化系数, 目前尚无解析公式, 只能用递推公式求出.

设辛弱数小于 $\tau$ 的态已知, 则通过角动量耦合可以由辛弱数为 $\tau-1$ 的态得到 $\tau$ 个粒子具有总角动量为 $J$、角动量 $z$ 方向投影为 $M$ 的态

$$|\Psi(\tau\,[\alpha_1'\,J_1']\,J\,M\rangle) = [a^\dagger|(\tau-1)\,(\tau-1)\,\alpha_1'\,J_1']_M^J$$

$$= \sum_{m,M_1} \langle J_1'\,M_1'\,j\,m|J\,M\rangle a_m^\dagger|(\tau-1)\,(\tau-1)\,\alpha_1'\,J_1'\,M_1'\rangle. \tag{8.29}$$

$|\Psi(\tau\,[\alpha_1'\,J_1']\,J\,M\rangle)$ 中附加量子数用 $[\alpha_1'\,J_1']$ 标记, 也就是用 $\Psi$ 的母态来标记. $\Psi$ 态包含辛弱数为 $\tau$ 和 $\tau-2$ 的态. 辛弱数为 $\tau-2$ 的态可以用已知的态 $|\tau\,(\tau-2)\,\alpha_2\,J\,M\rangle$ 来展开, 于是 $\tau$ 个全都不成对的态可以通过 Schmidt 正交化方案表述为

$$|\tau\,\tau\,[\alpha_1'\,J_1']\,J\,M\rangle = \frac{1}{A(\tau\,[\alpha_1'\,J_1']\,J)}\Big\{|\Psi(\tau\,[\alpha_1'\,J_1']\,J\,M\rangle)$$

$$- \sum_{\alpha_2} B(\tau\,[\alpha_1'\,J_1']\,J\,\alpha_2)|\tau\,(\tau-2)\,\alpha_2\,J\,M\rangle\Big\}. \tag{8.30}$$

由于已知态 $|\tau\,(\tau-2)\,\alpha_2\,J\,M\rangle$ 是正交归一的, 不同辛弱数的态是正交的, 因此

$$B(\tau\,[\alpha_1'\,J_1']\,J\,\alpha_2) = \langle \tau\,(\tau-2)\,\alpha_2\,J\|a^\dagger\|(\tau-1)\,(\tau-1)\,\alpha_1'\,J_1'\rangle_{\text{SO}(3)}$$

$$= (-1)^{J_1'-j-J}\sqrt{\frac{2(2J_1'+1)(\tau-1)}{(2J+1)(N-2\tau+4)}}\left\langle \begin{array}{ccc} (1) & (1^{\tau-2}) \\ j & \alpha_2\,J \end{array}\middle| \begin{array}{c} (1^{(\tau-1)}) \\ \alpha'\,J' \end{array} \right\rangle. \tag{8.31}$$

由 $|\tau\,\tau\,[\alpha_1'\,J_1']\,J\,M\rangle$ 的归一化和 (8.31) 式, 可以得到

$$A(\tau \, [\alpha_1' \, J_1'] \, J)^2$$

$$= \langle \Psi(\tau \, [\alpha_1' \, J_1'] \, J \, M) | \Psi(\tau \, [\alpha_1' \, J_1'] \, J \, M) \rangle - \sum_{\alpha_2} B(\tau \, [\alpha_1' \, J_1'] \, J \, \alpha_2)^2$$

$$= 1 + (-1)^{2J_1'}(2J_1'+1) \sum_{\alpha_2 \, J_2} \left[ \left\{ \begin{matrix} j & J_2 & J_1' \\ j & J & J_1' \end{matrix} \right\} + (-1)^{2J_1+1} \frac{2\delta_{J_2 J}}{(2J+1)(N-2\tau+4)} \right]$$

$$\times (\tau-1) \left\langle \begin{matrix} (1) & (1^{\tau-2}) \\ j & \alpha_2 \, J_2 \end{matrix} \middle| \begin{matrix} (1^{(\tau-1)}) \\ \alpha' \, J' \end{matrix} \right\rangle^2 . \tag{8.32}$$

于是, 记

$$P(\tau \, [\alpha_1' \, J_1'] \, \alpha_1 \, J_1 \, J)$$

$$= \delta_{\alpha_1' \alpha_1} \delta_{J_1' J_1} + (-1)^{J_1+J_1'}(\tau-1)\sqrt{(2J_1'+1)(2J_1+1)} \sum_{\alpha_2, J_2} \left[ \left\{ \begin{matrix} j & J_2 & J_1' \\ j & J & J_1 \end{matrix} \right\} \right.$$

$$\left. + \frac{2\delta_{J J_2}(-)^\tau}{(2J+1)(N-2\tau+4)} \right] \left\langle \begin{matrix} (1) & (1^{\tau-2}) \\ j & \alpha_2 \, J_2 \end{matrix} \middle| \begin{matrix} (1^{(\tau-1)}) \\ \alpha_1 \, J_1 \end{matrix} \right\rangle \left\langle \begin{matrix} (1) & (1^{\tau-2}) \\ j & \alpha_2 \, J_2 \end{matrix} \middle| \begin{matrix} (1^{(\tau-1)}) \\ \alpha_1' \, J_1' \end{matrix} \right\rangle , \tag{8.33}$$

则 $\mathrm{SP}(N) \supset \mathrm{SO}(3)$ 的约化系数可由递推公式表示为

$$\left\langle \begin{matrix} (1) & (1^{\tau-1}) \\ j & \alpha_1 \, J_1 \end{matrix} \middle| \begin{matrix} (1^\tau) \\ (\alpha_1' \, J_1') \, J \end{matrix} \right\rangle = \frac{P(\tau \, [\alpha_1' \, J_1'] \, \alpha_1 \, J_1 \, J)}{\sqrt{\tau \, P(\tau \, [\alpha_1' \, J_1'] \, \alpha_1' \, J_1' \, J)}} . \tag{8.34}$$

其初值为 $\left\langle \begin{matrix} (1) & (1) \\ j & j \end{matrix} \middle| \begin{matrix} (1^2) \\ J \end{matrix} \right\rangle = 1$ (其中 $J = 0, 2, \cdots, 2j-1$).

(2) 全同玻色子系统的单体矩阵元的计算.

对于全同玻色子系统, 由于其状态由群链 $\mathrm{U}(N) \supset \mathrm{SO}(N) \supset \mathrm{SO}(3)$ (其中 $N = 2l+1$, $l$ 为每个全同玻色子的角动量) 中各群的不可约表示标记, 与费米子系统相似, 其单体矩阵元也可以由其母分系数表述为

$$\langle n \, \nu \, \alpha \, L \, M | b_{lm}^\dagger | n-1 \, \nu' \, \alpha' \, L' \, M' \rangle$$

$$= \langle L' \, M' \, l \, m | L \, M \rangle \langle (n-1) \, \nu' \, \alpha' \, L' \, l \, L | \} n \, \nu \, \alpha \, L \rangle \langle n \| b^\dagger \| (n-1) \rangle_{\mathrm{U}(N)}, \tag{8.35}$$

其中 $\langle L' \, M' \, l \, m | L \, M \rangle$ 为角动量耦合的 CG 系数, $\langle (n-1) \, \nu' \, \alpha' \, L' \, l \, L | \} n \, \nu \, \alpha \, L \rangle$ 为母分系数, 并且该 CFP 可以表述为 $\mathrm{U}(N) \supset \mathrm{SO}(N)$ 的 ISF 与 $\mathrm{SO}(N) \supset \mathrm{SO}(3)$ 的 ISF

的乘积, 即有

$$\langle (n-1)\,\nu'\,\alpha'\,L'\,l\,L|\}n\,\nu\,\alpha\,L\rangle = \left\langle \begin{matrix} [1] & [n-1] \\ (1) & (\nu') \end{matrix} \middle| \begin{matrix} [n] \\ (\nu) \end{matrix} \right\rangle \left\langle \begin{matrix} (1) & (\nu') \\ l & \alpha'\,L' \end{matrix} \middle| \begin{matrix} (\nu) \\ \alpha\,L \end{matrix} \right\rangle . \tag{8.36}$$

对于全对称表示, U($N$) ⊃ SO($N$) 的 ISF 为

$$\left\langle \begin{matrix} [1] & [n-1] \\ (1) & (\nu-1) \end{matrix} \middle| \begin{matrix} [n] \\ (\nu) \end{matrix} \right\rangle = \sqrt{\frac{\nu(N+n+\nu-2)}{n(N+2\nu-2)}}, \tag{8.37}$$

$$\left\langle \begin{matrix} [1] & [n-1] \\ (1) & (\nu+1) \end{matrix} \middle| \begin{matrix} [n] \\ (\nu) \end{matrix} \right\rangle = \sqrt{\frac{(n-\nu)(N+\nu-2)}{n(N+2\nu-2)}}. \tag{8.38}$$

SO($N$) ⊃ SO(3) 的 ISF 也有倒易律. 因为对称性不同, 从而对易关系不同、群表示的维数不同, 所以其具体形式 ((8.27) 式应改写) 为

$$\left\langle \begin{matrix} (1) & (1^{\nu+1}) \\ l & \alpha'\,L' \end{matrix} \middle| \begin{matrix} (\nu) \\ \alpha\,L \end{matrix} \right\rangle$$

$$= (-)^{L-l-L'} \sqrt{\frac{\dim(L')\dim(\nu)}{\dim(L)\dim(\nu+1)}} \left\langle \begin{matrix} (1) & (\nu) \\ j & \alpha\,L \end{matrix} \middle| \begin{matrix} (\nu+1) \\ \alpha'\,L' \end{matrix} \right\rangle$$

$$= (-)^{L-l-L'} \sqrt{\frac{(2L'+1)(\nu+1)(N-2+2\nu)}{(2L+1)(N+2\nu)(N-2+\nu)}} \left\langle \begin{matrix} (1) & (\nu) \\ l & \alpha\,L \end{matrix} \middle| \begin{matrix} (\nu+1) \\ \alpha'\,L' \end{matrix} \right\rangle, \tag{8.39}$$

而 ISF $\left\langle \begin{matrix} (1) & (\nu-1) \\ l & \alpha'\,L' \end{matrix} \middle| \begin{matrix} (\nu) \\ \alpha\,L \end{matrix} \right\rangle$ 可以由递推关系

$$\left\langle \begin{matrix} (1) & (\nu-1) \\ l & \alpha_1'\,L_1' \end{matrix} \middle| \begin{matrix} (\nu) \\ (\alpha_1'\,L_1')\,L \end{matrix} \right\rangle = \frac{P(\nu\,[\alpha'\,L']\,\alpha_1\,L_1\,L)}{\sqrt{\nu\,P(\nu\,[\alpha_1'\,L_1']\,\alpha_1'\,L_1'\,L)}} \tag{8.40}$$

和初值 $\left\langle \begin{matrix} (1) & (1) \\ l & l \end{matrix} \middle| \begin{matrix} (2) \\ L \end{matrix} \right\rangle = 1 \ (L=0,\,2,\,\cdots,\,2l)$ 确定, 其中

$$P(\nu\,[\alpha_1'\,L_1']\,\alpha_1\,L_1\,L)$$

$$= \delta_{\alpha_1'\alpha_1}\delta_{L_1'L_1} + (-1)^{L_1+L_1'}(\nu-1)\sqrt{(2L_1+1)(2L_1'+1)} \sum_{\alpha_2,L_2} \left[ \begin{Bmatrix} l & L_2 & L_1' \\ l & L & L_1 \end{Bmatrix} \right.$$

$$\left. - \frac{2\delta_{LL_2}}{(2L+1)(N-2\nu+4)} \right] \left\langle \begin{matrix} (1) & (\nu-2) \\ l & \alpha_2\,L_2 \end{matrix} \middle| \begin{matrix} (\nu-1) \\ \alpha_1\,L_1 \end{matrix} \right\rangle \left\langle \begin{matrix} (1) & (\nu-2) \\ l & \alpha_2\,L_2 \end{matrix} \middle| \begin{matrix} (\nu-1) \\ \alpha_1'\,L_1' \end{matrix} \right\rangle. \tag{8.41}$$

利用递推关系 (8.34) 式及 (8.40) 式 ((8.33) 式及 (8.41) 式) 和倒易律 ((8.27) 式及 (8.39) 式) 可以得到所有的 $SP(N) \supset SO(3)$ 的约化系数和 $SO(N) \supset SO(3)$ 的约化系数, 将其结果和 $U(N) \supset SP(N)$ 的约化系数及 $U(N) \supset SO(N)$ 的约化系数 ((8.28) 式、(8.37) 式、(8.38) 式) 代入因子化形式 ((8.25) 式、(8.36) 式) 即可得到具有确定辛弱数的母分系数, 进而可以得到所需的矩阵元. 利用这一方法编制的计算全同费米子系统、全同玻色子系统以及包含同位旋的费米子系统 (将上述方法稍做扩展即可) 的计算机程序可以处理任意有物理意义的系统的母分系数的计算问题[1], 并且计算结果表明, 对于原有程序可处理系统 (对很多有实际意义的系统, 原有程序都很难实现计算), 这一方法的计算效率成数量级提高.

## §8.2 多粒子系统集体运动状态的代数研究方法 —— 相干态方法

人们已经熟知, 宏观物质由分子组成, 分子由原子组成, 原子由原子核和电子组成, 原子核由强子组成[2], 强子由夸克和胶子组成. 实验发现, 很多宏观物质系统在较低温度等条件下, 有超导或超流现象. 而原子核和分子都具有能量近似为常量的近振动光谱和能量随角动量近似成线性关系的近转动光谱, 并且还有明显大于单粒子激发或退激发引起的电四极矩和 E2, E1 等跃迁概率. 相对论性高能核–核碰撞形成的物质 (胶子–夸克物质) 具有接近理想流体的特征和性质. 这些现象都表明, 相应的多粒子系统具有全体粒子都共同参与的集体运动, 并且集体运动有振动、转动等多种模式. 实验还发现, 在一些条件下, 这些集体运动模式会发生变化, 即发生集体运动模式相变 (常简称为形状相变). 相关研究当然是现代物理学的重要内容. 我们还知道, 所谓的相变即对称性的破缺或恢复, 是对称性理论, 也就是李群和李代数的重要研究范畴. 因此, 本节简要介绍多粒子系统的集体运动状态的代数研究方法.

### 8.2.1 集体运动的参数化表述及集体模型概要

前已述及, 多粒子系统的集体运动即多粒子系统的所有组分粒子共同参与的整体运动, 并且这种集体运动具有不同的模式. 相应地, 多粒子系统呈现不同的形状. 多粒子系统的形状是多粒子系统内组分物质密度分布发生剧烈变化之处的包络面

---

[1] Liu Y X, et al. Compt. Phys. Commun., 1995, 85: 89; Wang J J, et al. Compt. Phys. Commun., 1995, 85: 99; Han Q Z, et al. Compt. Phys. Commun., 1995, 85: 463 等.

[2] 通常讲, 原子核由质子和中子组成, 但这只是 20 世纪 30 年代中期之前的认识水平. 20 世纪 50 年代前期对宇宙线的观测表明, 一部分原子核的组成单元除质子和中子外, 还有超子 (第七章所述的包含 s 夸克的重子). 到 20 世纪末人们发现, 原来认为仅在核子–核子、核子–超子、超子–超子之间传递相互作用的介子不仅是媒介粒子, 而且对原子核的质量有实质性的贡献. 核子、超子和介子都是强子, 因此一般来说, 原子核由强子组成.

所呈的形状. 显然这一形状由系统内组分粒子的集体运动和单粒子运动两种运动共同决定, 因此一直是多粒子系统性质研究中的重要课题. 稍具体地, 讨论单粒子运动时常用的平均势场即为与多粒子系统中物质分布的形状密切相关的变形场. 组分物质呈不同形状分布的系统的振动、转动等集体运动模式也各不相同, 这就是说, 集体运动模式由多粒子系统的所有组分粒子的空间分布形状决定, 而多粒子系统的组分粒子的空间分布形状又随集体运动模式的不同而变化, 二者互为表里, 相辅相成.

为简单地表述多粒子系统的组分物质分布的形状, 人们常将多粒子系统假设为由多个粒子经集体关联而整体运动形成的液滴, 液滴的形状由随标记方向的角度变化而变化的径向函数 $R(\theta, \varphi)$ 表征, 并通过按球谐函数展开来实现. 例如, 人们常采用三个欧拉角 $(\theta_1, \theta_2, \theta_3)$ 和内禀变量 $\beta, \gamma$ 来表征椭球 (四极形变) 的形状和空间取向, 其中三个欧拉角定义随体坐标的方向, 内禀变量定义多体系统的形状相对于球形的形变. 一般地, 即有

$$R(\theta, \phi) = R_0 \left[ 1 + \sum_{l,m} \alpha_{lm}^* \mathrm{Y}_{lm}(\theta, \varphi) \right], \tag{8.42}$$

其中 $\theta, \varphi$ 等为实验室坐标系中表示方向的坐标. 实验室坐标系与随体坐标系之间的关系可以由展开系数张量 $\alpha_{k\mu}$ 之间的关系表述为

$$\begin{aligned} \alpha_{lm} &= \sum_{k,m'} a_{lm'} D_{mm'}^k(\varOmega), \\ \varOmega &= (\theta_1, \theta_2, \theta_3), \end{aligned} \tag{8.43}$$

其中 $D$ 函数是 Wigner 转动矩阵. 与电磁场的多极展开类似, 人们常称 $2^l$ 为多粒子系统的形变极次. 对于常见的较简单的轴对称的四极形变, 系数 $a_{2\nu} = a_\nu$ 可以由 Bohr-Wheeler 参数化方案表示为

$$\begin{aligned} a_0 &= \beta \cos \gamma, \\ a_{\pm 2} &= \frac{1}{\sqrt{2}} \beta \sin \gamma, \\ a_{\pm 1} &= 0. \end{aligned} \tag{8.44}$$

对于更高极次形变的参数化表述仍是目前研究的课题.

对于由强子组成的中重和重原子核, 已经观测到或者已经预言的形状多种多样, 将径向分布按球谐函数 $\mathrm{Y}_{lm}(\theta, \varphi)$ 展开后, $2^l$ 极形变的截面 (正视图) 如图 8.1 所示. 其中最重要的是四极形变, 可以呈长椭球形、扁椭球形、三轴不对称形等形状. 八极形变呈空间反演不对称的梨形、香蕉形、镐头形等形状. 十六极形变则呈纺锤形等形状. 实验上已经观测到的最高极形变是十六极形变.

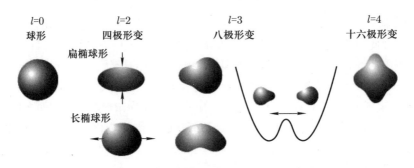

图 8.1　$l = 0, 2, 3, 4$ 时对应的 $2^l$ 极形变的剖面示意图. 实验上观测到的最高极形变是十六极形变

实验观测和理论研究还表明, 一个同位素链或一个同中子素链中的原子核具有分别对应于不同集体运动模式的 E2 跃迁概率和双核子分离能等性质, 即原子核的同位旋 (具有 SU(2) 对称性) 变化可以引起原子核的集体运动模式发生变化, 亦即出现集体运动模式相变 (形状相变), 并可能出现不同形状共存的现象. 基态变形及集体运动模式相变普遍存在于各个质量区, 并且超重核区也存在变形核和形状共存, 而且结构很丰富. 而激发态核的集体运动模式 (形变) 则更富含物理内容, 如超形变带、回弯现象、同核异能态 (isomeric states) 等都与形变直接相关. 并且, 角动量、温度等因素变化都会驱动集体运动模式相变. 总之, 原子核具有多种集体运动模式 (或状态), 并具有多种模式共存和各种奇异的状态, 其间的演化 (相变) 是基础物理研究的重要内容.

### 8.2.2　相干态理论方法

早在 1926 年, Schrödinger 在探索量子谐振子的经典解释时, 就找到了一种现在称为 "相干态" 的解. 到 1963 年, Glauber 正式提出了相干态的概念, 并在研究量子光学中的电磁场的关联函数时将相干态构造为湮灭算符的本征态. 而在几乎同时, Klauder 开始为任意李群寻找相应的相干态. 经过十多年的不断探究, 人们发现相干态与系统的对称性群的陪集有一一对应关系, 并且发展了一套构造相干态的方法. 由于量子力学研究的物理系统往往都有一定的群结构, 所以自然地可以将相干态与具有确定动力学对称性的物理系统相联系, 从而可以利用代数方法研究多粒子系统的集体运动状态.

#### 1. 相干态的概念

回顾第一章和第六章的讨论知, 一维坐标空间 (记为 $x$) 平移群的生成元 $\mathbb{X}_x = \dfrac{\mathrm{d}}{\mathrm{d}x}$, 它显然正比于量子力学中的动量算符 $\hat{p}$, 具体地, 即有 $\mathbb{X}_x = \dfrac{\mathrm{d}}{\mathrm{d}x} = \dfrac{\mathrm{i}}{\hbar}\hat{p}$. 那么, 按照对称性操作的观点, 对于一维谐振子的基态 $|\psi_0(x)\rangle$, 在坐标空间平移 $d$ 之后

的状态为

$$\left|\psi_0(x-d)\right\rangle = \mathrm{e}^{-\frac{\mathrm{i}}{\hbar}\widehat{p}d}\left|\psi_0(x)\right\rangle.$$

在占有数 (常说的二次量子化) 表象中, 动量算符 $\widehat{p}$ 可以表述为玻色子的产生算符与湮灭算符的线性叠加, 即有

$$\widehat{p} = \mathrm{i}\sqrt{\frac{m\hbar\omega}{2}}\left(b^\dagger - b\right).$$

于是, 上述坐标空间平移之后的态可以表述为

$$\left|\psi_0(x-d)\right\rangle = \mathrm{e}^{\sqrt{\frac{m\omega}{2\hbar}}d(b^\dagger-b)}\left|\psi_0(x)\right\rangle.$$

同理, 对动量空间做平移之后的态也可以表述为类似的形式, 差别仅在于上述的产生算符与湮灭算符的反相位叠加换为同相位叠加 (因为 $\widehat{x} = \sqrt{\dfrac{\hbar}{2m\omega}}\left(b^\dagger + b\right)$).

　　推而广之, 在相空间中有位移之后的态都可以由位移之前的态表述为

$$\left|S\right\rangle = \mathrm{e}^{(S^*b^\dagger - Sb)}\left|0\right\rangle. \tag{8.45}$$

该状态被 (最早由 Glauber) 称为相干态, $S$ 称为相空间参数. 其原始的物理意义是在相空间中有位移之后的谐振子基态波函数.

　　考虑算符的函数

$$\mathrm{e}^{(S^*b^\dagger - Sb)} = \mathrm{e}^{S^*b^\dagger}\mathrm{e}^{-Sb}\mathrm{e}^{-\frac{1}{2}S^*S},$$

以及对于基态 $|0\rangle$, $b|0\rangle = |0\rangle$, 易知

$$\left|S\right\rangle = \mathrm{e}^{-\frac{1}{2}S^*S}\mathrm{e}^{S^*b^\dagger}\mathrm{e}^{-Sb}\left|0\right\rangle = \mathrm{e}^{-\frac{1}{2}S^*S}\mathrm{e}^{S^*b^\dagger}\left|0\right\rangle.$$

再将算符 $b^\dagger$ 的指数函数展开, 即有

$$\left|S\right\rangle = \mathrm{e}^{-\frac{1}{2}S^*S}\sum_n \frac{S^{*n}}{\sqrt{n!}}|n\rangle,$$

其中 $|n\rangle$ 为 $n$ 粒子态, 即粒子数算符 $\widehat{n} = b^\dagger b$ 的本征态.

　　显然, 相干态为各种粒子数本征态的线性叠加, 或者说, 相干态是粒子数不固定 (即不守恒) 的态, 但其平均值为

$$\langle S|\widehat{n}|S\rangle = \mathrm{e}^{-S^*S}\sum_n \frac{(S^*S)^n}{(n-1)!} = \left|S\right|^2,$$

即粒子数算符在相干态上的期望值为相空间参数的模的平方. 据此, 人们通常取具有确定粒子数的态作为近似进行研究, 并称之为投影相干态, 或内禀相干态.

还容易证明, 相干态是湮灭算符 $\widehat{b}$ 的本征态, 是相应于坐标和动量的最小不确定态, 是一组归一、不正交且过完备的态, 并可由之构建 Bergmann 空间 $\mathcal{B}$ 的正交归一基矢 $\{\psi_n(S)\} = \{\langle S|\psi_n\rangle\} = \left\{\dfrac{S^n}{\sqrt{n!}}\right\}$.

回顾前述坐标平移之后一维谐振子基态波函数的表达式知, 平移量即一维集体运动参量, 代数即产生算符 $b^\dagger$ 或粒子数算符 $\widehat{n}$ 张成的代数. 这表明集体运动与相应的代数具有相同的维数. 再者, 将此结果与量子力学中熟悉的关于周期场的波函数的 Bloch 定理相比较知, 二者表述形式完全相同, 从而 Bloch 定理是周期场的平移不变性的直接结果. 那么, 将代数推广到高维, 相应的集体运动自然可以推广到高维.

## 2. Heisenberg–Weyl 群与相干态的构建

因为产生算符 $\widehat{b}^\dagger$、湮灭算符 $\widehat{b}$ 和单位算符 $\widehat{I}$ 构成 Heisenberg–Weyl (HW) 代数的基底 $\{\widehat{b}^\dagger, \widehat{b}, \widehat{I}\}$, 其代数关系为

$$\left[\widehat{b}, \widehat{b}^\dagger\right] = \widehat{I}, \qquad \left[\widehat{b}, \widehat{I}\right] = \left[\widehat{b}^\dagger, \widehat{I}\right] = 0.$$

HW 代数中的一般元素可以表述为

$$\theta\widehat{I} + \mathrm{i}\left(S\widehat{b} - S\widehat{b}^\dagger\right),$$

其中 $\theta$ 为实数, $S$ 为复数.

由此 HW 代数中的一般元素可以构建一组新的元素

$$T(\theta, S) = \mathrm{e}^{\mathrm{i}\theta\widehat{I} + (S\widehat{b}^\dagger - S\widehat{b})}.$$

直接计算知,

$$T(\theta, S)T(\theta', S') = T(\theta + \theta' + \mathrm{Re}(S^*S), S + S').$$

这就是说, 由 HW 代数可以构成三参数李群 Heisenberg–Weyl (HW) 群, 上述 "新元素" 即指数实现的与 HW 代数相应的 HW 群的元素.

显然, $T(\theta, S)$ 可以唯一分解为

$$T(\theta, S) = T(0, S)T(\theta, 0),$$

这表明, 集合 $\{T(\theta, 0)\}$ 构成 HW 群的不变子群, 而集合 $\{T(0, S)\}$ 构成 HW 群的关于上述不变子群的陪集.

上述算符 $T$ 也可视为 HW 的不可约表示空间 $\mathcal{V}$ 上的算符, 空间 $\mathcal{V}$ 的基矢可以表述为

$$\left\{|n\rangle = \frac{1}{\sqrt{n!}}(\widehat{b}^\dagger)^n|0\rangle \ \Big| \ n = 0, 1, 2, \cdots\right\}.$$

对 HW 的子群 (记之为 $\mathcal{M}$) 中的元素 $T(\theta, 0) \in \mathcal{G}$, 将之作用到参考态 (基态), 有

$$T(\theta, 0)|0\rangle = \mathrm{e}^{\mathrm{i}\theta}|0\rangle.$$

将元素 $T(\theta, S) \in \mathrm{HW}$ 作用到参考态, 有

$$T(\theta, S)|0\rangle = \mathrm{e}^{\mathrm{i}\theta}T(0, S)|0\rangle.$$

与前面所述的相干态的定义比较知, 对 $T(0, S) \in \mathrm{HW}/\mathcal{M}$,

$$T(0, S)|0\rangle = \mathrm{e}^{(S^*\hat{b}^\dagger - S\hat{b})}|0\rangle = |S\rangle.$$

这些讨论表明, 在群 HW 的陪集空间 $\mathrm{HW}/\mathcal{M}$ 上, 我们可以定义相干态.

### 3. 广义相干态及其构建

由上面关于 Heisenberg-Weyl 群的讨论知, 在群 HW 的陪集空间 $\mathrm{HW}/\mathcal{M}$ 上, 我们可以定义相干态. 显然, 我们可以在此基础上把 Heisenberg-Weyl 群推广到一般的李群 $\mathcal{G}$, 从而广义地建立相干态.

一般地, 对于相应于李代数 $\mathfrak{g}$ 的李群 $\mathcal{G}$, 可以按照一定的程序找到与其相联系的几何空间 (集体运动空间), 例如对于转动群 SO(3), 可以将几何参数 $\theta$, $\varphi$ 与其表示相联系, 从而可以用球谐函数来描述 SO(3) 群的几何结构. 这种程序可能不是唯一的, 视情况而定, 如果不唯一, 则通常选择有明显物理意义的一种即可.

这种程序首先将李代数分成两部分:

$$\mathfrak{g} = \mathfrak{h} \oplus \mathfrak{p}, \tag{8.46}$$

这里 $\mathfrak{h}$ 是 $\mathfrak{g}$ 的理想, 在李乘积关系下封闭, 而 $\mathfrak{p}$ 则不一定封闭. 集体运动空间的参数与 $\mathfrak{p}$ 中的元素一一对应, 其数目就是集体运动空间的拓扑维数. 这种分解的方案可以有多种, 通常按照一种称为代数定义的方法进行. $\mathfrak{g}$ 的表示提供一组基态 $|\Lambda\rangle$, 其中有一个态称为极值态 (extremal state) $|\Lambda_{\mathrm{ext}}\rangle$, 它定义为李代数中有最多数目的元素可以湮灭它的态. 这样, 集体运动空间的参数 $\eta = \{\eta_i\}$ 可以按照前述的相干态的定义而定义, 其中 $p_i$ 是 $\mathfrak{p}$ 中的元素, 即有

$$|\eta\rangle = \exp\left[\sum_i \mathrm{i}\eta_i p_i\right]|\Lambda_{\mathrm{ext}}\rangle. \tag{8.47}$$

还有两种定义, "群" 定义和 "投影" 定义. 尤其是投影相干态, 因其既具有明确的物理意义又简单易算而被经常使用.

还需要说明, 由于代数 $\mathfrak{g}$ 可能有几个不同的理想 $\mathfrak{h}$, 因此相应地可以存在几个不同的几何空间, 在实际应用中, 需要根据物理条件选择使用, 例如要求 $\mathfrak{h}$ 包含转动代数 su(2) 等. 但即使这样, 也仍可能存在多种选择, 所以通常定义集体运动空

间为与满足物理条件约束的最大理想相联系的空间, 这样就可以唯一地确定与李代数 $\mathfrak{g}$ 相应的集体运动空间的集体运动 (几何) 参数, 即集体运动可以由定义在李代数 $\mathfrak{g}$ 的理想 $\mathfrak{h}$ 的陪集空间上的相干态来描述. 由第三章和本章上一节的讨论知, 多粒子系统的状态可以由典型李群 (李代数) 标记的动力学对称性描述, 即可以由代数方法描述, 因此多粒子系统的集体运动状态可以由代数方法描述 (研究). 研究的具体步骤是将内禀 (投影) 相干态中的 $n$ 粒子态写为以表征集体运动状态的几何参数的函数为叠加系数的包含各种可能的组分粒子的产生算符的形式, 将哈密顿量写为相应粒子表象中的形式, 然后计算哈密顿量在内禀相干态下的期望值, 根据最小作用量原理确定稳定的集体运动状态. 对于原子核系统、分子系统和可呈超导相的宏观系统的应用见此后各节关于相应系统的代数模型中的具体讨论.

## §8.3 原子核结构模型

### 8.3.1 原子核结构的壳模型

#### 1. 壳模型的基本理论框架

(1) 基本图像与概念.

人们知道, 原子核是包含多个核子 (质子和中子), 甚至超子等组分粒子的量子多体束缚系统. 核子-核子之间、多核子之间、超子-超子之间及核子-超子之间的相互作用都很复杂, 因此很难直接从第一性原理出发研究这样的量子多体系统的性质. 为解决这一困难, 人们提出了平均场近似的思想 (最早提出时还没有发现包含超子的超核, 因此其组分粒子仅为核子), 认为每个组分粒子都在其他组分粒子共同形成的平均场中运动, 除平均场之外, 组分粒子之间的剩余相互作用可以作为微扰处理. 这样, 原子核的哈密顿量可以表示为

$$\widehat{H} = \sum_{i=1}^{A}[\widehat{T_i} + V(i)] + \sum_{i<j} V'(ij), \qquad (8.48)$$

其中 $\widehat{T_i} = \dfrac{p_i}{2m}$ 为第 $i$ 个组分粒子的动能, $V(i)$ 为第 $i$ 个组分粒子所受的平均场 (也称为单粒子位势), $V'(ij)$ 是第 $i$ 个组分粒子与第 $j$ 个组分粒子之间的剩余相互作用势, 并且可以按微扰来处理. 原子核的状态由求解这一平均场近似所得的状态来描述. 为表述简单, 下面以核子统称原子核的组分粒子, 并且不考虑介子. 这样, 壳模型的基本思想就是平均场近似, 图 8.2 为其示意图.

(2) 平均场的形式.

在平均场近似下, 因为每个核子感受的平均场由所有其他核子共同提供, 所以人们认为该平均场近似地正比于原子核的密度分布, 于是, 该平均场可以表示为

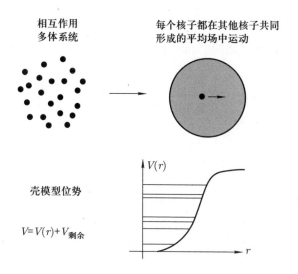

相互作用
多体系统

每个核子都在其他核子共同
形成的平均场中运动

壳模型位势

$V = V(r) + V_{剩余}$

图 8.2 壳模型的平均场近似的基本思想

$$V(r) = \frac{-V_0}{1 + \exp\left(\dfrac{r - R_0}{a}\right)}, \qquad (8.49)$$

其中 $V_0$ 为作用强度, 取值大约在 50 MeV, 或者稍大一些, $R_0$ 为原子核的平均半径, 可以近似表示为 $R_0 = r_0 A^{1/3}$, $A$ 为原子核的质量数, $r_0 = 1.12 \sim 1.25$ fm, $a$ 为原子核的表面厚度, 其数值大约为 0.65 fm. 该平均场位势通常称为 Woods-Saxon 势.

很显然, Woods-Saxon 势的形式很复杂, 难以由之进行计算 (尤其在过去计算机资源不够丰富的时代). 考察 Woods-Saxon 势随径向坐标 $r$ 的变化行为知, Woods-Saxon 势表述的平均有心力场的径向变化行为介于方势阱势和谐振子势之间, 因此人们通常采用谐振子势近似模拟核子所受的平均场, 也可以由 (无限深) 球方势阱近似模拟核子所受的平均场.

考察 Woods-Saxon 势的形式知, 这一平均场位势仅考虑了其他核子的分布提供的平均相互作用, 既没有体现质子与中子之间的差异, 也没有考虑质子与质子之间的 Coulomb 排斥作用. 考虑上述两种因素的贡献, 人们提出了对核子所受平均场, 即对 Woods-Saxon 势中的作用强度的修正方案如下:

(i) 考虑质子与中子之间的差异, 从而引入不对称能修正. 这一修正通常经验地简单表述为

$$\Delta V_s = \pm 32\left[\frac{N - Z}{A}\right] \text{ MeV}, \qquad (8.50)$$

其中的 + 号适用于质子, − 号适用于中子. 近年的研究通常考虑平方项等的贡献 (尤其是对于密度高于饱和核物质密度的核物质 (强相互作用物质的简称), 相关研

究是目前的一个热点).

(ii) 对于质子, 考虑其间的 Coulomb 排斥作用, 并将之表述为

$$V_C(r) = \begin{cases} \dfrac{Z\,k\,e^2}{R_C}\left\{1 + \dfrac{1}{2}\left[1 - \left(\dfrac{r}{R_C}\right)^2\right]\right\}, & r < R_C, \\[3mm] \dfrac{Z\,k\,e^2}{r}, & r > R_C, \end{cases} \tag{8.51}$$

其中 $R_C$ 为电荷分布半径 (不同于 Woods-Saxon 势中的核物质分布半径), $k$ 为常量.

尽管上述方案已经相当周全完备, 但由之得到的原子核的单粒子能级结构仍然不能描述实验测量结果所反映的原子核的幻数 (幻数是使原子核具有较其他原子核更稳定等性质的核中的质子数或中子数). 回顾组成原子核的核子都是微观粒子的本质, 由于微观粒子除了空间运动之外, 还都具有自旋, 因而相应地有自旋磁矩. 在经典物理层面看, 自旋磁矩与相对运动形成的磁场之间有相互作用, 记自旋磁矩为 $\boldsymbol{\mu}_s$, 相对运动形成的磁场的磁感应强度为 $\boldsymbol{B}$, 则上述作用可表述为 $V = -\boldsymbol{\mu}_s \cdot \boldsymbol{B}$. 由于自旋磁矩 $\boldsymbol{\mu}_s$ 正比于自旋 $\boldsymbol{s}$, 相对运动形成的磁感应强度 $\boldsymbol{B}$ 正比于粒子的 "轨道" 角动量 $\boldsymbol{l}$, 于是 $\boldsymbol{\mu}_s \cdot \boldsymbol{B} \propto \boldsymbol{s} \cdot \boldsymbol{l}$, 即微观粒子的自旋 $\boldsymbol{s}$ 与 "轨道" 角动量 $\boldsymbol{l}$ 之间有相互作用 $V_{sl}$ ($\propto \boldsymbol{s} \cdot \boldsymbol{l}$). 在微观本质上看, 微观粒子既受量子力学等表述的动力学规律支配又具有高速运动的特征 (如第六章所述的 Dirac 方程决定的运动状态), 将这一量子本质近似到非相对论情况时, 即直接表现出自旋–轨道耦合作用 ($\propto \boldsymbol{s} \cdot \boldsymbol{l}$). 计算 Woods-Saxon 势的梯度 (或者说径向变化率) 知, 该梯度在核内部区域基本为 0, 在核表面具有很大的正的数值 (如图 8.3(a) 所示). 将这一梯度代入自旋–轨道耦合作用势

$$V_{sl} = -\xi(r)\boldsymbol{s} \cdot \boldsymbol{l} = -\frac{1}{2m^2c^2}\frac{1}{r}\frac{\mathrm{d}V(r)}{\mathrm{d}r}\,\boldsymbol{s} \cdot \boldsymbol{l}$$

知, 原子核的组分粒子的自旋–轨道耦合很强, 并且类似于表面相互作用, 因此不

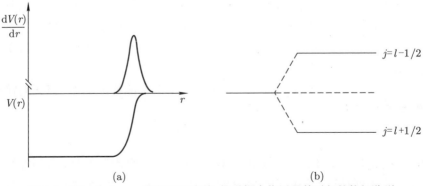

图 8.3  Woods-Saxon 势情况下自旋–轨道耦合作用及其引起的能级分裂

能忽略. 于是, 对平均场还应该考虑自旋–轨道耦合作用的修正 (这一思想最早由 Meyer 夫人和 Jensen 等提出). 从对称性的角度来讲, 即应该考虑对称性破缺 $SO_l(3) \otimes SU_s(2) \supset SO_j(3)$ 的贡献.

具体考察平均场为 Woods-Saxon 势的情况下自旋–轨道耦合的效应. 由于 Woods-Saxon 势的梯度在核表面附近有一个很大的正的数值, 则自旋–轨道耦合引起的能级分裂行为是 $j = l + \frac{1}{2}$ 的能级降低、$j = l - \frac{1}{2}$ 的能级升高 (如图 8.3(b) 所示).

(3) 单粒子能级和壳结构.

所谓单粒子能级即假设原子核的状态仅由在所有其他核子形成并考虑修正效应的平均场中运动的一个核子的状态描述的情况下的能级, 相应的模型亦常称为单粒子壳模型.

在求解平均场近似的单粒子能谱的基础上, 考虑上述自旋–轨道耦合引起的能级分裂效应, 人们得到原子核的单粒子能谱如图 8.4 所示. 由图 8.4 知, 无论是质子的能谱还是中子的能谱都呈现出明显的壳层结构, 并且壳层 (较大的能级间距, 或者说能隙) 都出现在粒子数等于 2, 8, 20, 28, 50, 82, 126 (对中子) 的情况下, 这些粒子数正是实验测量结果表明的幻数. 这样, 考虑自旋–轨道耦合作用后, 采用平均场近似的壳模型可以很好地描述实验测得的原子核的壳层结构和幻数. 这表明, 壳模型可以成功地描述原子核的某些性质和结构.

近年的研究表明, 极端丰中子原子核和极端丰质子原子核的单粒子能谱 (壳结构) 偏离图 8.4 所示的形式, 即图 8.4 所示的子壳可能转变为主壳, 出现所谓壳演化 (shell evolution), 或称壳融化 (shell melting), 因此滴线核的壳结构是当代核物理研究的重要内容, 并且对称性破缺引起的效应与其环境因素密切相关.

**2. 多粒子壳模型**

(1) 多粒子壳模型下系统的哈密顿量.

如前所述, 原子核的壳模型的基本思想是把核内每一个组分粒子的运动都看作是在其他组分粒子共同形成的平均场中的运动, 并且通常将该平均场近似为有心力场, 例如考虑修正效应的 Woods-Saxon 势的形式. 对于满壳外只有一个价组分粒子的情况, 即前述的单粒子壳模型情况, 我们容易直接在坐标空间中实现计算. 但对于满壳外有多个组分粒子的情况, 采用坐标表象很难实现计算, 因此人们采用占有数表象处理这一复杂问题.

占有数表象中, 核内组分粒子 (费米子) 间的包含单体和两体相互作用并且保持粒子数守恒的哈密顿量可以写为

$$H = E_0 + \sum_{\alpha, \beta} \varepsilon_{\alpha\beta} a_\alpha^\dagger a_\beta + \sum_{\alpha, \beta, \gamma, \delta} \frac{1}{2} u_{\alpha\beta\gamma\delta} a_\alpha^\dagger a_\beta^\dagger a_\gamma a_\delta, \tag{8.52}$$

其中 $a_\alpha^\dagger, a_\beta$ 分别为角动量为 $j_\alpha, j_\beta$ 的核子的产生、湮灭算符, 服从费米子的反对易

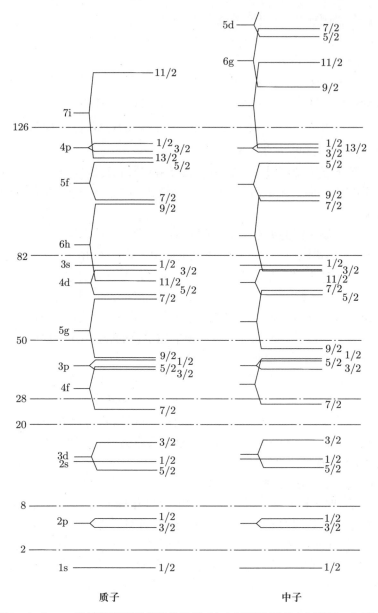

图 8.4　Woods-Saxon 势情况下原子核的单粒子 (左右两侧分别对应于质子、中子) 能级图

规则, 并具有 U $\left(\sum_i (2j_i + 1)\right)$ 对称性. 为保证宇称守恒, 这些核子所处单粒子 "轨道" 的角动量应满足 $j_\alpha + j_\beta + j_\gamma + j_\delta$ 为偶数.

　　通常, 人们也将之表示为多极展开的形式, 即有

$$H = E_0 + \sum_\alpha \varepsilon_\alpha \widehat{n}_\alpha + \sum_K \Lambda_K (a_\alpha^\dagger \widetilde{a}_\gamma)^K \cdot (a_\beta^\dagger \widetilde{a}_\delta)^K, \tag{8.53}$$

其中 $\widehat{n}_\alpha = \sum_{m_\alpha} a_{j_\alpha, m_\alpha}^\dagger a_{j_\alpha, m_\alpha}$ 为单粒子轨道 $j_\alpha$ 上的核子的数算符, $\Lambda_K$ 为 $K$ 极相互作用强度, $\widetilde{a}_\alpha = (-1)^{j_\alpha + m_\alpha} a_{j_\alpha, -m_\alpha}$ 为与 $a_{j_\alpha, m_\alpha}^\dagger$ 共轭的 $j_\alpha$ 阶不可约张量, $[AB]^K$ 表示 $A$ 和 $B$ 两个不可约张量耦合而成的 $K$ 阶不可约张量, 即有

$$[A^\lambda B^{\lambda'}]_M^K = \sum_{m, m'} \langle \lambda\, m\, \lambda'\, m' | K\, M \rangle A_{\lambda m} B_{\lambda' m'}, \tag{8.54}$$

其中求和中的系数 $\langle \lambda\, m\, \lambda'\, m' | K\, M \rangle$ 为 CG 系数. $(A^\lambda \cdot B^\lambda)$ 表示同阶的两个不可约张量 $A$ 和 $B$ 耦合成标量, 由下式定义:

$$(A^\lambda \cdot B^\lambda) = (-1)^\lambda (2\lambda + 1)^{1/2} [A^\lambda B^\lambda]^0 = \sum_m (-1)^m A_m^\lambda B_{-m}^\lambda. \tag{8.55}$$

(2) 多粒子壳模型下系统的波函数.

总核子数为 $N$、总角动量为 $J$ 的核态的波函数可以一般地表述为

$$|N, J\rangle = \sum_{n_\mu, \tau_\mu, \alpha_\mu, J_\mu, \kappa} C_{n_\mu \tau_\mu \alpha_\mu J_\mu \kappa} \prod_{n_\mu, \tau_\mu, \alpha_\mu, J_\mu, \kappa} [|(|n_\mu\, \tau_\mu\, \alpha_\mu\, J_\mu\rangle)\, ; \kappa; J\rangle], \tag{8.56}$$

$C_{n_\mu \tau_\mu \alpha_\mu J_\mu \kappa}$ 为需要通过求解而确定的系数, $\prod\limits_{n_\mu, \tau_\mu, \alpha_\mu, J_\mu, \kappa} |(|n_\mu\, \tau_\mu\, \alpha_\mu\, J_\mu\rangle)\, ; \kappa; J\rangle$ 为波函数的基, 其中 $n_\mu$ 为单核子轨道 $j_\mu$ 上的核子数, $\tau_\mu$ 为单核子总角动量为 $j_\mu$ 的核子的辛弱数 (即不配成角动量为 0 的对的粒子数), 可以由 $\mathrm{U}(2j_\mu + 1)$ 的不可约表示 $[1^n]$ 按群链 $\mathrm{U}(2j_\mu + 1) \supset \mathrm{SP}(2j_\mu + 1)$ 约化 (即 $[1^{n_\mu}] = \oplus_{\tau_\mu} (1^{\tau_\mu})$) 的规则确定. 记 $n = \min(n_\mu, N - n_\mu)$, 其约化分支律如 (8.21) 式所示. $\alpha_\mu$ 为区分 $n_\mu$, $\tau_\mu$, $J_\mu$ 都相同的态的附加量子数, $\kappa$ 为区分各相同的 $n_\mu$, $\tau_\mu$; $\alpha_\mu$, $J_\mu$ 耦合成的相同的 $J$ 的附加量子数. 记前述 $\mathrm{SP}(2j_\mu + 1) \supset \mathrm{SO}(3)$ 的不可约表示约化的重复度为 $\eta$、$\mathrm{SO}(3)$ 的直积表示 $\prod_\otimes J_\mu$ 约化到 $J$ 的重复度为 $\xi$ (具体确定方案与 5.1.2 小节所述的 $\mathrm{SP}(2j + 1) \supset \mathrm{SO}(3)$ 的重复度的确定方案相同), 则有 $\alpha_\mu = 1, 2, \cdots, n$, $\kappa = 1, 2, \cdots, \xi$ ($\eta = 0, \xi = 0$ 表示实际不存在相应角动量的态).

(3) 多粒子壳模型研究实际问题的一般步骤.

为具体求解并确定由多个 (价) 费米子形成的系统 (例如原子核等) 的状态和性质 (波函数、能谱、电磁极矩和电磁跃迁强度等), 我们需要先选定描述系统状态的基矢, 计算并确定哈密顿量在相应基矢空间中的哈密顿量矩阵, 进而对角化前述的哈密顿量矩阵, 确定相应状态的能量和波函数 (即确定前述的 $C_{n_\mu \tau_\mu \alpha_\mu J_\mu \kappa}$), 然后通过计算电磁多极矩算符的矩阵元确定系统的电磁性质. 具体地, 我们首先确定上述基矢, 然后计算出所有的矩阵元, 再求解线性方程组. 为确定基矢, 需要确定全同

的角动量为 $j_\mu$ 的核子耦合形成的总角动量 $J_\mu$ 和相应的附加量子数 $\alpha_\mu$, 于是, 我们需要解决的关键问题就转化为确定 $J_\mu$ 的重复度 $\eta_\mu$ ($\eta_\mu = 0$ 表明不存在总角动量为 $J_\mu$ 的态, $\eta_\mu \neq 0$ 表明存在 $\eta_\mu$ 个总角动量为 $J_\mu$ 的态, 那么取 $\alpha_\mu = 1, 2, \cdots, \eta_\mu$ 即可确定附加量子数). 为确定矩阵元, 我们可以采用插入完备基的过程转化为计算单体算符的矩阵元 $\langle j_\mu^{n_\mu} \tau_\mu \alpha_\mu L_\mu | a_\mu^\dagger | j_\mu^{n_\mu-1} \tau_\mu' \alpha_\mu' L_\mu' \rangle$ 和 $\langle j_\mu^{n_\mu} \tau_\mu \alpha_\mu L_\mu | \tilde{a}_\mu | j_\mu^{n_\mu+1} \tau_\mu' \alpha_\mu' L_\mu' \rangle$. 利用 §8.1 所述的方法, 我们可以很好地解决上述两个问题, 从而完成确定能量本征值和本征函数的工作.

对于系统的电磁性质, 目前关心的主要是系统的磁矩、电多极矩 (电偶极矩、电四极矩、电八极矩等)、电磁跃迁强度 (概率) 等. 例如, 对于 "占据" 一系列 "轨道" 的 $n_\pi$ 个质子和 "占据" 一系列 "轨道" 的 $n_\nu$ 个中子形成的原子核, 最简单的情况是质子、中子各自 "占据" 一个单粒子 "轨道" (一般情况见本小节前面所述), 则其组态可以表示为 $R_\pi j_\pi^{n_\pi} R_\nu j_\nu^{n_\nu}$, 其系统的波函数可以表示为

$$|\Psi\rangle = \sum_{\alpha_\pi, J_\pi, \alpha_\nu, J_\nu} C_{\alpha_\pi J_\pi \alpha_\nu J_\nu} | R_\pi j_\pi^{n_\pi} \alpha_\pi J_\pi, R_\nu j_\nu^{n_\nu} \alpha_\nu J_\nu, JM \rangle,$$

其中 $C_{\alpha_\pi J_\pi \alpha_\nu J_\nu}$ 满足方程

$$\sum_{\alpha_\pi, J_\pi, \alpha_\nu, J_\nu} \langle \tilde{\alpha}_\pi \tilde{J}_\pi \tilde{\alpha}_\nu \tilde{J}_\nu | \hat{H} | \alpha_\pi J_\pi \alpha_\nu J_\nu \rangle C_{\alpha_\pi J_\pi \alpha_\nu J_\nu} = E^{(1)} C_{\tilde{\alpha}_\pi \tilde{J}_\pi \tilde{\alpha}_\nu \tilde{J}_\nu}.$$

通过求解本征值问题, 可确定系数 $C_{\alpha_\pi J_\pi \alpha_\nu J_\nu}$, 即确定系统的波函数, 进而计算电磁跃迁算符的矩阵元, 确定电磁性质.

限于课程性质, 这里不对具体应用展开讨论, 有兴趣的读者请参阅原子核结构理论的教科书和专著.

### 3. 考虑配对效应的壳模型 —— 费米子动力学对称模型

(1) 物理思想与目标.

人们知道, 多数原子核由核子 (包括质子和中子) 组成, 相当一部分原子核还包含超子, 核子和超子都是费米子, 因此原子核是一个包含多个费米子的量子多体系统. 但直接在费米子层次上对原子核的性质进行研究遇到了模型空间太大等问题. 为解决这些问题, 人们将核子–核子关联形成的具有不同角动量的对近似为具有相应角动量的玻色子, 建立了相互作用玻色子近似模型 (IBA), 并在具体的研究中取得了巨大成功 (8.3.2 小节将对之予以介绍). 但是, IBA 虽然可以通过玻色映射方法与壳模型建立起联系, 但在实际计算中存在 "假态" 难以有效去除, 从而其微观机制不真正清楚等严重困难. 因此, 关于原子核结构的 IBA 实际上是一个将费米子系统近似为玻色子系统的唯象模型 (当然, 可以反过来, 将原子核视为 IBA 可以成功应用的实际物理系统), 缺乏很好的微观基础. 为解决 IBA 缺乏费米子结构信息和微观动力学基础等问题, 人们回过头来直接从构建费米子对出发研究原子核的结

构等性质, 从而实现建立既有小的模型空间、又有清楚确定的微观基础的模型理论的目标. 这样的具体描述费米子对系统的动力学对称性等性质的理论模型, 按其发展过程, 分别称为 Ginocchio 模型[③]、费米子动力学对称模型[④]、$SD$ 对壳模型[⑤]等. 这里对这类模型予以简要介绍.

(2) 代数结构与动力学对称性.

基于原子核集体运动源于对关联的基本观点和 IBA 对很多原子核的结构和性质描述的成功, 人们得知, 核子配成的角动量为 0 的 $S$ 对和角动量为 2 的 $D$ 对对原子核的性质具有决定性的作用 (当然, 对高自旋、大形变等原子核态, 还需要 $G$ 对等高角动量对, 为统一描述偶宇称态和奇宇称态, 还需要 $F$ 对和 $P$ 对, 下面仅以由 $S$ 对和 $D$ 对构成的系统为例进行具体讨论), 为考虑对两个全同的费米子构成 $S$ 对和 $D$ 对进行描述的方便, 且避免描述单核子态 $|j\,m\rangle$ 时核子的轨道角动量 $l$ 不完全确定的问题 (因为核子的自旋量子数为 $\frac{1}{2}$, 按角动量耦合规则, 对确定的轨道角动量 $l$, $j = \left|l - \frac{1}{2}\right|$ 和 $j = l + \frac{1}{2}$, 反过来, 对确定的 $j$, $l$ 有 $j \pm \frac{1}{2}$ 两个值), 人们不将这样的配对耦合视为一个总角动量为 $j$ 的单核子与另一个总角动量为 $j$ 的单核子直接耦合, 而将单核子态的总角动量 $j$ 视为由 $k$ 部分与 $i$ 部分简单叠加而成 (原始地, 惰性部分为倾向于耦合成 $S$ 对的部分, 活跃部分为倾向于耦合成 $D$ 对的部分, 后来的研究表明, 取消这样的原始假设更有利于分析核子对的费米子结构和系统的动力学对称性), 即有单核子态的 $k$-$i$ 基表述

$$a_{jm_j}^{\dagger} = \sum_{m,\mu} \langle k\,m\,i\,\mu | j\,m_j \rangle b_{kmi\mu}^{\dagger},$$

其中 $k$ 称为赝轨道 (角动量) 量子数, $i$ 称为赝自旋量子数, $a_{jm_j}^{\dagger}$, $b_{kmi\mu}^{\dagger}$ 分别为通常的壳模型中的单核子态产生算符和 $k$-$i$ 基下的单核子态产生算符. 于是, 核子对有由 $k$ 活跃形成的对

$$S_k^{\dagger} = \sqrt{\frac{\Omega_{ki}}{2}} \left(b_{ki}^{\dagger} b_{ki}^{\dagger}\right)_{00}^{00}, \qquad D_k^{\dagger} = \sqrt{\frac{\Omega_{ki}}{2}} \left(b_{ki}^{\dagger} b_{ki}^{\dagger}\right)_{m0}^{20},$$

和由 $i$ 活跃形成的对

$$S_i^{\dagger} = \sqrt{\frac{\Omega_{ki}}{2}} \left(b_{ki}^{\dagger} b_{ki}^{\dagger}\right)_{00}^{00}, \qquad D_i^{\dagger} = \sqrt{\frac{\Omega_{ki}}{2}} \left(b_{ki}^{\dagger} b_{ki}^{\dagger}\right)_{0m}^{02},$$

[③] Ginocchio J N. Phys. Lett. B, 1978, 79(3): 173; Ginocchio J N. Ann. Phys. (N.Y.), 1980, 126 (1): 234 等.

[④] Wu C L, et al. Phys. Lett., 1986, 168: 313; Wu C L, et al. Phys. Rev. C, 1987, 36: 1157; Guidry M, et al. Front. Phys., 2020, 15: 43301 等.

[⑤] Chen J Q. Nucl. Phys. A, 1997, 626 (3): 686; Chen J Q, et al. Nucl. Phys. A, 1998, 639: 615; Luo Y A, et al. Nucl. Phys. A, 2000, 669: 101; Zhao Y M, et al. Phys. Rev. C, 2000, 62: 014304; Zhao Y M, et al. Phys. Rev. C, 2000, 62: 014315 等.

其中 $\Omega_{ki} = \dfrac{1}{2}(2k+1)(2i+1)$.

显然, 为保证这样的 $S$ 对和 $D$ 对具有费米子对的基本性质 (状态具有全反对称性, 或者说满足 Pauli 不相容原理), $k$ 和 $i$ 的取值只能是

$$k = 1, \qquad i = \frac{3}{2}.$$

核子之间除有配对现象和对作用 ($S^{\dagger}S$, $D^{\dagger} \cdot D$ 等, 其中 $S, D$ 为相应对湮灭算符) 外, 还有多极作用 ($P^r \cdot P^r$ ). 核子的多极 (矩) 算符也有 $k$ 活跃和 $i$ 活跃两种构成方式, 它们是

$$P_{k,q}^r = \sqrt{\frac{\Omega_{ki}}{2}} \, \big(b_{1i}^{\dagger} \widetilde{b}_{1i}\big)_{q0}^{r0} \quad (r = 0, 1, 2),$$

和

$$P_{i,q}^r = \sqrt{\frac{\Omega_{ki}}{2}} \, \big(b_{k\frac{3}{2}}^{\dagger} \widetilde{b}_{k\frac{3}{2}}\big)_{0q}^{0r} \quad (r = 0, 1, 2, 3).$$

$k$ 活跃情况下, $S$ 对和 $D$ 对产生算符共 6 个, $S$ 对和 $D$ 对湮灭算符也共 6 个, 多极 (矩) 算符共 9 个, 总共 21 个算符. 具体计算这些算符的对易关系知, 它们张成 sp(6) 李代数. 由此知, 这样的系统具有 SP(6) 对称性.

$i$ 活跃情况下, $S$ 对和 $D$ 对产生算符共 6 个, $S$ 对和 $D$ 对湮灭算符也共 6 个, 多极 (矩) 算符共 16 个, 总共 28 个算符. 具体计算这些算符的对易关系知, 它们张成 so(8) 李代数. 由此知, 这样的系统具有 SO(8) 对称性.

显然, 还可能有 $i$ 和 $k$ 都活跃的情况. 这种情况下, 系统的最大对称群为 SO(24). 更一般地, 对最大对简并度为 $\Omega = \dfrac{2j+1}{2}$ 的壳, 系统的最大费米子动力学对称性群为 SO($4\Omega$).

中重质量原子核的每一壳层除具有正常的单核子态 (例如, 图 8.4 所示的 pf 壳中的 $f_{5/2}, p_{3/2}, p_{1/2}$ 态) 外, 还有入侵态 (图 8.4 中 pf 壳中的 $g_{9/2}$ 态即为入侵态), 常称之为非正常态. 为考虑入侵态与正常态的区别, 记之只能耦合成角动量为 0 的对, 其对产生算符为

$$\mathcal{S}^{\dagger} = \sqrt{\frac{\Omega_0}{2}} \, \big(b_{ki}^{\dagger} b_{ki}^{\dagger}\big)_{00}^{00} = \sqrt{\frac{\Omega_0}{2}} \, \big(a_{j_0}^{\dagger} a_{j_0}^{\dagger}\big)_{00}^{00},$$

单极作用算符为

$$\mathcal{P}^0 = \sqrt{\frac{\Omega_0}{2}} \, \big(a_{j_0}^{\dagger} \widetilde{a}_{j_0}\big)_0^0 = \frac{1}{2} n_0,$$

其中 $\Omega_0 = j_0 + \dfrac{1}{2}$.

具体计算对易关系知, $\{\mathcal{S}^{\dagger}, \mathcal{S}, \mathcal{P}^0\}$ 张成一 su(2) 李代数. 由此知, 一个壳层内的非正常态具有 $\mathcal{SU}(2)$ 对称性. 对正常态, 当然也有 SU(2) 对称性.

为统一描述角动量为 0 的正常态的对和非正常态的对, 人们还引入广义的对产生算符 $S^{T\dagger}$ 和广义单极算符 (亦即核子对数算符)$P^{0T}$:

$$S^{T\dagger} = S^\dagger + \mathcal{S}^\dagger = \sum_j \sqrt{\frac{\Omega_j}{2}} (a_j^\dagger a_j^\dagger)_0^0,$$

$$P^{0T} = P^0 + \mathcal{P}^0 = \sum_j \sqrt{\frac{\Omega_j}{2}} (a_j^\dagger \widetilde{a}_j)_0^0,$$

其中求和包括正常单核子态和非正常单核子态. 显然, $\{S^{T\dagger}, S^T, P^{0T}\}$ 也张成一 su(2) 李代数, 记系统的相应于此的对称性群为 $\mathcal{SU}^T(2)$.

总之, 一个壳层内的态具有 SP(6) $\otimes$ $\mathcal{SU}(2)$ 对称性, 或 SO(8) $\otimes$ $\mathcal{SU}(2)$ 对称性. 这样的直接在费米子层次上考虑配对效应及相互作用的模型称为费米子动力学对称模型 (简称 FDSM). 仅考虑正常态而不考虑非正常态 (入侵态) 的 $k$-$i$ 基模型实际是在 FDSM 建立之前由 Ginocchio 提出的[⑥], 因此常称为 (Ginocchio) SO(8) 模型.

经具体分析李乘积规则 (对易关系) 知, 上述 SO(8) 群有 SO(7), SO(6), SO(5)$\otimes$SU(2) 等子群, SP(6) 群有 SU(3), SU(2)$\otimes$SO(3) 等子群, 因此 FDSM 有动力学对称性群链

$$\text{SO}(8) \otimes \mathcal{SU}(2) \supset \big(\text{SO}(7) \supset \text{SO}(5) \otimes \text{U}(1)\big) \otimes \mathcal{U}(1)$$
$$\supset \text{SO}(5) \otimes \text{U}^T(1) \supset \text{SO}(5) \supset \text{SO}(3),$$

$$\text{SO}(8) \otimes \mathcal{SU}(2) \supset \big(\text{SO}(6) \otimes \text{U}(1)\big) \otimes \mathcal{U}(1) \supset \text{SO}(5) \otimes \text{U}^T(1) \supset \text{SO}(5) \supset \text{SO}(3),$$

$$\text{SO}(8) \otimes \mathcal{SU}(2) \supset \big(\text{SO}(5) \otimes \text{SU}(2)\big) \otimes \mathcal{SU}(2) \supset \text{SO}(5) \otimes \text{SU}^T(2)$$
$$\supset \text{SO}(5) \otimes \text{U}^T(1) \supset \text{SO}(5) \supset \text{SO}(3),$$

$$\text{SO}(8) \otimes \mathcal{SU}(2) \supset \big(\text{SO}(5) \otimes \text{SU}(2)\big) \otimes \mathcal{SU}(2) \supset \big(\text{SO}(5) \otimes \text{U}(1)\big) \otimes \mathcal{U}(1)$$
$$\supset \text{SO}(5) \otimes \text{U}^T(1) \supset \text{SO}(5) \supset \text{SO}(3),$$

$$\text{SP}(6) \otimes \mathcal{SU}(2) \supset \text{U}(3) \otimes \mathcal{U}(1) \supset \text{SU}(3) \supset \text{SO}(3),$$

$$\text{SP}(6) \otimes \mathcal{SU}(2) \supset \big(\text{SU}(2) \otimes \text{SO}(3)\big) \otimes \mathcal{SU}(2) \supset \text{SO}(3) \otimes \text{SU}^T(2)$$
$$\supset \text{SO}(3) \otimes \text{U}^T(1) \supset \text{SO}(3),$$

$$\text{SP}(6) \otimes \mathcal{SU}(2) \supset \big(\text{SU}(2) \otimes \text{SO}(3)\big) \otimes \mathcal{SU}(2) \supset \big(\text{U}(1) \otimes \text{SO}(3)\big) \otimes \mathcal{U}(1)$$
$$\supset \text{SO}(3) \otimes \text{U}^T(1) \supset \text{SO}(3).$$

这些动力学对称性群链中各群的生成元、二阶 Casimir 算子、不可约表示的标记及二阶 Casimir 算子的本征值分别如表 8.3 所示.

---

[⑥] Ginocchio J N. Phys. Lett. B, 1978, 79: 173; Ann. Phys. (N.Y.), 1980, 126: 234.

**表 8.3** **FDSM** 中的 $\mathrm{SO}(8)$ 和 $\mathrm{SP}(6)$ 对称性下各动力学对称性群链的子群的生成元、二阶 **Casimir** 算子、不可约表示的标记及二阶 **Casimir** 算子的本征值

| 群 | 生成元 | Casimir 算子 | 表示标记 | Casimir 算子的本征值 |
|---|---|---|---|---|
| $\mathcal{SU}(2)$ | $\mathcal{S}^\dagger, \mathcal{S}, \mathcal{P}^0$ | $\mathcal{S}^\dagger\mathcal{S} + \mathcal{S}_0(\mathcal{S}_0-1)$ | $\nu_0$ | $\frac{1}{4}(\Omega_0 - \nu_0)(\Omega_0 - \nu_0 + 2)$ |
| $\mathcal{U}(1)$ | $\hat{n}_0 = 2\mathcal{P}_0^0$ | $\hat{n}_0$ | $n_0$ | $n_0$ |
| SO(8) | $S_i^\dagger, S_i, D_i^\dagger, D_i,$ $P_{i,q}^L \ (L=0,1,2,3)$ | $S_i^\dagger S_i + D_i^\dagger \cdot D_i$ $+S_0(S_0-6)$ $+ \sum_{L=1,2,3} P_i^L \cdot P_i^L$ | $(\rho_1,\rho_2,\rho_3,\rho_4),$ $\rho_4 = \dfrac{\Omega_1 - u_1}{2}$ $+ \dfrac{\rho_1 + 2\rho_2 + \rho_3}{2}$ | $\frac{1}{4}(\Omega_1 - u_1)(\Omega_1 - u_1 + 12)$ $+\frac{1}{2}(\rho_1^2 + \rho_2^2) + \rho_2(\rho_2+4)$ $+\frac{1}{4}(\rho_1+\rho_3)(\rho_1+\rho_3$ $+4\rho_2 + 12)$ |
| SO(7) | $S_i^\dagger, S_i, D_i^\dagger, D_i,$ $P_{i,q}^L \ (L=1,3)$ | $D_i^\dagger \cdot D_i + S_0(S_0-5)$ $+ \sum_{L=1,3} P_i^L \cdot P_i^L$ | $(\theta_1,\theta_2,\theta_3),$ $\theta_1 = \dfrac{\Omega_1 - \omega_1}{2}$ $-\theta_2 - \dfrac{\theta_3}{2}$ | $\frac{1}{4}(\Omega_1 - \omega_1)(\Omega_1 - \omega_1 + 10)$ $+\theta_2(\theta_2+3) + \theta_2\theta_3$ $+\frac{1}{2}\theta_3(\theta_3+4)$ |
| SO(6) | $P_{i,q}^L \ (L=1,2,3)$ | $\sum_{L=1,2,3} P_i^L \cdot P_i^L$ | $(\sigma_1,\sigma_2,\sigma_3)$ | $\frac{3}{4}(\sigma_1(\sigma_1+4) + \sigma_3(\sigma_3+4))$ $+\sigma_2(\sigma_2+4) + \frac{1}{2}\sigma_1\sigma_3$ $+\frac{3}{4}(\sigma_1\sigma_2 + \sigma_2\sigma_3)$ |
| SO(5) | $P_{i,q}^L \ (L=1,3)$ | $\sum_{L=1,3} P_i^L \cdot P_i^L$ | $(\tau,\omega)$ | $\tau(\tau+3) + \frac{1}{2}\omega(\omega+4) + \tau\omega$ |
| SO(3) | $L_q = \sqrt{5}P_{i,q}^1$ 或 $L_q = \sqrt{\frac{8}{3}}P_{k,q}^1$ | $L \cdot L$ | $L$ | $L(L+1)$ |
| SU(2) | $S^\dagger, S, P_0^0$ | $S^\dagger S + S_0(S_0-1)$ | $\nu_1$ | $\frac{1}{4}(\Omega_1 - \nu_1)(\Omega_1 - \nu_1 + 2)$ |
| U(1) | $\hat{n}_1 = 2P_0^0$ | $\hat{n}_1$ | $n_1$ | $n_1$ |
| SP(6) | $S_k^\dagger, S_k, D_k^\dagger, D_k,$ $P_{k,q}^L \ (L=0,1,2)$ | $S_k^\dagger S_k + D_k^\dagger \cdot D_k$ $+S_0(S_0-6)$ $+ \sum_{L=1,2} P_k^L \cdot P_k^L$ | $(a_1,a_2,a_3),$ $a_3 = \dfrac{\Omega_1 - u_1}{3}$ $-\dfrac{a_1 + 2a_2}{3}$ | $\frac{1}{4}(\Omega_1 - u_1)(\Omega_1 - u_1 + 12)$ $+\frac{1}{2}(a_1^2 + a_2^2 + a_1 a_2$ $+3a_1 + 3a_2)$ |
| SU(3) | $P_{k,q}^L \ (L=1,2)$ | $\sum_{L=1,2} P_k^L \cdot P_k^L$ | $(\lambda,\mu)$ | $\frac{1}{2}(\lambda^2 + \mu^2 + \lambda\mu + 3\lambda + 3\mu)$ |
| $\mathrm{SU}^T(2)$ | $S^{T\dagger}, S^T, P^{0T}$ | $S^{T\dagger}S^T + S_0^T(S_0^T - 1)$ | $\nu$ | $\frac{1}{4}(\Omega - \nu)(\Omega - \nu + 2)$ |
| $\mathrm{U}^T(1)$ | $P^0 + \mathcal{P}^0$ | $\hat{n}$ | $n$ | $n$ |

其中 $S^{T\dagger} = S^\dagger + \mathcal{S}^\dagger$, $P^{0T} = P^0 + \mathcal{P}^0$, $S_0 = \frac{1}{2}[S^\dagger, S] = \frac{1}{2}(\hat{n} - \Omega)$, $\Omega = \Omega_1 + \Omega_0$ ($\Omega_1, \Omega_0$ 分别为正常态最多配对数和非正常态最多配对数), $n = n_1 + n_0$ ($n_1, n_0$ 分别为正常态配对数和非正常态配对数), 没有 $i, k$ 下标标记的 $S^\dagger, S, P_0$ 既可以是 $i$ 活跃的也可以是 $k$ 活跃的, $u_1$ 为不配成 $S, D$ 对的正常态费米子数, $\omega_1$ 为不配成 $D$ 对的正常态费米子数.

实际应用中, 对处于两种或多种动力学对称性混合 (或者说, 两种或多种动力学对称性间的过渡) 的状态, 系统的哈密顿量常记为

$$\widehat{H} = \varepsilon_0 \widehat{n}_0 + \varepsilon_1 \widehat{n}_1 + \sum_{\phi,\phi'} G_0^{\phi\phi'} S_\phi^\dagger S_{\phi'} + \sum_{\phi,\phi'} G_2^{\phi\phi'} D_\phi^\dagger \cdot D_{\phi'} + \sum_{r,\phi,\phi'} B_r^{\phi\phi'} P_\phi^r \cdot P_\phi^r.$$

对之求解需要极大的数值计算工作量. 为充分发挥对称性分析的作用, 人们常具体讨论各种动力学对称性极限下的状态. 显然, 根据表 8.3, 人们可以直接由各对称性极限情况下的标记其状态的各对称性群的不可约表示的量子数写出相应的波函数, 将哈密顿量表述为所包含对称性群的 Casimir 算子的线性叠加的形式, 即可得到相应对称性极限情况下的本征能谱. 由于非正常态部分比较简单 (最大对称群为 SU(2)), 其与正常态部分的耦合 (仅在 SU(2) 层次或 U(1) 层次) 也比较简单, 因此我们仅讨论正常态部分.

(i) SO(7) 动力学对称性.

正常态部分的动力学对称性群链及各群的不可约表示的标记为

$$\text{SO(8)} \supset \text{SO(7)} \supset \text{SO(5)} \otimes \text{U(1)} \supset \text{SO(5)} \supset \text{SO(3)},$$
$$N_1 \qquad \omega_1 \qquad \tau \qquad n_1 \qquad \tau \qquad L$$

群表示约化规则 (谱生成规则) 为: 对 SO(8) 的不可约表示 $N_1$ $\left(\leqslant \dfrac{\Omega}{2}\right)$, SO(7) 的不可约表示为 $(\theta_1, \theta_2, \theta_3) = (\omega_1, 0, 0) = (\omega_1)$, 其中

$$\omega_1 = N_1 - \frac{\omega}{2} = \{N_1, N_1 - 1, N_1 - 2, \cdots, 1, 0\},$$

$\dfrac{\omega}{2}$ 为由正常态费米子配成的 $S$ 对的数目. 对 SO(7) 的不可约表示 $\omega_1$, SO(5)$\otimes$U(1) 的不可约表示为

$$(\tau, \xi) \otimes [n_1] = (\tau, 0) \otimes [n_1] = \sum_{l=\omega_1}^{N_1} \sum_{R=0}^{\left[\frac{l-\omega_1}{2}\right]} \left(l - \omega_1 - 2R, 0\right) \otimes \left[\pm\left(N_1 - \omega_1\right)\right].$$

对 SO(5) 的不可约表示 $\tau$, SO(3) 的不可约表示 $L$ 为

$$L = 2(\tau - 3n_\Delta),\ 2(\tau - 3n_\Delta) - 2,\ 2(\tau - 3n_\Delta) - 3, \cdots, \tau - 3n_\Delta + 1,\ \tau - 3n_\Delta,$$

其中 $n_\Delta = 0,\ 1,\ 2, \cdots, \left[\dfrac{\tau}{3}\right]$.

(ii) SO(6) 动力学对称性.

正常态部分的动力学对称性群链及各群的不可约表示的标记为

$$\text{SO(8)} \supset \text{SO(6)} \otimes \text{U(1)} \supset \text{SO(5)} \supset \text{SO(3)},$$
$$N_1 \qquad \sigma \qquad n_1 \qquad \tau \qquad L$$

谱生成规则为: 对 SO(8) 的不可约表示 $N_1 \left(\leqslant \dfrac{\Omega}{2}\right)$, SO(6) 的不可约表示为 $(\sigma_1, \sigma_2, \sigma_3)$ $= (\sigma, 0, 0) = (\sigma)$, 其中

$$\sigma = N_1, \ N_1 - 2, \ N_1 - 4, \cdots, \ 0 \text{ 或 } 1.$$

对 SO(6) 的不可约表示 $\sigma$, SO(5) 的不可约表示 $\tau$ 为

$$\tau = \{\sigma, \sigma - 1, \sigma - 2, \cdots, 1, 0\}.$$

SO(5) 的不可约表示 $\tau$ 到 SO(3) 的不可约表示 $L$ 的约化与前述相同.

(iii) SO(5) 动力学对称性.

正常态部分的动力学对称性群链及各群的不可约表示的标记为

$$\text{SO(8)} \supset \text{SO(5)} \otimes \text{SU(2)} \supset \text{SO(5)} \supset \text{SO(3)},$$
$$\quad N_1 \qquad \tau \qquad \nu_1 \qquad \tau \qquad L$$

谱生成规则为: 对 SO(8) 的不可约表示 $N_1 \ \left(\leqslant \dfrac{\Omega}{2}\right)$, 记 $\kappa = N_1, N_1 - 1, N_1 - 2,$ $\cdots, 1, 0$, 则 SO(5) 的不可约表示 $\tau$、SU(2) 的不可约表示 $\nu_1$ 分别为

$$\tau = \kappa, \ \kappa - 2, \ \kappa - 4, \cdots, \ 0 \text{ 或 } 1,$$
$$\nu_1 = 2\kappa.$$

SO(5) 的不可约表示 $\tau$ 到 SO(3) 的不可约表示 $L$ 的约化与前述相同.

(iv) SU(3) 动力学对称性.

正常态部分的动力学对称性群链及各群的不可约表示的标记为

$$\text{SP(6)} \supset \text{SU(3)} \supset \text{SO(3)},$$
$$\quad N_1 \qquad (\lambda, \mu) \qquad L$$

谱生成规则为: 对 SP(6) 的不可约表示 $N_1$ (正常态费米子配成的 $S$ 对和 $D$ 对数), 相应的 SU(3) 的不可约表示 $(\lambda, \mu)$ 为

$$(\lambda, \mu) = (2N_1 - 6p - 4q, 2q), \qquad p, q \text{ 为保证 } \lambda \geqslant 0, \ \mu \geqslant 0 \text{ 的非负整数}.$$

对 SU(3) 的不可约表示 $(\lambda, \mu)$, SO(3) 的不可约表示 $L$ 为 (与 IBA 下的相同)

$$L = \begin{cases} \lambda + \mu, \ \lambda + \mu - 2, \ \lambda + \mu - 4, \cdots, \ 0 \text{ 或 } 1, & \text{如果 } K = 0, \\ \lambda + \mu, \ \lambda + \mu - 1, \ \lambda + \mu - 2, \cdots, \ K + 1, \ K, & \text{如果 } K \neq 0, \end{cases}$$

其中 $K = \min(\lambda, \mu), \ \min(\lambda, \mu) - 2, \ \min(\lambda, \mu) - 4, \cdots, 0 \text{ 或 } 1$.

(v) SU(2) 动力学对称性.

正常态部分的动力学对称性群链及各群的不可约表示的标记为

$$SP(6) \supset SU(2) \otimes SO(3) \supset SO(3),$$
$$N_1 \qquad \nu_1 \qquad L \qquad J$$

谱生成规则为: 对 SP(6) 的不可约表示 $N_1$, 记 $\kappa = N_1,\ N_1 - 1,\ N_1 - 2, \cdots,\ 1,\ 0$, 则 SU(2) 的不可约表示 $\nu_1$、SO(3) 的不可约表示 $L$ 分别为

$$\nu_1 = 2\kappa,$$
$$L = 2\lambda,\ 2\lambda - 2,\ 2\lambda - 3,\ 2\lambda - 4,\ \cdots,\ \lambda + 2,\ \lambda + 1,\ \lambda,$$

其中 $\lambda = \tau,\ \tau - 3,\ \tau - 6, \cdots, \tau - 3\left[\dfrac{\tau}{3}\right]$, $\tau = \kappa,\ \kappa - 2,\ \kappa - 4,\ \cdots,\ 0$ 或 $1$. 从形式上看, 相应于实验观测的守恒的角动量的 SO(3) 的不可约表示为 $\nu_1 \otimes L$ 对应的各种 $J$. 事实上, 从前述不同种类的费米子对的数目及角动量的关系知 $J = L$.

具体讨论系统的能谱时, 把某一动力学对称性下的系统的哈密顿量表述为动力学对称性群链中各群的 Casimir 算子的线性叠加的形式 (考虑单体和两体相互作用情况下, 对 Casimir 算子仅需考虑到二阶), 将根据前述的谱生成规则 (群表示约化规则) 确定的各群的不可约表示 (标记系统状态的量子数) 代入表 8.3 所述的 Casimir 算子的本征值的表达式, 即可确定系统的能谱. 由前述的谱生成规则知, FDSM 的 SO(7) 动力学对称性、SO(5) 动力学对称性和 SU(2) 动力学对称性对应于 IBA 中的 U(5) 动力学对称性, SU(3) 动力学对称性对应于 IBA 中的 SU(3) 动力学对称性, SO(6) 动力学对称性对应于 IBA 中的 SO(6) 动力学对称性. 将系统的跃迁算符表述为系统的对称性群的生成元的线性叠加, 利用群表示的直积约化规则 (如第五章及 §8.1 所述), 即可得到相应的跃迁矩阵元, 进而可得到可与实验测量结果进行比较的跃迁概率.

FDSM 不仅已在描述原子核的性质方面获得成功, 还已被推广到描述超导态及量子 Hall 效应, 相应讨论见 §8.5.

### 8.3.2 原子核结构的相互作用玻色子近似模型

#### 1. 相互作用玻色子模型的基本假设和理论框架

(1) 基本概念与物理目标.

在原子核结构理论中, 对组成原子核的核子 (和超子) 采取平均场近似可以得到原子核的壳层结构 (不均匀能级结构). 对于近满壳层核的基态性质, 这种近似很好, 但是对于非满壳层的偶偶核需要考虑剩余相互作用 (真实相互作用减去平均场). 由于满壳外核子的单粒子组态结构丰富, 相应地, 实际计算时态空间巨大, 难

以进行完备的计算. 更重要的是, 实验发现, 相当多的原子核都具有不同于简单的壳模型给出的能谱, 并且表现出振动、转动等量子系统的能谱的特征. 对于原子核的电磁性质的测量表明, 很多原子核具有远大于壳模型给出的单粒子的电四极矩和E2 跃迁概率. 这些事实表明, 原子核不仅具有单粒子运动, 还有所有组分粒子都共同参与的集体运动, 并且这种集体运动具有不同的模式, 相应地, 原子核呈现不同的形状 (组成原子核的质子、中子等物质在空间分布的外包络面的形状).

对短程剩余相互作用的分析表明, 同一子壳中的一对全同核子有很强的倾向组成 $L = 0, 2$ 的核子对, 在能量耦合方面比耦合成 $L$ 更大的态有利. 对玻色展开方法的深入研究表明, 偶偶核低能集体运动态的性质主要由这些满壳层外价核子所组成的核子对之间的, 粒子 (核子对近似而成的玻色子) 数守恒的相互作用决定. 于是, 对于中重及重偶偶核的低激发偶宇称态, Iachello 等人采用 s 和 d 玻色子来模拟这些费米子对, 唯象地引入它们之间的相互作用, 得到了壳模型的相互作用玻色子近似模型 (interacting boson approximation, 简称 IBA, 亦称 interacting boson model, 简称 IBM). 由于玻色子数守恒, IBM 具有确定的对称性 (据此, 人们常称之为一种代数模型), 于是人们可以从群结构角度出发构造系统的哈密顿量和相应的波函数, 研究其动力学破缺. 我们知道, 对称性即一些操作下的不变性, 于是具有确定对称性的 IBM 下的核态与确定形状 (也就是确定的集体运动模式) 相对应, 那么 IBM 与集体模型 (简单地讲, 即几何模型) 具有明确的对应关系. 本小节介绍相互作用玻色子模型的物理思想、理论框架、最简单的相互作用玻色子模型 (IBM1) 及其与集体模型间的关系 (亦即原子核的集体运动的 IBA 描述), 并简要介绍相互作用玻色子模型与壳模型间的关系.

(2) 相互作用玻色子模型的基本思想、框架结构和分类.

(i) 物理思想.

相互作用玻色子模型的基本思想很简单, 它假设: 偶偶原子核包含一个不活泼的核心 (双满壳) 和偶数个价核子; 这些价核子两两配成对, 核子对可以看作玻色子, 其间有相互作用; 玻色子的数目等于满壳外价核子数的一半 (对价核子不超过半满壳的原子核) 或价空穴数的一半 (对价核子超过半满壳的原子核).

(ii) 理论框架结构.

占有数表象中, 包含玻色子的单体和两体相互作用并且保持粒子数守恒的哈密顿量可以写为

$$H = E_0 + \sum_{\alpha,\beta} \varepsilon_{\alpha\beta} b_\alpha^\dagger b_\beta + \sum_{\alpha,\beta,\gamma,\delta} \frac{1}{2} u_{\alpha\beta\gamma\delta} b_\alpha^\dagger b_\beta^\dagger b_\gamma b_\delta, \tag{8.57}$$

其中 $b_\alpha^\dagger, b_\beta$ 分别是角动量为 $l_\alpha, l_\beta$ 的玻色子的产生、湮灭算符, 服从玻色子的对易规则. 为保证宇称守恒, 要求 $l_\alpha + l_\beta + l_\gamma + l_\delta$ 为偶数. 通常, 人们也将之表述为多极

展开的形式, 即有

$$H = E_0 + \sum_{\alpha,\beta} \varepsilon_{\alpha\beta} b_\alpha^\dagger b_\beta + \sum_K \Lambda_K (b_\alpha^\dagger \widetilde{b}_\gamma)^K \cdot (b_\beta^\dagger \widetilde{b}_\delta)^K, \tag{8.58}$$

其中 $\Lambda_K$ 为 $K$ 极相互作用强度, $\widetilde{b}_\alpha = (-1)^{l_\alpha + m_\alpha} b_{l_\alpha, -m_\alpha}$ 为与 $b_{l_\alpha, m_\alpha}^\dagger$ 共轭的 $l_\alpha$ 阶不可约张量, $[AB]^K$ 表示 $A$ 和 $B$ 两个不可约张量耦合而成的 $K$ 阶不可约张量, 即有

$$[A^\lambda B^{\lambda'}]_M^K = \sum_{m,m'} \langle \lambda\, m\, \lambda'\, m' | K\, M \rangle A_{\lambda m} B_{\lambda' m'}, \tag{8.59}$$

其中求和中的系数 $\langle \lambda\, m\, \lambda'\, m' | K\, M \rangle$ 为 CG 系数. $(A^\lambda \cdot B^\lambda)$ 表示两个同阶的不可约张量 $A$ 与 $B$ 耦合成标量, 由下式定义:

$$(A^\lambda \cdot B^\lambda) = (-1)^\lambda (2\lambda + 1)^{1/2} [A^\lambda B^\lambda]^0 = \sum_m (-1)^m A_m^\lambda B_{-m}^\lambda. \tag{8.60}$$

总玻色子数为 $N$、总角动量为 $L$ 的状态的波函数可以一般地表示为

$$|N, L\rangle = \sum_{n_\mu, \tau_\mu, \alpha_\mu} A_{n_\mu \tau_\mu \alpha_\mu} \prod_{n_\mu, \tau_\mu} [|n_s; |n_\mu\, \tau_\mu\, \alpha_\mu\, L_\mu\rangle\, ; L\rangle], \tag{8.61}$$

其中 $n_s = N - \sum_\mu n_\mu$ 为系统中的 s 玻色子数, $n_\mu$ 为角动量为 $l_\mu (\neq 0)$ 的玻色子数, $\tau_\mu$ 为角动量为 $l_\mu$ 的玻色子的辛弱数 (即不配成角动量为 0 的对的玻色子数), $\alpha_\mu$ 为区分 $n_\mu, \tau_\mu, L_\mu$ 都分别相同的态的附加量子数, 其数值取 1 到由 $\tau_\mu$ 约化到 $L_\mu$(SO($2l_\mu + 1$) 到 SO(3) 的约化) 的重复度之间的各种值 (如果相应态的重复度为 0, 则这种态不存在). 系数 $A_{n_\mu \tau_\mu \alpha_\mu}$ 可以通过对角化哈密顿量确定.

　　为了研究原子核的电磁性质及能级间的电磁跃迁, 还要研究玻色子与电磁场的相互作用, 为了使模型能反映原子核的集体运动, 也由于 Pauli 原理的限制, 只能把这些玻色子与电磁场的相互作用唯象地引入. 例如, 由于系统的单体作用算符可以由玻色子算符表述为

$$\widehat{T}^K = t_0^0 \delta_{K0} + \sum_{\alpha,\beta} t_{\alpha\beta}^K (b_\alpha^\dagger \widetilde{b}_\beta)^K,$$

并且 $K$ 极跃迁算符在转动变换下是 $K$ 阶不可约张量, 在局限于考虑单体作用情况下, 系统的电磁跃迁算符可由玻色子算符构成的不可约张量表述为

$$T_\mu^K = t_0^0 \delta_{K0} + \sum_{l,l'} t_{ll'}^K [b_l^\dagger \widetilde{b}_{l'}]_\mu^K. \tag{8.62}$$

对这一算符中的 $K$ 具体化, 即有 E0, M1, E2, M3, E4 等跃迁的算符, 由之即可计算原子核的相应极次的电磁 (约化) 跃迁概率和多极矩 (例如电四极矩、磁矩、电偶极矩等) 等电磁性质.

利用多极展开形式则可以简单地将跃迁算符表示为

$$
\begin{aligned}
\widehat{T}_0^{\mathrm{E0}} &= \gamma_0 + \sum \alpha\beta_0 \widehat{n}_\alpha, \\
\widehat{T}_\mu^{\mathrm{M1}} &= \beta_1 \widehat{L}_\mu, \\
\widehat{T}_\mu^{\mathrm{E2}} &= \alpha_2 \widehat{Q}_\mu, \\
\widehat{T}_\mu^{\mathrm{M3}} &= \beta_3 \widehat{U}_\mu, \\
\widehat{T}_\mu^{\mathrm{E4}} &= \beta_4 \widehat{V}_\mu,
\end{aligned}
\tag{8.63}
$$

其中 $\widehat{L}$ 为角动量算符, $\widehat{Q}_\mu = \widehat{Q}_\mu^2$ 为电四极算符, $\widehat{U}_\mu = \widehat{U}_\mu^3$ 为磁八极算符, $\widehat{Q}_\mu = \widehat{V}_\mu^4$ 为电十六极算符, $\alpha_i, \beta_i$ 为有效电荷等参数.

(iii) 分类.

对于 IBM, 人们通常根据其包含的玻色子的角动量组分、是否区分质子玻色子和中子玻色子、是否考虑质子与中子关联形成的玻色子、是否还考虑不配对的费米子等方案进行分类.

根据模型中考虑的玻色子的角动量组分, 人们将相互作用玻色子模型 (IBM) 分为 sdIBM, sdgIBM, spdfIBM, spdfgIBM, IBFM, IBFFM 等.

所谓的 sdIBM, 即仅考虑角动量为 0 和 2 的玻色子的相互作用玻色子模型, sdgIBM 即考虑角动量为 0, 2, 4 的玻色子的相互作用玻色子模型, spdfIBM 即考虑角动量为 0, 2 和 1, 3 的玻色子的相互作用玻色子模型, spdfgIBM 即考虑角动量为 0, 1, 2, 3, 4 的玻色子的相互作用玻色子模型, IBFM 即考虑核子对近似成的玻色子和不配对的费米子的模型, IBFFM 即考虑核子对近似成的玻色子和既有不配成对的质子又有不配成对的中子的模型.

仅笼统地将核子关联对近似为玻色子, 而不考虑其具体由何组成的相互作用玻色子模型称为 IBM1. 考虑其玻色子的角动量组分, 则有 sdIBM1, sdgIBM1, spdfIBM1 等模型.

sdIBM1 即最简单的玻色子组分仅为 s 和 d, 并且不区分玻色子是由质子-质子关联对近似而成 (简称为质子玻色子) 还是由中子-中子关联对近似而成 (简称为中子玻色子) 的相互作用玻色子模型. 由于 s 玻色子仅有一个自由度 ($l = 0, m = 0$), 而 d 玻色子有五个自由度 ($l = 2, m = 0, \pm 1, \pm 2$), 根据幺正群的玻色子实现理论知, 该系统的最大对称群为 U(6), 它有子群 U(5), SU(4)(即 SO(6)), SU(3), SO(3). 因为 SO(3) 是共有的角动量守恒的表现, 因此该对称群有三种破缺方式, 相应的子群有 U(5), SU(4)(即 SO(6)), SU(3), 进而该模型下的原子核具有三种动力学对称性. 目前的研究表明, sdIBM1 最简单, 对其性质的认识最深入、最清楚, 应用最广泛, 实用中常简称为 IBM1. 我们在此后将对之给予较具体的讨论.

为描述稀土区大形变原子核的性质和十六极形变核的性质, 人们提出不仅需要考虑 s 玻色子和 d 玻色子, 还需要考虑角动量为 4 的 g 玻色子, 从而提出了 sdg 相互作用玻色子模型. 在简单的不区分质子玻色子与中子玻色子的 IBM, sdgIBM1 下, 系统具有 U(15) 对称性, 并具有 SU(6), SU(5), SU(3) 三种动力学对称性群链. 此外, sdgIBM1 不仅广泛应用于研究原子核的低激发态能谱和一些电磁跃迁性质, 还被用来讨论带间 E2 跃迁的角动量依赖行为. 将通常由最大子群的全对称表示的态空间描述原子核的低激发态性质的研究方案推广到考虑非全对称表示, 利用 sdgIBM1 的 SU(5) 对称性可以较好地描述超形变核态的转动带的性质. 由于 sdgIBM1 已经比较复杂, 人们极少考虑将由质子–质子构成的 s, d, g 玻色子与由中子–中子构成的 s, d, g 玻色子再区分开, 因此人们常简称 sdgIBM1 为 sdgIBM.

理论和实验研究都表明, 原子核不仅有空间反演对称的四极形变和十六极形变, 还有空间反演不对称的八极形变. 为利用相互作用玻色子模型描述八极形变核态, 人们引入角动量为 3 的 f 玻色子和角动量为 1 的 p 玻色子, 从而建立了 spdf 相互作用玻色子模型. 研究结果表明, spdfIBM1 的最大对称群为 U(16), 它具有 142 条具有物理意义的群链 (不仅具有 U(15), O(16), SU(5), O(6), SU(3) 动力学对称性, 还具有 O(4) 和 O(10) 等动力学对称性)[7]. 由于 spdfIBM1 已经比较复杂, 人们极少考虑将由质子–质子构成的 s, p, d, f 玻色子与由中子–中子构成的 s, p, d, f 玻色子再区分开, 因此人们常简称 spdfIBM1 为 spdfIBM.

为描述大形变和超形变的奇宇称核态的性质, 人们还将偶宇称的玻色子推广到包含 g 玻色子, 从而提出了 spdfgIBM, 并且 spdfgIBM1 具有 U(25) 对称性和 SU(5), SU(3) 等动力学对称性极限. 由于 spdfgIBM1 已经很复杂, 人们极少考虑将质子玻色子与中子玻色子区分开来, 因此人们常简称 spdfgIBM1 为 spdfgIBM.

将由质子–质子关联对近似而成的玻色子与由中子–中子关联对近似而成的玻色子区分开来 (并分别简称为质子玻色子、中子玻色子) 的相互作用玻色子模型称为 IBM2. 由于人们极少应用包含偶宇称高角动量组分和奇宇称玻色子的 IBM2, 因此通常称区分质子玻色子和中子玻色子的 sdIBM 为 IBM2.

记质子玻色子、中子玻色子分别为 $\pi, \nu$, 由于 s 玻色子和 d 玻色子分别有一个自由度、五个自由度, 因而系统 (原子核) 中的质子玻色子、中子玻色子分别具有对称性 $U_\pi(6), U_\nu(6)$, 于是整个原子核具有对称性 $U_\pi(6) \otimes U_\nu(6)$. 由于 $U_\pi(6), U_\nu(6)$ 分别具有 U(5), SO(6), SU(3) 三种动力学对称性, 这些质子玻色子子群和中子玻色子子群可以在相同的水平上耦合, 于是在 IBM2 中, 原子核具有 $U_{\pi+\nu}(5), SO_{\pi+\nu}(6), SU_{\pi+\nu}(3)$, $SU^*_{\pi+\nu}(3)$ 四种动力学对称性.

---

[7]较详细的讨论请参见刘玉鑫的博士论文 (清华大学, 1992).

很显然, IBM2 的态空间比狭义的 IBM1 的态空间大了很多, 由之可以描述同位旋混合对称态 (在 IBM2 中, 人们还常以 $F$ 旋二重态分别标记质子玻色子、中子玻色子) 和三轴形变态、剪刀态等奇异核态, 并自动解决了 IBM1 无法描述 $L = 1$ 的态的问题. 具体计算还表明, 利用 IBM2 对很多可观测物理量计算的结果都较 IBM1 计算的结果与实验符合得更好, 于是 IBM2 也已被广泛应用于具体的原子核的低激发态性质的研究. 然而, 由于该模型较 IBM1 复杂得多, 这里不予具体讨论[⑧].

对于重核和中重核, 价质子和价中子分别处于不同的大 (主) 壳, 与质子–质子间的关联和中子–中子间的关联相比, 质子–中子间的关联弱得多, 因此我们可以不考虑质子–中子关联对近似而成的玻色子, 前述的 IBM1 和 IBM2 可以很好地描述重核和中重核的低激发态的性质即是这一物理观念的充分体现. 然而, 对于轻核, 价质子和价中子处于相同的大 (主) 壳, 质子–中子间的关联与质子间的关联及中子间的关联可能同样强, 因此, 为了利用相互作用玻色子模型研究轻核的低激发态的性质, 在考虑质子玻色子和中子玻色子 (对应核子对的同位旋的第三分量分别为 $+1, -1$) 的同时, 我们还需要考虑质子中子玻色子 (相应核子对的同位旋的第三分量为 0). 由于核子为费米子, 在考虑玻色子是核子对的近似的本质下, 我们需要考虑 Pauli 原理的限制, 从而玻色子可以分为两类, 一类是自旋 $s = 0$、同位旋 $\tau = 1$ 的玻色子, 另一类是自旋 $s = 1$、同位旋 $\tau = 0$ 的玻色子. 仅考虑自旋 $s = 0$、同位旋 $\tau = 1$ 的玻色子的相互作用玻色子模型称为 IBM3, 既考虑自旋 $s = 0$、同位旋 $\tau = 1$ 的玻色子又考虑自旋 $s = 1$、同位旋 $\tau = 0$ 的玻色子的相互作用玻色子模型称为 IBM4. 很显然, IBM3 仅仅是 IBM4 的特殊简化情况, 因此我们仅对 IBM4 予以简要的讨论.

由前述讨论知, IBM4 中的玻色子的自旋–同位旋空间为 6 维, 即有 $U_{ST}(6)$ 对称性. 在简单的仅考虑角动量分别为 0, 2 的 s, d 玻色子的情况下, 原子核的最大对称性为 $U(36) \supset U_{sd}(6) \otimes U_{ST}(6)$. 由于 $U_{sd}(6)$ 具有 $U(5), SO(6), SU(3)$ 三种动力学对称性, 而 $U_{ST}(6)$ 具有 $SU_{ST}(3)$ 和 $SO_S(3) \otimes SO_T(3)$ 两种动力学对称性, 因而在相同对称性层次上耦合而成的原子核的对称性有 SU(3) 和 SO(3) 两种.

很显然, 前述的质子中子玻色子可以是偶数个价核子中的核子形成的, 也可以是奇数个价核子中的核子形成的, 因此 IBM4 既适用于轻偶偶核, 也适用于轻奇奇核. 由于该模型比较复杂, 这里不再给予具体深入的讨论[⑨].

事实上, 不仅偶偶核是稳定的原子核, 很多奇质量数原子核 (简称奇–A 核) 也很稳定. 为利用 IBM 的思想和方法研究奇–A 核低激发态的性质, 人们提出了相互作用玻色子–费米子模型 (interacting boson-fermion model, 简称 IBFM). IBFM 的基本思想是: 原子核的性质由满壳外的价核子决定, 价核子的偶偶部分都两两配成

---

⑧有兴趣深入了解的读者可以参阅龙桂鲁的博士论文 (清华大学, 1987).

⑨有兴趣的读者可以参阅韩其智先生等的工作, 如 Phys. Rev. C, 1987, 32: 786 等.

对, 这些核子对可以看作玻色子, 玻色子的数目等于满壳外价核子数的一半 (对价核子不超过半满壳的原子核) 或价空穴数的一半 (对价核子超过半满壳的原子核); 不仅这些玻色子之间有相互作用, 并且玻色子与没有配成对的单核子 (费米子) 也有相互作用. IBFM 较好地描述了很多奇-A 核的低激发态的性质.

为描述原子核的较高激发态的性质, 人们需要将费米子数由 1 扩展到 3, 甚至更大 (以反映角动量增大驱动的拆对效应). 由第三章和本章第一节的讨论知, 在 IBFM 中, 原子核的最大对称群是 $\mathrm{U}^B(m)\otimes\mathrm{U}^F(n)$, 其中 $m = \sum_{l_i}(2l_i+1)$ ($l_i$ 为所考虑的玻色子的各个组分的单粒子角动量), $n = \sum_{j_i}(2j_i+1)$ ($j_i$ 为所考虑的单核子可能占据的核子的各单粒子组态的角动量). 这些玻色子的对称群与费米子的对称群当然可以耦合成超对称群, 从而原子核具有动力学超对称性. 对玻色子部分考虑最简单的 U(6) 对称性, 对费米子考虑不同的单粒子轨道占据情况, 人们提出了 U(6/4) $\left(j=\dfrac{3}{2}\right)$, U(6/6) $\left(j=\dfrac{3}{2},\dfrac{1}{2}\right)$, U(6/12) $\left(j=\dfrac{1}{2},\dfrac{3}{2},\dfrac{5}{2}\right)$, U(6/20) $\left(j=\dfrac{1}{2},\dfrac{3}{2},\dfrac{5}{2},\dfrac{7}{2}\right)$ 等动力学超对称性, 并且实验上找到了一些具有动力学超对称性的原子核. 将玻色子部分推广到 U(15) 对称, 在动力学超对称性的框架下较好地解决了超形变核态的全同带现象和 $\Delta I = 4$ 分岔现象的统一描述问题.

将 IBFM 的思想进一步扩展, 人们还提出了 IBFFM, 并且较好地描述了一些奇奇核的低激发态的性质. 再者, 这样的同时考虑玻色子和费米子的模型已经广泛地推广应用到凝聚态和光学等领域, 例如关于光–力作用的研究即采用这样的模型.

**2. 最简单的相互作用玻色子模型 —— IBM1**

上述简单介绍表明, IBM1 是不区分质子玻色子和中子玻色子, 且仅考虑角动量分别为 0,2 的 s,d 玻色子的相互作用玻色子模型, 因此, IBM1 是最简单的相互作用玻色子模型. 由于其简单, 人们对 IBM1 的性质的认识最深入、最清楚. 现在的研究表明, IBM1 具有 U(5),O(6),SU(3) 三种动力学对称性, 它们分别对应 (球形) 振动、定轴 (椭球形) 转动、不定轴 (椭球形) 转动三种集体运动模式 (详细讨论见此后的第 (4) 部分), 由之可以较简明地讨论偶偶核偶宇称低激发态的性质, 因此其应用最广泛. 所以, 在本小节中, 我们对之给予较具体的讨论.

(1) 理论框架.

(i) 哈密顿量.

前述讨论表明, 在占有数表象中, 包含玻色子的单体和两体相互作用并且保持粒子数守恒、宇称守恒的哈密顿量可以表示为 (8.57) 式或 (8.58) 式. 具体到 IBM1,

系统仅包含 s 玻色子和 d 玻色子, 则其哈密顿量可以一般地表述为

$$H = h_0 + \varepsilon_s(s^\dagger s) + \varepsilon_d(d^\dagger \cdot \tilde{d}) + \frac{1}{2}\sum_{K=0,2,4}\sqrt{2K+1}C_K\left[\left[d^\dagger d^\dagger\right]^K\left[\tilde{d}\tilde{d}\right]^K\right]^0$$

$$+v_0\left\{\left[d^\dagger d^\dagger\right]^0[ss]^0 + h.c.\right\} + v_2\left\{\left[\left[d^\dagger d^\dagger\right]^2\left[\tilde{d}s\right]^2\right]^0 + h.c.\right\}$$

$$+u_0\left[s^\dagger s^\dagger\right][ss] + u_2\left[\left[d^\dagger s^\dagger\right]^2\left[\tilde{d}s\right]^2\right]^0, \tag{8.64}$$

其中 $s^\dagger$, $s$, $d_\mu^\dagger$, $d_\mu$ 分别为 s, d 玻色子的产生、湮灭算符, 服从玻色子的对易规则, $d_\mu^\dagger$, $\tilde{d}_\mu = (-1)^\mu d_{-\mu}$ 均为二阶不可约张量. $(d^\dagger \cdot \tilde{d}) = \sum_\mu d_\mu^\dagger d_\mu = \sqrt{5}[d^\dagger d]^0 = \hat{n}_d$ 为 d 玻色子数算符, $(s^\dagger s) = [s^\dagger s]^0 = \hat{n}_s$ 为 s 玻色子数算符, $h.c.$ 表示取厄米共轭. 哈密顿量中的 10 个参量为唯象的可调参量, 其中 $h_0$ 为一常量, $\varepsilon_s, \varepsilon_d$ 分别为 s, d 玻色子的单粒子能量, 其他参量为耦合参数. 在这个模型中, 对于给定的原子核, 总玻色子数 $N = n_s + n_d$ 为常数, 等于满壳层外价核子总数的一半 (对偶偶核而言, 对于超过半满壳的核取为空穴数的一半), 因此 $\varepsilon_s(s^\dagger s) + \varepsilon_d(d^\dagger \cdot \tilde{d})$ 可以合并为一项 (加一个常量). 再利用对易关系和上述总玻色子数为常数的条件, $u_0[s^\dagger s^\dagger][ss] + u_2[[d^\dagger s^\dagger]^2[\tilde{d}s]^2]^0$ 也可以化为 d 玻色子数项与一个常量之和. 计算后, 上述哈密顿量可以改写为

$$H = h_0' + \varepsilon_d'(d^\dagger \cdot \tilde{d}) + \frac{1}{2}\sum_{K=0,2,4}\sqrt{2K+1}C_K'\left[\left[d^\dagger d^\dagger\right]^K\left[\tilde{d}\tilde{d}\right]^K\right]^0$$

$$+v_0\left\{\left[d^\dagger d^\dagger\right]^0[ss]^0 + h.c.\right\} + v_2\left\{\left[\left[d^\dagger d^\dagger\right]^2\left[\tilde{d}s\right]^2\right]^0 + h.c.\right\}. \tag{8.65}$$

显然, 上式中除去 $h_0'$ 外, 只有六个可调节的参量, 因此最一般情况下的 IBM1 是一个六参数的模型.

在实际应用中也常采用其他形式, 例如多极展开形式

$$H = E_0' + \varepsilon\hat{n}_d + c_1(\hat{L}\cdot\hat{L}) + c_2\left[\hat{Q}(\chi)\cdot\hat{Q}(\chi)\right] + c_3(\hat{U}\cdot\hat{U}) + c_4(\hat{V}\cdot\hat{V}), \tag{8.66}$$

其中

$$\hat{n}_d = (d^\dagger \cdot \tilde{d}),$$

$$\hat{L}_q = \sqrt{10}[d^\dagger\tilde{d}]_q^1,$$

$$\hat{Q}_\mu(\chi) = [d^\dagger\tilde{s} + s^\dagger\tilde{d}]_\mu^2 + \chi[d^\dagger\tilde{d}]_\mu^2, \tag{8.67}$$

$$\hat{U}_\mu = [d^\dagger\tilde{d}]_\mu^3,$$

$$\hat{V}_\mu = [d^\dagger\tilde{d}]_\mu^4.$$

(ii) 跃迁算符.

将前述关于电磁跃迁算符讨论的结果应用到仅有 s 玻色子和 d 玻色子的情况, 则 IBM1 中的 E0, M1, E2, M3, E4 跃迁算符可以简单地表示为

$$
\begin{aligned}
\widehat{T}_0^{E0} &= \gamma_0 + \beta_0 \widehat{n}_d, \\
\widehat{T}_\mu^{M1} &= g \widehat{L}_\mu, \\
\widehat{T}_\mu^{E2} &= e_2 \widehat{Q}_\mu(\chi), \\
\widehat{T}_\mu^{M3} &= g_3 \widehat{U}_\mu, \\
\widehat{T}_\mu^{E4} &= e_4 \widehat{V}_\mu,
\end{aligned}
\tag{8.68}
$$

其中 $g$ 常被称为转动 $g$ 因子, $e_i$ 等常被称为相应极次的有效电荷.

(iii) 波函数.

将前述关于波函数讨论的结果应用到仅有 s 玻色子和 d 玻色子的情况, IBM1 中总玻色子数为 $N$、角动量为 $L$ 的状态的波函数可以表示为

$$
|N, L\rangle = \sum_{n_d, \tau, \alpha} A_{n_d \tau \alpha} |n_s, (n_d \tau \alpha) L\rangle,
\tag{8.69}
$$

其中 $n_d$ 为 d 玻色子数, $\tau$ 为不配成角动量为 0 的对的 d 玻色子的数目 (即 d 玻色子的辛弱数), $\alpha$ 为区分 $n_d, \tau, L$ 都分别相同的态的附加量子数, 其数值取 1 到由 $\tau$ 约化到 $L$ (SO(5) 到 SO(3) 的约化) 的重复度之间的各种值. 系数 $A_{n_d \tau \alpha}$ 通过对角化系统的哈密顿量确定.

(2) IBM1 的代数结构与动力学对称性.

我们知道, 对称性即变换下的不变性, 也就是说, 对称性越高, 系统状态的简并度越大. 为准确地标记 (或者说描述) 系统的状态, 我们可以通过使对称性破缺而引入相应对称性上的量子数来区分系统的状态. 这种由一个较大对称性的群经过一系列逐步破缺形成的群链称为该系统的一个动力学对称性群链. 如果一个系统的状态可以由一个动力学对称性群链中各个群的不可约表示对应的量子数来表示, 则该系统具有相应的动力学对称性.

在 IBM1 中, 原子核被视为由 s 玻色子和 d 玻色子相互作用形成的系统, 由幺正群等的玻色子实现理论知, 该系统具有确定的对称性, 并具有一些动力学对称性. 这里较系统地讨论 IBM1 的代数结构和动力学对称性.

(i) 对称性群及其 Casimir 算子.

s 玻色子和 d 玻色子的产生算符及其共轭算符分别为 0 阶、2 阶不可约张量, 由之可以构成以下 36 个不可约张量:

$$
G_q^k(l, l') = [b_l^\dagger \widetilde{b}_{l'}]_q^k \qquad (l, l' = 0, 2),
\tag{8.70}
$$

具体地, 可以表示为

$$
\begin{aligned}
G_0^0(s,s) &= [s^\dagger s]_0^0 && (1\text{个}),\\
G_0^0(d,d) &= [d^\dagger \tilde{d}]_0^0 && (1\text{个}),\\
G_\mu^1(d,d) &= [d^\dagger \tilde{d}]_\mu^1 && (3\text{个}),\\
G_\mu^2(d,d) &= [d^\dagger \tilde{d}]_\mu^2 && (5\text{个}),\\
G_\mu^3(d,d) &= [d^\dagger \tilde{d}]_\mu^3 && (7\text{个}),\\
G_\mu^4(d,d) &= [d^\dagger \tilde{d}]_\mu^4 && (9\text{个}),\\
G_\mu^2(d,s) &= [d^\dagger s]_\mu^2 && (5\text{个}),\\
G_\mu^2(s,d) &= [s^\dagger \tilde{d}]_\mu^2 && (5\text{个}).
\end{aligned}
\tag{8.71}
$$

其间有对易关系

$$
[G_q^k(l,l'), G_{q'}^{k'}(l'',l''')] = \sum_{k'',q''} (-1)^{k-k'} \sqrt{(2k+1)(2k'+1)} \langle k\, q\, k'\, q' \mid k''q'' \rangle
$$

$$
\times \left[ (-1)^{k+k'+k''} \begin{Bmatrix} k & k' & k'' \\ l''' & l & l' \end{Bmatrix} \delta_{l'l''} G_{q''}^{k''}(l,l''') - \begin{Bmatrix} k & k' & k'' \\ l'' & l' & l \end{Bmatrix} \delta_{ll'''} G_{q''}^{k''}(l'',l') \right], \tag{8.72}
$$

其中的花括号 $\{\cdots\}$ 表示的是 Wigner $6j$ 系数. 由此知, 这 36 个张量算符构成 U(6) 群的生成元 $U(\theta_k) = \mathrm{e}^{\mathrm{i} \sum_{k=1}^{36} \theta_k G_k}$.

为了对状态进行分类, 需要寻找 U(6) 群的子群链, 然后按子群链中各群的表示 (亦即其 Casimir 算子的本征函数) 对态矢分类, 而相应的哈密顿量的本征值即为该态矢对本征能量的贡献. 由于系统具有空间转动不变性, 则用来对态矢进行分类的群链应该以 SO(3) 群为结尾. 所谓找寻子群链, 就是在群的生成元中寻找形成子代数的生成元集合, 这些生成元集合就构成群链中的子群的生成元. 经计算知, 上述 U(6) 群的 36 个生成元中: $\{[d^\dagger \tilde{d}]_q^k \ (k=0,1,2,3,4)\}$ 形成一个封闭的子集, 该子集具有 U(5) 对称性; $\{2[d^\dagger \tilde{d}]_q^k \ (k=1,3), [d^\dagger s + s^\dagger \tilde{d}]_\mu^2\}$ 形成一个封闭的子集, 该子集具有 SO(6) 对称性; $\{L_q = \sqrt{10}[d^\dagger \tilde{d}]_q^1, Q_\mu^2 = [d^\dagger s + s^\dagger \tilde{d}]_\mu^2 - \frac{\sqrt{7}}{2}[d^\dagger \tilde{d}]_\mu^2\}$ 也形成一个封闭的子集, 该子集具有 SU(3) 对称性. 这表明, 由 U(6) 破缺到表示空间具有转动不变性的 SO(3) 群的群链中的最大对称群分别为 U(5), SO(6), SU(3). 由此知, IBM1 具有三种动力学对称性, 相应的对称性群链为

$$
\begin{aligned}
&\mathrm{U}(6) \supset \mathrm{U}(5) \supset \mathrm{O}(5) \supset \mathrm{O}(3) \supset \mathrm{O}(2) && (\mathrm{I}),\\
&\mathrm{U}(6) \supset \mathrm{SU}(3) \supset \mathrm{O}(3) \supset \mathrm{O}(2) && (\mathrm{II}),\\
&\mathrm{U}(6) \supset \mathrm{O}(6) \supset \mathrm{O}(5) \supset \mathrm{O}(3) \supset O(2) && (\mathrm{III}).
\end{aligned}
\tag{8.73}
$$

其中各个群的生成元和 Casimir 算子分别如表 8.4 所示.

**表 8.4 IBM1 的对称性群链中各子群的生成元、Casimir 算子及其本征值**

| 群 | 生成元 | Casimir 算子 | | |
|---|---|---|---|---|
| | | 阶数 | 表达形式 | 本征值 |
| U(5) | $[d^\dagger \widetilde{d}]_q^k$ <br> $k = 0, 1, 2, 3, 4$ | $C_{1U(5)}$ | $\sqrt{5}[d^\dagger \widetilde{d}]_0^0$ | $n_{\mathrm{d}}$ |
| | | $C_{2U(5)}$ | $\sum\limits_{k=0}^{4} [d^\dagger \widetilde{d}]^k \cdot [d^\dagger \widetilde{d})]^k$ | $n_{\mathrm{d}}(n_{\mathrm{d}} + 4)$ |
| SU(3) | $\widehat{L}_q = \sqrt{10}[d^\dagger \widetilde{d}]_q^1$, <br> $\widehat{Q}_\mu = [d^\dagger s + s^\dagger \widetilde{d}]_\mu^2$ <br> $- \dfrac{\sqrt{7}}{2}[d^\dagger \widetilde{d}]_\mu^2$ | $C_{2SU(3)}$ | $2\widehat{Q} \cdot \widehat{Q} + \dfrac{3}{4}\widehat{L} \cdot \widehat{L}$ | $\lambda^2 + \mu^2 + \lambda\mu$ <br> $+3(\lambda + \mu)$ |
| O(6) | $[d^\dagger \widetilde{d}]_q^1$, $[d^\dagger \widetilde{d}]_\nu^3$, <br> $[d^\dagger s + s^\dagger \widetilde{d}]_\mu^2$ | $C_{2O(6)}$ | $[d^\dagger s + s^\dagger \widetilde{d}]_\mu^2 \cdot [d^\dagger s + s^\dagger \widetilde{d}]_\mu^2$ <br> $+2\sum\limits_{k=1,3} [d^\dagger \widetilde{d}]_q^k \cdot [d^\dagger \widetilde{d}]_q^k$ | $\sigma(\sigma + 4)$ |
| O(5) | $[d^\dagger \widetilde{d}]_q^1$, $[d^\dagger \widetilde{d}]_\nu^3$ | $C_{2O(5)}$ | $2\sum\limits_{k=1,3} [d^\dagger \widetilde{d}]_q^k \cdot [d^\dagger \widetilde{d}]_q^k$ | $\tau(\tau + 3)$ |
| O(3) | $L_q = \sqrt{10}[d^\dagger \widetilde{d}]_q^1$ | $C_{2O(3)}$ | $\widehat{L} \cdot \widehat{L}$ | $L(L + 1)$ |

由 IBM1 的哈密顿量的正规乘积表述形式 (8.64) 和多极展开表述形式 (8.66) 知, 该哈密顿量中有 6 个独立参量, 这说明该哈密顿量只有 6 个独立的项. 上述对称性表明, 描述 IBM1 的动力学对称性群链中也只有 6 个线性独立的 Casimir 算子 $C_{1U(5)}, C_{2U(5)}, C_{2SO(6)}, C_{2SU(3)}, C_{2SO(5)}, C_{2SO(3)}$, 因此 IBM1 的哈密顿量还可以由上述 Casimir 算子表述为

$$H = h_0'' + A_1 C_{1U(5)} + A_2 C_{2U(5)} + A_3 C_{2SU(3)} + A_4 C_{2O(6)} + B C_{2O(5)} + C C_{2O(3)}. \quad (8.74)$$

注意, 此处没有出现 U(6) 群的 Casimir 算子, 这是因为对于具有确定的总玻色子数的状态, U(6) 群的 Casimir 算子的本征值为常量, 其贡献已经包含在常数项 $h_0''$ 中.

上述讨论表明, IBM1 的哈密顿量有三种表述形式 ((8.64) 式所示的正规排列形式、(8.66) 式所示的多极展开形式, 以及 (8.74) 式所示的 Casimir 算子形式), 利用玻色子的产生算符、湮灭算符之间的对易关系和上述各子群的 Casimir 算子的定义, 不难得到这三种表述形式之间的转换关系, 例如正规排列形式中的各正规乘积与 Casimir 算子形式中的各 Casimir 算子间的关系如表 8.5 所示.

由 (8.74) 式还可以得知, IBM1 中原子核的状态是具有 U(5), SU(3) 和 SO(6) 三种对称性的混合态.

(ii) 动力学对称性极限.

上面我们给出了 IBM1 的三个动力学对称性群链, 于是可以利用其中某一个群链中各群的不可约表示对应的量子数来标记 IBM1 中原子核的状态, 并对之进行分类. 但是, 由于哈密顿量包含着三个群链中所有子群的 Casimir 算子, 由之确定的

状态是三种动力学对称性的混合态, 因此按任一群链分类的态矢都不是哈密顿量的本征态矢. 然而, 如果哈密顿量只包含某一群链的 Casimir 算子, 则按这一群链表示的态矢就是这一哈密顿量的本征态矢, 而本征能量就是这些 Casimir 算子的本征

**表 8.5　IBM1 的哈密顿量中的正规乘积算子与各子群的 Casimir 算子的形式**

| | $C_{1U(5)}$ | $C_{2U(5)}$ | $C_{2O(6)}$ | $C_{2SU(3)}$ | $C_{2O(5)}$ | $C_{2O(3)}$ |
|---|---|---|---|---|---|---|
| $[d^\dagger d^\dagger]^0 \cdot [\widetilde{ss}]^0 + h.c.$ | $-\dfrac{2}{\sqrt{5}}(N+2)$ | $\dfrac{2}{\sqrt{5}}$ | $\dfrac{1}{\sqrt{5}}$ | | $-\dfrac{1}{\sqrt{5}}$ | |
| $[d^\dagger d^\dagger]^2 \cdot [\widetilde{ds}]^2 + h.c.$ | $\dfrac{1}{2\sqrt{7}}$ | $\dfrac{1}{2\sqrt{7}}$ | $\dfrac{1}{\sqrt{7}}$ | $-\dfrac{1}{2\sqrt{7}}$ | $\dfrac{3}{2\sqrt{7}}$ | $\dfrac{1}{2\sqrt{7}}$ |
| $[d^\dagger d^\dagger]^0 \cdot [\widetilde{dd}]^0$ | $-\dfrac{1}{5}$ | $\dfrac{1}{5}$ | | | $-\dfrac{1}{5}$ | |
| $[d^\dagger d^\dagger]^2 \cdot [\widetilde{dd}]^2$ | $-\dfrac{12}{7}$ | $\dfrac{2}{7}$ | | | $\dfrac{2}{7}$ | $-\dfrac{1}{7}$ |
| $[d^\dagger d^\dagger]^4 \cdot [\widetilde{dd}]^4$ | $-\dfrac{108}{35}$ | $\dfrac{18}{35}$ | | | $-\dfrac{3}{35}$ | $\dfrac{1}{7}$ |

值的线性组合, 计算将大大简化. 由 (8.74) 式知, 只需要保持某一动力学对称性群链中各子群的 Casimir 算子的项中的系数不为 0 就可以实现上述极限情况. 下面分别对 IBM1 的三种动力学对称性极限予以讨论.

由 (8.74) 式知, 忽略其中的 $C_{2SO(6)}$ 和 $C_{2SU(3)}$ 两项的贡献, 即取系数 $A_3 = A_4 = 0$, 则哈密顿量即具有 U(5) 对称性, 相应的本征态即具有 U(5) 对称性. 这种对称性极限下的波函数可以表述为

$$\psi_{U(5)} = \big|[N]\, n_d\, \tau\, \alpha\, L\, M\big\rangle, \qquad (8.75)$$

其中 $[N]$ 表示 $N$ 个玻色子的对称波函数, $n_d$ 为 d 玻色子数目, 确定 U(5) 的表示空间, $\tau$ 为标记 SO(5) 的不可约表示的量子数, 记 $n_\beta$ 为一对 d 玻色子耦合为角动量 $L = 0$ 的对的数目, 则 $\tau = n_d - 2n_\beta$, 即 $\tau$ 表示不配成角动量为 0 的对的 d 玻色子的数目, 也就是前面已经提到过的 d 玻色子的辛弱数, 由于 SO(5) 到 SO(3) 的约化是非简单可约的, 为明确区分各个群表示标记的状态还需要一个附加量子数 $\alpha$. 前已提及, 如果记 SO(5) 的不可约表示 $\tau$ 约化到 SO(3) 的不可约表示 $L$ 的重复度为 $\kappa$, 则附加量子数 $\alpha = 1, 2, \cdots, \kappa$. 直观地, 记三个 d 玻色子组合成 $L = 0$ 的集团的可能的集团数为 $n_\Delta$, 则可取 $\alpha = n_\Delta$. 由群表示的约化规则 (即第五章所述的群表示约化分支律) 知, 各量子数的取值规则 (亦称为谱生成规则) 如下:

对于确定的 U(6) 的表示 $[N]$ ($N = $ 总玻色子数), $n_d$ 由 U(6) $\supset$ U(5) 的约化分支律表述为

$$n_\mathrm{d} = N, N-1, \cdots, 1, 0.$$

对于确定的 $n_\mathrm{d}, \tau$ 由 U(5) ⊃ SO(5) 的约化分支律表述为

$$\tau = n_\mathrm{d}, n_\mathrm{d}-2, \cdots, 1 \text{ 或 } 0 \ (n_\mathrm{d} \text{ 为奇数或偶数}).$$

对于确定的 $\tau$, 角动量 $L$ 由 SO(5) ⊃ SO(3) 的约化分支律表述为

$$L = 2(\tau - 3n_\Delta), \ 2(\tau - 3n_\Delta) - 2, \ 2(\tau - 3n_\Delta) - 3, \cdots, \ (\tau - 3n_\Delta) + 1, \ \tau - 3n_\Delta,$$

其中 $n_\Delta = 0, 1, \cdots, [\tau/3]$.

该态的能量可以由标记它的量子数表示为

$$\begin{aligned} E\left[[N], n_\mathrm{d}, \tau, n_\Delta, L, M\right] &= \langle [N] \, n_\mathrm{d} \, \tau \, n_\Delta \, L \, M | \widehat{H}_{\mathrm{U}(5)} | [N] \, n_\mathrm{d} \, \tau \, n_\Delta \, L \, M \rangle \\ &= E_0 + A_1 n_\mathrm{d} + A_2 n_\mathrm{d}(n_\mathrm{d}+4) + B\tau(\tau+3) + CL(L+1). \quad (8.76) \end{aligned}$$

以总玻色子数等于 6 为例的具有 U(5) 对称性的原子核的典型能谱如图 8.5 所示.

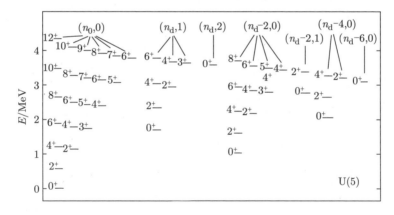

图 8.5　以总玻色子数等于 6 为例的具有 U(5) 对称性的原子核的典型能谱, 其中上侧标记的量子数为 $(\tau, n_\Delta)$, 自下而上各组态分别对应 $n_\mathrm{d} = 0, 1, 2, 3, 4, 5, 6$

由图 8.5 知, U(5) 的一阶 Casimir 算子对能量的贡献最大, 其他各项的贡献相对较小, 因此 U(5) 动力学对称性的核态具有非简谐振动的特征 (如果仅考虑 U(5) 的一阶 Casimir 算子的贡献, 而忽略其他各项的贡献, 则为典型的简谐振动).

如前所述, 在相互作用玻色子模型中, E2 跃迁算符是保持玻色子数不变的 2 阶不可约张量算子. 一般地, 它可以表示为

$$\widehat{T}(\mathrm{E2})_q = e_2\{(s^\dagger \widetilde{d} + d^\dagger \widetilde{s})_q^2 + \chi(d^\dagger \cdot \widetilde{d})_q^2\}, \quad (8.77)$$

其中 $e_2, \chi$ 是参数, $e_2$ 相当于有效电荷, $\chi$ 决定 $\widehat{T}(\mathrm{E2})_q$ 中两项的相对重要性, 称为 $\widehat{T}(\mathrm{E2})_q$ 的形式参数 (或结构参数). E2 跃迁的约化跃迁概率为

$$B(\text{E2}, L_i \to L_f) = \frac{|\langle L_f\|\widehat{T}(\text{E2})\|L_i\rangle|^2}{2L_i + 1}. \tag{8.78}$$

在 U(5) 动力学对称性极限下, 常取 $\chi = 0$, 于是有

$$\widehat{T}(\text{E2})_q = e_2(s^\dagger\widetilde{d} + d^\dagger\widetilde{s})_q^2. \tag{8.79}$$

这样, 在 U(5) 对称性极限下, $\widehat{T}(\text{E2})_q$ 的约化矩阵元为

$$\langle N\, n'_{\mathrm{d}}\, \tau'\, \alpha'\, L'\|\widehat{T}(\text{E2})\|N\, n_{\mathrm{d}}\, \tau\, \alpha\, L\rangle$$

$$= e_2\sqrt{(N - n_{\mathrm{d}} + 1)}\langle(n_{\mathrm{d}} - 1)\, \tau'\, \alpha'\, L'\|\widetilde{d}\|n_{\mathrm{d}}\, \tau\, \alpha\, L\rangle$$

$$+ e_2\sqrt{N - n_{\mathrm{d}}}\langle(n_{\mathrm{d}} + 1)\, \tau'\, \alpha'\, L'\|d^\dagger\|n_{\mathrm{d}}\, \tau\, \alpha\, L\rangle. \tag{8.80}$$

具体计算, 得

$$\langle N\, (n_{\mathrm{d}} - 1)\, (\tau - 1)\, \alpha' L'\|\widehat{T}(\text{E2})\|N\, n_{\mathrm{d}}\, \tau\, \alpha\, L\rangle$$

$$= e_2\sqrt{\frac{(N + 1 - n_{\mathrm{d}})(n_{\mathrm{d}} + \tau + 3)}{2\tau + 3}}\langle(\tau - 1)\, (\tau - 1)\, \alpha'\, L'\|\widetilde{d}\|\tau\, \tau\, \alpha\, L\rangle,$$

$$\langle N\, (n_{\mathrm{d}} - 1)\, (\tau + 1)\, \alpha' L'\|\widehat{T}(\text{E2})\|N\, n_{\mathrm{d}}\, \tau\, \alpha\, L\rangle$$

$$= e_2\sqrt{\frac{(N + 1 - n_{\mathrm{d}})(n_{\mathrm{d}} - \tau)}{2\tau + 5}}(-1)^{L - L'}\langle\tau\, \tau\, \alpha\, L\|\widetilde{d}\|(\tau + 1)\, (\tau + 1)\, \alpha'\, L'\rangle^*,$$

$$\langle N\, (n_{\mathrm{d}} + 1)\, (\tau - 1)\, \alpha' L'\|\widehat{T}(\text{E2})\|N\, n_{\mathrm{d}}\, \tau\, \alpha\, L\rangle$$

$$= e_2\sqrt{\frac{(N - n_{\mathrm{d}})(n_{\mathrm{d}}|1 + 2 - \tau)}{2\tau + 3}}\langle(\tau - 1)\, (\tau - 1)\, \alpha'\, L'\|\widetilde{d}\|\tau\, \tau\, \alpha\, L\rangle,$$

$$\langle N\, (n_{\mathrm{d}} + 1)\, (\tau + 1)\, \alpha' L'\|\widehat{T}(\text{E2})\|N\, n_{\mathrm{d}}\, \tau\, \alpha\, L\rangle$$

$$= e_2\sqrt{\frac{(N - n_{\mathrm{d}})(n_{\mathrm{d}} + \tau + 5)}{2\tau + 5}}(-1)^{L - L'}\langle\tau\, \tau\, \alpha\, L\|\widetilde{d}\|(\tau + 1)\, (\tau + 1)\, \alpha'\, L'\rangle.$$

于是有, U(5) 极限下, E2 跃迁的选择定则是

$$\Delta n_{\mathrm{d}} = \pm 1, \qquad \Delta\tau = \pm 1. \tag{8.81}$$

还可得到 U(5) 极限下各带内及带间的 E2 跃迁的约化跃迁概率的具体表达式. 例如, 对 $\tau = n_{\mathrm{d}}, n_\Delta = 0$, 带头角动量为 0 的带 (常称为 $Y_0$ 带, 亦即基带) 内的 E2 跃迁, 有

$$L_i = 2n_{\mathrm{d}} + 2, \quad L_f = 2n_{\mathrm{d}}, \quad B(\text{E2}) = e_2^2(n - n_{\mathrm{d}})(n_{\mathrm{d}} + 1).$$

对 $\tau = n_{\mathrm{d}}, n_\Delta = 0$, 带头角动量为 2 的带 (常称为 $Y_2$ 带) 的带内 E2 跃迁, 有

$$L_i = 2n_{\mathrm{d}}, \quad L_f = 2n_{\mathrm{d}} - 2, \quad B(\mathrm{E2}) = \frac{e_2^2(n - n_{\mathrm{d}})(4n_{\mathrm{d}} + 3)}{(4n_{\mathrm{d}} - 1)}.$$

对 $Y_2$ 带到 $Y_0$ 带的带间 E2 跃迁, 有

$$L_i = 2n_{\mathrm{d}}, \quad L_f = 2n_{\mathrm{d}}, \quad B(\mathrm{E2}) = \frac{e_2^2(n - n_{\mathrm{d}})(4n_{\mathrm{d}} + 2)}{(4n_{\mathrm{d}} - 1)}.$$

具有 SU(3) 对称性的哈密顿量只含 $C_{2\mathrm{SU(3)}}, C_{2\mathrm{SO(3)}}$ 两项, 即应有 $A_1 = A_2 = A_4 = B = 0$. 相应的态矢可以表示为

$$\psi_{\mathrm{SU(3)}} = \big|[N]\,(\lambda, \mu)\, K\, L\, M\big\rangle, \tag{8.82}$$

其中 $(\lambda, \mu)$ 为 SU(3) 群的不可约表示, 由 U(6) 的表示 $[N]$ 约化到 SU(3) 的不可约表示 $(\lambda, \mu)$ 时, $\lambda$ 和 $\mu$ 都只能取非负整数, $K$ 为由 SU(3) 的不可约表示约化到 SO(3) 的不可约表示时所引入的附加量子数, 其作用相当于转动带的 $K$ 值. 根据群表示的约化规则, 各量子数取值如下:

对于确定的 U(6) 的表示 $[N]$ ($N = $ 总玻色子数), $(\lambda, \mu)$ 的取值由 $U(6) \supset SU(3)$ 的约化分支律表述为

$$(\lambda, \mu) = (2N - 2p - 6q, 2p),$$

其中 $p \geqslant 0$, $q \geqslant 0$, $2N - 2p - 6q \geqslant 0$. 从物理意义上考虑, 这里的 $q$ 与前述的 $n_\Delta$ 相同, 即 $q = 0, 1, 2, \cdots, [N/3]$.

对于确定的 $(\lambda, \mu)$, $K$ 和 $L$ 由 $SU(3) \supset SO(3)$ 的约化分支律表述为

$$K = 0, \ 2, \ \cdots, \ \min\{\lambda, \mu\},$$
$$L = \begin{cases} 0, 2, \cdots, \lambda + \mu, & K = 0, \\ K, K+1, \cdots, \lambda + \mu + 1 - K, & K \neq 0. \end{cases}$$

该具有 SU(3) 对称性的核态的能量为

$$\begin{aligned} E[[N], (\lambda, \mu), K, L, M] &= \langle [N]\,(\lambda, \mu)\, K\, L\, M|\widehat{H}_{\mathrm{SU(3)}}|[N]\,(\lambda, \mu)\, K\, L\, M\rangle \\ &= E_0 + \frac{1}{2}A_3\left[\lambda^2 + \mu^2 + \lambda\mu + 3(\lambda + \mu)\right] \\ &\quad + CL(L+1). \end{aligned} \tag{8.83}$$

以总玻色子数等于 6 为例的具有 SU(3) 对称性的原子核的典型能谱如图 8.6 所示. 由图 8.6 知, 对于属于一个 SU(3) 的不可约表示 $(\lambda, \mu)$ 的一系列不同角动量的态, 其能量随角动量 $L$ 的变化都具有 $L(L+1)$ 的行为, 即带内跃迁产生的 $\gamma$ 光子的能量随角动量线性变化, 因此 SU(3) 动力学对称性极限的能谱对应定轴转动态的能谱.

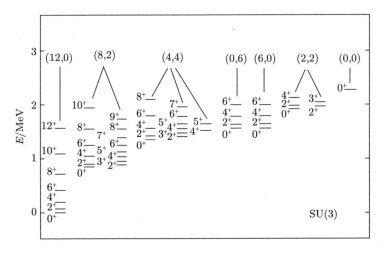

图 8.6  以总玻色子数等于 6 为例的具有 SU(3) 对称性的原子核的典型能谱, 其中上侧标记的量子数对应于 SU(3) 的不可约表示 $(\lambda, \mu)$

在 SU(3) 动力学对称性极限下, E2 跃迁算符为

$$\widehat{T}(\text{E2})_q = e_2 \widehat{Q}_q = e_2 \left\{ (d^\dagger s + s^\dagger \widetilde{d})_q^2 - \frac{\sqrt{7}}{2} (d^\dagger \cdot \widetilde{d})_q^2 \right\}. \tag{8.84}$$

显然, 该 $\widehat{T}(\text{E2})$ 正比于 SU(3) 群的无穷小生成元 $Q_q^2$, $e_2$ 为有效电荷. 于是有 E2 跃迁的选择定则为

$$\Delta\lambda = 0, \qquad \Delta\mu = 0. \tag{8.85}$$

由此知, $\beta$ 带与基态带之间的跃迁和 $\gamma$ 带与基态带之间的跃迁都是禁戒的.

计算得, 基态带内的 E2 跃迁的约化跃迁概率为

$$B(\text{E2}, (L+2)_g \to L_g) = e_2^2 \frac{3(L+1)(L+2)}{4(2L+3)(2L+5)} (2N-L)(2N+L+3),$$

基态带内角动量为 $L$ 的态的电四极矩为

$$Q(L) = -e_2 \sqrt{\frac{2\pi}{5}} \frac{L}{2L+3} (4N+3).$$

$\beta$ 带内各态间的 E2 跃迁的约化跃迁概率为

$$B(\text{E2}, (L+2)_\beta \to L_\beta)$$

$$= e_2^2 \frac{3(L+1)(L+2)}{4(2L+3)(2L+5)} \left\{ \left[ 2N + L + \frac{(L+3)(L+4)}{2[2(2N-2)^2 - (L+2)(L+3)]} \right]^2 \right.$$

$$\left. \times \left[ \frac{2(2N-2)^2 - (L+2)(L+3)}{2(2N-2)^2 - L(L+1)} \right] \left( \frac{2N-2-L}{2N+1+L} \right) \right\}.$$

具有 SO(6) 对称性的哈密顿量只包含 $C_{2SO(6)}, C_{2SO(5)}$ 和 $C_{2SO(3)}$ 项, 即对应 (8.74) 式中的 $A_1 = A_2 = A_3 = 0$ 情况下的哈密顿量. 相应核态的态矢可以写为

$$\psi_{SO(6)} = \big|[N]\, \sigma\, \tau\, n_\Delta\, L\, M\big\rangle, \tag{8.86}$$

其中 $\sigma$ 为 SO(6) 的不可约表示, 对应未配对的玻色子数, 通常称为广义辛弱数. $\tau$ 为 SO(5) 的不可约表示, 对应除去 s 玻色子后的未配对的 d 玻色子数. 各量子数取值可由群表示的约化规则表示如下:

对于确定的 U(6) 的表示 $[N]$ ($N=$ 总玻色子数), $\sigma$ 由 U(6) $\supset$ SO(6) 的约化分支律表述为

$$\sigma = N,\, N-2,\, N-4,\, \cdots,\, 0 \text{ 或 } 1 \qquad (N \text{ 为奇数或偶数}).$$

对于确定的 $\sigma$, $\tau$ 由 SO(6) $\supset$ SO(5) 的约化分支律表述为

$$\tau = \sigma,\, \sigma-1,\, \sigma-2,\, \cdots,\, 1,\, 0.$$

对于确定的 $\tau$, 角动量 $L$ 由 SO(5) $\supset$ SO(3) 的约化分支律表述为

$$L = 2(\tau-3n_\Delta),\, 2(\tau-3n_\Delta)-2,\, 2(\tau-3n_\Delta)-3,\, \cdots,\, (\tau-3n_\Delta)+1,\, (\tau-3n_\Delta),$$

其中 $n_\Delta = 0,\, 1,\, \cdots,\, [\tau/3]$.

由量子数 $\sigma, \tau, n_\Delta$ 和 $L$ 标记的具有 SO(6) 对称性的核态的能量为

$$\begin{aligned}
E[[N], \sigma, \tau, n_\Delta, L, M] &= \langle[N]\, \sigma\, \tau\, n_\Delta\, L\, M|\widehat{H}_{SO(6)}|[N]\, \sigma\, \tau\, n_\Delta\, L\, M\rangle \\
&= E_0 + A_4\sigma(\sigma+4) + B\tau(\tau+3) + CL(L+1). \tag{8.87}
\end{aligned}$$

以总玻色子数等于 6 为例的具有 SO(6) 对称性的原子核的典型能谱如图 8.7 所示. 考察图 8.7, 横向整体来看, 具有 SO(6) 对称性的核态的能谱与具有 U(5) 对称性的核态的能谱有类似之处 (但一些多重态的顺序有差别), 上下来看, 具有 SO(6) 对称性的核态的每一条能带有近似的转动特征.

SO(6) 动力学对称性极限下, E2 跃迁算符为

$$\widehat{T}(\text{E2})_q = e_2\big(d^\dagger\tilde{s} + s^\dagger\tilde{d}\big)_q^2. \tag{8.88}$$

由于 $\widehat{T}(\text{E2})_q$ 为 SO(6) 的无穷小生成元, 则其跃迁的选择定则为

$$\Delta\sigma = 0, \qquad \Delta\tau = \pm 1, \tag{8.89}$$

并且有

$$\begin{aligned}
&\langle\sigma\, \sigma\, \tau\, \alpha\, L\|\widehat{T}(\text{E2})\|\sigma\, \sigma\, (\tau+1)\, \alpha'\, L'\rangle \\
&= \sqrt{\frac{(\sigma-\tau)(\sigma+\tau+4)}{2\tau+5}}\langle\tau\, \tau\, \alpha\, L\|\tilde{d}\|(\tau+1)\, (\tau+1)\, \alpha'\, L'\rangle.
\end{aligned}$$

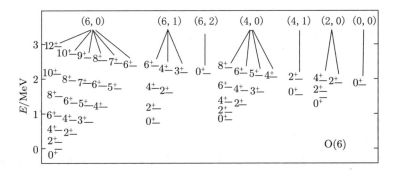

图 8.7　以总玻色子数等于 6 为例的具有 SO(6) 对称性的原子核的典型能谱, 其中上侧标记的量子数为 $(\sigma, n_\Delta)$, 自下而上各组态分别对应 $\tau = 0, 1, 2, 3, 4, 5, 6$

据此容易得到 SO(6) 极限下的 E2 跃迁的约化跃迁概率, 例如

$$B(\text{E2}, \sigma\,\sigma\,(\tau+1)\,0\,(2\tau+2) \to \sigma\,\sigma\,\tau\,0\,2\tau) = e_2^2 \frac{(\sigma-\tau)(\sigma+\tau+4)(\tau+1)}{2\tau+5},$$

$$B(\text{E2}, \sigma\,\sigma\,(\tau+1)\,0\,2\tau \to \sigma\,\sigma\,\tau\,0\,2\tau) = e_2^2 \frac{(\sigma-\tau)(\sigma+\tau+4)(4\tau+2)}{(2\tau+5)(4\tau-1)},$$

$$B(\text{E2}, \sigma\,\sigma\,(\tau+1)\,0\,(2\tau-1) \to \sigma\,\sigma\,\tau\,0\,2\tau)$$
$$= e_2^2 \frac{(\sigma-\tau)(\sigma+\tau+4)(2\tau-2)(4\tau+1)}{(2\tau-1)(2\tau+5)(4\tau-1)},$$

$$B(\text{E2}, \sigma\,\sigma\,(\tau+1)\,0\,2\tau \to \sigma\,\sigma\,\tau\,0\,(2\tau-2))$$
$$= e_2^2 \frac{(\sigma-\tau)(\sigma+\tau+4)(\tau-1)(4\tau+3)}{(2\tau+5)(4\tau-1)},$$

$$B(\text{E2}, \sigma\,\sigma\,(\tau+1)\,0\,(2\tau-1) \to \sigma\,\sigma\,\tau\,0\,(2\tau-2))$$
$$= e_2^2 \frac{(\sigma-\tau)(\sigma+\tau+4)2(2\tau+1)}{(\tau-1)(2\tau+5)(4\tau-1)},$$

$$B(\text{E2}, \sigma\,\sigma\,(\tau+1)\,0\,(2\tau-1) \to \sigma\,\sigma\,\tau\,0\,(2\tau-3))$$
$$= e_2^2 \frac{(\sigma-\tau)(\sigma+\tau+4)\tau(\tau-2)(2\tau+1)}{(\tau-1)(2\tau-1)(2\tau+5)}.$$

(3) 具有动力学对称性的原子核实例.

由前述讨论知, 具有动力学对称性核态的能谱和跃迁概率很容易确定, 且各有特点, 因此, 寻找具有确定动力学对称性的核态自然成为人们关心的重要问题. 到目前, 人们已经找到很多近似具有前述动力学对称性的原子核, 例如, $^{110}$Cd, $^{156}$Gd, $^{196}$Pt 分别具有近似的 U(5), SU(3), SO(6) 对称性, 其能谱的实验测量结果及与

IBM1 的动力学对称性下的能谱的比较分别如图 8.8、图 8.9、图 8.10 所示.

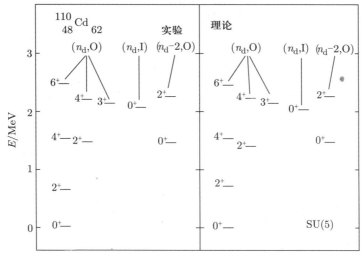

图 8.8　$^{110}$Cd 的低激发态能谱的实验观测结果及与 U(5) 动力学对称性的典型能谱的比较

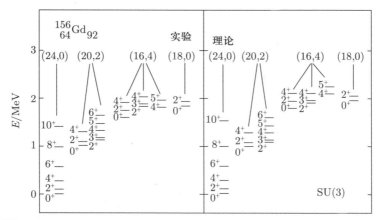

图 8.9　$^{156}$Gd 的低激发态能谱的实验观测结果及与 SU(3) 动力学对称性的典型能谱的比较

(4) 集体运动态的描述.

(i) IBM1 中原子核的集体运动模式的相干态理论框架.

将 8.2.2 小节介绍的多粒子系统的集体运动状态的代数研究方法具体应用到原子核结构的相互作用玻色子模型, 我们可以得到相互作用玻色子模型下原子核的集体运动模式及其相变, 并说明相互作用玻色子模型与集体模型 (几何模型) 的关系. 为此, 我们先建立相干态理论中描述集体运动的参数与 Bohr-Mottelson 集体模型中的形状参数之间的对应关系.

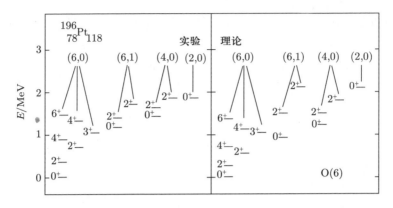

图 8.10　$^{196}$Pt 的低激发态能谱的实验观测结果及与 SO(6) 动力学对称性的典型能谱的比较

U(6) 群的最大不变子群是 U(5)⊕U(1), 其代数包括:

$$\mathfrak{g}: [d^\dagger \tilde{d}]^k_\mu \ (k=0,1,2,3,4),\ [d^\dagger \tilde{s}]^2_\mu,\ [s^\dagger \tilde{d}]^2_\mu,\ [s^\dagger \tilde{s}]^0_0;$$
$$\mathfrak{h}: [d^\dagger \tilde{d}]^k_\mu \ (k=0,1,2,3,4),\ [s^\dagger \tilde{s}]^0_0; \qquad\qquad (8.90)$$
$$\mathfrak{p}: [d^\dagger \tilde{s}]^2_\mu,\ [s^\dagger \tilde{d}]^2_\mu.$$

显然, $\mathfrak{h}$ 为 $\mathfrak{g}$ 的理想, $\mathfrak{p}$ 为 $\mathfrak{h}$ 的陪集. 由于 $\mathfrak{p}$ 中含有十个两两相互共轭的元素, 故相应于 IBM1 的几何空间是五维复空间, 由极值态 (可以被所有的 $d_\mu$ 湮灭)

$$\left|\Lambda_{\text{ext}}\right\rangle : (1/N_s)s^{\dagger N}|0\rangle \equiv |s^N\rangle \qquad\qquad (8.91)$$

定义, 相应的相干态为

$$|N;\eta_\mu\rangle = \exp\left[\sum \mu\eta_\mu[d^\dagger \tilde{s}]^2_\mu + \sum \mu\eta^*_\mu[s^\dagger \tilde{d}]^2_\mu\right]|s^N\rangle. \qquad\qquad (8.92)$$

如前所述, 在讨论 IBM 中的几何形状和集体运动模式时, 人们常使用 "投影" 相干态, 通常也叫内禀相干态, 定义为 (省略了归一化系数)

$$|N;\alpha_\mu\rangle = \left(s^\dagger + \sum_\mu \alpha^{(2)}_\mu d^\dagger_\mu\right)^N|0\rangle, \qquad\qquad (8.93)$$

其中 $\alpha^{(2)}_\mu$ 是相干态中表征集体运动性质的集体 (或称几何) 参数. 我们需要建立其与 Bohr-Mottelson 集体模型中的形状参数之间的关系, 从而在 IBM1 下研究原子核的集体运动模式 (广义来讲, 既包括静态性质又包括动力学性质).

如前所述, 在讨论轴对称椭球形液滴的静态性质时, 除了将其径向分布按球谐函数 $Y_{2\mu}$ 展开为

$$R(\theta,\varphi) = R_0\left(1 + \sum_\mu \alpha^*_\mu Y_{2\mu}(\theta,\varphi)\right)$$

外, 人们通常采用三个欧拉角 $(\theta_1, \theta_2, \theta_3)$ 和两个内禀变量 $\beta, \gamma$ 来代替 $\alpha_\mu^{(2)}$, 其中三个欧拉角定义随体坐标的方向, 两个内禀变量定义液滴的形变, 即 Bohr-Wheeler 变量. 它们间的关系为

$$\alpha_\mu = \sum_\nu a_\nu D_{\mu\nu}^2(\Omega),$$
$$\Omega = (\theta_1, \theta_2, \theta_3),$$

其中 $D$ 函数是 Wigner 转动矩阵, 而系数 $a_\nu$ 由 Bohr-Wheeler 变量表示为

$$
\begin{aligned}
a_0 &= \beta \cos\gamma, \\
a_{\pm 2} &= \frac{1}{\sqrt{2}} \beta \sin\gamma, \\
a_{\pm 1} &= 0.
\end{aligned}
\tag{8.94}
$$

它们显然满足归一条件 $\beta^2 = \sum_\mu |\alpha_\mu^{(2)}|^2$.

在 Bohr–Mottelson 集体模型下, 原子核的哈密顿量为

$$
\widehat{H} = -\frac{\hbar^2}{2B}\left\{ \frac{1}{\beta^4}\frac{\partial}{\partial\beta}\beta^4\frac{\partial}{\partial\beta} + \frac{1}{\beta^2}\left( \frac{1}{\sin 3\gamma}\frac{\partial}{\partial\gamma}\sin 3\gamma\frac{\partial}{\partial\gamma} - \frac{1}{4}\sum_k \frac{L_K'^2}{[\sin(\gamma - \frac{2}{3}n\pi)]^2} \right) \right\}
$$
$$
+ V(\beta, \gamma),
\tag{8.95}
$$

其中 $B$ 为集体质量参数, $L_K'$ 为沿随体坐标系的 $K$ 轴 (亦即 $z$ 轴) 方向的角动量, $V(\beta, \gamma)$ 为在形变参数空间表述的相互作用势. 考虑正弦函数周期性, 人们约定参数取值范围与形变之间的对应关系为: $\beta > 0$, $\gamma \in \left[0, \frac{\pi}{3}\right]$ 对应长椭球形变 (转轴沿垂直于对称轴的轴); $\beta < 0$, $\gamma \in \left[0, \frac{\pi}{3}\right]$ 或 $\beta > 0$, $\gamma \in \left[-\frac{\pi}{3}, 0\right]$ 对应扁椭球形变 (转轴沿平行于对称轴的轴); $\gamma = \frac{\pi}{6}$ 对应三轴形变 (转轴不沿任何一个惯量主轴的定轴转动).

由前述讨论, 并参照集体模型, 投影相干态 (8.93) 式可以在 $N$ 个 s 和 d 玻色子的空间中改写为

$$
|N; \beta_2\, \gamma_2\rangle = \left( s^\dagger + \beta_2\cos\gamma_2 d^\dagger + \frac{1}{\sqrt{2}}\beta_2\sin\gamma_2\big(d_2^\dagger + d_{-2}^\dagger\big) \right)^N |0\rangle,
\tag{8.96}
$$

其中 $\{\beta_2, \gamma_2\}$ 为类似 Bohr-Wheeler 变量的参量. 为确定该相干态及其中的参量确实可以描述原子核的四极形变态, 我们需要确定这里的参量与 Bohr-Wheeler 变量间的具体关系.

在该投影相干态下, 计算 (8.77) 式中 $q = 0$ 情况下的矩阵元, 可得到原子核的内禀四极矩在 IBM 的投影相干态框架下的表述形式为 (其中 $e_B$ 为有效电荷)

$$eQ_0 = e_B N \frac{2\beta_2 - \sqrt{\frac{2}{7}}\chi\beta_2^2}{1 + \beta^2}. \tag{8.97}$$

在 Bohr–Mottelson 的集体模型中, 经常采用两种形式定义形变参数, 一种是前述的形变因子 $\beta$ 和 $\gamma$, 另一种是扭曲因子 (distortion parameter) $\widehat{\delta}$, 其与内禀四极矩的关系为

$$eQ_0 = eZ\frac{4}{3}\left\{\sum_{k=1}^{Z} r_k^2\right\}\widehat{\delta}, \tag{8.98}$$

与 $\beta$ 的关系为

$$\widehat{\delta} = \left(\frac{45}{16\pi}\right)^{1/2}\left(\frac{4\langle r\rangle R_0}{5\langle r^2\rangle}\beta + \frac{3R_0^2}{5\langle r^2\rangle}\left(\frac{20}{49\pi}\right)^{1/2}\beta + \cdots\right),$$

其中 $\langle r\rangle, \langle r^2\rangle$ 分别是各核子分布的平均半径和方均根半径, $R_0$ 是原子核的平均半径. 具体计算得

$$\widehat{\delta} \approx 0.95\beta.$$

因为四极矩是物理观测量, 在 IBM1 的相干态方法下计算的结果与 Bohr-Mottelson 集体模型下的计算结果应该相等, 由此则得

$$\widehat{\delta} = \frac{3e_B N}{4eZR_0^2}\frac{2\beta_2 - \sqrt{\frac{2}{7}}\chi\beta_2^2}{1 + \beta_2^2}, \qquad \gamma = \gamma_2, \tag{8.99}$$

从而, 对于大多数稀土区原子核有

$$\beta \approx \widehat{\delta} \approx 0.15\beta_2, \qquad \gamma = \gamma_2. \tag{8.100}$$

由此知, 参量 $\{\beta_2, \gamma_2\}$ 确实可以描述原子核表面的形状, 并可简称为原子核的形变参数. 下面简记之为 $\{\beta, \gamma\}$.

(ii) IBM1 中原子核的能量泛函和集体运动模式.

采用上述内禀相干态 (投影相干态) 能够以精确到 $1/N$ 阶的精度研究很多原子核的性质. 例如, 根据最小作用量原理, 基态性质可以由能量泛函取极小值的条件确定, 即有

$$E(N;\beta,\gamma) = \frac{\langle N;\beta\,\gamma|\,H\,|N;\beta\,\gamma\rangle}{\langle N;\beta\,\gamma\,|\,N;\beta\,\gamma\rangle}, \tag{8.101}$$

$$\frac{\partial E}{\partial\beta} = 0, \quad \frac{\partial E}{\partial\gamma} = 0, \quad \frac{\partial^2 E}{\partial\beta^2} > 0, \quad \frac{\partial^2 E}{\partial\gamma^2} > 0, \quad \frac{\partial^2 E}{\partial\beta\partial\gamma} > 0. \quad \tag{8.102}$$

这样就可以得到玻色子系统处于平衡态时的形状.

下面讨论 IBM1 的三种动力学对称性极限对应的原子核的集体运动模式和相应的形状. 首先看不考虑角动量投影的情况.

IBM1 的 U(5) 对称性极限下的哈密顿量为

$$H^{\mathrm{I}} = E_0 + \varepsilon_\mathrm{d} n_\mathrm{d} + \sum_{K=0,2,4} \frac{1}{2}(2K+1)^{1/2} c_K [[d^\dagger d^\dagger]^K [\widetilde{dd}]^K]^0, \tag{8.103}$$

在上述投影相干态下的能量泛函为

$$\begin{aligned} E(N;\beta,\gamma) &= \frac{\langle N;\beta\,\gamma| H^{\mathrm{I}} |N;\beta\,\gamma\rangle}{\langle N;\beta\,\gamma \mid N;\beta\,\gamma\rangle} \\ &= E_0 + \varepsilon_\mathrm{d} N \frac{\beta^2}{1+\beta^2} + f_1 N(N-1)\frac{\beta^4}{(1+\beta^2)^2}, \end{aligned} \tag{8.104}$$

其中 $f_1 = \dfrac{c_0}{10} + \dfrac{c_2}{7} + \dfrac{9c_4}{35}$.

显然该能量曲面与 $\gamma$ 无关, 而在 $\beta=0$ 处有一个极小值, 所以它对应的液滴形状为球形. 因其整体平均呈球形, 相应的集体运动模式为相对于球形的四极涨落, 也就是四极振动.

IBM1 的 SU(3) 对称性极限下的哈密顿量为

$$H^{\mathrm{II}} = E_0 - \kappa 2(\widehat{Q}(-\sqrt{7}/2) \cdot \widehat{Q}(-\sqrt{7}/2)) + \kappa'(\widehat{L} \cdot \widehat{L}), \tag{8.105}$$

上述投影相干态下的能量泛函为

$$\begin{aligned} E(N;\beta,\gamma) = E_0 + \kappa' \frac{6N\beta^2}{1+\beta^2} \\ -\kappa 2\left[ \frac{N}{1+\beta^2}\left(5 + \frac{11}{4}\beta^2\right) + \frac{N(N-1)}{(1+\beta^2)^2}\left(\frac{\beta^4}{2} + 2\sqrt{2}\beta^3 \cos 3\gamma + 4\beta^2\right)\right]. \end{aligned} \tag{8.106}$$

该能量函数在 $\gamma=0, \beta\neq 0$ 处有极小值, 在 $N\to\infty$ 时, 极小值位于 $\beta=\sqrt{2}$. 由于 $\beta\neq 0$ 对应扭曲因子 $\widehat{\delta}\neq 0$, 因此相应的液滴形状是轴对称的长椭球形. 相应地, 对应于 $\overline{\mathrm{SU(3)}}$ ($\widehat{Q}$ 算符中的结构参数 $\chi=\dfrac{\sqrt{7}}{2}$), 可以得到液滴形状是轴对称的扁椭球形. 因其物质分布呈椭球形状, 则相应的集体运动为转动. 因为描述其形状的 $\gamma$ 角为定值, 所以该动力学对称性极限对应的集体运动模式为定轴转动. 更具体地, $\chi=-\dfrac{\sqrt{7}}{2}$ 情况下为绕垂直于物质分布的对称轴的轴的定轴转动, $\chi=\dfrac{\sqrt{7}}{2}$ 情况下为绕物质分布的对称轴的定轴转动.

IBM1 的 SO(6) 对称性极限下的哈密顿量为

$$H^{\text{III}} = E_0 + AP^\dagger \cdot P + \frac{B}{12} C_{2\text{SO}(5)} + \frac{C}{2} C_{2\text{SO}(3)}, \tag{8.107}$$

其中

$$P = \frac{1}{2}(\tilde{d} \cdot \tilde{d}) - \frac{1}{2}(ss) \tag{8.108}$$

为广义对湮灭算符. 上述投影相干态下的能量泛函为

$$E(N; \beta, \gamma) = E_0 + (2B + 6C)\frac{N\beta^2}{1+\beta^2} + \frac{A}{4} N(N-1)\left(\frac{1-\beta^2}{1+\beta^2}\right)^2. \tag{8.109}$$

显然, 该能量泛函与 $\gamma$ 无关, 在 $\beta \neq 0$ 处有一个极小值. 在 $N \to \infty$ 时, 极小值位于 $\beta = 1$. 由于 $\beta \neq 0$ 对应扭曲因子 $\hat{\delta} \neq 0$, 因此 SO(6) 极限对应的物质分布呈 $\gamma$ 不稳定的椭球形. 因其物质分布呈椭球形状, 则相应的集体运动为转动. 因为描述其形状的 $\gamma$ 角不确定, 所以该动力学对称性极限对应的集体运动模式为不定轴转动, 相当于通常的量子陀螺除具有自转外, 还有公转和章动.

综合上述讨论可知, 在玻色子数 $N$ 趋于无穷大的极限情况下, IBM1 的 U(5), SU(3), SO(6) 动力学对称性极限分别对应原子核的球形振动、椭球形定轴转动、椭球形不定轴转动.

如果在 SO(6) 对称的哈密顿量中考虑更高阶相互作用, 如三体相互作用, 则可以发现, 这样的 IBM 对应的原子核形状是 $\gamma = \pi/6$ 的定轴转动, 即对应通常所说的三轴形变原子核.

下面再看考虑角动量投影的情况. 由 (8.93) 式知, 投影相干态中含有各种 $d_0, d_2$ 和 $d_{-2}$ 玻色子的成分, 并且 $d_2$ 与 $d_{-2}$ 的概率幅相等, 因此它不具有非零的确定的角动量. 然而, 实际的原子核的状态都具有确定的角动量. 为了较准确地利用投影相干态描述原子核的形状相结构, 人们需要通过角动量投影, 由 (8.93) 式得到具有确定角动量的内禀相干态.

由 SO(3) 的表示知, 角动量投影算符可以表述为

$$P_{MK}^L = \frac{2L+1}{8\pi^2} \int D_{MK}^{*L}(\Omega) R(\Omega) \mathrm{d}\Omega, \tag{8.110}$$

其中 $R(\Omega)$ 为转动算符, $D_{MK}^L(\Omega)$ 为转动矩阵, $\Omega$ 为欧拉转动角 $(\alpha', \beta', \gamma')$. 将该角动量投影算符作用到 (8.93) 式即得具有确定角动量的相干态

$$|N; \alpha_\mu; L\rangle = P_{MK}^L \left(s^\dagger + \sum_\mu \alpha_\mu d_\mu^\dagger\right)^N |0\rangle. \tag{8.111}$$

取上式中 $K = M = 0$, 即得基态带中的各种角动量的态.

经过角动量投影后, 原子核的基带中各态的能量泛函可以表述为

$$E(L, \beta, \gamma) = \langle \widehat{H} \rangle_{G,L} = \frac{\langle N; \beta\ \gamma | \widehat{H} P_{00}^L | N; \beta\ \gamma \rangle}{\langle N; \beta\ \gamma | P_{00}^L | N; \beta\ \gamma \rangle}. \tag{8.112}$$

将沿 $y$ 轴转动的转动算符的具体形式代入上式, 则得

$$E(N, L, \beta, \gamma) = \frac{\int d\beta' \sin\beta' d_{00}^L(\beta') \langle N; \beta\ \gamma | \widehat{H} e^{-i\beta' J_y} | N; \beta\ \gamma \rangle}{\int d\beta' \sin\beta' d_{00}^L(\beta') \langle N; \beta\ \gamma | e^{-i\beta' J_y} | N; \beta\ \gamma \rangle},$$

其中 $d_{mk}^L(\beta')$ 为约化的转动矩阵. 注意到 $d_{00}^L(\beta') = P_L(\cos\beta')$ ($L$ 阶 Legendre 多项式), 则可以将能量泛函表达式中的积分积出, 从而得到基态带中各态的能量曲面.

分别取哈密顿量为 U(5), SU(3), SO(6) 动力学对称性极限下的哈密顿量, 计算后得到具有 U(5), SU(3), SO(6) 动力学对称性的基态带中一些态的能量 (自由能) 曲面分别如图 8.11、图 8.12、图 8.13、图 8.14 所示.

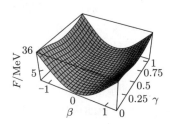

图 8.11 在传统的参数选取方案 ($A_1 \gg A_2 \geqslant 0, B \geqslant 0, C \geqslant 0$) 下, 总玻色子数等于 15 的具有 U(5) 对称性的原子核的角动量量子数 $L = 10$ 的态的自由能曲面 (对应 (8.74) 式所示的哈密顿量, 具体参数取值为 $A_1 = 0.1$ MeV, $B = 0.1$ MeV, $C = 0.006$ MeV, $A_3 = A_4 = 0$)

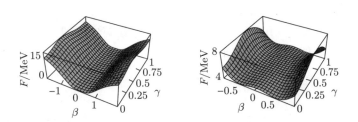

图 8.12 在非传统参数选取方案 ($A_2 + B < 0, B < 0$) 下, 总玻色子数等于 15 的具有 U(5) 对称性的原子核的角动量量子数 $L = 2$ (左侧) 和 $L = 10$(右侧) 的态的自由能曲面 (对应 (8.74) 式所示的哈密顿量, 具体参数取值为 $A_1 = 1$ MeV, $A_2 = 0.15$ MeV, $B = -0.4$ MeV, $C = 0.006$ MeV, $A_3 = A_4 = 0$). (取自 Zhao Y, et al. Int. J. Mod. Phys. E, 2006, 15: 1711)

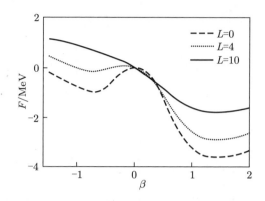

图 8.13    总玻色子数等于 15 的具有 SU(3) 对称性的原子核的角动量量子数 $L = 0, 4, 10$ 的态的自由能曲面 (对应 (8.74) 式所示的哈密顿量, 具体参数取值为 $A_3 = 1 \text{ MeV}$, $A_1 = A_2 = A_4 = B = C = 0$)

由图 8.11、图 8.12、图 8.13、图 8.14 知, 在低角动量情况下, 具有 U(5) 对称性的核态的能量泛函的极小值出现在 $\beta = 0$ 处, 并且与 $\gamma$ 无关, 所以 IBM1 的 U(5) 对称的核态对应球形振动态. 具有 SU(3) 对称性的核态的整体极小值都出现在 $\beta \approx \sqrt{2}, \gamma = 0$ 处, 因此 IBM1 中的 SU(3) 对称的核态对应定轴 (长) 椭球转动态, 并且, 随着角动量增大, 这种定轴转动特征更加稳定 (对应于扁椭球形状的亚稳态逐渐消失). 具有 SO(6) 对称性的低角动量核态的极小值出现在 $\beta \approx \pm 1$ 处, 并且不依赖于 $\gamma$, 这说明 IBM1 中的 SO(6) 对称的低角动量核态为不定轴转动态. 但是随着角动量增大, 能量泛函的极小值的位置会发生变化.

目前, 关于其他组分的 IBM 对应的集体运动模式和形状也已给出, 例如, sdgIBM 和 IBM2 除具有与 IBM1 中类似的集体运动模式外, 其能量泛函还有第二极小, 对应原子核的超形变态.

总之, IBM 是集体 (几何) 模型在量子多体系统对应框架下的描述, 可以很好地描述原子核的集体运动模式和形状.

### 8.3.3    相互作用玻色子模型与壳模型的关系

我们知道, 壳模型是以原子核的基本构成单元 —— 核子 (和超子) 为自由度, 在平均场近似下描述原子核的结构和性质的理论方法, 尤其是改进之后的壳模型已经可以直接从核子-核子等两体相互作用以及核子等之间的三体相互作用等出发研究原子核的结构和性质, 因此壳模型是原子核结构模型的基础和基本方法. 相互作用玻色子模型是为了解决壳模型中态 (计算) 空间巨大问题而提出的唯象模型, 后来发现 IBM 与集体模型具有极其密切的关系 (如 8.3.2 小节所述), 可以很好地描

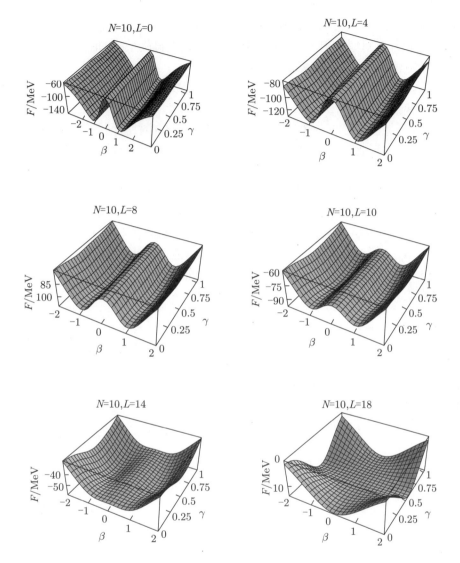

图 8.14　总玻色子数等于 10 的具有 SO(6) 对称性的原子核的一些角动量态的自由能曲面 (对应 (8.74) 式所示的哈密顿量, 具体参数取值为 $A_4 = -1$ MeV, $A_1 = A_2 = A_3 = B = C = 0$). (取自 Zhao Y, et al. Int. J. Mod. Phys. E, 2006, 15: 1711)

述原子核的各种模式的集体运动状态 (8.3.4 小节将说明还可以很好地描述原子核的形状相变). 既然 IBM 如此有效、成功, 人们希望它不仅是一个完全唯象的模型, 还是一个与壳模型密切相关的, 反映核子–核子相互作用行为的原子核结构模型.

　　显然, 这一问题是物理状态的对称性映射问题, 并且, 严格地, 这一映射应该为同构映射. 为具体解决上述问题, 最直接的方法当然是玻色映射方法. 较早的玻色映射方法可以分为两类: Holstein-Primakoff 映射 (HP 型映射) 和 Dyson 映射 (D 型映射) (它们都是对原来用来处理铁磁体中的 SU(2) 自旋系统的映射方法的推广). 玻色映射方法的基本思想包括:

(1) 保证在费米子空间中考虑的组分粒子的代数结构在映射到玻色子空间之后有同样的代数结构;

(2) 为了保证映射的完整性, 要求所有物理算符在两种空间的矩阵元相等;

(3) 为了保证物理状态同构, 即映射为一对一映射, 要求除去玻色子空间中的假态.

以具有 SU(2) 对称性的两能级系统 (例如自旋系统) 为例, 系统有两个单粒子能级, 用 $i = 0, 1$ 标记, 它们的能量差为 $\varepsilon$, 系统包含的费米子数记为 $N = 2\Omega$, 系统的真空态 $|0\rangle$ 可以定义为所有的粒子都填充在较低能级 $(i = 0)$ 上的状态.

定义 $\alpha_m^\dagger, \alpha_m$ 为高能级 $(i = 1)$ 上的粒子的产生、湮灭算符, $\beta_m^\dagger$、$\beta_m$ 为低能级 $(i = 0)$ 上的空穴的产生、湮灭算符 (除去相因子外, 即相应粒子的湮灭、产生算符). 引入准自旋算符

$$J_0 = \frac{1}{2}(\hat{n}_{\mathrm{p}} + \hat{n}_{\mathrm{h}} - N),$$

$$J_+ = \sum_{m=-j}^{j} \alpha_m^\dagger \beta_m^\dagger,$$

$$J_- = J_+^\dagger = \sum_{m=-j}^{j} \beta_m \alpha_m,$$

其中 $\hat{n}_{\mathrm{p}}$ 和 $\hat{n}_{\mathrm{h}}$ 分别是能级 1 能级 0 上的粒子数算符. 可以证明, 它们满足 su(2) 代数关系, 即

$$[J_+, J_-] = 2J_0,$$

$$[J_0, J_\pm] = \pm J_\pm.$$

系统的具有该 SU(2) 对称性的哈密顿量可以表示为

$$H = \varepsilon \hat{n}_{\mathrm{p}} + V_1 J_+ J_- + V_2(J_+^{\ 2} + J_-^{\ 2}) + V_3[J_+(\hat{n}_{\mathrm{p}} + \hat{n}_{\mathrm{h}}) + (\hat{n}_{\mathrm{p}} + \hat{n}_{\mathrm{h}})J_-].$$

系统的基矢空间可以表示为

$$|n\rangle = \left[\frac{(N-n)!}{N!n!}\right]^{1/2} (J_+)^n |0\rangle, \qquad \text{其中 } n = 0, 1, \cdots, N = 2\Omega,$$

它们满足正交归一条件

$$\langle n \,|\, n' \rangle = \delta_{nn'}.$$

$J_+$, $J_-$, $J_0$ 对应的矩阵元可以表示为

$$\langle n|J_+|n'\rangle = \sqrt{n(N-n+1)}\ \delta_{n,n'+1}\ ,$$
$$\langle n|J_-|n'\rangle = \sqrt{(n+1)(N-n)}\ \delta_{n,n'-1}\ ,$$
$$\langle n|J_0|n'\rangle = (n-N/2)\ \delta_{n,n'}\ .$$

由这些矩阵元, 我们容易得到哈密顿量的矩阵表述形式, 从而得到所需要的物理量的解.

引入一个双正交玻色子空间, 也就是说, 对于初始费米子空间中的一组左矢和右矢 $\{\langle n|,\ |n\rangle\}$, 我们有相应的玻色子左矢和右矢 $\{{}_{\rm L}(n|,\ |n)_{\rm R}\}$:

$$_{\rm L}(n| = \left[\frac{(N-n)!}{n!}\right]^{1/2} (0|b^n\ ,$$
$$|n)_{\rm R} = \left[\frac{1}{(N-n)!n!}\right]^{1/2} (b^\dagger)^n|0),$$

满足双正交化条件

$$_{\rm L}(n|n')_{\rm R} = \delta_{nn'}\ .$$

这样定义的空间称为 "Dyson 型玻色子空间" (需要注意的是, 尽管费米子基矢 $\langle n|$ 和 $|n\rangle$ 是互为厄米共轭的, 但玻色子基矢 $_{\rm L}(n|$ 和 $|n)_{\rm R}$ 却不一定满足这个要求).

在 Dyson 型玻色子映射中, 上述两能级的费米子空间被映射到上述 Dyson 型玻色子空间中, 映射的完备性由物理算符在两种空间的矩阵元相等来保证, 即

$$_{\rm L}(n|(J_+)_{\rm D}|n')_{\rm R} = \langle n|J_+|n'\rangle,$$
$$_{\rm L}(n|(J_-)_{\rm D}|n')_{\rm R} = \langle n|J_-|n'\rangle,$$
$$_{\rm L}(n|(J_0)_{\rm D}|n')_{\rm R} = \langle n|J_0|n'\rangle\ .$$

对算符 $J_+$, $J_-$, $J_0$ 也做 Dyson 型玻色子映射:

$$J_+ \to (J_+)_{\rm D} = b^\dagger(N - b^\dagger b),$$
$$J_- \to (J_-)_{\rm D} = b,$$
$$J_0 \to (J_0)_{\rm D} = b^\dagger b - N/2.$$

可以证明, 这些玻色子映像不仅同样张成 su(2) 李代数, 而且满足上述矩阵元相等的要求. 进而可以得到初始的哈密顿量的 Dyson 型玻色子映射:

$$H_{\rm D} = \varepsilon b^\dagger b + V_1 b^\dagger b(N - b^\dagger b + 1) + V_2[b^\dagger b(N - b^\dagger b - 1)(N - b^\dagger b) + bb]$$
$$+ 2V_3[b^\dagger b^\dagger b(N - b^\dagger b) + b^\dagger bb]\ .$$

这样, 原始的费米子空间的问题就转化到玻色子空间进行处理.

对于原子核, 当然可以采用与上面介绍的类似的方法将玻色子空间与费米子空间联系、对应起来. 这说明, 相互作用玻色子模型是壳模型的一种近似的实际计算方法, 具有坚实的微观基础. 在具体研究中, 原子核系统比上述两能级系统复杂得多, 即使仅考虑价核子也可能是多能级系统, 于是人们发展建立了多种映射方案 (如表 8.6 所列).

**表 8.6 为相互作用玻色子模型提供微观基础的部分映射方案概览**

| 方案 (方法) | 提出人及年份 |
| --- | --- |
| 广义辛弱数 | Otsuka 等, 1978 |
| 运动学行为 | Klein 等, 1981 |
| Dyson 映射 | Geyer 等, 1981 |
| 广义辛弱数 | Pittel 等, 1982 |
| 拆对近似 | Gambhir 等, 1982 |
| 拆对近似 | Bonsignori 等, 1983 |
| Dyson 映射 | Brink 等, 1982 |
| 集体对近似 | Maglione 等, 1982 |
| 算符化 Bogoliubov 变换 | 杨立铭等, 1984 |
| 改进的 Jancovici-Schiff 减除 | 杨泽森等, 1984 |
| 变分平均场 | 徐躬耦, 1984 |
| 复合粒子表象 | 吴承礼等, 1984 |
| 投影准粒子 | Li, 1984 |
| 广义辛弱数 | Faessler 等, 1984 |

取自 Iachello F and Talmi I. Rev. Mod. Phys., 1987, 59: 339.

利用玻色映射方法对原子核性质的研究, 不仅计算结果与实验结果符合得相当好 (图 8.15 给出一个例子), 而且还给出了核子间的对作用、四极对作用和四极–四极作用对原子核的能谱、电磁性质及集体运动模式影响的行为[⑩].

尽管利用玻色映射方法可以说明相互作用玻色子模型具有很好的壳模型基础, 或者说相互作用玻色子是壳模型的一个很好近似, 但由于原子核的单粒子能谱结构很复杂, 采用上述各类玻色映射方案进行实际研究时, 计算工作量都巨大. 此外, 实际计算中都要进行空间截断, 并且映射可能不是幺正变换, 还会出现非物理态. 为避免或部分解决这些问题和困难, 人们发展建立了费米子动力学对称模型、配对壳模型、SD 对壳模型等方法, 直接在考虑配对效应的壳模型下对原子核等多体系统

---

⑩ 参见 Hou Z F, et al. Phys. Lett. B, 2010, 688: 298 等.

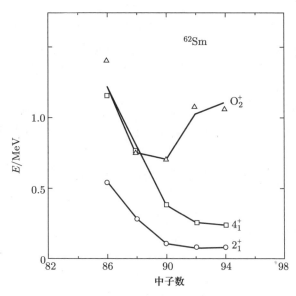

图 8.15　利用玻色子映射方法计算的部分偶偶 Sm 同位素的低激发态能谱 (折线的偏折点) 及其实验测得结果 (○, □, △ 符号) 的比较. (取自 Yang Z S, et al. Nucl. Phys. A, 1984, 421: 229c)

的性质进行研究 (如 8.3.1 小节所述). 当然, 人们仍在为发展建立更好的玻色映射方案而努力.

### 8.3.4　原子核集体运动模式的相变

#### 1. 原子核集体运动模式的相变 (形状相变) 研究概述

如前所述, 原子核的形状由所有核子的空间分布决定, 而核子的空间分布不仅随集体运动模式的不同而变化, 还依赖于核子的单粒子运动状态, 因此, 原子核的形状必然是集体运动和单粒子运动相互影响的结果, 关于原子核形状的研究是原子核结构研究的重要内容. 另一方面, 原子核的形状与一定的动力学对称性相联系, 对核形状的研究, 尤其是核形状变化的研究往往与原子核的动力学对称性破缺过程相联系, 也就是原子核的形状 (集体运动模式) 相及相变是动力学对称性及其破缺 (或恢复) 的自然体现. 此外, 原子核的形状与中子质子比、激发态能量或自旋、温度等多种因素有关. 更重要的, 原子核是一个由核子等组成的有限多体量子系统, 不同形状 (或集体运动模式) 自然对应不同的量子状态, 因此人们在研究核形状随某个物理量的变化时自然地引入了形状相变 (shape phase transition) 的概念. 这样, 对原子核的形状相结构和相变的研究自然是研究有限量子多体系统的相变的极好的场所和实验室. 因此, 近年来关于原子核形状相变的研究不仅是原子核物理研究中的重要前沿课题, 还引起了有限量子多体系统领域和统计物理学界的极大关注.

通常的对原子核形状相结构和相变的研究主要集中在某个同位素链 (或同中子素链) 中原子核基态的形状相变, 特别是近年来临界状态的对称性和三相点的陆续发现, 更加丰富了人们对于基态原子核形状相变的认识. 由于实验上 γ 射线探测器阵列 (γ-ray detector arrays) 技术的进步, 使得我们不仅可以对原子核基态的形状进行研究, 而且可以对激发态, 尤其是高自旋态的核形状进行研究. 2003 年观测到的沿 Yrast 带出现的集体振动模式到定轴转动模式的变化给出了低激发态中可能存在转动 (或角动量) 驱动的形状相变的实验证据. 事实上, 理论上对于自旋和温度引起的原子核形状相变的研究更早, 并且一直没有中断. 形状共存 (shape coexistence) 是另一个核形状研究关注的焦点, 因为这可能是单粒子运动和集体运动有较强耦合的结果. 2005 年关于超重核的形状相结构的理论研究进展和 2007 年初实验上观测到很高自旋态下集体运动恢复更推动了原子核形状相结构和相变的研究.

对于原子核基态形状的研究通常采用的理论方法有集体模型、相互作用玻色子模型、Hartree-Fock-Bogoliubov(HFB) 理论等等, 另外还可以使用热力学统计理论. 而对于原子核激发态的形状的研究则采用 Landau 相变理论、有限温度推转 HFB、推转 IBM 等. 在这些方法中, 集体模型有比较直观的几何图像, 但是缺乏微观图像, 而微观理论没有直接的几何图像. 由于 IBM 既有一定的微观基础, 具有清楚的动力学对称性及破缺, 又可以由相干态理论建立直观的集体运动图像, 因而在原子核的形状相变研究中得到了广泛的应用. 下面简要介绍以 IBM 为基础的关于原子核集体运动模式相变 (形状相变) 的研究.

早期的利用 IBM 对于原子核基态的形状相变的研究可以归纳为 Casten 三角形 (如图 8.16 所示), 图中三个顶点对应 IBM1 的 U(5), SU(3), SO(6) 三种动力学

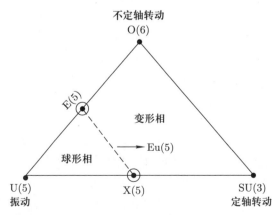

图 8.16  由集体运动模式和对称性两种语言标记的集体运动模式相及其相变 (形状相变) 示意图 (仅包含集体运动模式相的示意图常称为 Casten 三角形). (取自 Zhang Y, et al. Phys. Lett. B, 2014, 732: 55. 由随后的讨论知, 图中的 Eu(5) 即 F(5) 对称模型)

对称性极限, 由相干态理论知道这三种极限分别对应球形、轴对称形变、$\gamma$ 不稳定形变. 更精细的研究表明, 从球形区到定轴形变区的相变为一级相变, 而沿球形到 $\gamma$ 不稳定形变的相变则为二级相变. 21 世纪以来, 由集体模型方法对基态原子核相变的研究不仅扩展了 Casten 三角形, 还发现了具有对称性的临界点状态, 例如 E(5), X(5), Y(5) 对称性. 这样扩展的 IBM 的对称性及其相变的关系可以图示为图 8.17 的形式. 图中四面体的顶点表示各种极限对称性, 其中 U(5), SU(3), SO(6) 分别对应呈球形、定轴转动长椭球形、不定轴转动长椭球形的核态, SU*(3) 对应三轴形变核态, E(5), X(5), Y(5) 则是相应顶点极限对称性之间相变的临界点, 并且 E(5) 对称状态还可能是球形、扁椭球形、长椭球形三相共存态 (类似于水的气、液、固三相共存的三相点). 此外, 长椭球与扁椭球形状相变临界点附近的原子核还可能具有 Z(5) 对称性. 类似 IBM1 的四面体状的相图还被推广到 IBM2 (如图 8.18 所示), 并同样成功地找到了各种极限对称性之间的相变.

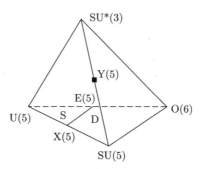

图 8.17　扩展的 IBM 的对称性间的演化图, 其中 U(5), SU(3), O(6) 和 Casten 三角形中的一样, 分别对应球形、定轴转动长椭球形、不定轴转动长椭球形, SU*(3) 对应三轴形变, 而 E(5), X(5), Y(5) 则是相应顶点极限对称性之间相变的临界点. (取自 Iachello F. Phys. Rev. Lett., 2003, 91: 132502)

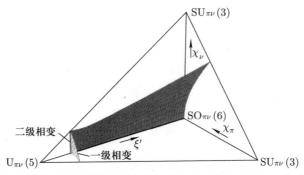

图 8.18　IBM2 (区分质子玻色子和中子玻色子) 的各种对称性之间相变关系的图示, 即球形、轴对称形变、三轴形变之间的相变图. (取自 Caprio M A, et al. Phys. Rev. Lett., 2004, 93: 242502)

对于角动量变化可能引起原子核形状相变的问题, 实验上已经发现, 随角动量增大, 低激发能谱的晕态中具有振动到定轴转动的相变, 利用推转无规位相近似 (cranked random phase approximation, CRPA) 对 $^{156}$Dy, $^{158}$Er 进行分析的结果表明, 粒子准粒子的图像不能很好地解释 Yrast 带转动惯量的突然变化, 而由 $\gamma$ 振动减弱则可以唯象地解释这一相变. 利用 IBM1 的研究结果表明, 角动量驱动的振动到定轴转动的相变的机制是, 低激发能谱的晕态本来就是振动与定轴转动两种集体运动模式的混合态, 随着角动量增大, 振动逐渐被遏制, 定轴转动起主导作用所致.

为较清楚准确地表征原子核集体运动模式的相变, 根据不同集体运动模式由不同对称性决定, 不同对称性具有不同的状态, 人们提出了一系列依赖于对称性及其演化的物理量表征原子核的形状相变, 目前常用的有: 能谱中一些低激发态能量的比值以及 E2 跃迁概率的比值[①]、E2 跃迁中光子的能量与初态自旋的比值[②]、波函数的重叠以及 d 玻色子的占有率[③]等等.

经过长期探究, 偶偶核的形状相变的现象已基本清楚, 对过渡区原子核及处于相变临界点的代表核的研究都取得很大进展. 但是, 对于所谓的临界点对称性状态应该通过确定其代数结构说明其真正具有对称性. 现在遇到的最大挑战是实验上发现, 随着角动量增加到原来认为集体运动带终止的角动量之上, 原子核的运动状态出现了集体运动模式恢复. 这一很高角动量下集体运动模式恢复的现象对现有原子核结构理论提出了严重挑战. 再者, 关于奇质量数原子核的形状相变, 尤其是其临界点 (对称性) 状态的研究刚出现不久, 远未达到令人满意的程度. 关于奇奇核形状相变的研究还处于起步阶段. 关于超重核的集体运动模式、形状相变及形状共存的研究也刚刚开始. 随着实验技术进步和新现象发现, 相关微观理论研究会迅速发展起来, 这里仅从对称性及其破缺 (与恢复) 的基本原理出发予以讨论.

### 2. 同位旋驱动的原子核的集体运动模式相变

我们知道, 8.3.2 小节讨论的具有动力学对称性的核态只是理想极限的状态, 绝大多数实际原子核都不具有这些对称性, 但它们可能处于某两种对称性之间的过渡区, 或兼具三种对称性的混合状态. 因此利用 IBM1 对处于过渡区或相变区的原子核进行研究具有更广泛的意义.

为了研究过渡区原子核的性质, 需要考虑包含不同群链中的子群的 Casimir 算子贡献的哈密顿量. 于是 (8.74) 式所示的哈密顿量自然成为其首选. 然而, 若要表征两种对称性核态间的演化, 却需要同时调节 (8.74) 式中的两个相应的参数, 这显然不够清楚明确. 目前常用的简化了的形式为

$$\widehat{H} = \varepsilon_{\mathrm{d}}\widehat{n}_{\mathrm{d}} - \kappa\widehat{Q}(\chi) \cdot \widehat{Q}(\chi) + \kappa'\widehat{L} \cdot \widehat{L}, \tag{8.113}$$

① Zhang Y, et al. Phys. Rev. C, 2007, 76: 011305 (R) 等.

② Regan P H, et al. Phys. Rev. Lett., 2003, 90: 152502.

③ Iachello F, et al. Phys. Rev. Lett., 2004, 92: 212501.

其中 $\kappa, \kappa', \chi$ 为控制参量, $\widehat{n}_{\mathrm{d}}$ 为 U(5) 的一阶 Casimir 算子, $\widehat{L}$ 为角动量算符, $\widehat{Q}(\chi)$ 为四极算符, 可以具体表示为

$$\widehat{Q}(\chi) = \left[d^{\dagger}s + s^{\dagger}\widetilde{d}\right]_{\mu}^{2} + \chi\left[d^{\dagger}\widetilde{d}\right]_{\mu}^{2}.$$

显然, $\chi = 0$, $\chi = -\dfrac{\sqrt{7}}{2}$ 两种情况下的四极算符分别对应于 SO(6) 群、SU(3) 群的生成元中的二阶张量, 当 $\chi$ 取 $-\dfrac{\sqrt{7}}{2}$ 与 0 中间的数值时, 该四极–四极作用项既包含具有 SU(3) 对称性的成分, 也包含具有 SO(6) 对称性的成分. 细致分析其对称性知, (8.113) 式所示的哈密顿量可以由各个群的 Casimir 算子表述为

$$\begin{aligned}
\widehat{H} &= \left[\varepsilon_{\mathrm{d}} - \frac{2\kappa\chi}{7}\left(\chi + \frac{\sqrt{7}}{2}\right)\right]C_{1\mathrm{U}(5)} - \frac{2\kappa\chi}{7}\left(\chi + \frac{\sqrt{7}}{2}\right)C_{2\mathrm{U}(5)} \\
&\quad + \frac{k\chi}{\sqrt{7}}C_{2\mathrm{SU}(3)} - \frac{2\kappa}{\sqrt{7}}\left(\chi + \frac{\sqrt{7}}{2}\right)C_{2\mathrm{SO}(6)} \\
&\quad + \frac{2\kappa}{7}\left(\chi + \frac{\sqrt{7}}{2}\right)\left(\chi + \sqrt{7}\right)C_{2\mathrm{SO}(5)} + \left[\kappa' - \frac{\kappa\chi}{14}\left(\chi + 2\sqrt{7}\right)\right]C_{2\mathrm{SO}(3)}.
\end{aligned} \quad (8.114)$$

显然, 选取特殊的控制参量的数值, 我们可以得到具有确定对称性的哈密顿量 (即使系统由 U(6) 对称破缺到指定的对称). 三种极限情况分别对应的控制参量的取值为:

$$\begin{aligned}
&\mathrm{U}(5) \;\;: k \to 0, \;\; \chi \to \infty, \;\; k\chi \to 0, \;\; k\chi^{2} \to \text{有限值}; \\
&\mathrm{SU}(3) : \varepsilon_{\mathrm{d}} = 0, \;\; \chi = -\sqrt{7}/2; \\
&\mathrm{SO}(6) : \varepsilon_{\mathrm{d}} = 0, \;\; \chi = 0.
\end{aligned} \quad (8.115)$$

如果使控制参量在某两种对称性要求的特殊数值之间变化, 我们即可研究这两种对称性之间的相变区的原子核的性质.

为了讨论方便, 人们还经常采用下述更简单的形式:

$$\widehat{H} = \eta\widehat{n}_{\mathrm{d}} - \frac{1-\eta}{N}\widehat{Q}(\chi)\cdot\widehat{Q}(\chi), \quad (8.116)$$

其中 $\eta \in [0,1], \chi \in \left[-\sqrt{7}/2, \sqrt{7}/2\right]$ 为控制参量. 对称性分析表明, 该哈密顿量即

$$\begin{aligned}
\widehat{H} &= \left[\eta - \frac{2(1-\eta)\chi}{7N}\left(\chi + \frac{\sqrt{7}}{2}\right)\right]C_{1\mathrm{U}(5)} + \frac{2(\eta-1)\chi}{7N}\left(\chi + \frac{\sqrt{7}}{2}\right)C_{2\mathrm{U}(5)} \\
&\quad - \frac{(\eta-1)\chi}{\sqrt{7}N}C_{2\mathrm{SU}(3)} + \frac{2(\eta-1)\left(\chi + \frac{\sqrt{7}}{2}\right)}{\sqrt{7}N}C_{2\mathrm{SO}(6)} \\
&\quad - \frac{2(\eta-1)\left(\chi + \frac{\sqrt{7}}{2}\right)\left(\chi + \sqrt{7}\right)}{7N}C_{2\mathrm{SO}(5)} - \frac{(1-\eta)\chi\left(\chi + 2\sqrt{7}\right)}{14N}C_{2\mathrm{SO}(3)}.
\end{aligned} \quad (8.117)$$

三种极限情况对应的参量 $\eta, \chi$ 的取值为: U(5) 时 $\eta = 1, \forall \chi$; SU(3) 时 $\eta = 0, \chi = -\sqrt{7}/2$; O(6) 时 $\eta = 0, \chi = 0$. 如果取 $\chi = 0$, $\eta \in [0,1]$, 则上述哈密顿量描述 SO(6) 对称与 U(5) 对称之间过渡区的原子核的性质. 如果取 $\chi = -\dfrac{\sqrt{7}}{2}$, $\eta \in [0,1]$, 则上述哈密顿量描述 SU(3) 对称与 U(5) 对称之间过渡区的原子核的性质. 如果 $\eta = 0$, $\chi \in \left[-\dfrac{\sqrt{7}}{2}, 0\right]$, 则上述哈密顿量描述 SU(3) 对称与 SO(6) 对称之间过渡区的原子核的性质.

自从 IBM1 提出后, 人们就开始利用它研究过渡区原子核的性质. 通常情况下, 人们选用 U(5) 动力学对称性极限下的波函数作为波函数的基矢量, 然后利用母分系数方法计算各单粒子矩阵元, 进而得到相互作用矩阵, 即哈密顿量的矩阵表述形式, 再通过求解哈密顿量的本征方程得到原子核的能谱和相应态的波函数, 并由之计算电磁跃迁等性质. 到目前, 人们已经对各个质量区的中重和重原子核进行了计算, 指定了很多同位素系列及不同质量区的原子核的过渡属性, 并在进行更细致深入的研究. 另一方面, 为从理论上对过渡区 (至少包含两种动力学对称性) 的原子核的性质进行研究, 人们既研究了集体运动模式的相变 (形状相变), 还提出了准动力学对称性的概念. 取哈密顿量为形如 (8.116) 式 (有控制参数 $\eta, \chi$), 波函数为 (8.96) 式所示的投影相干态, 即可直接讨论相变区原子核状态的集体运动性质 (形状特征) 及相变的性质, 例如: 计算得到能量泛函 $E(N; \beta, \gamma)$ 和每核子平均能量 $\varepsilon = E(N; \beta, \gamma)/N$, 找到能量泛函的极小值点和相应的每核子能量值 $\varepsilon_{\min}$, 然后考察 $\varepsilon_{\min}$ 与哈密顿量中各项耦合系数的函数关系及其导数关系, 如果 $\dfrac{\partial \varepsilon_{\min}}{\partial \eta}$ 不连续则为一级相变, 如果上述一阶导数连续, 而 $\dfrac{\partial^2 \varepsilon_{\min}}{\partial \eta^2}$ 不连续则为二级相变等, 研究结果通常表述为图 8.16 所示的 Castan 三角形的形式.

前已述及, 一些同位素链 (或同中子素链) 中原子核的形状相结构和集体运动模式随其中子数 (质子数) 的变化而变化, 这表明同位旋 (如果一个原子核包含的质子数为 $N_n$、中子数为 $N_p$, 其同位旋的三分量常定义为 $\tau_3 = \dfrac{N_p - N_n}{2}$, 同位旋则记为 $\tau = \dfrac{N_n - N_p}{2}$) 驱动原子核集体运动模式相变 (形状相变). 精细的研究表明[14], (8.116) 式中的参量 $\eta$ 正比于由费米子对近似而成的玻色子的数目, 因此利用 (8.116) 式所示的哈密顿量可以很好地描述原子核形状随同位素 (或同中子素) 中玻色子数 $N$ 的演化, 也就是可以描述同位旋驱动的核形状相变. 图 8.19 给出以 E2 跃迁的约化概率的比值作为区分一级相变和二级相变的判据研究一些同位素链中

[14] 例如 Zamfir N V, et al. Phys. Rev. C, 2002, 66: 021304 (R) 等.

原子核的形状相变 (单调变化为二级相变, 不单调变化为一级相变) 的结果.

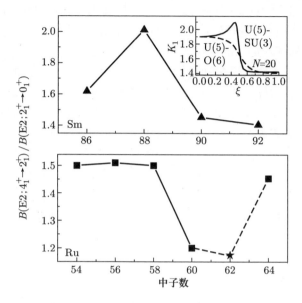

图 8.19 Sm 同位素和 Ru 同位素的 $B(E2; 4_1^+ \rightarrow 2_1^+)/B(E2; 2_1^+ \rightarrow 0_1^+)$ 的实验值随中子数变化的行为. 其中插入的子图为 IBM1 下的理论计算结果. (取自 Zhang Y, et al. Phys. Rev. C, 2007, 76: 011305 (R))

### 3. 角动量驱动的原子核的集体运动模式相变

由图 8.11、图 8.12、图 8.13 和 图 8.14 知, 在低角动量情况下, 具有 U(5) 对称性的核态的能量泛函的极小值出现在 $\beta = 0$ 处, 且与 $\gamma$ 无关, 所以具有 IBM1 中的 U(5) 对称性的核态对应球形振动态. 在高角动量情况下, 如果对参数不按传统方式取值 (即不保证 $A_1 \gg A_2 > 0, B > 0$), 而要求 $A_1 + B < 0, B < 0$, 能量泛函的极小值出现在 $\beta \neq 0, \gamma = 0$ 或 $\frac{\pi}{3}$ 处. 这说明, 在特殊地选取参数的情况下, 随着角动量增大, U(5) 对称的晕态可以发生由振动到定轴转动的集体运动模式相变. 对于具有 O(6) 对称性的低角动量核态, 其能量泛函的极小值出现在 $\beta \approx \pm 1$ 处, 并且不依赖于 $\gamma$, 这说明具有 IBM1 中的 SO(6) 对称性的低角动量核态为不定轴转动态. 但是随着角动量增大, 能量泛函的极小值的位置会锁定在 $\gamma = 0$ 与 $\frac{\pi}{3}$ 之间的 $\frac{\pi}{6}$. 当角动量很大时, 其能量泛函的极小值的位置尽管恢复到不依赖于 $\gamma$, 但出现在 $\beta = 0$, 并且还在 $\gamma = \frac{\pi}{6}$ 出现不依赖于 $\beta$ 的与前述极小简并的极小. 这说明, 随着角动量增大, 具有 SO(6) 对称性的核态也可能发生形状相变 (由不定轴转动到三轴转动 (定轴, 但转动轴不沿任何一个惯量主轴), 再到振动与不同偏心率的三轴形变

共存的特殊状态). 然而, 对于具有 SU(3) 对称性的核态, 无论角动量多大, 其能量泛函的整体极小值都出现在 $\beta \approx \sqrt{2}$, $\gamma = 0$ 处, 因此 具有 IBM1 中的 SU(3) 对称性的核态对应定轴 (长) 椭球转动态, 并且, 随着角动量增大, 这种定轴转动特征更加稳定 (对应于扁椭球形状的亚稳态逐渐消失). 这说明, 具有 SU(3) 动力学对称性的基态带中的核态不会随着角动量增大而发生形状相变. 更全面系统的计算表明, 具有 SU(3) 动力学对称性的 $\beta$ 带和 $\gamma$ 带中的核态也都不存在随着角动量增大而发生形状相变的可能性. 因此, 我们在下面对角动量驱动的 U(5) 对称和 SO(6) 对称的核态的集体运动模式相变予以具体讨论.

(1) 角动量驱动的 U(5) 对称核态的相变.

前述讨论表明, 在特殊地选取参数的情况下, 具有 U(5) 对称性的晕态有可能发生由振动到定轴转动的集体运动模式相变. 关于更多角动量态的能量泛函的计算结果如图 8.20 所示, 特殊的参数选取方案 (对应 (8.74) 式所示的哈密顿量, $(A_2 + B) < 0, B < 0$) 下的对应于能量泛函的极小值的形变参数 $\beta$ 与角动量 $L$ 间的关系如图 8.21 所示.

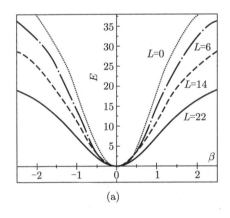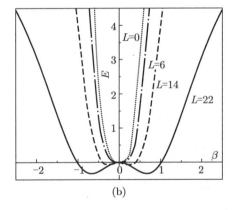

(a)                             (b)

图 8.20　U(5) 动力学对称情况下, 总玻色子数为 15 的原子核的能量泛函随形变参数 $\beta$ 和角动量 $L$ 变化的行为, 其中 (a) 图对应按传统方案选取参数时的结果 (对应 (8.74) 式所示的哈密顿量, 具体参数取值为 $A_1 = 1.0$ MeV, $A_2 = -0.11$ MeV, $B = 0.22$ MeV, $C = 0.006$ MeV, $A_3 = A_4 = 0$), (b) 图对应按非传统方案选取参数时的结果 (对应 (8.74) 式所示的哈密顿量, 具体参数取值为 $A_1 = 1.0$ MeV, $A_2 = 0.11$ MeV, $B = -0.22$ MeV, $C = 0.006$ MeV, $A_3 = A_4 = 0$). (取自 Liu Y X, et al. Phys. Lett. B, 2006, 633: 49)

上述讨论中反复提及, 在非传统参数选取方案下, 具有 U(5) 对称性的晕态有可能发生由振动到定轴转动的集体运动模式相变. 而对于所谓的非传统参数选取方案, 仅仅提到 $(A_2 + B) < 0, B < 0$. 事实上, 如果要求上述相变的可能性成为现实, 对参数选取的要求很高. 对总玻色子数 $N = 15$ 的具有 U(5) 对称性的原子核状态

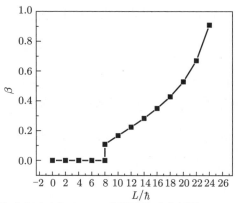

图 8.21 非传统参数选取方案 (对应 (8.74) 式所示的哈密顿量, $(A_2 + B) < 0, B < 0$) 下, 对应于能量泛函的极小值的形变参数 $\beta$ 与角动量 $L$ 间的关系 (具体参数取值为 $A_1 = 1.0$ MeV, $A_2 = 0.15$ MeV, $B = -0.4$ MeV, $C = 0.006$ MeV, $A_3 = A_4 = 0$). (取自 Liu Y X, et al. Phys. Lett. B, 2006, 633: 49)

的相图 (即由相互作用参数和角动量标记相平衡曲线及呈现单相的区域) 如图 8.22 所示.

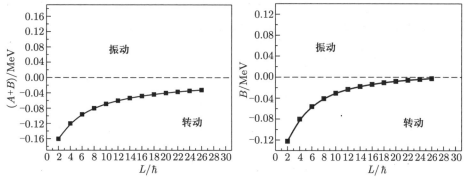

图 8.22 总玻色子数 $N = 15$ 的具有 U(5) 对称性的核态的相图的计算结果. (取自 Zhao Y, et al. Int. J. Mod. Phys. E, 2006, 15: 1711)

由于参数 $\beta$ 对应于描述原子核形变的参数, $\beta = 0$ 对应原子核的形状平均为球形, 相应的运动状态为集体振动, 而 $\beta \neq 0$ 对应原子核为椭球形, 相应的运动状态为定轴转动 (因为能量泛函取极小值时 $\gamma = 0$), 故上述相变描述的是原子核从振动状态到定轴转动状态的相变. 并且综合图 8.21 所示的 $\beta$ 在 $L = 8$ 处由 0 突变到约 0.12 及图 8.20 所示的能量泛函随角动量 $L$ 变化的行为知, 角动量驱动的由振动到定轴转动的集体运动模式相变 (形状相变) 是一级相变.

另一方面, 考察 IBM1 的 U(5) 动力学对称性下的能谱公式

$$E = E_0 + A_1 n_{\mathrm{d}} + A_2 n_{\mathrm{d}}(n_{\mathrm{d}} + 4) + B\tau(\tau + 3) + CL(L + 1),$$

其中 $n_{\mathrm{d}}$, $\tau$, $L$ 分别为 U(5) 群、SO(5) 群、SO(3) 群的不可约表示, 由 U(5) 对称性的谱生成规则知, 其基态带中的各态的量子数的关系为 $L = 2\tau = 2n_{\mathrm{d}}$, 则上式即

$$\begin{aligned}
E &= E_0 + A_1 n_{\mathrm{d}} + A_2 n_{\mathrm{d}}(n_{\mathrm{d}} + 4) + B n_{\mathrm{d}}(n_{\mathrm{d}} + 3) + C 2n_{\mathrm{d}}(2n_{\mathrm{d}} + 1) \\
&= E_0 + A' n_{\mathrm{d}} + B' n_{\mathrm{d}}^2 \\
&= E_0 + A'' L + B'' L^2,
\end{aligned} \tag{8.118}$$

其中

$$\begin{aligned}
A' &= \frac{A''}{2} = A_1 + 4A_2 + 3B + 2C, \\
B' &= \frac{B''}{4} = A_2 + B + 4C.
\end{aligned}$$

在传统的参数选取方案下, $A_1 \gg A_2 \gg B \gg C > 0$, 则 $A' \gg B' > 0$ ($A'' \gg B'' > 0$), 不同态的能量随其拥有的 d 玻色子数 (或角动量) 的变化呈稍微偏离直线的开口向上的抛物线形式, 所以 U(5) 对称性描述近似的振动态 (称为非简谐振动态), 相应的波函数始终保持 $|\psi(n_{\mathrm{d}})\rangle = |n_{\mathrm{d}}\ n_{\mathrm{d}}\ 2n_{\mathrm{d}}\rangle$ (或者 $|\psi(L)\rangle = \left|\dfrac{L}{2}\ \dfrac{L}{2}\ L\right\rangle$), 不会出现相变, 并且基态带中的各态即晕态.

在上述非传统的选取参数的方案下, $A_2 + B < 0$, $B < 0$, 并且动力学对称性要求 $C \ll |A_2|$, $C \ll |B|$, 则 $A' = \dfrac{A''}{2} > 0$, $B' = \dfrac{B''}{4} < 0$. 于是, 基态带中各态的能量随其拥有的 d 玻色子数 (或角动量) 的变化呈开口朝下的抛物线的形式, 因此存在临界角动量

$$L_{\mathrm{c}} = 2n_{\mathrm{dc}} = -\frac{2(A_1 + 4A_2 + 3B + 2C)}{A_2 + B + 4C} - 2N. \tag{8.119}$$

对 $L \leqslant L_{\mathrm{c}}$ 的晕态, 其能量由 (8.118) 式决定, 能谱呈非简谐振动谱; 对 $L > L_{\mathrm{c}}$ 的晕态, 其能量可以表示为

$$E = E_0' + CL(L + 1),$$

其中 $E_0' = E_0 + \varepsilon N + AN(N + 4) + BN(N + 3) = $ 常量, 即能谱呈转动谱.

综上所述, 关于能量泛函的分析和对能谱的分析都表明, 在特殊的参数选取方案下, IBM1 的 U(5) 对称性可以描述角动量驱动的由振动到定轴转动的集体运动模式相变. 对于角动量驱动的振动到转动的相变, 其物理机制是, 原子核的基态处于球形, 即只有 s 玻色子 (由于 $N = n_{\mathrm{d}} + n_{\mathrm{s}}$, $L = 0$ 时即 $n_{\mathrm{d}} = 0$, 故只有 s 玻色

子), 此时原子核没有转动, 从而集体运动模式为振动. 随着 d 玻色子数 $n_d$ 增加, 集体转动模式开始出现, 同时伴随发生微小形变, 从而原子核呈非简谐振动状态, 并且振动频率随 d 玻色子数的增加而减小 $(\hbar\omega = \varepsilon_d + (n_d + 4)A + (n_d + 3)B)$. 当转动角动量达到临界值时, 集体振动模式消失, 转动模式的效应达到最大, 从而 s 玻色子数突变为可能的最小值, d 玻色子数突变为可取的最大值, 于是原子核呈定轴转动状态. 也就是说, 对基态具有 U(5) 对称性的系统, 随角动量增大, 系统会发生 U(5) ⊃ SU(3) 的对称性自发破缺 (实际是角动量驱动的动力学破缺). 将这一过程与利用推转的无规相位近似方法的计算比较可知, 这一机制与通过微观计算发现的 γ 振动逐渐衰减引起回弯现象的机制完全一致.

(2) 角动量驱动的 SO(6) 对称核态的相变.

由图 8.14 知, 对于具有 SO(6) 对称性的低角动量核态, 其能量泛函的极小值出现在 $\beta \approx \pm 1$ 处, 并且不依赖于 $\gamma$, 这说明 IBM1 中具有 SO(6) 对称性的低角动量核态为不定轴转动态. 但是随着角动量增大, 能量泛函的极小值的位置会锁定在 $\gamma \approx \frac{\pi}{6}$, $\beta \approx \pm 1.0$, 即原子核的状态转变为三轴形变态. 当角动量很大时, 其能量泛函的极小值的位置尽管恢复到不依赖于 $\gamma$, 但出现在 $\beta = 0$, 此时的原子核的状态为球形振动态. 然而还在 $\gamma = \frac{\pi}{6}$ 存在不依赖于 $\beta$ 的与前述极小简并的极小. 这说明, SO(6) 动力学对称的核态具有发生角动量驱动的集体运动模式相变的可能性.

为使角动量驱动的形状相变发生在具有 SO(6) 动力学对称性的核态, 决定其状态的哈密顿量中的参数也应满足一定的条件. 记 SO(6) 动力学对称下的哈密顿量为

$$\widehat{H}_{O(6)} = E_0 + A_4 C_{2SO(6)} + B\,C_{2SO(5)} + CC_{2SO(3)},$$

其中 $C_{2SO(n)}$ 表示 SO(n) 群的二阶 Casimir 算子, 对总玻色子数 $N = 10$ 的具有 SO(6) 对称性的原子核的 (部分) 相图 (即由相互作用参数和角动量标记的相平衡曲线及呈现单相的区域) 如图 8.23 所示.

**4. 原子核形状相变的临界点状态的对称性描述**

前已述及, 为描述由振动到不定轴 (γ 软) 转动和由振动到定轴转动的集体运动模式相变的临界点附近状态的性质, 人们提出了 E(5) 和 X(5) 临界对称性模型[⑯], 由集体运动模式和 IBM1 中的对称性两种语言标记的集体运动模式相及其相变 (形状相变) 如图 8.16 所示.

原始地, E(5) 临界点对称性是 Bohr-Mottelson 模型中关于 $\beta$ 的无限深势阱模型下的解 $(\nu = \tau + \frac{3}{2}$ 阶 Bessel 函数), 没有代数结构, 也就是没有动力学对称性. 事实上, 系统的哈密顿量具有平移和转动不变性, 即具有五维 Euclid 对称性. 推广占

⑯ Iachello F. Phys. Rev. Lett., 2000, 85: 3580; Phys. Rev. Lett., 2001, 87: 052502.

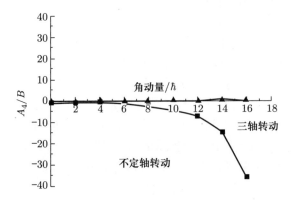

图 8.23 总玻色子数 $N = 10$ 的具有 SO(6) 对称性的原子核的 (部分) 相图的计算结果. (取自 Zhao Y, et al. Int. J. Mod. Phys. E, 2006, 15: 1711)

有数表象中玻色子算符与坐标及动量间的关系知, d 玻色子的产生、湮灭算符可以由五维空间坐标和动量表述为

$$\widetilde{d}_\mu = \frac{1}{\sqrt{2}} \left[ q_\mu + \mathrm{i}\widetilde{p}_\mu \right], \qquad d_\mu^\dagger = \frac{1}{\sqrt{2}} \left[ q_\mu - \mathrm{i}\widetilde{p}_\mu \right]. \tag{8.120}$$

于是, 五维 Euclid 群的生成元可以表述为

$$\begin{aligned}
T_\mu^{(2)} &= \mathrm{i}\widetilde{p}_\mu = \frac{1}{\sqrt{2}}[\widetilde{d}_\mu - d_\mu^\dagger], \\
T_\mu^{(\lambda)} &= \mathrm{i}\sqrt{2}(q\widetilde{p})_\mu^\lambda = \sqrt{2}(d^\dagger \widetilde{d})_\mu^\lambda, \quad \lambda = 1, 3,
\end{aligned} \tag{8.121}$$

Casimir 算子为

$$C_{2\mathrm{Eu}(5)} = \widetilde{p}^2 = \widehat{n}_\mathrm{d} + \frac{5}{2} - \frac{1}{2}\left( \widehat{P}_\mathrm{d}^\dagger + \widehat{P}_\mathrm{d} \right), \tag{8.122}$$

其中 $\widehat{n}_\mathrm{d} = \sum_\mu d_\mu^\dagger d_\mu$, $\widehat{P}_\mathrm{d} = \sum_\mu (-1)^\mu d_\mu d_{-\mu}$. 那么, Eu(5) 动力学对称性的哈密顿量为

$$\widehat{H}_{\mathrm{Eu}(5)} = \alpha\left[ \widehat{n}_\mathrm{d} + \frac{5}{2} - \frac{1}{2}\left( \widehat{P}_\mathrm{d}^\dagger + \widehat{P}_\mathrm{d} \right) \right], \tag{8.123}$$

其中 $\alpha$ 为一标度因子. 该哈密顿量可以在具有 U(5) 对称性 (U(5) $\supset$ O(5) $\supset$ O(3)) 的基 $\{|n_\mathrm{d}\, \tau\, n_\Delta\, L\rangle\}$ 下对角化.

　　X(5) 临界点对称性也是基于关于 $\beta$ 的无限深势阱模型的解而提出的, 但与关于 $\gamma$ ($\beta$ 和 $\gamma$ 为五维空间的 Bohr–Wheeler 参数化中的参数) 的模型不同, E(5) 模型中 $V(\gamma) \equiv 0$, X(5) 模型中 $V(\gamma) \propto \gamma^2$, 其解也为 Bessel 函数, 但阶数由 E(5) 情况下的 $\nu = \tau + 3/2$ (其中 $\tau$ 为 E(5) 的子群 SO(5) 的不可约表示, 即不配成角动量为

0 的对的玻色子数) 改变为 $\nu = \left[\dfrac{L(L+1)}{3} + \dfrac{9}{4}\right]^{1/2}$ (其中 $L$ 为角动量量子数).

前述讨论表明, 将仅是一些特殊情况下的解的所谓的 E(5) 临界点对称性和 X(5) 临界点对称性推广到动力学对称性时, 其基本组分是与 IBM1 的基本组分相同的 s 玻色子和 d 玻色子. 前述讨论表明, 相变区原子核的性质可以由下述哈密顿量决定的态描述:

$$\widehat{H}(\eta, \chi) = \varepsilon \left[(1-\eta)\widehat{n}_{\mathrm{d}} - \frac{\eta}{aN}\widehat{Q}^{\chi} \cdot \widehat{Q}^{\chi}\right], \tag{8.124}$$

其中 $\widehat{Q}^{\chi} = (d^{\dagger}s + s^{\dagger}\widetilde{d})^{(2)} + \chi(d^{\dagger}\widetilde{d})^{(2)}$, $\eta$ 和 $\chi$ 是控制参数, $\varepsilon$ 是标度因子, $a$ 是一可调参数 (亦即标度因子). 显然: 如果 $\eta = 0$, 对任意的 $\chi$, 相应的哈密顿量描述的系统都具有 U(5) 动力学对称性; 如果 $\eta = 1, \chi = 0$, 则该哈密顿量描述的系统具有 SO(6) 动力学对称性; 如果 $\eta = 1, \chi = -\dfrac{\sqrt{7}}{2}$, 则该哈密顿量描述的系统具有 SU(3) 动力学对称性. 在投影相干态方法下的具体计算表明, 对于 U(5) 与 O(6) 对称性之间的相变和 U(5) 与 SU(3) 对称性之间的相变, 在大 $N$ 极限下 (相应于经典集体运动), 它们的临界状态都可以由参数 $\chi$ 决定的临界参数

$$\eta_{\mathrm{c}} = \frac{7a}{7a + 28 + 2\chi^2} \tag{8.125}$$

来表述 (仅相差标度因子 $a$). 那么上述哈密顿量可以统一描述各临界点对称性[16]. 例如, 相应于 $\chi = 0$ 的临界状态的哈密顿量为

$$\begin{aligned}
\widehat{H}_{\mathrm{cri}}(\chi = 0) = \frac{\varepsilon}{a+4}\bigg\{ &4\widehat{n}_{\mathrm{d}} - \frac{1}{N}[\widehat{n}_{\mathrm{d}}(N - \widehat{n}_{\mathrm{d}} + 1) \\
&+ (N - \widehat{n}_{\mathrm{d}})(\widehat{n}_{\mathrm{d}} + 5) + d^{\dagger} \cdot d^{\dagger}\sqrt{(N - \widehat{n}_{\mathrm{d}})(N - \widehat{n}_{\mathrm{d}} - 1)} \\
&+ \sqrt{(N - \widehat{n}_{\mathrm{d}} + 1)(N - \widehat{n}_{\mathrm{d}} + 2)}\,\widetilde{d} \cdot \widetilde{d}]\bigg\}.
\end{aligned} \tag{8.126}$$

在大 $N$ 极限 (即 $n_{\mathrm{d}}/N \ll 1$) 下, 上式进一步简化[17] 为

$$\widehat{H}_{\mathrm{cri}}(\chi = 0) \approx \frac{2\varepsilon}{a+4}\left[\widehat{n}_{\mathrm{d}} - \frac{5}{2} - \frac{1}{2}(P_{\mathrm{d}}^{\dagger} + P_{\mathrm{d}})\right]. \tag{8.127}$$

显然, 这与由五维 Euclid 群的二阶 Casimir 算子 $C_{2\mathrm{Eu}(5)}$ 决定的哈密顿量 ((8.123) 式) 仅差一常数. 这一相应于 (8.125) 式决定的临界参数 $\eta_{\mathrm{c}}$ 的哈密顿量 ((8.124) 式) 既可以统一描述 E(5), X(5) 等临界点对称性状态性质 (表 8.7 为理论结果间的比

[16] Zhang Y, et al. Phys. Lett. B, 2014, 732: 55.

[17] Rowe D J, et al. Phys. Rev. Lett., 2004, 93: 232502; Rowe D J. Phys. Rev. Lett., 2004, 93: 122502.

较, 表 8.8 为对一些已确定的 (近似程度很高的) 具有临界点对称性的原子核的能谱及 E2 跃迁概率的计算结果与实验测量结果的比较), 又具有清楚的动力学对称性, 人们称之为 F(5) 临界点对称性模型.

**表 8.7**  F(5) 对称性模型计算 (取 $N=1000$) 的一些能级和 $B(E2)$ 比值与已有模型结果的比较

| | E(5) | F(5) | | | | X(5) | U(5) | O(6) | SU(3) |
|---|---|---|---|---|---|---|---|---|---|
| | | $\chi = 0.0$ | $-0.4$ | $-1.0$ | $-1.32$ | | | | |
| $E_{4_1}/E_{2_1}$ | 2.20 | 2.19 | 2.33 | 2.63 | 2.89 | 2.91 | 2.00 | 2.50 | 3.33 |
| $E_{6_1}/E_{0_2}$ | 1.18 | 1.19 | 1.12 | 1.01 | 0.96 | 0.96 | 1.50 | 1.00 | $\dfrac{21}{8N-4}$ |
| $E_{0_2}/E_{2_1}$ | 3.03 | 3.02 | 3.53 | 4.67 | 5.61 | 5.67 | 2.00 | 4.50 | $\dfrac{4(2N-1)}{3}$ |
| $\dfrac{B(E2;\ 4_1 \to 2_1)}{B(E2;\ 2_1 \to 0_1)}$ | 1.68 | 1.67 | 1.65 | 1.62 | 1.60 | 1.58 | $\dfrac{2(N-1)}{N}$ | $\dfrac{10(N^2+4N-5)}{7(N^2+4N)}$ | $\dfrac{10(4N^2+6N-10)}{7(4N^2+6N)}$ |
| $\dfrac{B(E2;\ 0_2 \to 2_1)}{B(E2;\ 2_1 \to 0_1)}$ | 0.86 | 0.86 | 0.79 | 0.68 | 0.62 | 0.63 | $\dfrac{2(N-1)}{N}$ | 0.00 | 0.00 |

**表 8.8**  F(5) 临界点对称性模型下对一些已确定 (近似程度很高的) 具有临界点对称性的原子核的能谱及 E2 跃迁概率的计算结果与实验测量结果的比较

| 比率 | ($\chi$ 原子核) | | | | |
|---|---|---|---|---|---|
| | $(-0.2, {}^{102}\mathrm{Pd})$ | $(-0.4, {}^{128}\mathrm{Xe})$ | $(-0.9, {}^{146}\mathrm{Ce})$ | $(-1.2, {}^{148}\mathrm{Ce})$ | $(-1.3, {}^{150}\mathrm{Nd})$ |
| $E_{4_1}/E_{2_1}$ | (2.26, 2.29) | (2.33, 2.33) | (2.57, 2.58) | (2.78, 2.86) | (2.89, 2.93) |
| $E_{6_1}/E_{2_1}$ | (3.75, 3.79) | (3.94, 3.92) | (4.58, 4.53) | (5.13, 5.30) | (5.40, 5.53) |
| $E_{8_1}/E_{2_1}$ | (5.46, 5.42) | (5.80, 5.67) | (6.95, 6.72) | (7.94, 8.14) | (8.44, 8.68) |
| $E_{6_1}/E_{0_\xi}$ | (1.15, 1.27) | (1.12, 0.97) | (1.03, 1.12) | (0.98, 1.09) | (0.96, 1.07) |
| $E_{14_1}/E_{0_\xi}$ | (3.64, 3.70) | (3.64, 2.57) | (3.64, $-$) | (3.64, 3.75) | (3.64, 3.97) |
| $\dfrac{B(E2;\ 4_1 \to 2_1)}{B(E2;\ 2_1 \to 0_1)}$ | (1.66, 1.56) | (1.65, 1.47) | (1.62, $-$) | (1.61, $-$) | (1.60, 1.56) |
| $\dfrac{B(E2;\ 0_\xi \to 2_1)}{B(E2;\ 2_1 \to 0_1)}$ | (0.83, 0.39) | (0.79, 0.33) | (0.70, $-$) | (0.64, $-$) | (0.62, 0.37) |

我们已经熟知, 相变具有很好的标度行为. 对于哈密顿量 $\widehat{H} = -\dfrac{\nabla^2}{2M} + k\beta^{2n}$ (其中 $k \propto M^t$) 的系统的研究 (参见本章页下注 ⑰ 中文献) 表明, 其能谱有标度因子 $M^{(t-n)/(n+1)}$, 在 $n \to \infty$ 的经典极限下, $M^{(t-n)/(n+1)}|_{n\to\infty} = M^{-1}$. 对于原子核, 其质量当然近似正比于其组分粒子数目, 于是该标度行为可以近似表述为 $N^{-1}$ 标度律. 对 F(5) 临界点对称性模型下的 $\chi = 0$ (E(5) 模型) 和 $\chi = -1.32$ (X(5) 模型) 两种特殊情况下的能谱和 E2 跃迁概率随系统中玻色子数目变化的行为如图 8.24

所示.

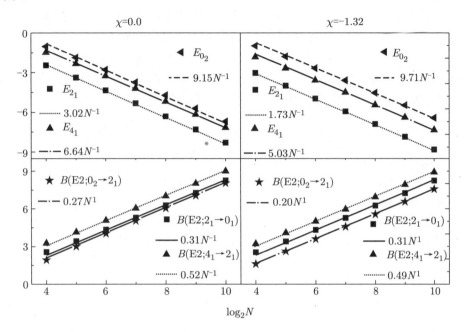

图 8.24 F(5) 临界点对称性模型的两种特殊情况下对一些典型能谱和 E2 跃迁概率随系统粒子数 $N$ 变化的行为的计算结果. (取自 Zhang Y, et al. Phys. Lett. B, 2014, 732: 55)

显然, F(5) 临界点对称性模型可以很好描述临界点状态的能谱的 $N^{-1}$ 标度行为, 并说明临界点状态的 E2 跃迁概率具有 $N^1$ 的标度行为. 上述标度行为的结果表明, 对于有限粒子数系统, F(5) 临界点对称性模型也可以描述其相变临界点状态的性质, 从而为有限粒子系统的相变的研究积累了经验. 关于奇-A 核和奇奇核的形状相变的临界点的性质的研究也已展开, 并且通过推广 E(5) "对称性" (实际是 F(5) 对称性的一种特殊情况), 建立了 E(5/(2j+1)) 模型. 限于篇幅, 这里不再细述[⑯].

## §8.4 分子结构的代数模型

我们知道, 实验研究表明, 与原子核一样, 分子的能谱具有近似于谐振子谱的振动谱 (非谐振子能谱) 和近似于定轴转动谱 (非刚性转子) 的转动谱, 还有振动基础上的转动谱. 由此知, 分子具有集体运动. 由关于原子核的集体运动的讨论知, 分子的集体运动也可以归因于其中组分粒子 (尤其是电子) 的强关联, 即配对. 那么,

---

[⑯] 有兴趣的读者可参阅 Zhang Y, et al. Phys. Rev. C, 2010, 82: 034327 等文献.

分子的结构和性质也可以由玻色子模型近似描述.

由对多粒子束缚系统 (例如原子核) 中物质在空间中的分布按球谐函数展开的描述方案知, 对三维系统, 展开到一阶, 可以表述为球形基础上加上一阶球谐函数 $Y_{1q}$ 的形式. 由 §8.2 关于集体运动的代数方法研究的一般讨论和 §8.3 关于原子核的集体运动的代数方法研究知, 简单的双原子分子可以由 $\{s, p\}$ 玻色子系统来描述. 这些玻色子算符相应的不可约张量的双线性型有:

$$(s^{\dagger}s)_0^0, \qquad (p^{\dagger}\widetilde{p})_\mu^\kappa \ (\kappa = 0, 1, 2), \qquad (s^{\dagger}\widetilde{p})_q^1, \qquad (p^{\dagger}s)_q^1.$$

由 (李群) 李代数的全同粒子实现方案知, 这 16 个算符张成 u(4) 李代数, 因此该系统具有 U(4) 对称性, 其状态即由系统中配成的对 (玻色子) 的数目 $N$ 标记的全对称表示对应的状态.

上述算符集的子集 $\{(p^{\dagger}\widetilde{p})_\mu^\kappa \ (\kappa = 0, 1, 2)\}$, $\{(s^{\dagger}\widetilde{p} + p^{\dagger}s)_q^1, (p^{\dagger}\widetilde{p})_q^1\}$ 分别张成 u(3), o(4) 子代数, 因此系统有下述两条对称性破缺途径 (动力学对称性群链):

$$U(4) \supset U(3) \supset SO(3) \qquad \text{(M-C1)},$$
$$U(4) \supset O(4) \supset SO(3) \qquad \text{(M-C2)}.$$

对应于对称性破缺方式 (动力学对称性群链) (M-C1), 群表示约化规则 (谱生成规则) 为: 对应于 U(4) 的一个确定的表示 $[N]$, U(3) 的不可约表示 $[n]$ 为

$$[n]_{[N]_{U(4)}} = N, N-1, N-2, \cdots, 1, 0. \tag{8.128}$$

对应于 U(3) 的一个确定的表示 $[n]$, SO(3) 的不可约表示 $(L)$ 为

$$(L)_{[n]_{U(3)}} = n, n-2, n-4, \cdots, 1, \text{或} 0 \qquad (n \text{为奇数或偶数}), \tag{8.129}$$

系统 (分子) 的哈密顿量为

$$\widehat{H} = E_0 + \varepsilon C_{1U(4)} + \alpha C_{2U(3)} + \kappa C_{2SO(3)}, \tag{8.130}$$

分子的能谱可以由标记群链中各群的不可约表示的量子数表示为

$$E_{U(3)} = E_0 + \varepsilon n + \alpha n(n+3) + \kappa L(L+1). \tag{8.131}$$

按照通常的动力学对称性群链中各部分的相对强度惯例, $\varepsilon \gg \alpha \gg \kappa$, 这样的系统具有非简谐振动的能谱.

对应于对称性破缺方式 (动力学对称性群链) (M-C2), 群表示约化规则 (谱生成规则) 为: 对应于 U(4) 的一个确定的表示 $[N]$, O(4) 的不可约表示 $(\omega_1, \omega_2) = (\omega, 0) = (\omega)$ 为

$$(\omega)_{[N]_{U(4)}} = N, N-2, N-4, \cdots, 1, \text{或} 0 \qquad (n \text{为奇数或偶数}). \tag{8.132}$$

对应于 O(4) 的一个确定的表示 ($\omega$), SO(3) 的不可约表示 ($L$) 为

$$(L)_{(\omega)_{O(4)}} = \omega, \omega - 1, \omega - 2, \cdots, 1, 0, \tag{8.133}$$

分子的哈密顿量为

$$\widehat{H}_{O(4)} = E_0 + \beta C_{2O(4)} + \kappa C_{2SO(3)}, \tag{8.134}$$

分子的能谱可以由标记群链中各群的不可约表示的量子数表示为

$$E_{O(4)} = E_0 + \beta \omega(\omega + 2) + \kappa L(L + 1). \tag{8.135}$$

按照通常的对称性极限中各部分的相对强度, $\beta \gg \kappa$, 这样的系统具有类似于非刚性转子能谱的转动能谱.

为统一描述处于两种对称性之间的过渡区的分子 (类似于关于过渡区原子核的讨论), 人们通常把哈密顿量表述为

$$\widehat{H} = \varepsilon\left[(1 - \eta)\widehat{n} - \frac{\eta}{f(N)}\widehat{D} \cdot \widehat{D}\right], \tag{8.136}$$

其中 $\varepsilon$ 为任意参数 (标度, 可取为 1), $\widehat{n} = \sum\limits_{m} p_m^\dagger p_m$ 为 p 玻色子数算符, $\widehat{D}_q^{(1)} = (s^\dagger \widetilde{p} + p^\dagger s)_q^1$ 为电偶极算符 (相差一有效电荷因子). $f(N)$ 为关于总玻色子数 $N$ 的线性函数, $\eta$ 为可调参数. 将之与标记系统的各种可能的对称性的群的一阶和二阶 Casimir 算子比较知, 该哈密顿量可以改写为

$$\widehat{H} = \varepsilon(1 - \eta)C_{2U(3)} - \varepsilon\frac{\eta}{f(N)}C_{2O(4)} + \varepsilon\frac{\eta}{f(N)}C_{2O(3)}. \tag{8.137}$$

很显然, 对应于可调参数 $\eta = 0$, 系统处于 U(3) 对称态, 对应于可调参数 $\eta = 1$, 系统处于 O(4) 对称态, $\eta \in (0, 1)$ 对应于 U(3) 与 O(4) 之间的过渡态.

根据集体运动的代数研究方法, 该系统的投影相干态可以表述为

$$|N; \xi\rangle = (N!)^{-1/2}\left[(1 - \xi^*\xi)^{1/2}s^\dagger + \xi p^\dagger\right]^N|0\rangle, \tag{8.138}$$

其中 $\xi$ 为复变量, 可以由三维坐标 $x$ 和相应的动量 $q$ 表述为

$$\xi = (x + iq)/\sqrt{2}, \qquad \xi^* = (x - iq)/\sqrt{2}.$$

相应的哈密顿量的经典表述形式可以由 $H_{cl} = \langle N; \xi|\widehat{H}|N; \xi\rangle$ 确定, 经典的相互作用势可以表述为

$$V(x) = H_{cl}(q = 0, x).$$

取 $f(N) = 3N$, 则有

$$V(x) = N\Big[(1-\eta)\frac{x^2}{2} - \frac{\eta}{3}x^2(2-x^2)\Big].$$

显然, 对应于 $\eta = 0$, 即 U(3) 对称性极限, $V_{\mathrm{U}(3)}(x) = \dfrac{N}{2}x^2$, 对应于 $\eta = 1$, 即 O(4) 对称性极限, $V_{\mathrm{O}(4)}(x) = -\dfrac{N}{3}x^2(2-x^2)$. 对应于 $\eta \in [0, 1]$ 的位能面如图 8.25 所示. 这些结果清楚表明, U(3) 对称性对应振动极限, O(4) 对称性对应转动极限. U(4) 模型可以很好地描述振动极限与转动极限之间的集体运动模式相变. 更精细地考察位能面的特征可知, 这一相变为二级相变, 相变临界状态对应于 $\eta = \dfrac{3}{7}$. 人们还提出了关于分子的 U(3) 对称性与 O(4) 对称性相变之间临界点性质的 E(3) 对称性模型. 然而, 事实上, 由于分子的转动能量较振动能量一般低两个量级, 因此通过高精度的测量才能去观测分子的这种振动–转动相变.

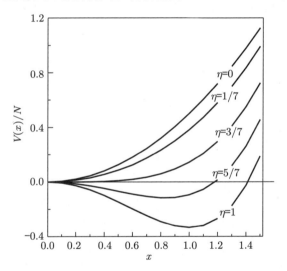

图 8.25    相应于控制参量 $\eta$ 取几个不同值 $(0, 1/7, 3/7, 5/7, 1)$ 情况下的玻色子位能面 $\dfrac{1}{N}V(x, \eta)$. (取自 Zhang Y, et al. Phys. Rev. C, 2008, 78: 024314)

对多原子分子 (例如 $m$ 原子分子), 将上述 U(4) 模型推广到

$$\mathrm{U}_1(4) \otimes \mathrm{U}_2(4) \otimes \cdots \otimes \mathrm{U}_{m-1}(4)$$

即可, 这里不再详述[19].

---

[19] 关于其具体讨论, 有兴趣的读者请参见 Iachello F and Levine R D. Algebraic Theory of Molecules. Oxford University Press, 1995.

# §8.5 超导及超导相变的代数模型

## 8.5.1 超导的基本特征

早在 20 世纪前期, 人们在研究低温情况下导体的电阻率随温度变化的行为时就发现, 一些导体在温度降低时有电阻率突然消失 (小到当时的实验测量精度无法测到) 的现象, 并称之为超导现象, 相应的物体称为超导体 (严格地, 除电阻率消失外, 还具有 Meissner 效应等其他特殊性质的导体才称为超导体). 20 世纪后期的研究表明, 还存在转变温度高达几十 K, 甚至 130 K 以上的超导体. 于是, 人们把超导体分为低温超导体和高温超导体两 (大) 类.

深入的研究表明, 低温超导体的形成 (由导体相变而来) 及其性质可以很好地由 Bardeen–Cooper–Schrieffer (BCS) 理论描述, 因此也常称为 BCS 超导体. 一般地, 固体中作为费米子的电子, 由于 Pauli 不相容原理的限制, 大多以相互之间关联不很强的状态存在, 因此我们有关于一些固体性质的自由电子气体模型. 但是, 在BCS 理论中, 当温度很低时, 在电子与晶格离子之间的电子–声子相互作用影响下, 在费米面附近, 两个动量相反、自旋方向相反的电子结合成对 (常称为 Cooper 对). Cooper 对具有玻色子的性质, 可以凝聚而以集体运动形式快速运动, 形成超导. 因此, 在 BCS 超导体中, 超导电流可以理解为 Cooper 对的超流现象 (但这与玻色–爱因斯坦凝聚 (BEC) 不同, 因为作为玻色子的 Cooper 对数量不守恒, 尤其是 BEC为动量空间中的凝聚, 两种关联模式完全不同).

与通常的带电体之间的电磁相互作用一样, 固体中 (由电子–晶格离子之间的电子–声子相互作用诱导) 的电子之间的相互作用为电磁相互作用, 固体中费米子之间的两体相互作用可以由占有数表象中这些粒子的产生、湮灭算符表述为

$$\widehat{U}_{ij} \propto c_i^\dagger(x) c_j^\dagger(x) c_i(x) c_j(x) \,. \tag{8.139}$$

很显然, 对于电磁相互作用的 U(1) 规范变换

$$c(x) \longrightarrow \mathrm{e}^{-\mathrm{i}\phi} c(x),$$

两体相互作用中的各因子相乘之后相位相消, 即 U(1) 规范变换不改变固体中费米子之间的相互作用, 从而不引起任何物理后果. 这就是说, 固体中的两体 (局域) 相互作用确实满足 U(1) 规范 (变换) 对称性.

对于 BCS 类型的相互作用, 由于 Cooper 对的存在, 相互作用中有对产生、对湮灭项

$$\Delta(x) c_i^\dagger(x) c_j^\dagger(x) + h.c. \,, \tag{8.140}$$

其中 $h.c.$ 表示厄米共轭项. 在前述规范变换下, 上式变换为

$$\Delta(x)\mathrm{e}^{2\mathrm{i}\phi}c_i^\dagger(x)c_j^\dagger(x) + h.c..\tag{8.141}$$

这表明, 仅在规范变换中的相位 $\phi$ 取 0 和 π 两个值的情况下, 系统才仍然是规范不变的. 这就是说, 此时系统的规范对称群是 $Z_2$. 所以 BCS 型的超导相变一般被认为是 U(1) 到 $Z_2$ 的规范对称性自发破缺所致, 进而, 根据 Goldstone 定理, BCS 超导体还有 Meissner 效应等性质.

我们知道, BCS 超导体即通常的低温超导体. 高温超导体, 例如钇钡铜氧化合物超导体、铁基超导体、拓扑超导体等, 在通常条件和状态下实际上是绝缘体. 目前, 即使是对研究时间最久的铜氧化物超导体, 人们也没有 (完全) 理解其超导机制.

铜氧化物 (等) 超导体是晶体, 其晶体结构表明, 在铜氧化物中, 电子在一层层的铜氧离子平面上运动, 并且每两层平面之间相互作用较弱, 因此可以看成一种二维电子系统. 另一方面, 铜氧化物是强关联电子系统, 电子被局域在各个晶格内. 如果对铜氧化物掺杂入其他离子或空穴, 形成电子掺杂型铜氧化物或者空穴掺杂型铜氧化物, 就会使得电子可以向近邻的晶格跃迁, 形成导电体. 统计物理和凝聚态物理研究表明, Hubbard 模型可以描述这种绝缘体-金属相变, 并给出一些重要结果. 以半满占据情况 (无掺杂) 为例, 其哈密顿量可以表述为

$$H = -t\sum_{i,j}\left(c_i^\dagger c_j + h.c.\right) + C\sum_j\left(\widehat{n}_{j\uparrow} - \frac{1}{2}\right)\left(\widehat{n}_{j\downarrow} - \frac{1}{2}\right),\tag{8.142}$$

其中 $\widehat{n}_{j\uparrow}, \widehat{n}_{j\downarrow}$ 分别为自旋朝上、自旋朝下的电子数算符. 在铜氧化物中, 两体相互作用项的系数 (强度) $C$ 是正的, 并且远大于单个粒子动能项的强度 (系数) $t$, 因此可以认为动能项很小, 从而可以忽略. 显然, 该哈密顿量对应的基态 ($n_{j\uparrow} = n_{j\downarrow} = 1/2$, 系统能量最低) 描述的是每对最近邻格点上的电子自旋方向都相反的反铁磁态.

前已述及, 铜氧化物的超导性质来源于掺杂. 尽管在掺杂较少时可以看成一种晶格缺陷, 但在杂质数量和总原子数相当的情况下, 这些杂质也可能引起有序相. 铜氧化合物中的这种有序相就是超导态. 与此同时, BCS 理论中的 Cooper 对、能隙等概念都可以拓展到高温超导现象中, 只不过它们的形成机制尚没有很好的微观理论基础. 实验上对铜氧化物的性质的测量表明, 在没有掺杂时, 它们在低温下表现出反铁磁序, 而在掺杂变多时, 反铁磁相迅速消失, 出现超导相. 既然杂质的数量是一个可调的连续变量, 那么人们有理由相信反铁磁相和超导相之间存在某种形式的关联, 并且其微观产生机制可能存在密切的联系. 于是, 人们需要一个统一的 (微观) 理论来描述这种反铁磁-超导相变 (高温超导相变).

本节即介绍一个基于对称性及其破缺的关于高温超导 (相变) 的考虑费米子之间各种对关联效应的动力学理论模型. 该模型由 Guidry、吴连拗、孙扬和吴承礼等

在 21 世纪初提出[29], 现处于发展完善过程之中.

### 8.5.2 动力学对称性及其相应的物质相

尽管基于动力学对称性及其破缺的方法已在粒子物理和原子核物理等高能标系统的研究中得到广泛应用, 但在凝聚态物理中却较少直接采用这种方法来开展研究 (或者说, 很少以这种语言表述). 与在其他能量标度上一样, 在凝聚态物理中建立动力学对称性及其破缺研究方法的步骤大致是: 先选择一系列具有物理意义的算符, 它们可能是电子的自旋算符、电子–空穴粒子数算符、电子–电子相互作用算符等. 然后通过补充其他算符, 并对相互作用强度进行近似 (常取为常数), 使得这些算符形成一个封闭的代数, 从而找到这个代数系统对应的李代数和李群. 进而寻找此李群的子群和子群链, 它们对应的状态即此系统 (在不同对称性极限下) 的可能状态, 亦即不同的物质相. 根据这些李代数 (李群) 的 Casimir 算子及其本征态和本征值, 即可得到相应相 (状态) 的波函数、粒子密度、能谱等物理量, 即得到相应物质相的性质. 再根据相变是描述系统性质的哈密顿量由高对称性破缺到低对称性 (或由低对称性恢复到高对称性) 的过程的基本原理, 通过调节参数 (对应实验中改变温度、掺杂浓度、磁场强度等控制条件), 研究凝聚态物质在不同条件下由不同因素引起 (驱动) 的相变.

#### 1. 铜氧化物高温超导系统的动力学对称性及其代数结构

对于铜氧化物高温超导系统, 由前述基本特征知, 其基本构件是处于一个晶格内的强关联电子 (对), 这些强关联电子 (对) 在掺杂离子 (或空穴) 的影响下发生迁移 (晶格间跃迁), 系统的状态和性质从而发生变化, 即出现相变. 先考虑一个晶格内的电子, 记动量大小为 $k$ (忽略其具体方向, 仅考虑其数值, 对大小相同、方向相反的动量, 记为 $-k$)、自旋朝上 ($\uparrow$) 或朝下 ($\downarrow$) (常以英文字母 $i$ ($j$) 标记, $i$ ($j$) $= 1$ 或 2 分别对应自旋朝上 ($\uparrow$) 或朝下 ($\downarrow$)) 的电子的产生算符为 $c_{ki}^\dagger$, 相应的湮灭算符为 $c_{ki}$, 则动量为 $k$ 的电子的单体算符可以表述为

$$S_{ij} = \sum_k c_{ki}^\dagger c_{kj} - \frac{1}{2}\Omega\delta_{ij}, \tag{8.143}$$

动量相差 $Q$ 的电子的单体作用算符可以表述为

$$Q_{ij} = \sum_k c_{(k+Q)i}^\dagger c_{kj}, \tag{8.144}$$

形成动量为 0 的电子对的产生算符、湮灭算符可以分别表述为

$$p_{12}^\dagger = \sum_k g(k)c_{k\uparrow}^\dagger c_{(-k)\downarrow}^\dagger, \qquad p_{12} = \sum_k g^*(k)c_{(-k)\downarrow}c_{k\uparrow}, \tag{8.145}$$

---

[29] Guidry M, et al. Phys. Rev. B, 2001, 63: 134516; Wu L A, et al. Phys. Rev. B, 2003, 67: 014515 等, 最近的综述请参阅 Guidry M, et al. Front. Phys., 2020, 15: 43301.

形成动量为 $Q$ 的电子对的产生算符、湮灭算符可以分别表述为

$$q^{\dagger}_{ij} = \sum_{k} g(k) c^{\dagger}_{(k+Q)i} c^{\dagger}_{(-k)j}, \qquad q_{ij} = (q^{\dagger}_{ij})^{\dagger}, \tag{8.146}$$

其中 $\Omega$ 为晶格内电子状态的简并度, $g(k)$ 为依赖于动量的对形状因子 (form factor), 对于 d 波, 通常取近似[21]

$$g(k) = \text{sign}(\cos k_x - \cos k_y) = \pm 1,$$

并且

$$g(k + Q) = -g(k).$$

考虑通常的费米子产生、湮灭算符间的反对易性, 可以证明上述算符之间有李乘积关系

$$\begin{aligned}
\left[p_{12}, p^{\dagger}_{12}\right] &= -S_{11} - S_{22}, \\
\left[q_{ij}, q^{\dagger}_{kl}\right] &= -\delta_{ik}S_{lj} - \delta_{il}S_{kj} - \delta_{kj}S_{li} - \delta_{jl}S_{ki}, \\
\left[p_{ij}, q^{\dagger}_{kl}\right] &= \delta_{ik}Q_{lj} + \delta_{il}Q_{kj} - \delta_{kj}Q_{li} - \delta_{jl}Q_{ki}, \\
\left[S_{ij}, S_{kl}\right] &= \delta_{jk}S_{il} - \delta_{il}S_{kj}, \\
\left[Q_{ij}, Q_{kl}\right] &= \delta_{jk}S_{il} - \delta_{il}S_{kj}, \\
\left[S_{ij}, p^{\dagger}_{kl}\right] &= \delta_{ik}p^{\dagger}_{kl} - \delta_{jl}p^{\dagger}_{ik}, \\
\left[S_{ij}, q^{\dagger}_{kl}\right] &= \delta_{ik}q^{\dagger}_{il} + \delta_{jl}q^{\dagger}_{ik}, \\
\left[Q_{ij}, p^{\dagger}_{kl}\right] &= \delta_{jk}q^{\dagger}_{il} - \delta_{jl}q^{\dagger}_{ik}, \\
\left[Q_{ij}, q^{\dagger}_{kl}\right] &= \delta_{jk}p^{\dagger}_{il} + \delta_{jl}p^{\dagger}_{ik}.
\end{aligned} \tag{8.147}$$

很显然, 这 16 个算符张成一个封闭的空间. 更精细地, 它们张成与 U(4) 群对应的李代数. 再考虑封闭的子空间我们知道, 该 U(4) 群具有子群链

$$\text{U}(4) \supset \text{SU}(4) \begin{cases} \supset \text{SO}(4) \otimes \text{U}(1) \supset \text{SU}(2)_{\text{s}} \otimes \text{U}(1), \\ \supset \text{SO}(5) \supset \text{SU}(2)_{\text{s}} \otimes \text{U}(1), \\ \supset \text{SU}(2)_{\text{p}} \otimes \text{SU}(2)_{\text{s}} \supset \text{SU}(2)_{\text{s}} \otimes \text{U}(1), \end{cases} \tag{8.148}$$

其中各子群链均以 $\text{SU}(2)_{\text{s}} \otimes \text{U}(1)$ 结尾表明自旋和电荷守恒.

---

[21] 参见 Rabello S, et al. Phys. Rev. Lett., 1998, 80: 3586; Henley C L. Phys. Rev. Lett., 1998, 80: 3590 等.

为使物理意义更清楚, 我们对上述算符进行线性组合, 则该 U(4) 群的生成元可以表述为

$$Q_+ = Q_{11} + Q_{22} = \sum_k (c^\dagger_{(k+Q)\uparrow} c_{k\uparrow} + c^\dagger_{(k+Q)\downarrow} c_{k\downarrow}),$$

$$\boldsymbol{S} = \left( \frac{S_{12} + S_{21}}{2}, \ -\mathrm{i} \frac{S_{12} - S_{21}}{2}, \ \frac{S_{11} - S_{22}}{2} \right),$$

$$\boldsymbol{Q} = \left( \frac{Q_{12} + Q_{21}}{2}, \ -\mathrm{i} \frac{Q_{12} - Q_{21}}{2}, \ \frac{Q_{11} - Q_{22}}{2} \right),$$

$$\boldsymbol{\pi}^\dagger = \left( \frac{\mathrm{i}}{2} (q^\dagger_{11} - q^\dagger_{22}), \ \frac{1}{2}(q^\dagger_{11} + q^\dagger_{22}), \ -\frac{\mathrm{i}}{2} (q^\dagger_{12} + q^\dagger_{21}) \right), \qquad (8.149)$$

$$\boldsymbol{\pi} = (\boldsymbol{\pi}^\dagger)^\dagger,$$

$$D^\dagger = p^\dagger_{12},$$

$$D = p_{12},$$

$$M = \frac{1}{2}(\hat{n} - \Omega).$$

由这些算符的表述形式知, 其中的 $Q_+$ 为电荷密度波的产生算符 (一个, 且张成一个理想 u(1)), $\boldsymbol{S}$ 为总自旋算符 (三个), $\boldsymbol{Q}$ 为瞬生磁化率算符 (三个), $\boldsymbol{\pi}^\dagger, \boldsymbol{\pi}$ 分别为三重态 d 波对的产生、湮灭算符 (各三个), $D^\dagger, D$ 分别为单态 d 波对的产生、湮灭算符 (各一个), $\hat{n}$ 为电子数算符 (一个), $M$ 为净电荷数算符 (一个, 与 $\hat{n}$ 不独立).

进一步计算可以证明[22], 这些算符与 $4 \times 4$ 的矩阵之间有对应关系

$$p^\dagger_{12} \rightarrow \begin{bmatrix} 0 & \mathrm{i}\sigma_y \\ 0 & 0 \end{bmatrix}, \qquad p_{12} \rightarrow \begin{bmatrix} 0 & 0 \\ -\mathrm{i}\sigma_y & 0 \end{bmatrix},$$

$$q^\dagger_{12} \rightarrow \begin{bmatrix} 0 & \sigma_x \\ 0 & 0 \end{bmatrix}, \qquad q_{12} \rightarrow \begin{bmatrix} 0 & 0 \\ \sigma_x & 0 \end{bmatrix},$$

$$q^\dagger_{11} \rightarrow \begin{bmatrix} 0 & I + \sigma_z \\ 0 & 0 \end{bmatrix}, \qquad q_{11} \rightarrow \begin{bmatrix} 0 & 0 \\ I + \sigma_z & 0 \end{bmatrix},$$

$$q^\dagger_{22} \rightarrow \begin{bmatrix} 0 & I - \sigma_z \\ 0 & 0 \end{bmatrix}, \qquad q_{22} \rightarrow \begin{bmatrix} 0 & 0 \\ I - \sigma_z & 0 \end{bmatrix},$$

$$S_{12} \rightarrow \begin{bmatrix} \sigma_+ & 0 \\ 0 & -\sigma_- \end{bmatrix}, \qquad S_{21} \rightarrow \begin{bmatrix} \sigma_- & 0 \\ 0 & -\sigma_+ \end{bmatrix},$$

[22] Wu L A, et al. Phys. Rev. B, 2003, 67: 014515 等.

$$S_{11} \rightarrow \begin{bmatrix} \dfrac{I+\sigma_z}{2} & 0 \\ 0 & -\dfrac{I+\sigma_z}{2} \end{bmatrix}, \qquad S_{22} \rightarrow \begin{bmatrix} \dfrac{I-\sigma_z}{2} & 0 \\ 0 & -\dfrac{I-\sigma_z}{2} \end{bmatrix},$$

$$Q_{12} \rightarrow \begin{bmatrix} \sigma_+ & 0 \\ 0 & \sigma_- \end{bmatrix}, \qquad Q_{21} \rightarrow \begin{bmatrix} \sigma_- & 0 \\ 0 & \sigma_+ \end{bmatrix},$$

$$\widetilde{Q}_{11} \rightarrow \begin{bmatrix} \dfrac{I+\sigma_z}{2} & 0 \\ 0 & \dfrac{I+\sigma_z}{2} \end{bmatrix}, \qquad \widetilde{Q}_{22} \rightarrow \begin{bmatrix} \dfrac{I-\sigma_z}{2} & 0 \\ 0 & \dfrac{I-\sigma_z}{2} \end{bmatrix},$$

其中 $\widetilde{Q}_{ii} \equiv Q_{ii} + \dfrac{\Omega}{2}$, $\sigma_x$, $\sigma_y$, $\sigma_z$ 为通常的表征 SU(2) 群 (代数) 的生成元的标准 Pauli 矩阵, $\sigma_\pm \equiv \dfrac{1}{2}(\sigma_x \pm \mathrm{i}\sigma_y)$, $I$ 为 $2 \times 2$ 单位矩阵, $0$ 为 $2 \times 2$ 零矩阵, 并且有

$$D^\dagger \rightarrow \begin{bmatrix} 0 & \mathrm{i}\sigma_y \\ 0 & 0 \end{bmatrix}, \qquad D \rightarrow \begin{bmatrix} 0 & 0 \\ -\mathrm{i}\sigma_y & 0 \end{bmatrix},$$

$$\pi_x^\dagger \rightarrow \begin{bmatrix} 0 & \mathrm{i}\sigma_z \\ 0 & 0 \end{bmatrix}, \qquad \pi_x \rightarrow \begin{bmatrix} 0 & 0 \\ -\mathrm{i}\sigma_z & 0 \end{bmatrix},$$

$$\pi_y^\dagger \rightarrow \begin{bmatrix} 0 & I \\ 0 & 0 \end{bmatrix}, \qquad \pi_y \rightarrow \begin{bmatrix} 0 & 0 \\ I & 0 \end{bmatrix},$$

$$\pi_z^\dagger \rightarrow \begin{bmatrix} 0 & \sigma_x \\ 0 & 0 \end{bmatrix}, \qquad \pi_z \rightarrow \begin{bmatrix} 0 & 0 \\ \sigma_x & 0 \end{bmatrix},$$

$$\boldsymbol{Q} \rightarrow \begin{bmatrix} \boldsymbol{S} & 0 \\ 0 & \boldsymbol{S} \end{bmatrix}, \qquad \boldsymbol{S} \rightarrow \begin{bmatrix} \boldsymbol{S} & 0 \\ 0 & -\boldsymbol{S} \end{bmatrix},$$

$$M \rightarrow \begin{bmatrix} \dfrac{I}{2} & 0 \\ 0 & -\dfrac{I}{2} \end{bmatrix}, \qquad \widetilde{Q}_+ \rightarrow \begin{bmatrix} I & 0 \\ 0 & I \end{bmatrix},$$

其中 $\widetilde{Q}_+ = Q_+ + \Omega$.

该 U(4) 群的各子群的生成元、标记其不可约表示的量子数、二阶 Casimir 算子的表述及其本征值等性质如表 8.9 所示.

**表 8.9** U(4) 群的子群的生成元、Casimir 算子及 Casimir 算子的本征值

| 群 | 生成元 | 量子数 * | Casimir 算子 $\widehat{C}_2$ | $\widehat{C}_2$ 的本征值 |
|---|---|---|---|---|
| SU(4) | $Q_+$, $S$, $Q$, $\pi^\dagger$ $\pi$, $D^\dagger$, $D$, $M$ | $\sigma_1 = \dfrac{\Omega}{2}$ $(\sigma_2 = \sigma_3 = 0)$ | $\pi^\dagger \cdot \pi + Q \cdot Q + D^\dagger D$ $+ S \cdot S + M(M-4)$ | $\sigma_1(\sigma_1 + 4)$ |
| SO(5) | $S$, $\pi^\dagger$, $\pi$, $M$ | $\tau$ $(\omega = 0)$ | $\pi^\dagger \cdot \pi + S \cdot S + M(M-3)$ | $\tau(\tau + 3)$ |
| SO(4) | $Q$, $S$ | $w$ $(F = G = w/2)$ | $Q \cdot Q + S \cdot S$ | $w(w+2)$ |
| SU(2)$_p$ | $D^\dagger$, $D$, $M$ | $\zeta$ | $D^\dagger D + M(M-1)$ | $\dfrac{1}{4}(\Omega - \zeta)(\Omega - \zeta + 2)$ |
| SU(2)$_s$ | $S$ | $S$ | $S \cdot S$ | $S(S+1)$ |

\* 仅对全对称表示 (即半满填充、没有拆对的情况).

### 2. SU(4) 模型的集体态空间与哈密顿量

(1) 集体态空间.

在前述的生成元 (集合) 下, SU(4) 群的二阶 Casimir 算子为

$$\widehat{C}_2^{\mathrm{SU(4)}} = \pi^\dagger \cdot \pi + D^\dagger D + S \cdot S + Q \cdot Q + M(M-4), \tag{8.150}$$

张成的对应于集体 d 波子空间的态矢量 ($\{\pi^\dagger\}$ 对应三重态, $D^\dagger$ 对应单态, 忽略归一化因子) 可以标记为

$$|\Psi\rangle = |n_x\ n_y\ n_z\ n_s\rangle = (\pi_x^\dagger)^{n_x}(\pi_y^\dagger)^{n_y}(\pi_z^\dagger)^{n_z}(D^\dagger)^{n_s}|0\rangle. \tag{8.151}$$

由于该群是三秩李群, 其不可约表示可以由其权空间的三个量子数 $(\sigma_1, \sigma_2, \sigma_3)$ 标记. 相应于上述集体态空间的不可约表示为

$$(\sigma_1, \sigma_2, \sigma_3) = \left(\frac{\Omega}{2}, 0, 0\right), \tag{8.152}$$

其中 $\Omega$ 为一个晶格中电子态的简并度 (也常表述为等价的可容纳电子 (费米子) 的格点的数目), 相应的考虑到两体相互作用的二阶 Casimir 算子的本征值为

$$\langle \widehat{C}_2^{\mathrm{SU(4)}} \rangle = \frac{\Omega}{2}\left(\frac{\Omega}{2} + 4\right). \tag{8.153}$$

显然, 对于确定的晶格状态, 一个晶格内的电子态的简并度 $\Omega$ 为确定值, 因此上述本征值为常数.

前已述及, (8.149) 式中定义的算符 $Q_+$ 是正则约化 U(4) $\cong$ (U(1) $\otimes$ SU(4))/$Z_4$ (其中 $Z_4$ 为 4 阶循环群) 中的子群 U(1) 的生成元, 物理上, 它与系统中的电荷密度

波的激发相联系. 由于它与 SU(4) 的所有生成元都对易, 因此它是状态 $|\Psi\rangle$ 的湮灭算符, 即有

$$Q_+|\Psi\rangle = 0, \qquad \langle\Psi|Q_+|\Psi\rangle = 0. \tag{8.154}$$

这表明, 对应于该集体态 (子) 空间, $Q_+$ 有恒定的本征值 $Q_+ = 0$. 也就是说, 在该集体态 (子) 空间上的有效理论框架下, 不可能有电荷密度波的激发.

我们知道, 相应于简并度为 $\Omega$ 的费米子系统的完整空间的维数为 $2^{2\Omega}$, 而该集体态 (子) 空间的维数, 即该表示对应的态的维数为

$$\mathrm{Dim}\left(\frac{\Omega}{2}, 0, 0\right) = \frac{1}{12}\left(\frac{\Omega}{2}+1\right)\left(\frac{\Omega}{2}+2\right)^2\left(\frac{\Omega}{2}+3\right),$$

即近似为 $\Omega^4$ 的量级. 由此知, 该集体态 (子) 空间只是该晶格上的费米子状态的完整空间中的一个相当小的子空间. 这样, 对于简并度较小的晶格 (即前述的等价的格点较少), 上述集体子空间可能简单可数, 从而在简单模型下可以解析计算.

(2) 哈密顿量.

根据一般理论, 在考虑到单体和两体相互作用情况下, 前述的 d 波对系统的哈密顿量可以一般地表述为系统的对称性群链中各子群 $G$ 的二阶 Casimir 算子 $\widehat{C}_G$ 的线性叠加, 即有

$$\widehat{H} = H_0 + \sum_G H_G\widehat{C}_G, \tag{8.155}$$

其中 $H_0$ 和 $H_G$ 为参数. 各子群的二阶 Casimir 算子的表述由表 8.9 转述如下:

$$\begin{aligned}
\widehat{C}_{\mathrm{SO}(5)} &= \boldsymbol{\pi}^\dagger \cdot \boldsymbol{\pi} + \boldsymbol{S} \cdot \boldsymbol{S} + M(M-3), \\
\widehat{C}_{\mathrm{SO}(4)} &= \boldsymbol{Q} \cdot \boldsymbol{Q} + \boldsymbol{S} \cdot \boldsymbol{S}, \\
\widehat{C}_{\mathrm{SU}(2)_\mathrm{p}} &= D^\dagger D + M(M-1), \\
\widehat{C}_{\mathrm{SU}(2)_\mathrm{s}} &= \boldsymbol{S} \cdot \boldsymbol{S}, \\
\widehat{C}_{\mathrm{U}(1)} &= M \text{ 和 } M^2.
\end{aligned} \tag{8.156}$$

对于电子数确定的系统, 上式中的 $M$ 和 $M^2$ 为常量, $H_0$ 项为电子数的二次函数 (完整的对称性 U(4) 及最大的子群 SU(4) 的二阶 Casimir 算子的本征值), 并可参数化为

$$H_0 = \varepsilon n + \frac{1}{2}v\,n(n-1), \tag{8.157}$$

其中 $\varepsilon$ 和 $v$ 分别为单个电子的有效能量、电子间两体相互作用的平均能量.

于是, 系统的哈密顿量可以改写为

$$\widehat{H} = H_0 + V = \varepsilon n + \frac{1}{2}v\,n(n-1) + V, \tag{8.158}$$

其中

$$V = -G_0 D^\dagger D - G_1 \boldsymbol{\pi}^\dagger \cdot \boldsymbol{\pi} - \chi \boldsymbol{Q} \cdot \boldsymbol{Q} + \kappa \boldsymbol{S} \cdot \boldsymbol{S}, \tag{8.159}$$

$G_0$, $G_1$, $\chi$ 和 $\kappa$ 为 d 波单态对关联、d 波三重态对关联、瞬生磁化率及自旋–自旋相互作用强度 (参量).

由于 $\langle \widehat{C}_{\mathrm{SU(4)}} \rangle$ 为常数, 那么, 根据 (8.150) 式, 我们可以将上式中的 $\boldsymbol{\pi}^\dagger \cdot \boldsymbol{\pi}$ 项替换掉, 并且上述哈密顿量可以改写为

$$\widehat{H} = H_0' - G\big[(1-p)D^\dagger D + p\boldsymbol{Q} \cdot \boldsymbol{Q}\,\big] + \kappa_{\mathrm{eff}}\, \boldsymbol{S} \cdot \boldsymbol{S}, \tag{8.160}$$

$$H_0' = \varepsilon_{\mathrm{eff}}\, n + \frac{1}{2} v_{\mathrm{eff}}\, n(n-1), \tag{8.161}$$

其中 $(1-p)G = G_{\mathrm{eff}}^0$, $pG = \chi_{\mathrm{eff}}$, 和 $\kappa_{\mathrm{eff}}$ 为有效相互作用强度 (参量), $p \in [0,1]$ 为参数.

### 3. 动力学对称性极限与物理态

前述关于晶格中电子系统的代数结构的讨论表明, SU(4) 具有三条保持自旋和电荷守恒的动力学对称性群链. 与 (8.160) 式所示的哈密顿量相联系, SU(2), SO(4), SO(5) 三种动力学对称性极限下的哈密顿量分别对应 (8.160) 式中的参数 $p = 0, 1, 1/2$.

由前述的各算符的物理意义知, 表征配对序稳定性的对能隙 $\Delta$ 和表征反铁磁序的瞬生磁化率 $Q$ 可以分别由下面两式确定:

$$\Delta = G_{\mathrm{eff}}^0 \langle D^\dagger D \rangle^{1/2}, \tag{8.162}$$

$$Q = \langle \boldsymbol{Q} \cdot \boldsymbol{Q} \rangle^{1/2}. \tag{8.163}$$

所谓瞬生磁化率即磁矩在空间分布的任意性, 其数值越大, 说明磁矩越接近在全空间各向同性分布, 也就是磁化强度越小.

下面分别讨论这三种动力学对称性极限的性质及其对应的物质相.

(1) SU(2) 极限.

群链 SU(4) $\supset$ SU(2)$_{\mathrm{p}} \otimes$ SU(2)$_{\mathrm{s}} \supset$ SU(2)$_{\mathrm{s}} \otimes$ U(1) 标记的状态称为 SU(2) 动力学对称性极限, 其哈密顿量相应于 (8.160) 式中 $p = 0$ 的情况, 即有

$$H = H_0' - G_{\mathrm{eff}}^{(0)} D^\dagger D + \kappa_{\mathrm{eff}}\, \boldsymbol{S} \cdot \boldsymbol{S},$$

其本征态可以由系统的电子对数目 $N = \dfrac{n}{2}$、标记 SU(2)$_{\mathrm{p}}$ 的不可约表示的量子数 $\zeta$ 和标记 SU(2)$_{\mathrm{s}}$ 的不可约表示的量子数 (系统的自旋) $S$ 及其投影表示为

$$\big|\psi(\mathrm{SU(2)})\big\rangle = \big| N\, \zeta\, S\, m_s \big\rangle,$$

其中, 对于确定的 $N$, $\zeta$ 和 $S$ 的可取值 (谱生成规则, 或约化分支律) 为

$$\zeta = 2N, 2(N-1), 2(N-2), \cdots, 4, 2, 0,$$
$$S = \frac{\zeta}{2}, \frac{\zeta}{2}-2, \cdots, 2, 1, 0,$$

其维数为 $(\zeta+1)(\zeta+2)/2$. 显然, 量子数 $\zeta$ 为不配成单态 d 对的电子数, 即类辛弱数. 哈密顿量中 $D^\dagger D$ 项的期望值为

$$\langle D^\dagger D \rangle = \langle C_{\mathrm{SU(2)_p}} \rangle - M(M-1) = \frac{1}{4}(\Omega-\zeta)(\Omega-\zeta+2) - M(M-1),$$

系统的 (激发) 能量为

$$\Delta E = \frac{\zeta}{2} G^{(0)}_{\mathrm{eff}} \Omega + \kappa_{\mathrm{eff}}\, S(S+1)\,.$$

基态为对应于 $\zeta = 0$ 的态, 即所有的电子都配成单态 d 对. 显然, 在这种情况下, $S \equiv 0$, 记系统的 (可) 掺杂率为 $x = 1 - \dfrac{n}{\Omega}$, 则系统的能量可表述为

$$E_{\mathrm{gs}} = H'_0 - \frac{1}{4} G^{(0)}_{\mathrm{eff}} \Omega^2 (1-x^2), \tag{8.164}$$

$$\Delta = \frac{1}{2} G^0_{\mathrm{eff}} \Omega \sqrt{1-x^2}, \\ Q = 0, \tag{8.165}$$

即完全没有瞬生磁化率, 并且存在很大的第一激发态能量

$$\Delta E_{\mathrm{SU(2)}} = G^{(0)}_{\mathrm{eff}} \Omega\,. \tag{8.166}$$

根据这些特征我们知道, 该对称性极限下的状态对应于 d 波单态对凝聚的状态, 也就是铜氧化物的 d 波超导相.

(2) SO(4) 极限.

群链 $\mathrm{U(4)} \supset \mathrm{SO(4)} \otimes \mathrm{U(1)} \supset \mathrm{SU(2)_s} \otimes \mathrm{U(1)}$ 标记的状态称为 SO(4) 动力学对称性极限, 其哈密顿量相应于 (8.160) 式中 $p = 1$ 的情况, 即有

$$H = H'_0 - \chi_{\mathrm{eff}} \boldsymbol{Q} \cdot \boldsymbol{Q} + \kappa_{\mathrm{eff}}\, \boldsymbol{S} \cdot \boldsymbol{S}\,.$$

因为 SO(4) 群与 $\mathrm{SU(2)_F} \otimes \mathrm{SU(2)_G}$ 局部同构, 并且其中的子群的生成元由原 SO(4) 群的生成元 $\boldsymbol{Q}$ 与 $\boldsymbol{S}$ 线性组合而成, 即有

$$\boldsymbol{F} = \frac{1}{2}(\boldsymbol{Q}+\boldsymbol{S}), \qquad \boldsymbol{G} = \frac{1}{2}(\boldsymbol{Q}-\boldsymbol{S}), \tag{8.167}$$

将 (8.143) 式和 (8.144) 式分别定义的 $S_{ij}, Q_{ij}$ 变换到坐标空间, 我们有

$$Q_{ij} = \sum_r (-)^r c_{ri}^\dagger c_{rj} = \sum_{r\text{为偶}} c_{ri}^\dagger c_{rj} - \sum_{r\text{为奇}} c_{ri}^\dagger c_{rj}, \tag{8.168}$$

$$S_{ij} = \sum_r c_{ri}^\dagger c_{rj} = \sum_{r\text{为偶}} c_{ri}^\dagger c_{rj} + \sum_{r\text{为奇}} c_{ri}^\dagger c_{rj}. \tag{8.169}$$

这表明, 如果给各电子一个编号的话, $\boldsymbol{F}$ 相当于编号为偶数的电子的总自旋, $\boldsymbol{G}$ 相当于编号为奇数的电子的总自旋. 那么, SO(4) 群相当于由与所有电子的总自旋对应的 SU(2)(SO(3)) 群和与空间格点上编号分别为偶数、奇数的自旋之差对应的 SU(2) (SO(3)) 群直积而成. 这显然与反铁磁 (AF) 长程序的物理图像相对应. 因此, SO(4) 对称性极限直观地对应于物理上的反铁磁相. 下面对其性质予以具体讨论.

SO(4) 的二阶 Casimir 算子为

$$C_{\text{SO(4)}} = 2(\boldsymbol{F}^2 + \boldsymbol{G}^2). \tag{8.170}$$

SO(4) 群的不可约表示可以由两个类自旋量子数标记为 $(F = w/2, G = w/2)$, 其中 $w = N - \mu, \mu = 0, 2, \cdots, N$.

系统的本征态可以由量子数 $w$ 和自旋 $S$ 表示为

$$\big|\psi(\text{SO(4)})\big\rangle = \big|N\ w\ S\ m_s\big\rangle,$$

其中, 对于确定的 $N, w$ 和 $S$ 的可取值为

$$w = N, N-2, N-4, \cdots, 4, 2, 0,$$
$$S = w, w-1, w-2, \cdots, 2, 1, 0,$$

其维数为 $(w+1)^2$.

哈密顿量中 $\boldsymbol{Q}\cdot\boldsymbol{Q}$ 项的期望值为

$$\big\langle \boldsymbol{Q}\cdot\boldsymbol{Q}\big\rangle = \big\langle C_{\text{SO(4)}} - \boldsymbol{S}\cdot\boldsymbol{S}\big\rangle = w(w+2) - S(S+1),$$

系统的 (激发) 能量为

$$\Delta E = \mu\chi_{\text{eff}}(1-x)\Omega + (\kappa_{\text{eff}} + \chi_{\text{eff}})\, S(S+1),$$

其中的 $x$ 的形式与 SU(2) 极限的相同, $\mu = N, N-2, \cdots, 2, 0$.

基态对应于 $w = N, S = 0$, 并且有 $n/2$ 个编号为偶数的电子自旋朝上 (或朝下)、$n/2$ 个编号为奇数的电子自旋朝下 (或朝上) (即 $F = G = N/2$). 显然, 系统的基态能量可表述为

$$E_{\text{gs}} = H_0' - \frac{1}{4}\chi_{\text{eff}}\Omega^2(1-x)^2,$$

并有

$$Q = \frac{1}{2}\Omega(1-x) = \frac{n}{2},$$ (8.171)

即有最大的瞬生磁化率.

系统存在很大的第一激发态能量 (由关联作用 $\mathcal{Q}\cdot\mathcal{Q}$ 引起)

$$\Delta E_{\mathrm{SO}(4)} = 2\chi_{\mathrm{eff}}(1-x)\Omega.$$ (8.172)

这表明, 系统具有禁止电子激发和倾向于磁绝缘体的性质. 此外, 还有对能隙

$$\Delta_{\mathrm{SO}(4)} = \frac{1}{2}G_{\mathrm{eff}}^0\Omega\sqrt{x(1-x)}.$$ (8.173)

根据这些特征我们知道, SO(4) 对称性极限下的状态对应于反铁磁绝缘体相, 也就是铜氧化物的反铁磁相.

(3) SO(5) 极限.

群链 $\mathrm{SU}(4) \supset \mathrm{SO}(5) \supset \mathrm{SU}(2)_s \otimes \mathrm{U}(1)$ 标记的状态称为 SO(5) 动力学对称性极限, 其哈密顿量相应于 (8.160) 式中 $p = 1/2$ 的情况, 即有

$$H = H_0' - G_{\mathrm{eff}}^{(0)}(\mathcal{Q}\cdot\mathcal{Q} + D^\dagger D) + \kappa_{\mathrm{eff}}\, \boldsymbol{S}\cdot\boldsymbol{S}.$$

SO(5) 群的不可约表示由量子数 $\tau$ 标记, 对于确定的 $N = n/2$ ($n$ 为系统 (一个晶格) 中的电子数) 的系统, 其本征态可以由量子数 $\tau$ 和自旋 $S$ 表示为

$$|\psi(\mathrm{SO}(5))\rangle = |N\ \tau\ S\ m_s\rangle$$

记 $\lambda = 0, 1, 2, \cdots, N-1, N$ 为三重态 d 波对 ($\pi$ 对) 的数目, 上式中 $\tau$ 和 $S$ 的可取值则为

$$\tau = \frac{\Omega}{2} - N + \lambda,$$
$$S = \lambda, \lambda-2, \lambda-4, \cdots, 0 \text{ 或 } 1,$$

其维数为 $(\lambda+1)(\lambda+2)/2$.

哈密顿量中 $\mathcal{Q}\cdot\mathcal{Q} + D^\dagger D$ 项的期望值为

$$\langle \mathcal{Q}\cdot\mathcal{Q} + D^\dagger D\rangle = \langle C_{\mathrm{SU}(4)} + M - C_{\mathrm{SO}(5)}\rangle = \frac{\Omega}{2}\left(\frac{\Omega}{2}+4\right) + M - \tau(\tau+3),$$

系统的 (激发) 能量为

$$\Delta E = \lambda G_{\mathrm{eff}}^{(0)}x\Omega + \kappa_{\mathrm{eff}}\, S(S+1),$$

其中的 $x$ 的形式与 SU(2) 极限和 SO(4) 极限的相同.

系统的基态对应于 $\tau = \dfrac{\Omega}{2} - N$ (即 $\lambda = 0$), $S = 0$ 的状态. 显然, 系统基态的能量可表述为

$$E_{\mathrm{gs}} = H_0' - \frac{1}{4}\chi_{\mathrm{eff}}\Omega^2(1-x)^2,$$

并有瞬生磁化率

$$Q_{\mathrm{SO}(5)} = 0 \tag{8.174}$$

和对能隙

$$\Delta_{\mathrm{SO}(5)} = \frac{1}{2}G_{\mathrm{eff}}^0\Omega\sqrt{x(1-x)}, \tag{8.175}$$

激发态能量

$$\Delta E_{\mathrm{SO}(5)} = \lambda G_{\mathrm{eff}}^{(0)} x\Omega. \tag{8.176}$$

很显然, 当 $x$ 较小, 即晶格中的电子数接近晶格的电子简并度时, 与之相应的很多激发态 (相应于不同的 $\lambda$) 都可能与基态有混合. 特别是当 $x = 0$ 时, 基态是高度简并的, 并且不同 $\pi$ 对数目的态相互混合时不需要消耗能量. 拥有多种 $\pi$ 对相应于该相具有反铁磁性质. 这表明, 该对称性极限下, 系统的基态既具有反铁磁相的很大涨落又具有超导相的很大涨落, 亦即在超导相和反铁磁相之间具有急剧的 "磁化".

根据这些特征我们知道, SO(5) 对称性极限下的状态对应于超导相与反铁磁相之间相变的临界状态, 或者说这种对称性为临界动力学对称性 (critical dynamical symmetry).

在 SU(4) 模型提出之前, 为统一描述反铁磁相和超导相及其间的相变, 张守晟与合作者提出了 SO(5) 模型[23]. 由上述讨论知, SO(5) 模型实际是 SU(4) 模型中的一种特殊情况, SU(4) 模型是 SO(5) 模型的推广[24].

**4. 能量泛函分析**

前述讨论表明, SU(4) 具有 SU(2), SO(4) 和 SO(5) 三种动力学对称性极限, 它们的哈密顿量分别为 (8.160) 式所示的一般形式的哈密顿量中的参数 $p = 0, 1, 1/2$ 的形式, 通过对它们的代数结构、谱生成规则 (群表示约化的分支律)、能谱、对能隙、瞬生磁化率 (磁化强度) 等性质的讨论可以说明, 这些动力学对称性极限分别对应物理上的超导相、反铁磁相、超导相与反铁磁相之间的临界状态. 然而, 对于物质相的性质及相变的研究, 人们熟知的是分析有效热力学势 (能量泛函) 的方案. 于是, 人们已采用相干态方法[25]计算并分析了超导的 SU(4) 模型的能量泛函[26]. 在

[23] Zhang S C. Science, 1997, 275: 1089; Rabello S, et al. Phys. Rev. Lett., 1998, 80: 3586.

[24] Wu L A, et al. Phys. Rev. B, 2003, 67: 014515 等.

[25] 见 §8.2 的描述及 Zhang W M, et al. Rev. Mod. Phys., 1990, 62: 867 等文献.

[26] Wu L A, et al. arXiv: 9905436[cond-mat]; Guidry M, et al. Phys. Rev. B, 2001, 63: 134516 等.

前面的一般讨论中曾经说明, 高温超导相变由掺入的杂质的浓度引起, 也就是由晶格中的 (可) 掺杂率 $x$ 决定, 为清楚表征这一驱动因素的效应, 人们对已有 $n$ 粒子处于简并度为 $\Omega$ 的系统定义参量 $\beta$ 满足[27]

$$n = \langle \hat{n} \rangle = 2\Omega(\alpha^2 + \beta^2). \tag{8.177}$$

显然, $\alpha$ 和 $\beta$ 相当于直角坐标系中圆心在原点、半径为 $\sqrt{n/(2\Omega)}$ 的圆上的点对应的坐标, 并且瞬生磁化率的 $z$ 分量与 $\beta$ 间有关系

$$Q = \langle Q_z \rangle = 2\Omega\beta\left(\frac{n}{2\Omega} - \beta^2\right)^{1/2}, \tag{8.178}$$

即参量 $\beta$ 为标记瞬生磁化率的特征量 (存在使 $Q$ 取得极大值的 $\beta_M = \sqrt{\frac{n}{4\Omega}}$, 对 $\beta \in (0, \beta_M]$, 它与 $Q$ 正相关, $\beta$ 越大, $Q$ 越大), 也就是标记反铁磁相的序参量. 计算得到的对应于 (8.160) 式所示的哈密顿量中的参数 $p = 0, 1, 0.5$ 和 $0.52$ 情况下能量泛函随参数 $\beta$ 变化的结果如图 8.26 所示. 由图 8.26 知, 对于 $p = 0$ 的情况 (图 8.26(a)), 无论 (可) 掺杂率 $x = 1 - \frac{n}{\Omega}$ 取什么值, 其能量泛函的极小值都出现在 $\beta = 0$, 即 $Q = 0$ 处, 这说明, 在这种情况下, 系统的稳定状态为 d 波对凝聚的超导态, 即 SU(4) 的 SU(2) 动力学对称性极限对应超导相. 对于 $p = 1$ 的情况 (图 8.26(b)), 无论 (可) 掺杂率 $x = 1 - \frac{n}{\Omega}$ 取什么值, 其能量泛函的极小值都出现在 $\beta \neq 0$, 更精确地, 出现在 $\beta = \sqrt{\frac{1}{4}(1-x)} = \frac{1}{2}\sqrt{\frac{n}{\Omega}}$ 处, 其对应的瞬生磁化率为 $Q = \frac{n}{2}$. 这说明, 在这种情况下, 系统的稳定状态为瞬生磁化率最大的反铁磁状态, 即 SU(4) 的 SO(4) 动力学对称性极限对应反铁磁相. 对于 $p = 0.5$ 的情况 (图 8.26(c)), 无论 (可) 掺杂率 $x = 1 - \frac{n}{\Omega}$ 取什么值, 能量泛函都是底部在相当大的 $\beta$ 取值区间内的上凹函数, 并且随 $x$ 减小 ($\frac{n}{\Omega}$ 增大), 其平坦区间增大. 这说明, 在这种情况下, 系统处于对应 $\beta = 0$ 的稳定状态与对应 $\beta = \frac{1}{2}\sqrt{\frac{n}{\Omega}}$ 的稳定状态之间相变的临界状态, 即 SU(4) 的 SO(5) 动力学对称性极限对应反铁磁相与超导相之间相变的临界状态, 也就是类自旋玻璃态, 并且这种相变为二级相变.

综合本小节的讨论, 无论是对各动力学对称性极限的代数结构分析和性质的解析计算, 还是在相干态框架下对系统的能量泛函的计算和分析都表明: SU(4) 模型的 SU(2) 动力学对称性极限对应超导相, SO(4) 动力学对称性极限对应反铁磁相, SO(5) 动力学对称性极限对应反铁磁相与超导相之间相变的临界状态.

---

[27] Wu L A, et al. arXiv: 9905436[cond-mat].

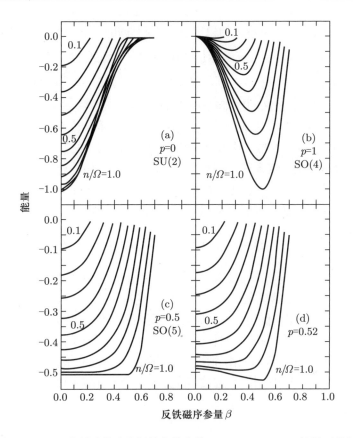

图 8.26 对应于 (8.160) 式所示的哈密顿量在其参数 $p = 0, 1, 0.5, 0.52$ 情况下的相干态能量泛函随反铁磁序参量 $\beta$ 变化的行为, 其中能量以 $G\Omega^2/4$ 为单位. (取自 Guidry M, et al. Phys. Rev. B, 2001, 63: 134516)

### 8.5.3 高温超导相变与相图

#### 1. 相变的可能性与诱导因素

回顾上一小节的讨论我们知道, 对应于 (8.160) 式所示的哈密顿量中的参数 $p$ 取数值 $0, 1, 1/2$, SU(4) 模型下的铜氧化物分别处于超导相、反铁磁相、反铁磁相与超导相之间的临界状态. 这表明, 通过调节参数 $p$ 的取值 (以拟合实验观测到的超导对能隙), 人们可以由 (8.160) 式所示的哈密顿量描述铜氧化物的反铁磁相与超导相之间的相变. 这也就是说, SU(4) 模型是一个具有相变可能性的模型, 参数 $p$ 为驱动相变的一个因素.

考察图 8.26(d) 所示的对应于 (8.160) 式所示的哈密顿量中的参数 $p = 0.52$ 的情况我们知道: 在掺杂率 $x = 1 - \dfrac{n}{\Omega}$ 取较大值 ($\dfrac{n}{\Omega} < 0.5$) 的情况下, 系统的能量泛

函在 $\beta = 0$ 处有极小值, 即系统的稳定状态为超导相; 在掺杂率 $x = 1 - \dfrac{n}{\Omega}$ 取很小值 ($\dfrac{n}{\Omega}$ 接近 1) 的情况下, 系统的能量泛函在 $\beta \neq 0$ 处有极小值, 即系统的稳定状态为反铁磁相; 在掺杂率 $x = 1 - \dfrac{n}{\Omega}$ 取较小值 ($\dfrac{n}{\Omega} \approx 0.7$) 的情况下, 系统的能量泛函在接近 0 的相当大 $\beta$ 区间内都很平坦, 即系统处于反铁磁相与超导相之间相变的临界状态. 这表明, 掺杂率确实影响系统的状态, 其取值变化会引起相变, 也就是说 (正如一般特征部分所述), 掺杂是 (高温) 超导相变的一个诱导 (驱动) 因素. 究其机制是掺杂率明显影响各种对的对能隙, 从而影响各相的稳定性. 计算得到的掺杂率对零温情况下各种对的能隙影响的行为如图 8.27(a) 和 (c) 所示.

再考察 (8.160) 式所示的哈密顿量, 因其可以改写为

$$\widehat{H} = H_0' - G_{\text{eff}}^{(0)} D^\dagger D - \chi_{\text{eff}} \, \boldsymbol{Q} \cdot \boldsymbol{Q} + \kappa_{\text{eff}} \, \boldsymbol{S} \cdot \boldsymbol{S},$$

其中 $G_{\text{eff}}^0 = (1-p)G$, $\chi_{\text{eff}} = pG$ 和 $\kappa_{\text{eff}}$ 为有效相互作用强度 (参量). 上述的调节 $p$ 的取值可以引起相变的现象实际上即有效相互作用强度变化会驱动相变. 我们知道, 系统中粒子间的相互作用很强地依赖于系统的温度, 即温度变化将引起有效相互作用强度变化. 再者, 温度影响粒子在各微观状态的分布, 从而影响电子等在晶格内的状态空间中的填充 (占据) 情况, 进而影响系统的晶格中的 (可) 掺杂率, 因此影响物质的状态, 并引起相变. 总之, 温度 $T$ 是驱动 (高温) 超导相变的另一个重要因素.

此外, 统计物理学和凝聚态物理学等的研究表明, 外磁场强度和物体中电流强度等也很强地影响物体各状态的稳定性, 因此它们也是驱动超导相变的因素.

**2. 相图**

(1) 对温度效应进行研究的计算方案.

我们知道, 在不考虑磁场强度、电流强度等因素的情况下, 影响 (可能驱动) 超导相变的因素有掺杂率和温度.

对于掺杂率, 人们通常将之作为可调参数 (在制备材料时可以控制), 通过对之选取不同的数值进行计算和分析, 讨论系统的性质和相变. 对于温度, 由于其对系统中相互作用强度、(可) 掺杂率、能谱 (能带)、对能隙、磁化强度 (瞬生磁化率) 等都有影响, 因此通常通过理论模型方法研究其对系统各相的性质及超导相变的影响. 本小节对相关研究的计算方案予以简要介绍[29].

在通常的研究中, 为了尽量简化问题, 人们大多采用准粒子框架. 零温情况下, 真实粒子系统的真空态 (能量最低态, 基态) $|\psi\rangle$ 定义为被粒子湮灭算符作用后结果为 0 的态. 在有限的非零温度 $T$ 下, 真实粒子状态的分布由 Fermi-Dirac 分布律

---

[29] 有兴趣深入探究的读者可以参阅统计物理、凝聚态物理方面的专著或教材, 或 Sun Y, et al. Phys. Rev. B, 2006, 73: 134519 等文献及最近的综述.

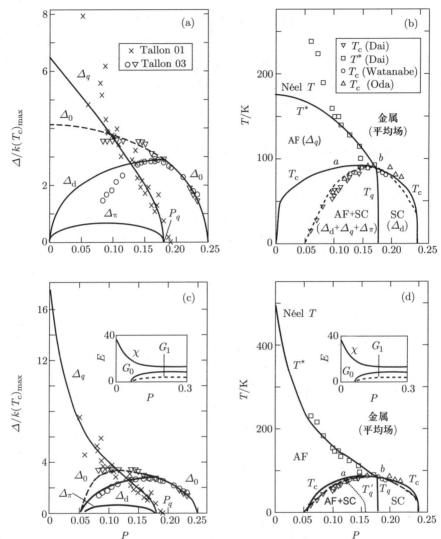

图 8.27 在 (8.159) 式所示的相互作用势中各类型相互作用的强度参数 $\chi = 13, G_0 = 8.2, G_1 = 3.74$ (任意能量单位) 时得到的零温时铜氧化物的反铁磁对、单态 d 波对、三重态 d 波对和 $\pi$ 对的对能隙随掺杂率变化的行为及与实验结果的比较 ((a)) 和进而得到的相图及与实验的比较 ((b)), 以及考虑掺杂率依赖的强度参数 (见 (c)、(d) 中的插图) 情况下得到的对能隙和相图及与实验结果的比较 ((c)、(d)). 其中 $P = (\Omega - n)/\Omega_e$, $\Omega_e$ 为晶格内准粒子态的简并度, $\Omega$ 为可能的最大掺杂 (空穴) 数. (取自 Sun Y, et al. Phys. Rev. B, 2007, 75: 134511)

(对费米子) 或 Bose-Einstein 分布律 (对玻色子) 来表述. 但是, 由于真实粒子的单粒子能级的简并度不高, 甚至不简并, 因此与之对应的准粒子相对于真实粒子较容易激发. 为表征这一现象, 对于准粒子按 (微观) 能量状态的分布规律, 人们引入参量 $R \in (0, 1)$ 对 Fermi-Dirac 分布律或 Bose-Einstein 分布律进行修正 (类似于非广延系统的 Tsallis 分布律). 于是, 对于可以描述具有高温超导性质的二维电子系统的准粒子系统, 其相应的 Fermi-Dirac 分布律修正为

$$\widetilde{n}_\pm(T) = \frac{2}{\Omega} \sum_{r \, \text{为偶}} \widetilde{n}_{r\pm}(T) = \frac{2}{1 + \exp(R\,e_\pm / k_{\mathrm{B}} T)}, \tag{8.179}$$

其中 $e_\pm$ 为 (将由) (8.186) 式定义的准粒子能量, $k_{\mathrm{B}}$ 为 Boltzmann 常量, $R$ 为前述引入的修正参量 (通常通过与实验数据比较而确定).

于是, 有限温度下, 系统中的各单体算符的期望值为

$$\langle D^\dagger \rangle = \langle D \rangle = -\frac{\Omega}{2}\big[P_+(T)u_+v_+ + P_-(T)u_-v_-\big],$$

$$\langle \pi_z^\dagger \rangle = \langle \pi_z \rangle = -\frac{\Omega}{2}\big[P_+(T)u_+v_+ - P_-(T)u_-v_-\big],$$

$$\langle \mathcal{Q}_z \rangle = \frac{\Omega}{2}\big[P_+(T)v_+^2 - P_-(T)v_-^2\big], \tag{8.180}$$

$$\langle \widehat{n} \rangle = \frac{\Omega}{2}\big[P_+(T)(2v_+^2 - 1) + P_-(T)(2v_-^2 - 1) + 2\big],$$

$$\langle \pi_x \rangle = \langle \pi_y \rangle = \langle \boldsymbol{S} \rangle = \langle \mathcal{Q}_x \rangle = \langle \mathcal{Q}_y \rangle = 0,$$

其中

$$P_\pm(T) = 1 - \widetilde{n}_\pm(T) = \tanh\left(\frac{R\,e_\pm}{2k_{\mathrm{B}} T}\right),$$

$u_\pm$ 和 $v_\pm$ 为与 SU(4) 的生成元的矩阵表述形式相对应的参数, 即对

$$\mathcal{T} = \begin{bmatrix} \boldsymbol{Y}_1 & \boldsymbol{X} \\ -\boldsymbol{X}^\dagger & \boldsymbol{Y}_2 \end{bmatrix},$$

有

$$\boldsymbol{X} = \begin{bmatrix} 0 & v_+ \\ -v_- & 0 \end{bmatrix}, \quad \boldsymbol{Y}_1 = \begin{bmatrix} u_+ & 0 \\ 0 & u_- \end{bmatrix}, \quad \boldsymbol{Y}_2 = \begin{bmatrix} u_- & 0 \\ 0 & u_+ \end{bmatrix},$$

并且满足 $u_\pm^2 + v_\pm^2 = 1$. 与 BCS 理论中类似, $v_\pm^2, u_\pm^2$ 分别为相应准粒子能级被填充、不被填充的概率.

两体算符的期望值则可 (在大 $\Omega$ 近似下) 表述为相应单体算符的期望值的平方, 即有

$$\langle D^\dagger D \rangle = \langle D \rangle^2,$$

$$\langle \boldsymbol{\pi}^\dagger \cdot \boldsymbol{\pi} \rangle = \langle \pi_z \rangle^2,$$

$$\langle \boldsymbol{\mathcal{Q}} \cdot \boldsymbol{\mathcal{Q}} \rangle = \langle \mathcal{Q}_z \rangle^2, \tag{8.181}$$

$$\langle \boldsymbol{S} \cdot \boldsymbol{S} \rangle = 0.$$

改写 (8.158) 式和 (8.159) 式所示的哈密顿量 (即将其中的 $\varepsilon - \frac{1}{2}v$ 改记为 $\varepsilon$, $\frac{1}{2}v$ 改记为 $v$, 因为对于粒子数 $n$ 确定的系统, 这些项仅贡献一个常量, 这样的改写不影响能量 (激发) 谱) 为

$$\widehat{H} = \varepsilon\widehat{n} + v\widehat{n}^2 - G_0 D^\dagger D - G_1 \boldsymbol{\pi}^\dagger\cdot\boldsymbol{\pi} - \chi\boldsymbol{Q}\cdot\boldsymbol{Q} + \kappa\boldsymbol{S}\cdot\boldsymbol{S}. \tag{8.182}$$

由之可写出与标准的统计热力学中的哈密顿量对应的形式

$$\widehat{H}' = \widehat{H} - \mu\widehat{n}, \tag{8.183}$$

其中 $\mu$ 为准粒子的化学势, 由粒子数守恒条件 (准粒子算符的期望值等于实际粒子数) 确定.

记

$$\begin{aligned} \Delta_{\mathrm{d}} &\equiv G_0\sqrt{\langle D^\dagger D\rangle}, \\ \Delta_\pi &\equiv G_1\sqrt{\langle\boldsymbol{\pi}^\dagger\cdot\boldsymbol{\pi}\rangle}, \\ \Delta_q &\equiv \chi\sqrt{\langle\boldsymbol{Q}\cdot\boldsymbol{Q}\rangle}, \end{aligned} \tag{8.184}$$

则 $\widehat{H}'$ 的期望值可以表述为

$$\langle\widehat{H}'\rangle = (\varepsilon - \mu)n - \left(\frac{\Delta_{\mathrm{d}}^2}{G_0} + \frac{\Delta_\pi^2}{G_1} + \frac{\Delta_q^2}{\chi}\right).$$

由系统关于 $u_\pm, v_\pm$ 的稳定性条件 (即 $\langle\widehat{H}'\rangle$ 关于 $u_\pm$ 或 $v_\pm$ 的变分 $\delta\langle\widehat{H}'\rangle = 0$) 得

$$2u_\pm v_\pm(\varepsilon_\pm - \mu) - \Delta_\pm(u_\pm^2 - v_\pm^2) = 0\,.$$

由之可得

$$\begin{aligned} u_\pm^2 &= \frac{1}{2}\left(1 + \frac{\varepsilon_\pm - \mu}{e_\pm}\right), \\ v_\pm^2 &= \frac{1}{2}\left(1 - \frac{\varepsilon_\pm - \mu}{e_\pm}\right), \end{aligned} \tag{8.185}$$

其中

$$e_\pm = \sqrt{(\varepsilon_\pm - \mu)^2 + \Delta_\pm{}^2}, \tag{8.186}$$

并且

$$\Delta_\pm = \Delta_{\mathrm{d}} \pm \Delta_\pi, \qquad \varepsilon_\pm = \varepsilon \mp \Delta_q\,. \tag{8.187}$$

将 (8.185) 式代入 (8.180) 和 (8.181) 式, 并考虑对能隙的定义 ((8.184) 式), 我们可以得到温度依赖的对能隙方程 (组)

$$\Delta_{\mathrm{d}} = \frac{G_0 \Omega}{4} \left( w_+ \Delta_+ + w_- \Delta_- \right), \tag{8.188a}$$

$$\Delta_{\pi} = \frac{G_1 \Omega}{4} \left( w_+ \Delta_+ - w_- \Delta_- \right), \tag{8.188b}$$

$$\frac{4\Delta_q}{\chi \Omega} = w_+ (\Delta_q + \mu') + w_- (\Delta_q - \mu'), \tag{8.188c}$$

$$-2x = w_+ (\Delta_q + \mu') - w_- (\Delta_q - \mu'), \tag{8.188d}$$

其中

$$w_{\pm} \equiv \frac{P_{\pm}(T)}{e_{\pm}}, \tag{8.189}$$

$$\mu' \equiv \mu - \varepsilon. \tag{8.190}$$

求解该方程组即可确定所有的对能隙和有效化学势 $\mu'$, 进而可得系统的能量 (谱) 为

$$E = \langle \widehat{H}' \rangle + \mu n = \varepsilon n - \left( \frac{\Delta_{\mathrm{d}}^2}{G_0} + \frac{\Delta_{\pi}^2}{G_1} + \frac{\Delta_q^2}{\chi} \right),$$

并有相对能量密度 (即取 $\varepsilon = 0$, 因为对于 $n$ 确定的系统, 该项对所有能态都有相同的贡献)

$$\frac{E}{\Omega} = - \left( \frac{\Delta_{\mathrm{d}}^2}{G_0 \Omega} + \frac{\Delta_{\pi}^2}{G_1 \Omega} + \frac{\Delta_q^2}{\chi \Omega} \right). \tag{8.191}$$

得到了系统中各种对的能隙和系统的能量 (谱) 随温度变化的行为, 我们即可讨论系统状态随温度变化的行为, 进而讨论温度驱动的相变.

(2) 相图示例.

根据铜氧化物的各相的性质, 可以得到系统中各种对的能隙和系统的能量 (谱) 等与其各物质相的对应关系.

(i) 纯单态 d 波对相 (超导相):

$$\Delta_q = \Delta_{\pi} = 0, \quad \Delta_0 \equiv \Delta_{\mathrm{d}} = \frac{G_0 \Omega}{2} \sqrt{1 - x^2}, \quad \mu' = -\frac{G_0 \Omega}{2} x.$$

(ii) 纯自旋三重态 d 波相:

$$\Delta_q = \Delta_{\mathrm{d}} = 0, \quad \Delta_{\pi} = \frac{G_1 \Omega}{2} \sqrt{1 - x^2}, \quad \mu' = -\frac{G_1 \Omega}{2} x.$$

(iii) 纯反铁磁相:

$$\Delta_{\mathrm{d}} = \Delta_{\pi} = 0, \quad \Delta_q = \frac{\chi \Omega}{2} (1 - x), \quad \mu' = -\frac{\chi \Omega}{2} (1 - x).$$

(iv) 金属相:

$$\Delta_q = \Delta_d = \Delta_\pi = 0, \quad \mu' = -2k_B T \, \text{atanh}(x).$$

以这些特征作为判据, 通过分析各种对能隙和有效化学势随温度及掺杂率变化的行为, 我们即可确定各相的相边界曲线, 进而确定系统的相图.

图 8.27(b), (d) 给出 (8.182) 式所示的哈密顿量中各类型相互作用的强度参数取 $\chi = 13$, $G_0 = 8.2$, $G_1 = 3.74$ (任意能量单位) 和准粒子按其能量状态的分布规律中的修正参数 $R = 0.6$ 情况下 SU(4) 模型计算预言的铜氧化物的相图及与实验测量结果的比较 (图 8.27 (b)) 和考虑掺杂率依赖的强度参数 (图 8.27 (c), (d) 中的插图) 情况下得到的相图及与实验的结果的比较 (图 8.27 (d)). 由图 8.27 知, 在定常的相互作用强度参量下, SU(4) 代数模型即可给出与实验测量结果定性符合的结果. 在考虑掺杂率依赖的相互作用强度参量下, 或者说, 在通过拟合实验测量的对能隙 (见图 8.27(c)) 而得到的相互作用强度参量下, SU(4) 代数模型可以相当好地给出铜氧化物的相结构和相图.

综合本节的描述和讨论我们知道, 考虑了晶格中三种对关联效应的 SU(4) 动力学对称性模型可以相当好地描述铜氧化物的 (高温) 超导相变, SO(5) 模型是 SU(4) 模型中的一种情况. 应用方面, 该模型还已应用于描述铁基材料的超导相变[29] 和其他高温超导相变, 以及铜氧化物与铁基超导的统一描述[30]. 理论上, 已建立了动量 $k$ 依赖的 SU(4) 模型[31]. 总之, 动力学对称性理论可能是描述高温超导 (相变) 的一个有效模型理论. 并且, 参照费米子动力学对称性理论方法在原子核结构研究中的结果, 该理论框架下的动力学对称性群有可能推广到 SO(8) 或 SP(6)[32], 以包含更多的费米子之间的可能的关联模式[33].

## §8.6 多粒子系统本征值问题计算程序正确性的检验

### 8.6.1 原理与标准

计算多粒子系统的本征值和本征函数是研究多粒子系统性质的基础和关键, 解决多粒子系统本征值问题的计算通常需要利用计算机进行数值计算才能实现, 而相

[29] Guidry M, et al. Phys. Rev. B, 2004, 70: 184501 (实际上, 这一工作早于实验上的发现, 如 Kaminara Y, et al. J. Am. Chem. Soc., 2008, 130: 3296 等).

[30] Guidry M, et al. Front. Phys., 2009, 4: 433.

[31] Sun Y, et al. Phys. Rev. B, 2008, 78: 174524.

[32] Guidry M, et al. Front. Phys., 2015, 10: 107404.

[33] SO(8) 模型还有可能可以描述量子 Hall 效应等凝聚态物质的重要性质 (Wu L A, et al. Phys. Rev. B, 2017, 95: 115117).

应的计算程序一般都冗长复杂 (源代码通常有几千行, 甚至上万行), 因此必须有精确的标准和简便高效的方案检验其正确性.

由 §8.1 的讨论知, 由角动量分别为 $l_i$ 的玻色子组成的系统具有对称性

$$U\left(\sum_{l_i}(2l_i+1)\right),$$

由角动量分别为 $j_i$ 的费米子组成的系统具有对称性

$$U\left(\sum_{j_i}(2j_i+1)\right),$$

既包含玻色子又包含费米子的系统具有超对称性

$$U\left(\sum_{l_i}(2l_i+1)\bigg/\sum_{j_i}(2j_i+1)\right).$$

于是, 多粒子系统的状态可能具有动力学对称性极限, 如 §8.3, §8.4, §8.5 所述. 由对称性是操作或变换下的不变性的基本概念知, 对于具有动力学对称性的状态, 在相应的群标记的变换下, 系统的波函数保持不变, 系统的 Casimir 算子的本征值保持不变. 那么, 在这些动力学对称性极限下, 如果改变相应的哈密顿量中的标记相互作用强度的参数, 系统的能量会发生变化, 但系统的波函数保持不变. 这一规律可以作为检验解决多粒子系统的本征值问题的计算程序的正确性的标准和判据.

根据上述标准和判据, 检验处理多粒子系统本征值问题计算程序的正确性的具体步骤是: (1) 找出系统具有的动力学对称性极限, 并且争取使标记这些动力学对称性极限的群链包含的群的数目与计算中相互作用矩阵元的类别数相同, 从而可以保证检验的完备性; (2) 在找到的动力学对称性极限下, 取几组 (至少两组) 参数分别解析计算系统的本征能量; (3) 在相同的参数下, 利用计算机进行数值计算, 将所得本征能量与解析计算所得结果进行比较, 并考察波函数的不变性. 如果在多组参数下数值计算得到的本征能量与解析计算得到的结果都分别相同, 并且改变参数时, 波函数保持不变, 即说明相应的计算程序正确无误. 使用上述标准和检验过程的方案, 通常称为群链检验方案.

### 8.6.2 应用实例

在考虑单体和两体相互作用情况下, 不区分质子和中子的最简单的相互作用玻色子模型 (IBM1) 有 6 类相互作用矩阵元, spdfIBM1 有 49 类相互作用矩阵元, 区分质子和中子的简单的相互作用玻色子模型 (IBM2) 有 21 类相互作用矩阵元, 都

非常复杂. 但 IBM1 有包含 6 个对称群的三种对称性极限 (U(5), O(6) (SU(4)) 和 SU(3)), IBM2 有包含 21 个对称群的四种对称性极限 (U(5), O(6) (SU(4)), SU(3) 和 SU*(3) (对应转动轴不沿任何一个惯量主轴的三轴形变态)). 因此, 我们可以利用这些对称性进行完备的检验.

以最简单的 IBM1 为例, 系统的最大对称群为 U(6), 具有 U(5), SO(6) (SU(4)) 和 SU(3) 三种动力学对称性极限, 系统的哈密顿量可以一般地表述为 (8.74) 式: 在 $A_3 = A_4 = 0$ 的情况下, 即为 U(5) 对称性极限下的哈密顿量; 在 $A_1 = A_2 = A_3 = 0$ 的情况下, 即为 SO(6) 对称性极限下的哈密顿量; 在 $A_1 = A_2 = A_4 = 0$ 的情况下, 即为 SU(3) 对称性极限下的哈密顿量. 为了在占有数表象中计算方便, 系统的波函数的基取为 $|i\rangle = |n_{sd}\, n_d\, \nu_d\, \alpha\, L\rangle$ (其中 $\alpha = 0, 1, \cdots, m_L$, $m_L$ 为重复度, 区分 SO(5)⊃SO(3) 约化时由于非简单可约而出现的其他各量子数分别相同的态).

由前述的群链检验的原理知: 对于 U(5) 对称性极限, 改变参数 $A_1$, $A_2$, $B$, $C$ 的数值, 系统的能量会随之变化, 但波函数保持不变; 对于 SO(6) 对称性极限, 改变参数 $A_4$, $B$, $C$ 的数值, 系统的能量会随之变化, 但波函数保持不变; 对于 SU(3) 对称性极限, 改变参数 $A_3$, $C$ 的数值, 系统的能量会随之变化, 但波函数保持不变. 我们选取多种态和多组参数对常用的计算程序 PHINT 等进行了检验. 具体地, 例如: 总玻色子数 $n_{sd} = 4$ 的系统的角动量 $L = 0$ 的态的波函数的基为

$$|1\rangle = |4\,0\,0\,1\,0\rangle, \quad |2\rangle = |4\,2\,0\,1\,0\rangle, \quad |3\rangle = |4\,3\,3\,1\,0\rangle, \quad |4\rangle = |4\,4\,0\,1\,0\rangle;$$

角动量 $L = 4$ 的态的波函数的基为

$$|1\rangle = |4\,2\,2\,1\,4\rangle, \quad |2\rangle = |4\,3\,3\,1\,4\rangle, \quad |3\rangle = |4\,4\,2\,1\,4\rangle, \quad |4\rangle = |4\,4\,4\,1\,4\rangle.$$

对三种动力学对称性极限, 各自取多组参数, 我们利用常用的计算程序 PHINT 和自主建立的计算程序进行了具体计算. 任取的两组参数下计算的结果列于表 8.10、表 8.11、表 8.12、表 8.13、表 8.14、表 8.15 中.

表 8.10　利用 IBM1 的计算程序在 4 个 s 和 d 玻色子和 U(5) 极限情况下对角动量 $L = 0$ 的态计算的结果

| 参数 | 能量 | 波函数 | | | |
|---|---|---|---|---|---|
| /(a.u.) | /(a.u.) | $|1\rangle$ | $|2\rangle$ | $|3\rangle$ | $|4\rangle$ |
| $A_1 = 0.3000$ | 0.0000 | 1.0000 | 0.0000 | 0.0000 | 0.0000 |
| $A_2 = 0.0100$ | 0.7120 | 0.0000 | 1.0000 | 0.0000 | 0.0000 |
| $B = 0.0050$ | 1.1820 | 0.0000 | 0.0000 | 1.0000 | 0.0000 |
| $C = 0.0080$ | 1.4880 | 0.0000 | 0.0000 | 0.0000 | 1.0000 |
| $A_1 = 0.3500$ | 0.0000 | 1.0000 | 0.0000 | 0.0000 | 0.0000 |
| $A_2 = 0.0100$ | 0.8120 | 0.0000 | 1.0000 | 0.0000 | 0.0000 |
| $B = 0.0100$ | 1.4220 | 0.0000 | 0.0000 | 1.0000 | 0.0000 |
| $C = 0.0070$ | 1.6880 | 0.0000 | 0.0000 | 0.0000 | 1.0000 |

**表 8.11**   利用 IBM1 的计算程序在 4 个 s 和 d 玻色子和 SO(6) 极限情况下对角动量 $L = 0$ 的态计算的结果

| 参数 /(a.u.) | 能量 /(a.u.) | 波函数 | | | |
|---|---|---|---|---|---|
| | | $|1\rangle$ | $|2\rangle$ | $|3\rangle$ | $|4\rangle$ |
| $A_4 = -0.0250$ | 0.0000 | 0.2424 | −0.5248 | 0.0000 | 0.8160 |
| $B = 0.0200$ | 0.3600 | 0.0000 | 0.0000 | −1.0000 | 0.0000 |
| $C = 0.0100$ | 0.5000 | 0.7648 | −0.4141 | 0.0000 | −0.4935 |
| | 0.8000 | −0.5969 | −0.7437 | 0.0000 | −0.3010 |
| $A_4 = -0.0300$ | 0.0000 | 0.2424 | −0.5248 | 0.0000 | 0.8160 |
| $B = 0.0250$ | 0.3600 | 0.0000 | 0.0000 | −1.0000 | 0.0000 |
| $C = 0.0100$ | 0.6000 | 0.7648 | −0.4141 | 0.0000 | −0.4935 |
| | 0.9600 | −0.5969 | −0.7437 | 0.0000 | −0.3010 |

**表 8.12**   利用 IBM1 的计算程序在 4 个 s 和 d 玻色子和 SU(3) 极限情况下对角动量 $L = 0$ 的态计算的结果

| 参数 /(a.u.) | 能量 /(a.u.) | 波函数 | | | |
|---|---|---|---|---|---|
| | | $|1\rangle$ | $|2\rangle$ | $|3\rangle$ | $|4\rangle$ |
| | 0.0000 | −0.2942 | −0.7203 | −0.4214 | −0.4659 |
| $A_3 = -0.0050$ | 0.2469 | 0.8061 | 0.1561 | −0.2790 | −0.4981 |
| $C = 0.0152$ | 0.3049 | 0.2264 | −0.1504 | −0.6675 | 0.6932 |
| | 0.4248 | 0.4609 | −0.6589 | 0.5468 | 0.2331 |
| | 0.0000 | −0.2942 | −0.7203 | −0.4214 | −0.4659 |
| $A_3 = -0.0100$ | 0.4939 | 0.8061 | 0.1561 | −0.2790 | −0.4981 |
| $C = 0.0203$ | 0.6819 | 0.2264 | −0.1504 | −0.6675 | 0.6932 |
| | 0.8497 | 0.4609 | −0.6589 | 0.5468 | 0.2331 |

**表 8.13**   利用 IBM1 的计算程序在 4 个 s 和 d 玻色子和 U(5) 极限情况下对角动量 $L = 4$ 的态计算的结果

| 参数 /(a.u.) | 能量 /(a.u.) | 波函数 | | | |
|---|---|---|---|---|---|
| | | $|1\rangle$ | $|2\rangle$ | $|3\rangle$ | $|4\rangle$ |
| $A_1 = 0.3000$ | 0.9220 | 1.0000 | 0.0000 | 0.0000 | 0.0000 |
| $A_2 = 0.0100$ | 1.3420 | 0.0000 | 1.0000 | 0.0000 | 0.0000 |
| $B = 0.0050$ | 1.6980 | 0.0000 | 0.0000 | 1.0000 | 0.0000 |
| $C = 0.0080$ | 1.7880 | 0.0000 | 0.0000 | 0.0000 | 1.0000 |
| $A_1 = 0.3500$ | 1.0520 | 1.0000 | 0.0000 | 0.0000 | 0.0000 |
| $A_2 = 0.0100$ | 1.5620 | 0.0000 | 1.0000 | 0.0000 | 0.0000 |
| $B = 0.0100$ | 1.9280 | 0.0000 | 0.0000 | 1.0000 | 0.0000 |
| $C = 0.0070$ | 2.1080 | 0.0000 | 0.0000 | 0.0000 | 1.0000 |

**表 8.14** 利用 IBM1 的计算程序在 4 个 s 和 d 玻色子和 SO(6) 极限情况下对角动量 $L = 4$ 的态计算的结果

| 参数 | 能量 | 波函数 | | | |
|---|---|---|---|---|---|
| /(a.u.) | /(a.u.) | $|1\rangle$ | $|2\rangle$ | $|3\rangle$ | $|4\rangle$ |
| $A_4 = -0.0250$ | 0.4000 | 0.9487 | 0.0000 | 0.3162 | 0.0000 |
| $B = 0.0200$ | 0.5600 | 0.0000 | $-1.0000$ | 0.0000 | 0.0000 |
| $C = 0.0100$ | 0.7600 | $-0.3162$ | 0.0000 | 0.9487 | 0.0000 |
| | 0.9000 | 0.0000 | 0.0000 | 0.0000 | 1.0000 |
| $A_4 = -0.0300$ | 0.4500 | 0.9487 | 0.0000 | 0.3162 | 0.0000 |
| $B = 0.0250$ | 0.6500 | 0.0000 | $-1.0000$ | 0.0000 | 0.0000 |
| $C = 0.0100$ | 0.9000 | $-0.3162$ | 0.0000 | 0.9487 | 0.0000 |
| | 1.0500 | 0.0000 | 0.0000 | 0.0000 | 1.0000 |

**表 8.15** 利用 IBM1 的计算程序在 4 个 s 和 d 玻色子和 SU(3) 极限情况下对角动量 $L = 4$ 的态计算的结果

| 参数 | 能量 | 波函数 | | | |
|---|---|---|---|---|---|
| /(a.u.) | /(a.u.) | $|1\rangle$ | $|2\rangle$ | $|3\rangle$ | $|4\rangle$ |
| | 0.3032 | 0.6738 | 0.5746 | 0.4492 | $-0.1188$ |
| $A_3 = -0.0050$ | 0.5132 | 0.0624 | $-0.4962$ | 0.6822 | 0.5334 |
| $C = 0.0152$ | 0.5132 | 0.6949 | $-0.3126$ | $-0.5536$ | 0.3360 |
| | 0.6032 | $-0.2434$ | 0.5709 | $-0.1622$ | 0.7671 |
| | 0.4064 | 0.6738 | 0.5746 | 0.4492 | $-0.1188$ |
| $A_3 = -0.0100$ | 0.8264 | 0.1471 | $-0.5308$ | 0.6092 | 0.5705 |
| $C = 0.0203$ | 0.8264 | $-0.6820$ | 0.2494 | 0.6331 | $-0.2681$ |
| | 1.0064 | $-0.2434$ | 0.5709 | $-0.1622$ | 0.7671 |

如前所述, 最简单的 IBM1 具有六类相互作用矩阵元, 三种动力学对称性群链包含六个子群, 在三种动力学对称性极限下进行计算就可以对相应的计算程序进行完备的检验[34]. 由上述六个表中所列计算结果知, 对于非简并态, 都满足能量随相互作用参数改变而改变, 但波函数保持不变的标准, 所以这些计算程序都正确无误. 由表 8.15 知, 对于简并态, 这种检验标准和方案仍然不能消除简并态的不确定性, 因此, 在利用这种方法进行检验时, 需要选取非简并态来实现.

对于 IBM2 的计算程序的检验, 请参阅龙桂鲁的博士论文 (清华大学, 1987); 对于 spdfIBM 的计算程序的检验, 请参阅刘玉鑫的博士论文 (清华大学, 1992).

---

[34] Liu Y X, et al. Comput. Phys. Commun., 1994, 81: 145.

# 思考题与习题

1. 对价核子数为 12 的原子核, 试给出 FDSM 的 SO(7) 动力学对称性极限下的典型能谱的示意图.

2. 对价核子数为 12 的原子核, 试给出 FDSM 的 SO(6) 动力学对称性极限下的典型能谱的示意图.

3. 对价核子数为 12 的原子核, 试给出 FDSM 的 SO(5) 动力学对称性极限下的典型能谱的示意图.

4. 对价核子数为 12 的原子核, 试给出 FDSM 的 SU(3) 动力学对称性极限下的典型能谱的示意图.

5. 对价核子数为 12 的原子核, 试给出 FDSM 的 SU(2) 动力学对称性极限下的典型能谱的示意图.

6. 对原子核中的核子关联对做 s, d 玻色子近似, 记价核子数为 $2N$(少于等于半满壳可最多容纳的核子数), 试给出其动力学对称性破缺 U(6) $\supset$ SU(3) $\supset$ SO(3) 下的谱生成规则, 并对 $N = 8$ 情况给出完整的能谱示意图.

7. 对原子核中的核子关联对做 s, d, g 玻色子近似, 记价核子数为 $2N$(少于等于半满壳可最多容纳的核子数).
   (1) 试说明其最大对称性为何对称性, 并给出其生成元的完整表达式;
   (2) 试说明它具有动力学对称性破缺群链 U(15) $\supset$ SU(6) $\supset$ SO(3), U(15) $\supset$ SU(5) $\supset$ SO(3), U(15) $\supset$ SU(3) $\supset$ SO(3), 并给出各子群的生成元的表述形式;
   (3) 试给出三种对称性破缺情况下的谱生成规则, 并对 $N = 6$ 情况给出相应的能谱示意图.

8. 对 spdfIBM1, 试分析系统的对称性及其破缺群链.

9. 对原子核结构的 sdIBM1 模型, 试给出其 U(5), SU(3), SO(6) 三种动力学对称性极限情况下的能谱中一些能级能量的比值, 例如 $R_{4_1} = E_{4_1}/E_{2_1}$, $R_{6_1} = E_{6_1}/E_{2_1}$, $R_{0_2} = E_{0_2}/E_{2_1}$, $R_{2_2} = E_{2_2}/E_{2_1}$, $R_{6_0} = E_{6_1}/E_{0_2}$ 等, 并说明分析这些能级能量比值可以确定原子核的集体运动模式及其相变.

10. 我们已经熟知, 量子束缚系统由一个能态到另一个能态的演化为量子跃迁, 量子跃迁有磁偶极 (M1)、电四极 (E2) 等模式. 定义每一个电四极跃迁发出的光子的能量与相应初态角动量的比值为 $R_{\text{EGOS}} = \dfrac{E_\gamma(L \to L - 2)}{L}$.
    (1) 试给出简谐振动、定轴转动、不定轴转动三种情况下的光谱的 $R_{\text{EGOS}}$ 作为 $L$ 的函数的具体表达式, 并画出示意图;
    (2) 试说明通过考察对应于实验观测到的光 (能) 谱的 $R_{\text{EGOS}}$ 可以提取出相

　　应量子态的集体运动模式的演化 (相变) 的信息.

11. 试通过具体计算, 证明 sdIBM1 模型的 U(5), SU(3), SO(6) 三种动力学对称性极限情况下的能量泛函 (8.104), (8.106), (8.109) 式.

12. 试通过具体计算, 证明 sdIBM1 的 (8.113) 式所示的哈密顿量与 (8.114) 式所示的哈密顿量的等价性.

13. 试通过具体计算, 证明由 Heisenberg 代数定义的相干态具有归一性.

14. 试通过具体计算, 证明 BCS 型超导是电磁相互作用的 U(1) 对称性破缺所致.

15. 试通过具体计算, 给出 U(4) 模型下双原子分子的能量泛函.

# 附录　一些表示约化的重复度

**表 1**　$SO(5) \supset SO(3)$ 约化中总角动量 $L$ 可高达 60 的态的重复度

| 辛弱数 ν | 总角动量 L | | | | | | | | | | | | | | | | | | | | |
|---|---|---|---|---|---|---|---|---|---|---|---|---|---|---|---|---|---|---|---|---|---|
| | 0 | 1 | 2 | 3 | 4 | 5 | 6 | 7 | 8 | 9 | 10 | 11 | 12 | 13 | 14 | 15 | 16 | 17 | 18 | 19 | 20 |
| 2 | 0 | 0 | 1 | 0 | 1 | | | | | | | | | | | | | | | | |
| 3 | 1 | 0 | 0 | 1 | 1 | 0 | 1 | | | | | | | | | | | | | | |
| 4 | 0 | 0 | 1 | 0 | 1 | 1 | 1 | 0 | 1 | | | | | | | | | | | | |
| 5 | 0 | 0 | 1 | 0 | 1 | 1 | 1 | 1 | 1 | 0 | 1 | | | | | | | | | | |
| 6 | 1 | 0 | 0 | 1 | 1 | 0 | 2 | 1 | 1 | 1 | 1 | 0 | 1 | | | | | | | | |
| 7 | 0 | 0 | 1 | 0 | 1 | 1 | 1 | 1 | 2 | 1 | 1 | 1 | 1 | 0 | 1 | | | | | | |
| 8 | 0 | 0 | 1 | 0 | 1 | 1 | 1 | 1 | 2 | 1 | 2 | 1 | 1 | 1 | 1 | 0 | 1 | | | | |
| 9 | 1 | 0 | 0 | 1 | 1 | 0 | 2 | 1 | 1 | 2 | 2 | 1 | 2 | 1 | 1 | 1 | 1 | 0 | 1 | | |
| 10 | 0 | 0 | 1 | 0 | 1 | 1 | 1 | 1 | 2 | 1 | 2 | 2 | 2 | 1 | 2 | 1 | 1 | 1 | 1 | 0 | 1 |
| 11 | 0 | 0 | 1 | 0 | 1 | 1 | 1 | 1 | 2 | 1 | 2 | 2 | 2 | 2 | 2 | 1 | 2 | 1 | 1 | 1 | |
| 12 | 1 | 0 | 0 | 1 | 1 | 0 | 2 | 1 | 1 | 2 | 2 | 1 | 3 | 2 | 2 | 2 | 2 | 1 | 2 | 1 | 1 |
| 13 | 0 | 0 | 1 | 0 | 1 | 1 | 1 | 1 | 2 | 1 | 2 | 2 | 2 | 2 | 3 | 2 | 2 | 2 | 2 | 1 | 2 |
| 14 | 0 | 0 | 1 | 0 | 1 | 1 | 1 | 1 | 2 | 1 | 2 | 2 | 2 | 2 | 3 | 2 | 3 | 2 | 2 | 2 | 2 |
| 15 | 1 | 0 | 0 | 1 | 1 | 0 | 2 | 1 | 1 | 2 | 2 | 1 | 3 | 2 | 2 | 3 | 3 | 2 | 3 | 2 | 2 |
| 16 | 0 | 0 | 1 | 0 | 1 | 1 | 1 | 1 | 2 | 1 | 2 | 2 | 2 | 2 | 3 | 2 | 3 | 3 | 3 | 2 | 3 |
| 17 | 0 | 0 | 1 | 0 | 1 | 1 | 1 | 1 | 2 | 1 | 2 | 2 | 2 | 2 | 3 | 2 | 3 | 3 | 3 | 3 | 3 |
| 18 | 1 | 0 | 0 | 1 | 1 | 0 | 2 | 1 | 1 | 2 | 2 | 1 | 3 | 2 | 2 | 3 | 3 | 2 | 4 | 3 | 3 |
| 19 | 0 | 0 | 1 | 0 | 1 | 1 | 1 | 1 | 2 | 1 | 2 | 2 | 2 | 2 | 3 | 2 | 3 | 3 | 3 | 3 | 4 |
| 20 | 0 | 0 | 1 | 0 | 1 | 1 | 1 | 1 | 2 | 1 | 2 | 2 | 2 | 2 | 3 | 2 | 3 | 3 | 3 | 3 | 4 |
| 21 | 1 | 0 | 0 | 1 | 1 | 0 | 2 | 1 | 1 | 2 | 2 | 1 | 3 | 2 | 2 | 3 | 3 | 2 | 4 | 3 | 3 |
| 22 | 0 | 0 | 1 | 0 | 1 | 1 | 1 | 1 | 2 | 1 | 2 | 2 | 2 | 2 | 3 | 2 | 3 | 3 | 3 | 3 | 4 |
| 23 | 0 | 0 | 1 | 0 | 1 | 1 | 1 | 1 | 2 | 1 | 2 | 2 | 2 | 2 | 3 | 2 | 3 | 3 | 3 | 3 | 4 |
| 24 | 1 | 0 | 0 | 1 | 1 | 0 | 2 | 1 | 1 | 2 | 2 | 1 | 3 | 2 | 2 | 3 | 3 | 2 | 4 | 3 | 3 |
| 25 | 0 | 0 | 1 | 0 | 1 | 1 | 1 | 1 | 2 | 1 | 2 | 2 | 2 | 2 | 3 | 2 | 3 | 3 | 3 | 3 | 4 |
| 26 | 0 | 0 | 1 | 0 | 1 | 1 | 1 | 1 | 2 | 1 | 2 | 2 | 2 | 2 | 3 | 2 | 3 | 3 | 3 | 3 | 4 |
| 27 | 1 | 0 | 0 | 1 | 1 | 0 | 2 | 1 | 1 | 2 | 2 | 1 | 3 | 2 | 2 | 3 | 3 | 2 | 4 | 3 | 3 |
| 28 | 0 | 0 | 1 | 0 | 1 | 1 | 1 | 1 | 2 | 1 | 2 | 2 | 2 | 2 | 3 | 2 | 3 | 3 | 3 | 3 | 4 |
| 29 | 0 | 0 | 1 | 0 | 1 | 1 | 1 | 1 | 2 | 1 | 2 | 2 | 2 | 2 | 3 | 2 | 3 | 3 | 3 | 3 | 4 |
| 30 | 1 | 0 | 0 | 1 | 1 | 0 | 2 | 1 | 1 | 2 | 2 | 1 | 3 | 2 | 2 | 3 | 3 | 2 | 4 | 3 | 3 |

| 辛弱数 ν | 总角动量 L | | | | | | | | | | | | | | | | | | | |
|---|---|---|---|---|---|---|---|---|---|---|---|---|---|---|---|---|---|---|---|---|
| | 21 | 22 | 23 | 24 | 25 | 26 | 27 | 28 | 29 | 30 | 31 | 32 | 33 | 34 | 35 | 36 | 37 | 38 | 39 | 40 |
| 11 | 0 | 1 | | | | | | | | | | | | | | | | | | |
| 12 | 1 | 1 | 0 | 1 | | | | | | | | | | | | | | | | |
| 13 | 1 | 1 | 1 | 1 | 0 | 1 | | | | | | | | | | | | | | |
| 14 | 1 | 2 | 1 | 1 | 1 | 1 | 0 | 1 | | | | | | | | | | | | |
| 15 | 2 | 2 | 1 | 2 | 1 | 1 | 1 | 1 | 0 | 1 | | | | | | | | | | |
| 16 | 2 | 2 | 2 | 2 | 1 | 2 | 1 | 1 | 1 | 1 | 0 | 1 | | | | | | | | |
| 17 | 2 | 3 | 2 | 2 | 2 | 2 | 1 | 2 | 1 | 1 | 1 | 1 | 0 | 1 | | | | | | |
| 18 | 3 | 3 | 2 | 3 | 2 | 2 | 2 | 2 | 1 | 2 | 1 | 1 | 1 | 1 | 0 | 1 | | | | |
| 19 | 3 | 3 | 3 | 3 | 2 | 3 | 2 | 2 | 2 | 2 | 1 | 2 | 1 | 1 | 1 | 1 | 0 | 1 | | |
| 20 | 3 | 4 | 3 | 3 | 3 | 3 | 2 | 3 | 2 | 2 | 2 | 2 | 1 | 2 | 1 | 1 | 1 | 1 | 0 | 1 |
| 21 | 4 | 4 | 3 | 4 | 3 | 3 | 3 | 3 | 2 | 3 | 2 | 2 | 2 | 2 | 1 | 2 | 1 | 1 | 1 | 1 |
| 22 | 3 | 4 | 4 | 4 | 3 | 4 | 3 | 3 | 3 | 3 | 2 | 3 | 2 | 2 | 2 | 2 | 1 | 2 | 1 | 1 |
| 23 | 3 | 4 | 4 | 4 | 4 | 4 | 3 | 4 | 3 | 3 | 3 | 3 | 2 | 3 | 2 | 2 | 2 | 2 | 1 | 2 |
| 24 | 4 | 4 | 3 | 5 | 4 | 4 | 4 | 4 | 3 | 4 | 3 | 3 | 3 | 3 | 2 | 3 | 2 | 2 | 2 | 2 |
| 25 | 3 | 4 | 4 | 4 | 4 | 5 | 4 | 4 | 4 | 4 | 3 | 4 | 3 | 3 | 3 | 3 | 2 | 3 | 2 | 2 |
| 26 | 3 | 4 | 4 | 4 | 4 | 5 | 4 | 5 | 4 | 4 | 4 | 4 | 3 | 4 | 3 | 3 | 3 | 3 | 2 | 3 |
| 27 | 4 | 4 | 3 | 5 | 4 | 4 | 5 | 5 | 4 | 5 | 4 | 4 | 4 | 4 | 3 | 4 | 3 | 3 | 3 | 3 |
| 28 | 3 | 4 | 4 | 4 | 4 | 5 | 4 | 5 | 5 | 4 | 5 | 4 | 4 | 4 | 4 | 3 | 4 | 3 | 3 | 3 |
| 29 | 3 | 4 | 4 | 4 | 4 | 5 | 4 | 5 | 5 | 5 | 5 | 4 | 5 | 4 | 4 | 4 | 4 | 3 | 4 | |
| 30 | 4 | 4 | 3 | 5 | 4 | 4 | 5 | 5 | 4 | 6 | 5 | 5 | 5 | 5 | 4 | 5 | 4 | 4 | 4 | 4 |

| 辛弱数 ν | 总角动量 L | | | | | | | | | | | | | | | | | | | |
|---|---|---|---|---|---|---|---|---|---|---|---|---|---|---|---|---|---|---|---|---|
| | 41 | 42 | 43 | 44 | 45 | 46 | 47 | 48 | 49 | 50 | 51 | 52 | 53 | 54 | 55 | 56 | 57 | 58 | 59 | 60 |
| 21 | 0 | 1 | | | | | | | | | | | | | | | | | | |
| 22 | 1 | 1 | 0 | 1 | | | | | | | | | | | | | | | | |
| 23 | 1 | 1 | 1 | 1 | 0 | 1 | | | | | | | | | | | | | | |
| 24 | 1 | 2 | 1 | 1 | 1 | 1 | 0 | 1 | | | | | | | | | | | | |
| 25 | 2 | 2 | 1 | 2 | 1 | 1 | 1 | 1 | 0 | 1 | | | | | | | | | | |
| 26 | 2 | 2 | 2 | 2 | 1 | 2 | 1 | 1 | 1 | 1 | 0 | 1 | | | | | | | | |
| 27 | 2 | 3 | 2 | 2 | 2 | 2 | 1 | 2 | 1 | 1 | 1 | 1 | 0 | 1 | | | | | | |
| 28 | 3 | 3 | 2 | 3 | 2 | 2 | 2 | 2 | 1 | 2 | 1 | 1 | 1 | 1 | 0 | 1 | | | | |
| 29 | 3 | 3 | 3 | 3 | 2 | 3 | 2 | 2 | 2 | 2 | 1 | 2 | 1 | 1 | 1 | 1 | 0 | 1 | | |
| 30 | 3 | 4 | 3 | 3 | 3 | 3 | 2 | 3 | 2 | 2 | 2 | 2 | 1 | 2 | 1 | 1 | 1 | 1 | 0 | 1 |

表 2　SO(7) ⊃ SO(3) 约化中总角动量 $L$ 可高达 60 的态的重复度

| 辛弱数 $\nu$ | 总角动量 $L$ | | | | | | | | | | | | | | | |
|---|---|---|---|---|---|---|---|---|---|---|---|---|---|---|---|---|
| | 0 | 1 | 2 | 3 | 4 | 5 | 6 | 7 | 8 | 9 | 10 | 11 | 12 | 13 | 14 | 15 |
| 2 | 0 | 0 | 1 | 0 | 1 | 0 | 1 | | | | | | | | | |
| 3 | 0 | 1 | 0 | 1 | 1 | 1 | 1 | 1 | 0 | 1 | | | | | | |
| 4 | 1 | 0 | 1 | 1 | 2 | 1 | 2 | 1 | 2 | 1 | 1 | 0 | 1 | | | |
| 5 | 0 | 1 | 1 | 2 | 1 | 3 | 2 | 3 | 2 | 2 | 2 | 2 | 1 | 1 | 0 | 1 |
| 6 | 1 | 0 | 2 | 2 | 3 | 2 | 4 | 3 | 4 | 3 | 4 | 2 | 3 | 2 | 2 | 1 |
| 7 | 0 | 2 | 1 | 3 | 3 | 4 | 4 | 5 | 4 | 6 | 4 | 5 | 4 | 4 | 3 | 3 |
| 8 | 1 | 1 | 3 | 2 | 5 | 4 | 6 | 5 | 7 | 6 | 7 | 6 | 7 | 5 | 6 | 4 |
| 9 | 0 | 2 | 2 | 5 | 4 | 6 | 6 | 8 | 7 | 9 | 8 | 9 | 8 | 9 | 7 | 8 |
| 10 | 2 | 1 | 4 | 4 | 6 | 6 | 9 | 8 | 10 | 9 | 12 | 10 | 12 | 10 | 11 | 10 |
| 11 | 0 | 3 | 3 | 6 | 6 | 9 | 8 | 11 | 11 | 13 | 12 | 14 | 13 | 15 | 13 | 14 |
| 12 | 2 | 2 | 5 | 5 | 9 | 8 | 12 | 11 | 14 | 14 | 16 | 15 | 18 | 16 | 18 | 16 |
| 13 | 0 | 4 | 4 | 8 | 8 | 11 | 12 | 15 | 14 | 18 | 17 | 20 | 19 | 21 | 20 | 22 |
| 14 | 2 | 2 | 7 | 7 | 11 | 11 | 15 | 15 | 19 | 18 | 22 | 21 | 24 | 23 | 26 | 24 |
| 15 | 1 | 5 | 5 | 10 | 10 | 15 | 15 | 19 | 19 | 23 | 23 | 26 | 26 | 29 | 27 | 31 |
| 16 | 3 | 3 | 8 | 9 | 14 | 14 | 19 | 19 | 24 | 24 | 28 | 27 | 32 | 31 | 34 | 33 |
| 17 | 0 | 6 | 7 | 12 | 13 | 18 | 19 | 24 | 24 | 29 | 29 | 34 | 33 | 37 | 37 | 40 |
| 18 | 3 | 4 | 10 | 11 | 17 | 17 | 24 | 24 | 29 | 30 | 35 | 35 | 40 | 39 | 44 | 43 |
| 19 | 1 | 7 | 8 | 15 | 16 | 22 | 23 | 29 | 29 | 36 | 36 | 41 | 42 | 47 | 46 | 51 |
| 20 | 4 | 5 | 12 | 13 | 20 | 22 | 28 | 29 | 36 | 36 | 43 | 43 | 49 | 49 | 54 | 54 |

| 辛弱数 $\nu$ | 总角动量 $L$ | | | | | | | | | | | | | | |
|---|---|---|---|---|---|---|---|---|---|---|---|---|---|---|---|
| | 16 | 17 | 18 | 19 | 20 | 21 | 22 | 23 | 24 | 25 | 26 | 27 | 28 | 29 | 30 |
| 6 | 1 | 0 | 1 | | | | | | | | | | | | |
| 7 | 2 | 2 | 1 | 1 | 0 | 1 | | | | | | | | | |
| 8 | 5 | 3 | 3 | 2 | 2 | 3 | 1 | 1 | 0 | 1 | | | | | |
| 9 | 6 | 6 | 5 | 5 | 3 | 3 | 2 | 2 | 1 | 1 | 0 | 1 | | | |
| 10 | 10 | 8 | 9 | 6 | 7 | 5 | 5 | 3 | 3 | 2 | 2 | 1 | 1 | 0 | 1 |
| 11 | 12 | 13 | 11 | 11 | 19 | 9 | 7 | 7 | 5 | 5 | 3 | 3 | 2 | 2 | 1 |
| 12 | 18 | 15 | 16 | 14 | 14 | 12 | 12 | 9 | 10 | 7 | 7 | 5 | 5 | 3 | 3 |
| 13 | 20 | 21 | 19 | 20 | 17 | 18 | 15 | 15 | 13 | 12 | 10 | 10 | 7 | 7 | 5 |
| 14 | 26 | 24 | 26 | 23 | 24 | 21 | 22 | 19 | 19 | 16 | 16 | 13 | 13 | 10 | 10 |
| 15 | 29 | 31 | 29 | 30 | 28 | 29 | 26 | 26 | 23 | 24 | 20 | 20 | 17 | 16 | 14 |
| 16 | 36 | 34 | 37 | 24 | 36 | 33 | 34 | 31 | 32 | 28 | 28 | 25 | 25 | 21 | 21 |
| 17 | 39 | 42 | 40 | 43 | 40 | 42 | 39 | 40 | 37 | 37 | 34 | 34 | 30 | 30 | 26 |
| 18 | 47 | 45 | 49 | 47 | 49 | 47 | 49 | 45 | 47 | 43 | 44 | 40 | 40 | 36 | 36 |
| 19 | 50 | 54 | 53 | 56 | 54 | 57 | 54 | 56 | 53 | 54 | 50 | 51 | 47 | 47 | 43 |
| 20 | 59 | 58 | 62 | 60 | 65 | 62 | 65 | 62 | 64 | 61 | 62 | 58 | 59 | 54 | 55 |

续表

| 辛弱数 | 总角动量 L | | | | | | | | | | | | | | |
|---|---|---|---|---|---|---|---|---|---|---|---|---|---|---|---|
| ν | 31 | 32 | 33 | 34 | 35 | 36 | 37 | 38 | 39 | 40 | 41 | 42 | 43 | 44 | 45 |
| 11 | 1 | 0 | 1 | | | | | | | | | | | | |
| 12 | 2 | 2 | 1 | 1 | 0 | 1 | | | | | | | | | |
| 13 | 5 | 3 | 3 | 2 | 2 | 1 | 1 | 0 | 1 | | | | | | |
| 14 | 7 | 7 | 5 | 5 | 3 | 3 | 2 | 2 | 1 | 1 | 0 | 1 | | | |
| 15 | 13 | 10 | 10 | 7 | 7 | 5 | 5 | 3 | 3 | 2 | 2 | 1 | 1 | 0 | 1 |
| 16 | 17 | 17 | 14 | 13 | 10 | 10 | 7 | 7 | 5 | 5 | 3 | 3 | 2 | 2 | 1 |
| 17 | 26 | 22 | 21 | 18 | 17 | 14 | 13 | 10 | 10 | 7 | 7 | 5 | 5 | 3 | 3 |
| 18 | 32 | 31 | 27 | 27 | 22 | 22 | 18 | 17 | 14 | 13 | 10 | 10 | 7 | 7 | 5 |
| 19 | 42 | 38 | 38 | 33 | 32 | 28 | 27 | 23 | 22 | 18 | 17 | 14 | 13 | 10 | 10 |
| 20 | 50 | 50 | 45 | 44 | 40 | 39 | 34 | 33 | 28 | 28 | 23 | 22 | 18 | 17 | 14 |

| 辛弱数 | 总角动量 L | | | | | | | | | | | | | | |
|---|---|---|---|---|---|---|---|---|---|---|---|---|---|---|---|
| ν | 46 | 47 | 48 | 49 | 50 | 51 | 52 | 53 | 54 | 55 | 56 | 57 | 58 | 59 | 60 |
| 16 | 1 | 0 | 1 | | | | | | | | | | | | |
| 17 | 2 | 2 | 1 | 1 | 0 | 1 | | | | | | | | | |
| 18 | 5 | 3 | 3 | 2 | 2 | 1 | 1 | 0 | 1 | | | | | | |
| 19 | 7 | 7 | 5 | 5 | 3 | 3 | 2 | 2 | 1 | 1 | 0 | 1 | | | |
| 20 | 13 | 10 | 10 | 7 | 7 | 5 | 5 | 3 | 3 | 2 | 2 | 1 | 1 | 0 | 1 |

**表 3** SO(9) ⊃ SO(3) 约化中总角动量 L 可高达 60 的态的重复度

| 辛弱数 | 总角动量 L | | | | | | | | | | | | | | |
|---|---|---|---|---|---|---|---|---|---|---|---|---|---|---|---|
| ν | 0 | 1 | 2 | 3 | 4 | 5 | 6 | 7 | 8 | 9 | 10 | 11 | 12 | 13 | 14 | 15 |
| 2 | 0 | 0 | 1 | 0 | 1 | 0 | 1 | 0 | 1 | | | | | | |
| 3 | 1 | 0 | 1 | 1 | 1 | 1 | 2 | 1 | 1 | 1 | 1 | 0 | 1 | | |
| 4 | 1 | 0 | 2 | 1 | 3 | 2 | 3 | 2 | 3 | 2 | 3 | 1 | 2 | 1 | 1 | 0 |
| 5 | 1 | 1 | 3 | 2 | 4 | 4 | 5 | 4 | 6 | 4 | 5 | 4 | 4 | 3 | 3 | 2 |
| 6 | 2 | 1 | 4 | 4 | 7 | 5 | 9 | 7 | 9 | 8 | 9 | 7 | 9 | 6 | 7 | 5 |
| 7 | 2 | 2 | 6 | 6 | 10 | 9 | 12 | 12 | 14 | 13 | 15 | 13 | 14 | 12 | 13 | 10 |
| 8 | 3 | 3 | 9 | 8 | 14 | 14 | 18 | 17 | 22 | 19 | 23 | 21 | 23 | 20 | 22 | 18 |
| 9 | 4 | 5 | 11 | 13 | 19 | 19 | 26 | 25 | 30 | 30 | 33 | 31 | 35 | 32 | 33 | 31 |
| 10 | 5 | 6 | 16 | 17 | 26 | 27 | 35 | 35 | 42 | 41 | 48 | 45 | 50 | 47 | 50 | 46 |
| 11 | 5 | 9 | 21 | 23 | 34 | 37 | 46 | 48 | 57 | 57 | 64 | 64 | 69 | 67 | 72 | 67 |
| 12 | 8 | 12 | 26 | 31 | 45 | 47 | 62 | 63 | 75 | 77 | 86 | 85 | 95 | 92 | 98 | 95 |
| 13 | 9 | 16 | 33 | 40 | 57 | 63 | 78 | 83 | 97 | 100 | 113 | 114 | 124 | 124 | 131 | 129 |
| 14 | 11 | 20 | 43 | 50 | 72 | 80 | 99 | 106 | 125 | 128 | 145 | 148 | 161 | 161 | 174 | 170 |
| 15 | 14 | 26 | 51 | 65 | 89 | 100 | 125 | 134 | 155 | 164 | 183 | 188 | 206 | 208 | 221 | 223 |

续表

| 辛弱数 | 总角动量 L | | | | | | | | | | | | | | |
|---|---|---|---|---|---|---|---|---|---|---|---|---|---|---|---|
| ν | 16 | 17 | 18 | 19 | 20 | 21 | 22 | 23 | 24 | 25 | 26 | 27 | 28 | 29 | 30 |
| 4 | 1 | | | | | | | | | | | | | | |
| 5 | 2 | 1 | 1 | 0 | 1 | | | | | | | | | | |
| 6 | 5 | 3 | 4 | 2 | 2 | 1 | 1 | 0 | 1 | | | | | | |
| 7 | 11 | 8 | 8 | 6 | 5 | 4 | 4 | 2 | 2 | 1 | 1 | 0 | 1 | | |
| 8 | 19 | 16 | 16 | 12 | 13 | 9 | 9 | 6 | 6 | 4 | 4 | 2 | 2 | 1 | 1 |
| 9 | 31 | 27 | 28 | 23 | 23 | 19 | 18 | 14 | 14 | 10 | 9 | 7 | 6 | 4 | 4 |
| 10 | 49 | 43 | 44 | 39 | 39 | 33 | 33 | 27 | 26 | 21 | 20 | 15 | 15 | 10 | 10 |
| 11 | 70 | 66 | 66 | 61 | 61 | 54 | 53 | 47 | 45 | 38 | 37 | 30 | 28 | 23 | 21 |
| 12 | 99 | 93 | 97 | 89 | 90 | 83 | 82 | 73 | 73 | 63 | 61 | 53 | 50 | 42 | 40 |
| 13 | 135 | 130 | 133 | 127 | 128 | 120 | 120 | 110 | 108 | 99 | 95 | 85 | 82 | 71 | 67 |
| 14 | 179 | 175 | 180 | 173 | 177 | 167 | 168 | 158 | 156 | 144 | 142 | 128 | 125 | 112 | 107 |
| 15 | 232 | 229 | 238 | 231 | 235 | 228 | 228 | 217 | 217 | 204 | 200 | 187 | 181 | 166 | 161 |

| 辛弱数 | 总角动量 L | | | | | | | | | | | | | | |
|---|---|---|---|---|---|---|---|---|---|---|---|---|---|---|---|
| ν | 31 | 32 | 33 | 34 | 35 | 36 | 37 | 38 | 39 | 40 | 41 | 42 | 43 | 44 | 45 |
| 8 | 0 | 1 | | | | | | | | | | | | | |
| 9 | 2 | 2 | 1 | 1 | 0 | 1 | | | | | | | | | |
| 10 | 7 | 6 | 4 | 4 | 2 | 2 | 1 | 1 | 0 | 1 | | | | | |
| 11 | 16 | 15 | 11 | 10 | 7 | 6 | 4 | 4 | 2 | 2 | 1 | 1 | 0 | 1 | |
| 12 | 32 | 30 | 24 | 22 | 16 | 16 | 11 | 10 | 7 | 6 | 4 | 4 | 2 | 2 | 1 |
| 13 | 58 | 54 | 45 | 42 | 34 | 31 | 25 | 22 | 17 | 16 | 11 | 10 | 7 | 6 | 4 |
| 14 | 94 | 90 | 77 | 72 | 62 | 57 | 47 | 44 | 35 | 32 | 25 | 23 | 17 | 16 | 11 |
| 15 | 145 | 138 | 124 | 116 | 102 | 96 | 82 | 76 | 65 | 59 | 49 | 45 | 36 | 32 | 26 |

| 辛弱数 | 总角动量 L | | | | | | | | | | | | | | |
|---|---|---|---|---|---|---|---|---|---|---|---|---|---|---|---|
| ν | 46 | 47 | 48 | 49 | 50 | 51 | 52 | 53 | 54 | 55 | 56 | 57 | 58 | 59 | 60 |
| 12 | 1 | 0 | 1 | | | | | | | | | | | | |
| 13 | 4 | 2 | 2 | 1 | 1 | 0 | 1 | | | | | | | | |
| 14 | 10 | 7 | 6 | 4 | 4 | 2 | 2 | 1 | 1 | 0 | 1 | | | | |
| 15 | 23 | 17 | 16 | 11 | 10 | 7 | 6 | 4 | 4 | 2 | 2 | 1 | 1 | 0 | 1 |

**表 4** SO(11) ⊃ SO(3) **约化中总角动量** $L$ **可高达 60 的态的重复度**

| 辛弱数 ν | 总角动量 $L$ | | | | | | | | | | | | | | | |
|---|---|---|---|---|---|---|---|---|---|---|---|---|---|---|---|
| | 0 | 1 | 2 | 3 | 4 | 5 | 6 | 7 | 8 | 9 | 10 | 11 | 12 | 13 | 14 | 15 |
| 2 | 1 | 0 | 1 | 0 | 1 | 0 | 1 | 0 | 1 | 0 | 1 | | | | | |
| 3 | 0 | 1 | 0 | 2 | 1 | 1 | 2 | 2 | 1 | 2 | 1 | 1 | 1 | 1 | 0 | 1 |
| 4 | 1 | 0 | 3 | 1 | 4 | 3 | 4 | 3 | 5 | 3 | 4 | 3 | 4 | 2 | 3 | 1 |
| 5 | 0 | 3 | 3 | 5 | 5 | 8 | 6 | 9 | 8 | 9 | 8 | 9 | 7 | 8 | 6 | 6 |
| 6 | 4 | 2 | 7 | 8 | 12 | 10 | 17 | 14 | 17 | 16 | 19 | 15 | 19 | 15 | 16 | 14 |
| 7 | 0 | 8 | 10 | 16 | 17 | 24 | 23 | 29 | 29 | 32 | 31 | 35 | 31 | 33 | 31 | 31 |
| 8 | 6 | 8 | 21 | 21 | 34 | 35 | 44 | 44 | 54 | 51 | 59 | 56 | 61 | 57 | 61 | 54 |
| 9 | 5 | 20 | 24 | 43 | 47 | 60 | 67 | 78 | 79 | 93 | 91 | 98 | 99 | 104 | 98 | 104 |
| 10 | 12 | 22 | 49 | 55 | 80 | 88 | 109 | 114 | 135 | 135 | 153 | 153 | 164 | 161 | 172 | 164 |
| 11 | 8 | 43 | 62 | 93 | 110 | 142 | 154 | 183 | 194 | 216 | 225 | 245 | 246 | 262 | 261 | 270 |
| 12 | 28 | 51 | 98 | 127 | 173 | 192 | 241 | 257 | 295 | 313 | 345 | 351 | 385 | 385 | 405 | 406 |

| 辛弱数 ν | 总角动量 $L$ | | | | | | | | | | | | | | |
|---|---|---|---|---|---|---|---|---|---|---|---|---|---|---|---|
| | 16 | 17 | 18 | 19 | 20 | 21 | 22 | 23 | 24 | 25 | 26 | 27 | 28 | 29 | 30 |
| 4 | 2 | 1 | 1 | 0 | 1 | | | | | | | | | | |
| 5 | 5 | 5 | 3 | 3 | 2 | 2 | 1 | 1 | 0 | 1 | | | | | |
| 6 | 14 | 10 | 12 | 8 | 8 | 6 | 6 | 3 | 4 | 2 | 2 | 1 | 1 | 0 | 1 |
| 7 | 27 | 28 | 23 | 23 | 19 | 18 | 14 | 14 | 10 | 9 | 7 | 6 | 4 | 4 | 2 |
| 8 | 58 | 51 | 51 | 45 | 45 | 37 | 37 | 30 | 29 | 23 | 22 | 16 | 16 | 11 | 10 |
| 9 | 97 | 97 | 92 | 90 | 81 | 81 | 71 | 67 | 60 | 56 | 46 | 45 | 36 | 33 | 27 |
| 10 | 170 | 162 | 164 | 152 | 154 | 139 | 138 | 125 | 120 | 106 | 103 | 88 | 83 | 71 | 66 |
| 11 | 265 | 271 | 260 | 263 | 250 | 246 | 232 | 227 | 208 | 202 | 184 | 174 | 157 | 147 | 129 |
| 12 | 420 | 409 | 422 | 406 | 408 | 393 | 389 | 365 | 363 | 336 | 325 | 301 | 289 | 260 | 250 |

| 辛弱数 ν | 总角动量 $L$ | | | | | | | | | | | | | | |
|---|---|---|---|---|---|---|---|---|---|---|---|---|---|---|---|
| | 31 | 32 | 33 | 34 | 35 | 36 | 37 | 38 | 39 | 40 | 41 | 42 | 43 | 44 | 45 |
| 7 | 2 | 1 | 1 | 0 | 1 | | | | | | | | | | |
| 8 | 7 | 7 | 4 | 4 | 2 | 2 | 1 | 1 | 0 | 1 | | | | | |
| 9 | 24 | 18 | 17 | 12 | 10 | 8 | 7 | 4 | 4 | 2 | 2 | 1 | 1 | 0 | 1 |
| 10 | 54 | 51 | 40 | 37 | 29 | 26 | 19 | 18 | 12 | 11 | 8 | 7 | 4 | 4 | 2 |
| 11 | 121 | 104 | 95 | 81 | 74 | 60 | 55 | 44 | 39 | 31 | 27 | 20 | 18 | 13 | 11 |
| 12 | 222 | 208 | 185 | 171 | 147 | 138 | 116 | 105 | 89 | 80 | 64 | 59 | 46 | 41 | 32 |

| 辛弱数 ν | 总角动量 $L$ | | | | | | | | | | | | | | |
|---|---|---|---|---|---|---|---|---|---|---|---|---|---|---|---|
| | 46 | 47 | 48 | 49 | 50 | 51 | 52 | 53 | 54 | 55 | 56 | 57 | 58 | 59 | 60 |
| 10 | 2 | 1 | 1 | 0 | 1 | | | | | | | | | | |
| 11 | 8 | 7 | 4 | 4 | 2 | 2 | 1 | 1 | 0 | 1 | | | | | |
| 12 | 28 | 20 | 19 | 13 | 11 | 8 | 7 | 4 | 4 | 2 | 2 | 1 | 1 | 0 | 1 |

**表 5** SO(13) ⊃ SO(3) 约化中总角动量 $L$ 可高达 60 的态的重复度

| 辛弱数 $\nu$ | 总角动量 $L$ | | | | | | | | | | | | | | | |
|---|---|---|---|---|---|---|---|---|---|---|---|---|---|---|---|---|
| | 0 | 1 | 2 | 3 | 4 | 5 | 6 | 7 | 8 | 9 | 10 | 11 | 12 | 13 | 14 | 15 |
| 2 | 0 | 0 | 1 | 0 | 1 | 0 | 1 | 0 | 1 | 0 | 1 | 0 | 1 | | | |
| 3 | 1 | 0 | 1 | 1 | 2 | 1 | 2 | 2 | 2 | 2 | 2 | 1 | 2 | 1 | 1 | 1 |
| 4 | 2 | 0 | 3 | 2 | 5 | 3 | 6 | 4 | 6 | 5 | 6 | 4 | 6 | 4 | 5 | 3 |
| 5 | 2 | 2 | 6 | 6 | 9 | 9 | 12 | 11 | 14 | 12 | 15 | 13 | 14 | 12 | 13 | 11 |
| 6 | 5 | 4 | 12 | 12 | 20 | 18 | 27 | 24 | 30 | 28 | 33 | 29 | 34 | 29 | 32 | 28 |
| 7 | 7 | 10 | 22 | 26 | 37 | 39 | 50 | 51 | 59 | 60 | 66 | 64 | 70 | 66 | 69 | 65 |
| 8 | 12 | 18 | 42 | 47 | 70 | 74 | 94 | 96 | 115 | 114 | 129 | 126 | 138 | 133 | 141 | 133 |
| 9 | 18 | 36 | 70 | 89 | 121 | 135 | 167 | 178 | 203 | 213 | 234 | 237 | 255 | 254 | 265 | 261 |
| 10 | 32 | 61 | 121 | 151 | 208 | 233 | 288 | 308 | 355 | 371 | 412 | 419 | 454 | 454 | 479 | 475 |

| 辛弱数 $\nu$ | 总角动量 $L$ | | | | | | | | | | | | | | |
|---|---|---|---|---|---|---|---|---|---|---|---|---|---|---|---|
| | 16 | 17 | 18 | 19 | 20 | 21 | 22 | 23 | 24 | 25 | 26 | 27 | 28 | 29 | 30 |
| 3 | 1 | 0 | 1 | | | | | | | | | | | | |
| 4 | 4 | 2 | 3 | 1 | 2 | 1 | 1 | 0 | 1 | | | | | | |
| 5 | 11 | 9 | 9 | 7 | 7 | 5 | 5 | 3 | 3 | 2 | 2 | 1 | 1 | 0 | 1 |
| 6 | 30 | 24 | 26 | 21 | 21 | 17 | 17 | 12 | 13 | 9 | 9 | 6 | 6 | 3 | 4 |
| 7 | 66 | 60 | 61 | 54 | 53 | 47 | 45 | 38 | 37 | 30 | 28 | 23 | 21 | 16 | 15 |
| 8 | 139 | 129 | 132 | 120 | 121 | 108 | 107 | 94 | 92 | 79 | 76 | 64 | 61 | 50 | 47 |
| 9 | 267 | 257 | 261 | 248 | 245 | 231 | 226 | 208 | 202 | 183 | 174 | 157 | 147 | 129 | 121 |
| 10 | 491 | 478 | 489 | 469 | 472 | 449 | 445 | 417 | 410 | 379 | 367 | 336 | 322 | 289 | 276 |

| 辛弱数 $\nu$ | 总角动量 $L$ | | | | | | | | | | | | | | |
|---|---|---|---|---|---|---|---|---|---|---|---|---|---|---|---|
| | 31 | 32 | 33 | 34 | 35 | 36 | 37 | 38 | 39 | 40 | 41 | 42 | 43 | 44 | 45 |
| 6 | 2 | 2 | 1 | 1 | 0 | 1 | | | | | | | | | |
| 7 | 11 | 10 | 7 | 6 | 4 | 4 | 2 | 2 | 1 | 1 | 0 | 1 | | | |
| 8 | 37 | 35 | 27 | 25 | 18 | 17 | 12 | 11 | 7 | 7 | 4 | 4 | 2 | 2 | 1 |
| 9 | 104 | 95 | 81 | 74 | 60 | 55 | 44 | 39 | 31 | 27 | 20 | 18 | 13 | 11 | 8 |
| 10 | 244 | 229 | 201 | 186 | 160 | 148 | 124 | 113 | 94 | 85 | 68 | 62 | 48 | 43 | 33 |

| 辛弱数 $\nu$ | 总角动量 $L$ | | | | | | | | | | | | | | |
|---|---|---|---|---|---|---|---|---|---|---|---|---|---|---|---|
| | 46 | 47 | 48 | 49 | 50 | 51 | 52 | 53 | 54 | 55 | 56 | 57 | 58 | 59 | 60 |
| 8 | 1 | 0 | 1 | | | | | | | | | | | | |
| 9 | 7 | 4 | 4 | 2 | 2 | 1 | 1 | 0 | 1 | | | | | | |
| 10 | 29 | 21 | 19 | 13 | 12 | 8 | 7 | 4 | 4 | 2 | 2 | 1 | 1 | 0 | 1 |

**表 6**　$SP(8) \supset SO(3)$ **约化中总角动量 $J$ 的重复度**

| 辛弱数 $\nu$ | 总角动量 $J$ | | | | | | | | | | | | | | | | |
|---|---|---|---|---|---|---|---|---|---|---|---|---|---|---|---|---|---|
| | 0 | $\frac{1}{2}$ | 1 | $\frac{3}{2}$ | 2 | $\frac{5}{2}$ | 3 | $\frac{7}{2}$ | 4 | $\frac{9}{2}$ | 5 | $\frac{11}{2}$ | 6 | $\frac{13}{2}$ | 7 | $\frac{15}{2}$ | 8 |
| 2 | 0 | 0 | 0 | 0 | 1 | 0 | 0 | 0 | 1 | 0 | 0 | 0 | 1 | 0 | 0 | 0 | 0 |
| 3 | 0 | 0 | 0 | 1 | 0 | 1 | 0 | 0 | 0 | 1 | 0 | 1 | 0 | 0 | 0 | 1 | 0 |
| 4 | 0 | 0 | 0 | 0 | 1 | 0 | 0 | 0 | 1 | 0 | 0 | 0 | 1 | 0 | 0 | 0 | 1 |

**表 7**　$SP(10) \supset SO(3)$ **约化中总角动量 $J$ 的重复度**

| 辛弱数 $\nu$ | 总角动量 $J$ | | | | | | | | | | | | | | | | | | | | | | | | | |
|---|---|---|---|---|---|---|---|---|---|---|---|---|---|---|---|---|---|---|---|---|---|---|---|---|---|---|---|
| | 0 | $\frac{1}{2}$ | 1 | $\frac{3}{2}$ | 2 | $\frac{5}{2}$ | 3 | $\frac{7}{2}$ | 4 | $\frac{9}{2}$ | 5 | $\frac{11}{2}$ | 6 | $\frac{13}{2}$ | 7 | $\frac{15}{2}$ | 8 | $\frac{17}{2}$ | 9 | $\frac{19}{2}$ | 10 | $\frac{21}{2}$ | 11 | $\frac{23}{2}$ | 12 | $\frac{25}{2}$ |
| 2 | 0 | 0 | 0 | 0 | 1 | 0 | 0 | 0 | 1 | 0 | 0 | 0 | 1 | 0 | 0 | 0 | 1 | 0 | 0 | 0 | 0 | 0 | 0 | 0 | 0 | 0 |
| 3 | 0 | 0 | 0 | 1 | 0 | 1 | 0 | 1 | 0 | 1 | 0 | 1 | 0 | 1 | 0 | 1 | 0 | 1 | 0 | 1 | 0 | 0 | 0 | 1 | 0 | 0 |
| 4 | 1 | 0 | 0 | 0 | 1 | 0 | 1 | 0 | 2 | 0 | 1 | 0 | 2 | 0 | 0 | 0 | 1 | 0 | 1 | 0 | 1 | 0 | 0 | 0 | 1 | 0 |
| 5 | 0 | 1 | 0 | 0 | 0 | 1 | 0 | 1 | 0 | 1 | 0 | 1 | 0 | 1 | 0 | 1 | 0 | 1 | 0 | 1 | 0 | 0 | 0 | 0 | 0 | 1 |

**表 8**　$SP(12) \supset SO(3)$ **约化中总角动量 $J$ 的重复度**

| 辛弱数 $\nu$ | 总角动量 $J$ | | | | | | | | | | | | | | | | | | |
|---|---|---|---|---|---|---|---|---|---|---|---|---|---|---|---|---|---|---|---|
| | 0 | $\frac{1}{2}$ | 1 | $\frac{3}{2}$ | 2 | $\frac{5}{2}$ | 3 | $\frac{7}{2}$ | 4 | $\frac{9}{2}$ | 5 | $\frac{11}{2}$ | 6 | $\frac{13}{2}$ | 7 | $\frac{15}{2}$ | 8 | $\frac{17}{2}$ | 9 |
| 2 | 0 | 0 | 0 | 0 | 1 | 0 | 0 | 0 | 1 | 0 | 0 | 0 | 1 | 0 | 0 | 0 | 1 | 0 | 0 |
| 3 | 0 | 0 | 0 | 1 | 0 | 1 | 0 | 1 | 0 | 2 | 0 | 1 | 0 | 1 | 0 | 2 | 0 | 1 | 0 |
| 4 | 1 | 0 | 0 | 0 | 2 | 0 | 1 | 0 | 3 | 0 | 2 | 0 | 3 | 0 | 2 | 0 | 3 | 0 | 2 |
| 5 | 0 | 1 | 0 | 1 | 0 | 2 | 0 | 3 | 0 | 2 | 0 | 3 | 0 | 3 | 0 | 3 | 0 | 3 | 0 |
| 6 | 1 | 0 | 0 | 0 | 1 | 0 | 2 | 0 | 2 | 0 | 1 | 0 | 3 | 0 | 2 | 0 | 2 | 0 | 2 |

| 辛弱数 $\nu$ | 总角动量 $J$ | | | | | | | | | | | | | | | | | |
|---|---|---|---|---|---|---|---|---|---|---|---|---|---|---|---|---|---|---|
| | $\frac{19}{2}$ | 10 | $\frac{21}{2}$ | 11 | $\frac{23}{2}$ | 12 | $\frac{25}{2}$ | 13 | $\frac{27}{2}$ | 14 | $\frac{29}{2}$ | 15 | $\frac{31}{2}$ | 16 | $\frac{33}{2}$ | 17 | $\frac{35}{2}$ | 18 |
| 2 | 0 | 1 | 0 | 0 | 0 | 0 | 0 | 0 | 0 | 0 | 0 | 0 | 0 | 0 | 0 | 0 | 0 | 0 |
| 3 | 1 | 0 | 1 | 0 | 1 | 0 | 0 | 0 | 1 | 0 | 0 | 0 | 0 | 0 | 0 | 0 | 0 | 0 |
| 4 | 0 | 2 | 0 | 1 | 0 | 2 | 0 | 1 | 0 | 1 | 0 | 0 | 0 | 1 | 0 | 0 | 0 | 0 |
| 5 | 3 | 0 | 2 | 0 | 2 | 0 | 2 | 0 | 1 | 0 | 1 | 0 | 1 | 0 | 0 | 0 | 1 | 0 |
| 6 | 0 | 2 | 0 | 1 | 0 | 2 | 0 | 1 | 0 | 1 | 0 | 1 | 0 | 0 | 0 | 0 | 0 | 1 |

表 9　SP(14) ⊃ SO(3) 约化中总角动量 $J$ 的重复度

| 辛弱数 ν | 总角动量 $J$ | | | | | | | | | | | | | | | | | | | | | | | | |
|---|---|---|---|---|---|---|---|---|---|---|---|---|---|---|---|---|---|---|---|---|---|---|---|---|---|
| | 0 | $\frac{1}{2}$ | 1 | $\frac{3}{2}$ | 2 | $\frac{5}{2}$ | 3 | $\frac{7}{2}$ | 4 | $\frac{9}{2}$ | 5 | $\frac{11}{2}$ | 6 | $\frac{13}{2}$ | 7 | $\frac{15}{2}$ | 8 | $\frac{17}{2}$ | 9 | $\frac{19}{2}$ | 10 | $\frac{21}{2}$ | 11 | $\frac{23}{2}$ | 12 |
| 2 | 0 | 0 | 0 | 0 | 1 | 0 | 0 | 0 | 1 | 0 | 0 | 0 | 1 | 0 | 0 | 0 | 1 | 0 | 0 | 0 | 1 | 0 | 0 | 0 | 1 |
| 3 | 0 | 0 | 0 | 1 | 0 | 1 | 0 | 1 | 0 | 2 | 0 | 2 | 0 | 1 | 0 | 2 | 0 | 2 | 0 | 1 | 0 | 2 | 0 | 1 | 0 |
| 4 | 1 | 0 | 0 | 0 | 3 | 0 | 1 | 0 | 4 | 0 | 3 | 0 | 4 | 0 | 3 | 0 | 5 | 0 | 3 | 0 | 4 | 0 | 3 | 0 | 3 |
| 5 | 0 | 1 | 0 | 2 | 0 | 4 | 0 | 4 | 0 | 5 | 0 | 5 | 0 | 6 | 0 | 6 | 0 | 6 | 0 | 6 | 0 | 6 | 0 | 5 | 0 |
| 6 | 2 | 0 | 1 | 0 | 3 | 0 | 4 | 0 | 6 | 0 | 4 | 0 | 8 | 0 | 6 | 0 | 7 | 0 | 7 | 0 | 7 | 0 | 5 | 0 | 7 |
| 7 | 0 | 2 | 0 | 1 | 0 | 2 | 0 | 4 | 0 | 3 | 0 | 4 | 0 | 5 | 0 | 4 | 0 | 5 | 0 | 5 | 0 | 4 | 0 | 4 | 0 |

| 辛弱数 ν | 总角动量 $J$ | | | | | | | | | | | | | | | | | | | | | | | | |
|---|---|---|---|---|---|---|---|---|---|---|---|---|---|---|---|---|---|---|---|---|---|---|---|---|---|
| | $\frac{25}{2}$ | 13 | $\frac{27}{2}$ | 14 | $\frac{29}{2}$ | 15 | $\frac{31}{2}$ | 16 | $\frac{33}{2}$ | 17 | $\frac{35}{2}$ | 18 | $\frac{37}{2}$ | 19 | $\frac{39}{2}$ | 20 | $\frac{41}{2}$ | 21 | $\frac{43}{2}$ | 22 | $\frac{45}{2}$ | 23 | $\frac{47}{2}$ | 24 | $\frac{49}{2}$ |
| 3 | 1 | 0 | 1 | 0 | 1 | 0 | 0 | 0 | 1 | 0 | 0 | 0 | 0 | 0 | 0 | 0 | 0 | 0 | 0 | 0 | 0 | 0 | 0 | 0 | 0 |
| 4 | 0 | 2 | 0 | 3 | 0 | 1 | 0 | 2 | 0 | 1 | 0 | 1 | 0 | 0 | 0 | 1 | 0 | 0 | 0 | 0 | 0 | 0 | 0 | 0 | 0 |
| 5 | 5 | 0 | 4 | 0 | 4 | 0 | 3 | 0 | 2 | 0 | 2 | 0 | 2 | 0 | 1 | 0 | 0 | 0 | 1 | 0 | 0 | 0 | 0 | 0 | 0 |
| 6 | 0 | 5 | 0 | 5 | 0 | 4 | 0 | 4 | 0 | 2 | 0 | 3 | 0 | 2 | 0 | 1 | 0 | 1 | 0 | 1 | 0 | 0 | 0 | 1 | 0 |
| 7 | 5 | 0 | 3 | 0 | 3 | 0 | 3 | 0 | 2 | 0 | 2 | 0 | 2 | 0 | 1 | 0 | 1 | 0 | 1 | 0 | 0 | 0 | 0 | 0 | 1 |

表 10　SP(16) ⊃ SO(3) 约化中总角动量 $J$ 的重复度

| 辛弱数 ν | 总角动量 $J$ | | | | | | | | | | | | | | | | | | | | | |
|---|---|---|---|---|---|---|---|---|---|---|---|---|---|---|---|---|---|---|---|---|---|---|
| | 0 | $\frac{1}{2}$ | 1 | $\frac{3}{2}$ | 2 | $\frac{5}{2}$ | 3 | $\frac{7}{2}$ | 4 | $\frac{9}{2}$ | 5 | $\frac{11}{2}$ | 6 | $\frac{13}{2}$ | 7 | $\frac{15}{2}$ | 8 | $\frac{17}{2}$ | 9 | $\frac{19}{2}$ | 10 | $\frac{21}{2}$ |
| 2 | 0 | 0 | 0 | 0 | 1 | 0 | 0 | 0 | 1 | 0 | 0 | 0 | 1 | 0 | 0 | 0 | 1 | 0 | 0 | 0 | 1 | 0 |
| 3 | 0 | 0 | 0 | 1 | 0 | 1 | 0 | 1 | 0 | 2 | 0 | 2 | 0 | 2 | 0 | 2 | 0 | 2 | 0 | 2 | 0 | 2 |
| 4 | 2 | 0 | 0 | 0 | 3 | 0 | 2 | 0 | 5 | 0 | 3 | 0 | 6 | 0 | 4 | 0 | 6 | 0 | 5 | 0 | 6 | 0 |
| 5 | 0 | 2 | 0 | 3 | 0 | 5 | 0 | 7 | 0 | 7 | 0 | 9 | 0 | 9 | 0 | 10 | 0 | 10 | 0 | 11 | 0 | 10 |
| 6 | 3 | 0 | 2 | 0 | 7 | 0 | 7 | 0 | 11 | 0 | 10 | 0 | 15 | 0 | 13 | 0 | 16 | 0 | 14 | 0 | 17 | 0 |
| 7 | 0 | 2 | 0 | 6 | 0 | 7 | 0 | 9 | 0 | 12 | 0 | 13 | 0 | 14 | 0 | 16 | 0 | 16 | 0 | 16 | 0 | 17 |
| 8 | 1 | 0 | 2 | 0 | 5 | 0 | 4 | 0 | 8 | 0 | 8 | 0 | 9 | 0 | 9 | 0 | 12 | 0 | 10 | 0 | 11 | 0 |

| 辛弱数 ν | 总角动量 $J$ | | | | | | | | | | | | | | | | | | | | | |
|---|---|---|---|---|---|---|---|---|---|---|---|---|---|---|---|---|---|---|---|---|---|---|
| | 11 | $\frac{23}{2}$ | 12 | $\frac{25}{2}$ | 13 | $\frac{27}{2}$ | 14 | $\frac{29}{2}$ | 15 | $\frac{31}{2}$ | 16 | $\frac{33}{2}$ | 17 | $\frac{35}{2}$ | 18 | $\frac{37}{2}$ | 19 | $\frac{39}{2}$ | 20 | $\frac{41}{2}$ | 21 | $\frac{43}{2}$ |
| 2 | 0 | 0 | 1 | 0 | 0 | 0 | 1 | 0 | 0 | 0 | 0 | 0 | 0 | 0 | 0 | 0 | 0 | 0 | 0 | 0 | 0 | 0 |
| 3 | 0 | 2 | 0 | 1 | 0 | 2 | 0 | 1 | 0 | 1 | 0 | 1 | 0 | 1 | 0 | 0 | 0 | 1 | 0 | 0 | 0 | 0 |
| 4 | 4 | 0 | 6 | 0 | 4 | 0 | 4 | 0 | 3 | 0 | 4 | 0 | 2 | 0 | 3 | 0 | 1 | 0 | 2 | 0 | 1 | 0 |
| 5 | 10 | 0 | 10 | 0 | 9 | 0 | 8 | 0 | 8 | 0 | 6 | 0 | 6 | 0 | 5 | 0 | 4 | 0 | 3 | 0 | 3 | 0 |
| 6 | 14 | 0 | 16 | 0 | 13 | 0 | 14 | 0 | 12 | 0 | 12 | 0 | 9 | 0 | 10 | 0 | 7 | 0 | 7 | 0 | 5 | 0 |
| 7 | 0 | 17 | 0 | 15 | 0 | 16 | 0 | 14 | 0 | 13 | 0 | 12 | 0 | 11 | 0 | 9 | 0 | 9 | 0 | 7 | 0 | 6 |
| 8 | 11 | 0 | 11 | 0 | 10 | 0 | 11 | 0 | 8 | 0 | 9 | 0 | 8 | 0 | 7 | 0 | 6 | 0 | 6 | 0 | 4 | 0 |

续表

| 辛弱数 $\nu$ | 总角动量 $J$ | | | | | | | | | | | | | | | | | | | | |
|---|---|---|---|---|---|---|---|---|---|---|---|---|---|---|---|---|---|---|---|---|---|
| | 22 | $\frac{45}{2}$ | 23 | $\frac{47}{2}$ | 24 | $\frac{49}{2}$ | 25 | $\frac{51}{2}$ | 26 | $\frac{53}{2}$ | 27 | $\frac{55}{2}$ | 28 | $\frac{57}{2}$ | 29 | $\frac{59}{2}$ | 30 | $\frac{61}{2}$ | 31 | $\frac{63}{2}$ | 32 |
| 4 | 1 | 0 | 0 | 0 | 1 | 0 | 0 | 0 | 0 | 0 | 0 | 0 | 0 | 0 | 0 | 0 | 0 | 0 | 0 | 0 | 0 |
| 5 | 0 | 2 | 0 | 2 | 0 | 1 | 0 | 1 | 0 | 0 | 0 | 1 | 0 | 0 | 0 | 0 | 0 | 0 | 0 | 0 | 0 |
| 6 | 5 | 0 | 3 | 0 | 3 | 0 | 2 | 0 | 2 | 0 | 1 | 0 | 1 | 0 | 0 | 0 | 1 | 0 | 0 | 0 | 0 |
| 7 | 0 | 5 | 0 | 4 | 0 | 3 | 0 | 3 | 0 | 2 | 0 | 1 | 0 | 1 | 0 | 1 | 0 | 0 | 0 | 1 | 0 |
| 8 | 4 | 0 | 3 | 0 | 3 | 0 | 2 | 0 | 2 | 0 | 1 | 0 | 1 | 0 | 1 | 0 | 0 | 0 | 0 | 0 | 1 |

# 主要参考书目

[1] Bacry H. Lectures on Group Theory and Particle Theory. Gordon and Breach Science Publishers Ltd., 1977.

[2] Barut A O and Raczka R. Theory of Group Representations and Applications. 2nd ed. PWN-Polish Scientific Publishers, 1980.

[3] 白铭复. 物理学中的群论方法: 下册. 长沙: 国防科技大学出版社, 1986.

[4] Biedenharn L C and Louck J D. The Racah-Wigner Algebra in Quantum Theory. Addison-Wesley Publishing Company, 1981.

[5] Chen J Q. Group Representation Theory for Physicists. World Scientific Publishing Co. Pte. Ltd., 1989.

[6] 陈金全. 群表示论的新途径. 上海: 上海科学技术出版社, 1984.

[7] 高崇寿. 群论及其在粒子物理学中的应用. 北京: 高等教育出版社, 1992.

[8] Georgi H. Lie Algebras in Particle Physics. Benjamin, 1982.

[9] Gilmore R. Lie Groups, Lie Algebras and Some of Their Applications. John Wiley & Sons, Inc., 1974.

[10] Hamermesh M. Group Theory and Its Application to Physical Problems. Addison -Wesley Publishing Company, 1962.

[11] 韩其智, 孙洪洲. 群论. 北京: 北京大学出版社, 1987.

[12] Humphreys J E. Introduction to Lie Algebras and Representation Theory. Springer-Verlag, 1972.

[13] Ludwig W and Falter C. Symmetries in Physics. 2nd ed. Springer-Verlag, 1996.

[14] 马中骐. 物理学中的群论. 2 版. 北京: 科学出版社, 2006.

[15] 孟道骥, 白承铭. 李群. 北京: 科学出版社, 2003.

[16] Miller W, Jr. Symmetry Groups and Their Applications. Academic Press, 1972. (中译本: 密勒. 对称性群及其应用. 栾德怀, 冯承天, 张民生, 译. 北京: 科学出版社, 1981)

[17] Sternberg S. Group Theory and Physics. Cambridge University Press, 1994.

[18] 苏育才, 卢才辉, 崔一敏. 有限维半单李代数简明教程. 北京: 科学出版社, 2008.

[19] 孙洪洲, 韩其智. 李代数李超代数及在物理中的应用. 北京: 北京大学出版社, 1999.

[20] 陶瑞宝. 物理学中的群论. 北京: 高等教育出版社, 2011.

[21] Varadarajan V S. Lie Groups, Lie Algebras, and Their Representations. Springer-Verlag, 1984.

[22]   Wybourne B G. Classical Groups for Physicists. John Wiley & Sons, Inc., 1974. (中译本: 怀邦. 典型群及其在物理学上的应用. 冯承天, 金元望, 张民生, 栾德怀, 译. 北京: 科学出版社, 1982)

[23]   项武义, 侯自新, 孟道骥. 李群讲义. 北京: 北京大学出版社, 1992.

[24]   于祖荣. 核物理中的群论方法. 北京: 原子能出版社, 1993.

# 索 引